D1718196

Physische Geographie

Andrew Goudie

Physische Geographie

Eine Einführung

4. Auflage

Herausgegeben von
Lorenz King und Elisabeth Schmitt

Aus dem Englischen übersetzt von
Peter Wittmann und Jürg Rohner

Spektrum Akademischer Verlag   Heidelberg · Berlin

Originaltitel: The Nature of the Environment. Fourth Edition
Aus dem Englischen übersetzt von Peter Wittmann und Jürg Rohner

Englische Originalausgabe bei Blackwell Publishers, Oxford, England

© 1984, 1989, 1993, 2001 Andrew Goudie

Die Deutsche Bibliothek – CIP Einheitsaufnahme
Goudie, Andrew:
Physische Geographie : eine Einführung / Andrew Goudie. Hrsg. von Lorenz King und Elisabeth Schmitt.
Aus dem Engl. übers. von Jürg Rohner und Peter Wittmann. – 4. Aufl. – Heidelberg ; Berlin : Spektrum, Akad. Verl.,
2002
      Einheitssacht.: Nature of the environment <dt.>
      ISBN 3-8274-1202-1

© 2002 Spektrum Akademischer Verlag GmbH Heidelberg · Berlin

Alle Rechte, insbesondere die der Übersetzung in fremde Sprachen, sind vorbehalten. Kein Teil des Buches darf ohne schriftliche Genehmigung des Verlages fotokopiert oder in irgendeiner anderen Form reproduziert oder in eine von Maschinen verwendbare Sprache übertragen oder übersetzt werden.

Es konnten nicht sämtliche Rechteinhaber von Abbildungen ermittelt werden. Sollte dem Verlag gegenüber der Nachweis der Rechtsinhaberschaft geführt werden, wird das branchenübliche Honorar nachträglich gezahlt.

Lektorat: Merlet Behncke-Braunbeck, Jutta Liebau
Redaktion: Elisabeth Schmitt
Produktion: Ute Kreutzer
Umschlaggestaltung: Bitsch, Birkenau
Satz: Kühn & Weyh Software GmbH, Freiburg
Druck und Verarbeitung: Druckhaus Beltz, Hemsbach

Vorwort zur vierten deutschen Auflage

Schon nach vier Jahren war die erste Auflage sowie der Nachdruck des Lehrbuches *Physische Geographie* von Andrew Goudie vergriffen. Dies zeigt, dass auf dem deutschen Markt für ein Lehrbuch dieser Art ein großer Bedarf vorhanden ist. „Der Goudie" ist für das Geographiestudium an Hochschulen ein handliches Basislehrbuch, das die Kerngebiete der Allgemeinen Physischen Geographie aktuell und eingehend behandelt. Das Besondere des Buches ist der gelungene Versuch, die Funktions- und Wirkungsweise unserer Umwelt in ihren Grundzügen zu erklären, wobei – ausgehend von globalen Zusammenhängen – die charakteristischen Umweltfaktoren in den verschiedenen Klimazonen der Erde und ihre gegenseitigen Wechselwirkungen präsentiert werden. Goudie gelingt es dabei, das Gesamtgebiet der Physischen Geographie stringent aufgebaut darzustellen und einen repräsentativen Überblick zu geben, ohne jedoch auf interessante Teilaspekte zu verzichten. Diesbezüglich sind naturräumliche Risiken, aber auch globale Zusammenhänge, die gesellschaftsrelevante Risiken steuern, besonders hervorzuhebende Schwerpunkte des Lehrbuches. Die Sprache ist für Studierende gut verständlich, was sicherlich auch zum Erfolg der ersten Auflage beigetragen hat.

Die Überarbeitung für die zweite deutsche Auflage gab Gelegenheit zu wertvollen Erweiterungen und Verbesserungen seitens der Herausgeber. Insbesondere wurden in der deutschen Neuauflage die biogeographischen Teile (im Unterschied zur englischen Ausgabe) stark überarbeitet, verändert und ergänzt, wodurch nunmehr auch die Grundzüge dieses Teilgebietes der Physischen Geographie korrekt angesprochen sind. Das Buch ist sehr gut mit Abbildungen und Fotos ausgestattet, die die Aussagen im Text vertiefen und ergänzen. Vermehrt sind Beispiele aus dem mitteleuropäischen Raum neu aufgenommen worden. Auch die Neuauflage des Lehrbuches demonstriert durch ihren Aufbau sowie die gewählten Beispiele und zahlreichen neuen Exkurse, dass das Studium der Physischen Geographie für das Verständnis und eine nachhaltige Nutzung unserer (Um-)Welt von großer Bedeutung ist.

Lorenz King und Elisabeth Schmitt
Gießen, im Januar 2002

Vorwort des Autors zur deutschen Auflage

Anders als in den Vereinigten Staaten ist die Geographie an Schulen und Universitäten in Europa ein wichtiges Fach. Obwohl des öfteren die Zweiteilung des Faches in Humangeographie und Physische Geographie betont wird, tragen beide Teildisziplinen viel zur Bewältigung von einigen großen Aufgaben und Problemen bei.

Die Physische Geographie gewinnt in dem Maße zunehmend an Bedeutung, in dem mehr und mehr Umweltprobleme zu Tage treten. Insbesondere besteht eine immer größere Notwendigkeit, den Einfluss des Menschen auf die Umwelt zu verstehen. Der globalen Erwärmung, Bodenerosion, Versalzung, Desertifikation, Wasserqualität und Luftqualität gilt unsere besondere Aufmerksamkeit.

Zusätzlich aber beeinflusst uns die Umwelt ganz unmittelbar in Form von Naturkatastrophen – und dies obwohl die Mehrheit von uns in Städten lebt und von den Unwägbarkeiten der Umwelt weniger direkt betroffen zu sein scheint. Die jüngsten Überschwemmungen in Mitteleuropa sind ein drastisches Beispiel hierfür. Wo treten sie auf und warum? Verschlimmern menschliche Aktivitäten die Hochwässer? Was können wir dagegen tun?

Und es gibt einen dritten Grund für das Studium der Physischen Geographie. Sie ist eine Disziplin, die uns die interessantesten und schönsten Landschaften und Phänomene der Erde näher bringt: Regenwälder, Schluchten, Strände, Wüsten, Gletscher, Korallenriffe und vieles andere. Unsere Wertschätzung für sie wächst mit zunehmendem Wissen.

Ich bin hoch erfreut, dass diese neue Auflage ins Deutsche übersetzt wurde und hoffe, dass das Buch den Leserinnen und Lesern die Bedeutung der Physischen Geographie näherbringt.

Andrew Goudie
Universität Oxford

Vorwort zu englischen Ausgabe

Der Inhalt der Vorlesungen in Physischer Geographie hat sich in den letzten Jahren vor allem aus drei Gründen stark gewandelt. Erstens bestand der Wunsch, die Physische Geographie für den Menschen relevanter zu machen, sie enger mit der Humangeographie zu verbinden, ausführlicher auf die Naturgefahren einzugehen, Umweltprobleme zu berücksichtigen und den Einfluss des Menschen auf Veränderungen der Umwelt zu bewerten. Zweitens hat die Geographie als Ganzes heute mehr mit Prozessen, mit Messungen und der zahlenmäßigen Erfassung zu tun. Der dritte Grund ist der wichtigste: Beinahe revolutionäre Entwicklungen haben sich im Fach der Physischen Geographie abgespielt – besonders in der Ökologie, der Hydrologie, der Plattentektonik und bei unseren Kenntnissen über das Pleistozän.

In den Kapiteln 1 und 2 behandeln wir Themen wie die Plattentektonik und den Klimawandel, geben Hintergrundinformationen zu den weltweiten Verbreitungsmustern natürlicher Erscheinungen. Ein Anliegen des Buches ist es aufzuzeigen, wie die einzelnen Umweltbereiche auf verschiedenen Ebenen zusammenspielen. Deshalb behandeln die folgenden vier Kapitel die vier Hauptzonen der Erde (Polargebiete, mittlere Breiten, subtropischer Hochdruckgürtel und Tropen) und beschreiben ihre Merkmale. Sie zeigen die Abhängigkeit der einzelnen Umweltkomponenten voneinander, verdeutlichen ihre Probleme und Gefahren sowie einige der vom Menschen verursachten Veränderungen. Teil III beschäftigt sich mit zwei speziellen Gebieten, die in allen vier Hauptzonen auftreten – mit den Gebirgen und mit den Küsten. Der Aufbau ist der gleiche wie in den vier vorangehenden Kapiteln. Teil IV wechselt von den wichtigsten Zonen zur Betrachtung einzelner Landschaftselemente (zum Beispiel Flüsse). Auch hier geht es um die Zusammenhänge und um die Bewertung menschlicher Eingriffe.

Das Hauptziel dieses Buches besteht demnach in der Vermittlung modernen Wissens über die Umwelt des Menschen auf verschiedenen Ebenen, vom Globalen zum Lokalen, und in der Zusammenschau von Geomorphologie, Klimatologie, Hydrologie, Bodenkunde und Biogeographie. Hinzu kommen Betrachtungen über den menschlichen Einfluss auf Natur und Umwelt und über den Einfluss von Natur und Umwelt auf den Menschen.

In der vorliegenden vierten Ausgabe habe ich die Gliederung früherer Ausgaben beibehalten, sie jedoch um ein weiteres Kapitel ergänzt, die Angaben zu weiterführender Literatur erweitert und aktualisiert, die Zahl der Exkurse deutlich erhöht, viele der angeführten Beispiele aktualisiert und den Akzent noch stärker auf die Bedeutung von Naturgefahren, natürlichen Umweltveränderungen und den Einfluss des Menschen gelegt. Außerdem wurden zahlreiche neue Fotografien, Diagramme und Tabellen aufgenommen. Ich hoffe, dass diese vierte Auflage für den Leser noch nützlicher und noch besser lesbar sein wird als die vorausgegangenen.

Um eine Störung des Lesens durch ausführliche Quellenangaben zu vermeiden, habe ich auf solche Hinweise verzichtet. Deshalb kann ich nicht, wie ich das gerne tun würde, meine Dankbarkeit für das Werk und die Ideen anderer Autoren, denen ich viel verdanke, zum Ausdruck bringen.

Andrew Goudie
Universität Oxford

Danksagung

Mein größter Dank gilt Jane Battersby und Jan Burke für ihre hervorragende Mithilfe bei der Vorbereitung dieses Buches. Sie haben mich mit außergewöhnlichem Einsatz und höchster Effizienz unterstützt. Ebenso danke ich Ailsa Allen und David Sansom für das Zeichnen der neuen Abbildungen.

Andrew Goudie
Universität Oxford

Inhaltsverzeichnis

TEIL III
AUSGEWÄHLTE ÖKOSYSTEME

TEIL IV
GRUNDLEGENDE
PHYSISCH-GEOGRAPHISCHE VORGÄNGE

Exkurse

TEIL I

DER GLOBALE RAHMEN

1 Endogene Großformen und geologische Grundlagen

1.1 Einleitung

Unser Sonnensystem besteht aus Planeten, aus Monden, Asteroiden, Kometen, Meteoriten, Staub und Gas und aus einem Stern in der Mitte – der Sonne. Wir wissen zwar nicht genau, wie unser Sonnensystem entstand, aber die am ehesten anerkannte Theorie besagt, dass sich eine große rotierende Gaswolke unter der Wirkung der Schwerkraft zusammenzog und kondensierte. Dadurch wurde die zentrale Masse heiß genug für thermonukleare Reaktionen, wobei sich ein neuer Stern bildete – die Sonne.

Wenn wir auch nicht so genau wissen, wie das Sonnensystem entstand, so sind wir doch ziemlich sicher, *wann* es gebildet wurde. Daten der ältesten Gesteine unseres Planeten und des Mondes sowie steinige Meteoriten weisen alle auf ein Alter von ungefähr 4,6 Milliarden Jahren hin. Dies ist ein unvorstellbarer Zeitraum, besonders wenn wir daran denken, dass der Mensch die Erde nur während eines winzigen Teils davon bewohnt – vermutlich etwa zwei bis drei Millionen Jahre.

Die Erde, wie wir sie heute kennen, hat also eine sehr lange und komplizierte Geschichte. Wenn wir die heutige Anordnung der wichtigsten Elemente, Ozeane und Kontinente verstehen wollen, müssen wir uns mit dieser Geschichte beschäftigen.

1.2 Kern, Mantel und Kruste

Als sich die Erde bildete, muss sie eine flüssige Masse gewesen sein. Erst mit dem langsamen Abkühlen entstanden eine Reihe von unterschiedlichen, konzentrischen Schichten. Das Innere der Erde (Abbildung 1.1) wird als *Kern* bezeichnet. Seine äußeren Bereiche sind flüssig, während die inneren fest sind. Wir wissen, dass er eine große Dichte hat und vermutlich weitgehend aus Eisen und in geringerem Maße aus anderen Elementen wie Nickel besteht. Ebenso wissen wir, dass er sehr hohe Temperaturen – wahrscheinlich in der Größenordnung von 5 500 °C – und sehr hohe Drucke aufweist.

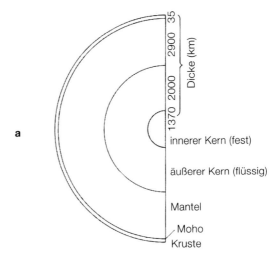

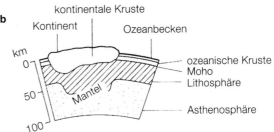

Abb. 1.1 *Der Aufbau der Erde: a) die wichtigsten Zonen; b) die äußeren Schichten.*

Die mittlere Schicht der Erde wird *Mantel* genannt. Dabei handelt es sich um eine ungefähr 2 000 Kilometer dicke, aus festem Material bestehende Schicht. Sie besteht aus „schwerem Gestein" wie Peridotit (überwiegend zusammengesetzt aus den silikatischen Mineralen Olivin und Pyroxen), Dunit (reiner Olivin) und Eklogit (ein metamorphes Gestein). Die Temperaturen innerhalb des Mantels reichen von 5 000 °C in der Nähe des Kerns bis zu 1 300 °C unmittelbar unter der Erdkruste. Der Mantel gliedert sich in zwei Hauptteile. Der eine, *Asthenosphäre* genannt, ist so heiß, dass er halbflüssig und verformbar ist. Darüber liegt eine festere Schicht, die *Lithosphäre*.

Die äußere Schicht der Erde, die Kruste, ist wesentlich dünner als die bisher beschriebenen Schichten.

Die Erdkruste ist im Allgemeinen nur etwa 6 bis 70 Kilometer dick. Sie hat eine weit geringere Dichte als der darunter liegende Mantel, aus dem sie sich über viele Jahrmillionen hinweg gebildet hat. Die Trennfläche zwischen Mantel und Kruste nennt man nach einem jugoslawischen Seismologen *Mohorovičić-Diskontinuität*, abgekürzt *Moho*. Die Kruste hat zwei verschiedene Ausprägungen: die kontinentale und die ozeanische. Die kontinentale Kruste (*Sial*) ist nicht sehr dicht (im Durchschnitt 2,7 g/cm³, verglichen mit 3,0 bis 3,3 g/cm³ für die ozeanische Kruste und 3,4 g/cm³ für den oberen Mantel), aber mit einer Dicke von durchschnittlich 35 bis 40 Kilometern (unter hohen Gebirgen 60 bis 70 Kilometer) ist die Sial-Kruste mächtiger als die ozeanische Kruste (*Sima*). Diese erreicht im Mittel nur etwa fünf bis sechs Kilometer Dicke. Die kontinentale Kruste hat eine vielfältige und komplizierte Zusammensetzung. Im Allgemeinen besteht jedoch der obere Teil aus Granit und der untere Teil aus Basalt. Die Kruste der ozeanischen Becken besteht nur aus Basaltgestein, Granit fehlt völlig.

Eine besonders faszinierende und wichtige Entdeckung der letzten Jahre war die Erkenntnis, dass der Boden der Ozeane und die darunter liegende ozeanische Kruste relativ jung sind. Während die kontinentale Kruste in Grönland und Südafrika älter als 3,5 Milliarden Jahre ist, beträgt das Alter der ozeanischen Kruste nirgends mehr als 250 Millionen Jahre.

1.3 Die Gestalt des Meeresbodens

Betrachtet man die Erde aus dem All, so ist eines ihrer überraschendsten Merkmale der hohe Wasseranteil.

Nur etwa 29 Prozent der Erdoberfläche sind Festland, der Rest ist Ozean. Wenn wir alles Wasser aus den Becken der Ozeane entfernen könnten, kämen noch andere bemerkenswerte Tatsachen zum Vorschein: Das Relief der Ozeanböden ist äußerst kompliziert und zeichnet sich durch einige außerordentlich mächtige Gebirge und enorme Täler oder Gräben aus.

Vor der Küste liegt gewöhnlich eine sanft abfallende Plattform, der so genannte *Kontinentalschelf* (Abbildung 1.2) mit einer Wassertiefe von weniger als 200 Metern. In einigen Gebieten der Erde ist dieser Schelf besonders ausgedehnt, wie vor der Küste Chinas, Sibiriens, Kanadas, Nordaustraliens und Westeuropas (Abbildung 1.3). Andernorts, zum Beispiel vor der Westküste Südamerikas, ist er sehr schmal, und man erreicht sehr schnell Tiefenwasser. Der äußere Rand des Kontinalschelfs wird durch den *Kontinentalabhang* gebildet, der über den Kontinentalfuß auf den Grund der *Tiefsee* (abyssische Stufe) hinabführt. Überall auf der Erde ist der Kontinentalabhang durch tief eingeschnittene Täler (*submarine Canyons*) unterteilt. Diese sind in der Regel mehrere hundert Meter tief und einige Kilometer breit und haben gewöhnlich einen V-förmigen Querschnitt. Sie entstehen vermutlich durch die Erosionswirkungen von *Trübeströmen*, mächtigen sedimentbeladenen Strömen, die über den Kontinentalabhang hinabfließen. In Gebieten mit starker Wasserbewegung sind die V-förmigen, tief eingeschnittenen Täler wahrscheinlich aus ehemaligen Flusstälern entstanden.

Der Tiefseeboden liegt in einer durchschnittlichen Tiefe von fünf Kilometern, ist aber durch eine Reihe von Gebirgen unterbrochen. Einige dieser Kämme sind hoch genug, dass sie als Inseln über die Meeres-

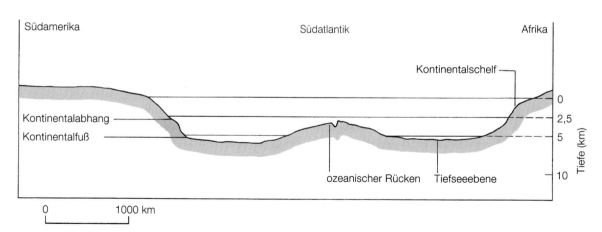

Abb. 1.2 *Ein schematischer Querschnitt durch den südlichen Atlantik zeigt einige der wichtigsten geomorphologischen Großformen der Ozeane.*

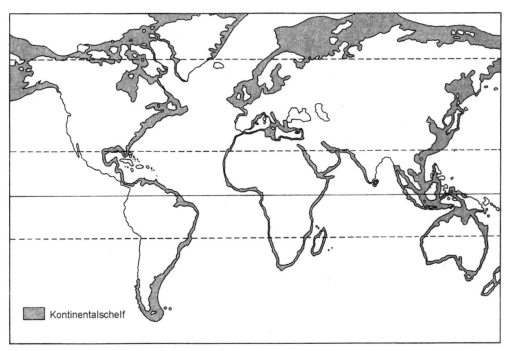

Abb. 1.3 Die Verbreitung der Kontinentalschelfe. Man beachte ihre größere Ausdehnung in den hohen Breiten der Nordhalbkugel. Große Teile der Kontinentalschelfe waren Festland, als der Meeresspiegel während der Eiszeiten (Pleistozän) tiefer lag.

oberfläche ragen. Solche, die nicht über die Wasserfläche reichen, sind entweder überflutete Gipfel (*Tiefseeberge*) oder flach abgetragene Kuppen (*Guyots*). Unabhängig von ihrer Form sind aber alle vulkanischen Ursprungs.

Häufig teilt ein *mittelozeanischer Rücken* das Ozeanbecken in zwei gleiche Hauptteile (Abbildung 1.4), was im Atlantik besonders deutlich wird. Im Pazifik allerdings verläuft der Ostpazifische Rücken durchweg nicht im Zentrum. Diese mittelozeanischen Rücken sind zwei bis vier Kilometer hoch, bis zu 4000 Kilometer breit und bilden zusammen eine fast ununterbrochene submarine Gebirgskette von über 40000 Kilometern Länge. Manchmal durchbrechen sie die Meeresoberfläche und werden zu Inseln und Inselgruppen wie etwa Island oder Tristan da Cunha. Genau in der Mitte des Rückens können an der höchsten Stelle grabenähnliche Erscheinungen auftreten, so genannte *Axialspalten*. Ihre Form (Abbildung 1.2) lässt den Eindruck entstehen, dass hier die Erdkruste auseinander gezogen wird. (Wir werden weiter unten auf diese Frage zurückkommen.) Die Rücken sind durch unzählige Brüche (*Verwerfungen*) unterteilt und mehrfach versetzt.

Die ozeanischen Rücken sind zweifellos die beeindruckendsten Reliefformen auf der Erde. Ein solcher Rücken zieht sich von Norden nach Süden durch den gesamten Atlantik hindurch, dreht dann nach Osten und dringt in den Pazifik ein, wo ein Zweig nach Afrika und ein anderer ostwärts zwischen Australien und der Antarktis verläuft, bis er dann durch den Südpazifik schließlich am Ende des Golfes von Kalifornien auf Nordamerika stößt.

Der Ozeanboden, besonders im Pazifischen Ozean, ist durch tiefe, furchenartige Gräben gekennzeichnet. Die *Gräben* sind hunderte von Kilometern lang, zig Kilometer breit und erreichen Tiefen von über sieben Kilometern. Oft werden sie von vulkanischen Inseln begleitet und manchmal liegen sie nahe den großen kontinentalen Gebirgsketten mit vulkanischer Aktivität (Abbildung 1.4). Der tiefste Punkt der Erde liegt in einem solchen Graben: Nero Deep im Marianen-Graben im Pazifik mit einer bislang größten gemessenen Tiefe von 11033 Metern. Ein Graben verläuft immer längs eines Kontinentalrandes oder einer Inselkette und hat gewöhnlich einen asymmetrischen V-förmigen Querschnitt. Die steile Flanke des V grenzt immer an den Kontinent oder an den Inselbogen, während der sanftere Hang zum offenen Meer führt.

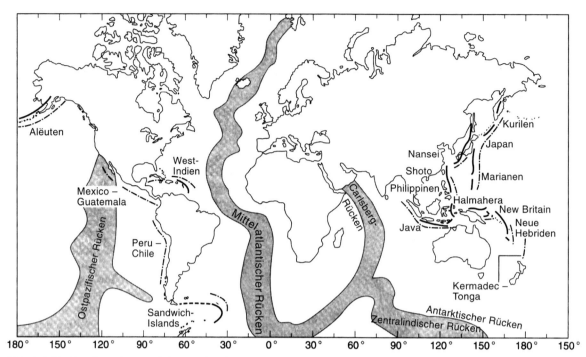

Abb. 1.4 *Die Verteilung der ozeanischen Gräben (ausgezogene Linie), Inselbögen (gepunktete Linie) und mittelozeanischen Rücken (schattiert). Die Rücken sind submarine Gebirge aus Basalt.*

1.4 Die Landoberfläche

Im Grunde hat die Großstruktur der Kontinente zwei wesentliche Erscheinungsbilder. Einerseits sind es die Gürtel der aktiven Gebirgsbildung, andererseits die inaktiveren Gebiete der Urgesteine. Die erstgenannten sind entweder durch *Vulkanismus* oder durch das Aufbrechen und Biegen der Erdkruste als Folge *tektonischer Bewegungen* entstanden. Vulkanismus ist die Bildung vulkanischen Gesteins durch Austreten flüssigen Materials (*Magma*) aus dem Erdinnern. Viele hohe Gebirgsketten bestehen ganz oder teilweise aus einer Reihe von Vulkanen aus Lava oder Asche. In vielen Fällen haben tektonische Tätigkeit und Vulkanismus bei der Bildung eines neuen Gebirgszuges zusammengewirkt.

Die Zonen mit aktiver Gebirgsbildung sind ziemlich schmal und liegen meistens an den Rändern der Kontinente. Zu diesen Zonen gehören große Gebirgszüge wie die europäischen Alpen und die höchste Gebirgskette der Welt, der Himalaja. Diese Gebirgsketten sind miteinander in bogenförmigen Gruppen verbunden und bilden so die beiden Hauptgürtel. Der eurasisch-melanesische Gürtel beginnt im Atlasgebirge in Nordafrika und verläuft durch Südeuropa in

die Türkei, über den Iran zum Himalaja und von dort nach Südostasien. In Indonesien trifft er mit dem zirkumpazifischen Gürtel zusammen und zieht weiter in den westlichen Pazifik. Hier liegt der Gebirgsgürtel weit vor der Küste des asiatischen Festlandes und hat die Form eines *Inselbogens* (Abbildung 1.4), der die Philippinen, Japan, die Kurilen und die Aleuten umfasst. In Nord- und Südamerika hingegen verläuft der Gebirgsgürtel mit den Kordilleren und den Anden weitgehend auf den Kontinenten.

Die Zonen aktiver Gebirgsbildung sind somit in ihrer Verteilung klar festgelegt. Der übrige Teil der kontinentalen Kruste besteht aus weniger aktiven Gebieten mit wesentlich älteren Grundgesteinen. Diese *Kontinentalschilde* sind sehr ausgedehnt (Abbildung 1.5). In den meisten Fällen umfassen sie niedrige Hügelländer und Plateaus, unter denen Ergussgesteine und metamorphe Gesteine liegen. Diese Schilde können ein oder mehrere Gebiete mit sehr altem Granitgestein, so genannte *Kratone*, umfassen. Sie sind im Wesentlichen seit mindestens 2,4 Milliarden Jahren ungestört geblieben. Darüber können jüngere Sedimentschichten liegen, die abgelagert wurden, als die Schilde sich senkten und von Flachwassermeeren überflutet wurden. Ein sedimentbedeckter Schild wird auch als Tafel bezeichnet.

Sehr ausgedehnte alte Schilde liegen auf Grönland, im nordöstlichen Kanada, im östlichen Südamerika, in großen Teilen Afrikas, auf der indischen Halbinsel, in Westaustralien und in Teilen der Antarktis.

Eine andere Eigenschaft dieser inaktiven Gebiete sind ihre alten Gebirgswurzeln. Sie entstanden zur Hauptsache aus Sedimentgesteinen, die in der Vergangenheit durch gebirgsbildende Ereignisse intensiv verformt und häufig durch große Hitze und starken Druck in metamorphes Gestein umgewandelt wurden. Diese Gebirgsbildungsphasen liegen aber so weit zurück, dass die langanhaltende Erosion nur noch die Wurzeln der Gebirge als Ketten langer, schmaler Rücken von wenigen tausend Metern Höhe übrig gelassen hat.

1.5 Erdbeben

Wie wir gesehen haben, gibt es bestimmte Großformen, welche die Erdoberfläche prägen – insbesondere die ozeanischen Rücken und die Gebirgsketten. Wenn wir nun das Verteilungsmuster der Erdbeben betrachten (Abbildung 1.5), so fällt auf, dass auch sie in hohem Maße konzentriert sind. Eine Vielzahl von Erdbeben ereignete sich entlang den mittelozeanischen Rücken, eine andere Gruppe folgte den beiden wichtigsten Gebirgszügen der Erde. Erdbeben konzentrieren sich auf Zonen, deren Erdkruste in Bewegung ist und unter Druck steht (Kapitel 11.4 für weitere Einzelheiten). Somit geben Erdbeben Hinweise darauf, in welchen Gebieten der Erde starke Krustenbewegungen vorkommen. Die große Frage ist: Warum zeigt die Verbreitung der Erdbeben, der Gebirgszüge und der ozeanischen Rücken ein spezielles Muster? Bevor wir eine Antwort darauf geben, sollten wir einen anderen wichtigen Aspekt genauer betrachten – die Form der Kontinente.

1.6 Kontinentalverschiebung nach Alfred Wegener

Bei der Betrachtung einer Weltkarte oder eines Globus fällt sofort auf, wie bemerkenswert gut Südamerika und Afrika zusammenpassen würden, könnte man sie

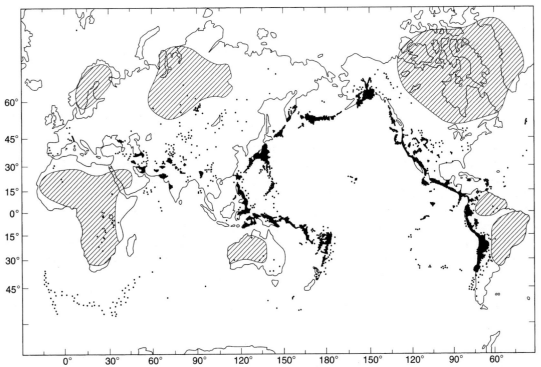

Abb. 1.5 *Die Verteilung der Erdbeben (1957–67) ist durch Punkte dargestellt. Man beachte ihre große Zahl im Bereich des zirkumpazifischen Gürtels. Die schraffierten Gebiete sind im Unterschied dazu wesentlich stabiler und bestehen aus dem zuerst erkalteten Material der noch flüssigen Erdoberfläche. Sie werden Kontinentalschilde genannt.*

aneinander schieben. Man kann diesen Gedanken noch einen Schritt weiterführen. Ohne allzu große Schwierigkeiten kann man auch Südaustralien an die Antarktis fügen und so weiter, bis wie in einem Puzzle ein Riesenkontinent entsteht (Abbildung 1.6). Geologen haben überdies Gesteine untersucht, die zum Beispiel sowohl in Brasilien als auch in Südwestafrika vorkommen, und dabei festgestellt, dass sie sich in ihrem Alter und in ihrem Typ sehr ähnlich sind. In beiden Gebieten handelt es sich um Schildgebiete, in denen die Gesteine älter als zwei Milliarden Jahre und durch eine scharfe Grenze von den 550 Millionen Jahre alten Gesteinen abgetrennt sind. Wenn die beiden Kontinente in ihre ursprüngliche Lage vor der Drift zurückversetzt werden, korrelieren sowohl die Gesteine als auch die Umrisse gut. Auch das strukturelle Gefüge der Kontinente passt zusammen. Darüber hinaus erlebten sie, als die Kontinente in der Zeit vor etwa 550 bis 100 Millionen Jahren noch aneinander hingen, dieselben Abfolgen von Erosion, Vergletscherung, Überflutung, Sedimentation, Kohlebildung und vulkanischer Tätigkeit. Die frühere Verbreitung einiger Pflanzen und Tiere zeigt dasselbe Bild. Der *Mesosaurus* zum Beispiel, ein kleines Reptil aus dem Perm (vor ungefähr 250 Millionen Jahren), ist nur in Südafrika und im südlichen Brasilien nachgewiesen. Fossile Blätter der Gattung *Glossopteris* wurden häufig in vielen gleichaltrigen Ablagerungen in Südafrika, Südamerika, Madagaskar, Indien und Australien gefunden.

Es gibt auch den so genannten Beweis des „falschen Breitengrades". Verschiedene Gesteine und Fossilien, zu deren Entstehung bestimmte klimatische Bedingungen gegeben sein müssen, finden sich an Orten, wo solche Bedingungen undenkbar sind. So wurde beispielsweise in den Gesteinen unter den Eiswüsten der Antarktis Kohle entdeckt. Man weiß aber, dass sich Kohle nur unter warmen subtropischen Bedingungen bildet, wie sie heute in den Everglades Floridas herrschen. Umgekehrt konnte in Zentralafrika und im indischen Tiefland der Nachweis für riesige Eisflächen erbracht werden, wie sie heute nur in hohen Breiten vorkommen. Solche Beobachtungen konnten natürlich nicht mit der heutigen Verbreitung der Klimazonen in Einklang gebracht werden. Eine Erklärung bestand in der Vorstellung, die Kontinente hätten sich bewegt und zu verschiedenen Zeiten unterschiedliche Breiten eingenommen.

Diese Überlegungen führten zum Gedanken, dass heute nahe beieinander liegende Kontinente wie Nordafrika und Südeuropa einst weit auseinander gelegen haben, während gegenwärtig durch Ozeane getrennte Kontinente wie Australien und die Antarktis oder Afrika und Amerika einmal zusammenhingen.

Wir müssen daraus den Schluss ziehen, dass die Kontinente, wie wir sie heute kennen, nicht unbeweglich sind, sondern sich in ihrer Form und in ihrer Lage mit der Zeit verändern. Sie sind die driftenden Teile eines auseinander gebrochenen alten Superkontinentes, den man *Pangaea* nennt. Das aus dem Griechischen stammende Wort bedeutet „das ganze Land". Der Vorgang, der dieses Auseinanderbrechen bewirkt, wird als *Kontinentaldrift* bezeichnet.

Pangaea begann vor ungefähr 200 Millionen Jahren, sich zunächst in zwei Superkontinente aufzuteilen: Laurasia im Norden und Gondwanaland im Süden. Vor etwa 180 Millionen Jahren begann Gondwanaland sich in Südamerika-Afrika, Australien-Antarktis und Indien aufzugliedern. Die erste Öffnung des Südatlantiks zwischen Südamerika und Afrika erfolgte vor etwa 135 Millionen Jahren (Exkurs 1.1), und Indien begann sich auf Asien zuzubewegen, mit dem es vor ungefähr 45 Millionen Jahren kollidierte. Australien und die Antarktis trennten sich vor 45 Millionen Jahren, während etwa 5 bis 10 Millionen Jahre später Europa und Nordamerika auseinander brachen.

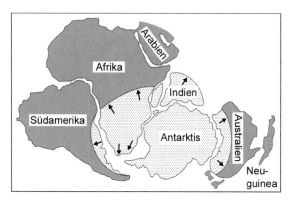

Abb. 1.6 *Ein Versuch, die Lage der Kontinente zu rekonstruieren, bevor die Kontinentalverschiebung Gondwana auseinander riss. Der gepunktete Bereich markiert das Ausmaß der Vergletscherung von Gondwanaland; die Pfeile zeigen die ungefähre Fließrichtung des Eises an.*

| Exkurs 1.1 | Die Öffnung des Südatlantiks und die Folgen |

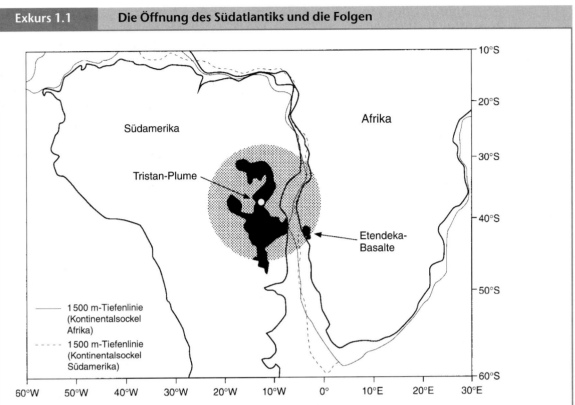

Die Bildung ausgedehnter Basaltdecken im Zuge des Seafloor Spreading, die Öffnung des Südatlantiks und die Erscheinung des Tristan-Plumes.

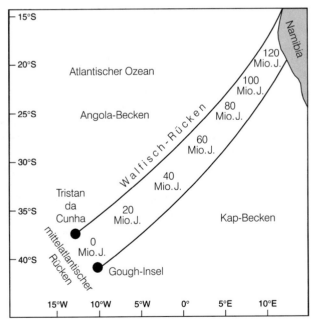

Die Alter der vulkanischen Gesteine (in Millionen Jahren) entlang des Walfischrückens.

An der Wende von der Jura- zur Kreidezeit begann die kontinentale Kruste entlang des Proto-Südatlantiks auseinander zu brechen. Die Bruchspaltenbildung setzte vor ungefähr 150 Millionen Jahren in den Breiten der Südspitze Südamerikas ein und dehnte sich anschließend nach Norden aus. Im Zuge des Riftings drangen große Mengen vulkanischer Lava auf. Diese kontinentalen Plateaubasalte bildeten einst eine große zusammenhängende Masse, bestehend aus den so genannten Etendeka-Vulkaniten in Namibia und den Paraná-Laven in Südamerika, die jedoch heute in zwei Teile zerrissen sind und zu beiden Seiten des Ozeans liegen.

Der Walfischrücken zwischen Namibia und Tristan da Cunha sowie den Gough-Inseln markiert die Bewegungsrichtung der über einem *Hot Spot* oder *Mantle Plume* auseinander driftenden Krustenteile. Die vulkanischen Gesteine des Plume sind desto jünger, je näher sie bei den gegenwärtig aktiven Vulkangebieten des mittelatlantischen Rückens liegen.

1.7 Nachweise der Kontinental-
verschiebung

In jüngster Zeit haben die Beweise für die alte Theorie der Kontinentalverschiebung an Substanz gewonnen. Besonders die Geologen haben durch Untersuchungen früherer Magnetfelder (*Paläomagnetismus*) und des Ozeanbodens zur Stützung der Drift-Theorie beigetragen.

Der paläomagnetische Beweis kann folgendermaßen geführt werden. Durch Materialbewegungen im äußeren, flüssigen Erdkern baut sich ein Magnetfeld auf, das die ganze Erde umfasst. Geschmolzene Lava, flüssiges Eruptivgestein und einige im Wasser abgela-

gerte Sedimentgesteine enthalten Bestandteile, insbesondere Eisen, die magnetisch reagieren. Vor der Verfestigung richten sich die Partikel des empfindlichen Materials auf den zur Zeit ihrer Ablagerung bestehenden magnetischen Pol aus. Das Magnetfeld der Erde wechselt aber von Zeit zu Zeit seine Ausrichtung, sodass der magnetische Nordpol zum Südpol wird und umgekehrt. In geologischen Zeiträumen gedacht erfolgt der Wechsel schnell und bleibt dann ungefähr eine halbe Million Jahre stabil. Die Ausrichtung des stabilen Magnetfeldes prägt die neu entstehenden Gesteine. In den frühen Sechzigerjahren kartierten Geologen die Magnetrichtungen in Gesteinen auf dem Meeresgrund vor Island und fanden dabei ein

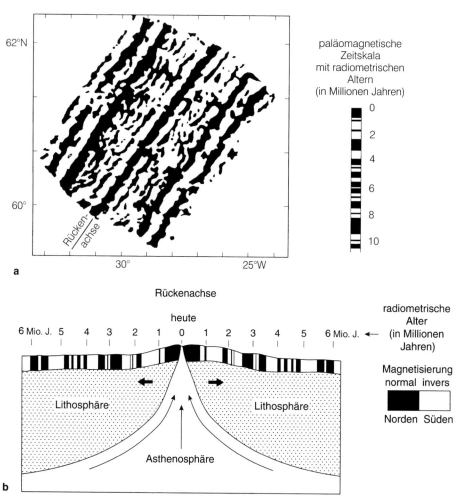

Abb. 1.7 *Die Magnetisierung des Meeresbodens im Atlantik, südwestlich von Island. a) Die Karte der Streifen unterschiedlicher Magnetisierung zeigt das nahezu spiegelbildliche Muster zu beiden Seiten des vulkanischen Rückens, von dem das Spreading ausgeht. Schwarze Bereiche kennzeichnen die Ausrichtung auf den magnetischen Nordpol, weiße auf den magnetischen Südpol. b) Querschnitt, der ebenfalls die weitgehende Symmetrie des geomagnetischen Streifenmusters verdeutlicht.*

Exkurs 1.2 | **Das Alter der Ozeane**

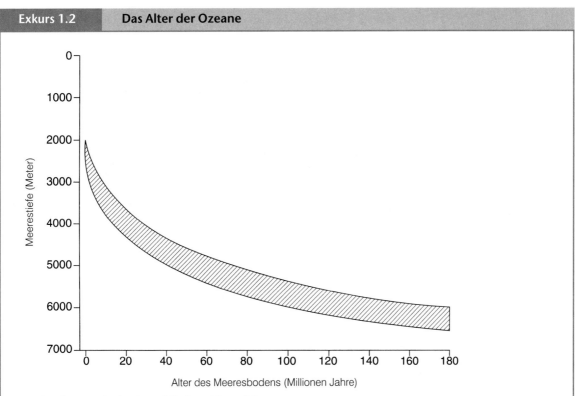

Das Alter des Ozeanbodens im Verhältnis zur Meerestiefe.

Die Ozeane der Erde sind aus geologischer Sicht bemerkenswert jung. Das Alter der ozeanischen Kruste beträgt durchschnittlich nur etwa 55 Millionen Jahre. Je näher man den Dehnungszentren oder ozeanischen Rücken kommt, desto jünger ist das Krustenmaterial.

Anhand des Alters des an den zentralen Ozeanrücken neu gebildeten Lithosphärenmaterials und seiner Position zum Ozeanrücken lassen sich die langfristigen Spreizungsbeträge des Meeresbodens abschätzen. Als wichtigste Datierungsmethode wurde die Magnetostratigraphie angewendet, ergänzt durch Kalium-Argon-Datierungen der Laven, in denen das magnetische Signal gespeichert ist. Die Spreizungsraten betragen danach zwischen sechs Millimeter pro Jahr in den nördlichen Bereichen des Atlantiks und 60 Millimeter in manchen Gebieten des Pazifiks.

Den sich rascher bewegenden Platten (Pazifische, Nazca, Cocos und Indische) ist gemeinsam, dass ihre Ränder zu einem großen Teil subduziert werden. Dagegen tragen Platten, die sich langsamer bewegen (Amerikanische, Afrikanische, Eurasische und Antarktische), ausgedehnte Kontinente und besitzen keine nennenswerten Anfügungen von abtauchendem Krustenmaterial. Frank Press und Raymond Siever (1986, S. 504) entwickelten eine Hypothese, nach der schnelle Plattenbewegungen durch die „Zugwirkung" von großflächig absinkenden Krustenteilen verursacht werden, während langsame Bewegungen aus dem „abbremsenden" Effekt der in die Platten eingebetteten Kontinente resultieren.

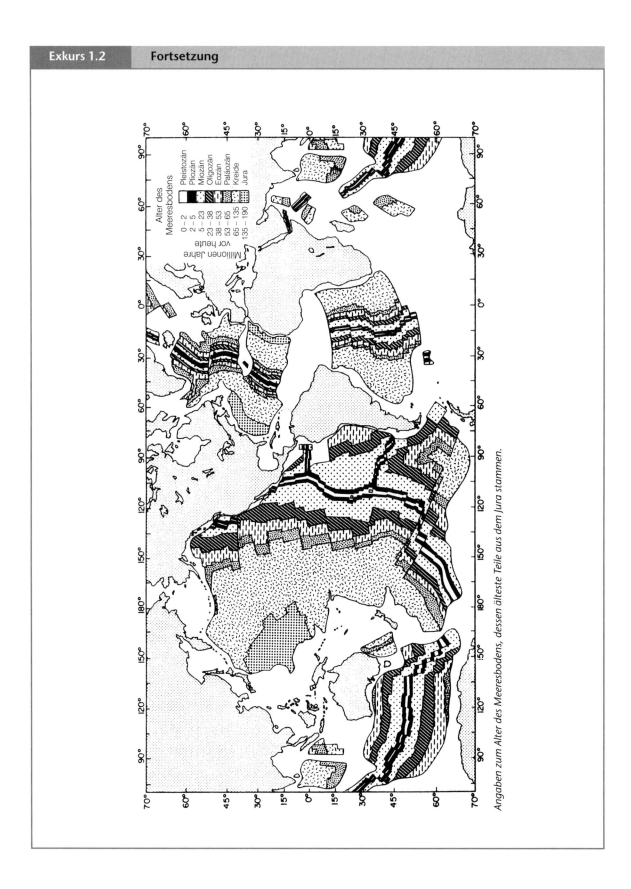

Angaben zum Alter des Meeresbodens, dessen älteste Teile aus dem Jura stammen.

merkwürdiges Zebramuster mit Gesteinen, die zum Teil in die eine und zum Teil in die andere Richtung magnetisch ausgerichtet waren (Abbildung 1.7).

Die Erklärung für dieses fossile Muster der Magnetisierung scheint darin zu liegen, dass Lava, die durch Öffnungen im mittelozeanischen Rücken aufsteigt und sich in der Nähe der Axialspalte verfestigt, nach dem zu dieser Zeit vorhandenen Magnetfeld, also entweder nach Norden oder Süden magnetisiert wird. Die Erdkruste zeichnet wie ein Tonbandgerät auf beiden Seiten des Rückens ein identisches magnetisches Muster auf. Mit anderen Worten heißt das, dass Material aus dem Erdinnern an den mittelozeanischen Rücken aufsteigt und sich langsam auf dem Meeresboden ausbreitet.

Dies war der erste wirkliche Beweis für das *Spreizen des Meeresbodens (Seafloor Spreading)*, obwohl schon in den Fünfzigerjahren Geophysiker paläomagnetische Methoden zur Bestimmung von Paläobreiten angewendet und die Argumente zu Gunsten der Kontinentaldrift verstärkt hatten.

Mehr Beweismaterial entstand, als es möglich wurde, Bohrungen im Ozean vorzunehmen und die subozeanischen Gesteine mit radioaktiven Isotopen zu datieren. Diese Daten zeigten weitere interessante Verbreitungsmuster, die die aus dem Paläomagnetismus gewonnenen Erkenntnisse ergänzten. Zum einen wurde klar, dass die Becken der Ozeane von vergleichsweise jungen Gesteinen bedeckt sind – Gesteinen mit einem Alter von weniger als 200 Millionen Jahren (Exkurs 1.2). Zweitens werden die Gesteine bei einem Querschnitt durch die Ozeane immer jünger, je mehr man sich dem mittelozeanischen Rücken nähert. Dies bestätigt, dass am mittelozeanischen Rücken Erdkruste entsteht. Das aufsteigende Magma tritt aus, fließt seitwärts ab und wird immer wieder durch neues aufsteigendes Magma ersetzt. Das ist die Erklärung für das zebraartige Muster der magnetisierten Gesteine, für das junge Alter der Gesteine in den Ozeanen und für die Tatsache, dass sie gegen die Rücken zu immer jünger werden.

1.8 Plattentektonik

In den Sechzigerjahren wurde ein neues Konzept über den Aufbau der äußeren Erdschichten entwickelt, das

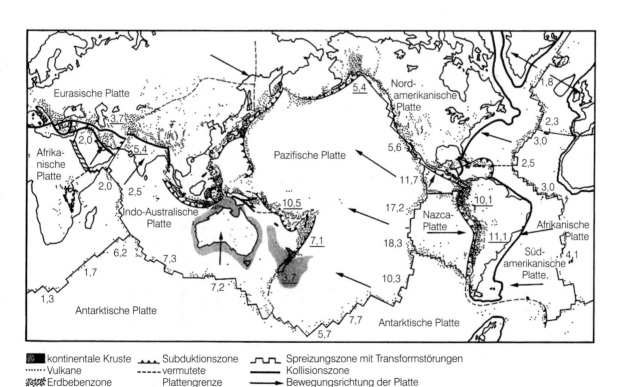

Abb. 1.8 *Die wichtigsten Platten der Erde mit Namen, Grenzen, Kollisionszonen, Subduktionszonen und besonderen geomorphologischen Erscheinungen. Die Zahlen geben das Maß des Seafloor Spreading und der Plattenkonvergenz an (in cm/Jahr). Man beachte die hohe Spreading-Rate im Pazifik.*

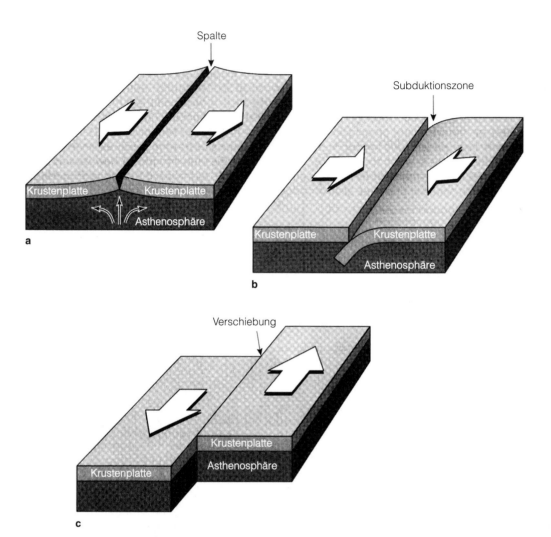

Abb. 1.9 *Drei Arten von Plattengrenzen: a) divergierende Plattenränder (wie zum Beispiel am mittelozeanischen Rücken); b) konvergierende Plattengrenze (wie beispielsweise an der Westseite Südamerikas); c) Transformstörung (Blattverschiebung), an der zwei Lithosphärenplatten aneinander vorbeigleiten (wie etwa das Tote Meer oder der San-Andreas-Graben).*

mit der Vorstellung des *Seafloor Spreading* der Meeresböden in Einklang zu bringen war. Man ging davon aus, dass die Erdkruste zusammen mit dem obersten, festen Teil des Mantels (Lithosphäre) aus mehreren Platten besteht (Abbildung 1.8). Diese Platten liegen auf der weicheren und verformbaren Asthenosphäre und bilden den Untergrund für Ozeane und Kontinente. Es konnten sieben große und vier bis fünf kleinere Platten sowie acht oder neun Kleinplatten erkannt werden. Sie scheinen im Durchschnitt etwa 100 Kilometer dick zu sein, wobei die Werte zwischen 60 und 300 Kilometern schwanken. Die größeren Platten haben eine Fläche von 65 Millionen Quadratkilometern! Diese Platten befinden sich in Bewegung, und

man nennt die Lehre von ihrer Bewegungsart und der sich daraus ergebenden Wechselwirkungen *Plattentektonik*.

Ein großer Teil der großmaßstäbigen Formen der Erdoberfläche, so etwa die meisten Vulkane und Gebirgsketten, liegen an den einzelnen Plattengrenzen (Abbildung 1.9) (Exkurs 1.3). Einige Platten driften entlang von divergierenden Kontaktlinien auseinander, besonders typisch an der Axialspalte des mittelatlantischen Rückens (Abbildung 1.10a). Diese spezielle Erscheinung zeigt sich im Kontaktbereich der amerikanischen Platten auf der einen Seite mit der Eurasischen und der Afrikanischen Platte auf der anderen Seite. An einer solchen Grenze bewegt sich der

Exkurs 1.3   Die Gebirge Neuseelands

Neuseeland ist ein Mekka für Geomorphologen: es besitzt eine große Vielfalt an spektakulären Reliefformen. Wie beim Himalaja (Exkurs 1.5) liegt die Hauptursache der Entstehung einer solch großartigen Landschaft darin, dass hier Lithosphärenplatten aufeinander stoßen (vergleiche nebenstehende Abbildung).

Neuseeland ist der sichtbare Teil eines Fragments des alten Großkontinents Gondwana. Die Abtrennung von ihm war vor etwa 80 Millionen Jahren abgeschlossen. Während des Känozoikums bildete sich die Grenze zwischen der Pazifischen Platte und der Indisch-australischen Platte mitten durch dieses Fragment. Sie ist durch eine Subduktionszone gekennzeichnet (durch den Kermadec-Hikurangi-Graben), die sich südlich der Tonga-Inseln bis ins Zentrum der Nordinsel von Neuseeland erstreckt. Weiter im Süden wird die Grenze durch eine große Transformstörung, die *„Alpine fault"*, gebildet, welche in südwestlicher Richtung durch die Südinsel verläuft. In dieser Störung treten starke Kompressionskräfte auf, und diese haben zur Bildung der Southern Alps geführt, die mit dem

Mount Cook eine Höhe von 3 764 Metern erreichen. Dieses Gebirge ist seit dem frühen Pliozän mit bis zu 20 Millimetern pro Jahr sehr rasch gehoben worden. Die Southern Alps sind im Profil asymmetrisch, denn sie steigen im Westen von einer schmalen Küstenebene steil auf, fallen dann aber allmählich und mit einem Wechsel von Nebenketten und Becken zur östlichen Küstenebene hin ab.

Die Southern Alps sind auch durch die Prozesse der klimabedingten Vergletscherung, der Verwitterung und der Erosion überformt worden. Ihre Gipfel stauen die feuchte Luft, die von der Tasmansee her kommt, was an exponierten Stellen zu sehr hohen Jahresniederschlägen von bis zu zwölf Metern und zur Entstehung großer Gletscher führte. Im Pleistozän hatten diese Gletscher ein wesentlich größeres Volumen und formten die Tröge, in denen sich die Fjorde an Neuseelands gezackter südlicher Westküste entwickelten. Glazialerosion, starke Frostverwitterung, Sander, Bergstürze und tektonische Hebung ergeben zusammen eine Landschaft von intensiver geomorphologischer Aktivität.

Milford Sound ist ein tiefer Fjord an der Westküste der Südinsel Neuseelands. In diesem Gebiet wurden im Pleistozän die Southern Alps, eine tektonisch sehr aktive Zone, intensiv glazial überformt.

Exkurs 1.3 Fortsetzung

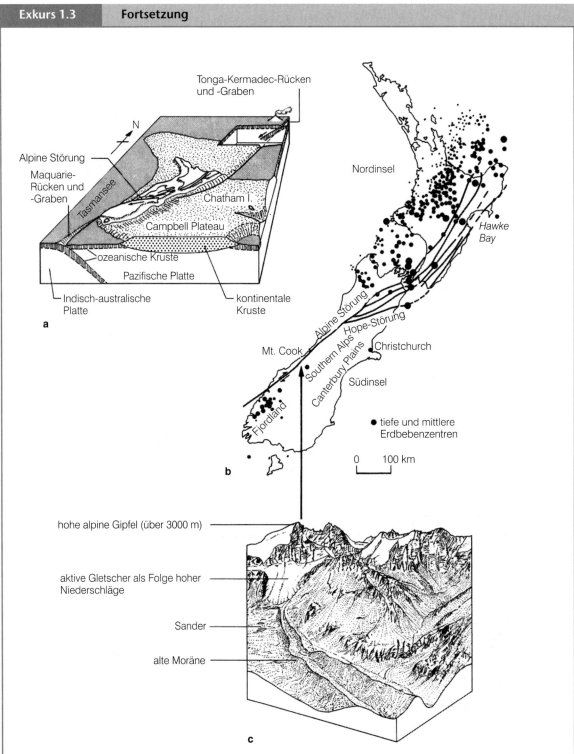

Die Landschaft der Alpen Neuseelands c) in Beziehung zu den tektonischen Bedingungen des Gebietes a) und den wichtigsten geologischen Strukturen sowie der seismischen Aktivität b).

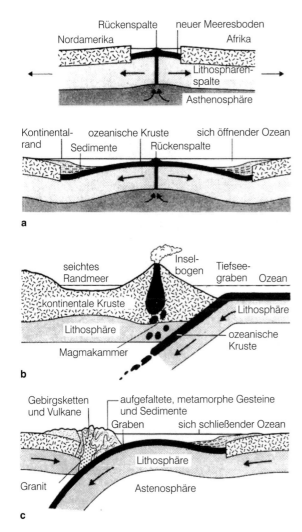

Abb. 1.10 *Die Ozeane und ihre Entstehung. a) Die Ozeane entstanden durch Grabenbildung in ihrem heutigen Zentrum. Die abfallenden Ränder der zurückgedrängten Kontinente erhielten sehr viel Sedimente aus dem Landesinneren. b) Wenn Platten zusammenstoßen, sinkt die dünnere und dichtere ozeanische Platte unter die dickere und leichtere kontinentale Platte und bildet dabei oft einen Inselbogen mit Vulkanen und einem tiefen Ozeangraben. c) Dauert dieser Prozess an, so kommt es zur Gebirgsbildung (Orogenese). Gesteine vom Ozeanboden werden in die Höhe gedrückt, gefaltet und granitisches Tiefengestein wird in die Gebirgswurzeln hineingepresst.*

Meeresboden auseinander. Der leere Raum zwischen den auseinander driftenden Platten wird mit geschmolzenem, beweglichem Material aus dem Erdinnern wieder aufgefüllt. Das Material erkaltet in der Spalte und so wachsen die Platten bei ihrer Auseinanderbewegung. Der Atlantik war vor 150 Millionen Jahren noch nicht vorhanden und ist wahrscheinlich erst

durch die genannten Prozesse, die zum Zerfall des alten Superkontinentes Pangaea führten, entstanden.

Der Prozess des Auseinanderdriftens findet hauptsächlich in den Ozeanbecken statt. Aber es gibt auch auf den Kontinenten zwei Spreizzonen: die eine in Afrika (Abbildung 1.12), die andere in Asien. Die afrikanische Zone (Abbildung 1.11), die sich vom Roten Meer in einer Serie von Spalten durch das ostafrikanische Hügelland fortsetzt, ist besser entwickelt. In diesem Grabenbruch liegen einige Seenbecken wie Lake Malawi, Lake Tanganyika und Lake Kivu.

Auf dem asiatischen Kontinent liegt die Grabenbruchzone in Sibirien, wo der tiefer gelegene Teil vom Baikalsee eingenommen wird. Hier gab es im Pleistozän auch vulkanische Tätigkeit.

Diese Grabenbrüche sind prägende Formen der Erdoberfläche. Sie sind oft mehrere hundert Kilometer lang und 10 bis 50 Kilometer breit. Der zentrale Bereich des Grabens ist oft 1 bis 5 Kilometer tief eingebrochen. Viele dieser Grabenbrüche sind in den letzten 10 bis 30 Millionen Jahren entstanden und können als Anfangsstadium neuer Plattenränder angesehen werden (Exkurs 1.4).

Die Geschwindigkeit, mit der beide Seiten der ozeanischen Axialspalte auseinander driften, erklärt zu einem guten Teil Erscheinungsbild und Verteilung der Inseln und Meeresberge. Entlang sich langsam spreizender Zonen, wie sie für den Atlantik typisch sind, lagert sich das Magma nahe am Austrittsort ab. Es entsteht ein deutlich erkennbarer mittelozeanischer Rücken mit ziemlich gebirgigen Inseln wie den Azoren. Wenn aber, wie im Falle des Pazifik, die Spreading-Rate eher groß ist, werden wachsende vulkanische Strukturen weit vom Ursprungsort weg bewegt, wo sie schließlich absinken und erlöschen. Der Grund für dieses Absinken liegt darin, dass sich die ozeanische Kruste zusammenzieht und dichter wird, wenn sie abkühlt. Wenn man eine Karte des Pazifikbodens betrachtet, kann man deshalb eine große Zahl an *Sea Mounts* sehen und feststellen, dass einige von ihnen – *Guyots* – oben flach sind, weil sie von der Brandung vor dem Absinken eingeebnet worden sind. Meeresberge und *Guyots* bilden Plattformen, auf denen die vielen, für die warmen Teile des Pazifiks so charakteristischen Korallenriffe entstehen.

Wenn sich Platten an einer Stelle trennen und dort ständig neues Krustenmaterial erzeugen, so müssen sie offensichtlich an einem anderen Ort konvergieren und Krustenmaterial einschmelzen, um eine stetige Vergrößerung der Erde zu verhindern. Sie tun dies an den *konvergierenden Plattenrändern*, wo zusam-

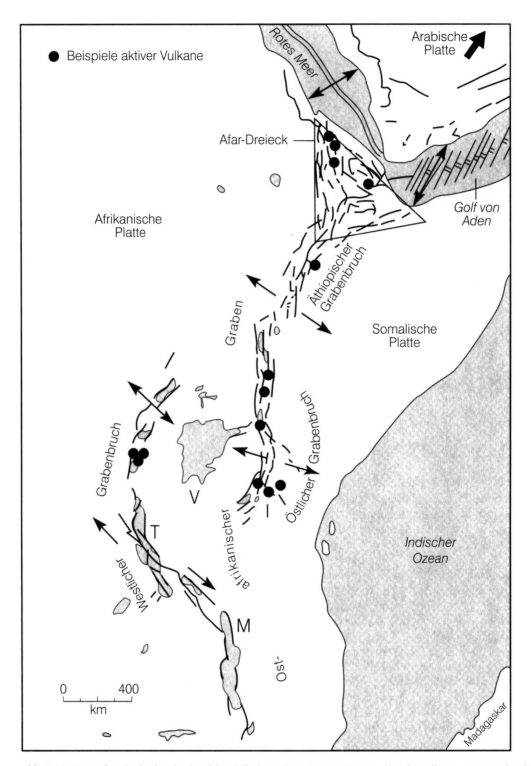

Abb. 1.11 *Die großen Grabenbrüche Ostafrikas befinden sich in einem Gebiet, in dem die Erdkruste auseinander driftet und starke Vulkantätigkeit herrschte. Wo der äthiopische Abschnitt des Grabenbruchs auf das Rote Meer und den Golf von Aden trifft, erfolgt im so genannten Afar-Dreieck die Divergenz an gleich drei vermuteten neuen Plattenrändern.*

Abb. 1.12 *Das Auseinanderdriften von Platten verursacht Spannungen in der Erdkruste, die zur Entstehung von tektonischen Gräben führen können, wie im Falle des hier gezeigten Beispiels bei Baringo in Kenia. Der Grabenbruch ist von einem Kliff aus Basaltlava begrenzt, der Baringo-See bildet den Grabenboden, und kleine Vulkane formen Inseln im See.*

mengestauchte Bergketten, Vulkane, Erdbeben und ozeanische Gräben das Bild beherrschen. Hier taucht die schwerere ozeanische unter die leichtere kontinentale Platte ab. Das Gebiet, in dem das Material verschwindet, nennt man *Subduktionszone.* Beim Abtauchen einer ozeanischen unter eine kontinentale Platte beginnen Teile der Ersteren zu schmelzen und werden wieder zu Magma (Abbildung 1.10b): Ein Teil davon kommt als Lava, die aus vulkanischen Öffnungen austritt, wiederum an die Erdoberfläche. Wenn eine ozeanische Platte unter die benachbarte Platte geschoben wird und in einem Winkel zwischen 30° und 60° in das Erdinnere abtaucht (Abbildung 1.10c), wird die Krustenoberfläche hinuntergezogen und bildet einen Tiefseegraben. Diese Bewegung erfolgt ruckartig, wodurch Erdbeben verursacht werden.

Ein weiteres auffallendes Element sind Blattverschiebungen (*Transformstörungen*). Sie kommen dort vor, wo zwei Platten nicht direkt miteinander kollidieren, sondern längs eines Bruches aneinander entlang gleiten. Das berühmteste Beispiel einer solchen Störung ist die San-Andreas-Verwerfung in Kalifornien (Abbildung 1.13), welche die sich nordwärts bewegende Pazifische Platte von der Nordamerikanischen

Platte trennt. In diesem Bereich treten viele Erdbeben auf, da die Bewegung entlang der Verwerfung unregel-

Abb. 1.13 *Wo sich zwei Platten parallel zueinander bewegen, entstehen Verwerfungen wie der San-Andreas-Graben in Kalifornien, der sich mitten durch die Landschaft schneidet.*

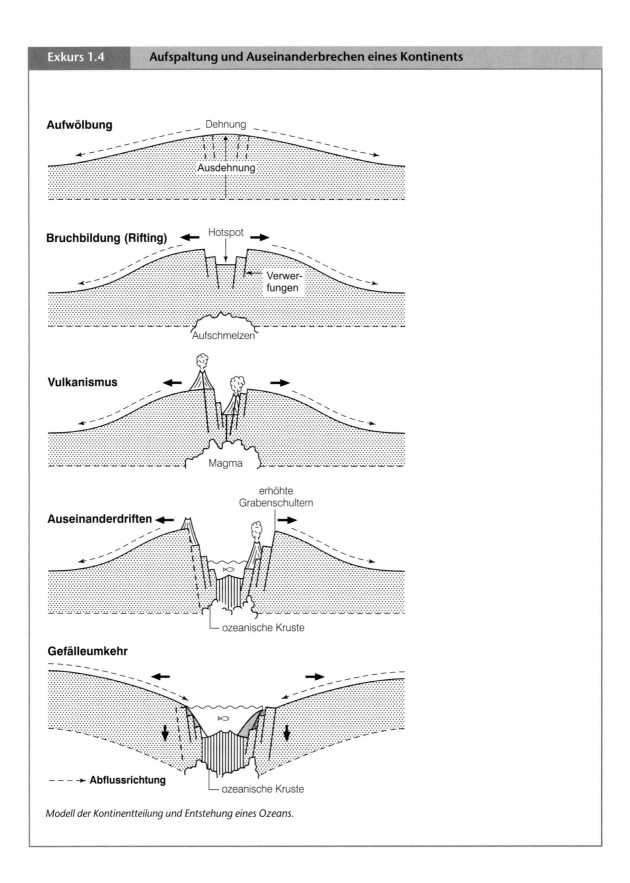

Exkurs 1.4   **Aufspaltung und Auseinanderbrechen eines Kontinents**

Modell der Kontinentteilung und Entstehung eines Ozeans.

Exkurs 1.4 | Fortsetzung

Man nimmt an, dass das Auseinanderbrechen eines Kontinents mit der lokalen Aufheizung durch einen unterhalb der Lithosphäre befindlichen Hotspot beginnt. Dadurch wird die Kruste gedehnt. Im weiteren Verlauf wölbt oder domt sich die Oberfläche auf. Schließlich zerbricht die Kruste, und es entsteht ein Grabenbruch. Die Bruchspalte ist von Vulkanen gesäumt, und es kann zur Ablagerung ausgedehnter Lavadecken kommen (wie zum Beispiel an den Rändern des Roten Meeres). In diesem Entwicklungsstadium befindet sich der Grabenbruch hoch über dem Meeresspiegel und ist seitlich durch ein erhöhtes Relief begrenzt. Schreitet die Dehnung weiter voran, senkt sich der Grund des Grabens unter Meeresniveau ab, sodass Meerwasser in das System eindringen kann. Aus dem Erdmantel aufsteigende ozeanische Lava beginnt neues ozeanisches Krustenmaterial zu bilden. Die Ränder des Grabens kühlen mit wachsender Entfernung zum neu entstandenen ozeanischen Riftgebirge ab, und die Neigung der Grabenflanken kehrt sich um, sodass sich die Entwässerung eher zum Meer hin als von ihm weg orientiert.

mäßig abläuft und sich die aufgebauten Spannungen ruckartig entladen.

Die Entstehung vieler Gebirge kann durch Plattentektonik erklärt werden. Der Prozess beginnt mit der Bildung eines Ozeans durch *Seafloor Spreading*. Dicke Schlamm- und Schlickschichten, die vom Festland erodiert werden, lagern sich an den Kontinentalhängen ab, während dünnere Kalk- und Sandschichten auf den Kontinentalschelfen liegen bleiben. Nach etwa 100 oder 200 Millionen Jahren wird die ozeanische Kruste auf der einen Seite des Ozeans subduziert, und es entsteht ein Tiefseegraben. Aufgeschmolzenes ozeanisches Krustenmaterial steigt auf und bildet einen vulkanischen *Inselbogen* (Abbildung 1.10b). In der nächsten Phase wird der Inselbogen in den Kontinent hineingezogen: zuletzt schließt sich der Ozean und die beiden Kontinente stoßen aufeinander. Dabei werden die Sedimente des Inselbogens und des Kontinentalrandes wie in einem Schraubstock gefangen, und es kommt zu Faltungen und Überschiebungen. Zusätzlich steigt flüssiges Tiefengestein, das beim Schmelzen der ozeanischen Kruste in der Tiefe entsteht, auf und bewirkt eine *Hebung*. Auf diese Weise sind einige der großen Faltengebirge entstanden (Abbildung 1.10c).

Die Bildung von Inselbögen ist somit häufig ein Teil in der Entstehungsgeschichte eines Gebirges. In der Gegenwart beschränkt sich ihr Vorkommen im Wesentlichen auf den Pazifik. Sie bestehen aus silikatreicher Lava (*Andesit*) und haben einige der zerstörerischsten Vulkane der Welt unter sich. Andernorts sind Inselbögen heute Teil eines Kontinents. Dies gilt zum Beispiel für das große Karakorum-Gebirge in Nordpakistan. Es besteht aus silikatreichem Gestein, und man geht davon aus, dass es sich um die Überreste eines Inselbogens handelt, der durch die Bewegung der Indischen Platte in nördliche Richtung in die Eurasische Platte hineingedrückt wurde. Das erklärt auch, warum der Gipfel des Mount Rakaposhi, mit 7 788 Metern einer der höchsten Berge der Welt, aus ozeanischem Krustenmaterial besteht (Exkurs 1.5).

Einige der alten Gebirgswurzeln, die für die heute weniger aktiven Zonen der Erdoberfläche typisch sind (wie etwa die Aravalli Mountains in Indien, der Ural in Sibirien oder die Appalachen in den östlichen Vereinigten Staaten), sind vermutlich Zeugen älterer Phasen der Plattenbewegung. Wie wir bereits festgestellt haben, ist ein großer Teil der kontinentalen Kruste sehr alt und unterlag deshalb unter Umständen schon mehr als einmal einer Plattenkollision oder einem Auseinanderbrechen der Platten (Exkurs 1.6).

Abbildung 1.14 zeigt diesen Sachverhalt anhand der Appalachen. Sie dürften in einer Zeit der Riftbildung a) und b) entstanden sein, die dann in eine Phase der Kollision und Subduktion c) und schließlich der Gebirgsbildung d) überging. Ein weiterer Zyklus der Grabenbildung e) trennte die Gebirgszone und führte zur Öffnung des Atlantiks f). In der Zwischenzeit hat die starke Erosion die Appalachen so geformt, wie wir sie heute kennen (Abbildung 1.15).

Die Gesteine und die geologischen Strukturen der Britischen Inseln (Exkurs 1.7), aber auch Deutschlands, geben Hinweise darauf, dass solche Zyklen der Gebirgsbildung mehr als einmal stattgefunden haben. Das schrittweise Hinzufügen neuer orogenetischer Gürtel mit unterschiedlichen Gesteinstypen verschaffte Großbritannien seine überaus große Vielfalt an Landschaftsformen. Die präkambrischen Gesteine der Outer Hebrides und an sie anschließende Gebiete Nordwestschottlands sind der Rand eines alten Kontinentes. In der *kaledonischen* Gebirgsbildung kam es vor ungefähr 400 Millionen Jahren zu intensiven Fal-

Exkurs 1.5 — Die Entstehung des Himalajas

Der Himalaja und die mit ihm zusammenhängenden Gebirgszüge wie das Karakorum-Gebirge besitzen Gipfel von über 8 000 Meter Höhe. Sie bilden den größten und jüngsten Gebirgsgürtel der Welt, der sich zwischen Afghanistan und Burma mit einer Breite von 250 bis 350 Kilometern und einer Länge von rund 3 000 Kilometern erstreckt.

Der Himalaja ist als Folge der Plattenkollision Indiens mit Eurasien entstanden. Als sich Indien von Gondwana löste, driftete es nach Norden und bewegte sich dabei von einer Lage in ungefähr 20° bis 40°S vor 70 Millionen Jahren in eine Lage zwischen etwa 10°S und 10°N vor 40 Millionen Jahren. Dabei wurde die Platte des Tethys-Ozeans, welche zwischen Indien und Eurasien lag, unter die Eurasische Platte geschoben. Dieser Prozess dauerte bis etwa 45 bis 50 Millionen Jahre vor heute. Zu dieser Zeit stieß Indien mit Asien zum ersten Mal zusammen. Vorher bewegte es sich mit einer Geschwindigkeit von etwa zehn Zentimetern pro Jahr oder mehr nordwärts,

danach verlangsamte sich dieser Vorgang auf etwa fünf Zentimeter pro Jahr. Mit dieser geringeren, aber immer noch beachtlichen Geschwindigkeit dauert die Bewegung bis heute an.

Bemerkenswert ist die Tatsache, dass die Bewegung nach Norden mit dem „Andocken" an Asien nicht aufhörte. In der Tat hat sich Indien seit dem Zusammenstoß weitere 2 000 Kilometer nach Asien hineingedrängt. Dieser Prozess führte zu starken Verschiebungen und Faltungen, deren Auswirkungen bis weit nach China hinein und nach Südostasien bemerkbar sind, sowie zu Erdbeben und zu einer starken Anhebung des Himalajas. Die Hebungsrate ist beachtlich. Das Gebiet Nanga Parbat in Pakistan ist zum Beispiel mehr als zehn Kilometer in weniger als zehn Millionen Jahren gehoben worden. Damit konnte selbst starke Erosion nicht Schritt halten. Dennoch ist die Südabdachung des Himalaja von großen Schwemmkegeln mit fluvialen Ablagerungen (*Molasse*) umgeben. Sie bilden die Siwalik Foothills.

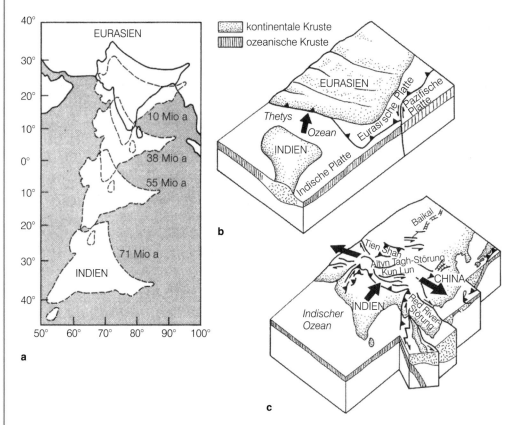

Die Entstehung des Himalajas (Angaben in Millionen Jahre): a) Die Driftbewegung Indiens nach Norden in Richtung Asien im Känozoikum. b) Die Strukturen vor dem Zusammenstoß vor ungefähr 60 Millionen Jahren. c) Die heutige Struktur zeigt, dass Indien nicht nur mit Eurasien zusammengestoßen ist, sondern auch eine beachtliche Einbuchtung und eine Verschiebung der Kontinentalkruste nach Osten bewirkt hat.

Exkurs 1.6   **Wilson-Zyklen**

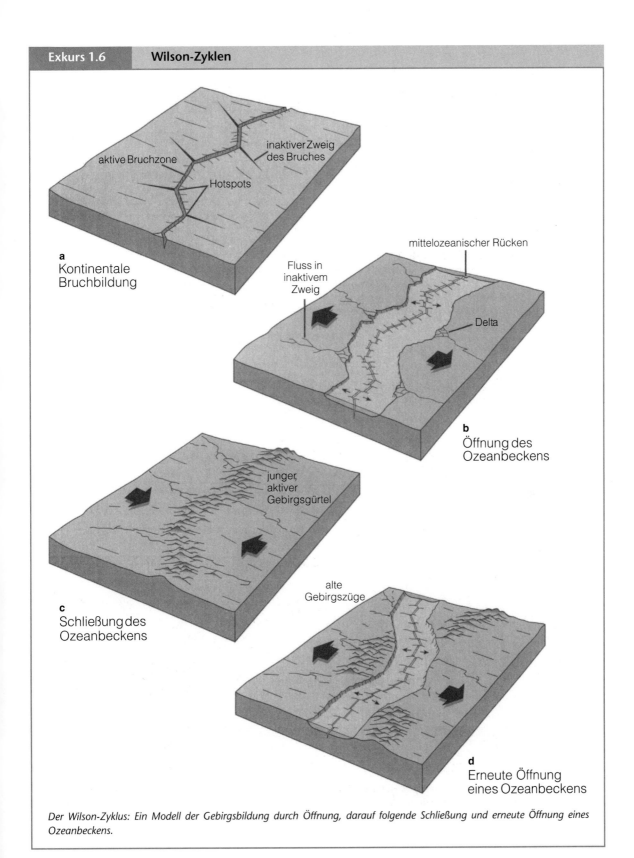

Der Wilson-Zyklus: Ein Modell der Gebirgsbildung durch Öffnung, darauf folgende Schließung und erneute Öffnung eines Ozeanbeckens.

Exkurs 1.6 | Fortsetzung

In den Sechzigerjahren des 20. Jahrhunderts stellte der Geologe J. T. Wilson die Hypothese auf, dass auf das Auseinanderbrechen eines Kontinents die Bildung eines Ozeans und Seafloor Spreading folgen, dass es aber auch zu einer erneuten Schließung des Meeres kommen kann. Wie man heute feststellen kann, dauert die Öffnung des Atlantiks, des Roten Meeres und des Golfs von Kalifornien noch an, während die Meeresbecken des Mittelmeeres und des Pazifiks im Begriff sind, sich wieder zu schließen. Durch eine solche Schließung neu gebildete Kontinentblöcke können entlang derselben

Nahtstelle abermals zerbrechen, um in ungefähr der gleichen Position erneut einen Ozean zu bilden. Diese komplexen Kreisläufe des sich Öffnens und Schließens von Ozeanbecken bezeichnet man als Wilson-Zyklen. Die Hypothese stützte sich auf die Entstehungsgeschichte des Atlantiks, der, wie man heute vermutet, etwa denselben Bereich einnimmt wie sein Vorläufer, der so genannte Iapetus-Ozean. Dieser existierte vor dem Zusammenprall Nordamerikas mit Grönland sowie Europas mit Afrika, der die Hebung der kaledonischen Gebirge verursachte.

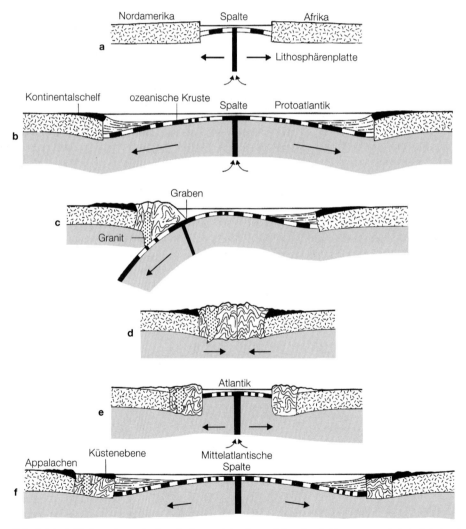

Abb. 1.14 a) Die Entstehung der Appalachen und der dazugehörenden Gebirgssysteme (USA) als Folge des Auseinanderbrechens einer Lithosphärenplatte in zwei Platten, Nordamerika und Afrika. b) Nach einer gewissen Zeit des Auseinanderdriftens haben sich in Geosynklinalen und auf den Kontinentalschelfen Sedimente abgelagert. c) und d) Magmatische Intrusionen und die Kollision der Plattenränder bringen Strukturen hervor, wie wir sie heute in den Appalachen sehen. e) Die Entstehung der Mittelatlantischen Spalte. f) Fortgesetztes Seafloor-Spreading lässt den heutigen atlantischen Rücken entstehen.

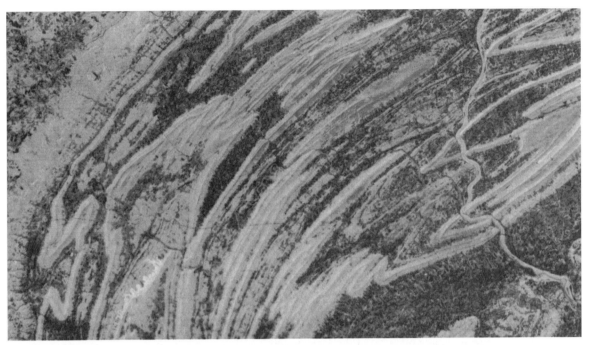

Abb. 1.15 *Eine Landsat-Aufnahme zeigt die großartigen Faltenstrukturen im Innern der Appalachen im Osten der USA. Ihr Relief ist durch die Erosion fast ganz eingeebnet worden.*

tungen und Verwerfungen. Im *hercynischen* Zyklus (vor circa 250 Millionen Jahren) entstand durch Empordringen von Magma der granitische Batholith, der unter vielen Moorgebieten in Devon und Cornwall im Südwesten Englands liegt. Im *alpinen* Zyklus bildeten sich nach dem Zusammenstoß von Afrika und Europa die Alpen. Seither bewirkten die Öffnung des Atlantiks und die damit verbundene Bruchbildung vulkanische Tätigkeit in Nordwestschottland und Antrim. An der Küste wird die Lava zu eindrücklichen Kliffs, und die sechseckigen Säulen, die beim Abkühlen des Basalts entstehen, sind auffallende Formen des Giant's Causeway in Nordirland geworden.

Auch die Küsten der Kontinente können nach den Prinzipien der Plattentektonik eingeteilt und erklärt werden. An Küsten mit konvergierenden Platten (*Kollisionsküsten*) verlaufen die geologischen Strukturen bevorzugt parallel zum Ufer. Diese Küsten haben einen relativ geraden Verlauf, hohe, im Hinterland tektonisch bewegte Gebirge und ziemlich schmale Kontinentalschelfe. Sie unterliegen Erdbeben und vulkanischer Tätigkeit, wobei die Erdbeben manchmal katastrophale Flutwellen (*Tsunamis*) auslösen können. Das tektonisch aktive Hinterland ist oft eine Zone starker Erosion, was zu großen Sedimentablagerungen an der Küste führt. Als Folge der Gebirgsbildung findet

man eine Reihe fossiler Strandlinien oberhalb der heutigen Strandlinie.

Der zweite Küstentyp wird im englischen Sprachgebrauch als *passive margin trailing edge coast* bezeichnet. Man unterscheidet dabei die afrikanische und die amerikanische Form. Diese Unterscheidung ist von Bedeutung wegen ihres Einflusses auf die weltweiten Verbreitungsmuster fluviatiler Sedimentation. Wo die Küste wie in Südamerika auf der einen Kontinentseite eine Kollisionsküste bildet, verschafft der hohe, tektonisch aktive Randbereich des Kontinents, in diesem Fall die Anden, den Flüssen eine hohe Sedimentfracht zum Transport an die gegenüberliegende, abgeflachte Küste des Kontinents (*trailing edge coast*). Wo beide Kontinentseiten abgeflacht sind, trifft dies nicht zu. Gute Beispiele dafür sind die Küsten Afrikas, wo Flüsse wie Kongo und Niger im Vergleich mit Amazonas und Mississippi relativ wenig Fracht transportieren. Wichtige Folgen sind die flachere Küstenform und die ausgedehnteren Sedimentebenen des amerikanischen Typs. Es bilden sich große Deltas, die lokal zu einem Absinken der Erdkruste führen können. Im Allgemeinen sind diese Küsten aber tektonisch sehr stabil.

Wir verstehen nun, warum die Kontinente ihre heutige Lage und Form haben, warum die Ozeane in

Exkurs 1.7

Die Öffnung des Nordatlantiks und die Landschaftsformen der Britischen Inseln

Bis vor 200 Millionen Jahren (späte Trias) gab es den Nordatlantik als Ozean noch nicht, die Landmassen Westeuropas, Grönlands und Nordamerikas formten eine zusammenhängende Kontinentalplatte. Während der mittleren Jurazeit begannen sich erste Ansätze von Plattengrenzen zwischen Europa und Nordamerika zu entwickeln. Entlang dieser Plattengrenzen wurde in der gesamten Längserstreckung des südlichen Nordatlantiks neue ozeanische Kruste gebildet, und insbesondere im Nordseebecken kam es zu Bruchspaltenbildung (Rifting). Am Beginn des Paläozoikums war das Seafloor Spreading so weit vorangeschritten, dass zwischen Irland und Grönland eine Öffnung in Erscheinung trat.

Diese Phase der Plattentrennung war begleitet von einer Periode ausgeprägter Krustendehnung in weiten Tei-

len Großbritanniens und Irlands, die in einem Zeitraum von 61 bis 52 Millionen Jahren vor heute starke Intrusionen und Lavaergüsse verursachte. Flutbasalte vom Hawaii-Typ wurden ausgeschleudert und formten Lavadecken, insbesondere auf der Insel Mull (wo diese bis zu 2000 Meter mächtig sind) und in Antrim. Es entstanden magmatische Intrusionen, darunter die Lundy-Granite des Bristolkanals, deren Alter auf 52 Millionen Jahre datiert wurde. Ebenso wurden nordwest-südost-streichende Gangschwärme intrudiert, die sich im Süden bis nach Lundy, Snowdonia und in die nordwestlichen Midlands erstrecken. Diese Aktivitäten waren im frühen Eozän weitgehend abgeklungen, denn mit der fortschreitenden Öffnung des Atlantiks verlagerte sich die vulkanische Tätigkeit nach Westen und konzentrierte sich im Bereich des späteren Islands.

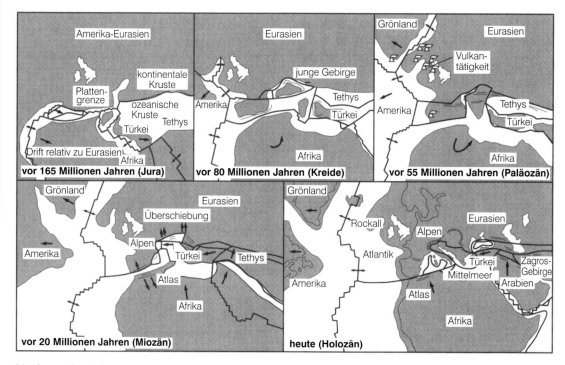

Die plattentektonische Entstehung des Mittelmeerbeckens und der Nordatlantik-Region seit der Jurazeit. Man beachte die relativ späte Öffnung des Nordatlantiks und die damit verbundene vulkanische Aktivität im Paläozän.

Exkurs 1.7   **Fortsetzung**

Die eindrucksvolle Isle of Staffa an der Westküste Schottlands besteht aus Basaltlava, die bei der Grabenbildung im Zusammenhang mit der Entstehung des Atlantiks an die Erdoberfläche kam.

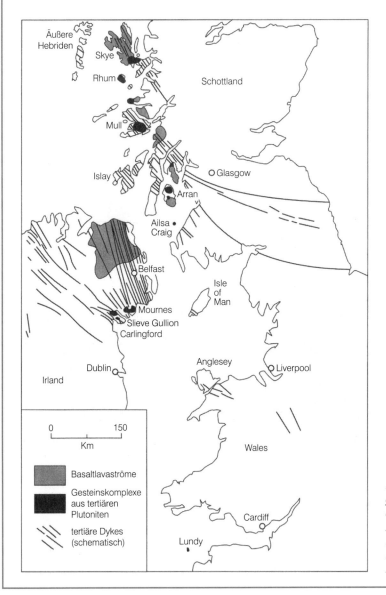

Die Öffnung des Nordatlantiks war begleitet von starker Vulkantätigkeit auf den Britischen Inseln. Dadurch kam es zur Intrusion von Plutonen (darunter die Insel Lundy), zum Aufdringen von Granitschmelzen durch Dyke-Schwärme und zum Austritt großer Basaltlavaströme.

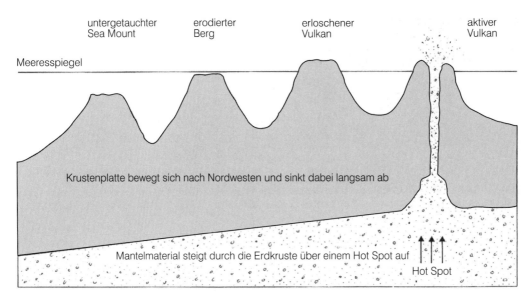

Abb. 1.16 *Einige Vulkaninseln entstehen über Hot Spots in der Erdkruste. Durch die seitliche Verschiebung der Platte bilden sich immer neue aktive Vulkane. Mit zunehmender Entfernung vom Hot Spot werden die Vulkane weniger aktiv, die Erosion nimmt zu (sodass abgeflachte Guyots entstehen); deren Absinken führt unter Umständen dazu, dass aus den Vulkanen „Unterwasserberge", so genannte Sea Mounts, werden.*

der Mitte von Rücken durchzogen sind, warum Vulkane und Erdbeben sich an ihren heutigen Standorten konzentrieren, und wir verstehen auch, wie sich Gebirge bilden. Die Theorie der Plattentektonik bietet eine alles umfassende Erklärung und hat das Denken über die großräumige Geomorphologie revolutioniert. Es gibt aber offensichtlich einige Ausnahmen. Die Hawaiiinseln zum Beispiel sind zwar große Vulkane, sie liegen aber nicht am Rand einer Platte wie die meisten Vulkane, sondern in der Mitte. Dennoch können diese Besonderheiten helfen, die Theorie der Krustenbewegung zu bestätigen. In der Tat gibt es im Pazifik um die 10 000 Vulkane. Einige unter ihnen erheben sich als Vulkaninseln über den Meeresspiegel, die meisten aber bleiben als so genannte *Sea Mounts* darunter. Viele gehören zu linearen Vulkanketten, bei denen das Alter der Vulkane von einem Ende zum anderen zunimmt. Das eindrücklichste Beispiel ist die Hawaiian-Emperor Chain, die aus 107 Inseln und *Sea Mounts* (Seebergen) besteht und sich über ungefähr 6 000 Kilometer erstreckt. Die einzelnen Glieder der Vulkankette werden immer jünger, je näher sie an der heute aktiven Vulkaninsel, der Insel von Hawaii, liegen. Eine mögliche Erklärung für diese Erscheinung ist, dass aus unbekannten Gründen unter dem Pazifik ein lokaler *Hot Spot* liegen könnte, ein Ort also, an dem sich Magma aus der Asthenosphäre oder dem tieferen Erdmantel seinen Weg durch die Lithosphäre

bahnt. Man nimmt an, dass sich die Kruste von einem ozeanischen Rücken südöstlich von Hawaii in Richtung eines nordwestlich liegenden Grabens bewegt. Die südöstliche Inselkette liegt zurzeit über dem *Hot Spot* und ist ein Gebiet mit vulkanischer Aktivität und Erdbeben. Die nordwestlichen Inseln hingegen entstanden viel früher, als sie noch über dem *Hot Spot* lagen. Seither haben sie sich von ihm weg bewegt, und die vulkanische Tätigkeit ist eingestellt (Abbildung 1.16). Noch weiter entfernt in nordwestlicher Richtung liegt eine andere Kette von *Sea Mounts*; diese können als der Überrest noch älterer vulkanischer Tätigkeit betrachtet werden.

1.9 Mikroplatten und exotische Formationen

Betrachten wir die Gesteine an großen Teilen der Küsten von Alaska, Kanada und den Vereinigten Staaten (Abbildung 1.17) auf einer Breite von mehreren hundert Kilometern so fällt auf, dass sie aus einem Mosaik von Hunderten sehr unterschiedlichen, scharf abgegrenzten Segmenten zusammengesetzt sind. Beieinander liegende Segmente können unter Umständen verschiedene Fossilien aufweisen, die zeigen, dass sie vermutlich in unterschiedlichen Breiten entstanden sind. Ein Teil dieser so genannten „exotischen

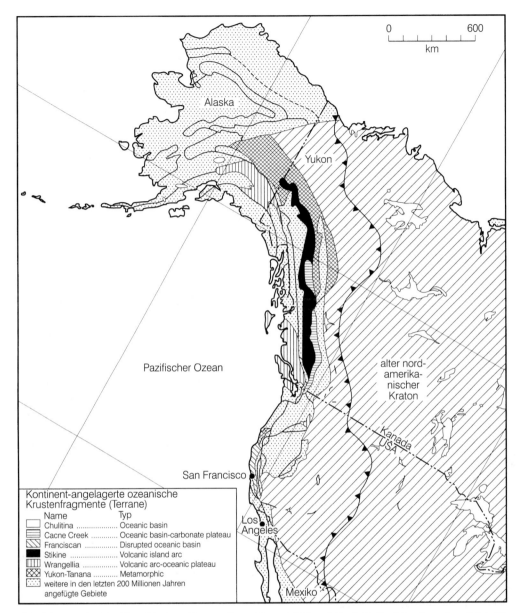

Abb. 1.17 *An der Westküste Nordamerikas markieren Terrane (Mikroplatten) die Bereiche ehemaliger Subduktionszonen. Während der letzten 200 Millionen Jahre glitten die ozeanischen Platten unter die leichteren kontinentalen Platten. Dabei wurden jedoch Inseln, Sea Mounts und andere Oberflächenbildungen abgeschert und an die kontinentale Platte angeschweißt.*

Formationen" besteht aus Fragmenten von Kontinenten, andere sind Reste von Inselbögen, und wieder andere sind ozeanische Plateaus, Teile von ozeanischen Rücken oder von Sedimentebenen. Sie wurden auch als geologisches Treib- oder Strandgut bezeichnet.

Jüngere paläomagnetische Untersuchungen haben gezeigt, dass einige dieser Bruchstücke einige tausend Kilometer zurückgelegt haben. Man ist zu dem Schluss gekommen, dass die verschiedenen Formationen einmal in weiten Teilen des Pazifiks verteilt waren und durch das Seafloor Spreading nach Norden transportiert wurden. Beim Auftreffen auf Nordamerika wurden sie zusammengedrückt, gehoben und schräg gestellt. Diese Segmente, deren Ausmaß von kleinen Flächen mit wenigen Quadratkilometern bis zu großen Gebieten mit vielen tausend Quadratkilometern reicht, nennt man *Mikroplatten*.

1.10 Die Gesteinstypen der Erde

Nachdem wir nun einige Großformen des Reliefs auf dem Lande und in den Ozeanen betrachtet haben, kommen wir nun zu dem Material, aus dem die Erd-

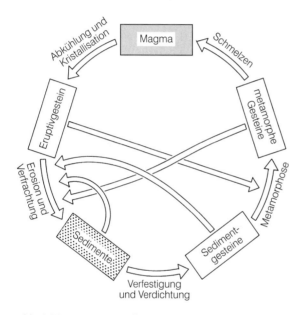

Abb. 1.18 *Der Gesteinszyklus zeigt die Zusammenhänge zwischen den drei Hauptgesteinstypen: Magmatisches Gestein, metamorphes Gestein und Sedimentgestein.*

oberfläche besteht. Auch hier können wir die Entstehung der wichtigsten Gesteinsarten mit der Theorie der Plattentektonik in Verbindung bringen.

Gewöhnlich werden die Gesteine in drei Hauptgruppen unterteilt: Magmatische Gesteine (Eruptivgesteine), metamorphe Gesteine und Sedimentgesteine (Abbildung 1.18).

Magmatische Gesteine

Magmatisches Gestein ist aus Mineralien zusammengesetzt, die während der Abkühlung von geschmolzenem Magma auskristallisieren. Diese Abkühlung kann unterirdisch geschehen; man bezeichnet dann das

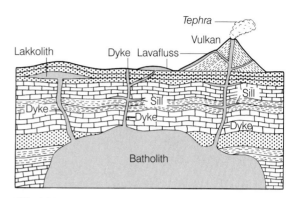

Abb. 1.19 *Erstarrungsformen von Erguss- und Tiefengestein. Batholithe können das Ergebnis aufsteigenden Magmas während einer Gebirgsbildung im Zusammenhang mit einer Plattenkollision sein.*

Produkt als plutonisch. Erfolgt die Abkühlung oberirdisch, so entsteht vulkanisches Gestein. Bei einer raschen Abkühlung an der Oberfläche bilden sich glasige und feinkörnige Gesteine. Eine langsame Erkaltung, wie sie unterirdisch die Regel ist, führt dagegen zur Bildung größerer Kristalle. Das Auskristallisieren der verschiedenen Minerale erfolgt bei unterschiedlichen Temperaturen. So kommt es zu einer großen Vielfalt an magmatischen Gesteinen.

Die *Tiefengesteine* kommen in verschiedenen Arten von Gesteinskörpern vor (Abbildung 1.19). Große domartige Massen aus Granit nennt man *Batholithe* (Abbildung 1.20). Magma kann auch in steile Bruchspalten als dünne Schicht hineingepresst und von dort entlang der Gesteinsschichten seitwärts verbreitet werden. So entstehen flache, mit der Schichtung verlaufende *Lagergänge* (*Sills*) und blasenartige *Lakkolithe*.

Magma, das die Erdoberfläche erreicht, nennt man *Lava*. Das häufigste daraus resultierende Gestein ist *Basalt*, der ausgedehnte, nahezu horizontale Schichten bildet. Vulkane mit dünnflüssiger Basaltlava entstehen dort, wo die Erdkruste auseinander bricht, also zum Beispiel entlang den mittelozeanischen Rücken (Abbildung 1.21).

Bei dünnflüssigem Magma erfolgt die Entgasung langsam, und die Eruptionen treten als *Effusionen* mit zuweilen sehr großem Volumen auf. Zähflüssigere Magmaarten behindern das Austreten von Gas, die Entgasung erfolgt plötzlich und es kann zu Explosionen mit Ascheauswurf (*Tephrys*) kommen. Ein höherer Gehalt an Kieselsäure erhöht die Viskosität, weshalb die für subduzierende Plattenränder typischen *Andesitvulkane* eine besonders explosive Tätigkeit aufweisen.

Abb. 1.20 Ein isoliert aufragender Berg (Inselberg) in Zimbabwe. Er besteht aus massivem Granit, der in diesem Fall nur wenige Klüfte besitzt. Der Granit ist aus groben Kristallen zusammengesetzt, die sich beim langsamen Abkühlen des Magmas gebildet haben.

Abb. 1.21 Ein zerklüftetes Lavafeld auf Lanzarote, einer der Kanarischen Inseln. Die Lava wurde bei gewaltigen Eruptionen in den Jahren 1730 bis 1736 ausgeschleudert. Man beachte den Vulkankegel im Hintergrund.

Metamorphe Gesteine

Gesteine, die in ihrer Textur, Struktur und mineralischen Zusammensetzung durch intensive Hitze und/ oder großen Druck verändert worden sind, nennt man *metamorphe Gesteine*. Sie bilden einen sehr bedeutenden Teil der Kontinentalschilde und des Grundgesteins der stabilen Tafeln.

Metamorphite entstehen auf verschiedene Art und Weise. Es gibt Metamorphite, die in den Wurzeln alter Gebirge infolge starker Kräfte, die beim Zusammenstoß von Platten frei wurden, entstanden sind. Man nennt diesen Vorgang Regionalmetamorphose. Andere Metamorphite entstehen beim Hineinpressen von Magma in ein anderes Gestein. Die Temperatur des Magmas ist deutlich höher als diejenige des Umgebungsgesteins, sodass dieses teilweise aufgeschmolzen wird. Diese kleinräumig ablaufende Umwandlung des Gesteins heißt *Kontaktmetamorphose*.

Manchmal ist das Ausmaß der Gesteinsumwandlung relativ bescheiden, und die Ausgangsgesteine werden nur etwas kompakter. Man nennt dies *schwachgradige Metamorphose*. Bei der *hochgradigen Metamorphose* dagegen werden die ursprünglichen Eigenschaften der Gesteine völlig verändert, sodass Merkmale wie Schichtflächen und Fossilien gänzlich zerstört werden oder abwechselnd Schichten aus hellen und dunklen Mineralien entstehen. Dies geschieht z. B. bei der Metamorphose von Tiefengestein, wobei Granit zu Gneis wird. Häufig werden aber auch Sedimentgesteine umgewandelt: Kalkstein wird zu Marmor, und Ton wird zu Tonschiefer.

Sedimentgesteine

Sedimentgesteine entstehen oft aus Bruchstücken älteren Gesteins. Verwitterung, Erosion und Transport verfrachten Gesteinsmaterial an einen anderen Ort und lagern es dort als Sediment ab: *marine Sedimente* im Meer, *terrestrische und limnische Sedimente* auf dem Land beziehungsweise in Seen.

Einige Sedimentgesteine (Abbildung 1.22) werden als Trümmergesteine oder *klastische Sedimente* bezeichnet und bestehen aus Teilen älterer Gesteine, die durch Diagenese verfestigt wurden. So werden Kieselsteine zu *Konglomeraten*, eckige Geröllfragmente zu einer *Brekzie*, Sande zu Sandstein, und Schlamm wird zu Tonstein oder Schieferton. Andere Sedimentgesteine entstehen durch chemische Ausfällungen, so etwa die Kalke, die auf warmen Kontinentalschelfen entstehen (Exkurs 1.8). Wieder andere, zum Beispiel

Abb. 1.22 *Flach lagernde kambrisch-ordovizische Sansteine bilden im Wadi Rum, Südost-Jordanien, hohe Felswände. Man beachte auch die großen, nahezu vertikalen Klüfte.*

Kohle, sind aus organischem Material, nämlich aus fossilen Überresten von Pflanzen und Tieren hervorgegangen.

Die Umwandlung eines Sediments in ein Sedimentgestein kann durch verschiedene Prozesse geschehen. Von großer Bedeutung ist die Verdichtung, denn je mehr Schichten übereinander liegen, desto größer wird der Druck auf die darunter befindlichen Schichten. Die Verdichtung verdrängt Luft und Wasser aus den Zwischenräumen der einzelnen Partikel, dreht sie und regelt sie ein, sodass sie sich ineinander verzahnen. Ein anderer wichtiger Prozess ist die Zementierung. Dabei deponiert Wasser, das durch das Sediment fließt, die in ihm gelösten Mineralien, wie etwa Calzit, und macht so das Ganze im Laufe der Zeit zu einer festen Masse.

Zusammen bedecken die Sedimentgesteine mehr als zwei Drittel der Erdoberfläche und geben den besten Einblick in frühere Umweltbedingungen, Küstenlinien und sich verändernde Klimate. Da Sedimente häufig Fossilien enthalten, sagen sie auch etwas aus zur Geschichte der Veränderungen in der Natur und zu früheren Verbreitungsmustern von Pflanzen und Tieren. Sie enthalten auch die wichtigsten Merkmale, die benötigt werden, um eine geologische Zeittafel zu erstellen.

Exkurs 1.8 | Ein Riff aus erdgeschichtlicher Vergangenheit im Nordwesten Australiens

Vor rund 350 Millionen Jahren, im Devon, wuchs rings um die Landmasse, die heute das nordwestliche Ende Australiens bildet, ein großes Riff heran. Die Region, in der sich heute die flache Wüstenlandschaft des Canning Basin erstreckt, war in jener Zeit von einem tropischen Meer bedeckt. Das Festland bestand aus Sandsteinen und wies ein Gebirgsrelief auf. Teile des Riffs erheben sich heute über den Grund des einstigen Meeresbodens, und fast scheint es, als sei es eben noch von Wasser bedeckt gewesen. Diese Reste des Riffs bilden heute die Napier und Oscar Ranges des Kimberley-Plateaus, das stellenweise bis zu 200 Meter hoch aufragt.

Im Süden des Riffs geht das flache Gelände in die Große Sandwüste über. Die King George Range und das nördliche Kimberley-Plateau gehören wahrscheinlich zu den ältesten, kontinuierlich die Oberfläche bildenden Landschaften der Erde. Die Gesteine dieser Region sind mindestens 700 Millionen Jahre alt.

Das Riff, das der australische Geologe P. G. Playford detailliert beschrieben hat, ähnelt in seiner Grundstruktur vielen rezenten Riffen. Es besteht aus einem Hauptriff, einem steilen Vorriff, das einst zum Meer hin abfiel, und einem sanft geneigten Rückriff, das in die leeseitige Lagune eintauchte, welche das Riff vom Festland trennte. Die hauptsächlichen riffbildenden Organismen waren Stromatoporoideen, eine ausgestorbene Gruppe korallenähnlicher Tiere, die jedoch mit den Korallen nicht verwandt sind, sondern zu den Schwämmen gestellt werden. Daneben waren Schwämme, echte Korallen und Stromatolithen, eine Gruppe der Cyanobakterien (Blaugrünalgen), am Aufbau des Riffs beteiligt. Die Stromatolithen bildeten in tropischen Meeren Matten und sonderten Calciumcarbonat ab. Heute sind diese organogenen Kalkablagerungen in tief eingeschnittenen Flusstälern wie der Windjana Gorge aufgeschlossen, wobei die Schichten in unterschiedliche Richtungen einfallen, je nachdem, in welchem Teil des Riffs man sich befindet.

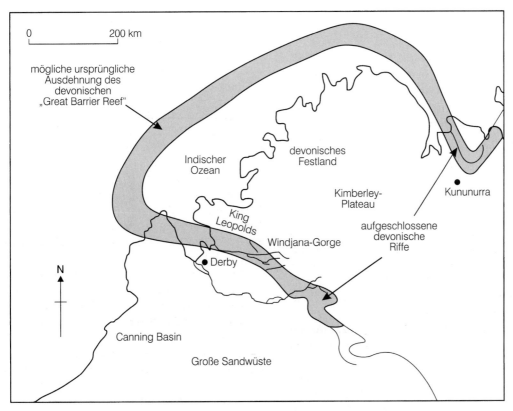

Die mögliche Ausdehnung des devonischen Riffs im Kimberley District, Nordwestaustralien.

Exkurs 1.8 **Fortsetzung**

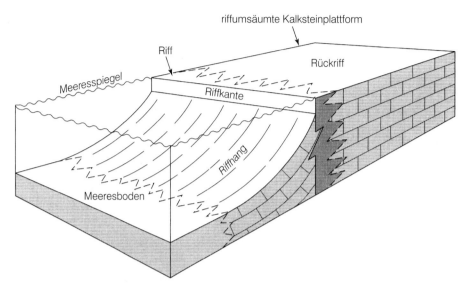

Der Aufbau der devonischen Riffe in schematischer Darstellung.

Die Felswand in der Windjana-Schlucht zeigt beispielhaft die Lagerung der Schichten, wie sie auch das Blockbild illustriert.

Tabelle 1.1: Die Geschichte der Erde mit zeitlicher Gliederung und Ereignissen				
Zeitalter	**Periode**		**Millionen Jahre vor heute**	**wichtigste Ereignisse**
Känozoikum	Quartär	{ Holozän	0,01	frühe Zivilisationen
		Pleistozän	2	erste Menschen
	Tertiär	{ Pliozän	7	Beginn der Eiszeiten
		Miozän	26	
		Oligozän	38	Beginn der Himalaja-Faltung
		Eozän	54	
		Paläozän	65	Aussterben der Dinosaurier
Mesozoikum	Kreide			
	Jura	{ Malm	140	Hauptunterteilung der Pangaea, Vordringen des Meeres
		Dogger	175	Beginn der Unterteilung der Pangaea
		Lias	195	weltweites Zurückweichen des Meeres
	Trias	{ Keuper		
		Muschelkalk		
		Buntsandstein	225	
Paläozoikum	Perm	{ Zechstein	280	Bildung der Pangaea
		Rotliegendes		
	Karbon			
	Devon		395	tierisches Leben an Land
	Silur		440	erste Pflanzen an Land
	Ordovizium		500	erste Wirbeltiere
	Kambrium		570	große Meerestransgression über Kontinente
Präkambrium				erste mehrzellige Organismen
	Proterozoikum		2500	
			3000	freier Sauerstoff in der Atmosphäre
	Archaikum		3500	erste einzellige Organismen
			3780	Alter der ältesten bekannten Gesteine auf Landgebiet
			(4500)	Entstehung der Erde

1.11 Die Untergliederung der Erdgeschichte

Die Geologen unterteilen die 4,6 Milliarden Jahre der Erdgeschichte in Zeitalter und Perioden (Tabelle 1.1). Das älteste und auch längste Zeitalter ist das Präkambrium, eine lange, komplexe und bis jetzt wenig erhellte Zeit. In ihr gab es Perioden der Gebirgsbildung und mindestens eine Eiszeit. Es war eine Zeit, in der die Lithosphäre, die Atmosphäre und die Hydrosphäre ihre erste Entwicklung durchmachten und in der die ersten Organismen auftauchten. Das Leben war aber

Exkurs 1.9	Das Massensterben an der Wende Kreide-Tertiär

Vor rund 65 Millionen Jahren traf ein gewaltiger Meteorit die Erde, und ungefähr zur gleichen Zeit verschwanden schätzungsweise 70 Prozent aller damals lebenden Tier- und Pflanzenarten für immer von der Erde. Unter den Tierarten, die in jener Zeit ausstarben, waren auch die Dinosaurier. Der Meteoriteneinschlag ereignete sich wahrscheinlich bei Chicxulut auf der Halbinsel Yucatan in Mexiko. Man vermutet, dass durch den Aufprall gewaltige Mengen Feinmaterial in die Luft geschleudert und verheerende Brände entfacht wurden. Dadurch dürfte es zu einer katastrophalen Klimaänderung sowie einer starken Verschmutzung der Atmosphäre (einschließlich saurem Regen) gekommen sein. Andere Wissenschaftler sind allerdings der Meinung, dass Vulkanausbrüche, ungefähr zur selben Zeit, das Massensterben verursacht haben könnten. Mächtige und ausgedehnte Basaltdecken, die so genannten Dekkan-Traps in Indien, entstanden in eben jener Zeit, und diese Phase vulkanischer Aktivität könnte zu einer Abkühlung der Atmosphäre durch schwefelige Aerosole und saure Niederschläge geführt haben.

Abb. 1.23 *Einige der ältesten menschlichen Fossilien wurden an so berühmten Orten wie der Olduvai-Schlucht in Ostafrika gefunden.*

noch sehr einfach und bestand aus primitiven Pflanzen wie Algen. Viele Gesteine der großen Schilde stammen aus dieser Zeit.

Im Mesozoikum wurde das Leben von den Dinosauriern und von den Gymnospermen (Nacktsamern) beherrscht. Das Klima war warm und ausgeglichen; Pangaea begann zunehmend auseinander zu brechen. An der Wende vom Mesozoikum zum Känozoikum (also zwischen Kreide und Tertiär) starben viele Tierarten aus, darunter auch die Dinosaurier (Exkurs 1.9). Im Känozoikum verschlechterte sich das Klima, das Seafloor Spreading dauerte an, und es kam zu Eiszeiten.

Im letzten Teil des Känozoikums mit Beginn des Eiszeitalters erschienen die ersten Menschen auf der Erde. Die ältesten Zeugen wurden im Großen Grabenbruch in Ostafrika (Abbildung 1.23) und in Südafrika gefunden und sind etwa zwei bis drei Millionen Jahre alt. Über große Zeiträume hinweg lebten nur wenige Menschen auf der Erde, und noch vor 10 000 Jahren betrug ihre Zahl nur etwa ein Tausendstel der heutigen Weltbevölkerung. Ebenso verfügten die Menschen während des größten Teils dieser Zeitspanne nur über einfache Technologien und begrenzte Möglichkeiten, Energiequellen zu nutzen. Auf Grund all dieser Faktoren blieb der Einfluss des Menschen auf seine Umwelt relativ gering. Nichtsdestotrotz hinter-

ließen auch die frühen Menschen bereits Spuren in ihrer Umwelt. Werkzeuge aus Stein, Knochen und Holz, die sie im Laufe der Zeit weiterentwickelten, belegen ihre Fertigkeiten als Jäger. Die Jagd dürfte die Populationen mancher Tierarten erheblich verringert und in einigen Fällen sogar zu deren Aussterben geführt haben. Nicht weniger bedeutsam war der gezielte Einsatz des Feuers, ein technologischer Fortschritt, der wahrscheinlich vor etwa 1,4 Millionen Jahren erreicht wurde. Das Feuer versetzte selbst kleinere Menschengruppen in die Lage, Vegetationsmuster großflächig zu verändern.

Es gibt mindestens drei Interpretationen der globalen Bevölkerungsentwicklung während der letzten drei Millionen Jahre. Die erste, die man auch als „arithmetisch-exponentiellen" Ansatz bezeichnet, untergliedert die weltweite Bevölkerungsentwicklung in zwei Phasen: Auf eine erste Phase mit einer langsamen Bevölkerungszunahme folgte eine zweite Phase mit steil ansteigenden Wachstumsraten in Verbindung mit der industriellen Revolution. Die zweite, so genannte „logarithmisch-logistische" Betrachtungsweise sieht den Zeitraum der letzten etwa eine Million Jahre unter dem Blickwinkel dreier Revolutionen: der Produktion von Werkzeugen, der agrarischen und der industriellen Revolution. Nach diesem Ansatz hat

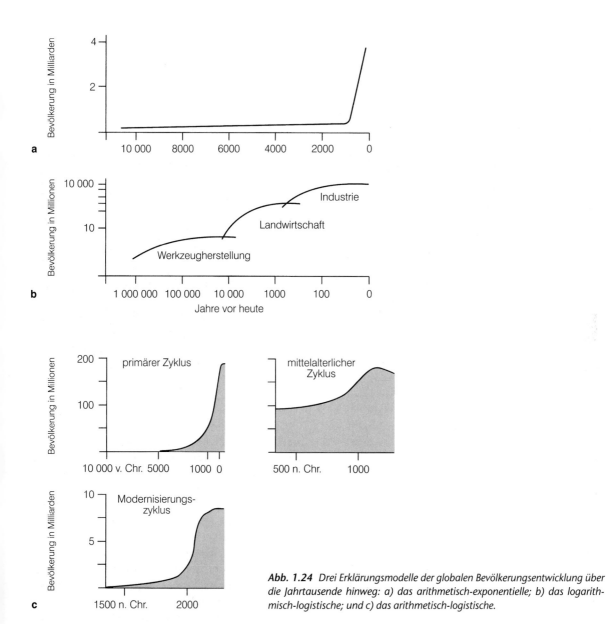

Abb. 1.24 *Drei Erklärungsmodelle der globalen Bevölkerungsentwicklung über die Jahrtausende hinweg: a) das arithmetisch-exponentielle; b) das logarithmisch-logistische; und c) das arithmetisch-logistische.*

der Mensch die Tragfähigkeit der Erde mindestens dreimal erhöht. Und schließlich gibt es eine dritte Sichtweise, die „arithmetisch-logistische". Nach ihr hat sich die Bevölkerungsentwicklung der vergangenen 12 000 Jahre in drei Zyklen vollzogen: dem „primären Zyklus", dem „mittelalterlichen Zyklus" und dem „Zyklus der Modernisierung". Die drei unterschiedlichen Modelle sind in Abbildung 1.24 grafisch dargestellt.

Bis zum Beginn des Holozäns vor rund 10 000 Jahren waren die Menschen vorwiegend Jäger und Sammler. In der darauf folgenden Zeit begann eine wachsende Zahl von ihnen in verschiedenen Teilen der Welt damit, Haustiere zu halten und Nutzpflanzen zu kultivieren. In dem Bestreben, nutzbringendere und schmackhaftere Sorten hervorzubringen, kam es durch Domestikation zu genetischen Veränderungen bei Pflanzen und Tieren. Die Domestikation von Pflanzen und Tieren gewährleistete auch eine verlässlichere Nahrungsmittelversorgung auf einer wesentlich kleineren Fläche, als sie die Jäger-Sammler-Gesellschaften benötigte. Dies wiederum bedeutete eine stabilere Basis für kulturellen Fortschritt und ermöglichte eine starke Zunahme der Bevölkerungsdichte.

Diese Phase der Menschheitsgeschichte wird oft als erste agrarische Revolution bezeichnet.

Im Verlauf des Holozäns gab es eine ganze Reihe weiterer technologischer Entwicklungen, und der technologische Fortschritt insgesamt beschleunigte sich. Jede dieser neuen Errungenschaften erhöhte die Fähigkeit des Menschen, die Erdoberfläche umzugestalten. Eine äußerst wichtige Entwicklung, die die Umwelt bereits in früher Zeit beeinflusste, war die künstliche Bewässerung. Eingesetzt wurde sie erstmals im Niltal und im Vorderen Orient vor mehr als 5 000 Jahren. Ungefähr in denselben Zeitraum fällt die Erfindung des Pflugs, dessen Verwendung den Boden stärker veränderte als je zuvor. Zunehmend wurden Tiere vor Pflug oder Karren gespannt sowie für den Warentransport und die Wassergewinnung eingesetzt. Insgesamt war die Einführung des intensiven Ackerbaus und der intensiven Weidewirtschaft (der Nutzung von Flächen zur Tierhaltung) in vielen Teilen der Erde mit tief greifenden Umweltveränderungen verbunden. Ein weiterer wichtiger Schritt in der kulturellen und technologischen Entwicklung des Menschen war die Gewinnung von Erzen und ihre Verhüttung zu Metallen, deren Anfänge etwa 6 000 Jahre zurückreichen. Metallwerkzeuge wie Beil und Pflug versetzten die Menschen in die Lage, die Umwelt sehr viel stärker als zuvor zu verändern. Die Verhüttung erforderte große Mengen Holz, sodass es gebietsweise zu Entwaldung kam.

Verstädterung und Industrialisierung waren weitere fundamentale Prozesse mit erheblichen Umweltauswirkungen. Schon in früher Zeit nahm in einigen Städten die Bevölkerung sehr stark zu. In Ninive, der Hauptstadt Assyriens, dürften 700 000 Menschen gelebt haben; die Einwohnerzahl des antiken Roms während seiner Blütezeit schätzt man auf rund eine Million; und Karthago (an der nordafrikanischen Küste gelegen) hatte vor seinem Fall im Jahre 146 v. Chr. etwa 700 000 Einwohner. Wenngleich Städte wie diese ihr Umland erheblich beeinflusst haben dürften, so waren die Auswirkungen doch bei weitem geringer als diejenigen der Städte in den letzten Jahrhunderten. Das Zeitalter der Moderne, insbesondere die Zeit ab dem späten 17. Jahrhundert, war geprägt von einer kulturellen und technologischen Transformation im Zuge der Entwicklung bedeutender Industriezweige. Diese „industrielle Revolution" verringerte, ähnlich wie die agrarische Revolution, die zur Existenzsicherung eines einzelnen Menschen notwendige Fläche und führte zu einer wesentlich intensiveren Nutzung von Ressourcen.

Die Entwicklung hochseetauglicher Schiffe im 16. und 17. Jahrhundert hat nicht unwesentlich zu diesen industriellen und ökonomischen Veränderungen beigetragen. Eine Folge war, dass in dieser Zeit zwischen höchst unterschiedlichen Gebieten der Erde zunehmend engere Verbindungen und Verflechtungen entstanden. Unter anderem eröffnete sich dadurch die Möglichkeit, Pflanzen und Tiere in Gebiete einzubringen, in denen diese nie zuvor existierten. Im späten 18. Jahrhundert wurde die Dampfmaschine, gegen Ende des 19. Jahrhunderts der Verbrennungsmotor erfunden: Beide Innovationen steigerten den Bedarf und die Verfügbarkeit von Energie enorm. Gleichzeitig verringerte sich die Abhängigkeit von Tieren, Wind und Wasserkraft.

Die moderne Wissenschaft und die moderne Medizin vereinten die Einflüsse der städtischen und der industriellen Revolution und beschleunigten das Bevölkerungswachstum, selbst dasjenige nicht industrieller Gesellschaften. Der Prozess der Verstädterung hat sich enorm beschleunigt, und heute wird sichtbar, dass Großstädte ihre eigenen Umweltprobleme und eine Vielzahl an Umweltwirkungen haben. Sollte sich der gegenwärtige Trend fortsetzen, werden viele Städte in den geringer entwickelten Ländern der Erde bald unvorstellbar groß und übervölkert sein. So lebten etwa in Mexiko-Stadt im Jahre 2000 mehr als 30 Millionen Menschen, rund dreimal so viele wie in der Metropolregion von New York. Kalkutta, der Großraum Bombay (Mumbai), Kairo und Umgebung, Jakarta, Seoul – in jeder dieser Agglomerationen drängen sich 15 bis 20 Millionen Menschen. Weltweit haben am Ende des 20. Jahrhunderts etwa 400 Städte die Millionenmarke überschritten, und die UN schätzen, dass an der Wende zum dritten Jahrtausend über drei Milliarden Menschen in Städten lebten – gegenüber rund 1,4 Milliarden im Jahre 1970. Die Umweltfolgen der Verstädterung werden in Kapitel 17 behandelt.

Wissenschaftliche Erkenntnisse, neue Technologien und industrielle Verfahren wurden auch auf die Landwirtschaft übertragen. In den letzten Jahrzehnten wurden so gewaltige Fortschritte erzielt, beispielsweise durch den Einsatz künstlicher Düngemittel oder die gezielte Züchtung von Pflanzen und Tieren. Indes birgt die Biotechnologie ein enormes Potenzial möglicher Umweltveränderungen in sich.

Infolge des enorm gestiegenen Einflusses des Menschen auf die Umwelt haben wir es heute mit globalen Umweltveränderungen zu tun. Zwei Aspekte sind dabei von Bedeutung: *systemische* und *kumulative* Pro-

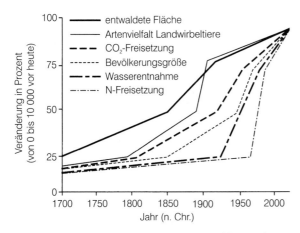

Abb. 1.25 *Prozentuale Veränderung ausgewählter anthropogener Umwelteinflüsse (ausgehend von null Auswirkungen um 10 000 vor heute).*

zesse des globalen Wandels. Unter systemischem globalem Wandel versteht man Veränderungen globalen Maßstabs, wie etwa globale Klimaveränderungen durch Verunreinigungen der Erdatmosphäre. Ein Beispiel ist der Treibhauseffekt. Kumulativer globaler Umweltwandel resultiert aus dem Schneeballeffekt lokaler Veränderungen, die sich addieren und Veränderungen in weltweitem Maßstab hervorrufen, oder aus Veränderungen, die eine spezifische Ressource betreffen, zum Beispiel saurer Regen oder Bodenerosion. Diese beiden Formen des „Global Change" sind eng verknüpft. Zum Beispiel bewirkt das Abbrennen von Vegetation einerseits systemische Veränderungen, indem Kohlendioxid freigesetzt und der Anteil

der von der Erdoberfläche reflektierten Strahlung (Albedo) verändert wird. Gleichzeitig resultieren aus den damit verbundenen Auswirkungen auf Bodenerosion und Artenvielfalt kumulative globale Effekte.

In Abbildung 1.25 ist anhand von sechs „Teilindikatoren der Biosphäre" dargestellt, in welchem Maße der Einfluss des Menschen auf die Umwelt zugenommen hat. Für jeden der Indikatoren ist die eindeutig vom Menschen verursachte Veränderung gleich null Prozent für 10 000 Jahre vor heute und gleich 100 Prozent für das Jahr 1985 gesetzt. Auf diese Weise lässt sich abschätzen, zu welchem Zeitpunkt die jeweilige Komponente aufeinander folgende Quartilen (das heißt 25, 50 und 75 Prozent) der Gesamtveränderung im Jahre 1985 erreicht hat. Mehr als die Hälfte der Indikatoren haben sich seit 1950 innerhalb nur einer Generation stärker verändert als in der gesamten Menschheitsgeschichte zuvor. Aktivitäten des Menschen verursachen heute Umweltveränderungen auf lokaler, regionaler und globaler Ebene.

1.12 Schlussbemerkungen

Einige wichtige Grundzüge der Erdoberfläche können nur anhand der heutigen geologischen Struktur und ihrer Jahrmillionen alten Entstehungsgeschichte verstanden werden. Die andere wichtige Einflussgröße auf globale Verbreitungsmuster ist die Energie, die wir von der Sonne erhalten. Davon soll das nächste Kapitel handeln.

2 Klimatische Grundlagen

2.1 Ein vertikales Profil durch die Atmosphäre

So wie wir die Betrachtung der geologischen Grundlagen mit einem vertikalen Schnitt durch das Erdinnere begonnen haben, wollen wir auch das Kapitel über das Klima mit einem Schnitt durch die Erdatmosphäre beginnen (Abbildung 2.1). Diese besteht aus einer Mischung von Gasen, zur Hauptsache Stickstoff und Sauerstoff, welche die Erde mit einer Schicht von vielen Kilometern Höhe umgeben. Diese Lufthülle wird durch die Erdanziehung an der Erde festgehalten. Sie ist auf Meereshöhe am dichtesten und wird mit zunehmender Höhe schnell dünner. Das liegt daran, dass Luft komprimierbar ist. Auf Meereshöhe liegt der Luftdruck im Durchschnitt bei 1 013 Millibar, während er auf 5 000 Metern nur noch 550 Millibar beträgt (Abbildung 9.1b).

Parallel zum Luftdruck nimmt die Temperatur mit der Höhe ab, was zur Bildung unterschiedlicher Luftschichten führt. In der tiefsten Schicht, der *Tropo-sphäre*, entsteht zum größten Teil unser Wetter. In der Troposphäre nimmt die Temperatur mit 6,4 °C pro 1000 Meter Höhe ab. Man nennt dies den *vertikalen Temperaturgradienten*. Er ändert sich allerdings ganz abrupt an einer Schwelle, der so genannten *Tropopause*. Die Höhe der Tropopause verändert sich mit den Jahreszeiten; generell liegt sie aber über dem Äquator am höchsten (ungefähr 16 bis 17 Kilometer) und über den Polen am tiefsten (ungefähr acht bis zehn Kilometer).

Über der Tropopause liegt die *Stratosphäre*. Innerhalb der Stratosphäre nimmt die Temperatur wieder langsam zu und erreicht in einer Höhe von etwa 50 Kilometern 0 °C. Diese Zone enthält eine Ozonschicht (O_3), die als Filter gegen einen Teil der gefährlichen ultravioletten Sonnenstrahlung dient. In noch größerer Höhe setzt an der so genannten Stratopause wieder eine Temperaturabnahme ein, und die Temperatur sinkt in der nächsten Zone, der Mesosphäre, bis auf −80 °C ab. Eine erneute Umkehr erfolgt an der *Mesopause* in ungefähr 80 Kilometern Höhe und führt uns in die warme *Thermosphäre*.

Die wichtigste der atmosphärischen Schichten ist die Troposphäre, da wir in ihr die meisten Klima- und Wettererscheinungen finden.

2.2 Das Klima der Erde

Zusammen mit den geologischen Voraussetzungen ist das Klima die wichtigste Steuerungsgröße für die physische Umwelt. Es beeinflusst die Böden, die Vegetation, die Tierwelt, den Menschen und den Ablauf geomorphologischer Prozesse, zum Beispiel durch Niederschlag oder Wind. Die wichtigste Größe ist die Strahlung, die von der Sonne ausgeht. Sie liefert die Energie für die *atmosphärische Zirkulation*, welche die Ausprägung von Luftdruck, Wind und Klimagürteln steuert. Allerdings gelangt ein Teil der eintreffenden Energie nie bis zum Erdboden, weil sie von Gasen wie etwa Kohlendioxid (CO_2) und Ozon (O_3), von Dunst oder von Wassertröpfchen in der Atmosphäre absorbiert wird. Ein weiterer Teil wird von Wolken,

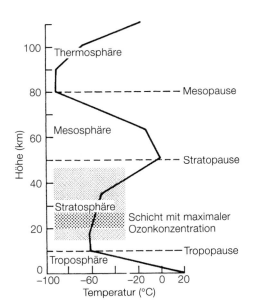

Abb. 2.1 *Die vertikale Gliederung der Atmosphäre in Abhängigkeit von der Temperatur.*

Exkurs 2.1 | **Jetstreams und blockierende Hochdruckzellen**

Jetstreams verlaufen nicht geradlinig um den Erdkreis, sondern in drei bis sechs horizontalen Wellen. Zahl und Position dieser Wellen hängen von vielen Faktoren ab, unter anderem von der Lage hoher Gebirge und der großräumigen Verteilung von kaltem und warmem Meerwasser. Zudem werden sie von Hochdruckzonen – „blockierenden" Antizyklonen – beeinflusst, welche die Richtung der Jetstreams ablenken.

Das Wettergeschehen in Nordamerika wird in hohem Maße von den Verlaufsbahnen der Jetstreams beeinflusst. Ein normal wehender Jetstream (A) sorgt in den Vereinigten Staaten für milde Winter und bringt der Westküste Regen. Verlaufen jedoch die Wellen des Jetstreams mit einer größeren Amplitude (B), so können Dürreperioden in Kalifornien, Kälteeinbrüche und Trockenheit östlich der Rocky Mountains (verursacht durch arktische Luftmassen) und – aufgrund der von den Luftmassen über dem Golf von Mexiko aufgenommenen Feuchtigkeit – schneereiche Winter im Osten der USA die Folgen sein.

In Europa führt der Jetstream zur Ausbildung von Tiefdruckzellen und damit zu erhöhten Niederschlägen. Baut sich eine den Jetstream blockierende Antizyklone auf (H), so verändert sich dieses Muster, und es kann zu Trockenheit kommen.

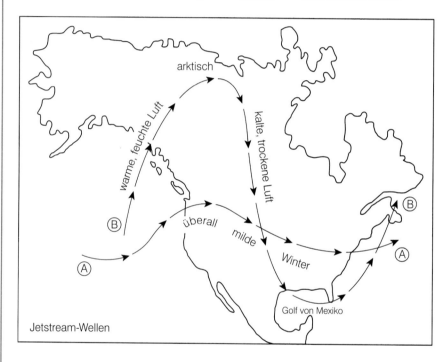

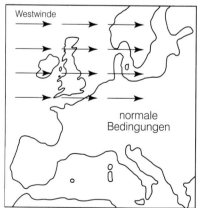

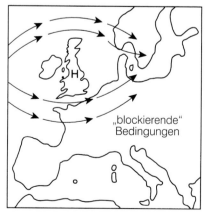

Jetstream: Normale und blockierende Bedingungen.

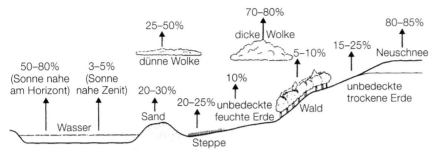

Abb. 2.2a *Die Albedo der Erdoberfläche. Der Anteil der Sonnenstrahlung, der von einer Oberfläche reflektiert wird, heißt Albedo. Die planetarische Albedo beträgt ungefähr 30 Prozent. Unterschiedliche Oberflächen verändern die Albedo. Zu beachten ist auch, wie der Einfallswinkel der Sonnenstrahlen die Albedo einer Wasserfläche beeinflusst.*

Luftmolekülen, Aerosolen oder von der Erdoberfläche reflektiert. Die durch Wolken, Luftmoleküle und Aerosole reflektierte und auf die Erdoberfläche auftreffende Strahlung wird als diffuse Himmelsstrahlung bezeichnet. Alles in allem sind dies etwa 30 Prozent, wobei man das Ausmaß der Reflexion als *planetarische Albedo* bezeichnet. Von der Globalstrahlung, das heißt der Summe aus direkter Sonnenstrahlung und diffusem Himmelslicht, werden auf Neuschnee über 80 Prozent, in bewaldeten Gebieten jedoch nur zehn Prozent reflektiert (Abbildung 2.2a).

Als *Strahlung* kommt Sonnenenergie in Form von elektromagnetischen Wellen durch das Weltall und erwärmt die Erdoberfläche. Bei der Wärmeleitung wird eine dünne Luftschicht im Kontakt mit der Erde direkt von der warmen Erdoberfläche erwärmt. *Konvektion* schließlich bedeutet, dass sich die in Bodennähe erwärmte Luft ausdehnt und dabei aufsteigt, da sie leichter als die darüber liegende Luft ist. Dabei wird sie durch kühlere Luft ersetzt.

Wenn keine Wolken vorhanden sind, ist die Energiemenge, die tatsächlich auf der Erdoberfläche auftrifft, abhängig vom Winkel der Sonnenstrahlen und von der Tageslänge. Diese Größen sind ihrerseits wieder abhängig von der geographischen Breite. Das bedeutet, dass hauptsächlich aufgrund des steileren Einfallswinkels der Sonnenstrahlung weit mehr Sonnenenergie die niederen Breiten um den Äquator erreicht als die hohen Breiten (Abbildung 2.2b). In den hohen Breiten hat die Sonne nicht einmal im Hochsommer einen hohen Stand, und im Winter liegt sie jenseits der Polarkreise längere Zeit unter dem Horizont. Allerdings ist die Bewölkung in den niederen Breiten von großer Bedeutung für die effektiv auf der Erdoberfläche auftreffende Sonnenenergie, denn besonders die starke Bewölkung über dem Festland der äquatorialen Zone vermindert die Jahres-

energiesumme um ganze 50 Prozent. Die großen subtropischen Wüstengebiete dagegen erhalten viel Sonnenenergie, da sie fast das ganze Jahr über wolkenfrei sind.

Würde unser Planet nicht rotieren und wäre er gleichmäßig mit demselben Material bedeckt, würde die Atmosphäre ganz in Abhängigkeit von den breitengradmäßigen Unterschieden in der durch Sonnenstrahlung erzeugten Wärme zirkulieren. Die wichtigste Kraft ist die Gradientkraft, welche Luft in Bewegung bringt. Die Gradientkraft entsteht durch Luftdruckunterschiede, die sich ihrerseits aus Temperaturunterschieden ergeben. Warme Luft hat eine geringere Dichte als kalte, weshalb sie aufsteigt und ihr Druck dabei abnimmt. Bei absinkender Luft hingegen nimmt der Druck zu. Luft bewegt sich deshalb

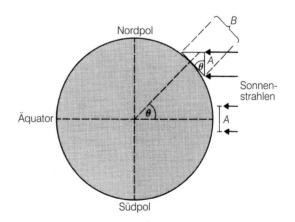

Abb. 2.2b *Der Einfallswinkel der Sonnenstrahlen bestimmt die Intensität der Insolation auf der Erdoberfläche. Im gezeigten Beispiel sieht man den Einfluss der Breite auf die einfallende Strahlung pro Fläche bei Tagundnachtgleiche, wenn die Sonne über dem Äquator steht. In hohen Breiten verteilt sich die Strahlungsmenge der Fläche A auf die größere Fläche B.*

von Hochdruckgebieten zu Tiefdruckgebieten, wobei die Geschwindigkeit vom Druckgradienten (Größe der Luftdruckunterschiede) abhängt. Je größer der Gradient, der sich in nahe beieinander liegenden Linien gleichen Luftdruckes (Isobaren) äußert, desto größer ist die Windgeschwindigkeit.

Bezogen auf eine Erde ohne Rotation bedeutet das, dass die äquatorialen Zonen Gebiete mit starker Erwärmung, aufsteigender Luft und niedrigem Luftdruck am Boden und hohem Luftdruck in der Höhe sind. Ohne Rotation würde sich über den Polen wegen der schwachen Erwärmung am Boden ein Hochdruckgebiet und in der Höhe ein Tiefdruckgebiet bilden. Es ergäbe sich somit ein Luftdruckgradient zwischen dem Äquator und den Polen und es entstände ein riesiges Zirkulationssystem (Abbildung 2.3a). Das äquatoriale Bodentief würde vom polaren Bodenhoch und das polare Höhentief vom äquatorialen Höhenhoch

gespeist. An der Erdoberfläche würde die Luft zum Äquator, in der Höhe hingegen zu den Polen fließen.

In Wirklichkeit dreht sich aber die Erde und sie ist auch nicht einheitlich aufgebaut, was die Zirkulation kompliziert. Wenn wir zuerst die niederen Breiten betrachten, so stellen wir fest, dass die globale Luftzirkulation tatsächlich in vielem dem einfachen *Zellenmodell* ähnlich ist. Erwärmte Luft steigt nahe dem Äquator auf und beginnt ihren Weg in Richtung der Pole. Dabei stößt sie aber auf drei Hindernisse. Zum einen hat sie nach dem Aufsteigen keine dicke Luftschicht mehr über sich und verliert deshalb viel von ihrer Wärme an das Weltall. Gleichzeitig ist sie weiter von der ursprünglichen Energiequelle, der warmen Erdoberfläche, entfernt. Sie verliert langsam an Wärme und wird dichter. Zweitens konvergieren die Luftströme aufgrund der Form der Erde gegen die Pole hin. Am Äquator hat die Erde einen Durchmesser von

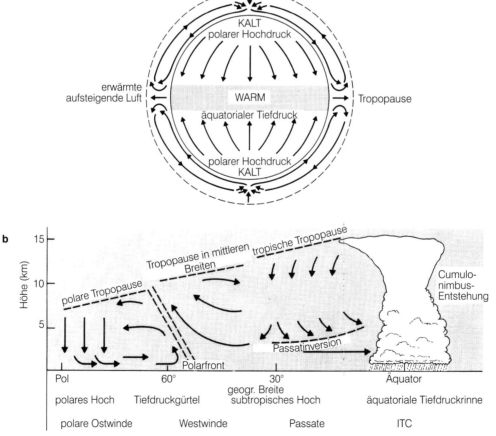

Abb. 2.3 *Die allgemeine Zirkulation der Atmosphäre: a) die atmosphärische Zirkulation, wie sie auf einem Planeten ohne Rotation aussehen würde; b) die tatsächliche atmosphärische Zirkulation in einem Längsschnitt von den Polgebieten zum Äquator.*

rund 40 000 Kilometern, gegen die Pole hin nimmt aber die Ost-West-Ausdehnung ab. Drittens werden die polwärts strömenden Luftmassen von der durch die Erdrotation bewirkten so genannten *Coriolis-Kraft* nach Osten abgelenkt.

Die Coriolis-Kraft zeigt sich als scheinbare Ablenkung eines sich frei bewegenden Körpers oder einer Flüssigkeit nach rechts auf der Nordhalbkugel und nach links auf der Südhalbkugel. Der Einfachheit halber haben Wissenschaftler das Konzept einer Scheinkraft eingeführt, um das Maß der Ablenkung mathematisch mit der Breite in Verbindung bringen zu können. Man kann die Coriolis-Kraft am besten verstehen, wenn man sich vorstellt, eine Person stehe im Zentrum einer rotierenden Scheibe (Abbildung 2.4) gegenüber einem Gegenstand, der sich am Rande der Scheibe befindet (Abbildung 2.4a). Wenn die Person nun einen Ball direkt auf den Gegenstand wirft, so legt er eine gerade Linie zurück und verfehlt das Ziel, weil sich der Gegenstand inzwischen weiter nach links bewegt hat. Der Werfende aber, der mit dem Gegenstand weiter rotiert ist, bekommt den Eindruck, der Ball habe sich in einer krummen Linie vom Gegenstand wegbewegt (Abbildung 2.4b). Auf eine ähnliche Art werden Winde abgelenkt, die vom Hochdruck zum Tiefdruck wehen.

Das Zusammenwirken von Abkühlung, Konvergenz/Kompression und Ablenkung führt dazu, dass die polwärts fließende Luft in ungefähr 30 Grad Breite bereits abgesunken ist. Deshalb spricht man von einer Zelle, der so genannten *Hadley-Zelle*. Im Ergebnis haben wir als Folge absinkende Luftmassen in unge-

fähr 30 °N und 30 °S (Abbildung 2.3b). Diese Zone trennt die wichtigsten und dauerhaftesten globalen Windsysteme: die Passatwinde auf der Seite gegen den Äquator und die Westwinde auf der Seite gegen die Pole. Die Passate bedecken zusammen etwa die Hälfte der Erdoberfläche und konvergieren gegen die äquatoriale Tiefdruckrinne, die so genannte *Innertropische Konvergenzzone (ITC)*.

Zwischen dem subtropischen Hochdruckgürtel und etwa 60 Grad Breite liegt der Gürtel mit vorherrschenden Westwinden. Auf der Nordhalbkugel werden diese zum Teil durch die Landmassen unterbrochen: aber auf der Südhalbkugel bilden sie zwischen 40 und 60 °S einen fast durchgehenden Gürtel über den Ozeanen, was ihnen große Kraft und Stetigkeit verschafft. Die Westwinde zirkulieren den Isobaren folgend um das *polare Tiefdruckgebiet* und umfassen die ganze Troposphäre. Besonders auf der Nordhalbkugel werden die Westwinde jedoch leicht instabil und gehen in eine Wellenzirkulation, *Rossby-Wellen* genannt, über. Die Wellen entstehen entlang einer Front, die in der Troposphäre die kalte Polarluft gegen die Pole hin von der warmen tropischen Luft gegen den Äquator hin trennt. Es ist ein Bereich großer Instabilität, in dem viele atmosphärische Störungen entstehen (Abbildung 2.5). In Zusammenhang mit den Rossby-Wellen und der Front zwischen äquatorialer Warm- und polarer Kaltluft besteht eine kleine Zone von sehr hoher Windgeschwindigkeit (im Durchschnitt ungefähr 125 Kilometer pro Stunde im Winter) in der Höhe der Tropopause *(Jetstream)*. Die Westwinde, die Rossby-Wellen und die Jetstreams (Exkurs 2.1) kontrollieren einen großen Teil des Austauschs von Wärme und Energie zwischen hohen und niederen Breiten.

Manchmal teilen sich die Jetstreams in zwei Teile und verlaufen dann nicht zusammenhängend um den Erdkreis. Daneben weiß man von der Existenz verschiedener anderer Jetstreams, so etwa von einem fast permanenten Jetstream, der über den Subtropen in einer Breite von 25 °N verläuft. Dieser Westwind-Jet liegt in ungefähr 13 Kilometern Höhe, in der die Hadley-Zelle und die Mittelbreiten- (oder Ferrel-)Zelle zusammenstoßen. Ein anderer Jetstream weht in den Sommermonaten in etwa 15 Kilometern Höhe über Nordindien, wenn die ITC sich nach Norden verschoben hat.

Die Rossby-Wellen der Westwindzone können ihre Form ändern und so zu verschiedenen Mustern führen (Abbildung 2.5). Sind bestimmte Verlaufsbahnen vorhanden, können sie sehr lange bestehen bleiben. Speziell in der Nordhemisphäre hängt dies von

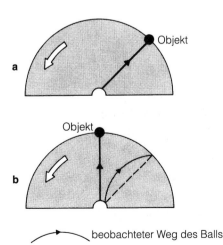

beobachteter Weg des Balls

Abb. 2.4 *Schematische Darstellung der Corioliskraft (Erläuterungen im Text).*

Abb. 2.5 *Ein NOAA-7-Satellitenbild von Westeuropa und dem östlichen Atlantik. Der große weiße Wirbel ist ein regenbringendes Tiefdruckgebiet, das sich Großbritannien nähert (Aufnahme vom 17. September 1983).*

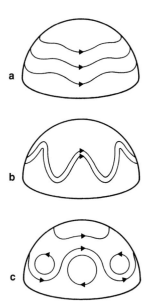

Abb. 2.6 *Die Rossby-Wellen der Nordhalbkugel zeigen verschiedene Muster, die für die Wetterbedingungen an der Erdoberfläche von sehr großer Bedeutung sind. a) Im Falle des hohen High-Index-Typs haben sie wenig Nord-Süd-Bewegungen und ergeben wechselhaftes Wetter. b) Beim Low-Index-Typ kommt es zu Tiefdruckgebieten, und c) unter Umständen führt die Entwicklung zum Aufbrechen der Wellen in ein Muster mit stationären „blockierenden" Zellen mit längeren Perioden guten beziehungsweise schlechten Wetters.*

der Land- und Wasserverteilung sowie von der Lage hoher Gebirge ab. Über dem östlichen Nordamerika und über Eurasien kann insbesondere im Winter ein „Hochdruckrücken" entstehen. Die wichtigsten stationären Wellen liegen bei 70 °W und 150 °O über den Rocky Mountains und über Tibet. Insgesamt sind es in den mittleren Breiten meist zwischen drei und sechs Wellen.

Die Wellen haben manchmal nur eine geringe Amplitude mit einer Hauptwindrichtung von Westen. Diese Situation bezeichnet man als High-Index-Typ der Zirkulation. Dieser ist mit starken und andauernden Winden verbunden, die in Westeuropa milde, feuchte Winter bewirken. Ein Low-Index-Typ entsteht, wenn das einfache Muster von Wellen und Rinnen in eine Reihe von Zellen auseinander bricht. Dies kann den Durchzug von regenreichen Tiefdruckzonen unterbrechen und zu blockierenden Hochdruckzonen führen, die sehr ausdauernd sein können und längere

Trockenperioden oder lange Zeiten mit unbeständiger Witterung ergeben.

Zusammenfassend können wir die atmosphärische Zirkulation wie folgt beschreiben. Sie besteht aus drei unabhängigen, aber miteinander in Verbindung stehenden Zellen. In niederen Breiten ist es die *Hadley-Zelle*, in der erwärmte Luftmassen durch starke Konvektion in große Höhen gebracht werden. Bis etwa 30 Grad Breite besteht gegen die Pole hin eine Zone, in der Luft außer in den untersten beiden Kilometern absinkt. An der Erdoberfläche füllen die Passate die Zelle auf der Nordhalbkugel von Nordosten und auf der Südhalbkugel von Südosten auf. Die Passate konvergieren in der ITC. In mittleren Breiten besteht die *Ferrel-Zelle*, in welcher auf allen Ebenen der Troposphäre Westwinde vorherrschen und wo das Wetter durch vorbeiziehende Tiefdruck- und Hochdruckgebiete geprägt ist. In den Polargebieten bewirkt die strahlungsbedingte Abkühlung, dass sich die Luft im Kontakt mit der Erdoberfläche verdichtet. Das wiederum führt zu einem Absinken der Luft in der unteren Troposphäre und zu einer Hochdrucktendenz.

Bodennahe Luft, die von den Polen abfließt, wird von der Coriolis-Kraft zu Ostwinden umgelenkt, doch sind die Charakteristika dieser *polaren Zelle* schwach ausgeprägt und periodisch wechselnd.

2.3 Globale Verteilung der Niederschläge

Die allgemeine Luftzirkulation sowie die Anordnung von Ozeanen und Kontinenten führen zu bestimmten Grundmustern in der Verteilung der Niederschläge (Regen, Schnee) auf der Erde (Abbildungen 2.7a und b). Im Äquatorbereich sind die Niederschlagsmengen hoch und liegen oft über 2000 Millimeter pro Jahr. Die vorherrschenden warmen Temperaturen und der hohe Feuchtigkeitsgehalt der Luft bewirken ausgiebige Konvektionsniederschläge über dem Amazonas-Becken in Südamerika, dem Kongo-Becken in Afrika oder über dem Inselarchipel Südostasiens. Schmale Küstenstreifen mit hohen Regenmengen erstrecken sich auf den Ostseiten der Kontinente bis zu 25 bis 30 Grad polwärts. An diesen Küsten wehen die Passate von den Ozeanen her und bewirken beim Auftreffen auf die Gebirgsketten an der Küste starke reliefbedingte Regenfälle. Im Gegensatz dazu beträgt der Niederschlag in den riesigen Wüstengürteln, die sich an die Tropen anschlie-

ßen, nur gerade 20 bis 100 Millimeter. Diese Wüsten treten in der Nähe der subtropisch-randtropischen Hochdruckzone auf, wo eher absinkende als aufsteigende Luftmassen vorherrschen. Besonders ausgeprägt ist dies an den Westküsten der Kontinente, wo kalte Meeresströmungen die Bildung von Wüsten zusätzlich begünstigen (Kapitel 7.2). Weiter nördlich ist die Trockenheit im Innern der Kontinente von Asien und Nordamerika weitgehend auf die große Distanz zu den Feuchtigkeit liefernden Meeren zurückzuführen.

In den mittleren Breiten liegt ein weiterer Gürtel mit hohen Niederschlägen in der Zone vorherrschender Westwinde, besonders ausgeprägt an den Westküsten zwischen 35 und 65 Grad Breite. Wenn Luftmassen an der Küste auf ein Gebirge treffen, werden sie zum Aufstieg gezwungen, und die Niederschläge können über 2000 Millimeter erreichen. Beispiele dafür sind die Südinsel von Neuseeland, Norwegen, Südchile und Britisch-Kolumbien. In der Arktis und in den Polargebieten ist die Luft so kalt, dass sie nicht viel Feuchtigkeit halten kann. Es handelt sich hierbei vorwiegend um Gebiete mit geringem Niederschlag. Mit Ausnahme der Westküstenbereiche beträgt der Jahresniederschlag nördlich von 60 Grad Breite weniger als 300 Millimeter.

Aus der Sicht des Menschen ist nicht nur die Niederschlagsmenge von Bedeutung, sondern auch die Beständigkeit oder die Variabilität des Niederschlags

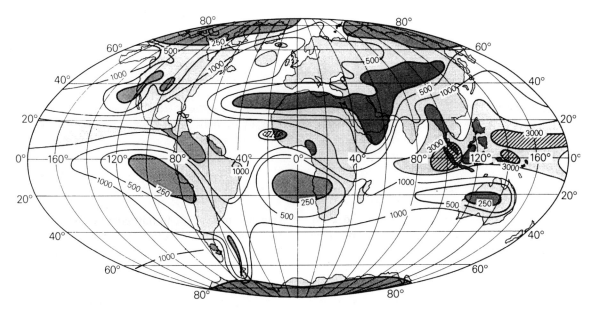

Abb. 2.7a *Globale Verteilung der Niederschläge in Millimetern pro Jahr. Die dunkle Schattierung zeigt die Gebiete mit weniger als 250 Millimeter, die helle Schattierung solche mit über 2000 Millimeter und die diagonal gestreifte Markierung solche mit über 3000 Millimeter.*

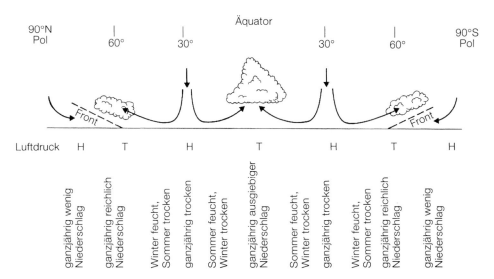

Abb. 2.7b *Schematischer Längsschnitt von Pol zu Pol. Die Wolken kennzeichnen die Gebiete mit beständigem Niederschlag.*

von einem Jahr zum anderen (Abbildung 2.7c). Auch hier sind klare globale Verbreitungsmuster zu erkennen. Am auffallendsten ist eine sehr hohe Variabilität des Niederschlags in den trockensten Gebieten der Erde. Dazu gehören einerseits der große Gürtel mit variablem Niederschlag, der sich von Nordwestafrika

zum Mittleren Osten und nach Zentralasien erstreckt und andererseits kleinere Zonen in Südwestafrika (die Wüste Namib), Zentralaustralien, Nordostbrasilien, im westlichen Südamerika, in den südwestlichen Vereinigten Staaten und Nordmexiko. In der zentralen Sahara kann die Variabilität weit über 100 Prozent

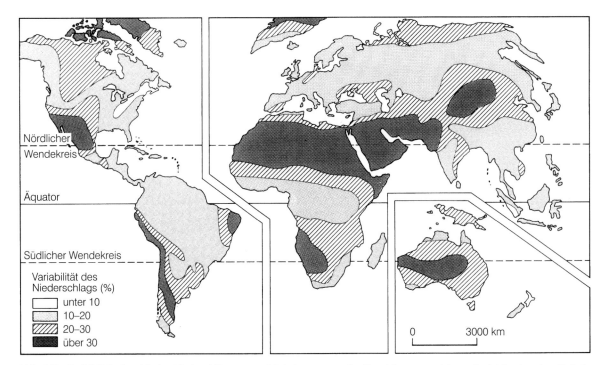

Abb. 2.7c *Variabilität der globalen Niederschläge, ausgedrückt in prozentualer Abweichung vom Jahresmittel. Man beachte die hohe Variabilität in den Wüstengebieten.*

liegen. Andere Erdteile sind im Gegensatz dazu begünstigt und haben zuverlässigere und gleichmäßigere Niederschlagsmengen, die sie vor mehreren Jahren Trockenheit und Dürre verschonen. In Westeuropa beträgt die Variabilität ganze zehn Prozent. Eine andere Region mit deutlich gleichmäßigem Niederschlag ist das Gebiet östlich der Großen Seen in Nordamerika. Im Allgemeinen haben auch die feuchten Tropen eine geringe Variabilität der Niederschläge.

2.4 Globale Gesetzmäßigkeiten der Temperatur

Da die einfallende Sonnenstrahlung mit der geographischen Breite variiert, nehmen die Temperaturen vom Äquator zu den Polen hin ab (Abbildung 2.8a). Überdies ist in den Äquatorialgebieten die Sonnenstrahlung über das Jahr ziemlich ausgewogen, sodass die Temperaturen gleichmäßig hoch bleiben. Küstengebiete verzeichnen wegen ihrer Nähe zu den Ozeanen mit deren ausgleichender Wirkung ziemlich geringe Jahresschwankungen der Temperatur. Die Jahresschwankung (Abbildung 2.8b) ist in den Tropen sehr gering. In den Festlandgebieten der subtropischen Hochdruckzone ist sie mäßig ausgeprägt. Da der Himmel hier meist wolkenfrei ist, können die Temperaturen im Sommer sehr hoch sein – sogar höher als am Äquator. Große Landmassen der subarktischen

und arktischen Zonen zeichnen sich im Winter durch extrem niedrige Temperaturen aus. Im Sommer hingegen können die Temperaturen ziemlich hoch werden, sodass die mittleren Jahresschwankungen im östlichen Sibirien und im nördlichen Kanada über 45 °C erreichen. Gebiete mit ewigem Eis und Schnee wie die Eiskappen Grönlands und der Antarktis sind andauernd sehr kalt. In den mittleren Breiten und in den subarktischen Zonen variieren die Temperaturen als Folge des Jahresgangs der Sonne sehr stark mit den Jahreszeiten. So liegt etwa in Nordamerika die 15 °C-*Isotherme* (eine Linie, die alle Punkte gleicher Temperatur verbindet) im Januar über Florida und im Juli in der Nähe der Hudson Bay.

Festland und Meere unterscheiden sich stark in der Art, wie sie Wärme aufnehmen und abgeben. Auf dem Festland werden nur die obersten Meter erwärmt. Im weiteren haben Festlandmaterialien im Allgemeinen geringe Wärmekapazitäten. Aus diesen Gründen ist die vom Boden im warmen Sommer aufgenommene Wärme in der darauf folgenden kühlen Jahreszeit schnell wieder verloren. Ganz anders bei den Meeren: Hier findet Konvektion statt, und Wärme gelangt deshalb in viel größere Tiefen als auf dem Festland. Dazu kommt, dass Wasser eine hohe Wärmekapazität hat und somit Wärme viel langsamer abgibt als Festland. Die Meere üben dadurch eine ausgleichende Wirkung auf die Temperaturen aus. Festlandgebiete sind im Winter typischerweise viel kälter als die Meere, im

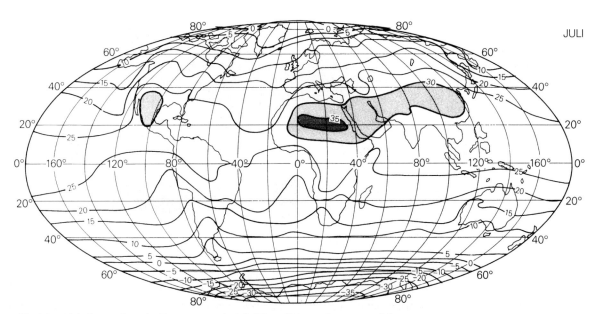

Abb. 2.8a *Globale Verteilung der Temperaturen im Juli (°C), auf Meeresniveau angeglichen.*

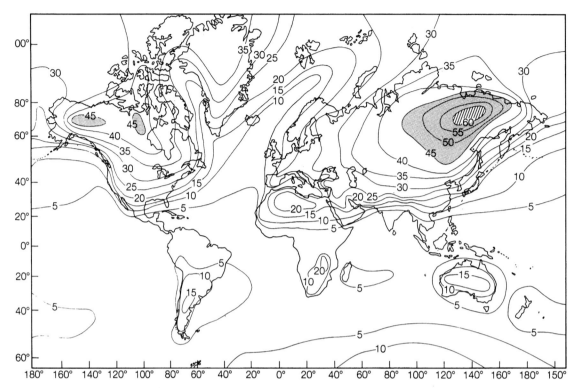

Abb. 2.8b *Globale Verteilung der Temperaturen: Jahresschwankung der Lufttemperatur (°C) als Differenz zwischen Januar- und Juli-Mittelwerten. Zu beachten sind die besonders hohen Unterschiede im Innern von Ostasien.*

Sommer sind sie viel wärmer. Im Innern der Kontinente wiederum sind die jährlichen Temperaturschwankungen größer als in Meeresnähe.

Diese Unterschiede in der Wärmespeicherung führen zu Luftdruckunterschieden in der Atmosphäre. Große Landmassen wie Eurasien tendieren zu sehr hohem Luftdruck im Winter und zu Tiefdruck im Sommer. Dies beeinflusst die Richtung der großen Windgürtel und trägt zum Beispiel zu einer Windumkehr bei, wie sie im Monsungebiet Asiens beobachtet werden kann (Exkurs 2.2) (Kapitel 8.5).

2.5 Die Klimazonen der Erde

Durch die Kombination der Verbreitungsmuster von Temperatur, Niederschlag und Evapotranspiration kann man eine Reihe von großen Weltklimazonen bilden. Sie sind der Ausgangspunkt für Teil II dieses Buches und wichtig für das Verständnis der weltweiten Verteilung von Boden und Vegetation.

Die *feucht-tropische Klimazone* verläuft am Äquator entlang und erstreckt sich mit Unterbrechungen bis

etwa 10 °N und S. Die Tagesmitteltemperatur liegt bei etwa 25 bis 27 °C, und die Tagesschwankung ist größer als die bescheidene Jahresschwankung. Die Niederschlagsmengen variieren in Abhängigkeit vom Relief und anderen Faktoren sehr stark, liegen aber häufig über 2 000 Millimeter pro Jahr. Eine der herausragenden Eigenheiten dieser Klimazone ist das fast völlige Fehlen von Jahreszeiten.

Eine *wechselfeuchte tropische Klimazone* schließt sich an die feuchten Tropen an. Je weiter man sich vom Äquator entfernt, desto mehr wird das Klima als Folge der Sonnenwanderung jahreszeitlich geprägt. Niederschlag und Temperatur erreichen ihre Höchstwerte im warmen, feuchten Sommer, wenn die Sonne im Zenit steht. Wenn die Sonne sich auf die andere Halbkugel zu bewegt, herrscht dann für einige Monate eine trockene Jahreszeit vor. In Richtung auf die Pole folgt bis auf 30 °N und 30 °S die *aride subtropische Klimazone* mit großen heißen Wüsten (zum Beispiel die Sahara). Dies ist eine Zone mit absinkenden Luftmassen, mit zeitlich und räumlich sporadischem Niederschlag, mit hohen Tagesschwankungen der Temperatur und mit einer geringen Wolkenbedeckung und

Exkurs 2.2   Monsungebiete

Monsunzirkulationen prägen das Klima ganzer Kontinente einschließlich der angrenzenden Ozeane. Im Winter strömt kalte, schwere, trockene Luft vom Land zu den wärmeren Meeren hin, während im Sommer die Luft über den stark erhitzten Landmassen nach oben steigt und feuchte, ozeanische Luftmassen zum Festland strömen. Die Coriolis-Kraft lenkt die radial landauswärts und landeinwärts gerichteten Luftströmungen ab und bewirkt im Falle von Asien den Nordost-Monsun (Winter) und den Südwest-Monsun (Sommer). Zu beachten ist die im Einflussbereich des asiatischen Monsuns besonders stark ausgeprägte jahreszeitliche Verlagerung der Innertropischen Konvergenzzone (ITC) nach Norden und Süden.

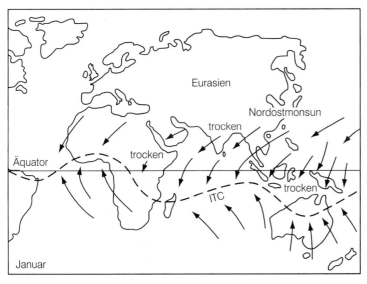

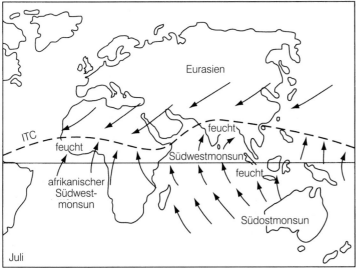

Die jahreszeitliche Verlagerung der Innertropischen Konvergenzzone (ITC).

somit hohen Strahlungswerten. Die Evapotranspiration übersteigt die Niederschläge bei weitem, was ein deutliches Wasserdefizit zur Folge hat.

Diese Klimazone wird allmählich durch einen Gürtel mit feuchteren Bedingungen, die *semiaride subtropische Zone*, abgelöst. Die absinkende trockene Luft der ariden subtropischen Zone ist im Sommer wetterbestimmend, während im Winter Tiefdruck für Regen und niedrigere Temperaturen sorgt. Diese Gebiete zeigen sehr ausgeprägte jahreszeitliche Unterschiede und werden oft zum „Mittelmeer-Typ" zusammengefasst, obwohl es je nach Entfernung zum Meer sehr große Unterschiede gibt.

In etwa 50 °N und 45 °S wird der Einfluss der absinkenden trockenen Luft fast ganz durch die Polarfront, die Westwinde und verschiedene Tiefdruckzellen ersetzt. In ozeanischen Gebieten mit ausgeprägtem maritimem Einfluss, wie zum Beispiel die Britischen Inseln, ist der Jahresgang der Temperatur unbedeutend – auf den Scilly Isles vor der südwestlichen Halbinsel Englands beträgt er nur 8 °C. Diese feuchtgemäßigte Klimazone hat milde Winter, kühle Sommer und ganzjährig Niederschläge. Weiter entfernt vom maritimen Einfluss nehmen die Niederschläge ab. Im Winter gibt es mehr Schnee, und im Sommer sind Gewitter häufig. Die mittlere Jahresschwankung der Temperatur nimmt zu und erreicht im vom Meer weit entfernten Innern der Kontinente bei semiariden Bedingungen 40 bis 50 °C. In extrem kontinentalen Lagen wird die Niederschlagsmenge so gering, dass sich sogar ein *arides Steppenklima* bildet.

Noch weiter polwärts liegt die *boreale Klimazone*, die allerdings nur auf der Nordhalbkugel (Nordamerika, Skandinavien, Russland) in nennenswertem Ausmaß erkennbar ist, da auf der Südhalbkugel in 50 bis 60 °S kein Festland vorhanden ist. Die Sommer sind kühl und feucht, im Winter sind die Temperaturen sehr tief. Edmonton (Kanada) als typische Station hat im Juli eine Mitteltemperatur von ungefähr 15 °C und im Januar von nur –8 °C.

Den Polen am nächsten liegt die *polare Klimazone*, in welcher die Auswirkungen der Jahreszeiten besonders ausgeprägt sind. Jenseits der Polarkreise herrscht entsprechend im Winter die Polarnacht, im Sommer der Polartag (die Sonne sinkt nicht unter den Horizont), mit einer Dauer von einigen Wochen bis mehreren Monaten. Die Niederschlagsmengen sind im Allgemeinen sehr gering; die Jahresmittelwerte der Temperatur sind so tief, dass der Untergrund als Dauerfrostboden (Permafrost) vorkommt.

2.6 Klima-Geomorphologie: Der Einfluss von Klima, Boden und Vegetation

Obwohl wir diesen Teil des Buches mit globalen Verbreitungsmustern der wichtigsten Formen (Kontinentalschilde, ozeanische Rücken und so weiter) im Rahmen von Plattentektonik und allgemeiner Geologie begonnen haben, hat das Klima eines Gebietes unbestreitbar einen starken Einfluss auf die Landschaftsformung, ebenso wie auf die Bodenbildung und die Vegetation. Deshalb sind von einigen Klima-Geomorphologen Versuche gemacht worden, klima-geomorphologische Zonen voneinander abzugrenzen. Hinter diesem Konzept verbirgt sich der Gedanke, dass unter bestimmten klimatischen Bedingungen ganz bestimmte geomorphologische Prozesse vorherrschen. Das führt dazu, dass sich eine Zone durch besondere Charakteristika auszeichnet, anhand derer man sie eindeutig von Zonen mit anderen klimatischen Bedingungen unterscheiden kann. Wegen der Häufigkeit und der Ausmaße von Klimaänderungen ist es jedoch wichtig, nicht nur den Einfluss des gegenwärtigen Klimas, sondern auch den Einfluss vergangener Klimate zu berücksichtigen.

Ein Versuch klimageomorphologischer Zonierung ist von Julius Büdel unternommen worden. Büdel gab an, dass bestimmte Zonen auch durch die aktuellen Klimabedingungen geprägt sein müssten. Lässt man die Küsten außer Acht, benannte er im Wesentlichen drei Zonen: die Gletscherzone, die polare Zone mit exzessiver Talbildung und die Zone der exzessiven Flächenbildung, nämlich die feuchten Tropen. Im Gegensatz dazu ging er bei den vegetationsbedeckten Mittelbreiten und den ariden Gebieten der Erde davon aus, dass die reliefformenden Mechanismen hier weniger intensiv wirken können. Diese Bereiche erhielten ihre grundlegenden Gestaltungsmerkmale unter früheren, geomorphologisch wirksameren Klimabedingungen. Büdel behauptete zum Beispiel, dass die vielen Trockengebiete, die durch weite Ebenen gekennzeichnet sind, unter feuchttropischen Bedingungen entstanden sind. Außerdem hätte das kalte Klima des Pleistozäns zu einem tiefen Einschneiden der Flüsse geführt, die heute in feuchtgemäßigten, also inaktiven Gebieten verlaufen. Er ging sogar so weit, zu behaupten, dass 95 Prozent des Reliefs der Mittelbreiten aus Reliktformen bestehen. Büdel meinte, dass alle gegenwärtigen Prozesse in allen Klimazonen der Welt nur auf der Basis des Reliktformenschatzes wirken und dass in einer Landschaft mehrere Reliefgenerationen

Tabelle 2.1: Die morphogenetischen Zonen der Erde nach Büdel.

Zonen	heutiges Klima	vergangenes Klima	aktive Prozesse (fossile Prozesse in Klammern)	Landformen
1) Gletscherzone	glazial	glazial	Vergletscherung	glazial
2) subpolare Zone exzessiver Talbildung	polar, Tundrenklimate	glazial, polar, Tundrenklimate	Frosttätigkeit, mechanische Verwitterung, fluviale Erosion	Kastentäler, Frostmusterböden usw.
3) Taiga-Talbildungszone, ektropische Zone retardierter Talbildung	kontinental, kühl-gemäßigt	polar, Tundrenklimate, kontinental	fluviale Erosion, (Frosttätigkeit, Vergletscherung)	Täler
4) subtropische Zone gemischter Reliefbildung, winterkalte Trockenzone mit Flächenüberprüfung, warme Trockenzone der Flächenerhaltung und traditionalen Weiterbildung	subtropisch (warm; feucht oder trocken)	kontinental, subtropisch	Pedimentbildung[a] (fluviale Erosion)	Einebnungsflächen, Täler
5) randtropische Zone exzessiver, innertropische Zone partieller Flächenbildung	tropisch (heiß; feucht oder wechselfeucht)	subtropisch, tropisch	Flächenbildung, chemische Verwitterung	Einebnungsflächen, Lateritkrusten[b]

[a] Ein Pediment ist ein schwach geneigter, konkaver Hang am Fuße eines stark geneigten Hanges.
[b] Die Lateritkruste entsteht durch Aluminium- und/oder Eisenanreicherung in den obersten Bodenschichten und ist charakteristisch für die wechselfeuchten Tropen.

zu finden sind. Jede Generation, so nahm er an, lasse sich genau einer vergangenen Klimaepoche zuordnen und sei durch die damit verbundenen Formungsmechanismen gestaltet worden.

Büdels Regionalisierungskriterien sind in Tabelle 2.1 dargestellt. Zum Vergleich dazu gibt Tabelle 2.2 eine neuere Klassifizierung von Wilson, einem amerikanischen Geomorphologen, wieder. Welche Kriterien auch immer benutzt werden, es ist bewiesen, dass das Klima die Verbreitung bestimmter Erscheinungen und Prozesse steuert, insbesondere die Vergletscherung, den Permafrost, das Wachstum von Korallenriffen, die Dünenbildung, die Frostverwitterung und die Winderosion. Diese Erscheinungen werden wir noch ausführlicher im zweiten Teil des Buches besprechen.

2.7 Klimaänderungen

Wie wir gesehen haben, wurde unser Wissen darüber, wie die Welt funktioniert und warum sie so ist, wie sie ist, in den letzten Jahrzehnten durch das Konzept der Plattentektonik von Grund auf neu gestaltet. Weitgehend zur gleichen Zeit hat auch ein anderer wichtiger Wandel im Denken stattgefunden. Ausgelöst durch Erkenntnisse, die bei der Erforschung von Meeresböden gewonnen wurden, hatte dies einen entscheidenden Einfluss auf unser heutiges Bild der Erdgeschichte. Unsere Vorstellungen über die Klimaänderungen in den letzten paar Millionen Jahren haben sich sehr stark verändert.

Tabelle 2.2: Die morphogenetischen Systeme der Erde nach Wilson.

System	dominante geormorphologische Prozesse	Landschaftsmerkmale
1) glazial	Vergletscherung, Schneetätigkeit (Nivation), Windtätigkeit	glaziale Überformung, alpine Topographie, Moränen, Kames, Esker usw.
2) periglazial	Frosttätigkeit, Solifluktion	Frostmusterböden, Sandebenen, Girlandenböden usw.
3) arid	Austrocknung, Windtätigkeit, Wasserabfluss	Dünen, Salzpfannen, Deflationsbecken usw.
4) semiarid (subarid)	Wasserabfluss, schnelle Massenbewegungen, mechanische Verwitterung	Pedimente, Schwemmkegel, Badlands, angewinkelte Hänge mit grobem Schutt
5) feuchtgemäßigt	Wasserabfluss, chemische Verwitterung, Kriechen (und andere Massenbewegungen)	sanfte Hänge mit Bodenbedeckung, Kämme und Täler, umfangreiche Flussablagerungen
6) Selva	chemische Verwitterung, Massenbewegungen, Wasserabfluss	steile Hänge, messerscharfe Kämme, tiefe Böden (inklusive Laterite), Korallenriffe

Es wurde zunehmend offensichtlich, dass die globalen Umweltbedingungen im Quartär, dem letzten Abschnitt der geologischen Geschichte, häufigen und massiven Veränderungen unterworfen waren. Erst in den letzten 20 000 Jahren verminderte sich die von Gletschern bedeckte Fläche auf ein Drittel der maximalen Ausdehnung. Das dadurch frei gewordene Wasser ließ die Meeresspiegel um über 100 Meter ansteigen. Das Festland, nun entlastet vom Gewicht der

daraufliegenden Eisdecke, hob sich stellenweise um mehrere hundert Meter, Vegetationsgürtel verschoben sich um zig Breitengrade. Dauerfrostboden und Tundrabedingungen haben sich von ausgedehnten Gebieten Europas zurückgezogen. Die Regenwälder haben sich ausgedehnt. Sandwüsten sind vorgestoßen und haben sich zurückgezogen. Binnenseen haben Überflutungen gebracht und sind geschrumpft. Das bedeutet, dass einerseits die betrachteten grundlegenden

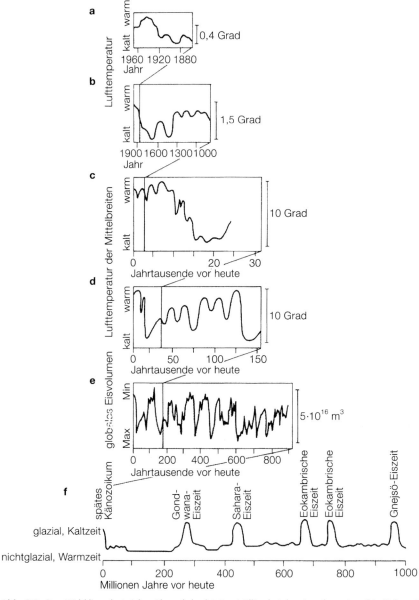

Abb. 2.9 *Das Weltklima hat sich während der letzten Milliarde Jahre in sehr unterschiedlichen Zeitmaßstäben verändert: a) in Jahrzehnten; b) in Jahrhunderten; c) in Jahrtausenden; d) in Zehntausenden von Jahren; e) in Hunderttausenden von Jahren; f) in geologischen Epochen.*

Verbreitungsmuster von Klima, Meeresströmungen, Oberflächenformen und Böden noch nicht sehr alt sind, dass sie andererseits den Ereignissen in den letzten paar Millionen Jahren viel verdanken.

Die Klimaänderungen und die von ihnen bewirkten Veränderungen der Umweltbedingungen sind in ganz unterschiedlichen Zeitmaßstäben erfolgt (Abbildung 2.9). Zu den kurzfristigeren Veränderungen gehören zum Beispiel Ereignisse wie die Wärmeperiode in den ersten Jahrzehnten des zwanzigsten Jahrhunderts, die Jahre mit geringem Niederschlag und hohen Temperaturen, welche in den dreißiger Jahren zur Bildung der „Dust Bowl" in den High Plains der Vereinigten Staaten führten, sowie die seit den Sechzigerjahren auftretenden sehr trockenen Jahre, die so viel menschliches Elend über die Bewohner des Sahels und Äthiopiens im Sahararandgebiet brachten. Abbildung 2.10 zeigt anhand der Niederschlagswerte, von welcher extrem starken Verschlechterung der klimatischen Bedingungen dieses Gebiet seit 1968 betroffen ist.

In den letzten 10 000 Jahren (auch als Holozän bezeichnet, siehe Tabelle 1.1) waren aber auch Veränderungen bedeutsam, die nur Hunderte von Jahren andauerten. Dazu gehört etwa die „Kleine Eiszeit" zwischen 1500 und 1850 (Exkurs 2.3), in der die Gletscher vorstießen. Dieses Kälteereignis wurde auf der ganzen Welt festgestellt. Es führte, abgesehen von Gletschervorstößen in die Täler, zu einem Rückzug der Siedlungen aus den marginalen Gebieten des Berglandes in Europa und in Island. In Ländern wie Norwegen und der Schweiz gab es offenbar eine Zeit mit schweren Lawinen, Felsstürzen und durch Gletschervorstöße bedingten Überschwemmungen. Die „Kleine Eiszeit" war jedoch nur eine von mehreren Kaltphasen des Holozäns. Andererseits gab es in der Nacheiszeit aber auch Warmphasen mit wärmerem Klima als heute. Von 750 bis 1300 gab es zum Beispiel eine Phase mit deutlichem Gletscherrückgang, die „Mittelalterliche Warmzeit". Damals war das Klima in England mild genug, dass Rebbau und Weinproduktion bis nach York möglich war. Das „Klimaoptimum" im „Atlantikum" (7 500 bis 5 000 Jahre vor heute) schuf relativ warme Bedingungen mit Temperaturen, die im Durchschnitt wohl 1 bis 3 °C höher lagen als heute.

Die Schwankungen im Pleistozän, dem Hauptabschnitt des Quartärs, bestanden aus großen Kaltphasen (Glazialen) und Warmphasen (Interglazialen), die insgesamt etwa zwei Millionen Jahre dauerten. Solche Hauptphasen der Gletschertätigkeit sind offenbar im Abstand von etwa 250 Millionen Jahren aufgetreten.

Die Abkühlung, die zu den Kaltzeiten des Pleistozäns führte, wird auch als *Känozoische Klimaverschlechterung* bezeichnet. Während des Tertiärs, der erdgeschichtlichen Epoche, die mit dem Ende der Kreidezeit 65 Millionen Jahre vor heute begann, zeigten die Temperaturen in vielen Gebieten der Erde eine allgemein fallende Tendenz, wenngleich die Abkühlung nicht gleichmäßig und auch nicht ohne Unterbrechungen erfolgte. So begünstigten die Klimabedingungen im frühen Tertiär die Ausbreitung tropischer Feuchtwälder in weiten Teilen des nordatlantischen Raumes. Im ausgehenden Eozän verschlechterte sich das Klima, sodass im Oligozän in Mitteleuropa ähnliche klimatische Bedingungen wie beispielsweise im Südosten der USA geherrscht haben dürften.

Die Klimaerwärmung während der ersten Hälfte des Tertiärs (Paläogen) in Mitteleuropa hatte sowohl lokale als auch globale Ursachen. Kleinräumig betrachtet, befand sich Europa in jener Zeit in einer südlicheren Breitenlage als heute. Global gesehen, waren die Umrisse der Ozeane und Kontinente, und damit auch die Muster der Meeresströmungen und Monsunzirkulationen, von den heutigen sehr verschieden. Möglicherweise war aber auch der atmosphärische Kohlendioxidanteil sehr viel höher (und verstärkte den Treibhauseffekt), und die deutlich

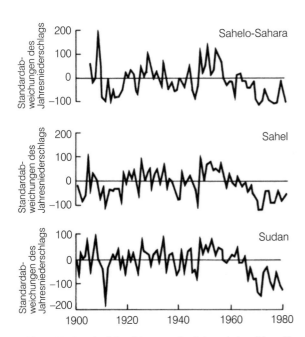

Abb. 2.10 Standardabweichungen des Jahresniederschlags für drei Sahararandzonen im zwanzigsten Jahrhundert. Man beachte die besonders trockenen Verhältnisse seit Mitte der Sechzigerjahre.

Exkurs 2.3   Gletscherrückgang seit der „Kleinen Eiszeit"

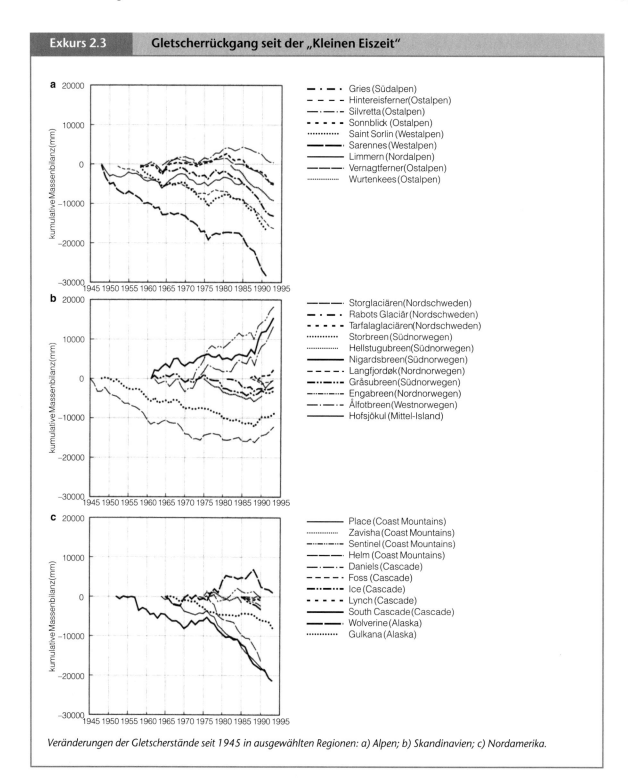

Veränderungen der Gletscherstände seit 1945 in ausgewählten Regionen: a) Alpen; b) Skandinavien; c) Nordamerika.

Exkurs 2.3   Fortsetzung

Seit dem 19. Jahrhundert sind als Folge von Klimaänderungen, insbesondere der Erwärmung seit dem Ende der so genannten „Kleinen Eiszeit", viele Gletscher in den Gebirgen der Erde zurückgegangen und haben vormals von Eis erfüllte Talabschnitte freigegeben. Anhand kartographischer, photogrammetrischer und anderer Daten über die Veränderungen der Lage von Gletscherzungen lässt sich das Ausmaß des Gletscherrückgangs abschätzen. Dieser vollzog sich nicht gleichmäßig und nicht ohne Unterbrechungen. Tatsächlich gab es sogar Gletscher, die in diesem Zeitraum phasenweise vorstießen. Betrachtet man jedoch die Gletscher, die insgesamt merklich zurückgingen, so zeigt sich, wie bei den meisten geomorphologischen Phänomenen, eine weite Spanne der Beträge. Deren Variabilität ist wahrscheinlich im Zusammenhang mit Faktoren wie Topographie, Gefälle, Größe des Gletschers, Höhenlage sowie Akkumulations- und Ablationsrate zu sehen. Festzustellen ist auch, dass die Raten des Gletscherschwundes vielfach sehr hoch sein können und im Falle besonders „aktiver" Gletscher über lange Perioden hinweg innerhalb einiger Jahrzehnte 20 bis 70 Meter pro Jahr

betragen können. Es ist daher nicht überraschend festzustellen, dass die Gebirgsgletscher während der letzten 100 Jahre vielerorts um einige Kilometer zurückgegangen sind. Die Abbildung zeigt das gegenwärtige Verhalten von Gletschern in ausgewählten Regionen der Erde. Dargestellt ist deren Massenbilanz, definiert als die Differenz zwischen Zuwachs und Rückgang (wiedergegeben in Wasseräquivalenten). In den Alpen (a) ist ein allgemeiner Trend zum Massenverlust zu beobachten, mit einigen Unterbrechungen Mitte der Sechzigerjahre sowie in den siebziger und frühen Achtzigerjahren des letzten Jahrhunderts. In Skandinavien (b) verzeichnen die nahe dem Meer gelegenen Gletscher seit den 1970er-Jahren starke Massenzuwächse, während weiter landeinwärts die Gletscher an Masse verlieren. Der Massenzuwachs in Westskandinavien lässt sich mit der Zunahme der Niederschläge erklären, welche das verstärkte Abschmelzen infolge steigender Temperaturen mehr als kompensieren. Im Westen Nordamerikas (c) zeigen die Gletscher nahe der Küste und in den Cascade Mountains einen generellen Massenverlust.

geringer geneigte Rotationsachse der Erde hatte eine erhöhte Sonneneinstrahlung zur Folge.

Im Pliozän war die Abkühlung so stark, dass in den Breiten des Nordatlantiks eine stärker an gemäßigte Bedingungen angepasste Vegetation vorherrschte. Vor ungefähr 2,4 Millionen Jahren begannen sich in den Mittelbreiten Gletscher zu bilden, und es entstanden viele der heute existierenden Wüsten.

Die Erkenntnis, dass die Erde in den letzten paar Millionen Jahren ein Eiszeitalter erlebt hat, geht auf die Jahre um 1820 zurück. Aber erst in den vergangenen Jahrzehnten hat man den wirklichen Charakter der Veränderungen erkannt und konnte genaue Daten mit ihnen verbinden. Dies wurde möglich, da neue Forschungsmethoden, wie die seit dem Zweiten Weltkrieg entwickelten Radiocarbon- und Kalium-Argon-Datierungen, eingesetzt werden können. Auch können heute Bohrkerne aus den Sedimenten der Tiefseeböden gewonnen werden. Bevor diese Bohrkerne zur Verfügung standen, wurde der Nachweis für die Vergletscherung durch glaziale Ablagerungen auf dem Festland erbracht. Diese Ablagerungen sind aber wiederholt durch erneute Vergletscherung und durch Erosion zerstört worden. Im Gegensatz dazu bilden die Ozeane ein stabiles Umfeld, in dem Ablagerungen wenig gestört werden. Die lückenlose Rekonstruktion der Geschichte des Weltklimas, insbesondere der angesprochenen Kalt- und Warmphasen des Pleis-

tozäns, ist daher nur durch die detaillierte Untersuchung von Sedimentschichten in Bohrkernen aus dem Meeresboden zu erbringen. Bevor diese Methoden verfügbar waren, war allgemein die Vorstellung von vier pleistozänen Eiszeiten anerkannt. Wir nennen sie das Penck- und Brückner-Modell (Abbildung 2.11a) nach den beiden Wissenschaftlern, die es, gestützt auf ihre Arbeiten im bayrischen Alpenvorland, erstellt haben (Abbildung 2.12). Nun wissen wir aber seit den Fünfzigerjahren dank den Arbeiten von Emiliani und anderen Wissenschaftlern, dass die pleistozäne Klimageschichte wesentlich komplexer war und dass es in den letzten zwei Millionen Jahren zu zahlreichen großräumigen Vergletscherungen gekommen ist.

Die stufenweise und ungleichmäßige Entwicklung hin zu kälteren Bedingungen, von der die Erde während des Tertiärs geprägt war, ging im Quartär (das Pleistozän und Holozän umfasst) in eine außerordentliche Instabilität des Klimas über. Die Temperaturen schwankten innerhalb einer weiten Spanne zwischen Werten ähnlich oder nur geringfügig über den heutigen während der Interglaziale und einem Niveau in den Glazialen, das niedrig genug war, um die Eisbedeckung der Landoberfläche auf das Dreifache anwachsen zu lassen. Nicht nur die Amplitude der Temperaturänderungen ist bemerkenswert, sondern auch die Häufigkeit der Änderungen, die sich anhand

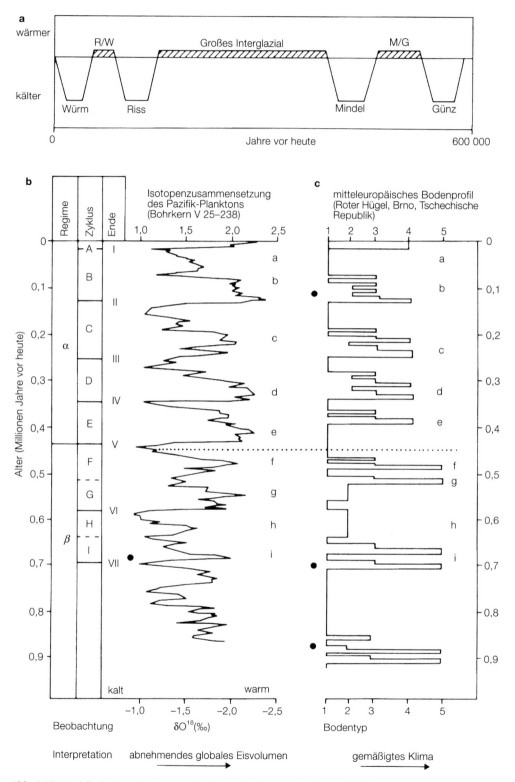

a

wärmer

R/W Großes Interglazial M/G

kälter

Würm Riss Mindel Günz

0 Jahre vor heute 600 000

b

Regime | Zyklus | Ende

Isotopenzusammensetzung des Pazifik-Planktons (Bohrkern V 25–238)

1,0 1,5 2,0 2,5

c

mitteleuropäisches Bodenprofil (Roter Hügel, Brno, Tschechische Republik)

1 2 3 4 5

Alter (Millionen Jahre vor heute)

α

β

A — I — a
B — II — b
C — III — c
D — IV — d
E — V — e
F — f
G — g
H — VI — h
I — VII — i

kalt warm

Beobachtung δO¹⁸(‰)

δO^{18}(‰)

−1,0 −1,5 −2,0 −2,5

Bodentyp

1 2 3 4 5

Interpretation abnehmendes globales Eisvolumen gemäßigtes Klima

Abb. 2.11 *Modelle der Glazialgeschichte im Pleistozän: a) das klassische Modell der vierfachen Vereisung nach Penck und Brückner; b) die Abfolge der Glaziale anhand der Erkenntnisse aus Tiefseebohrkernen; c) die Klimaveränderungen gemäß Bodenprofilen in tschechischem Löss. Beachte, wie b) und c) eine größere Häufigkeit von Veränderungen mit vielfachen Vergletscherungen anzeigen.*

Abb. 2.12 *Albrecht Penck und Eduard Brückner haben im ersten Jahrzehnt des 20. Jahrhunderts in den bayrischen Tälern Günz, Mindel, Riss und Würm eine der wichtigsten Abfolgen von Glazialen aufgestellt und nach den Talnamen benannt.*

von Sedimentproben aus Tiefseebohrungen belegen lassen. Danach gab es in den vergangenen 1,6 Millionen Jahren etwa 17 Glazial-Interglazial-Zyklen. Die Zyklen waren gekennzeichnet durch einen schrittweisen Eisaufbau (über einen Zeitraum von ungefähr 90 000 Jahren), gefolgt von einem drastischen Rückgang der Vergletscherung innerhalb von nur etwa 8 000 Jahren. Außerdem waren in der Zeitspanne von ungefähr drei Millionen Jahren, in der die Erde von Menschen bewohnt ist, Bedingungen, wie wir sie heute vorfinden, von verhältnismäßig kurzer Dauer und atypisch für das Quartär insgesamt. Abbildung 2.11b veranschaulicht die Klimaschwankungen der letzten 850 000 Jahre.

Der letzte Glazialzyklus erreichte seinen Höhepunkt um 18 000 bis 20 000 Jahre vor heute. In jener Zeit erstreckten sich die Eisschilde über Skandinavien bis zur Norddeutschen Tiefebene, über den größten Teil Großbritanniens (mit Ausnahme des Südens) und über Nordamerika bis 39 Grad nördlicher Breite (Abbildung 2.13). Südlich des skandinavischen Inlandeises begann die Tundren-Steppe, unterlagert von Permafrost, und relativ spärlicher Waldwuchs war auf das nördliche Mittelmeergebiet beschränkt (Abbildung 2.14). In den niederen Breiten nahmen Sandwüsten bedeutend größere Flächen ein als heute.

Fast ein Drittel der weltweiten Landfläche lag unter Gletschern, allerdings befanden sich die während des letzten Glazials zusätzlich von Eis bedeckten Gebiete

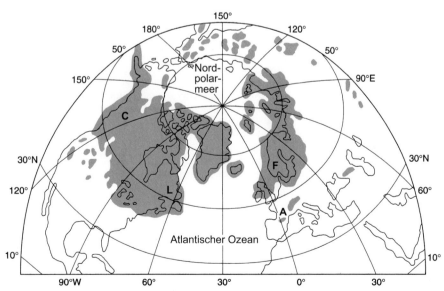

Abb. 2.13 *Die wahrscheinliche maximale Ausdehnung der pleistozänen Vergletscherung auf der Nordhalbkugel (K = Kordilleren- Vergletscherung; L = Laurentische Vereisung ; F = Fennoskandische Vereisung; A = Alpine Vereisung).*

fast ausschließlich auf der Nordhalbkugel, nur etwa drei Prozent entfielen auf die Südhemisphäre. Nichtsdestoweniger kam es in Patagonien und Neuseeland zu beträchtlichen Inlandvereisungen. Die Dicke der heute verschwundenen Eisschilde dürfte gebietsweise über vier Kilometer betragen haben, bei einer durchschnittlichen Mächtigkeit von zwei bis drei Kilometern. Die gesamte von Eis bedeckte Fläche während eines typischen Hochglazials betrug 40×10^6 Quadratkilometer, gegenüber 15×10^6 Quadratkilometer heute.

Überaus bedeutsame Änderungen erfuhren auch die Ozeane. Unter den gegenwärtigen interglazialen Bedingungen des Holozäns ist der nordöstliche Atlantik im Bereich des Europäischen Nordmeers vor Norwegen saisonal bis 78 °N eisfrei. Diese Bedingungen resultieren aus der Zufuhr von warmem Wasser, das mit dem Golfstrom (Nordatlantikstrom) in diese Region gelangt. Während des letzten Hochglazials dürfte jedoch die ozeanische Polarfront bei ungefähr 45 °N gelegen haben. Nördlich dieser Breite war der Ozean in den Wintermonaten fast vollständig von Meereis bedeckt.

Die Temperaturänderungen auf dem Festland waren erheblich, insbesondere in der Nähe der großen Eisschilde (Exkurs 2.4). So lässt das Vorkommen von Permafrost in Südengland auf einen Temperaturrückgang in der Größenordnung von 15 °C schließen. Fernab der Eisschilde gelegene Regionen der Mittelbreiten erfuhren wahrscheinlich eine geringere Abkühlung um schätzungsweise lediglich fünf bis acht Grad. In Gebieten, die unter dem Einfluss maritimer Luftmassen standen, lagen die Temperaturen sogar wohl eher nur vier bis fünf Grad unter den heutigen. Die kalten Glaziale hatten vielfältige Auswirkungen auf die Landschaft, die noch heute sichtbar sind. Die Eismassen verursachten starke Erosion und Ausschür-

---

Exkurs 2.4   Die Eiszeit in Europa

Die Untersuchung von Sedimentkernen aus dem Boden des Nordatlantiks auf dem Rockall Plateau hat ergeben, dass ab der Zeit vor etwa 2,4 Millionen Jahren beachtliche Mengen an durch Eisberge transportiertem Schutt sichtbar werden. Dies ist vermutlich die Zeit, in der zum ersten Mal glaziale Bedingungen und Gletscher auch in Großbritannien vorhanden waren. Seither gab es wiederholte Wechsel von Glazialen und Interglazialen, aber wir kennen deren Zahl nicht genau. Das Problem liegt darin, dass spätere glaziale Ereignisse oft die Zeugnisse vorangegangener Geschehen beseitigen oder überdecken.

Die Abbildung zeigt Europa während der letzten Eiszeit vor zirka 18 000 Jahren. Ebenfalls eingetragen ist die maximale Eisausdehnung während der vorletzten Eiszeit vor ca. 160 000 Jahren. Um 6 bis 10 °C niedrigere Jahrestemperaturen gegenüber heute führten zu einem Vordringen der skandinavischen Inlandeismassen und zu kräftigen Gletschervorstößen in den Alpen. Damit verbundene tief greifende klimatische Veränderungen bewirkten äquatorwärts verschobene Vegetationszonen (zum Beispiel existierte in West- und Mitteleuropa Tundra und im Mittelmeerraum Borealer Nadelwald sowie Laub- und Mischwald). Aus vegetationslosen Ablagerungen des Eises, zum Beispiel Moränen- und Schotterfeldern, wurde feiner kalkhaltiger Gesteinsstaub ausgeweht, der als Löss bezeichnet wird. Trotz dieser unwirtlichen Lebensbedingungen lebten zur Steinzeit bereits Menschen als Sammler und Jäger in Europa.

Die maximale Vergletscherung Nordeuropas fand in der nach einem deutschen Fluss benannten Saale-Eiszeit statt. Die Eismassen der skandinavischen Inlandvereisung reichten in dieser Vereisungsphase bis an die deutschen Mittelgebirge heran, in Großbritannien gelangten die Gletscher bis nördlich von London. In Süddeutschland überdeckte die alpine Vereisung während der zeitgleich stattfindenden, nach einem bayerischen Tal benannten Riss-Kaltzeit die Gebiete südlich der Donau. Dieser Vereisungshöchststand (vor etwa 450 000 Jahren) war für die Naturgeschichte Europas zweifellos ein sehr wichtiges Ereignis, denn es veränderte Fluss-Systeme und überformte Gebirge und ihr Vorland völlig.

Der darauf folgende letzte große Gletschervorstoß (Weichselkaltzeit im Norden/Würmkaltzeit im Süden) erreichte mit seinem Höhepunkt (vor rund 18 000 Jahren) diese Größenordnung nicht mehr (vergleiche die Abbildung im Exkurs). Die Eisdicke dürfte damals im Bottnischen Meerbusen eine Mächtigkeit von über 3 500 Meter erreicht haben. In Großbritannien verfiel der als Devensian bezeichnete Eisschild rasch und war vor 13 000 Jahren, das heißt schon im Spätglazial, weitgehend verschwunden, sodass der größte Teil des schottischen Hochlandes schon eisfrei war. Aus Deutschland hatten sich die skandinavischen Eismassen um rund 10 000 vor heute zurückgezogen, das Alpenvorland war ebenfalls eisfrei, und die Nacheiszeit begann. Von der mächtigen Eislast befreit, hoben sich große Teile Nordeuropas um Beträge bis über 250 Meter. Davon zeugen vielerorts *gehobene Strandlinien*.

Obwohl sich dieser Exkurs nur mit den beiden letzten Kaltzeiten befasst, so ist es doch gesichert, dass es im Verlaufe des Pleistozäns viele Gletschervorstöße und -rückzüge gab. Die Befunde aus anderen Teilen der Welt, insbesondere aus Tiefseesedimenten, legen die Annahme nahe, dass es in den letzten 1,6 Millionen Jahren etwa 17 Glazial-Interglazial-Zyklen gewesen sind.

Exkurs 2.4   Fortsetzung

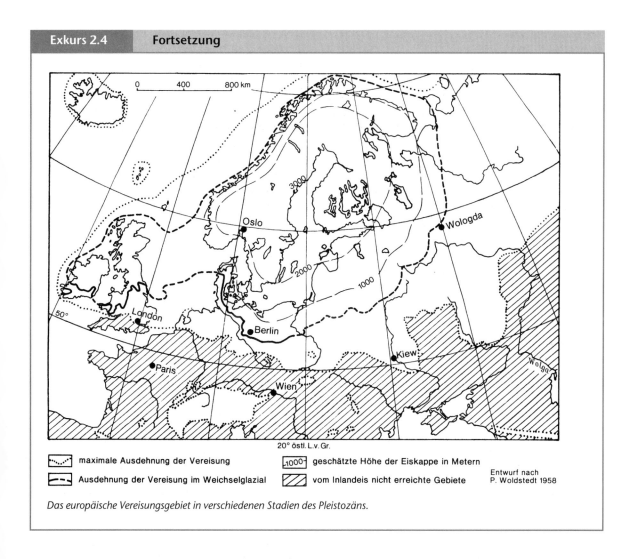

maximale Ausdehnung der Vereisung

Ausdehnung der Vereisung im Weichselglazial

20° östl. L.v. Gr.

[1000] geschätzte Höhe der Eiskappe in Metern

vom Inlandeis nicht erreichte Gebiete

Entwurf nach
P. Woldstedt 1958

Das europäische Vereisungsgebiet in verschiedenen Stadien des Pleistozäns.

fungen und schufen charakteristische Oberflächenformen wie Kare, Grate, Trogtäler, Moränen und viele andere. Ebenso wurde das Gewässernetz umgestaltet, wie die Seenlandschaften des Laurentischen Schildes (in Kanada) und Skandinaviens bezeugen. Anderswo wurden Geschiebelehme und Geröll sedimentiert, teils in Schichten, teils als prägende Oberflächenstrukturen (Kames, Oser und so weiter). Außerhalb der Vereisungsgebiete lagerte sich aus Schotterfluren und Sanderebenen ausgewehtes Feinmaterial ab und bildete ausgedehnte Lössgürtel, unter anderem in Mitteleuropa, Tadschikistan, China, Neuseeland und dem Mississippi-Tal in den Vereinigten Staaten. Die Bedingungen der Tundra mit Permafrost im Untergrund führten zu instabilen Hangverhältnissen mit Bodenfließen, Thermoerosion und linienhafter Erosion.

Innerhalb eines jeden Glazialzyklus gab es Phasen mit intensiver Vergletscherung und vorrückenden Gletschern (*Stadiale*), unterbrochen von etwas wärmeren Perioden (*Interstadiale*), in denen die Gletscher zurückgingen. Während des letzten Glazialzyklus gab es mehrere Interstadiale, darunter ein besonders ausgeprägtes zwischen 50 000 und 23 000 Jahren vor heute sowie einige von geringerer Dauer in einer früheren Phase des Zyklus.

Das extremste Stadial der letzten Kaltzeit dauerte von 20 000 bis 18 000 Jahre vor heute. In Großbritannien wird es als Dimlington-Stadial (= Weichsel-Hochstadial) bezeichnet. Wenig später begannen die Gletscher rasch zu schwinden. Nur während des Stadials der Jüngeren Dryas um 11 000 vor heute stießen die Gletscher abermals vor. Im Zuge dieses Ereignisses wurden die berühmten, ausgedehnten mittelschwedi-

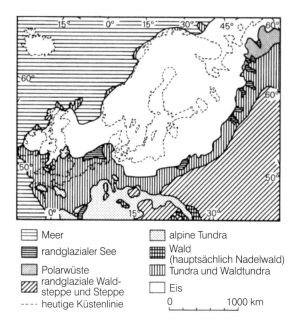

Meer

randglazialer See

Polarwüste

randglaziale Wald-
steppe und Steppe

---- heutige Küstenlinie

alpine Tundra

Wald
(hauptsächlich Nadelwald)

Tundra und Waldtundra

Eis

0   1000 km

Abb. 2.14 *Europa im Eiszeitalter. Eine Rekonstruktion des Maximums der letzten Vergletscherung (vor ungefähr 18 000 Jahren). Man beachte die große Ausdehnung des Eises über Großbritannien und Skandinavien. Im Osten erstreckte sich das Weichseleis über das Gebiet der heutigen Ostsee hinaus. Die Mächtigkeit der Eiskuppel erreichte in Skandinavien 3 000 Meter, in Norddeutschland etwa 500 Meter.*

schen und südfinnischen Endmoränenzüge (Salpausselkä) abgelagert und im Hochland Großbritanniens entwickelten sich Kargletscher. Diese Phase endete relativ abrupt vor etwa 10 700 Jahren, und es stellten sich die interglazialen Bedingungen des Holozäns ein.

Die Interglaziale des Quartärs waren allgemein von kurzer Dauer, jedoch dürften sie hinsichtlich Klima, Fauna, Flora und Oberflächenformen dem holozänen Interglazial, in dem wir uns gegenwärtig befinden, im Wesentlichen ähnlich gewesen sein. Eines ihrer Hauptmerkmale war der rasche Rückgang und Zerfall der großen Eisschilde und die Ausbreitung von Wald an Stelle der Tundra in den heute gemäßigten Zonen der Nordhalbkugel. Auf ihrem Höhepunkt dürften die Interglaziale ein oder zwei Grad wärmer gewesen sein als heute. In jüngster Zeit konnten anhand von Bohrkernen aus den Eiskappen der Polargebiete eine Fülle von Kenntnissen über die Bedingungen des letzten Interglazials (Eem) gewonnen werden. Die Eisbohrkerne stellen detaillierte Archive des Paläoklimas dar, die sich durch die Untersuchung der chemischen, gasförmigen und festen Inhalte auswerten lassen. Vor allem die stabile Isotopenzusammenset-

zung bietet die Möglichkeit, die Temperaturen der Vergangenheit zu bestimmen. Im Rahmen des Greenland Ice Core Project konnten unter dem höchsten Punkt des grönländischen Eisschildes eine Bohrtiefe von 3 029 Meter erreicht und Klimadaten der letzten 250 000 Jahre gewonnen werden. Während des Eem-Interglazials dürften danach einige sehr rasche, ja abrupte Klimaänderungen erfolgt sein.

Lange Jahre ging man von der Annahme aus, die Klimaveränderungen im Zusammenhang mit Glazialen und Interglazialen hätten auch die niederen Breiten betroffen und in den Tropen hätten feuchtere Bedingungen geherrscht, die zu hohen Wasserspiegeln an Binnenseen und zum Abfluss von Flüssen in heute aride Gebiete geführt hätten. Solche humide Phasen nannte man Pluviale und die warmen, trockenen Phasen dazwischen Interpluviale. Man nahm auch allgemein an, die feuchten Tropen seien von den Klimaänderungen der höheren Breiten wenig betroffen gewesen.

Es spricht in der Tat einiges dafür, dass in den Wüstengebieten in der Vergangenheit temporär mehr Wasser vorhanden war (Exkurs 2.5). So füllten zum Beispiel riesige Seen die heute weitgehend trockenen Becken im Südwesten der Vereinigten Staaten. Es gibt andererseits aber auch Hinweise darauf, dass sich andere Gebiete der Glazialperiode zeitweise nicht durch mehr Feuchtigkeit, sondern durch weniger Niederschläge auszeichneten. Der spektakulärste Beweis dafür ist die große Verbreitung von Sanddünen in den niederen Breiten. Dünen können im Innern der Kontinente erst in nennenswertem Ausmaß entstehen, wenn die Vegetationsdecke dünn genug ist, dass der Wind Sand bewegen kann. Sobald der Niederschlag deutlich über 150 Millimeter pro Jahr beträgt, ist dies nicht möglich. Untersuchungen von Luftbildern und von Satellitenaufnahmen zeigen deutlich, dass erodierte, alte Dünen, die jetzt von Wald oder Savanne bedeckt sind, in heute recht feuchten Gebieten mit Niederschlägen in der Größenordnung von 750 bis 1 500 Millimetern verbreitet sind (Abbildung 2.16 und Farbabbildung 1). Heute sind etwa zehn Prozent des Festlandes zwischen 30 °N und 30 °S von aktiven Sandwüsten bedeckt. Vor etwa 18 000 Jahren waren sie zur Zeit des letzten großen Gletschervorstoßes vermutlich für fast 50 Prozent des Festlandes in dieser Breite typisch (Abbildung 2.15). Dazwischen waren die tropischen Regenwälder und die daran anschließenden Savannen auf einen schmalen Korridor beschränkt und wesentlich weniger ausgedehnt als heute.

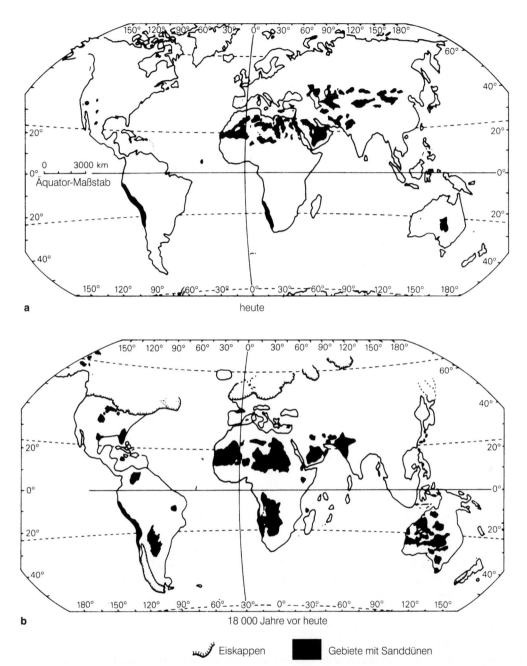

a　　heute

b　　18 000 Jahre vor heute

ᴗᴗᴗᴗʲ Eiskappen　　　　■ Gebiete mit Sanddünen

Abb. 2.15 *Wegen der verstärkten Trockenheit in großen Teilen der niederen Breiten zur Zeit der maximalen Vereisung und kurz danach waren Sanddünen vor 18 000 Jahren b) viel verbreiteter als heute a).*

2.8 Ursachen der langfristigen Klimaänderungen

Wie bereits erläutert, hat das Klima Wandlungen in ganz verschiedenen zeitlichen Maßstäben und mit unterschiedlicher Intensität durchgemacht. Es ist eine interessante Frage, weshalb solche Veränderungen stattgefunden haben. Bis heute hat man weder eine rundum schlüssige Erklärung für die Klimaänderungen gefunden, noch lässt sich die ganze Spannbreite der Klimaänderungen auf einen einzigen Prozess zurückführen.

Die Komplexität wird deutlich, wenn wir den Weg der Strahlung verfolgen, die von der eigentlichen

Abb. 2.16 Die Streifen, die auf dieser Landsat-Aufnahme von Sambia, Zentralafrika, von rechts nach links verlaufen, sind fossile Dünen. Sie sind vermutlich in einem arideren Klima im Pleistozän entstanden. Man beachte die ähnliche Ausrichtung einiger Zuflüsse des Zambezi Rivers in der rechten oberen Ecke des Bildes.

Exkurs 2.5	Eine feuchte Sahara im Holozän

Von besonderer Bedeutung für die Vegetation wie auch für Aktivitäten des Menschen war das mittelholozäne Pluvial, welches die Sahara veränderte. Anhand von Pollenuntersuchungen einer Lokalität namens Oyo in der östlichen Sahara lässt sich dies gut verdeutlichen. Die Pollenspektren dieses Ortes, die auf 8 500 bis 6 000 Jahre vor heute datiert wurden, belegen, dass zu jener Zeit zahlreiche sudanesische, mit tropischen Arten verwandte Savannenelemente in einem Gebiet vertreten waren, das heute extrem arid ist. Nach 6 000 vor heute wurde der See bei Oyo seichter, an die Stelle der subhumiden Savannen-

vegetation traten zuerst Dornakazien und später mit Büschen durchsetztes Grasland. Um 4 500 vor heute scheint der See vollständig ausgetrocknet zu sein, und Vegetation konnte sich nur noch in wenigen Wadis und Oasen halten. Vor 7 000 vor heute war also für ein oder zwei Jahrtausende der extrem aride Trockengürtel verschwunden. Die Nordgrenze des Sahel verschob sich zwischen 18 000 und 8 000 vor heute um 1 000 Kilometer nach Norden, die Südgrenze verlagerte sich von 6 000 vor heute bis in die Gegenwart um etwa 600 Kilometer nach Süden.

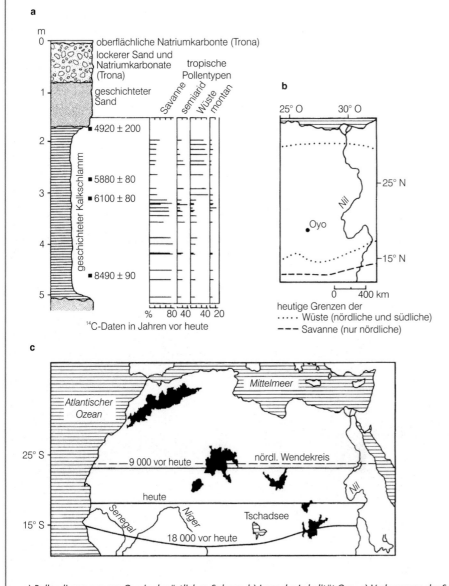

a) Pollendiagramm aus Oyo in der östlichen Sahara; b) Lage der Lokalität Oyo; c) Verlagerung der Sahara-Sahel-Grenze.

Triebfeder des Klimageschehens – der Sonne – stammt. Erstens können Art und Menge der abgegebenen Solarstrahlung variieren, beispielsweise durch veränderliche Gezeitenkräfte, welche die Planeten auf die Sonne ausüben. So hat man festgestellt, dass die von der Sonne ausgehende Strahlung nicht konstant ist, und zwar sowohl hinsichtlich ihrer Intensität (im Zusammenhang mit bekannten Erscheinungen wie Sonnenflecken, die dunkle Regionen niedrigerer Temperaturen auf der Sonnenoberfläche darstellen) als auch hinsichtlich ihrer Qualität (infolge von Verschiebungen im ultravioletten Bereich des solaren Spektrums). Es gibt zahlreiche Theorien über die kurzen Zyklen der Sonnenaktivität, wobei 11- und 22-Jahreszyklen besonders hervorgehoben werden. Auch Sonnenfleckenaktivitäten in Zyklen von 80 bis 90 Jahren wurden postuliert. Beobachtungen der Sonnenflecken in historischer Zeit geben zusätzlich Aufschluss über die Sonnenaktivität, wobei in den Aufzeichnungen das nahezu vollständige Fehlen von Sonnenflecken zwischen 1640 und 1710 n. Chr. – eine Periode, die auch als Maunder-Minimum bezeichnet wird – besonders auffällt. Möglicherweise ist es kein Zufall, dass dieses Minimum zusammenfällt mit einigen extremeren Jahren innerhalb der klimatisch rauen „Kleinen Eiszeit".

Schwankungen in der auf die Erde treffenden Sonnenstrahlung sind eventuell auch durch interstellare Materie (Nebel) bedingt, welche die Erde möglicherweise von Zeit zu Zeit passiert, oder die sich zwischen Sonne und Erde schiebt. Dadurch würde die auf die Erde auftreffende Solarstrahlung verringert. Einen ähnlichen zeitlich begrenzten Effekt könte der Durchgang unseres Sonnensystems durch eine Staubschleppe am Rande eines Spiralarms der Milchstraße verursachen.

Die Menge der auf der Erdoberfläche auftreffenden Strahlung wird ebenfalls beeinflusst durch die Position und die Stellung der Erde (Abbildung 2.17). Diese Parameter sind veränderlich, wobei man annimmt, dass es hauptsächlich drei astronomische, zyklisch variierende Faktoren sind, die dabei eine wichtige Rolle spielen. Erstens beschreibt die Umlaufbahn der Erde um die Sonne keinen Kreis, sondern eine Ellipse. Wäre dies nicht der Fall, wären Sommer- und Winterhalbjahr exakt gleich lang. Je größer die Exzentrizität ist, desto stärker differiert die Dauer der Jahreszeiten. Innerhalb einer Periode von ungefähr 96 000 Jahren kann sich die Exzentrizität der Erdumlaufbahn „dehnen", ausgehend von einer nahezu kreisförmigen Umlaufbahn, die sich auch am Ende dieser Periode wieder einstellt.

Zweitens ändert sich die *Präzession der Äquinoktien* und damit das Datum, an dem die Erde der Sonne am nächsten steht. Der Grund dafür ist, dass die Erde wie ein Kinderkreisel taumelt und um ihre Rotationsachse schwankt. Dieser Vorgang hat eine Zykluslänge von etwa 21 000 Jahren.

Drittens ändert sich mit einer Periodizität von ungefähr 40 000 Jahren die *Schiefe der Ekliptik*, das

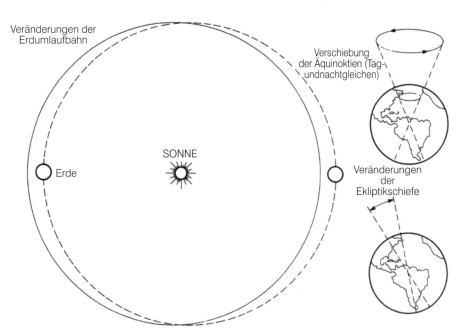

Abb. 2.17 Die drei Typen der Veränderung der Erdbahnparameter nach der Hypothese von Milankovitch.

heißt der Winkel zwischen der Ebene der Erdumlaufbahn und der Äquatorebene. Diese Bewegungen wurden mit dem Rollen eines Schiffs verglichen, wobei der Winkel, den die beiden Ebenen bilden, zwischen 21° 39 und 24° 36 schwankt. Je größer die Neigung der Erdachse, desto ausgeprägter ist der Unterschied zwischen Winter und Sommer.

Diese drei Zyklen bilden die Grundlage der so genannten Milankovitch-Hypothese oder astronomischen Theorie des Klimawandels. Die Länge der Zyklen zeigt auffällige Übereinstimmungen mit der zeitlichen Abfolge der zahlreichen Glaziale und Interglaziale der letzten 1,6 Millionen Jahre. Die Milankovitch-Zyklen wurden deshalb auch als „Schrittmacher der Eiszeitalter" bezeichnet.

Tritt die einfallende Sonnenstrahlung in die Erdatmosphäre ein, so wird deren Durchgang zur Erdoberfläche von den in ihr vorhandenen Gasen, ihrer Feuchte und ihrem Gehalt an festen Partikeln (Stäube) beeinflusst. Von Vulkanen in die Atmosphäre ausgestoßenem Staub wird in diesem Zusammenhang besondere Bedeutung zugemessen. Die verstärkte Luftverunreinigung kann zu einer verminderten Sonneneinstrahlung auf der Erdoberfläche durch erhöhte Reflexion in der Atmosphäre führen und eine Phase der Abkühlung verursachen. Staubschleier, wie sie etwa durch die Ausbrüche des Krakatao in den 1880er-Jahren und des Mount Pinatubo im Jahre 1991 (Exkurs 11.4) hervorgerufen wurden, bewirkten eine weltweite Absenkung der Temperaturen für die Dauer einiger Jahre. Die Durchlässigkeit der Atmosphäre kann sich jedoch nicht nur als Folge von Vulkantätigkeit ändern. Ebenso kann Staub durch Winderosion feinkörniger Sedimente und Böden in die Atmosphäre eingebracht werden. So lassen die großflächigen äolischen Schluffablagerungen (Löss) des Eiszeitalters vermuten, dass während der Hochglaziale der Staubgehalt in der Atmosphäre ausgesprochen hoch war und es dadurch zu einer weltweiten Abkühlung kam.

Auch Kohlendioxid, Methan, Distickstoffoxid, Schwefeloxid und Wasserdampf beeinflussen die auf die Erdoberfläche auftreffende Strahlungsmenge. Besonderes Augenmerk liegt in jüngster Zeit auf der Rolle des Kohlendioxids (CO_2) in der Atmosphäre. Dieses Gas ist für die einfallende Sonnenstrahlung praktisch durchlässig, absorbiert aber die von der Erdoberfläche reflektierte Infrarotstrahlung – Strahlung, die sonst in das Weltall entweichen würde, was einen Wärmeverlust in der unteren Atmosphäre zur Folge hätte. Aufgrund des schon vorhandenen *Treibhaus-*

effekts muss man annehmen, dass höhere CO_2-Werte zu einer Zunahme der Oberflächentemperaturen führen. Dasselbe gilt für Methan und Stickstoffoxide, deren Moleküle sogar einen noch stärkeren Treibhauseffekt als CO_2 verursachen. Man ist heute in der Lage, in den Polarregionen tiefe Bohrungen niederzubringen und aus den Eisbohrkernen das in eingeschlossenen Gasbläschen enthaltene CO_2 zu gewinnen. Analysen der Schwankungen der CO_2-Konzentration in diesen Bohrkernen erbrachten bemerkenswerte Ergebnisse. Es zeigte sich, dass die Änderungen der CO_2-Konzentration und die Klimaschwankungen der vergangenen 160 000 Jahre annähernd synchron verliefen. So war das letzte Interglazial vor rund 120 000 Jahren eine Periode hoher CO_2-Gehalte, während die CO_2-Gehalte im letzten Hochglazial vor ungefähr 18 000 Jahren auf niedrigem Niveau lagen. Die Ursachen der beobachteten natürlichen Schwankungen der Konzentration atmosphärischer Treibhausgase sind bis heute Gegenstand intensiver Forschungen.

Trifft die Sonnenstrahlung auf die Erdoberfläche, wird sie je nach Art der Oberfläche entweder absorbiert oder reflektiert. Dabei ist vor allem entscheidend, ob es sich um Land- oder Wasserflächen handelt, ob dunkle Vegetation oder Wüste die Oberfläche bilden oder ob die Erdoberfläche von Schnee bedeckt ist.

Die Wirkung der einfallenden Sonnenstrahlung auf das Klima hängt auch von der Verteilung der Meere und Landmassen sowie von deren Höhenlage ab. Beides wandelt sich in vielfältiger Weise – die Platten, aus denen sich die Erdkruste zusammensetzt, sind ständig in Bewegung, Gebirge entstehen und vergehen, Ozeane und Meeresstraßen öffnen und schließen sich. Diese Prozesse bewirken, dass Landmassen ihre Position verändern, dass sich die Windgürtel der Erde verschieben und dass sich die für das Klima äußerst wichtigen Meeresströmungen verändern.

Bei der Diskussion der verschiedenen Ursachen gilt es vor allem auch Rückkopplungseffekte zu berücksichtigen. Solche Rückkopplungen sind Reaktionen auf ursprünglich einwirkende Faktoren, welche deren Effekt entweder verstärken (dann spricht man von positiver Rückkopplung) oder aber vermindern beziehungsweise umkehren (negative Rückkopplung). Wolken, Eis und Schnee, sowie Wasserdampf sind von zentraler Bedeutung für solche Rückkopplungsmechanismen. Die Rolle des Schnees im Klimageschehen ist ein Beispiel für positive Rückkopplungseffekte. Schnee, der unter kalten Bedingungen häufiger fällt als Regen, verändert die Albedo (das Reflexionsvermögen) der Erdoberfläche und bewirkt eine weitere

Abkühlung der bodennahen Luftschicht. Ähnlich verhält es sich mit Wasserdampf, einem der wichtigsten Treibhausgase. Ein wärmeres Klima erzeugt mehr Wasserdampf, da sowohl die Evaporationsrate der Ozeane als auch das Wasserhaltevermögen der Luft mit steigender Temperatur zunehmen.

Schließlich ist es auch möglich, dass Atmosphäre und Ozeane eine hohe innere Instabilität besitzen und damit gewissermaßen einen „eingebauten Änderungsmechanismus" darstellen. So können geringfügige und zufällige Änderungen durch positive Rückkopplungseffekte und das Überschreiten von Schwellen großräumige und langfristige Wirkungen zur Folge haben. Schwache Auslöser können somit weit reichende Konsequenzen nach sich ziehen.

2.9 Meeresspiegelschwankungen

Den Veränderungen in Klima und Vegetation im Quartär kamen in ihrer Bedeutung nur die weltweiten Meeresspiegelschwankungen gleich, obwohl diese ihrerseits zum Teil durch klimatische Faktoren verursacht wurden. Diese Schwankungen sind bedeutsam, weil sie die Gestaltung der Küsten, das Vorhandensein und die Größe von Inseln, die Migration von Pflanzen, Tieren und des Menschen und das Ausmaß von Akkumulation und Erosion von Flüssen in Anpassung an eine unterschiedliche Erosionsbasis beeinflusst haben.

Die wichtigste Ursache für die weltweite, eustatische Meeresspiegelschwankung im Pleistozän war die Glazialeustasie (Kapitel 5.8). Als die Inlandeismassen dreimal mehr Volumen hatten als heute, war eine große Menge Wasser in ihnen gespeichert und somit weniger Wasser in den Ozeanen vorhanden. Die Berechnungen für den genauen Wert der Schwankung gehen auseinander, aber die Meeresspiegel haben in den Kaltzeiten wohl Absenkungen zwischen 100 und 170 Metern erfahren (Abbildung 2.18) und dabei die meisten Kontinentalschelfe der Welt trockengelegt. Wenn andererseits die beiden heute verbliebenen großen polaren Eiskappen der Antarktis und auf Grönland abschmelzen würden, käme es wahrscheinlich zu einem Anstieg des Meeresspiegels um 66 Meter über seine heutige Lage. In den Interglazialen sind die Eiskappen wohl zeitweise etwas kleiner gewesen als heute. Deshalb lagen die Meeresspiegel ein paar Meter höher als heute, wovon alte Strandlinien in einigen Küstengebieten zeugen. Im Holozän stieg der Meeresspiegel sehr rasch an (Abbildung 2.19), besonders in der Zeit zwischen 11 000 und 6 000 Jahren vor heute. Das Meer überflutete das vorher trocken liegende Gebiet der Nordsee, durchbrach die Landverbindung zwischen Großbritannien und Irland, überflutete viele küstennahe Flusstäler und ließ dadurch Formen entstehen wie zum Beispiel die gezahnte Küstenlinie im Südwesten Englands mit ihren vielen ins Land greifenden Meeresarmen (Riasküste). Dieser Meeresspiegelanstieg wird auch *Flandrische Transgression* genannt.

Andere weltweite Meeresspiegelschwankungen haben ihre Ursache in der Orogenese (Gebirgsbildung) im Zusammenhang mit der Plattentektonik. Orogenese und *Sea-floor Spreading* können beide das Volumen der Ozeane und damit die Höhe des Meeresspiegels verändern. Eine Vergrößerung der Ozeanfläche um nur ein Prozent bedeutet eine Absenkung des Meeresspiegels um 40 Meter. Die Ausweitung der Ozeanbecken seit dem letzten hohen Interglazial-Meeresspiegel vor 120 000 Jahren hat den Meeresspiegel weltweit um ganze acht Meter abgesenkt.

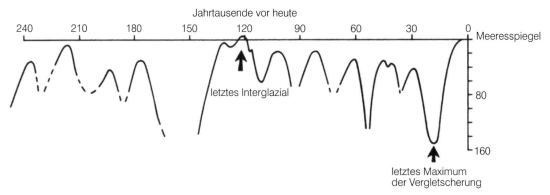

Abb. 2.18 *Die Meeresspiegelschwankungen in den letzten 250 000 Jahren.*

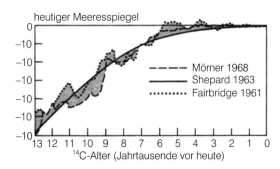

heutiger Meeresspiegel

- - - - Mörner 1968
———— Shepard 1963
·········· Fairbridge 1961

^{14}C-Alter (Jahrtausende vor heute)

Abb. 2.19 *Der weltweite Meeresspiegelanstieg seit dem Ende der letzten Kaltzeit.*

2.10 Das Klima der Zukunft

In jüngster Zeit hat man eine Reihe von Mechanismen ausgemacht, die zu einer Veränderung des Weltklimas durch den Menschen führen können.

- *Gasemissionen*
  Kohlendioxid
  Methan ⎱
  Fluorchlorkohlen- ⎬ Treibhausgase
  wasserstoffe
  Stickstoffoxide ⎰
- *Ausstoß von Aerosolen*
  Staub
  Rauch
  Sulfate
- *thermische Belastungen*
  Wärmeerzeugung in Städten
- *Änderungen der Albedo*
  Staubeinträge in das Polareis
  Abholzung und Aufforstung
  Überweidung
  Ausweitung künstlicher Bewässerung
- *Änderungen der hydrologischen Eigenschaften von Flüssen und Meeren*
- *Änderungen des atmosphärischen Wasserdampfes*
  Abholzung
  künstliche Bewässerung

Zunahme des Treibhauseffekts und globale Erwärmung

Die Erde empfängt Wärme von der Sonne. Ein Teil der Sonnenstrahlung wird von der Atmosphäre zurückgehalten, die übrige Strahlung geht durch die Atmosphäre hindurch und erwärmt die Erdoberfläche. Die erwärmte Oberfläche strahlt ihrerseits Energie ab, allerdings mit einer größeren Wellenlänge, als das einfallende Sonnenlicht aufweist. Ein Teil dieser Energie wird in der Atmosphäre absorbiert, die sich dadurch ebenfalls erwärmt. Die übrige Energie entweicht in das Weltall. Diesen Prozess der Erwärmung bezeichnet man als „Treibhauseffekt", da die Erdatmosphäre eine ähnliche Wirkung besitzt wie die Glasscheiben eines Gewächshauses (Abbildung 2.20). Zwar besteht die Atmosphäre überwiegend aus Stickstoff und Sauerstoff, doch enthält sie auch einige so genannte „Spurengase". Diese Gase kommen in sehr niedrigen Konzentrationen vor, absorbieren aber einen Großteil der Wärme. Man nennt sie deshalb „Treibhausgase".

Es gibt verschiedene natürlich vorkommende Treibhausgase: Wasserdampf (H_2O), Kohlendioxid (CO_2), Methan (CH_4), Ozon (O_3) und Distickstoffoxid (N_2O). In den vergangenen Jahrhunderten und Jahrzehnten jedoch ist die Konzentration einiger dieser Treibhausgase durch Aktivitäten des Menschen gestiegen. Außerdem gelangt mit den Fluorchlorkohlenwasserstoffen (FCKWs) seit etwa 50 Jahren eine neue Art von Treibhausgasen in die Atmosphäre. Seit Beginn des Industriezeitalters vor zwei- bis dreihundert Jahren beutet der Mensch die Kohlenstoffvorräte der Erde in Form von fossilen Brennstoffen (Kohle, Erdöl und Erdgas) aus. Durch das Verbrennen dieser Stoffe setzt er das darin gespeicherte CO_2 frei. In vorindustrieller Zeit dürfte der CO_2-Gehalt in der Atmosphäre etwa 260 bis 270 ppmv (parts per million by volume) betragen haben. Heute werden 360 ppmv überschritten, und die Werte steigen weiter, wie Messungen der Zusammensetzung der Atmosphäre in verschiedenen Teilen der Erde belegen. Durch das Verbrennen fossiler Brennstoffe und die Zementindustrie werden jährlich über sechs Millionen Gigatonnen Kohlenstoff in Form von CO_2 in die Atmosphäre eingebracht. Das Abbrennen von Wald und Änderungen des organischen Kohlenstoffgehalts in Böden infolge von Abholzung und landwirtschaftlicher Nutzung wirken sich ebenfalls in erheblichem Maße auf den CO_2-Gehalt aus: Die Menge des auf diese Weise freigesetzten Kohlenstoffs wird auf rund zwei Gigatonnen pro Jahr geschätzt.

Neben CO_2 verstärken wahrscheinlich noch andere Gase den Treibhauseffekt. Die Wirkung jedes einzelnen mag für sich genommen relativ gering sein, aber durch die Kombination der Einzeleffekte dürfte eine beträchtliche Gesamtwirkung entstehen. Überdies sind manche dieser Gase aufgrund ihrer molekularen Struktur sehr viel effektivere Treibhausgase. Dies

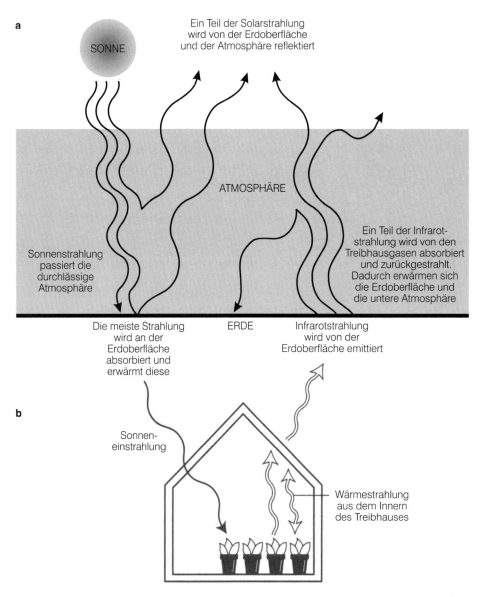

Abb. 2.20 *a) Der „Treibhauseffekt" der Atmosphäre; b) Schema, das die Wirkung eines Treibhauses als „Strahlungsfänger" zeigt.*

gilt für Methan (CH$_4$), dessen Treibhauswirksamkeit gegenüber CO$_2$ 21mal höher ist, für Distickstoffoxid (N$_2$O) mit einer um den Faktor 206 höheren Treibhauswirkung als CO$_2$, und für FCKWs, bei denen dieser Faktor 12 000 bis 16 000 erreicht.

Woher kommen diese Gase, und warum nimmt ihre Konzentration zu? Die Methan-Konzentration liegt heute bei über 16 000 ppbv (parts per billion by volume) gegenüber dem Vergleichswert von 600 ppbv im 18. Jahrhundert. Der Anstieg des Methangehalts resultiert aus der Ausweitung des Nassreisanbaus, aus der wachsenden Zahl von Rindern (Gärungsprozesse bei der Verdauung) sowie aus der Verbrennung von Erdöl und Erdgas. Die Zunahme von Distickstoffoxid ist eine Folge der Verbrennung fossiler Brennstoffe, des Einsatzes von stickstoffhaltigen Kunstdüngers sowie der Abholzung von Wäldern und des Abbrennens von Vegetation. Die erhöhten FCKW-Gehalte (die ebenfalls mit dem Abbau der Ozonschicht in der Stratosphäre in Verbindung gebracht werden) in der Atmosphäre sind die Konsequenz des Einsatzes dieser Stoffe als Kühl-, Schäum- und Löschmittel sowie als Treibmittel in Sprühdosen. Verschiedene internationale Abkommen beschränken heute die Verwendung von FCKWs.

Das Weltklima hat sich seit etwa 100 Jahren insgesamt erwärmt, und in den Achtziger- und Neunzigerjahren des 20. Jahrhunderts hat es mehr warme Jahre als je zuvor gegeben. Einige Wissenschaftler folgerten daraus, dass die globale Erwärmung, verursacht durch die Zunahme des Treibhauseffekts, bereits begonnen hat. Angesichts der Komplexität der Faktoren, die Klimaschwankungen hervorrufen können, sehen dies jedoch viele Experten als nicht endgültig bewiesen an. Die Mehrzahl der Wissenschaftler ist allerdings der Auffassung, dass ein weiterer Anstieg der Konzentration klimarelevanter Gase und ihre Verdopplung gegenüber den natürlichen Gehalten bis zur Mitte des 21. Jahrhunderts zu einem Temperaturanstieg von mehreren Grad in diesem Zeitraum führen werden. In einem Bericht des Intergovernmental Panel on Climate Change (IPCC) aus dem Jahre 1990 wird für das 21. Jahrhundert ein Anstieg der weltweiten Mittelwerte der Temperaturen von 0,3 °C pro Jahrzehnt für möglich gehalten. Der IPCC-Report von 1996 geht von einer Erwärmung um 2,0 °C bis zum Jahre 2100 als „bestem Schätzwert" aus (mit einer möglichen Spanne von 2–3,5 °C). Abkühlungseffekte durch Aerosole (siehe unten) sind in dieser Prognose enthalten. Die Temperatur wird aber nicht überall auf der Erde um den gleichen Betrag zunehmen. Vor allem in den höheren Breiten (zum Beispiel in Nordkanada und Eurasien) wird es wärmer werden, und zwar möglicherweise um das Zwei- bis Dreifache des globalen Durchschnittswertes.

Eine solche Erwärmung, sollte sie denn eintreten, wird zweifellos weit reichende Änderungen der atmosphärischen Zirkulation zur Folge haben. Dadurch wird sich wiederum die Niederschlagsverteilung auf der Erde verändern. Die Niederschläge werden in globalem Maßstab insgesamt umso mehr zunehmen, je mehr Feuchtigkeit infolge stärkerer Evapotranspiration der Ozeane freigesetzt wird. Aber während das Klima in manchen Regionen feuchter wird, wird es auch Gebiete geben, in denen die Niederschläge zurückgehen. Wie sich das Niederschlagsmuster in Folge dieser Veränderungen wandeln wird, kann heute noch niemand genau vorhersagen. Die extrem kalten und trockenen Regionen der hohen Breiten dürften feuchter werden, da eine wärmere Atmosphäre mehr Feuchtigkeit halten kann. Manche äquatornahen Regionen werden höhere Niederschläge erhalten, weil die Monsunzirkulation und die tropischen Antizyklone an Stärke zunehmen werden. Manche Bereiche der Mittelbreiten, wie die nordamerikanischen High Planes, könnten dagegen deutlich trockener

werden. Welche Folgen die Zunahme des Treibhauseffekts für das Klima haben wird, ist jedoch in hohem Maße ungewiss. Diese Unsicherheit resultiert daraus, dass wir unter anderem nicht genau wissen

- wie rasch die Weltwirtschaft wachsen wird;
- welche Brennstoffe in der Zukunft verwendet werden;
- mit welchem Tempo sich Landnutzungsänderungen vollziehen werden;
- welche CO_2-Menge Ozeane und Biota zu binden in der Lage sind;
- welche Rolle andere anthropogene und natürliche (zum Beispiel vulkanische) Ursachen des Klimawandels spielen;
- wie zuverlässig die Annahmen sind, auf denen viele Klimamodelle basieren (zum Beispiel die Bedeutung der Bewölkung);
- welche Rolle positive Rückkopplungseffekte und Schwellenwerte spielen, sodass wesentliche Änderungen möglicherweise schneller erfolgen können als angenommen, oder aber überhaupt nicht eintreten.

Die für die kommenden Jahrzehnte erwartete globale Erwärmung erscheint auf den ersten Blick nicht gravierend. Dennoch können innerhalb einer geologisch sehr kurzen Zeitspanne wärmere Bedingungen eintreten als in Jahrmillionen zuvor, und es können sich eine Reihe von Veränderungen mit weit reichenden Konsequenzen sowohl für den Menschen als auch für die Umwelt ergeben. Manche dieser Veränderungen könnten sich günstig auswirken (so ließen sich bei einem wärmeren Klima in Mitteleuropa neue Feldfrüchte anbauen), andere dagegen hätten nachteilige Folgen (beispielsweise häufigere und länger andauernde Trockenperioden in den High Plains von Nordamerika). *Mögliche* Folgen sind unter anderem:

- stärkere, weiter verbreitete und häufiger auftretende tropische Wirbelstürme;
- das Abschmelzen von Gletschern in Hochgebirgen;
- der Rückgang des Permafrostes in Tundrengebieten;
- die großräumige Verschiebung von Vegetationszonen wie etwa der nordhemisphärischen borealen Nadelwaldzone;
- ansteigende Meeresspiegel und damit einhergehende Überflutungen von Korallenriffen, Deltas, Feuchtgebieten und so weiter sowie eine Zunahme der Stranderosion;
- die Verminderung der Wasserzufuhr in die Flüsse infolge sinkender Evapotranspiration und Luftfeuchte;

- der Rückgang des Meereises in den Polarmeeren;
- Veränderungen hinsichtlich der Verbreitung von Viruskrankheiten (zum Beispiel Malaria).

Die Rolle der Aerosole

Als Nächstes soll auf die möglichen Auswirkungen von Aerosolen eingegangen werden. Der Ausdruck Aerosol bezieht sich üblicherweise auf Rauch, Kondensationskerne, Gefrier- beziehungsweise Sublimationskerne, atmosphärischen Dunst sowie auf andere Verunreinigungen der Atmosphäre wie Tröpfchen, die Schwefel- oder Stickstoffdioxide enthalten. Viele Aerosole gelangen auf natürlichem Wege in die Atmosphäre (zum Beispiel durch Vulkantätigkeit, Gischt oder natürliche Brände). Der Mensch ist jedoch zunehmend in der Lage, die Luft mit verschiedenen Aerosolen anzureichern. So war mit der industriellen Revolution die Emission riesiger Mengen von Staub- oder Rauchpartikeln aus Industrieanlagen in die untere Atmosphärenschicht verbunden. Diese könnten sich durch ihren Einfluss auf die Streuung und Absorption der Sonnenstrahlung auf die Temperaturen in globalem oder regionalem Maßstab ausgewirkt haben.

Welche Effekte Aerosole in der Atmosphäre hervorrufen, ist jedoch bis heute nicht genau bekannt. Ob zusätzlich in die Atmosphäre eingebrachte Aerosole eine Erwärmung oder aber eine Abkühlung der Erde und der atmosphärischen Systeme verursachen, hängt nicht allein von deren Absorptions- und Rückstrahlungseigenschaften selbst ab. Ebenso spielt eine Rolle, wo in der Atmosphäre diese sich befinden, und zwar bezüglich solcher Variablen wie der Bewölkung, dem Reflexionsverhalten von Wolken oder der darunter befindlichen Erdoberfläche. So würden zum Beispiel „graue" Aerosole über Eisfeldern die Atmosphäre erwärmen, da sie weniger Strahlung reflektieren würden als die weißen Eis- und Schneeflächen darunter. Über einer dunkleren Oberfläche würden die Aerosole dagegen mehr Strahlung reflektieren und somit eine Abkühlung hervorrufen. Folglich ist es schwierig, die Wirkungen erhöhter Aerosolgehalte in der Atmosphäre präzise zu erfassen.

Die Unsicherheit erhöht sich noch aufgrund zweier gegensätzlicher Tendenzen von Staub: der rückstrahlenden Wirkung, die zu Abkühlung führt, und des thermischen Isolierungseffekts, der eine Erwärmung verursacht. Im zweiten Fall absorbiert Staub einen Teil der Wärmestrahlung der Erde, der sonst in den Weltraum entweichen würde, und wirft wiederum einen Teil dieser Strahlung zurück auf die Erdoberfläche, die sich dadurch erwärmt. Natürlich vorkommender Staub aus vulkanischen Emissionen gelangt oft bis in die Stratosphäre (wo dieser vor allem Rückstrahlung und Abkühlung bewirkt), während anthropogener Staub häufiger in den tieferen Atmosphärenschichten vorkommt und dort Wärme bindet und eine Temperaturerhöhung verursacht.

Die Industrie ist nicht die einzige Quelle atmosphärischer Aerosole, ebenso wenig wie Temperaturänderungen deren allein mögliche Folge sind. Die intensive landwirtschaftliche Erschließung in Wüstenrandgebieten kann einen Staubschleier verursachen, da bei Staubstürmen Oberflächenmaterial von größeren Flächen ausgeweht werden kann. Diese Staubhülle kann die Temperatur der Atmosphäre so stark verändern, dass die Konvektion herabgesetzt wird und somit auch weniger Niederschlag fällt. Messungen der Staubkonzentration über dem Atlantik während der Dürreperioden in den späten Sechziger- und frühen Siebzigerjahren in der Sahel-Zone lassen vermuten, dass die Degradation der Landoberflächen in diesem Gebiet zu einer Zunahme des atmosphärischen Staubes um den Faktor drei in diesem Zeitabschnitt geführt hat. Vom Menschen ausgelöste Desertifikation kann also unter Umständen den Staubgehalt in der Atmosphäre erhöhen und damit die Niederschlagsmengen vermindern, wodurch sich wiederum der Prozess der Desertifikation verstärkt.

Staubstürme, hervorgerufen durch die Deflation von Landoberflächen mit schütterer Vegetationsbedeckung, sind in den Trockengebieten der Erde eine häufige Erscheinung (Kapitel 7.9). Sie ereignen sich unter natürlichen Umständen, wenn starke Winde trockene und vegetationsfreie Sand- und Schluffoberflächen angreifen. Die Häufigkeit ihres Auftretens variiert von Jahr zu Jahr in Abhängigkeit von den veränderlichen Regenfällen und Windbedingungen. Gegenwärtig nimmt jedoch in einigen Gebieten der Erde der von Staubstürmen verursachte Staubeintrag in die Atmosphäre infolge menschlicher Aktivitäten zu. Insbesondere Prozesse wie Überweidung führen dazu, dass die Bodenoberfläche ihrer schützenden Pflanzendecke beraubt wird. Anderswo erhöht sich die Windanfälligkeit durch die Verwendung des Pflugs oder die Befahrung mit Maschinen.

Atmosphärische Aerosole können als Kondensationskerne bei der Wolkenbildung eine wichtige Rolle spielen. Über den Weltmeeren ist Dimethylsulfid (DMS) eine bedeutende Quelle solcher Aerosole. Die Verbindung wird von marinen planktonischen

Algen produziert und oxidiert in der Atmosphäre zu sulfatischen Aerosolen. Da die Albedo von Wolken (und damit der Strahlungshaushalt der Erde) empfindlich auf die Dichte der in den Wolken vorhandenen Kondensationskernen reagiert, kann jeder Faktor, der sich auf die planktonischen Algen auswirkt, auch das Klima in erheblichem Maße beeinflussen. Die Produktion dieses Planktons kann durch die Verschmutzung küstennaher Meeresgebiete oder eine globale Erwärmung beeinflusst werden. Anthropogene Sulfat-Aerosole können die planetarische Albedo signifikant erhöhen, da sie den kurzwelligen Anteil der Solarstrahlung direkt streuen und die Reflexionseigenschaften von Wolken bezüglich kurzwelliger Strahlung verändern. Auf diese Weise können sie einen Abkühlungseffekt hervorrufen.

Veränderungen der Landnutzung

Eine der möglichen Hauptursachen anthropogener Klimaänderungen besteht in der Veränderung der Reflexionseigenschaften (Albedo) der Landoberfläche und des Anteils der von der Erdoberfläche reflektierten Strahlung (Abbildung 2.2a). Landnutzungsänderungen verändern die Albedo und können so die Energiebilanz einer Region sehr stark beeinflussen. Große Regenwaldgebiete können mit neun Prozent eine äußerst geringe Albedo aufweisen, während die Albedo in Wüsten bis zu 37 Prozent betragen kann. Wachsendes Interesse richtete sich auf die möglichen Klimafolgen der Abholzung infolge der damit verbundenen Änderung der Albedo. Durch Abholzung und Überweidung ihrer Pflanzendecke beraubte Flächen besitzen eine wesentlich höhere Albedo als solche mit Pflanzenbewuchs. Dies kann sich auf die Höhe der Temperaturen auswirken.

Manche Wissenschaftler sind der Auffassung, dass die Zunahme der Oberflächen-Albedo durch Verminderung der Pflanzendecke zu einer nach außen gerichteten Reflexion der einfallenden Strahlung und einer verstärkten strahlungsbedingten Abkühlung der Luft führen würde. Folglich, so ihre Argumentation, würde die Luft absinken, um das thermische Gleichgewicht durch adiabatische Kompression aufrecht zu erhalten. Dadurch würden Konvektion und Wolkenbildung sowie damit verbundener Niederschlag unterdrückt. Ferner würde in diesem Stadium ein positiver Rückkopplungseffekt eintreten: Geringere Niederschläge würden sich wiederum negativ auf die Vegetation auswirken und zu einem weiteren Rückgang der Pflanzenbedeckung führen.

Diese Sichtweise wird von Wissenschaftlern, die den Einfluss der Vegetation auf die Evaporation betonen, angezweifelt. Sie weisen darauf hin, dass bewachsene Oberflächen in der Regel kühler sind als solche ohne Bewuchs, da ein großer Teil der Sonnenenergie für die Evaporation von Wasser verbraucht wird. Sie ziehen daraus den Schluss, dass der Schutz vor Überweidung und Entwaldung zu niedrigeren Oberflächentemperaturen führen würde und damit nicht zu einer Abnahme, sondern eher zu einer Zunahme von Konvektion und Niederschlag.

Manche Forscher arbeiten mit Modellen, nach denen die Zerstörung der feuchttropischen Regenwälder auch direkte Folgen für das Klima haben könnte. Demnach würde die Entwaldung im Amazonasbecken durch die Veränderungen der Oberflächenrauigkeit und der Albedo sowohl die Niederschläge als auch die Albedo verringern. Effekte der Oberflächenrauigkeit ergeben sich aus dem Sachverhalt, dass Regenwälder ein stark zerklüftetes Kronendach bilden, das die Windströmungen beeinflusst.

Dazu kommt, dass die künstliche Bewässerung auf gegenwärtig 0,4 Prozent der Erdoberfläche (1,3 Prozent der Festlandsfläche) die Albedo in den Bewässerungsgebieten herabsetzt, und zwar möglicherweise um durchschnittlich zehn Prozent. Die damit verbundene Änderung der Albedo des gesamten Erde-Atmosphäre-Systems würde 0,03 Prozent betragen – genügend, um die globale Durchschnittstemperatur dauerhaft um fast 0,1 °C zu erhöhen.

Ein Wandel der Landnutzung kann auch Änderungen des Feuchtegehalts der Atmosphäre zur Folge haben. Möglicherweise reduziert die Rodung von feuchttropischen Regenwäldern die Menge der in die darüber befindliche Atmosphäre abgegebenen Feuchtigkeit. Dadurch würde sich das Niederschlagspotenzial verringern (Abbildung 2.21). Die Ausweitung der künstlichen Bewässerung könnte den gegenteiligen Effekt hervorrufen und zu erhöhter Luftfeuchtigkeit in den Trockengebieten der Erde führen. So weisen etwa die High Plains der Vereinigten Staaten natürlicherweise einen spärlichen Grasbewuchs und trockene Bodenverhältnisse während des Sommers auf. Die Evapotranspiration ist dort ausgesprochen gering. Wie Statistiken mit hoher Wahrscheinlichkeit belegen, haben die Niederschläge in der warmen Jahreszeit infolge der Bewässerungslandwirtschaft in zwei Gebieten dieser Region zugenommen: Eines erstreckt sich über Kansas, Nebraska und Colorado, ein zweites liegt im „Panhandle" (Pfannenstiel) von Texas, dem nördlichsten Teil des US-Bundesstaates. Die stärkste absolute

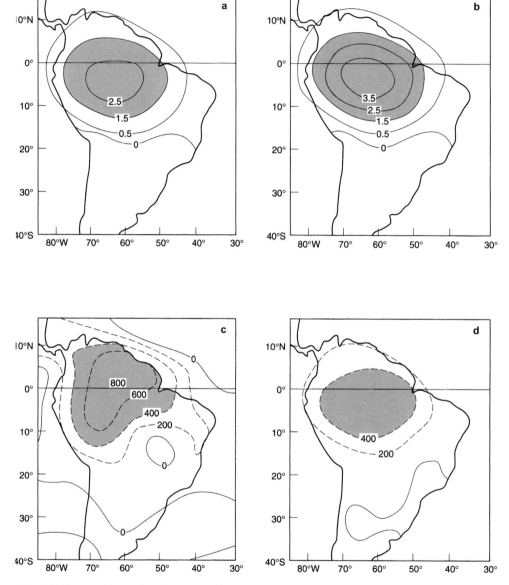

Abb. 2.21 *Prognostizierte klimatische Veränderungen bei einer Umwandlung der amazonischen Regenwälder in Grasland: a) Temperaturanstieg (°C); b) Zunahme der Verdunstung (mm pro Jahr); c) Abnahme der Niederschläge (mm pro Jahr); d) Verringerung der Evapotranspiration (mm pro Jahr).*

Zunahme hat die letztgenannte Region zu verzeichnen, und zwar auffälligerweise im Juni, dem feuchtesten der drei Monate, in denen sehr stark bewässert wird.

2.11 Schlussfolgerungen

In den ersten beiden Kapiteln wurde gezeigt, wie die wichtigsten großräumigen Verbreitungsmuster auf der Erde entweder durch geologische oder durch klimatische Faktoren gesteuert werden. Es liegt auf der Hand, dass gewisse Erscheinungen wie Böden, Vegetation, Meeresströmungen, Reliefformen und Gewässer ihrerseits globale Verbreitungsmuster haben, die sich in ihrer Verteilung an die Hauptklimazonen anlehnen.

3 Hydrologische Grundlagen

3.1 Der Wasserkreislauf

Wenn Wissenschaftler vom Wasserkreislauf (weitere Einzelheiten in Kapitel 14) sprechen, beziehen sie sich auf den Prozess, bei dem Wasser aus der Atmosphäre durch Niederschlag auf die Erde gelangt und schließlich durch Verdunstung (Evaporation) wieder zur Atmosphäre zurückkehrt. Die größten Wassermengen in diesem ganzen Kreislauf (Abbildung 3.1) sind diejenigen, die direkt vom Meer in die Atmosphäre verdunsten und als Niederschlag wieder zum Meer zurückkehren. Die Evaporation der Landflächen und die Transpiration der Pflanzen spielen zusammen mit dem Festlandniederschlag eine quantitativ gesehen geringere Rolle im Kreislauf, sind aber aus der Sicht des Menschen wichtig. Der Festlandniederschlag, der nicht durch Verdunstung verloren geht, fließt an der Oberfläche in Form von kleinen und großen Flüssen ab (Exkurs 3.1)

Der Hauptanteil des Wassers auf der Erde, rund 97 Prozent, befindet sich in den Meeren. Deshalb ist das meiste Wasser auf der Welt salzig. Von den drei Prozent Süßwasser sind etwa 75 Prozent in den Eiskappen und in Gletschern gebunden. Ein großer Teil der verbleibenden 25 Prozent ist in Untergrundgesteinen als Grundwasser vorhanden. Nur ein winziger Anteil ist jederzeit in Flüssen (0,03 %) und in Seen (0,3 %) verfügbar.

Bei einer globalen Betrachtung ergeben sich gewisse breitengradabhängige, auf beiden Hemisphären fast spiegelgleich angeordnete Verbreitungsmuster (Abbildung 3.1). Es gibt drei Hauptzonen mit positiver Wasserbilanz (Wasserüberschuss), die sich durch einen beträchtlichen Abfluss auszeichnen. In zwei Gebieten übersteigt die Evapotranspiration den Niederschlag erheblich (negative Wasserbilanz), sodass hier ein ernsthaftes Wasserdefizit herrscht.

3.2 Meeresströmungen

Die Meeresströmungen werden durch die globalen Klimabedingungen gesteuert, stehen aber mit diesen gleichzeitig in Wechselwirkung. Einerseits tragen sie zum Wärmeaustausch zwischen niederen und hohen Breiten bei und mildern die Klimaextreme. Andererseits werden sie zu einem guten Teil durch die vorherrschenden Oberflächenwinde, die in Zusammenhang mit der allgemeinen atmosphärischen Zirkulation stehen, in Bewegung gesetzt. Die Energieübertragung vom Wind auf das Meerwasser wird durch den Reibungswiderstand der über das Wasser wehenden Luft erreicht. Wie bei den Winden beeinflusst die Coriolis-Kraft die Bewegungsrichtung des Wassers. Auch Temperaturunterschiede (Abbildung 3.2a) sind durch ihren Einfluss auf die Wasserdichte für Meeresströmungen von Bedeutung. So sinkt zum Beispiel das kalte Oberflächenwasser der Meere in hohen Breiten auf den Meeresgrund, breitet sich in der Tiefe in Richtung Äquator aus und verdrängt das weniger dichte, wärmere Wasser zur Oberfläche (Exkurs 3.2)

Wenn wir eine Karte der Oberflächenströmungen (Abbildung 3.2c) betrachten, fallen bestimmte Grundmuster auf. Angesichts der Bedeutung, die wir den subtropischen Hochdruckzonen in der Atmosphäre beigemessen haben, dürfte es nicht erstaunen, dass sich gerade in diesen Zonen in den Ozeanen großräumige Kreisbewegungen (*Gyres*) finden (Abbildung 3.2b). Auf der dem Äquator zugewandten Seite jedes dieser großen Wirbel liegt ein *Äquatorialstrom*, der nach Westen fließt und den Passatgürtel kennzeichnet. Die Äquatorialströme werden voneinander durch einen *Äquatorial-Gegenstrom* getrennt.

Die polzugewandte Seite der Wirbel liegt im Einflussbereich der Westwinde. Man nennt diesen Strömungstyp, der auf der Südhalbkugel zwischen 30 Grad und 70 Grad besonders gut ausgeprägt ist, *Westwinddrift*.

In den niederen Breiten dreht der Äquatorialstrom auf den Westseiten der Ozeane beim Auftreffen auf die Küste in Richtung auf die Pole und bildet so eine warme, parallel zur Küste verlaufende Strömung. Beispiele dafür sind der Golfstrom vor Nordamerika, der Brasilstrom vor Brasilien und der Kuro-Shio-Strom vor Japan. Solche Küsten haben überdurchschnittlich hohe Wassertemperaturen.

Exkurs 3.1   Wasser- und Sedimentmengen in den Flüssen der Welt

Die Flüsse der Welt bringen jedes Jahr rund 35 000 Kubikkilometer Wasser in die Ozeane ein. Die zehn größten Flüsse haben daran einen Anteil von ungefähr 38 % am Gesamtvolumen. Allein der Amazonas trägt mehr als 15 % zum Welttotal bei, das ist mehr als die nächstfolgenden sieben größten Flüsse zusammen. In der Tat, und vielleicht nicht überraschend, sind es die Flüsse in den Tropenregionen mit starkem Niederschlag, welche in erster Linie den Ozeanen Wasser zuführen. Etwa zwei Drittel der zugeführten Gesamtmenge auf der Erde stammen aus Südasien, Ozeanien und dem nordöstlichen Südamerika. Afrika dagegen trägt infolge seiner im Allgemeinen geringen Niederschläge wenig dazu bei. Nur die Flüsse Zaire und Niger leisten einen nennenswerten Beitrag.

Die durchschnittliche jährliche Wassermenge der zehn größten Flüsse beträgt (in Kubikkilometern pro Jahr):

Amazonas	6 300
Zaire (Kongo)	1 250
Orinoco	1 100
Ganges/Brahmaputra	971
Chang Jiang (Yangtsekiang)	921
Mississippi	580
Jenisei	560
Lena	514
Rio de la Plata	470
Mekong	470

Die Flüsse der Welt entladen insgesamt $13,5 \times 10^9$ Tonnen Material pro Jahr ins Meer. Dies bedeutet im Weltdurchschnitt einen Sedimentertrag von ungefähr 150 Tonnen pro Quadratkilometer Einzugsgebiet und Jahr. Auch hier gibt es ein paar interessante globale Verbreitungsmuster. So haben zum Beispiel die Flüsse Südasiens (Farbabbildung 26) und Ozeaniens an der Gesamtmenge einen Anteil von rund 70 %, obwohl ihr in die Ozeane entwässernder Festlandsanteil nur 15 % beträgt. Das nordöstliche Südamerika trägt durch Amazonas, Orinoco und Rio Magdalena weitere elf Prozent der Gesamtfracht bei. Die hohen Werte der Flüsse Ozeaniens, dazu zählen die Flüsse Taiwans, Neuseelands und Neuguineas, sind eine Folge des gebirgigen Geländes, der hohen Niederschläge und der relativ kleinen Einzugsgebiete, da hier weniger Sedimente akkumuliert werden als in Einzugsgebieten großer Flüsse.

Die durchschnittliche jährliche Fracht an Schwebstoffen beträgt für die zehn hinsichtlich der Sedimentfracht bedeutendsten Flüsse (in 10^6 Tonnen pro Jahr):

Ganges/Brahmaputra	1 670
Huang He (Gelber Fluss)	1 080
Amazonas	900
Chang Jiang (Yangtsekiang)	478
Irrawaddy	285
Rio Magdalena	220
Mississippi	210
Orinoco	210
Hung He (Roter Fluss)	160
Mekong	160

Zusammen ergeben diese Mengen etwa 40 % der globalen Gesamtmenge.

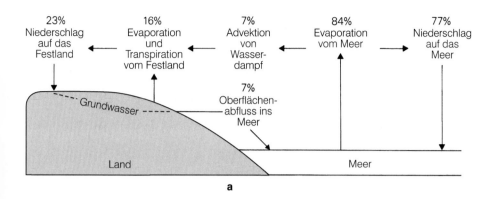

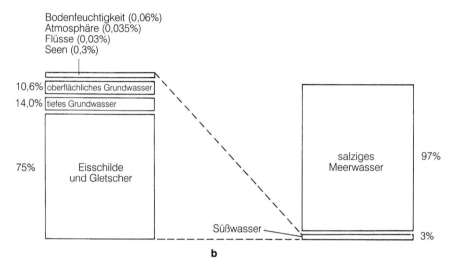

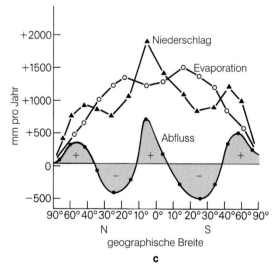

Abb. 3.1 *Der globale Wasserkreislauf: a) die Hauptbestandteile; b) die Anteile von Süßwasser und Salzwasser; c) die Unterschiede in Verdunstung, Niederschlag und Abfluss nach geographischer Breite.*

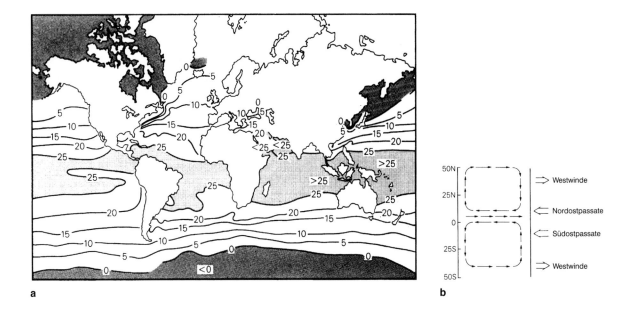

a

b

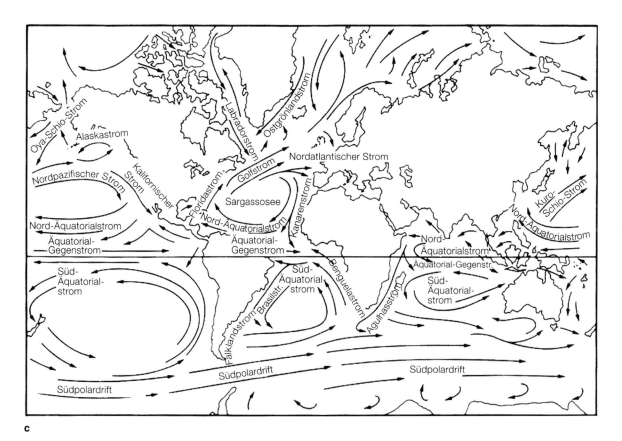

c

Abb. 3.2 *Einige Hauptkennzeichen der ozeanischen Zirkulation: a) Jahresmittel der Temperatur an der Meeresoberfläche (°C); b) Schema der vom Wind bewirkten Zirkulation der Ozeane mit einer Kreisbewegung im Uhrzeigersinn auf der Nordhalbkugel und gegen den Uhrzeigersinn auf der Südhalbkugel. Ein Gegenstrom trennt die beiden Kreisbewegungen; er liegt zwischen den Nordost- und den Südostpassaten; c) die heutige Zirkulation mit den wichtigsten Meeresströmungen.*

Exkurs 3.2 — Thermohaline Zirkulation

Klima und ozeanische Zirkulation hängen eng zusammen. Folglich kann sich jede Änderung des ozeanischen Zirkulationsmusters erheblich auf das regionale und sogar auf das globale Klima auswirken. Manche Veränderungen der Zirkulation resultieren aus Temperatur- und Salinitäts-(Dichte-)Gradienten in den Ozeanen – die so genannte thermohaline Zirkulation. Kälteres Wasser mit höherem Salzgehalt ist dichter und sinkt deshalb gewöhnlich nach unten. Die höchsten Wasserdichten finden sich heute im Nordatlantik, wo die Kombination aus niedriger Temperatur und hohem Salzgehalt große Ansammlungen von Tiefenwasser bewirkt, die man als Nordatlantisches Tiefenwasser (North Atlantic Deep Water, NADW) bezeichnet. Im Nordatlantik scheint die thermohaline Zirkulation ähnlich einem System von Förderbändern zu

funktionieren. Dabei strömt in den höheren Schichten Wasser nach Norden, um auf einer Breite von ungefähr 60 °N endgültig abzusinken und das NADW zu bilden. Der entgegengesetzte Zweig des Förderbandes verläuft in der Tiefe und transportiert Tiefenwasser in die südlichen Ozeane. Man vermutet, dass Unterschiede im Salzgehalt zwischen Atlantik und Pazifik ein globales Förderband antreiben, das dichtes, salzreiches Wasser in der Tiefe vom Atlantik in den Pazifik transportiert, und dass ein entgegengesetzter Ausgleichsstrom nahe der Meeresoberfläche existiert. Änderungen in der Produktion von NADW, zum Beispiel durch Schmelzwasser, das den Salzgehalt im Nordatlantik verringert, würde den Wärmehaushalt und die Wärmeabgabe des Ozeans verändern und damit regionale Klimaänderungen nach sich ziehen.

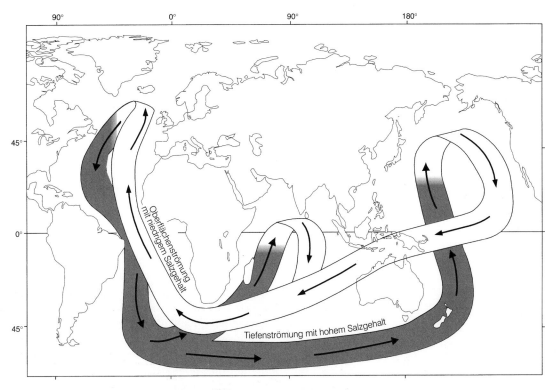

Das in den heutigen Ozeanen wirksame System des großräumigen Salztransports („ozeanisches/globales Förderband"). Es gleicht den atmosphärischen Transport von Wasser (als Dampf) vom Atlantischen zum Pazifischen Ozean aus. Salzreiches, im Nordatlantik gebildetes Tiefenwasser strömt bis in den Südatlantik und von dort möglicherweise nordwärts in den tiefen Pazifik. Ein Teil dieses Wassers quillt im Nordpazifik empor und führt das Salz mit sich, das im Atlantik als Folge des Wasserdampftransports zurückgeblieben ist. Die Strömung des „Atlantik-Förderbandes" war während kalter Klimaphasen möglicherweise unterbrochen.

Die Westwinddriften fließen auf die Ostseiten der Ozeane zu und drehen dann entweder in Richtung Pol oder in Richtung Äquator. Ein Beispiel für den ersten Fall ist der Golfstrom (Nordatlantische Drift), welcher die Britischen Inseln, Norwegen und sogar den äußersten Nordwesten Russlands erwärmt und so die ganzjährige Schifffahrt in den Arktishafen von Murmansk ermöglicht. Eine Fließrichtung gegen den Äquator führt zu kühlen Strömungen entlang der Ostküsten der Ozeane. Beispiele dafür sind der Humboldt(Peru-)strom vor Südamerika, der Benguelastrom vor Südafrika, der Kanarenstrom vor Westafrika und der Kalifornische Strom vor den westlichen Vereinigten Staaten. Sie haben einen großen Einfluss auf die Lage von einigen der größten Wüsten der Welt (Kapitel 7.2).

Schließlich fließt auf der Nordhalbkugel aus dem weitgehend vom Festland umgebenen Nordpolarmeer kaltes Wasser auf der Westseite der großen Meerengen, welche den Arktischen Ozean mit dem Pazifik und dem Atlantik verbinden. In der Beringstraße fließt der kalte Kamtschatkastrom nach Süden, von Grönland her fließt der Labradorstrom entlang der Ostküste Kanadas, und zwischen Grönland und Island verläuft der Ostgrönlandstrom.

Die Ozeane sind im Wesentlichen kalt. Das Wasser ist nur an der Oberfläche warm und wird mit der Tiefe zunehmend kälter (Abbildung 3.3). Nur acht Prozent des Meerwassers sind wärmer als 10 °C, und mehr als die Hälfte ist kälter als 2,3 °C. Dies erklärt, warum Ozeane einen so großen Einfluss auf das Klima haben. Im Querschnitt zeigt ein Ozean hinsichtlich seiner Temperatur eine Struktur mit drei Schichten. Es tritt in den niederen Breiten ganzjährig, in den mittleren Breiten nur im Sommer eine warme Oberflächen-

schicht auf, die wegen des Durchmischungseffekts der Wellenbewegung bis zu 500 Meter dick ist. In Äquatorregionen kann die Temperatur über 25 °C betragen, gegen die Pole nimmt sie aber rasch ab.

Unter dieser Schicht fallen die Temperaturen schnell und es folgt eine zweite Schicht mit Namen *Thermokline*. Darunter liegt kaltes Tiefenwasser mit Temperaturen zwischen null und fünf Grad Celsius. In hohen Breiten findet sich an Stelle der dreischichtigen Struktur nur eine Schicht mit kaltem Wasser, das wegen seiner größeren Dichte in der Tiefe in Richtung Tropen „fließt".

Bei einer bestimmten Konstellation von Küstenlinie, Strömungsrichtung und Richtung der küstennahen Winde kann *kaltes Auftriebswasser* an die Wasseroberfläche gelangen. An den Westküsten der Kontinente ist dies eine verbreitete Erscheinung, besonders vor Peru, Oregon, der Westsahara und Südwestafrika. Durch Auftrieb entsteht ein schmaler Meereswasserstreifen mit tiefen Temperaturen, der für die betreffende Breite untypisch ist. Da das Oberflächenwasser ständig von unten mit Nährstoffen versorgt wird, sind solche Gebiete reich an Plankton und weisen enorme Fischbestände auf.

Im Gegensatz dazu ist die Sargassosee, welche im tropischen Nordatlantik im Zentrum der subtropischen Hochdruckzone liegt, eine Meereswüste, in der Nährstoffe nicht so leicht ersetzt werden können. Das warme Oberflächenwasser hat eine deutlich geringere Dichte als das kühlere Wasser darunter und bildet deshalb eine stabile Schicht. Folglich können die Nährstoffe, wenn sie einmal erschöpft sind, nicht von unten ersetzt werden (Kapitel 16.3).

Alles in allem muss man aber doch festhalten, dass die Meere im Vergleich zum Festland in biologischer Hinsicht nicht sehr produktiv sind. Während die Nettoprimärproduktivität (NPP, Produktionsrate der Organismen) für die Meere im Durchschnitt 155 Gramm pro Quadratmeter und Jahr beträgt, sind es für die Kontinente 782 Gramm. Wir werden auf diesen Punkt zurückkommen, wenn wir die Vegetationszonen der Erde betrachten (Kapitel 4.3).

Die Ozeane haben eine enorme Wärmespeicherkapazität und üben deshalb einen sehr grundlegenden Einfluss auf die Weltklimate aus. Sollten sich die Meerestemperaturen ändern, so hat das auch Folgen für die globalen Klimazonen auf dem Festland. Solche Wechselbeziehungen zwischen Atmosphäre und Meer sind in den vergangenen Jahren zu einem wichtigen Forschungsschwerpunkt geworden.

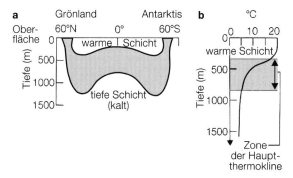

Abb. 3.3 *Die Verteilung und Schichtung der Meerestemperatur: a) ein Schnitt durch die drei Temperaturhauptzonen im Atlantik; b) das durchschnittliche Vertikalprofil der Temperatur im offenen Meer der niederen Breiten.*

Das interessanteste Beispiel für eine solche Inter-aktion zwischen Atmosphäre und Meer liefert das El-Niño-Phänomen (Exkurs 3.3). Ursprünglich bezog sich der Ausdruck auf eine lokale warme Meeresströ-mung, die um die Weihnachtszeit (davon der Name „Das Christkind") entlang der Küste von Ecuador im östlichen Pazifik nach Süden fließt. Heute wird er gebraucht, um viel großräumigere Erwärmungen im östlichen äquatornahen Pazifik zu umschreiben, die ein bis zwei Jahre andauern und in Intervallen von zwei bis zehn Jahren auftreten.

Der Zusammenhang zwischen El Niño und dem Weltklima muss im Kontext mit ihren atmosphärischen Entsprechungen, der *Walker-Zirkulation* und der *süd-lichen Oszillation* gesehen werden. Unter „normalen" Bedingungen sieht die Walker-Zirkulation, einer der wichtigsten Bestandteile der atmosphärischen Zirkula-tion, aus wie in Abbildung 3.4 (oben) dargestellt und hat eine große longitudinale Zelle, die quer über den Pazifik verläuft. In der Nähe der Küste Südamerikas weht der Wind vom Land aufs Meer, führt zu Auftrieb und in der Folge zu kalten, nährstoffreichen Küstengewässern.

Unter El-Niño-Bedingungen hingegen wird das Zirkula-tionssystem umgekehrt; das bewirkt ein beträchtliches Ansteigen der Wassertemperaturen im äquatorialen Küstenbereich Südamerikas. Man nennt diese periodi-schen Schwankungen der atmosphärischen Bedingun-gen die südliche Oszillation.

Die Oszillation scheint über die Pazifikküste des äquatorialen Südamerikas hinaus, wo das warme Wasser mit anormal hohen Niederschlägen über Peru und Ecuador und mit Fischsterben in Verbindung zu stehen scheint, von Bedeutung zu sein. Neuere Unter-suchungen haben ergeben, dass zu den Zeiten von El Niño mehrere andauernde Klimaanomalien an anderen Orten der Erde zu beobachten sind. Darunter finden sich Dürren in Australien, Indonesien und Nordostbrasilien, strenge Winter in den USA und Japan und Wirbelstürme im zentralen Pazifik. Die ozeanische Zirkulation spielt die Rolle eines Schwung-rades im Klimasystem und ist verantwortlich für die außerordentliche Persistenz von atmosphärischen Anomalien von Monat zu Monat und sogar von Jah-reszeit zu Jahreszeit.

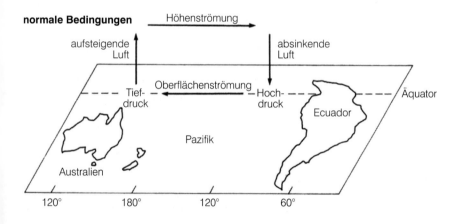

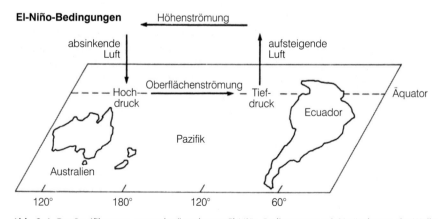

Abb. 3.4 Der Pazifik unter „normalen" und unter El-Niño-Bedingungen mit Veränderung der Walker-Zirkulation.

Exkurs 3.3 | El Niño 1997–1998

Als El Niño wird eine großräumige Erwärmung im östlichen äquatornahen Pazifik bezeichnet, die ein Jahr oder länger andauert. Das entgegengesetzte Phänomen, eine Phase der Abkühlung, nennt man *La Niña*. El-Niño-Ereignisse sind verbunden mit Änderungen der atmosphärischen Druckverhältnisse, bekannt als südliche Oszillation oder Southern Oscillation (SO, siehe unten). Aufgrund der engen Verknüpfung von SO und El Niño wird häufig die Sammelbezeichnung El Niño/Southern Oscillation, kurz ENSO, verwendet. Das System pendelt alle drei bis vier Jahre zwischen warmen und neutralen (oder kalten) Bedingungen.

Das El-Niño-Ereignis von 1997/98 war eines der stärksten, das jemals aufgezeichnet wurde. Es baute sich rascher auf und war mit einer stärkeren Erwärmung verbunden als alle zuvor registrierten El-Niño-Phänomene. Innerhalb kurzer Zeit entwickelte sich die Klimaanomalie im April und Mai 1997 über dem zentralen und östlichen äquatornahen Pazifik. Während der zweiten Jahreshälfte überstieg die Intensität bereits die des bis dahin stärksten El Niño der Jahre 1982/83. Die Temperaturanomalie der Meeresoberfläche im zentralen und östlichen Pazifik betrug 2–5 °C. Anfang Mai 1997 überschritten die Wassertemperaturen in den östlichen und zentral-östlichen Teilen des Pazifiks die 28-Grad-Marke, während die normale, typischerweise von Juni bis Oktober eintretende Abkühlung des Meeres ausblieb. Die mit dem El-Niño-Ereignis verbundene Erwärmung war einer der Hauptgründe für die 1997 gemessenen Rekordwerte der Globaltemperaturen. Die geschätzten Mittelwerte der Oberflächentemperaturen von Land- und Meeresflächen übertrafen um 0,44 °C den Mittelwert des Zeitraumes 1961–1990. Im bis dahin wärmsten Jahr 1995 betrug die Anomalie +0,38 °C. Mitte Januar 1998 hatte sich die durch El Niño verursachte Warmwassermenge um ungefähr 40 % gegenüber dem Maximum Anfang November 1997 verringert. Dennoch hatte der erwärmte Wasserkörper im Pazifik noch die etwa anderthalbfache Ausdehnung der Vereinigten Staaten. Dieses Wärmereservoir besaß so viel Energie, dass es das globale Klimamuster bis Mitte 1998 beherrschte.

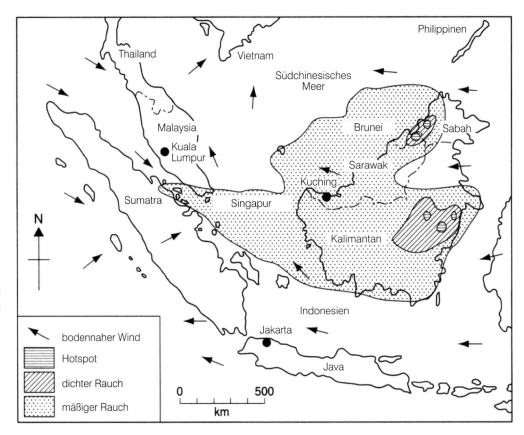

Das räumliche Muster der Waldbrände und des im englischen Sprachgebrauch als „haze" bezeichneten Dunstschleiers über Südostasien im August 1997.

Exkurs 3.3   **Fortsetzung**

Anomalien der Temperatur- und Niederschlagsverteilung sind typisch für alle El-Niño-Wärmeperioden. Sie lassen sich wie folgt zusammenfassen:

- Die Verlagerung der Gewittertätigkeit von Indonesien zum zentralen Pazifik hat gewöhnlich trockene Bedingungen in Nordaustralien, Indonesien sowie auf den Philippinen zur Folge.
- Ungewöhnlich trockene Bedingungen herrschen in der Regel auch in Südostafrika und Nordbrasilien.
- Während des Sommers der Nordhalbkugel sind die Monsunregen in Indien oft schwächer als üblich, insbesondere im Nordwesten des Subkontinents.
- Entlang der äquatornahen Westküste Südamerikas sowie in den subtropischen Breiten Nordamerikas (am Golf von Mexiko) und Südamerikas (von Südbrasilien bis Mittelargentinien) herrschen für gewöhnlich anormal feuchte Bedingungen.
- El-Niño-Bedingungen scheinen die Bildung tropischer Stürme und Hurrikane über dem Atlantik zu unterdrücken, während tropische Stürme über dem östlichen und zentralen Pazifik häufiger auftreten.

Nach neueren Erkenntnissen besteht ein Zusammenhang zwischen den während der El-Niño-Perioden ungewöhnlich trockenen Bedingungen in Indonesien und den riesigen Waldbränden, welche die Luft in großen Teilen Südostasiens verschmutzen. Im August 1997 wüteten eine Reihe von Waldbränden in Indonesien, die erst im Juni des darauf folgenden Jahres durch Regenfälle eingedämmt wurden. Große Waldflächen brannten nieder, und ein Rauchschleier legte sich über ausgedehnte Gebiete. Betroffen war insbesondere Borneo, aber selbst bis nach Sri Lanka gelangte der Rauch. In Extremfällen verringerte sich die Sichtweite auf unter 50 Meter. Eine Wärmephase des ENSO-Ereignisses hatte die größte Trockenheit seit einem halben Jahrhundert verursacht und damit die Voraussetzung für die Brände geschaffen. Im westlichen äquatornahen Pazifik war die Gesamtmenge des Niederschlags 1997 und Anfang 1998 in manchen Monaten um mehr als 50 Prozent unter den Durchschnittswert gefallen.

Quellen:
C. Y. Jim (1999) *The forest fires in Indonesia 1997–1998: possible causes and pervasive consequences.* In: *Geography* 84, S. 251–260.
World Meteorological Organisation *World Climate News* (13. Juni 1998).

4 Biogene Komponenten

4.1 Die Bodenzonen der Welt

Nachdem wir die globale Verteilung von Niederschlag, Temperatur, Wind, Evapotranspiration und Meeresströmen diskutiert haben, wollen wir nun das Verbreitungsmuster einer anderen wichtigen Komponente der menschlichen Umwelt betrachten – den Boden.

Gelangt ein Gestein an die Erdoberfläche, so ist es von da an den Kräften der Atmosphäre und der Biosphäre ausgesetzt. Die physikalische Verwitterung, zum Beispiel Frostverwitterung, führt durch die mechanische Zerkleinerung des Gesteins zum ersten Stadium der Bodenbildung. Die chemische Verwitterung löst die silikatischen Minerale des Gesteins auf (Hydrolyse), sodass einige der leicht löslichen Komponenten von den Niederschlägen aus den oberen Schichten ausgewaschen werden können, während aus den verbleibenden so genannte Tonminerale entstehen. Es entsteht feinkörnigeres Substrat, das zunächst als Lebensraum für Mikroorganismen dient. Im Laufe der Zeit nehmen sie an Arten- und Individuenzahl zu und langsam finden komplexere tierische und pflanzliche Lebensformen eine Existenzmöglichkeit im oder auf dem sich entwickelnden Boden. Diese nehmen verstärkt Einfluss auf die Art der Bodenbildung, und es kann an der Oberfläche eine Schicht entstehen, die reich an organischer Substanz ist. Ein Boden kann deshalb definiert werden als Ort, an dem viele physikalische, chemische und biologische Prozesse stattfinden. Diese Prozesse finden in verschiedenen Kombinationen mehr oder weniger gleichzeitig statt, führen allmählich zur Ausbildung von deutlich erkennbaren Schichten oder Horizonten und prägen damit die Eigenschaften eines Bodens.

So laufen also im Boden zahlreiche Prozesse ab, wobei Stoffe von einem Bodenhorizont in den nächsten verlagert werden, dem Boden von oben zugeführt oder vom Boden – zum Beispiel an die Pflanzenwurzeln – abgegeben werden. Solche Prozesse (die in Kapitel 13 noch detailliert besprochen werden) hängen teilweise von klimatischen Bedingungen ab, sodass sich großräumig bereits verschiedene Verbreitungsmuster der Bodenentwicklung ableiten lassen.

Böden, die sich in Gebieten mit geringem Niederschlag, aber hoher Evapotranspiration entwickeln, weisen ein Wasserdefizit auf und unterliegen einem Prozess, der als *Versalzung* bezeichnet wird. Regen kann in die oberen Bodenschichten eindringen. Salz kann gelöst und mit dem Sickerwasser verlagert werden. Die Niederschläge reichen jedoch nicht aus, um eine effektive Auswaschung herbeizuführen. Das verfügbare Wasser ist schnell absorbiert und evaporiert, was zu einer Salzanreicherung führt.

In kühlen, feuchteren Klimaten bestimmt die *Podsolierung* (Exkurs 4.1) die Bodenentwicklung. Unter solchen klimatischen Bedingungen ist die Wasserversorgung mehr als ausreichend, sodass der Niederschlag die löslichen Bestandteile der oberen Horizonte auswaschen kann. Zurück bleiben oft nur blanke Quarzkörner. Die Auswaschung wird durch eine Rohhumusauflage in Gang gesetzt und beschleunigt. Die abwärts verlagerten Stoffe akkumulieren im B-Horizont und können dort eine durch Eisen verfestigte Schicht bilden, den so genannten Ortstein (Kapitel 13.2).

Die feucht-heißen Gebiete der Tropen unterliegen der *Lateritisierung*. Die Kombination von hohen Niederschlägen und hohen Temperaturen fördert die chemische Verwitterung; hohe Temperaturen unterstützen die bakterielle Zersetzung, sodass organische Substanz schnell zerstört wird und sich nur eine geringmächtige Humusschicht bilden kann. Diese Böden bestehen zu einem großen Teil aus Eisen- und Aluminiumsesquioxiden und sind deshalb oft rot gefärbt.

Solche Prozesse dienen der Unterscheidung von Böden in Zusammenhang mit dem Klima. Das US Department for Agriculture hat eine Klassifikation entwickelt, die aus zehn so genannten Orders (Ordnungen) besteht. Diese Klassifikation wird *Comprehensive Soil Classification System* (CSCS) oder auch *The Seventh Approximation* genannt. Die Verteilung der wichtigsten Ordnungen auf einem hypothetischen Kontinent der nördlichen Hemisphäre ist in Abbildung 4.1 dargestellt.

Im südöstlichen Bereich dieses Kontinents führen heiße und feuchte Bedingungen zu Lateritisierung

Exkurs 4.1 — Podsole

Podsole sind gekennzeichnet durch einen grauen, aschfarbenen Bodenhorizont dicht unter der Oberfläche. Davon leitet sich die russische Bezeichnung (*pod* für „unter" und *zola* für „Asche") her. Podsole sind weit verbreitet innerhalb eines zirkumpolaren Gürtels, der sich etwa vom Polarkreis südwärts bis zur Breite von St. Petersburg (in Europa) und an den Nordrand der Großen Seen (in Nordamerika) erstreckt. Sie sind besonders gut entwickelt in durchlässigen Sanden und Schottern und kommen auf entsprechenden Standorten auch in Norddeutschland und regenreichen Mittelgebirgslagen vor. Podsole treten häufig vergesellschaftet mit Borealen

Nadelwäldern auf und besitzen folgende Horizontgliederung: Unter einer Rohhumusauflage ist ein grauer und relativ schwach strukturierter Eluvialhorizont (Ae-Horizont) entwickelt, aus dem praktisch das gesamte freie Eisen weggeführt wurde. Darunter schließt sich der Illuvialhorizont an, der typischerweise eine mit Humus angereicherte Zone aufweist (Bh) sowie einen kräftig braun oder rostrot gefärbten Bs-Horizont mit Eisen- und Aluminiumanreicherungen. Niederschlagsreiches Klima und die Anwesenheit großer Mengen organischen Materials begünstigen die Entwicklung dieser Horizonte.

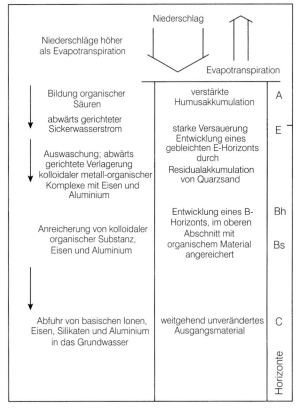

Der Prozess der Podsolierung.

und bedingen somit *Oxisole*. Im trockenheißen Südwesten befinden sich die *Aridisole*, die von Versalzung betroffen sind. Im kalten und feuchten Norden tritt Podsolierung auf, aus der sich die *Spodosole* ableiten lassen. *Mollisole* nehmen eine Stellung zwischen feuchten und trockenen Klimaten ein und sind in Gebieten mit Steppenvegetation zu finden. Sie unterliegen Karbonatisierungs- und Versalzungsprozessen,

aber besitzen zusätzlich einen dunklen, humusreichen Oberboden. Die *Alfisole* (feuchte Ausprägung der Mollisole) werden zwischen ariden und subhumiden Böden auf der einen Seite und den Ultisolen auf der anderen Seite eingeordnet. Die Alfisole sind graubraune Böden, die im Allgemeinen unter Laubwald vorkommen. Sie sind weitgehend entkalkt und daher sauer und haben einen tonreichen, tiefer gelegenen

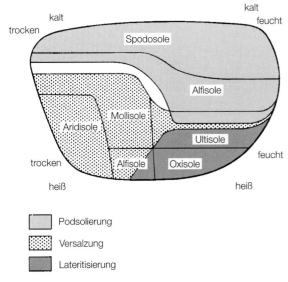

Abb. 4.1 *Schematische Darstellung der wichtigsten Bodenordnungen auf einem hypothetischen Kontinent der nördlichen Hemisphäre.*

Horizont. *Ultisole* entwickeln sich, wenn eine ausgeprägte sommerfeuchte und eine trockene Jahreszeit vorherrschen. Sie sind tiefgründig verwittert, und es bestehen Übergänge zu Oxisolen. Oft zeigen sie eine charakteristische rotgelbe Färbung im B-Horizont, die von einer Eisenoxidanreicherung herrührt.

Die anderen vier Ordnungen sind weniger stark mit dem klimatischen Regime verknüpft. *Entisole* sind Böden, die noch nicht genügend Zeit zur Ausbildung von Bodenhorizonten hatten. *Inceptisole* weisen nur schwach entwickelte Horizonte auf. *Vertisole* sind tonige Böden, die in der Trockenzeit durch tiefe, breite Risse charakterisiert werden. Die Risse schließen sich in der nassen Jahreszeit, wenn die Bodenfeuchtigkeit steigt und die Tonminerale zu quellen beginnen. Vorher ist jedoch durch den Niederschlag einiges Oberflächenmaterial in die Spalten gespült worden; der Boden wird durchmischt (lateinisch *vertere* für „wenden“). Es bleiben noch die *Histosole*, die vornehmlich aus organischem Material bestehen und in Sümpfen und Mooren oder, wo Stauwasser die Bodenbildung kontrolliert, als Torfanreicherung auftreten.

Die *Seventh Approximation* hat zehn Ordnungen (Tabelle 4.1 und Abbildung 4.2). Obwohl die Terminologie auf den ersten Blick verwirrend und abschre-

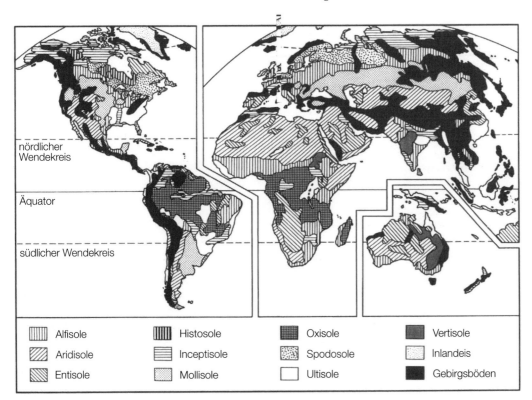

Abb. 4.2 *Die globale Verbreitung der Bodenordnungen der Seventh Approximation.*

Tabelle 4.1: Das Bodenklassifikationssystem des US Department of Agriculture		
Order	**Suborder**	**FAO-System (Beispiele)**
Histosol	Folist	Histosol (nass, kaum humifiziert)
	Fibrist	Histosol (trocken, kaum humifiziert)
	Hemist	histosol (mäßig humifiziert)
	Saprist	Histosol (stark humifiziert)
Spodosol	Aquod	Gleyic Podzol
	Ferrod	Ferric Podzol
	Humod	Hunic Podzol
	Orthod	Orthic Podzol
Oxisol	Aquox	(hydromorphic) Ferralsol
	Torrox	Rhodic Ferralsol
	Ustox	Orthic und Rhodic Ferralsols
	Orthox	
Vertisol	Xerert	Vertisol (semiarides Klima)
	Torrert	Vertisol (arides Klima)
	Udert	Vertisol (humides Klima)
	Ustert	Vertisol (Monsun-Klima)
Aridisol	Argid	Luvic Xerosol, Luvic Yermosol
	Orthid	Xerosol, Yermosol
Ultisol	Aquult	Gleyic Acrisol
	Humult	Humic Acrisol, Humic Nitosol
	Udult	Ortic Acrisol, Orthic Nitosol
	Ustult	Acrisol (Monsun-Klima)
	Xerult	Acrisol (semiarides Klima)
Mollisol	Alboll	Mollic Planosol
	Aquoll	Molic Gleysol
	Rendoll	Rendzina
	Xeroll	Kastanozem (semiarides Klima)
	Boroll	Chernozem
	Ustoll	Kastanozem (Monsun-Klima)
	Udoll	Phaeozem
Alfisol	Aqualf	Gleyic Luvisol
	Boralf	Luvisol (gemäßigtes Klima)
	Ustalf	Luvisol (Monsun-Klima)
	Xeralf	Chromic Luvisol, Orthic Luvisol
	Udalf	Nitosol, Ortic Luvisol
Inceptisol	Aquept	Dystric Gleysol
	Andept	Andosol
	Plaggept	(Plaggenesche)
	Tropept	Tropic Cambisol
	Ochrept	Cambisol
	Umbrept	Ranker, Humic Cambisol
Entisol	Aquent	Gelysol
	Arent	
	Psamment	Arenosol
	Fluvent	Fluvisol
	Ortent	Regosol

Quelle: F. Scheffer und P. Schachtschabel (1989) *Lehrbuch der Bodenkunde.* Enke, Stuttgart.

Tabelle 4.2: Die Suborders (Unterordnungen) aus Tabelle 4.1 werden mit folgenden Abkürzungen näher gekennzeichnet

alb	= mit gebleichtem Eluvialhorizont (lat. *albus* „weiß")	orth	= normale Bildung (griech. *orthos* „echt")
aqu	= mit nasser Feuchte	per	= pergelische Temperatur
arg	= mit argillic B	plagg	= placic Epipedon
bor	= unter borealem Klima	psamm	= sandreich (griech. *psammos* „Sand")
cry	= cryische Temperatur	rend	= rendzinaähnlich
ferr	= eisenreich (lat. *ferrum* „Eisen")	sapr	= stark humifizierte organische Substanz (griech. *sapros* „faul")
fibr	= kaum humifizierte organische Substanz (lat. *fibra* „Faser")		
fluv	= Auen (lat. *fluvius* „Fluss")	torr	= mit torrischer Feuchte
hem	= mittel-humifizierte organische Substanz (griech. *hemi* „halb")	trop	= ständig warm (von „tropisch")
		ud	= mit udischer Feuchte
humk	= humusreich	umbr	= mit dunklem Ah (lat. *umbra* „Schatten")
lept	= dünner Horizont (griech. *leptos* „dünn")	ust	= mit ustischer Feuchte
ochr	= mit ochric Epipedon	vitr	= mit vulkanischem Glas (lat. *vitrum* „Glas")
		xer	= mit xerischer Feuchte

Quelle: F. Scheffer und P. Schachtschabel (1989) *Lehrbuch der Bodenkunde.* Enke, Stuttgart.

ckend erscheint, ist sie doch relativ leicht zu verstehen, wenn man erst einmal das Prinzip versteht, auf das die Bodenbezeichnungen aufbauen. Die Bezeichnung jeder Ordnung basiert auf Silben, die die wesentlichen Merkmale einer Kategorie beschreiben (zum Beispiel Vertisol, siehe oben). Um Unterkategorien der Ordnungen (Subordnungen/Suborders) bilden zu können, werden vor allem zwei Elemente herangezogen: Das erste umschreibt die Charakteristika des Bodens oder dessen Umweltbedingungen (wie etwa *aqu* als Nässezeiger – siehe Tabelle 4.2), das zweite ist eine Nachsilbe, die sich aus der Bezeichnung der Ordnung ableitet. So kommt es zur Subordnung *Aquox*, welche einen Oxisol mit Gley-Merkmalen (Grundwassereinfluss) darstellt.

4.2 Anthropogene Bodenveränderungen

Da Böden relativ geringmächtig sind, intensiv genutzt werden und eine lange Entwicklungszeit benötigen, sind sie anfällig gegenüber starken Veränderungen durch anthropogene Einflüsse. Manche dieser Veränderungen wirken sich günstig aus (Abbildung 4.3), andere dagegen sind von Nachteil. Dies wird deutlich, wenn man sich vergegenwärtigt, auf welch unterschiedliche Art und Weise der Mensch verändernd in einige der wichtigsten bodenbildenden Faktoren eingreift:

- Ausgangsmaterial
Günstig: Zufuhr von Mineraldünger; Zugabe von Schalen und Knochen; lokale Anreicherung von Asche; Entfernung im Übermaß vorhandener Substanzen wie Salze.
Ungünstig: Durch die Ernte werden größere Mengen pflanzlich gebundener Nährstoffe entnommen als ersetzt werden können; Eintrag von Stof-

fen in für Pflanzen oder Tiere toxischen Mengen; Änderungen der Bestandteile des Bodens, die das Pflanzenwachstum hemmen.

- Relief
Günstig: Erosionsminderung durch Aufrauen der Oberfläche, Reliefumgestaltung und Schaffen von Strukturen, Erhöhung des Oberflächenniveaus durch Materialauftrag; Flächennivellierung.
Ungünstig: Absenkung, verursacht durch Entwässerung von Feuchtgebieten oder Bergbau; Verstärkung der Erosion; Aushub.

- Klima
Günstig: Zufuhr von Wasser durch künstliche Bewässerung; künstliche Regenerzeugung durch das „Impfen" von Wolken mit Kondensationskernen; Entzug von Wasser durch Dränage; Windschutz usw.
Ungünstig: Das Aussetzen von Böden gegenüber übermäßiger Sonneneinstrahlung, strengem Frost, Wind usw.

- Organismen
Günstig: Einfuhr und Kontrolle von Pflanzen- und Tierpopulationen; Zufuhr an organischer Substanz; Durchlüftung des Bodens durch Pflügen; Einlegen von Bracbezeiten; Beseitigung pathogener Organismen, zum Beispiel durch kontrolliertes Abbrennen.
Ungünstig: Entfernen von Pflanzen und Tieren; Verminderung des Gehalts an organischen Stoffen im Boden durch Abbrennen, Pflügen, Überweidung, Ernte usw.; Eintrag oder Begünstigung von Krankheitserregern; Eintrag radioaktiver Substanzen.

- Zeit
Günstig: „Verjüngung" des Bodens durch Hinzufügen von unverwittertem Ausgangsmaterial oder

Abb. 4.3 *Die trichterförmigen Mikroanbauflächen auf der Kanareninsel Lanzarote werden für den Weinbau und andere Dauerkulturen genutzt. Die von den Inselbewohnern in mühevoller Arbeit geschaffenen Trichter bestehen im Wesentlichen aus Böden vulkanischen Ursprungs.*

Freilegen des anstehenden Ausgangssubstrats infolge Bodenerosion; Landgewinnung durch Trockenlegung vormals von Wasser eingenommener Flächen.

Ungünstig: Degradierung des Bodens durch verstärkten Nährstoffentzug aus Boden und Pflanzendecke; Versiegelung von Böden oder Umwandlung in Wasserflächen.

Zu den bedeutenderen anthropogenen Bodenveränderungen zählen die Bodenversalzung in Bewässerungsgebieten sowie die erhöhte Bodenerosion und -degradation durch Wind und Wasser nach erfolgter Beseitigung der natürlichen Vegetationsdecke (Kapitel 7.14 und 13.6)

4.3 Hauptvegetationstypen

So wie wir die wichtigsten Klimatypen und Bodenordnungen klassifizieren und auf Karten zu Zonen zusammengefasst einzeichnen können, so können wir auch die Haupttypen der Vegetation auf der Erdoberfläche einteilen und kartographisch darstellen (Exkurs 4.2). Bei der kartographischen Darstellung der Hauptvegetationszonen der Erde müssen diese zwangsläufig mit eindeutigen Linien voneinander getrennt werden. In der Realität ist die Vegetation aber ein Kontinuum, das heißt sie ändert sich allmählich mit den Umweltbedingungen und zeigt nur selten wirklich scharf ausgeprägte Grenzlinien. Auch steht man immer vor dem Problem, die Vegetation entweder in wenige zusammenfassende Typen einzuteilen (und somit vielleicht zu stark zu verallgemeinern) oder eher genauer, in viele Typen zu gliedern, dann aber unvermeidlich weniger Klarheit in der Darstellung zu haben.

Auf globaler Ebene zeigt die Verteilung der Vegetationstypen einen engen Zusammenhang mit der räumlichen Anordnung der Klimatypen..

Obwohl eine direkte Beziehung zwischen Klima und Vegetationstyp lokal oder regional durch unterschiedliche Einflussfaktoren wie Relief, Feuerereignisse oder menschliche Einwirkungen verschleiert

Exkurs 4.2   Mediterrane Vegetation

Regionen mit „mediterranem" Klima befinden sich vorwiegend an den Westseiten der Kontinente zwischen dem 30. und 40. Breitengrad. Obwohl diese Regionen durch Tausende Kilometer Ozean getrennt sind, weist ihre Lebewelt äußerlich viele Gemeinsamkeiten auf, da die Pflanzen (wenngleich unterschiedlicher Abstammung) unabhängig voneinander ähnliche Formen der Anpassung an diese besonderen Klimabedingungen entwickelt haben.

Der mediterrane Klimatyp zeichnet sich durch feuchte Winter und trocken-heiße Sommer aus. Die Pflanzen mussten sich daher an ausgeprägte Trockenheit während der Vegetationsperiode und an periodische Brände anpassen. Die verschiedenen Strauchgesellschaften, die durch Eingriffe des Menschen größtenteils verändert wurden, werden als Chaparral, Mattoral, Macchie, Maquis oder Fynbos bezeichnet (Exkurs 4.4).

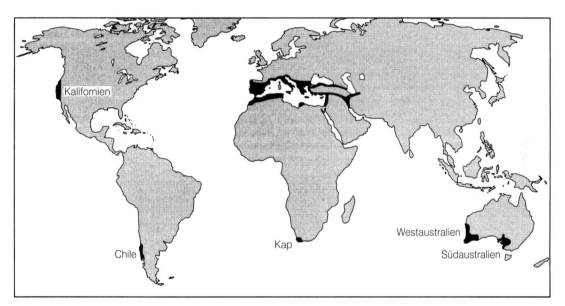

Die Verbreitungsgebiete mediterraner Vegetation.

werden kann, zeigt die Karte der Hauptvegetationstypen (Abbildung 4.4) viel Ähnlichkeit mit der Karte der Hauptklimatypen. Diese Übereinstimmung, die auch in Tabelle 4.3 noch einmal deutlich zum Ausdruck kommt, erklärt sich daraus, dass Hauptvegetationstypen (zonale Pflanzenformationen) nach physiognomischen Kriterien abgegrenzt werden und die Physiognomie der Vegetation (Erscheinungsbild, Wuchsform) sich in Anpassung an das Klima und seine jeweiligen Strahlungs- und hygrothermischen Wachstumsbedingung entwickelt. Sie sind daher als *Klimaxformationen* oder *Klimaxvegetation* (natürliche Vegetation, die sich in Übereinstimmung mit dem Großklima gebildet hat) zu verstehen.

So erlauben die klimatischen Bedingungen der polaren/subpolaren Zone (kurze sommerliche Erwärmung, eine Vegetationsperiode von nur maximal drei Monaten und Temperaturen, die weit unter dem thermischen Optimum für Lebensvorgänge liegen) nur die Ausbildung einer niedrigwüchsigen, lückigen Tundra. Demgegenüber stehen die immerfeuchten Tropen, deren hygrothermischen Bedingungen (dauerfeucht, Monatsmitteltemperatur des kältesten Monats

Tabelle 4.3: Der Zusammenhang zwischen Klimazone und Vegetationstyp

Klima	Vegetation
feuchttropische Zone	Regenwald mit Mangroven an den Küsten
semiaride Tropen mit Jahreszeiten	Savanne
aride Tropen	Gebüschwüste oder vegetationslos
„Mittelmeer"	immergrüne Wälder und Gebüsche
feuchtgemäßigt (maritim)	temperierter laubabwerfender Wald
kaltgemäßigt (kontinental)	temperiertes Grasland, Steppe usw.
boreale Zone	Nadel- und Birkenwälder
arktische Zone	Tundra, flachwurzelnde Gebüsche

Vegetationstypen der Erde

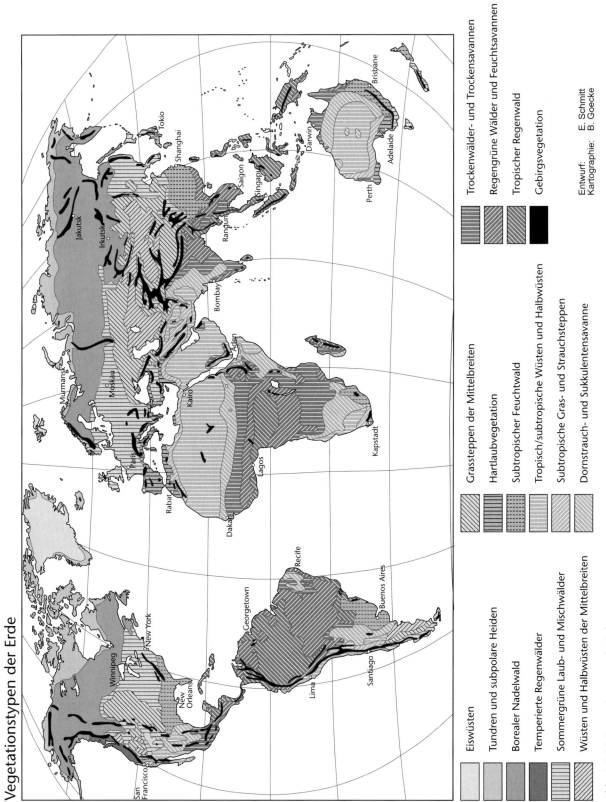

Eiswüsten

Tundren und subpolare Heiden

Borealer Nadelwald

Temperierte Regenwälder

Sommergrüne Laub- und Mischwälder

Wüsten und Halbwüsten der Mittelbreiten

Grassteppen der Mittelbreiten

Hartlaubvegetation

Subtropischer Feuchtwald

Tropisch/subtropische Wüsten und Halbwüsten

Subtropische Gras- und Strauchsteppen

Dornstrauch- und Sukkulentensavanne

Trockenwälder- und Trockensavannen

Regengrüne Wälder und Feuchtsavannen

Tropischer Regenwald

Gebirgsvegetation

Entwurf: E. Schmitt
Kartographie: B. Goecke

Abb. 4.4 *Die Vegetationstypen der Erde*

>18 °C) ganzjährig optimale Wachstumsbedingungen für die Vegetation bieten. In der Folge haben sich dort mit den tropischen Regenwäldern die artenreichsten und produktivsten Ökosysteme der Erde gebildet.

Auch die Produktionsrate von pflanzlichem Material und die effektiv vorhandene Menge an organischer Substanz in einem bestimmten Gebiet (die *Biomasse*) zeigen Verbreitungsmuster, die mit dem Klima übereinstimmen (Abbildung 4.5). So sind die Ursachen für die globalen Produktionsunterschiede im Wesentlichen: die Dauer der Vegetationsperiode sowie Sonneneinstrahlung, Lufttemperatur und Wasserangebot während der Vegetationsperiode. In der Konsequenz liegen die Biomassewerte in Wüstengebieten und in der Tundra sehr tief. Mittlere Werte finden sich in den borealen Nadelwäldern und in den laubabwerfenden Wäldern mittlerer Breiten, und die Maximalwerte werden im feuchttropischen Regenwald erreicht.

Die Höhenlage über dem Meer modifiziert das zonale Verbreitungsmuster der Vegetation und führt zu lokaler Komplexität (Abbildung 4.6). Sobald die Erdoberfläche, wenn auch nur geringfügig, reliefiert ist, bie-

Flächenanteile der Biome der Erde

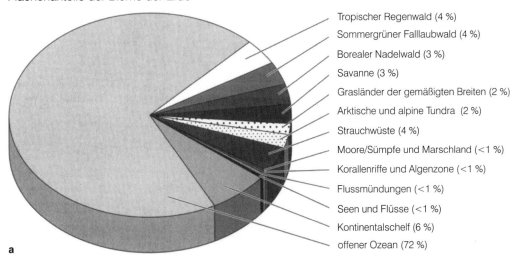

Tropischer Regenwald (4 %)

Sommergrüner Falllaubwald (4 %)

Borealer Nadelwald (3 %)

Savanne (3 %)

Grasländer der gemäßigten Breiten (2 %)

Arktische und alpine Tundra (2 %)

Strauchwüste (4 %)

Moore/Sümpfe und Marschland (<1 %)

Korallenriffe und Algenzone (<1 %)

Flussmündungen (<1 %)

Seen und Flüsse (<1 %)

Kontinentalschelf (6 %)

offener Ozean (72 %)

a

Anteil der Biome an der globalen Primärproduktion

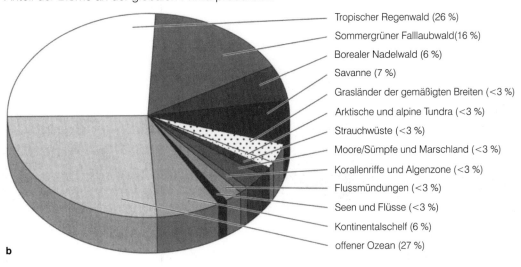

Tropischer Regenwald (26 %)

Sommergrüner Falllaubwald (16 %)

Borealer Nadelwald (6 %)

Savanne (7 %)

Grasländer der gemäßigten Breiten (<3 %)

Arktische und alpine Tundra (<3 %)

Strauchwüste (<3 %)

Moore/Sümpfe und Marschland (<3 %)

Korallenriffe und Algenzone (<3 %)

Flussmündungen (<3 %)

Seen und Flüsse (<3 %)

Kontinentalschelf (6 %)

offener Ozean (27 %)

b

Abb. 4.5 Merkmale der Biome der Welt: *a) Flächenanteile; b) globale Primärproduktion, c) Primärproduktivität; d) Biomasse bezogen auf Fläche.*

Fortsetzung Abb. 4.5

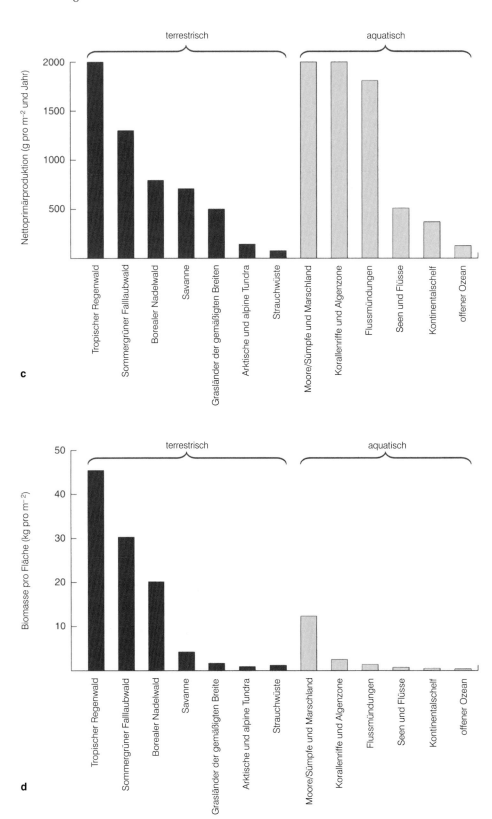

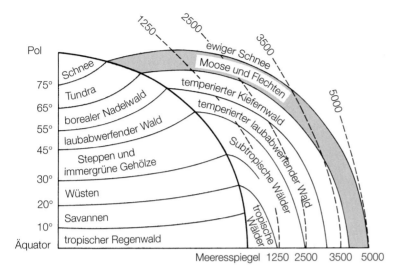

Abb. 4.6 *Die höhenabhängige Modifizierung der Vegetationszonen der Erde*

ten die Höhenstufen in einer bestimmten Breitenlage geeignete Wachstumsbedingungen für Pflanzen aus jeweils höheren Breiten. Subtropische Pflanzen treten daher auch in den Tropen auf, Pflanzen gemäßigter Klimate finden sich sowohl in den Tropen als auch in den Subtropen und so weiter. Eingehender werden die Auswirkungen der Höhenlage in Kapitel 9 behandelt.

4.4 Veränderungen der Vegetation durch den Menschen

Die globalen Verbreitungsmuster und die Zusammensetzung von einigen der wichtigsten Vegetationsgemeinschaften der Erde wurden durch Aktivitäten des Menschen – unter anderem durch Feuer, Weidenutzung und Abholzung – grundlegend verändert.

Der Einsatz des Feuers

Es gibt viele Gründe, warum sich der Mensch seit der frühen Steinzeit das Feuer zunutze macht. Er bediente sich des Feuers

- um Waldflächen abzubrennen und für die Landwirtschaft nutzbar zu machen;
- um die Qualität der Weiden für Wild- oder Nutztiere zu verbessern;
- um Wildtieren die Deckung zu nehmen oder sie aus der Deckung zu treiben;
- um Raubtiere, Insekten und andere schädliche Lebewesen zu töten oder zu vertreiben;

- um befeindete Menschengruppen anzugreifen oder abzuwehren;
- um Licht und Wärme zu erzeugen;
- um das Kochen zu ermöglichen;
- um Nachrichten durch Rauchzeichen zu verbreiten;
- um Steinwerkzeuge und Tonwaren herzustellen, Erze zu schmelzen und Pfeilspitzen zu härten;
- um Holzkohle zu gewinnen;
- um Siedlungen oder Lager durch kontrollierte Brände vor größeren Feuern zu schützen.

Feuer spielte eine zentrale Rolle im Leben vieler Gruppen von Jägern und Sammlern, Hirten und Bauern (einschließlich derer, die in den Tropen shifting cultivation betreiben). Die Aborigines in Australien verwendeten es ebenso wie die Viehhirten in Afrika, die Ureinwohner von Tierra del Fuego (Feuerland) an der Südspitze Südamerikas oder die polynesische Bevölkerung Neuseelands (Exkurs 4.3). Noch heute macht man sich das Feuer zunutze, insbesondere in den Tropen und vor allem auch in Afrika. Verglichen mit anderen äquatornahen Regionen spielt das Abbrennen von Biomasse in den afrikanischen Tropen eine besonders wichtige Rolle. Der Hauptgrund dafür ist die große Ausdehnung der Savanne, in der es regelmäßig zu Bränden kommt. Nicht weniger als zwei Drittel der Fläche der Savannen Afrikas dürften jedes Jahr brennen. Es handelt sich dabei wahrscheinlich um ein Phänomen, das schon lange vor dem Erscheinen des Menschen die Landschaften Afrikas prägte. Dennoch hat die Rolle des Feuers auf dem Kontinent durch den Menschen, der das Feuer wahrscheinlich seit über 1,4 Millionen Jahren nutzt, an Bedeutung gewonnen.

Der Einfluss des Feuers ist wesentlich für das Verständnis von Aufbau und Funktionsfähigkeit von einigen wichtigen Biomen der Erde, und viele Lebensformen haben sich an das Feuer angepasst. So sind beispielsweise viele Savannenbäume resistent gegenüber Feuer (Abbildung 4.7). Dasselbe gilt für die Strauchvegetation (*Macchie*) in Mediterrangebieten. Sie enthält Arten, die nach einem Brand neue Triebe dicht über dem Erdboden ausbilden. Von den Grasländern der Mittelbreiten (zum Beispiel den Prärien Nordamerikas) glaubte man früher, sie hätten sich in Anpassung an die über viele Monate des Jahres herrschende Trockenheit entwickelt. Heute sind manche Wissenschaftler der Meinung, dass dies nicht notwendigerweise zutrifft und dass in diesen Gebieten ohne den Einfluss des Feuers Bäume vorherrschen würden. Folgendes spricht für diese Annahme:

- angepflanzte Gehölze und geschützte Bäume können in der Savanne gedeihen;
- einige Gehölze, insbesondere *Juniperus*-Arten, sind ausgesprochen resistent gegenüber Trockenheit;
- an Geländestufen und in tieferen Taleinschnitten, wo sich an Sickerstellen und in schattigen Bereichen Feuchtigkeit sammelt und wo der Einfluss des Feuers geringer ist, wachsen Bäume: Am stärksten von Bränden betroffen sind flache Ebenen, wo starke Winde wehen und es keine natürlichen Hindernisse gibt, die eine Ausbreitung des Feuers verhindern könnten;
- wo Maßnahmen gegen Brände ergriffen wurden, konnte sich Baumbewuchs ausbreiten.

Feuer wirkt sich sehr rasch auf Menge, Art und Verteilung von Pflanzennährstoffen in Ökosystemen aus und wurde gezielt eingesetzt, um die Bodeneigenschaften zu verändern. Sowohl die Nährstoffe freisetzende Wirkung des Feuers als auch der Nutzen der Asche wurden schon früh erkannt, insbesondere dort,

Exkurs 4.3   Die Umgestaltung Neuseelands

Neuseeland wurde erst relativ spät besiedelt, zuerst von Polynesiern (vor rund 1 200 Jahren) und später von Europäern (vor etwa 200 Jahren). Vor der Ankunft der Europäer brannten die Polynesier in großem Umfang die Vegetation ab, und Jäger bedienten sich des Feuers, um einen der Hauptnahrungslieferanten zu erschrecken und zu fangen – den flugunfähigen Moa (heute ausgestorben). Die daraus resultierenden Veränderungen der Vegetation waren erheblich. Die Waldfläche wurde von etwa 79 Prozent der Gesamtfläche auf 53 Prozent verringert, wobei in den trockeneren Waldgebieten der im Regenschatten der Südalpen gelegenen zentralen und östlichen Teile der Südinsel die Auswirkungen des Feuers am stärksten waren. Der Einsatz von Bränden dauerte fast 1 000 Jahre bis zur europäischen Besiedlung an.

Inseln wie Neuseeland reagierten empfindlich auf eingeführte Pflanzen, die sich dort explosionsartig ausbreiteten. Der Stechginster ist ein solches negatives Beispiel, und bei fast 60 Prozent aller Pflanzenarten, die heute in Neuseeland vorkommen, handelt es sich um ursprünglich nicht heimische Gewächse. Es wurde oft darauf hingewiesen, dass die Einführung exotischer Landsäugetiere die Flora Neuseelands wesentlich beeinflusst hat. Untermauert wurde diese Hypothese unter anderem dadurch, dass das Fehlen einheimischer, Pflanzen fressender Landsäugetiere die Evolution einer Flora begünstigte, die äußerst empfindlich auf Schäden durch umherstreifende und grasende Tiere reagiert. Zudem konnten sich die Populationen der im 19. Jahrhundert eingeführten Wildtiere (darunter Hirsch und Opossum) mangels Nahrungskonkurrenten

und heimischen Raubtieren innerhalb kürzester Zeit sehr stark vergrößern.

300 cm

Der heute ausgestorbene neuseeländische Moa (Diornis giganteus).

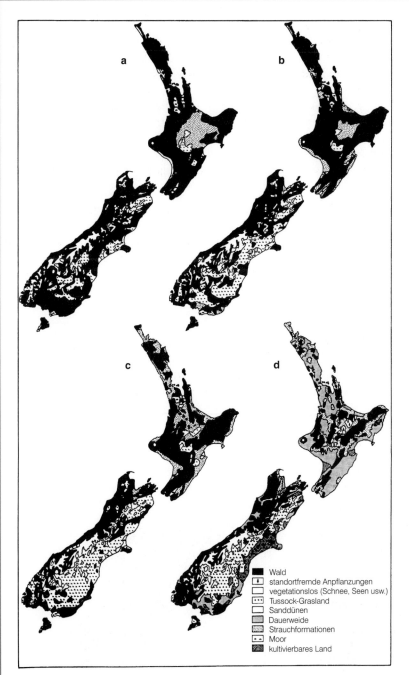

Wald
standortfremde Anpflanzungen
vegetationslos (Schnee, Seen usw.)
Tussock-Grasland
Sanddünen
Dauerweide
Strauchformationen
Moor
kultivierbares Land

Die zeitliche Veränderung der Vegetationsbedeckung in Neuseeland: a) Vegetation zurzeit der frühen polynesischen Besiedlung, um 700 n. Chr.; b) Vegetation der prä-klassischen Maori-Zeit, um 1200 n. Chr.; c) Vegetation vor der Ankunft der Europäer, um 1800; d) heutige Vegetation.
Quelle: R. Cochrane in A. G. Anderson (1977) *New Zealand in Maps.* Hodder and Stoughton, London, Kap. 14.

Abb. 4.7 *„Pindan"-Savanne im tropischen Nordwesten von Australien. Die Vegetation dieser Landschaft wird von den Ureinwohnern seit Jahrtausenden regelmäßig abgebrannt. Dies hat wahrscheinlich erhebliche Auswirkungen sowohl auf die Verteilung als auch die Beschaffenheit dieser baumbestandenen Graslandschaft.*

wo Brandrodungswirtschaft betrieben wurde. Sind jedoch die Flächen einmal unter Kultur genommen, nimmt der Nährstoffgehalt durch Auslaugung und Bodenabtrag sehr rasch ab. Daher müssen in der Brandrodungswirtschaft die Anbauflächen schon nach wenigen Jahren verlagert werden. Feuer setzt in kürzester Zeit einige der im Boden gespeicherten Nährstoffe in pflanzenverfügbarer Form frei. Der natürliche Abbau von Pflanzenresten benötigt hingegen längere Zeit. Gemessen an den absoluten und auch den pflanzenverfügbaren Gehalten an Phosphor (P), Magnesium (Mg), Kalium (K) und Kalzium (Ca) im Boden werden durch das Abbrennen von Bäumen und Sträuchern große Mengen dieser Elemente freigesetzt.

Beweidung

Ein zweiter wichtiger Faktor, der die Artenzusammensetzung der Vegetation verändert, ist die Beweidung und der Viehtritt durch Nutztiere. Insbesondere die Grasländer der Erde dienten über lange Zeiträume hinweg Wildtieren wie dem Bison in Nordamerika oder dem Großwild in Ostafrika als Weidegründe. Aber auch die Einführung der Weidewirtschaft wirkte sich auf die Beschaffenheit und Produktivität der Grasländer aus.

Extensive Beweidung kann die Produktivität von Naturweiden steigern. So kann beispielsweise der Verbiss durch Tiere die Pflanzen kräftigen und ihr Wachstum fördern. In manchen Fällen bewirkt das Entfernen toter Stämme, dass Schösslinge von Sukkulenten emporschießen können. Ebenso werden bestimmte Pflanzensamen im Verdauungstrakt von Rindern wirkungsvoll verbreitet und anderswo mit dem Dung als ausgezeichnetem Saatbett abgesetzt oder in den Boden eingetreten. Außerdem verändert der Durchgang von Gräsern und Kräutern durch das Verdauungssystem der Tiere und deren Ausscheiden als Kot den Nitratkreislauf. Beweidete Flächen sind deshalb oft nitratreicher als nicht beweidete. Durch Beweidung kann auch die Artenvielfalt zunehmen, indem durch die Auslichtung der Pflanzendecke neue ökologische Nischen geschaffen werden.

Andererseits kann sich intensive Beweidung auch nachteilig auswirken. Starke Trittbelastung führt bei trockenen Bedingungen zu einer Verkleinerung der Bodenaggregate, und Pflanzenstreu kann so stark zerkleinert werden, dass sie der Wind leicht davonträgt. Viehtritt kann durch Verschlämmung der Bodenoberfläche die Infiltrationskapazität verringern und damit die Bodeneigenschaften verschlechtern sowie den Bodenabtrag beschleunigen. Intensive Beweidung kann Pflanzen absterben lassen oder deren Photosyntheserate herabsetzen. Außerdem führt der abnehmende Konkurrenzdruck durch schmackhafte oder trittempfindliche Pflanzen dazu, dass sich widerständige und gewöhnlich nicht genießbare Pflanzen ausbreiten.

Allgemein ist festzustellen, dass die Gattung der Gräser in vielen Gebieten der Erde Eigenschaften besitzen, die sie widerstandsfähig gegenüber Beweidung machen. Viele Pflanzen haben ihren Wachstumspunkt an der Spitze der Blätter oder Schösslinge. Dagegen befindet sich bei Gräsern der Großteil des neu gebildeten Gewebes an der Blattbasis. Die Wahrscheinlichkeit, dass diese Pflanzenteile durch grasendes Vieh beschädigt werden, ist so am geringsten, und ein Wachstum kann gleichzeitig mit dem Verlust der oberen Pflanzenteile erfolgen.

Durch starken Viehtritt beeinflusste Pflanzengesellschaften weisen in der Regel eine Reihe von besonderen Merkmalen auf. Dazu gehören: eine geringe Größe (je kleiner eine Pflanze ist, desto mehr Schutz bieten ihr Bodenunebenheiten); starke Verzweigung (Stiele oder Stämme und Blätter breiten sich nahe am Boden aus); kleine Blätter (die weniger leicht durch Tritt beschädigt werden können); derbe Gewebe (dicke, stabile Zellwände, die mechanische Schäden in Grenzen halten); hohe Biegsamkeit; kleine und feste Samen, die leicht verbreitet werden können; und die Produktion einer großen Samenmenge je Pflanze (was besonders wichtig ist, da viele Samen durch Tritte zerstört werden).

Entwaldung

Durch die Abholzung von Wäldern hat der Mensch das Gesicht der Erde wohl am stärksten verändert. Wälder liefern Bauholz, ermöglichen die Errichtung von Behausungen und die Herstellung von Werkzeugen. Ebenso bilden sie ein Reservoir an Brennmaterial, und durch Waldrodung können Ackerflächen für die Nahrungsmittelproduktion gewonnen werden. Aus all diesen Gründen hat der Mensch die Wälder genutzt, bisweilen bis zu ihrer völligen Zerstörung.

Wälder sind jedoch mehr als nur eine ökonomische Ressource. Aus ökologischer Sicht spielen sie in vielerlei Hinsicht eine Schlüsselrolle. Wälder sind Quellen der Artenvielfalt; sie können das regionale und lokale Klima sowie die Luftqualität beeinflussen; sie spielen eine wesentliche Rolle im Wasserkreislauf; sie beeinflussen Bodenqualität und Bodenbildungsraten; und schließlich verhindern oder hemmen Wälder den Bodenabtrag.

Wie schnell die Entwaldung voranschreitet, ist nicht genau bekannt, unter anderem deshalb, weil es keine genauen Angaben über die weltweite Verbreitung von Wald heute und in der Vergangenheit gibt. Außerdem ist der Ausdruck „Entwaldung" nicht exakt definiert. So bleibt beispielsweise bei der Brandrodungswirtschaft und beim Holzeinschlag in äquatornahen Gebieten eine gewisse Anzahl von Bäumen stehen. Doch wie gering muss der Anteil stehen gelassener Bäume sein, um berechtigterweise von Entwaldung zu sprechen? Hinzu kommt, dass in manchen Ländern Strauchwerk zu Wald gezählt wird, in anderen hingegen nicht.

Was wir wissen, ist, dass die Entwaldung schon früh eingesetzt hat. Wie Pollenanalysen belegen, begann der Prozess in prähistorischer Zeit, nämlich im Mesolithikum (vor ungefähr 9 000 Jahren) und im Neolithikum (etwa 5 000 Jahre vor heute). Weite Gebiete Großbritanniens waren gerodet, noch bevor die Römer im 1. Jahrhundert v. Chr. auf die Inseln kamen. Antike Autoren berichten von den Folgen des Feuers, des Holzeinschlags und des Verbisses durch Ziegen im Mittelmeergebiet. Die Phönizier lieferten schon vor 4 600 Jahren Zedernholz an die Pharaonen und nach Mesopotamien. Während des Mittelalters gab es intensive Rodungsphasen in Mittel- und Westeuropa. Als sich vom 16. und 17. Jahrhundert an die europäischen Kolonialmächte etablierten, trugen Händler und Kolonisten zu einer Verringerung der Waldfläche in Nordamerika, Australien, Neuseeland und Südafrika bei, insbesondere im 19. Jahrhundert. Im klimatisch gemäßigten Nordamerika, das von der Atlantikküste bis zum Mississippi im Westen bewaldet war, ging innerhalb von 200 Jahren mehr Wald verloren als in Europa in den zurückliegenden 2 000 Jahren. Heute erleben hauptsächlich die Gebiete der feuchten Tropen einen raschen Rückgang der Wälder. Manche Regionen sind besonders stark von Entwaldung bedroht, darunter Südostasien, Westafrika, Mittelamerika, Madagaskar sowie das östliche Amazonasgebiet (Abbildung 4.8).

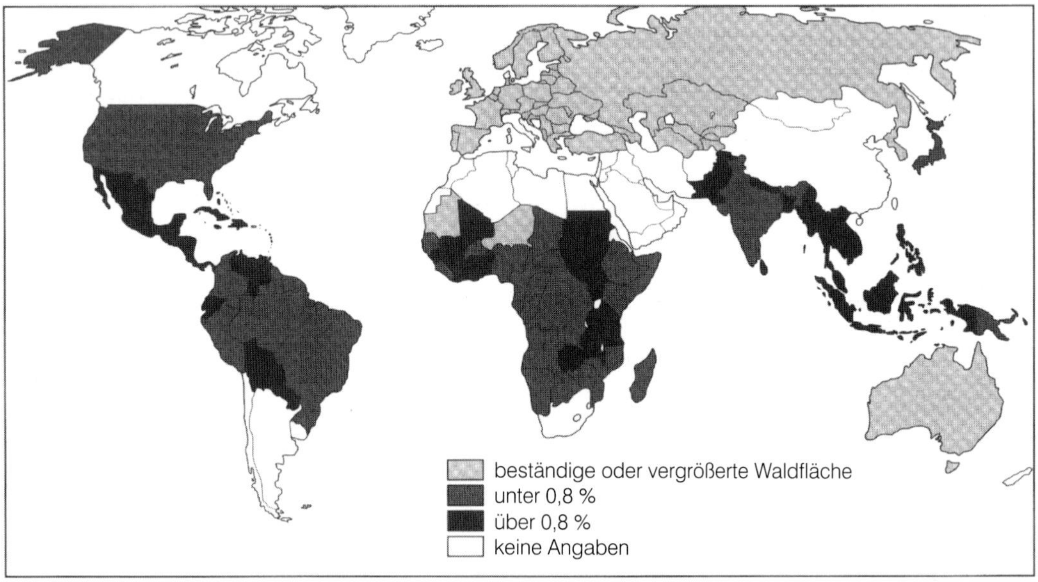
beständige oder vergrößerte Waldfläche
unter 0,8 %
über 0,8 %
keine Angaben

Abb. 4.8 Geschätzte jährliche Raten der Veränderung der Waldfläche (1981–1990).

Seit der Zeit vor Einführung der Landwirtschaft ist weltweit ungefähr ein Fünftel der Waldfläche zerstört worden. Der stärkste Rückgang (um etwa ein Drittel der Gesamtfläche) erfolgte in gemäßigten Klimaregionen. Entwaldung ist jedoch kein unaufhaltsamer oder irreversibler Prozess. So vollzieht sich beispielsweise in den USA seit den Dreißiger- und Vierzigerjahren des 20. Jahrhunderts eine „Wiedergeburt des Waldes". Viele Waldgebiete in Industrieländern weiten sich infolge der Aufgabe von Grenzertragsflächen für die Landwirtschaft stetig aus. Dies geschieht durch Wiederaufforstung sowie durch die Kontrolle und Bekämpfung von Waldbränden. Auch wurden Umfang und Folgen der Abholzung oft überschätzt.

Es gibt unterschiedliche Angaben über den gegenwärtigen Rückgang der Regenwälder. Nach Schätzungen der Food and Agriculture Organization (FAO) belief sich im Jahre 1990 der Verlust in 62 Ländern (die 78 Prozent der Regenwaldgebiete der Erde repräsentieren) auf insgesamt 16,8 Millionen Hektar. Zwischen 1976 und 1980 waren es in denselben Ländern erst 9,2 Millionen Hektar pro Jahr.

Tabelle 4.4: Die Folgen der Abholzung tropischer Regenwälder

Art der Veränderung	Beispiele
verringerte Biodiversität	Ausrottung von Arten verminderte Fähigkeit, verbesserte Kulturpflanzen zu züchten Unvermögen, manche Pflanzen zukünftig ökonomisch zu nutzen Gefahr für die Produktion von untergeordneten Walderzeugnissen
lokale und regionale Umweltveränderungen	verstärkte Bodendegradation
Umweltveränderungen	Veränderungen des Abflusses aus Flusseinzugsgebieten Veränderungen bei der Pufferung des Abflusses in Feuchtwäldern verstärkte Sedimentation in Flüssen, Reservoirs usw. mögliche Veränderungen der Niederschlagseigenschaften
globale Umweltveränderungen	Verminderung des in der terrestrischen Lebewelt gespeicherten Kohlenstoffs Anstieg des CO_2-Gehalts in der Atmosphäre Veränderungen der globalen Temperatur- und Niederschlagsverteilung als Folge von Treibhauseffekten weitere Veränderungen des globalen Klimas als Folge veränderter Oberflächenprozesse

Quelle: A. Graininger (1992) *Controlling Tropical Deforestation.* Earthscan, London.

Die Vernichtung von Regenwäldern in einigen Regionen der feuchten Tropen gibt Anlass zu großer Sorge. Die Folgen sind mannigfaltig und gravierend (Tabelle 4.4). Ebenso vielfältig sind die Gründe, darunter das Vordringen von Ackerbau und Viehwirtschaft (einschließlich Rinderhaltung), von Bergbau und hydroelektrischen Anlagen sowie der Holzeinschlag selbst.

Eine besondere Erscheinungsform des Ökosystems tropischer Regenwald, das durch verschiedene Aktivitäten des Menschen zunehmend unter Druck gerät, ist der für Gezeitenzonen charakteristische Mangrovenwald (Abbildung 4.9). Dieses Ökosystem ist Brutstätte, Lebensraum und Nahrungsquelle für eine Vielzahl nützlicher und seltener Pflanzen und Tiere. Insbesondere wegen des Eintrags von Pflanzendetritus in die angrenzenden Küstengewässer stellen Mangroven eine wichtige Energie- und Nährstoffquelle für viele gezeitenbeeinflusste Flussmündungen (Ästuare) in äquatornahen Regionen dar. Darüber hinaus können sie als Puffer gegenüber der von tropischen Stürmen verursachten Erosion wirken – ein überaus wichtiger Aspekt in Tiefländern wie Bangladesch. Ungeachtet dessen werden Mangrovenwälder in vielen Gebieten der Erde in großem Umfang geschädigt und zerstört, sei es durch Holzentnahme oder ihre Umwandlung in einseitige Nutzungssysteme wie Ackerflächen, Aquakulturen, Verdunstungsbecken zur Salzgewinnung oder Siedlungen. Um nur zwei Beispiele zu nennen: Die Fläche der in Fischzuchtbecken umgewandelten Mangrovengebiete auf den Philippinen ist von weniger als 90 000 Hektar in den frühen Fünfzigerjahren des 20. Jahrhunderts auf über 244 000 Hektar zu Beginn der Achtzigerjahre gewachsen, während in Indonesien jährlich 200 000 Hektar Mangrovenwald dem Holzeinschlag zum Opfer fallen.

Man hat errechnet, dass seit dem Jahre 1700 etwa 19 Prozent aller Wälder beseitigt wurden. Im selben Zeitraum vergrößerte sich die globale Ackerfläche um das Viereinhalbfache und weitete sich zwischen 1950 und 1980 um gut 100 000 Quadratkilometer jährlich aus.

Abb. 4.9 Mangrovenwälder säumen die Küsten vieler tropischer Regionen, wie hier auf der Insel Mauritius im Indischen Ozean. Die Feuchtgebiete sind wichtige Lebensräume, die durch den Einfluss des Menschen immer stärker unter Druck geraten.

4.5 Florenreiche

Seit dem Erdzeitalter, in dem Pflanzen begannen, die Erdoberfläche zu besiedeln, hat die Vegetation sich ständig entwickelt. Unentwegt sind Mutationen aufgetreten. Ihr Überleben und ihre Durchsetzung hingen von den ökologischen Rahmenbedingungen ab. Die Klimate haben sich verändert; Kontinente haben sich verschoben und dadurch einige Pflanzengruppen isoliert, andere zusammengebracht; neue Gebirgsbarrieren sind entstanden, der Meeresspiegel hat sich verändert und damit Landbrücken zwischen Kontinenten geschaffen oder zerstört. Aus diesen Gründen zeigt die heutige Welt keine einheitliche Flora. Aber wir können dennoch Gebiete ausfindig machen und zu *Florenreichen* zusammenfassen, in denen eine gewisse Übereinstimmung im *floristischen Inventar* (Pflanzenfamilien und -gattungen) herrscht (Abbildung 4.10b). In diesem Zusammenhang ist die Klärung des Unterschiedes zwischen der Flora und der Vegetation eines Gebietes wichtig: Die Flora eines Gebietes ist die Summe aller darin vorkommenden Pflanzenarten. Die Vegetation (Pflanzendecke) dagegen ist die Summe aller Pflanzengemeinschaften/Pflanzengesellschaften in diesem Gebiet. So können zwei Florengebiete sich zwar in ihrer Vegetation ähneln, weil sie zum Beispiel beide zum tropischen Regenwald gehören, aber sie müssen nicht unbedingt viele floristische Gemein-samkeiten (Arten der gleichen Pflanzenfamilien oder -gattungen) haben.

Die Florenreiche ähneln in ihrer Abgrenzung den *Faunenreichen* (Abbildung 4.10a), auf die wir gleich zu sprechen kommen. Die sechs großen *Florenreiche:*, Holarktis, Paläotropis, Neotropis, Capensis (Exkurs 4.4), Australis und Antarktis können in viele verschiedene Florengebiete untergliedert werden.

Der Charakter der Florengebiete wurde durch anthropogene Einflüsse verändert, denn der Mensch trägt in erheblichem Maße zur Ausbreitung von Pflanzen und anderen Organismen bei. Manche Pflanzen wurden bewusst in neue Gebiete übertragen (*Einführung*), darunter Feldfrüchte, Ziergewächse und verschiedenste Pflanzen zur Gestaltung von Landschaften (Bäume für die Wiederaufforstung, Bodendecker zur Erosionsminderung und so weiter), bei anderen erfolgte die Einbringung unabsichtlich (*Einschleppung*). Bei manchen der eingeführten und eingeschleppten Pflanzen, wie Banane oder Brotfrucht, unterliegen Vermehrung und Verbreitung der Kontrolle des Menschen. In einzelnen Fällen sind Pflanzen nicht einmal mehr in der Lage, lebensfähige Samen hervorzubringen, sodass deren Vermehrung/Verbreitung gänzlich in der Hand des Menschen liegt.

Es gibt unter den „Neuankömmlingen" (*Neophyten*) aber auch solche, die in der Lage sind, kurzfristig ohne Eingriffe des Menschen in der freien Natur zu

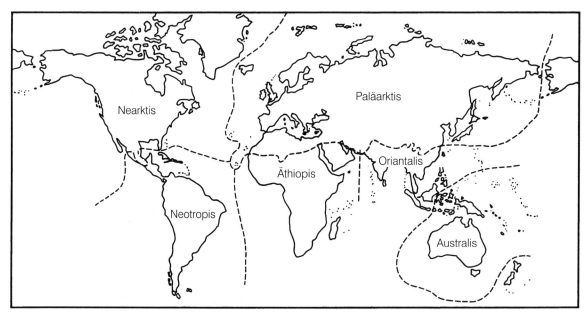

a

Abb. 4.10 *Die Faunenreiche a) sowie die Florenreiche der Erde b) mit ihrer Untergliederung in 43 Florengebiete*

überleben, deren dauerhaftes Fortbestehen jedoch an menschliche Aktivitäten gebunden ist (*Ephemerophyten*). Dazu zählen beispielsweise viele unserer ursprünglich aus Kleinasien eingeschleppten Ackerwild-

kräuter. Einige *Neophyten* sind sogar außerhalb ihres ursprünglichen Verbreitungsgebietes heimisch geworden (*Agriophyten*). Beispiele für eine erfolgreiche so genannte *Einbürgerung* sind unter anderem einjährige

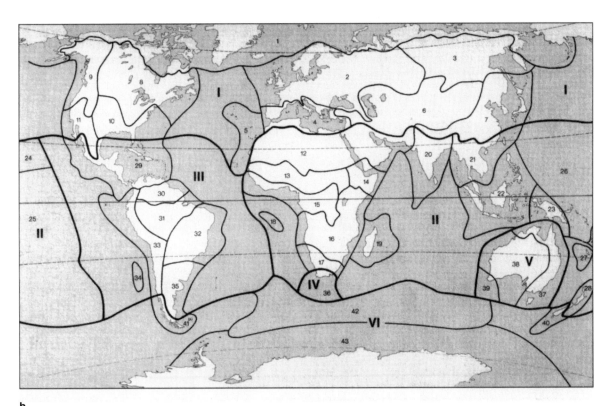

b

Reiche

I Holarktis
II Paläotropis

III Neotropis
IV Capensis

V Australis
VI Antarktis

Gebiete

1 Arktisch-subarktisches
2 Euro-westsibirisches
3 Ostsibirien
4 Mediterranes
5 Makaronesisches
6 West- und Zentralasien
7 Ostasien (Sino-japanisches)
8 Nördliches atlantisches Nordamerika
9 Nördliches pazifisches Nordamerika
10 Südliches atlantisches Nordamerika
11 Südliches pazifisches Nordamerika
12 Nordafrikanisch-indische Wüste
13 Senegambisch-sudanisches
14 Nordostafrikanische Hochländer
15 Westafrika
16 Ostafrika-Angola

17 Südafrika
18 Inseln Ascension und St. Helena
19 Madagaskar, Komoren, Seychellen und Maskarenen
20 Indisches Vorderindien (mit Ceylon)
21 Südostasiatisches
22 Malayisches
23 Neuguinea (Papuasisches)
24 Hawaiisches
25 Polynesien
26 Melanesien und Mikronesien
27 Neukaledonien mit Loyalty-, Norfolk- und Lord-Howe-Inseln
28 Neuseeland
29 Karibisches
30 Venezuela-Guayana

31 Amazonien
32 Ost- und Südbrasilien
33 Anden
34 Juan-Fernandez-Inseln
35 Pampa
36 Kapländisches
37 Nord- und Ostaustralisches
38 Zentralaustralisches
39 Südwestaustralisches
40 Südlichstes Neuseeland und Hochgebirge sowie benachbarte Inselgruppen
41 Südlichste Anden, Feuerland, Falkland-Inseln und Süd-Georgien
42 Kerguelen und benachbarte Inselgruppen
43 Antarktisches Festland

| Exkurs 4.4 | Das kapländische Florenreich (Capensis) |

Die Erde lässt sich in sechs Florenreiche untergliedern. Während fünf davon riesige Gebiete (wie Australien oder die Nordhalbkugel) umfassen, ist eines klein und auf die Südspitze Afrikas beschränkt: das kapländische Florenreich, auch Capensis genannt. Trotz seiner geringen Ausdehnung ist es außergewöhnlich reich an Pflanzenarten – 13 000 auf einer Fläche von 10 000 Quadratkilometern. Ein wichtiges floristisches Element dieser Region wird als Fynbos bezeichnet. Darin herrschen verholzte Sträucher vor, darunter die berühmten Protea-Arten. Über 7 700 Pflanzenarten wurden in der Fynbos-Vegetation gezählt, von denen rund 70 Prozent endemisch sind, also nur hier und nirgendwo sonst auf der Erde vorkommen. Beispielsweise enthält der Fynbos 600 verschiedene Arten von Erika- oder Heidegewächsen, während außerhalb der Kapregion nur 26 vorkommen. Die Pflanzen haben sich in praktisch völliger Isolation von der übrigen Welt in

Zehner von Millionen Jahren entwickelt und an die „mediterranen" Klimabedingungen dieser Region angepasst.

Der Zustand der Fynbos-Vegetation hat sich durch verschiedene Einflüsse des Menschen verschlechtert, unter anderem durch die Ausweitung der Städte, die Beseitigung der Vegetation zugunsten von Ackerland sowie durch Aufforstung. Mit den stärksten Einfluss hatte jedoch die explosionsartige Verbreitung einer Vielzahl vom Menschen eingebrachter exotischer Arten, darunter Bäume und große Sträucher der Gattungen Acacia, Hakea und Pinus. Viele dieser Pflanzen wurden aus Australien eingeführt und haben die einheimische Flora großräumig verdrängt.

Mehr zu diesem Thema im Internet unter http://www.botany.uwc.ac.za/Envfacts/fynbos/

Typische Fynbos-Vegetation mit Protea-Arten in den Cederberg Mountains der südafrikanischen Kapregion.

doldenblütige Gartengemüse (Fenchel, Pastinak und Sellerie), die, obwohl ursprünglich im Mittelmeergebiet zuhause, in Kalifornien ruderale Standorte besiedeln konnten. In Paraguay vermögen sich Orangenbäume (deren Heimat Südostasien und Indonesien ist) in direkter Konkurrenz zur einheimischen Vegetation zu behaupten. Ein prominentes Beispiel einer eingebürgerten Art in Deutschland ist *Impatiens parviflora* (Kleinblütiges Springkraut). Die aus Asien stammende, in den botanischen Garten von Berlin überführte Pflanze begann Ende des 19. Jahrhunderts sich von dort auszubreiten und ist heute ein fester und typischer Bestandteil unserer Waldvegetation.

Pflanzen, die aufgrund bestimmter Eigenschaften bewusst eingeführt wurden, lassen sich sinnvollerweise in zwei Gruppen einteilen. Die eine Gruppe umfasst Pflanzen von wirtschaftlichem Wert (zum Beispiel Marktfrüchte oder Bäume, die Nutzholz liefern), die andere Zierpflanzen. Auf den Britischen Inseln war ein großer Teil der vor dem 16. Jahrhundert eingeführten Pflanzen von einem gewissen ökonomischen Nutzen, aber nur eine Hand voll Arten wurden speziell aus diesem Grund eingebracht. Vielmehr wurden Pflanzen wegen ihrer Eigenart und dekorativen Eigenschaften eingeführt

Von den infolge menschlicher Aktivitäten unabsichtlich eingeschleppten Pflanzen breiteten sich manche durch Anheftung an bewegliche Objekte wie Personen oder Fahrzeuge aus; andere mit dem Saatgut von Nutz- und Heilpflanzen; wieder andere zusammen mit anderen Pflanzen (wie Futterpflanzen oder Verpackungsmaterialien); und einige mit Baustoffen (wie Straßen- oder Eisenbahnschotter).

Die *Einschleppung* von Pflanzen und Lebewesen kann erhebliche ökologische Auswirkungen haben. So gingen beispielsweise in Mitteleuropa in den Siebzigerjahren viele Ulmen an einer Pilzkrankheit zugrunde, die mit dem eingeführten Holz der Holländischen Ulme über Häfen eingeschleppt worden war. Es gibt andere Beispiele für die dramatischen Folgen ungewollt eingebrachter Pflanzenkrankheiten. In Westaustralien befiel die großen Jarrah-Wälder ein pathogener Wurzelpilz, *Phytophthora cinnamomi*, sodass viele der Eukalyptus-Bäume abstarben. Der Pilz wurde wahrscheinlich mit Baumsetzlingen aus ostaustralischen Baumschulen eingeschleppt. Begünstigt wurde die Ausbreitung der Krankheit durch den mit dem Straßenbau sowie mit Holzfällarbeiten und bergbaulichen Aktivitäten verbundenen Transport von Bodenmaterial und Schotter, in dem sich der Pilz befand. Betroffen sind über drei Millionen Hektar Wald.

Vor allem Inseln im Meer erwiesen sich aufgrund ihrer besonderen Bedingungen und begrenzten Ressourcen oft als sehr störungsanfällig. Außerdem unterlagen die auf abgelegenen Inseln heimischen Arten einer Auslese vorwiegend aufgrund ihrer Fähigkeit, sich zu verbreiten. Nicht notwendigerweise handelt es sich somit um Pflanzenarten, die in ihren ursprünglichen, festländischen Verbreitungsgebieten dominant oder auch nur besonders erfolgreich waren. Eingebrachte Arten sind zum einen deshalb oft überlegen, und zum anderen, weil sie keine natürlichen Fraßfeinde dort haben, die ihren Bestand schädigen oder ihre Verbreitung einschränken. Vielfach mangelt es dem einheimischen Arteninventar auch an Arten, die in der Lage sind, sich an Bedingungen wie vom Menschen geschaffene, vegetationslose Flächen anzupassen. Somit können eingebrachte, daran adaptierte Arten leichter Fuß fassen.

Vom Menschen eingebrachte Pflanzen können in vielerlei Hinsicht eine Bedrohung für natürliche Ökosysteme darstellen:

- Gefährdung diverser Ökosysteme durch konkurrenzkräftige, rasch den Bestand dominierende und so die Artenvielfalt verringernde fremde Arten. Ein Beispiel dafür ist das Eindringen australischer Akazien in die heideähnliche Fynbos-Vegetation Südafrikas.
- Direkte Bedrohungen der einheimischen Flora durch Veränderungen des Lebensraums.
- Veränderungen der chemischen Bodeneigenschaften. Zum Beispiel reichert die afrikanische *Mesembranthemum crystallinum* sehr viel Salz an. Dadurch kommt es in den Verbreitungsgebieten zu einer Versalzung der Böden, welche die Ansiedlung heimischer Vegetation verhindern kann.
- Änderungen geomorphologischer Prozesse vor allem von Sedimentationsraten und der Verlagerung nicht standortfester Landschaftsformen (zum Beispiel Dünen und Salzmarschen).
- Aussterben von Arten infolge Konkurrenz.
- Änderungen des Feuerregimes. In den USA hat zum Beispiel die Einführung der australischen *Melaleuca quinquenervia* die Häufigkeit von Bränden aufgrund deren leichter Entzündlichkeit erhöht und die ursprüngliche Vegetation, die weniger gut an Feuer angepasst ist, beeinträchtigt.
- Änderungen der hydrologischen Bedingungen (zum Beispiel die Absenkung des Grundwassers durch Arten mit hoher Transpiration).

4.6 Faunenreiche

Am Ende der Betrachtung globaler Verbreitungsmuster wenden wir uns der Fauna zu und versuchen, die Erde in zoogeographische Regionen (Abbildung 4.10a) zu unterteilen. Die bekannteste Einteilung globaler Faunengebiete stammt von A. R. Wallace, einem Zeitgenossen von Charles Darwin (Abbildung 4.11). Im späten 19. Jahrhundert definierte Wallace sechs zoogeographische Hauptregionen und gab ihnen eigenständige Namen, da sie nicht mit politischen oder kulturellen Gebieten übereinstimmen. Sie werden auch heute noch allgemein als nützlich anerkannt, obwohl Unterteilungen und Zusammenlegungen vorgenommen wurden. Einige Wissenschaftler haben die Neotropis und die Australis als zoologisch so unterschiedlich voneinander und vom Rest der Welt betrachtet, dass sie sie gegenüber den vier übrigen Hauptregionen zusammen als gleichwertig bezeichnet haben. In dieser Klassifikation gibt es drei Regionen: Neogäa (Neotropis), Notogäa (Australis) und Arctogäa (der Rest der Welt). Ein anderer Vorschlag geht davon aus, dass Paläarktis und Nearktis nicht den Rang einer eigenen Region verdienen und deshalb in einer Region, der Holarktis, zusammengefasst werden sollten. Wie bei allen Regionalisierungen und Klassifizierungen gibt es auch hier „Zusammenfasser" und „Aufteiler".

Der entscheidende Punkt ist aber, dass es in den verschiedenen Teilen der Erde unterschiedliche Zusammensetzungen der Tierarten gibt. Dies spiegelt verschiedene Faktoren wie heutige und vergangene Klima, das Vorhandensein oder das Nichtvorhandensein von früheren Landbrücken zwischen den Kontinenten, die Auswirkung der Kontinentaldrift und die unterschiedliche Wirkung der Evolution in verschiedenen Teilen der Welt wider. So mag die Fauna Australiens zu einer bestimmten Zeit der Fauna anderer Erdteile ähnlich gewesen sein, da Australien Teil des großen Superkontinents Pangäa oder Gondwanaland gewesen ist. Australien ist allerdings seit langer Zeit durch riesige Wassermassen von Asien getrennt und so in den Austauschbeziehungen eingeschränkt. Die Evolution konnte sich nun in einer vergleichsweise isolierten Situation entwickeln und brachte einige einmalige Arten hervor, die an die besonderen Bedingungen dieses Kontinentes angepasst sind und die Fauna Australiens so speziell machten (Abbildung 4.12). Abgesehen von den Fledermäusen gibt es in Australien nur neun Säugetierarten, acht davon sind endemisch, das heißt sie kommen nur dort vor. Die vorherrschende Säugetierfauna

Abb. 4.11 *Einer der bedeutendsten Tiergeographen aller Zeiten war A. R. Wallace, der die Welt in verschiedene Faunenreiche oder -gebiete unterteilte. Er erkannte die erheblichen Unterschiede zwischen der Fauna Australiens und der von Asien. Die Grenze zwischen diesen beiden Faunengebieten wird üblicherweise als Wallace-Linie bezeichnet.*

besteht aus Beuteltieren. Es gibt sechs Familien, und keine davon findet sich in der Neuen Welt, wo es die einzigen anderen lebenden Beuteltiere gibt. Die verbleibenden zwei australischen Säugetierfamilien gehören zu einer besonderen Unterklasse der Säugetiere, den Kloakentieren oder Monotremata. Das sind bizarre, Eier legende Tiere: die Schnabeltiere und die stacheligen Ameisenbären.

Seit der Entstehung von Verkehrsverbindungen, die große Distanzen überbrücken und sogar die Kontinente miteinander verbinden, wurde die Verbreitung von Tierarten stark verändert. In einigen Fällen war der Mensch die Ursache der unbeabsichtigten Einschleppung fremder Tierarten, so etwa wenn Katzen und Ratten von Schiffen beim Besuch tropischer Inseln entwichen. Es wurden aber auch absichtlich bestimmte Tierarten eingeführt, zum Beispiel für den Sport, für ökonomischen Gewinn oder aus Nostalgie. Als Folge davon haben einige Arten, so wie die Forelle, eine bedeutend größere Verbreitung, als sie ohne menschlichen Eingriff hätten.

Abb. 4.12 *Australien ist reich an endemischen Tierarten, zu denen auch die Beuteltiere gehören. Die räumliche Isolation ermöglichte die Evolution so eigenartiger Tiere wie des Koalabären (unten links) und des Schnabeltiers (oben).*

TEIL II

ZONIERUNG DER ERDE

5 Polarregionen

5.1 Polarklimate

Ständige Kälte ist das Kennzeichen der Klimate der hohen Breiten. Am Nord- und Südpol ist die Sonne sechs Monate im Jahr gar nicht zu sehen. In den anderen sechs Monaten befindet sie sich konstant über dem Horizont; trotzdem bleibt die Strahlungsmenge aufgrund des niedrigen Sonnenstandes gering. Die Sonnenstrahlen fallen zu schräg ein, um eine effektive Erwärmung zu bewirken. Außerdem wird ein großer Teil der Sonnenenergie von Schnee oder Eis reflektiert oder geht in Schmelz- und Verdunstungsprozessen verloren, sodass sich weder die Landoberfläche noch die darüber liegende Luftschicht erwärmen können. An den Polarkreisen (66,5 Grad Breite) variiert die tägliche Beleuchtungsdauer zwischen 24 Stunden während des Sommersolstitiums (Sommersonnenwende) und null Stunden im Wintersolstitium.

Die Abgrenzung der Polarklimate erfolgt äquatorwärts im Allgemeinen entlang einer Linie, an der die mittlere Temperatur des wärmsten Monats zehn Grad Celsius nicht übersteigt. Diese Linie entspricht in weiten Teilen der polwärtigen Grenze des Baumwachstums. Auf der nördlichen Halbkugel reicht diese Isotherme oft über den Polarkreis hinaus. Sie verläuft bogenförmig über Asien, Alaska, das östliche Nordamerika, Grönland und Nordeuropa. Auf der Südhalbkugel stellt die nahezu völlig mit Eis bedeckte Antarktis die einzige größere Landmasse mit Polarklima dar. Da das Zentrum dieses Kontinents ungefähr dem Südpol entspricht, und weil er von ausgedehnten Ozeanen mit ziemlich einheitlicher Temperatur umgeben ist, gestaltet sich das antarktische Klima wesentlich weniger komplex als das arktische.

Beide Regionen sind jedoch die Quelle kalter Luftmassen; diese bewegen sich ständig Richtung Äquator und konvergieren in den Mittelbreiten mit der Warmluft aus den subtropischen Antizyklonen. Sie spielen in der Entstehung der Frontensysteme (beim Zusammentreffen von warmen und kalten Luftmassen) eine sehr wichtige Rolle.

Bei Polarklimaten lassen sich zwei Klimatypen unterscheiden: das *Klima des ewigen Frostes* und das *Tundrenklima*.

Beim ersten liegen alle Monatsmittel der Lufttemperatur unter null Grad Celsius, sodass eine Vegetationsentwicklung unmöglich ist und eine permanente Eis- oder Schneedecke ausgebildet ist. Am Südpol beträgt die Mitteltemperatur des wärmsten Monats (Dezember) –28 Grad Celsius, die der drei kältesten Monate (Juli, August, September) –59 Grad Celsius. In Wostok, das im Inneren der Antarktis auf 3 500 Metern Höhe liegt, beträgt die mittlere Temperatur im August sogar –68 Grad Celsius. Das Thermometer kann aber auch auf fast –90 Grad Celsius absinken. Die Informationen über den Niederschlag sind beschränkt, aber im Allgemeinen ist er sehr gering. Das liegt daran, dass bei den extrem tiefen Temperaturen, der niedrigen absoluten Luftfeuchte und der sehr stabilen Schichtung der Luft (welche sich in beständigen Temperaturinversionen äußert) kaum Wolkenbildung und Schneefall stattfinden kann. Bei Eismitte im Inneren von Grönland entspricht der gemessene Niederschlag nur etwa 80 bis 100 Millimetern Wasserwert, während der gesamte antarktische Kontinent im Mittel weniger als 150 Millimeter erhält.

Das Tundrenklima, welches man fast ausschließlich auf der Nordhalbkugel findet, nimmt eine Zwischenstellung zwischen dem Klima des ewigen Frostes und dem Klima der Mittelbreiten ein. Dieser Gürtel wird begrenzt von der Nullgrad-Isotherme des wärmsten Monats auf der polzugewandten Seite und der Zehngrad-Isotherme des wärmsten Monats im Süden.

Normalerweise liegt die Mitteltemperatur nur in wenigen Monaten über dem Gefrierpunkt, das heißt, dass auch ständig Fröste auftreten können. Die beständig scheinende, aber nur schwache Sommersonne ist in der Lage, die Schneedecke für ein paar Monate zu schmelzen und die obersten Bodenschichten aufzutauen. Der Unterboden bleibt jedoch das ganze Jahr über gefroren. Aus diesem Grund spricht man auch von *Dauerfrostboden* oder *Permafrost* (Kapitel 5.9). Niederschläge treten bevorzugt im Sommer auf, sind aber vergleichsweise gering, etwa zwischen 75 und 450 Millimetern pro Jahr. In maritimen Gebieten kommen auch wesentlich höhere Niederschläge vor, wie etwa auf den Aleuten vor Alaska, wo 1 500 Millimeter fallen können. In Richtung Äquator nehmen die Niederschläge ebenfalls zu.

Die extreme Kälte in hohen Breiten oder in großer Höhe bereitet dem Menschen natürlich einige Schwierigkeiten, besonders wenn zur Kälte noch sehr hohe Windgeschwindigkeiten hinzukommen. Diese sind verantwortlich für ein Phänomen, das als *Wind-Chill-Effekt* (Auskühlung durch Wind) bezeichnet wird. An einem kalten, aber windstillen Tag erwärmt die menschliche Haut zunächst die sie umgebende Luftschicht, welche wiederum die Wärme an die nächste Schicht abgibt und so weiter. Diese Art der Wärmeabgabe ist jedoch normalerweise aufgrund des geringen Luftaustausches wenig effektiv. Deshalb empfindet man die Temperaturen nahe der Haut bei Windstille als relativ warm. Wenn Wind aufkommt, verwirbelt und durchmischt er die einzelnen Schichten, sodass die erwärmte Luft von kalter Luft verdrängt wird und infolgedessen mehr Wärme vom Körper wegtransportiert wird. Je höher die Windgeschwindigkeit, desto mehr Wärme wird dem Körper entzogen. Aus diesem Grund empfindet man die Temperatur als viel kälter, als sie das Thermometer anzeigt (Abbildung 5.1).

5.2 Flora und Fauna

Aufgrund der eingangs erwähnten klimatischen Definition befinden sich die Polargebiete jenseits der Baumgrenze. Die Lappen verwendeten ursprünglich für diese Gebiete mit ihrer charakteristischen Vegetation das Wort *Tundra*, was so viel wie „baumloses Hügelland" bedeutet. Nur für maximal drei bis vier Monate im Sommer erwachen die Pflanzen aus ihrer Winterruhe, die bis zu zehn Monate pro Jahr andauern kann. Die meisten Gewächse erreichen daher nur eine geringe jährliche Wachstumsrate, die auch von den niedrigen Temperaturen und den starken Winden gehemmt wird. Die Auskühlung durch Wind betrifft die Pflanzen ebenso wie den Menschen – die niedrigen Windgeschwindigkeiten in Bodennähe sind unter anderem die Ursache für das geringe Höhenwachstum der meisten Arten. Das Pflanzenwachstum wird ebenfalls durch die relativ unfruchtbaren arktischen Böden gehemmt; meist sind sie arm an Stickstoff, der aber einer der wichtigsten Pflanzennährstoffe ist. Die Pflanzen der Tundra haben sich jedoch auf vielfältige Art und Weise an die extremen Lebensbedingungen der Arktis angepasst (Tabelle 5.1).

Die Tundrenvegetation lässt sich je nach Härte der Klimabedingungen (z. B. Dauer der Vegetationsperiode, Nebelhäufigkeit und dadurch bedingte herabgesetzte Sonneneinstrahlung) in drei Typen gliedern. Der Vegetationstyp der *Fleckentundra* ist in sehr nördlicher Breitenlage, der *Hohen Arktis*, sowie in besonders nebelreichen, strahlungsarmen Küstengebieten und in extrem kalten, windgefegten, und daher im Winter schneefreien Hochlagen ausgebildet. Sie ist von sehr lückenhaftem Bewuchs (Bodenbedeckung ein bis weniger als zehn Prozent). Die wenigen vorkommenden Gefäßpflanzen (einige Steinbrecharten) konzentrieren sich in kleinen Vegetationsinseln. Der Aspekt der Fleckentundra wird jedoch von vegetationslosen Berei-

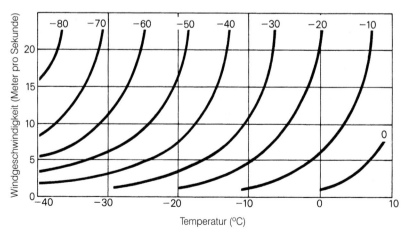

Abb. 5.1 Der Wind-Chill-Effekt. Die geschwungenen Linien geben die von Lebewesen tatsächlich empfundene Temperatur in Grad Celsius bei bestimmten Lufttemperaturen und Windgeschwindigkeiten an.

Tabelle 5.1: Anpassungsformen der Vegetation an das Polarklima	
Anpassungform	Wirkung
niederliegende Sträucher	Ausnutzung der isolierenden Schneedecke, Entstehung eines wärmeren Bestandsklimas, geringere Windeinwirkung
Polsterpflanzen	wärmeres Bestandsklima, geringere Windeinwirkung
nur selten, einjährige Pflanzen	Wachstumsperiode zu kurz für abgeschlossenen Lebenszyklus
mehrjährige, häufig krautige Pflanzen	großes, unterirdisches Wurzelsystem; Speicherung von Nährstoffen über den Winter, Fortpflanzungszyklus über zwei oder mehr Jahre möglich
Vermehrung häufig durch Rhizome; Zwiebeln oder Ableger	verhindert Abhängigkeit des Lebenszyklus vom Abschluss der Blütezeit
vorgeformte Knospen	verkürzt die Zeit bis zur Samenreife
Wachstum schon bei geringen Plus-Temperaturen	verlängerte Wachstumsperiode
maximale Photosyntheseleistung beginnt bei niedrigeren Temperaturen	verlängerte Wachstumsperiode
Frostabhärtung durch Zuckereinlagerung im Zellsaft	Frosthärte für Pflanzen, Früchte und Samen
Langlebigkeit	Wachstum und Fortpflanzung sind auf günstige Bedingungen beschränkt; Flechten können zum Beispiel mehrere tausend Jahre alt werden
poikilohydre Lebensweise, Transpirationsschutz: Trockenheitstoleranz	Pflanzenwachstum sogar auf Gesteinsoberflächen

Quelle: Verändert nach D. Sugden (1982) *Arctic and Antarctic,* Oxford.

chen oder solchen, die nur von niederen Flechten und Moosen bewachsen sind, geprägt. Die *Moostundra* stellt dagegen bereits eine fast zusammenhängende Vegetationsdecke aus überwiegend niederen Pflanzen dar. In ihr finden sich neben den dominierenden Moosen vor allem Süß- und Sauergräser. Blütenpflanzen sind noch selten und werden hauptsächlich von der Gattung Saxifraga (Steinbrech) repräsentiert. Auch die Moostundra konzentriert sich vorwiegend noch auf nebelreichere Lagen oder sehr bodenfeuchte Standorte in der Hohen und *Mittleren Arktis.* Die *Zwergstrauchtundra* als höchstentwickelter Tundrentyp dominiert vor allem in der Mittleren Arktis beziehungsweise in strahlungsreichen, sommerwarmen, windgeschützten Lagen, die im Winter von einer ausreichenden Schneedecke vor Frost geschützt sind. Sie wird vor allem von niedrigwachsenden (< 25 Zentimeter) Spaliersträuchern geprägt. Zu den charakteristischsten zählt zum Beispiel die Polarweide *(Salix polaris),* eine nur fünf bis zehn Zentimeter hohe, verholzende Weidenart, aber auch Arten wie die Glöckchenheide *(Cassiope tetragona)* oder die Silberwurz *(Dryas octopetala).* Die Zwergstrauchtundra beheimatet eine überraschende Vielfalt an Gefäß- und Blütenpflanzen, vor allem aus den Gattungen: Steinbrech *(Saxifraga),* Fingerkraut *(Potentilla),* Säuerling *(Oxalis),* Mohn *(Papaver),* Hahnenfuß *(Ranunculus),* Leimkraut

(Silene), Läusekraut *(Pedicularis),* Knöterich *(Polygonum),* Wollgras *(Eriophorum),* Hungerblümchen *(Erophila)* und Silberwurz *(Dryas).* Sie können eine Bodenbedeckung von bis zu 70 Prozent erreichen. Mit zunehmender Nähe zur polaren Baumgrenze, in der *Niederen Arktis,* ist eine höherwüchsige *Strauchtundra* ausgebildet, deren Gefäßpflanzen in der Regel mehr als 80 Prozent der Bodenoberfläche bedecken. Zu den bisher genannten wichtigen Gattungen der Arktis treten hier vor allem Arten der Gattung: Krähenbeere *(Empetrum),* Brombeere *(Rubus),* Heidelbeere *(Vaccinium),* Birke *(Betula)* auf, und die Gattung der Weiden *(Salix)* ist mit sehr viel mehr und vor allem hochwüchsigen Arten vertreten.

Die Tundra ist eine Vegetationserscheinung des Nordpolargebietes. Aufgrund der immensen Inlandvereisung und ihres Kühleffektes greifen die polaren Bedingungen breitengradmäßig bis weit in subpolare Lagen hinein. Die kontinentale Antarktis selbst besitzt keine Farn- und Blütenpflanzen, aber zumindest einige Moos- und Flechtenarten, während auf der antarktischen Halbinsel zwei Gefäßpflanzen, das Gras *Dechampsia antarctica* und die Nelke *Colobanthus quitensis,* vorkommen. Bis zur periantarktischen Insel Süd-Georgien steigt die Zahl der Gefäßpflanzen auf 19 an. In der Antarktis sind als Folge der fast überall fehlenden Vegetationsbedeckung keine echten Landtiere zu finden – alle antarktischen Wirbeltiere (Wale, Robben, Pinguine) sind in ihrer Lebensweise an marine Ökosysteme gebunden. Auf der Nordhalbkugel ist die Landfauna dagegen sehr viel artenreicher, obwohl auch sie im Vergleich zu anderen Klimazonen der Erde nur ein kleines Artenspektrum aufweist. Man hat zum Beispiel errechnet, dass von den weltweit 8 600 Vogelarten nur 120 in der Arktis brüten und dass von den 3 200 Säugetierarten der Welt nur 23 nördlich der Baumgrenze leben. Dennoch sind warmblütige Vögel (Gänse, Enten, Taucher, Sturmvögel und viele andere) und Säugetiere (zum Beispiel Lemminge, Mäuse, Füchse, Wölfe und Maderartige) bis in die nördlichsten Breitenlagen die erfolgreichsten Besiedler der Arktis, während wechselwarme Landwirbeltiere hier bis auf den äußersten Südrand der Arktis fehlen.

Die Polartiere haben sich an die extrem kalten Temperaturen und die Temperaturschwankungen angepasst (Tabelle 5.2). Formen der Anpassung sind ein dichtes, isolierendes Fell, zum Beispiel beim Polarfuchs oder beim Moschusochsen. Oft sind die Felle mit besonderen Eigenschaften versehen, welche das Isolationsvermögen verbessern. Die Haare des Karibus sind an der Spitze dicker als an der Basis, sodass eine isolierende Luftschicht zwischen der Haut und der kalten Außenluft entsteht. Zudem enthält das Haar selbst noch viele Lufteinschlüsse. Eine weitere Form der Anpassung ist der Winterschlaf in Schneehöhlen (Eisbär) oder in Bodenhöhlen unter schützender Schneeschicht (Lemminge, Wühlmäuse). Auch die selbst in der Hocharktis noch entwickelte artenreiche Insektenfauna (in der Zweiflügler und einige Hautflügler dominieren) überdauert den Winter in einer Larven- oder sogar in einer Eihülle im Boden. Die dritte Form der Anpassung stellt die großräumige Wanderung vor Beginn der kalten Jahreszeit in wärmere Gebiete mit

Abb. 5.2 Der längste Gletscher der Alpen ist der Aletschgletscher in der Schweiz. Seine Zunge reicht bis auf etwa 1 500 Meter über Meer herunter. Der dunkle Streifen in der Mitte ist eine Mittelmoräne.

besserer Nahrungsversorgung dar. Vögel sind dazu prädestiniert, aber auch eine Reihe von Säugetieren treten solche Wanderungen an, so etwa das Karibu.

Tabelle 5.2: Anpassungen der Fauna an das Polarklima	
Stressfaktor	**Anpassung**
ungünstiges Klima	geringe Anzahl Populationen mit weiträumigem Revier
niedrige Temperaturen	gute Wärmeisolierung, zum Beispiel durch dicke Felle effektiver Stoffwechsel
Schnee	kleinere Tiere halten Winterschlaf unter dicker Schneedecke große Pflanzenfresser suchen zur Nahrungsaufnahme dünne Schneedecke auf
kurzer Sommer	Vogelzug verkürzte Brutzeit große Nachkommenzahl

Quelle: Nach D. Sugden (1982) *Arctic and Antarctic*, Oxford, Tabelle 5.3.

5.3 Gletschertypen

Die Erde befindet sich gegenwärtig in einer Eiszeit, und rund zehn Prozent der Erdoberfläche sind vergletschert. In den letzten Millionen Jahren ist die Ausdehnung des Eises häufig noch wesentlich größer gewesen als heute, und ungefähr ein Drittel der Erdoberfläche war eisbedeckt (Kapitel 2.9). Gletscher sind daher wichtig, da sie einerseits heute große Teile der Erde bedecken (Abbildung 5.2), andererseits aber auch sehr eindrücklich die Landschaften prägten, die sie in früherer Zeit bedeckt haben.

Die größten Gletscher bezeichnet man als *Inlandeis* (Exkurs 5.1). Dieses ist im Querschnitt flach und kuppelförmig und erstreckt sich über hunderte von Kilometern. Die größten kontinentalen Inlandeismassen der Erde sind in der Antarktis und in Grönland zu finden. Während der Kaltzeiten des Pleistozäns existierten noch zwei weitere große Inlandeismassen; eine davon bedeckte Skandinavien, Großbritannien sowie Teile von Mittel- und Osteuropa. Die andere, auch Laurentischer Eisschild genannt, erstreckte sich über weite Bereiche Nordamerikas. Kleiner als die kontinentalen Inlandeismassen sind die ebenfalls kuppelförmigen *Eiskappen* mit einer Fläche von mehr als 50 000 Quadratkilometern. Diese nicht talförmigen *Gletschertypen* lassen sich wie folgt gliedern:

Inlandeis
  größer als 50 000 Quadratkilometer, überdeckt das unterliegende Relief
Eiskappe
  kleiner als 50 000 Quadratkilometer, überdeckt das unterliegende Relief
Eisdom
  der zentrale Bereich einer Eiskappe oder eines Eisschildes
Auslassgletscher
  Eisstrom, der aus einer Eiskappe oder einem Inlandeis abfließt
Eisschelf
  dicke, schwimmende Eisdecke mit einer Verbindung zur Küste
Plateaugletscher
  flache, aber ausgedehnte Vergletscherung

Die anderen Gletschertypen gehören zu den *relief-untergeordneten Gletschern* oder *Talgletschern* im weiteren Sinne. Diese „Eisflüsse" liegen in Becken oder Tälern der Hochgebirge und lassen sich folgendermaßen gliedern:

Talgletscher
  eine Eismasse, die sich in einem Tal unter dem Einfluss der Schwerkraft abwärts bewegt und ein deutlich umgrenztes Einzugsgebiet hat
Kargletscher
  eine kleine Eismasse, die in einer sesselartigen Mulde, dem Kar, liegt
Gebirgs- oder Hanggletscher
  kleine Gletscher in Vertiefungen steiler oder flacher Hänge; oft eine Vorstufe zum Kargletscher
Eisstromnetz
  eine Vereinigung vieler Gletscher; die Eismasse überfließt Wasserscheiden (= Transfluenz)
Piedmontgletscher (Vorlandgletscher)
  verlässt die umgebenden Steilhänge und kann sich infolgedessen fächer- oder kuchenförmig am Gebirgsfuß ausbreiten

Große Talgletscher im Karakorum im westlichen Himalaja können 60 Kilometer oder länger sein, während sich kleine Kar- und Nischengletscher nur über ein paar hundert Meter ausdehnen.

5.4 Die Entstehung von Gletschereis

Schneekristalle sind federartig aufgebaut und haben deshalb eine geringe Dichte. Aus diesem Grund entsprechen 100 Millimeter Schneeniederschlag nur 10 Millimeter Regen. Werden die Schneekristalle jedoch durch die Auflast der darüber liegenden Schneedecke komprimiert oder teilweise aufgeschmolzen, so vereinigen sich die Kristalle, und es entsteht *Firn* oder *Névé*. Mit der Zeit wird der Firn dichter, bis fast alle Zwischenräume verschwunden sind und reines Eis entsteht. Bei den Gletschern der niederen Breiten kann dieser Umwandlungsprozess innerhalb weniger Jahre vor sich gehen, während er in extrem kalten Regionen wie der zentralen Antarktis einige tausend Jahre in Anspruch nehmen kann. Die meisten Gletscher bestehen aus Schnee, der auf solche Art und Weise verändert worden ist, doch bei einigen Gletschern macht erneut gefrorenes Schmelzwasser einen großen Teil der Masse aus. Wenn die Klima- und Reliefbedingungen eine ausreichende Eisakkumulation zulassen, dann beginnt die entstandene Eismasse unter dem Einfluss der Gravitation zu fließen und wird zu einem Gletscher.

Die Existenz und die Entstehung von Gletschern sind an die einfache Tatsache gebunden, dass im Akkumulationsgebiet (Nährgebiet) mehr Schnee fällt, als abtauen kann. In kalten Regionen reicht schon eine winterliche Neuschneedecke von einem Meter aus, um die Gletscherbewegung aufrecht zu erhalten, während in wärmeren Gebieten acht bis zehn Meter dazu benötigt werden. Die Höhe der Zone, unterhalb der keine Gletscher entstehen können (*Firnlinie*), hängt vom Gleichgewicht zwischen Schneefall und Auftauprozessen ab, also letztendlich von der Temperatur und dem Niederschlag. Die Temperaturen hängen ihrerseits vom Breitengrad, von der Höhe über

---

Exkurs 5.1   **Inlandeis und Eisschelfe der Polargebiete**

Die Inlandeismassen Grönlands und der Antarktis haben riesige Ausmaße; 80 Prozent der Süßwasservorräte der Erde, das Grundwasser ausgenommen, liegen als Gletschereis vor. Davon sind 99 Prozent in diesen beiden Eisschilden gebunden. Das Eis der Antarktis bedeckt einen Kontinent, der um das Dreifache größer ist als Europa oder Kanada und doppelt so groß wie Australien. Es ist an manchen Stellen über 4 000 Meter mächtig und begräbt ganze Gebirgsketten unter sich. Das grönländische Inlandeis macht nur acht Prozent der weltweiten Eismassen aus (das der Antarktis 91 Prozent), dennoch bedeckt es die zehnfache Fläche der Britischen Inseln. Das Grönlandeis erfüllt ein riesiges, von Bergketten umrahmtes Becken.

Durch seine Auflast hat es die Erdkruste nach unten gedrückt.

Der antarktische Eisschild ist fast zur Hälfte von Eisschelfen umgeben. Dabei handelt es sich um schwimmende Eismassen, die von den meerseitigen, dem Untergrund aufliegenden Gletschern oder Eisströmen sowie durch Schneeakkumulation an ihrer Oberfläche genährt werden. Die Dicke des Schelfeises schwankt, an seinen Außenrändern kann es in Form eines Eiskliffs bis zu 50 Meter über den Meeresspiegel emporragen und 100 bis 600 Meter unter die Wasseroberfläche hinabreichen. Der Ross-Eisschelf ist an seinem Innenrand 1 000 Meter mächtig. Er bedeckt eine Fläche von der Größe Kaliforniens.

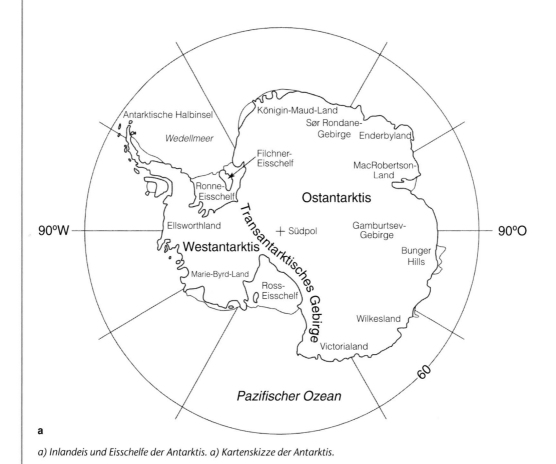

a

a) Inlandeis und Eisschelfe der Antarktis. a) Kartenskizze der Antarktis.

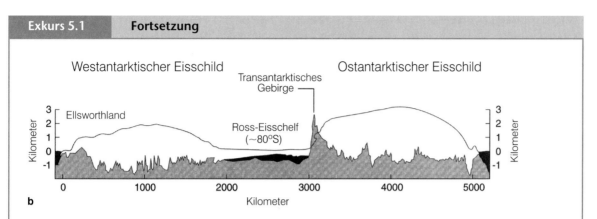

b) Querprofil des östlichen und westlichen antarktischen Eisschildes, welches das bewegte Relief des Gesteinsuntergrundes, die Eisdicke sowie die auf dem Meerwasser aufschwimmenden Eisschelfe zeigt.

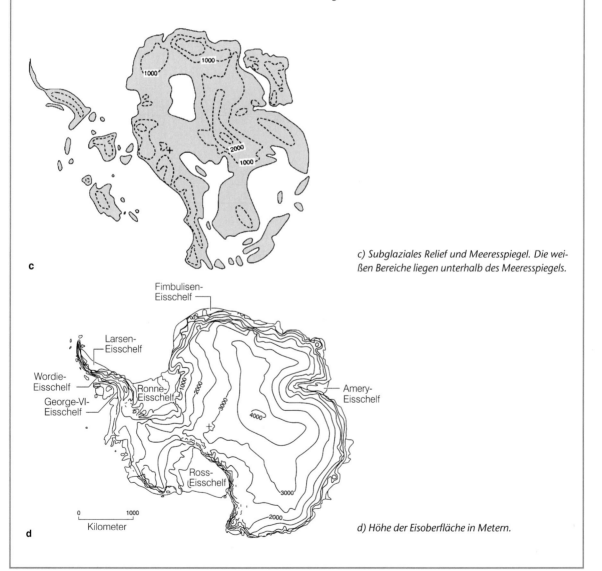

c) Subglaziales Relief und Meeresspiegel. Die weißen Bereiche liegen unterhalb des Meeresspiegels.

d) Höhe der Eisoberfläche in Metern.

dem Meeresspiegel, dem Bewölkungsgrad und den Niederschlägen, den vorherrschenden Winden und der Entfernung zum Meer ab. Deshalb findet man die Firnlinie in Polargebieten oder in Küstennähe in geringer Höhe; in den Tropen oder im Innern von Kontinenten verläuft sie dagegen in großer Höhe. Zum Beispiel liegt die Firnlinie in der Antarktis auf Meereshöhe, während sie im nordwestlichen Teil der europäischen Alpen auf 2 600 Meter Höhe verläuft, und im zentralen und östlichen Teil (wo trockenere Bedingungen herrschen) bewegt sie sich sogar in Höhen um 3 200 Meter.

5.5 Gletscherbewegung

Die Bewegungscharakteristika von Gletschern kann man sich anhand einer Geschwindigkeitsverteilung verdeutlichen. Die Oberflächengeschwindigkeit eines Gletschers ist oft in der Mitte am höchsten und verringert sich zu den Seiten hin, wo die Reibung am Felsuntergrund die Bewegung nahezu Null werden lässt. Die Geschwindigkeit verringert sich ebenfalls mit zunehmender Tiefe, besonders in den untersten Teilen des Gletschers in der Nähe der Sohle (Abbildung 5.3).

Obwohl es im ersten Augenblick schwer zu verstehen ist, wie sich eine scheinbar unbewegliche Masse

fortbewegen kann, bewegen sich Gletscher doch. Obwohl sie nicht annähernd die gleiche Bewegungsgeschwindigkeit wie Flüsse erreichen, ist diese doch leicht zu messen und häufig sogar recht groß. Einige Gletscher „galoppieren" sogar und erreichen dabei über kurze Zeiträume hinweg Geschwindigkeiten von über 5 Metern pro Stunde. Diese so genannten *Glacier Surges* (Abbildung 5.4) können katastrophale Folgen haben. Die meisten Gletscher bewegen sich aber mit einer Geschwindigkeit von ungefähr 50 Metern im Jahr.

Die Bewegung eines Gletschers findet auf drei Arten statt: Durch *Gleiten* auf der Gesteinsoberfläche (beziehungsweise auf einem Wasserfilm), durch interne Deformation (*Fließen*) des Eises und durch abwechselnde *Stauchungs-* und *Streckungsvorgänge*, welche durch Veränderungen des Gesteinsuntergrundes hervorgerufen werden. Den erstgenannten Prozess – die Gleitbewegung – kann man sich sehr leicht vorstellen. Eis entsteht bei einer Temperatur von Null Grad Celsius, aber der Gefrierpunkt des Wassers wird unter Druck herabgesetzt. Durch die Bewegung und die Auflast des Eises entsteht an der Gletschersohle ein Druck, der eine dünne Eisschicht aufschmelzen kann. Aus diesem Grund befindet sich dann ein Wasserfilm zwischen Gletscher und Gesteinsuntergrund. Dieser Wasserfilm verringert die Reibung und ermöglicht dem Gletscher die Gleitbewegung. Diese Bewegungs-

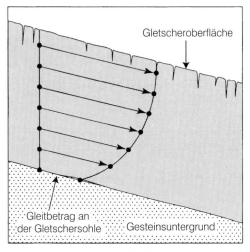

Aufsicht

Längsschnitt

a

b

Abb. 5.3 *Die Fließgeschwindigkeit von Gletschern hängt von der inneren Eisdeformation und dem Gleiten über den Untergrund ab. Die Pfeile drücken die Bewegungsgeschwindigkeit des Eises aus, die in der Mitte a) und in den oberen Bereichen b) des Gletschers am größten ist. Man beachte ebenfalls die Gleitbeträge an der Gletschersohle sowie an den Rändern zu den Talflanken.*

Abb. 5.4 *In einigen Gebirgen stoßen Gletscher mit erstaunlicher Geschwindigkeit vor. Solche Gletscher, wie der hier abgebildete Susitna-Gletscher in Alaska, zeichnen sich durch stark verformte Moränen aus.*

art kommt weitaus häufiger bei temperierten („warmen") Gletschern vor, deren Eistemperaturen in der Nähe des Gefrierpunktes liegen, als in extrem kalten Gebieten, wo die Gletscher fest an den Gesteinsuntergrund angefroren sind.

Basales Gleiten ist eine wichtige Art der Eisbewegung. An der Gesamtbewegung von temperierten Gletschern hat dieser Prozess einen Anteil von zehn bis 75 Prozent bei einem Mittelwert von etwa 50 Prozent. Doch zumindest ein kleiner Teil der Bewegung findet durch wieder gefrierendes Wasser in kleinen Unregelmäßigkeiten am Gesteinsuntergrund statt. Dieser Vorgang wird als *Regelation* bezeichnet. Auf der hangaufwärts gerichteten Seite eines Hindernisses entstehen durch Gletscherbewegung hohe Drücke, die zu lokalem Aufschmelzen führen. Das entstehende Wasser fließt hangabwärts und kann unter geringerem

Druck hinter dem Hindernis wieder gefrieren (Abbildung 5.5).

Eis ist gleichzeitig spröde und plastisch verformbar. Schlägt man mit einem Hammer auf Eis, wird dieses ähnlich wie Glas zersplittern. Stützt man aber eine Eisplatte nur auf einer Seite ab, so findet nach einiger Zeit aufgrund ihres Eigengewichtes eine plastische Deformation der Platte statt. Im Fall eines Gletschers findet diese Deformation bzw. das Fließen unter dem Einfluss der Schwerkraft in Abhängigkeit der durch die Eisdicke sowie die Hangneigung entstehenden Kräfte statt. Mit zunehmender Hangneigung steigt daher auch der Grad der plastischen Deformation. Die Eistemperaturen spielen ebenfalls eine Rolle, denn kaltes Eis verformt sich weniger stark als temperiertes (so wie zum Beispiel Öl mit sinkenden Temperaturen dickflüssiger wird). Bei ansonsten gleichen Voraussetzungen

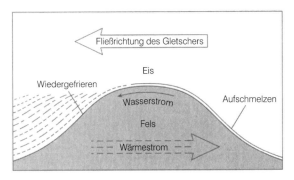

Abb. 5.5 *Der Mechanismus des Schmelzens und Wiedergefrierens bei der Eisbewegung (im englischen Sprachgebrauch als* regulation sliding mechanism *bezeichnet). Der Prozess beruht auf der Tatsache, dass an den Luvseiten von Erhebungen oder Hindernissen, über die sich ein Gletscher hinwegbewegt, hohe Drücke auftreten. Dadurch wird der Druckschmelzpunkt erniedrigt, und das Eis schmilzt an der gletscheraufwärts gerichteten Seite des Hindernisses auf. Das dabei entstehende Schmelzwasser fließt zur Leeseite des Hindernisses. Weil der Druck dort niedriger und damit der Druckschmelzpunkt des Eises höher ist, gefriert das Wasser wieder. Das Eis bewegt sich also über ein Hindernis hinweg, indem es vorübergehend aufschmilzt und dann wieder gefriert.*

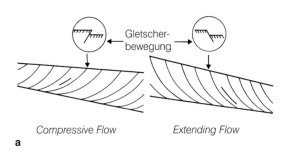

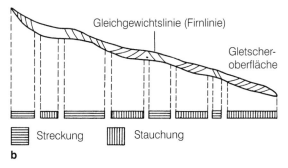

Abb. 5.6 Extending *und* Compressive Flow *eines Gletschers: a) die beiden Bewegungsarten und die jeweils typische Ausrichtung der Scherflächen; b) die beiden Bewegungsarten in einem idealisierten Gletscherlängsprofil.* Compressive Flow *verstärkt bestehende konkave Formen am Gesteinsuntergrund.*

wird ein mächtiger, steiler Gletscher in der gemäßigten Zone wesentlich schneller fließen als eine dünne, flache Eiskappe in Polargebieten.

Unter bestimmten Bedingungen treten im Eis Stauchungs- und Streckungszonen auf, wobei sich das Eis an diesen Stellen den Spannungen durch Deformation nicht schnell genug anpassen kann: Durch *Zugspannungen* kann das Eis aufreißen, sodass Gletscherspalten entstehen. Bei einem *Scherbruch* wird das Eis (blockweise) entlang einer Verwerfung verschoben (Abbildung 5.6 und Kapitel 5.6).

Alpine Gletscher bewegen sich im Mittel mit Geschwindigkeiten zwischen 20 und 200 Meter pro Jahr; doch an Steilhängen sind auch Werte von über 1 000 Meter pro Jahr aufgezeichnet worden. Die höchste Geschwindigkeit wurde bei polaren Auslassgletschern mit 7 000 Metern pro Jahr gemessen. Manche Gletscher neigen zu Phasen stark erhöhter Fließgeschwindigkeit, die als Surges bezeichnet werden (Exkurs 5.2).

5.6 Gletschererosion

Schon der viktorianische Dichter John Ruskin bemerkte einst, dass ein Gletscher ebenso wenig sein Tal erodieren könne, wie etwa Senf ein Senfglas. Er wollte damit darauf hinweisen, dass Gletscher im Allgemeinen eher hilflos in ihren Tälern liegen, dass die Täler schon lange vor den Gletschern existierten und dass Eis weicher ist als Fels, so wie Senf weicher ist als das Gefäß, in dem dieser sich befindet. In der Tat liegen Gletscher oft in Tälern, die schon vorher da waren, und Eis ist tatsächlich weicher als Fels, aber Gletscher sind deshalb noch lange keine schwachen Erosionsmedien. Neuere Forschungsarbeiten über die Größenordnung von Material, das durch glaziale Schmelzwasserflüsse transportiert wird, deuten darauf hin, dass die Erosion in einem vergletscherten Einzugsgebiet oft einer Oberflächenerniedrigung von zwei bis drei Metern pro Jahrtausend entspricht. Das ist etwa zehnmal so viel wie in unvergletscherten Flusseinzugsgebieten. Wie wird aber diese hohe Denudationsrate erreicht?

Zuallererst können Gletscher in mancher Beziehung mit einem Förderband verglichen werden. Wenn zum Beispiel ein Bergsturz große Mengen Blockschutt auf eine Gletscheroberfläche bringt, oder die Frostverwitterung Hangschuttmaterial, kann dieser Schutt fast unabhängig von seiner Größe talwärts transportiert werden. Die Schuttgrößen, die normalerweise von einem Fluss transportiert werden, sind wesentlich geringer.

Zweitens gibt es unter Gletschern oft einen sehr beträchtlichen Schmelzwasserabfluss. Dieser kann unter Druck durch Tunnels im Eis bei großer Geschwindigkeit vor sich gehen und kann mit Grobmaterial vom Gletscherbett beladen sein. Solche subglazialen Schmelzwasserströme können sehr wirksam den Fels unter einem Gletscher abtragen. Drittens ist das Gletschereis selbst zwar ein wenig wirksames Abtragungsmedium für Felsoberflächen, wenn Gletschereis jedoch an seiner Basis viel Grobschutt mitführt, kann die *Detersion* wirksam werden. Dieser abschleifende Vorgang konnte direkt in Tunnels unter dem Gletscher beobachtet werden. Es gibt jedoch auch andere Nachweise: Felsoberflächen unter Gletschern können geritzt oder geschrammt

---

Exkurs 5.2   Glacier Surges

Einige Gletscher stoßen periodisch mit wesentlich größerer Geschwindigkeit als normal vor. Durch Blockbewegung oder durch so genannte Gletscherwogen (sehr schnelle Massenverlagerung vom oberen zum unteren Teil) erreicht das Gletschereis Geschwindigkeiten von bis zu 350 Metern pro Tag. Solche Glacier Surges treten in Abständen zwischen 15 und 100 Jahren auf. Surgende Gletscher verändern vor allem das Landschaftsbild, können aber ebenso eine Gefahr für den Menschen bedeuten:

- Die Lage der Gletscherstirn verschiebt sich rapide, Verschiebungen von bis zu elf Kilometern wurden bisher registriert.
- Ein Surge verringert die Neigung im oberen Teil des Gletschers und vergrößert sie im unteren Teil:
  - Infolgedessen bleiben ehemalige Seitenmoränen oberhalb des Gletschers zurück.
  - Seitengletscher werden vom Hauptgletscher abgeschnitten und bleiben hängend über dem Haupttal zurück.
- Die Struktur der Mittel- und Seitenmoränen wird verzerrt.
- In Meeresbuchten und Fjorden können sich große Eisberge von Gletschern lösen und die Schifffahrt gefährden.

Wie kommt es aber zu einem Glacier Surge? Die Antwort darauf liefern möglicherweise veränderte Abflussbedingungen der subglazialen Schmelzwässer. Diese These erläuterten Keith Richards und Martin Sharp in *The Geography Review* (1988, S. 4):

In den Jahrzehnten vor dem Surge befindet sich der Gletscher in der „Aufbauphase". Dieser Aufbau beinhaltet das Anwachsen des Akkumulationsgebietes und das Schrumpfen des Ablationsgebietes. Daraus folgt letztendlich eine zunehmend größer werdende Neigung im Längsprofil. Im Akkumulationsgebiet bedeutet das eine Erhöhung des Drucks auf die untersten Eisschichten; dadurch erhöht sich wiederum die Plastizität des Eises. Diese Veränderung äußert sich nicht nur durch das allmähliche Ansteigen der Fließgeschwindigkeit, sondern führt außerdem dazu, dass die Kanäle der subglazialen Schmelzwässer mehr und mehr vom Eis verschlossen werden. Dieser Prozess kann so weit voranschreiten, dass Schmelzwasser gezwungen wird, seitlich oder oberflächlich abzufließen. Bevor das Schmelzwasser jedoch an die Oberfläche gelangt, werden alle Hohlformen im und besonders unter dem Gletscher mit Wasser gefüllt. So entstehen regelrechte Wasserpolster, die den Kontakt des Gletschers mit dem Untergrund durch Auftrieb verringern und damit die Grundlage für die hohe Geschwindigkeit der Gletscher bilden.

Die hohe Gleitgeschwindigkeit im oberen Teil setzt sich in den unteren Teil des Gletschers fort, wo sich daraufhin die Eismächtigkeit erhöht und die Gleitgeschwindigkeit ebenfalls anwächst. Daraus kann schließlich ein kräftiger Vorstoß der Gletscherstirn resultieren, der Endmoränen und glaziale Ablagerungen überfährt und deformiert.

Durch das Vorstoßen des Gletschers verringert sich aber die Eismächtigkeit im oberen Teil, sodass Abflussrinnen der Schmelzwässer wieder geöffnet werden oder neu entstehen: Das subglazial gestaute Wasser kann somit abfließen. Da nun die auslösenden Prozesse des raschen Vorstoßes fehlen, hört die Eisbewegung auf und der Zyklus beginnt von neuem.

Keith Richards und Martin Sharp lieferten noch eine weitere Hypothese, die Surges von Gletschern auf Lockersedimenten erklären soll. Unter diesen Bedingungen entwässert das Schmelzwasser durch ein Netz von kleinen Kanälen im Lockermaterial. Die Aufbauphase des Gletschers vor einem Surge führt zu einer Deformation der Sedimente infolge der erhöhten Druckbelastung. In diesem Stadium werden die Abflusskanäle zerstört, sodass das Schmelzwasser gezwungen ist, durch die Poren des Sedimentmaterials zu entwässern. Die Entwässerung auf diesem Weg erfolgt aber nur begrenzt, infolgedessen kommt es zum Wasserstau unter dem Gletscher. Dieser Wasserstau führt zu einer Labilisierung des Sedimentmaterials. Die Deformation des Untergrundes nimmt zu und die Fließgeschwindigkeit des Gletschers steigt an. In diesem Fall wird der Surge durch die Verringerung der Eismächtigkeit im oberen Teil beendet, sodass die Entwässerungskanäle neu entstehen können.

Gletscher sind also sehr dynamische Bestandteile der Landschaft. Dies sollte bei der Errichtung von Gebäuden, Straßen oder Wasserkraftwerken in der Nähe von Gletschern immer beachtet werden.

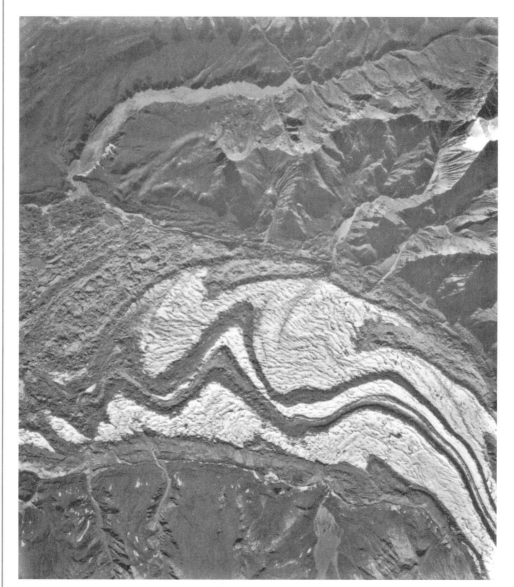

Glacier Surges zeigen auf Luftbildaufnahmen oft stark deformierte Seiten- oder Mittelmoränen. Die Abbildung zeigt einen „surgenden" Gletscher in Kanada.

werden (so wie Holz mit Sandpapier). Ein großer Teil des Schuttes in Gletschern wird so zu einer feinen Mischung aus Schluff und Ton zerrieben, im Schmelzwasser oft als *Gletschermilch* bezeichnet.

Gletscher verursachen außerdem Erosion mittels *Detraktion*, das heißt durch Herausbrechen von Gesteinsbrocken durch Regelation hinter Hindernissen.

Wenn der Fels in präglazialer Zeit schon der Verwitterung unterlag oder wenn der Fels stark von Klüften durchzogen ist, kann der Gletscher so größere Felsstücke ablösen. Darüber hinaus kann nach Abtragung von Felsmaterial der darunter liegende Fels entlang von Klüften aufreißen – ein Prozess, der *Druckentlastung* genannt wird.

Analysiert man die unregelmäßige Erosion an der Basis des Gletschers, bei der kleine Erhebungen zwischen tiefen Becken liegen, so muss man die unterschiedlichen Bewegungsarten des Gletschers dabei berücksichtigen. Sehr hilfreich ist in diesem Zusammenhang die Theorie des *Extending and Compressing Flow*, die den Gletscher in Streckungs- und Stauchungszonen unterteilt (Kapitel 5.5).

Abbildung 5.6 zeigt die theoretische Verteilung der Gleitebenen, beziehungsweise Scherflächen, welche durch die oben angeführten Bewegungsarten hervorgerufen werden. An Stellen, wo der Gletscherfluss beschleunigt wird (*Extending Flow*), entstehen charakteristisch gekrümmte Schwächezonen. Im Gegensatz dazu treten, vor allem in der Ablationszone sowie in anderen gestauchten (*Compressing Flow*) Bereichen, genau entgegengesetzt gekrümmte Scherflächen auf. Dieser Bewegungstyp kommt vorrangig im Bereich der Gletscherstirn und am Fuß von Steilhängen vor. Die Bedeutung dieser Bewegung verdeutlicht das *Längsprofil* eines Gletschers. In den Bereichen des *Compressing Flow* nimmt der Gletscher Schutt vom Grund in das Eis auf; dadurch erhöht sich seine Erosionsleistung enorm. Dieser Prozess erklärt auch die hohe Erosionsrate am Fuß eines vergletscherten Steilhangs oder Eisfalls. Unregelmäßigkeiten im Gesteinsuntergrund können die Bewegung des Gletschers beeinflussen und umgekehrt. Treten Unregelmäßigkeiten (zum Beispiel Wechsellagerung von harten und weichen Gesteinen, Verwerfungen) auf, so werden sie durch den Gletscher noch stärker herauspräpariert. Solche *positiven Rückkopplungen* sind vermutlich der Grund für die unterschiedliche Ausgestaltung von Gletscher- und Flusstälern. Gletschertäler weisen eher unregelmäßige Formen auf, Flusstäler sind durch sanft geschwungene Formen gekennzeichnet.

Durch Glazialerosion entstandene Landschaftsformen

Eine schuttbeladene Eismasse vermag den Untergrund abzuschleifen und Gesteinsbrocken aus diesem herauszubrechen, sodass ganz charakteristische Landschaftsformen entstehen (Abbildung 5.7). Eine der eindrucksvollsten Formen, die durch Glazialerosion entstehen können, sind die *Kare*. Darunter versteht man hufeisenförmige, steilwandige Hangnischen. In England werden sie als *Cirques*, in Schottland auch als *Corries* bezeichnet. In Europa und Nordamerika sind die Kare vorwiegend nordwest- bis südostexponiert, und das aus folgenden Gründen. Erstens erhalten nord-

exponierte Hänge weniger Sonnenstrahlung, sodass kleine Gletscher länger erhalten bleiben. Zweitens kommen die schneebringenden Winde aus dem Westen. Durch Leewirbel werden deshalb auf der Ostseite mächtigere Schneefelder angehäuft als auf der windzugewandten Seite.

Die Entstehung der Kare ist noch nicht eindeutig geklärt. Man nimmt an, dass in einer bereits bestehenden Hohlform Schnee akkumuliert, der die jährlichen und jahreszeitlichen Prozesse der Frostverwitterung durch Schmelzwasserbildung in der Hohlform verstärkt. Die Hangnische wird im Laufe der Zeit so stark erweitert, bis sie groß genug ist, um einen kleinen Gletscher aufzunehmen. Dieser Gletscher beginnt nun seinerseits mit der Erosion, wahrscheinlich mithilfe von Schmelzwasser durch basales Gleiten und den im basalen Eis enthaltenen Schutt der Frostverwitterung. Die schürfende Wirkung des Eises kann so das

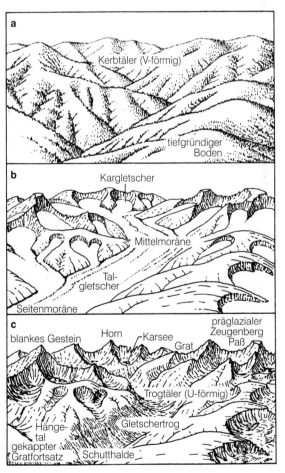

Abb. 5.7 *Landschaftsformen a) vor, b) während, und c) nach der Vergletscherung.*

Karbecken weiter austiefen. Nach dem Abschmelzen des Gletschers finden sich in den Hohlformen häufig kleine Seen (Abbildung 5.8), die sehr zur Schönheit von Landschaften beitragen.

Die Entstehung der Kare geht einher mit der Unternagung des Hanges, an dem sie entstanden sind. Wenn mehrere Kare dicht beieinander liegen, werden schließlich die Kämme oder Pässe zwischen ihnen so sehr verschmälert, bis nur noch ein steiler, scharfkantiger Grat übrig bleibt (Abbildung 5.9). Wird ein Berg von allen Seiten von Kargletschern unternagt, so entstehen pyramidenförmige *Karlinge* oder Hörner. Das Matterhorn in den Schweizer Alpen ist wohl das berühmteste Beispiel.

Einige der eindrucksvollsten Effekte der Glazialerosion, die man noch heute beobachten kann, bietet die Talvergletscherung. Tiefliegende Grat- oder Kammfortsätze werden abgerundet oder sogar vollständig erodiert. Es entsteht ein U-förmiges *Trogtal* (Abbildung 5.10). Am Talboden entstehen zahlreiche rundliche Voll- und Hohlformen. Viele Küsten der höheren Breiten bestehen aus engen Trogtälern, *Fjorde* genannt, die sich von den ehemals vergletscherten Tälern auf

dem Land nur dadurch unterscheiden, dass sie vom Meer überflutet wurden. Einige von ihnen sind außerordentlich tief und bezeugen damit die immense Erosionsleistung der Gletscher – die größten glazial bedingten Fjordtiefen in Grönland, Norwegen (Abbildung 5.11) und Chile liegen im Bereich von 1 300 bis 1 400 Metern, und in der Antarktis sind sogar noch 1 000 Meter tiefere Fjorde bekannt. Diese übertieften Bereiche werden zum Meer hin meist von *Schwellen* begrenzt, die heute nur etwa 200 Meter unter dem Meeresspiegel liegen. Auch *Fjärdenküsten* stehen in engem Zusammenhang mit Fjordküsten. Sie stellen ein überflutetes glazial geprägtes Flachrelief dar, dem die steilen Wände der Fjorde fehlen. Ein gutes Beispiel für eine Fjärdenküste ist die Küste des Staates Maine in den USA.

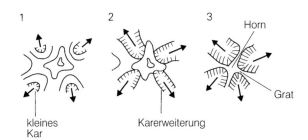

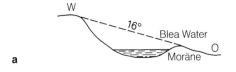

Abb. 5.9 Entwicklungsstadien von Gipfel und Graten, die durch rückwärtige Eintiefung von Karen entstehen.

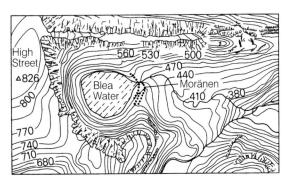

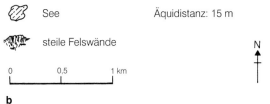

See
Äquidistanz: 15 m

steile Felswände

N

0   0,5   1 km

b

Abb. 5.8 Blea Water im Lake District, England – ein typischer Karsee. Man beachte die ungefähr nordöstliche Ausrichtung der Hohlform.

Eine weitere Art der Gletschererosion entsteht durch Gletscherbewegung über Wasserscheiden hinweg. Sie kommt vor, wenn der Eisfluss behindert wird – zum Beispiel wenn das Tal durch eine andere Eismasse blockiert ist oder sich der Gletscher gegen eine Talverengung bewegt. Er überfließt dann die niedrigste Stelle der Umgebung. Dieser Vorgang des Überfließens, bei dem durch Glazialerosion ein Pass entsteht, wird als *Transfluenz* bezeichnet.

Ein Beispiel für eine Transfluenz in heutiger Zeit zeigt sich am Rimu-Gletscher im Karakorum auf dem indischen Subkontinent (Abbildung 5.12). Der Rimu-Gletscher besteht aus drei Hauptarmen, die wiederum von vielen kleineren Gletschern gespeist werden. Teilweise entwässert er in den Yarkand-Fluss, der nach Zentralasien fließt, aus einem anderen Teil geht der Shayok-Fluss hervor, welcher in den Indus mündet und den Indischen Ozean erreicht.

Das Längsprofil eines Trogtals verläuft typischerweise unregelmäßig: Stufen, Becken und umgekehrte Steigungen kommen vor. Die Faktoren, von denen die

Abb. 5.10 Ein klassisches Trogtal mit gekappten Graten in einem Granitgebirge in Nordportugal.

Abb. 5.11 Der Trollfjord in den Lofoten (Norwegen) verdeutlicht das Ausmaß glazialer Tiefenerosion in Gebieten mit hohen Niederschlägen. Einige der norwegischen Fjorde sind über 1 000 Meter tief.

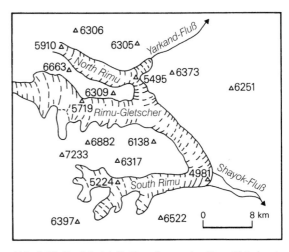

Abb. 5.12 Ein Beispiel für Transfluenz: der Rimu-Gletscher im Karakorumgebirge (Höhenangaben in Meter).

Tiefenerosion in einem Talboden abhängt, sind Gegenstand vieler Diskussionen gewesen. Man nahm zum Beispiel an, dass sich beim Zusammenfluss von zwei Gletschern die Erosionsleistung wesentlich erhöht. Anderswo konnte gezeigt werden, dass die Gletscher Gebiete mit wenig widerständigen und klüftigen Gesteinen besonders stark abtragen. Hohlformen entstehen oft in Bereichen, wo das Gestein durch chemische Verwitterung oder Frostverwitterung in präglazialer Zeit tiefgründig verwittert ist. Wenn der Gletscher seitlich durch sehr widerständiges Gestein begrenzt ist, wird er seinen Querschnitt durch verstärkte Tiefenerosion vergrößern.

Die unteren Enden der Seitentäler, die in das Haupttal münden, sind oft von starker Gletschererosion verschont geblieben. Gleichzeitig ist der Grund des Haupttals stärker eingetieft worden als bei den Nebentälern, sodass Letztere nach einer längeren Zeit der Vergletscherung hoch über dem Grund des Haupttals „hängen". Aus solchen *Hängetälern* stürzen häufig Wasserfälle herab.

Die Entwicklung einer Inlandeismasse führt zur „Ausräumung" einer Landschaft. In Kanada sind vor allem dort sehr ausgedehnte Ödlandgebiete zu finden, wo die pleistozäne Vergletscherung nahezu sämtliches Boden- oder Lockermaterial abgetragen hat, sodass nun die Spalten- und Bruchstruktur der alten kristallinen Gesteine offen liegt. Hier sind auch gerundete, stromlinienförmige Rücken entstanden, die als *Rundhöcker* (französisch und englisch = *roches moutonnées*) große Gebiete überziehen können (Abbildung 5.13a). In Teilen Englands und Skandinaviens können große Rundhöcker mehrere Kilometer lang sein und auf ihrer steilen Seite mehr als 100 Meter Höhe erreichen. Zwischen den Rundhöckern liegen vom Eis ausgeschürfte Wannen, in denen sich heute oft Seen befinden. Dieses charakteristische Relief aus Rundhöckern und Felswannen wird als *Rundhöckerlandschaft* bezeichnet.

Abb. 5.14 *Das imposante Edinburgh Castle steht auf einem durch Glazialerosion geformten vulkanischen Härtling.*

In Gebieten, die aus Massenkalk bestehen, wie etwa die karbonischen Kalklandschaften im Norden Englands und in Westirland, hat die Glazialerosion die Oberfläche des Kalksteins geglättet und durch Ausräumung des Lockermaterials an der Oberfläche Schichtflächen offen gelegt. Das Ergebnis ist die Entstehung nackter Gesteinsoberflächen, die man (in Großbritannien) als *Limestone Pavements* bezeichnet und die häufig deutliche Spuren einer ehemaligen Vereisung zeigen. Die Kleinformen, welche sich heute an ihrer Oberfläche entwickelt haben, sind als Ergebnis postglazialer Lösungsprozesse anzusehen.

Infolge selektiver Erosion können sich auch so genannte *Crag-and-Tail-Strukturen* ausbilden (Abbildung 5.13b). Sie entstehen, wenn ein widerstandsfähiger Felsbuckel quer zur Fließrichtung der Eismasse liegt. Das harte Gestein kann das weichere Gestein auf der Leeseite vor der Abtragung schützen, sodass dort ein schwach geneigter „Schwanz" herausmodelliert wird. Das bekannteste Beispiel dieses Phänomens findet man in Edinburgh. Die Festung von Edinburgh wurde auf hartem magmatischen Gestein errichtet, dessen Rückseite nach Osten abfällt (Abbildung 5.14).

Glazialerosion wirkt in hohem Maße selektiv. Aufgrund dieser Tatsache hat man eine Hypothese geäußert, die besagt, dass in einer insgesamt langsam fließenden Eismasse auch Bereiche mit hohen Geschwindigkeiten vorkommen müssen. In stark reliefierten Gebieten (wie zum Beispiel die Westküste Schottlands) findet man günstige Bedingungen für hohe Bewegungsgeschwindigkeiten. Wenn das unter-

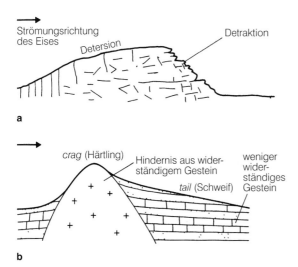

Abb. 5.13 *Zwei glazial geprägte Formen: a) Rundhöcker. b) Crag-and-Tail-Struktur.*

liegende Gestein dazu noch erosionsanfällig ist, kann hier schnell fließendes basales Eis zu großer Erosionsleistung befähigt sein.

Gletscher produzieren sehr viel *Schmelzwasser*. Ein Teil davon fließt *auf* dem Gletscher, ein Teil *innerhalb* des Gletschers und ein Teil *unter* dem Gletscher. Oft fließt es sehr schnell; außerdem kann Schmelzwasser, welches sich in Tunnels am Grund des Gletschers bewegt, unter hohem Druck stehen, sodass es unter bestimmten Bedingungen sogar bergauf fließt. Einige Ströme können zudem große Schuttmengen enthalten, die ihre Erosionsleistung noch erhöhen. Besonders in Nordostdeutschland formten solche subglazialen Schmelzwasserströme so genannte *Tunneltäler* oder (falls mit Wasser gefüllt) *Rinnenseen*, von denen man viele Beispiele in der mecklenburgischen Seenplatte findet. Diese Hohlformen können bis zu 70 Kilometer lang und über 100 Meter tief sein. Im Längsprofil fallen bucklige Formen auf, die bezeugen, dass Erosion durch subglaziale Schmelzwasserströme stattfand, als diese unter hohem Druck bergauf flossen.

Seen sind eine verbreitete Erscheinung ehemals vergletscherter Gebiete. Sie sind als Ergebnis einer Vielzahl von Erosions- und Ablagerungsprozessen anzusehen. Einige sind infolge glazialer Übertiefung, andere aufgrund der Abriegelung des Abflusses durch Moränen, wieder andere durch uneinheitliche Ablagerungen der Grundmoräne entstanden. In einigen Fällen kann die Entstehung von Seen nur durch eine Kombination dieser Prozesse erklärt werden; so etwa bei den Seen am Fuß der italienischen Alpen (Abbildung 5.15) und den Großen Seen in den Vereinigten Staaten. Während der Eiszeit hatten manche Gletscherstauseen gewaltige Ausmaße. Die nordamerikanische Inlandeismasse riegelte vor ungefähr 25 000 Jahren viele der in Nordrichtung entwässernden Flüsse in Zentralkanada und den nördlichen USA ab und leitete so die Entstehung des Lake Agassiz ein, der zu verschiedenen Zeiten ein Gebiet von 950 000 Quadratkilometern bedeckte. Seine größte mittlere Ausdehnung blieb jedoch vergleichsweise gering.

5.7 Glaziale Ablagerungen

Aufgrund der Tatsache, dass Gletscher effektive Erosions- und Transportmedien sind, werden sie immer auch von großen Schuttmengen begleitet. In Abhängigkeit von der Lage (ob auf, in oder unter dem Gletscher) lässt sich der durch den Gletscher transportierte Schutt in drei Kategorien gliedern: *Obermoränen* (auf dem Gletscher, Abbildung 5.17), *Mittel-* und *Innenmoränen* (im Gletschereis) und *Grundmoränen* (unter dem Gletscher). Die Ablagerung des transportierten Materials ist ein komplexer Prozess; das Material selbst wird nach der Ablagerung als *Geschiebe* bezeichnet. Geschiebe kann aus einer Vielzahl unterschiedlicher Korngrößen zusammengesetzt sein. Aus sehr feinen Teilchen besteht zum Beispiel der *Geschiebemergel*, aus dem durch Verwitterung und Entkalkung der *Geschiebelehm* hervorgeht. Seine Bestandteile sind außerdem leicht eingeregelt und enthalten oft auch Grobkomponenten, so genannte *Erratika* oder *Findlinge* (Farbabbildung 3).

Traditionell unterscheidet man zwei Geschiebearten: *Ablagerungsgeschiebe*, welches direkt am Grund des Gletschers abgelagert wird, und *Ablationsgeschiebe*, das aus seiner ursprünglichen Position inmitten des Gletschers durch Schmelzvorgänge an die Gletscheroberfläche oder -stirn gelangt. Ablationsgeschiebe kann weiter in *Ausschmelzungsgeschiebe* und *Fließgeschiebe* unterteilt werden. Ersteres ist ein direktes Produkt der fortschreitenden Ablation unter einer Schuttdecke, während Letzteres nach Sättigung durch Schmelzwasser instabil wird und daraufhin nahe liegende Hohlformen verfüllt.

Geschiebe wird häufig in einer Vielzahl verschiedener Formen abgelagert. Wälle aus Gletschergeschiebe, die über längere Zeit stationäre Gletscheroder Eismassenränder markieren, werden als *Endmoräne* bezeichnet (Abbildung 5.16). In Tieflandgebieten können sie sich über mehrere hundert Kilometer erstrecken und über 100 Meter Mächtigkeit erreichen.

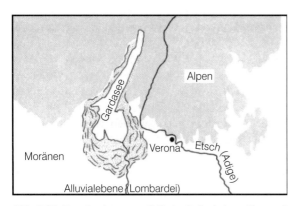

Abb. 5.15 *Der Gardasee am Fuß der italienischen Alpen mit angrenzenden Seiten- und Endmoränen. Allein aufgrund der Moränenbarriere am Südende erreicht der Gardasee eine Tiefe von 150 Metern, doch die mit 350 Metern tiefste Stelle des Sees entstand durch Glazialerosion.*

Abb. 5.16 *Eine mächtige Endmoräne riegelt das Esmark-Tal in Norwegen ab.*

Sie sind teilweise direkt durch Schuttablagerung in der Ablationszone entstanden, zu einem großen Teil bestehen sie aber aus Geschiebe, das von der Gletscherstirn aufgeschoben wurde. An den Seiten eines Gletschers befinden sich meistens auffällige Schuttwälle, die man *Seitenmoränen* nennt (Abbildung 5.17).

In einigen Gebieten, besonders dort, wo sich der Gletscher in eine Ebene ergießt, wird Geschiebe in Form von gerundeten Hügeln, den *Drumlins*, abgelagert. Diese treten häufig in Schwärmen auf. Ihre Ordnung ist dabei oft regelmäßig, sodass diese Landschaftsform scherzhaft auch als „Eierkorbrelief" bezeichnet wird. Drumlins sind stromlinienförmige Erhebungen, die zwischen wenigen Metern und über 50 Metern Höhe schwanken. Gewöhnlich sind sie ein bis zwei Kilometer lang und ungefähr 500 Meter breit und haben einen nahezu elliptischen Grundriss. Im Allgemeinen verläuft ihre Längsachse parallel zur vermuteten Bewegungsrichtung der Eismasse. Ein ähnlich unruhiges Relief wie die Drumlins bilden andere stromlinienförmige, mehr wallartige Vollformen, die

man unter dem weitgefassten Begriff *kuppige Grundmoränenlandschaft* zusammenfasst. Ähnliche Formen haben auch die so genannten *Fluted Ground Moraines.* Diese Formen sind vermutlich durch das Zusammenwirken von Eisschurf und Schmelzwasserströmen entstanden. Besonders gut ausgeprägt findet man diesen Typus im Nordosten Deutschlands.

Eine Reihe von Akkumulationsformen, die zwar streng genommen nicht nur aus Moränenmaterial bestehen, verdanken ihre Entstehung aber auch der Gletscherarbeit. Zu dieser Kategorie gehören die *Kames* und *Oser.* Sie sind durch fluvioglaziale Formung entstanden (Abbildung 5.18). Kames entstehen vorwiegend in der Nähe des Gletschersaums, während Oser direkt unter dem Eis entstehen. Kames sind Aufschüttungen aus geschichtetem Sand und Kies, die an den Rändern von Toteis (unbewegliche Eismassen, die keinen Kontakt mehr zum „lebenden" Gletscher haben) entstanden sind. Kames bilden manchmal auch *Kamesterrassen*, die am Rand des Gletschers zwischen dem Eis und dem anstehenden Gestein der Tal-

Abb. 5.17 *Gletscher können sehr viel Schutt transportieren. Der abgebildete Barnard-Gletscher in Alaska enthält eine ganze Reihe von Mittel- und Seitenmoränen. Man beachte die gekappten Grate an den Seiten des Haupttals, die das Ergebnis starker Seitenerosion sind.*

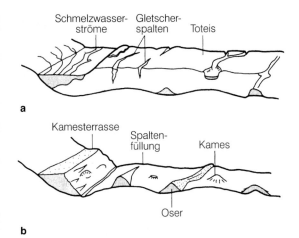

Abb. 5.18 *Glaziale Ablagerungen: a) Toteis mit Spalten und Schmelzwasserströmen; b) Formenschatz nach Abtauen des Eises.*

seite entstehen. *Loch-Kames* bilden sich in Hohlformen in Toteisblöcken. Wenn sie entlang großer Eisspalten entstehen, können sie tatzenförmig ausgebildet sein.

Oser sind lang gestreckte Rücken aus geschichteten Kiesen und werden als Ablagerungen von Schmelzwasserströmen im, auf oder unter dem Eis gedeutet. Die größten Oser können 100 Meter Höhe erreichen und sich viele Kilometer erstrecken (Abbildung 5.19). Manchmal verlaufen sie nicht gerade, sondern gewunden.

Man hat versucht, subglaziale Ablagerungen in zwei Formungsbereiche zu untergliedern. Im Bereich des aktiven Eises entstehen Stromlinienformen wie zum Beispiel Drumlins. Zum Rand einer Eismasse hin

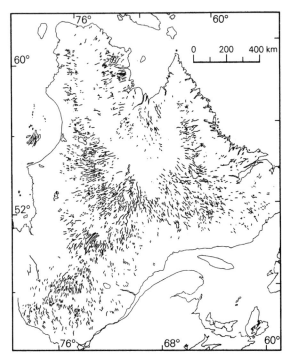

Abb. 5.19 *Die Verbreitung von Osern auf der Labrador-Halbinsel, Kanada, nach dem Abschmelzen der letzten Eisdecke.*

tritt vermehrt stagnierendes Eis auf; hier entstehen Oser und Endmoränen.

Das aus einer Eismasse abfließende Schmelzwasser bildet ausgedehnte Spülflächen im Vorfeld des Gletschers, die, in Anlehnung an die isländische Bezeichnung *Sandur*, als *Sander* bezeichnet werden. Diese werden charakterisiert durch vielgliedrige Gerinnebetten, durch abnehmende Korngrößen der Sedimente in wachsender Entfernung zur Eismasse und durch stark veränderliche Abflussraten der Schmelzwasserströme, die sogar zu katastrophaler Wasserführung anwachsen können.

In manchen Fällen vermag das Eis einen Fluss aufzustauen, sodass sich ein Gletscherstausee bildet. Bleibt der Eisdamm lange genug bestehen, so können sich *Strandlinien* bilden und limnische Sedimente ablagern. Flüsse, die in den See münden, bilden Deltas aus. Häufig entstehen neue Entwässerungslinien, zum Beispiel über nahe gelegene Pässe. Das klassische Beispiel für Großbritannien bieten die Parallel Roads of Glen Roy in Schottland (Abbildung 5.20a). Als sich die Gletscher allmählich zurückzogen, tauchten niedrige Pässe wieder aus dem Wasser auf, sodass der See auf niedrigerem Niveau abfloss. Dadurch wurde bei jeder

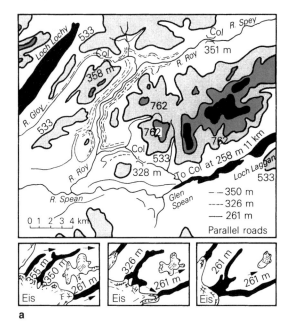

a

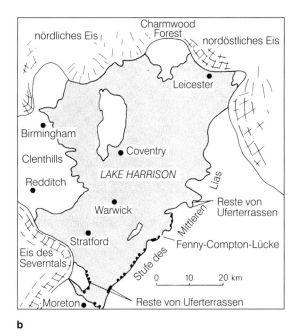

b

Abb. 5.20 *Zwei Beispiele von Gletscherstauseen. a) Die Parallel Roads of Glen Roy, Schottland. Die drei kleinen Skizzen zeigen die Entwicklungsstadien des Seesystems, als sich die Eismasse nach Südwesten zurückzog. b) Der Lake Harrison in Mittelengland zur Zeit seiner größten Ausdehnung.*

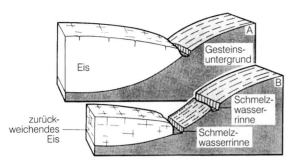

Abb. 5.21 *Die Abbildung zeigt die Entstehung von randglazialen Schmelzwasserrinnen bei einem Eisrückzug.*

Absenkung des Wasserspiegels eine Strandlinie geschaffen. Diese Abflussrinnen bleiben häufig auch nach dem vollständigen Eisrückzug als prägende Landschaftselemente erhalten. Bekannte Strandliniensysteme befinden sich auch in der Umgebung des Sees Torneträsk in Schwedisch Lappland. Andere Umleitungen des Abflusses stellen die *Urstromtäler* Norddeutschlands und Polens dar, die wesentlich größer, aber gleichen Ursprungs sind (Abbildung 5.21). Sie sind besonders verbreitet in Gebieten mit allmählichem Gletscherrückzug.

5.8 Gletschereis und Meeresspiegelschwankungen

An vielen Küsten sind die Anzeichen von Meeresspiegelschwankungen gut zu sehen. Vom Meer entfernte Strandablagerungen und Muschelbänke sowie Plattformen mit angrenzenden steilen, klippenartigen Felsen belegen die Existenz von aufgetauchten Küsten. Andernorts finden sich wiederum Beweise für untergetauchte Küsten, so zum Beispiel bei überfluteten Flussmündungen (*Rias*), ehemals vergletscherten Tälern (*Fjorde*), Dünenketten oder Überresten von Wäldern oder Torf unterhalb des heutigen Meeresspiegels.

Der Zusammenhang zwischen den Schwankungen der weltweiten Vereisung (Kapitel 2.9) und den Meeresspiegelschwankungen ist sehr prägnant. Die Ausdehnung und der Rückzug großer Eismassen führen zu einer dementsprechenden Zu- oder Abnahme des Wassers in den Ozeanen; daraus resultieren wiederum Regressionen und Transgressionen. Diese Veränderungen im globalen Wasserhaushalt werden als *glazial-eustatische* Meeresspiegelschwankungen bezeichnet. Während des Maximums der letzten Vereisung lag der

Meeresspiegel ungefähr 100 bis 170 Meter tiefer als heute, wobei er in den Warmzeiten ungefähr auf heutigem Niveau oder ein wenig höher lag. Würden die beiden größten Inlandeismassen – die der Antarktis und Grönlands – vollständig abschmelzen, so müsste der Meeresspiegel um weitere 66 Meter ansteigen.

Ein weiterer grundlegender Einfluss, den Eismassen auf den Meeresspiegel ausüben können, wird durch den Begriff *Glazialisostasie* beschrieben (Exkurs 5.3). Mächtige Eismassen sind in der Lage, durch ihre große Auflast die Erdkruste niederzudrücken. Durch Abschmelzen des Eises findet aber eine Entlastung des Gebietes statt, die sich in Form einer Hebung äußert. Die heutigen Inlandeise in den Polargebieten sind mächtig genug, um beträchtliche isostatische Absenkungen hervorzurufen. Deshalb befindet sich der Gesteinsuntergrund zum Beispiel in der Mitte Grönlands auf der Höhe des Meeresspiegels oder sogar darunter. Wenn das mehrere tausend Meter mächtige Eis über diesem Untergrund abschmelzen würde, so ergäbe sich nach Berechnungen von Geophysikern ein Plateau, das nach allmählicher Hebung 1 000 Meter über dem Meeresspiegel läge. In Gebieten, die im Pleistozän eisbedeckt waren, aber heute von der Last des Eises befreit sind, ist die isostatische Hebung in postglazialer Zeit beträchtlich gewesen: Sie beträgt sowohl in Nordamerika als auch in Skandinavien ungefähr 300 Meter.

5.9 Permafrost

Nachdem wir die Bedeutung von Gletschereis auf die Gestaltung der Umwelt betrachtet haben, wenden wir uns nun einer nicht weniger wichtigen Form des Eises zu – dem *Permafrost*- oder *Dauerfrostboden*, und wir betrachten die Merkmale periglazialer Landschaften (Exkurs 5.4). Permafrost ist andauernd, das heißt über mehrere oder gar viele hundert Jahre hinweg, gefroren. Ungefähr ein Fünftel bis ein Viertel der Landoberfläche der Erde sind Permafrostgebiete (Tabelle 5.3). Dazu gehören große Regionen in Sibirien, Kanada und Alaska sowie größere Vorkommen in Grönland, Spitzbergen und Nordskandinavien (Abbildung 5.22). Permafrost kommt aber auch auf Inseln, besonders in der Beaufort-See in der westlichen Arktis sowie in der Laptew- und in der ostsibirischen See vor. Ebenso findet man Permafrost in den Hochlagen der Mittelbreiten, wie etwa den Rocky Mountains oder dem tibetanischen Hochland. Zonal betrachtet sind nicht nur

Exkurs 5.3   Glazialisostasie

Das Prinzip der Glazialisostasie lässt sich wie folgt zusammenfassen: Während glazialer Phasen verlagern sich Wassermassen aus den Ozeanen, die 70 Prozent der Erdoberfläche einnehmen, auf die vergletscherte Landoberfläche, die fünf Prozent der Festlandsfläche ausmacht. Dadurch wird die Erdkruste niedergedrückt, während die Verringerung der Auflast durch Abschmelzen des Eises zu einer Hebung führt. Ausmaß und Geschwindigkeit der isostatischen Veränderung sind verknüpft mit dem veränderlichen Volumen der einzelnen Eiskappen. Dies wird deutlich, wenn man die Beträge der isostatischen Hebung betrachtet, die während des Holozäns in Nordamerika, Fennoskandien und auf den Britischen Inseln erfolgte. Sie waren in jenen Gebieten am größten, die während des letzten Glazials vom Laurentischen Eisschild, der größten Inlandeismasse der drei betrachteten Regionen, bedeckt

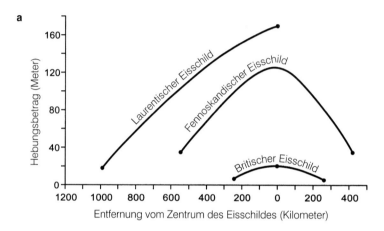

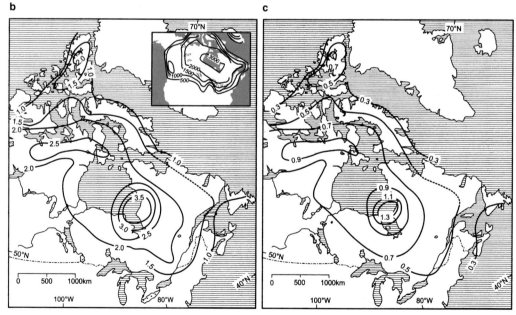

Glazialisostatische Ausgleichsbewegung. a) Querprofile des Laurentischen, Fennoskandischen und Britischen Eisschildes, die die Beträge der isostatischen Hebung während der letzten 7 000 Jahre zeigen. b) Mittlere Rate der holozänen Hebung in Meter pro 100 Jahre für Nord- und Ostkanada. Die Inselkarte zeigt die Dicke des Laurentischen Eisschildes um 18 000 vor heute (Angaben Höhenlinien in Meter). c) Gegenwärtige Hebungsrate in Meter pro 100 Jahre für Nord- und Ostkanada.

waren. Die geringsten Hebungsbeträge sind im Bereich des britischen Inlandeises, des kleinsten der drei Eisschilde, zu verzeichnen.

Das Ausmaß der maximalen isostatischen Hebung war beträchtlich: um 300 Meter in Nordamerika und 307 Meter in Fennoskandien, geringer jedoch in Großbritannien. Die heutigen Eisschilde Grönlands und der Antarktis sind mächtig genug, um beträchtliche isostatische Absenkungen hervorzurufen. Ein Großteil der festen Gesteinsoberfläche im zentralen Bereich Nordgrönlands befindet sich gegenwärtig auf Höhe des Meeresspiegels oder darunter. Bei Grönland-Expeditionen durchgeführte Messungen der Gravitation und der Eisdicke deuten darauf hin, dass die heute teilweise unter dem Meeresspiegel liegende Felsbasis im Norden der Insel vor dem Aufbau des Inlandeises ein Plateau bildete, das sich ungefähr 1 000 Meter über Meeresniveau befand. Würde das Eis abschmelzen, würde sich die Landoberfläche allmählich wieder bis zu dieser Höhe heben.

In den Randgebieten des Inlandeises, beispielsweise in Teilen der Ostküstenregion der Vereinigten Staaten, im Baltikum sowie im Bereich der Nordsee wurden Hinweise darauf gefunden, dass sich die während glazialer Phasen nicht von Eismassen bedeckten Zonen aufwölbten. Als Ursache werden volumetrische Verdrängungsprozesse innerhalb der durch geringe seismische Wellengeschwindigkeit gekennzeichneten Schicht des oberen Erdmantels vermutet. Wie die Befunde nahe legen, sanken die Aufwölbungen an ihren Rändern im Postglazial ein, sodass es zu einer stärkeren Überflutung kam, als durch die eustatische Flandrische (holozäne) Meerestransgression erklärt werden kann. Wahrscheinlich handelt es sich dabei um die Folge von Ausgleichsströmungen in Bereichen unterhalb der Erdkruste. Gebiete wie Kanada heben sich auch gegenwärtig noch um bis zu einem Meter pro Jahrhundert.

Tabelle 5.3: Einige Angaben zum Permafrost

Land	Fläche (10⁶ km²)	Prozent der Landesfläche
ehem. UdSSR	11,0	49,7
Volksrepublik Mongolei	0,8	
China (ohne Tibet)	0,4	
Alaska, USA	1,5	80
Kanada	5,7	
Grönland	1,6	
Antarktis	13,5	
total	36,0	24 % der Festlandfläche der Erde

die Polarwüsten und Tundren Permafrostgebiete, sondern auch große Bereiche der Waldtundra und des borealen Nadelwaldes.

Über der Schicht des permanent gefrorenen Bodens befindet sich in der Regel eine Bodenschicht, in der die Temperaturen jahreszeitlichen Schwankungen unterworfen sind. Das bedeutet, dass diese Schicht bei warmen Sommertemperaturen auftaut, im Winter oder in kalten Nächten jedoch gefriert. Dieser Bereich, in dem jahres- und tageszeitliche Auftau- und Gefrier-

prozesse abwechseln, wird als *Auftauschicht (Active Layer)* bezeichnet. Die Mächtigkeit dieser Schicht schwankt in den Permafrostrandgebieten zwischen fünf Metern bei unbedecktem Boden und 15 Zentimetern in Gebieten mit Torflagen.

Gewöhnlich werden drei Permafrostzonen unterschieden. In der ersten Zone findet man den so genannten *kontinuierlichen Permafrost* (Abbildung 5.22). Diese Gebiete sind, bis auf einige wenige aufgetaute Stellen, *Taliks* genannt, ständig gefroren. Taliks kommen zum Beispiel unter Seen, Flüssen und anderen größeren Wassermassen vor, die nicht bis zum Grund zufrieren. In der *diskontinuierlichen* Permafrostzone tritt neben Permafrost auch ungefrorener Boden auf. Beim *sporadischen* Permafrost tritt Dauerfrostboden nurmehr an wenigen, dafür begünstigten Stellen auf. Dazwischen ist der Boden meist lang andauernd, aber nur saisonal gefroren (Abbildung 5.23).

Die größte bekannte Tiefe erreicht der Permafrost mit 1 400 bis 1 450 Metern in Nordrussland und mit 700 Metern im Norden Kanadas. Beide Regionen haben extrem kalte Winter, kühle Sommer, wenig Schneefall und nur eine minimale Vegetationsbedeckung. Im Allgemeinen verringert sich die Permafrostmächtigkeit mit zunehmender Distanz von den Polen. Diskontinuierlich auftretender Permafrost befindet sich in der Regel zwischen der –1° C- und der –4° C-Isotherme der Jahresmitteltemperaturen, wäh-

Exkurs 5.4 **Der Begriff „Periglazial"**

Was meinen wir mit dem Ausdruck „Periglazial"? Wörtlich bedeutet er soviel wie „nahe einem Gletscher gelegen". Nun befinden sich aber viele kalte Regionen der Erde nicht in der Nähe von Gletschern (zum Beispiel Teile Sibiriens), während in anderen (zum Beispiel in Neuseeland) große Gletscher bis in Temperierte Regenwälder herabreichen können. Heute bezieht man die Bezeichnung deshalb in der Regel auf Gebiete, in welchen nivale Prozesse (Eis und Schnee) wirksam sind, unabhängig davon, ob diese in der Nähe von Gletschern liegen oder nicht (zum Beispiel die höher gelegenen Teile des Schottischen Hochlandes). Auch ist in Periglazialräumen der Untergrund nicht notwendigerweise dauerhaft gefroren (Permafrost).

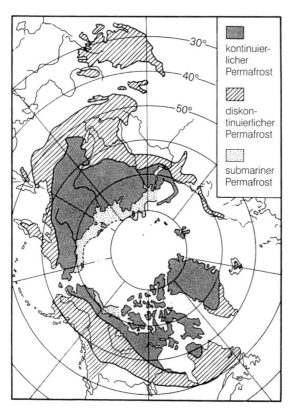

Abb. 5.22 *Die Verbreitung des Permafrostes auf der Nordhalbkugel.*

kontinuierlicher Permafrost

diskontinuierlicher Permafrost

submariner Permafrost

rend nördlich der −6 oder −8° C-Isotherme mit dem Vorkommen von mächtigem kontinuierlichem Permafrost zu rechnen ist.

5.10 Bodeneis

In Permafrostgebieten kommt Bodeneis in vielfältigen Formen vor. Es tritt beispielsweise als *massives Bodeneis* auf, das zig Meter mächtig sein kann. Andernorts sind so genannte *Eiskeile* (Abbildung 5.24) ausgebildet. Sie entstehen in polygonalen Frostspaltenstrukturen,

haben an der Oberfläche eine Breite von 1,0 bis 1,5 Metern und können drei Meter oder tiefer in den Untergrund eindringen. Die mittleren Maße der oft netzartig große Flächen überdeckenden Eiskeilpolygone bewegen sich zwischen 15 und 40 Metern. Sie entstehen aufgrund der Eigenschaft des im Boden enthaltenen Eises, das sich unterhalb von −15 bis −20° C zusammenzieht, sodass sich Frostspalten ausbilden können. Im darauf folgenden Frühling kann sich Feuchtigkeit in den Spalten sammeln und wieder gefrieren und so eine „Verheilung" der Spalten durch den langsam sich ausdehnenden Boden verhindern. Es wird angenommen, dass dieser Prozess sich Jahr für

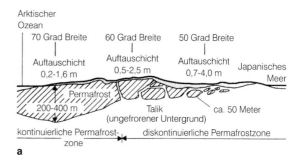

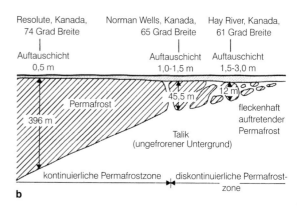

Abb. 5.23 *Vertikale Ausdehnung von Permafrost und Auftauschicht in a) einem Schnitt durch Eurasien und b) Nordamerika.*

Abb. 5.24 Ein mächtiger rezenter Eiskeil in der kanadischen Tundra.

Open System Pingos kommen in Gebieten mit wenig mächtigem oder diskontinuierlichem Permafrost vor, wo Oberflächenwasser in den Boden versickern und sich besonders in Hanglagen unter hydrostatischem Druck in ungefrorenen Sedimenten unterhalb der gefrorenen Schicht weiterbewegen kann. Wenn dieses Wasser oberflächennah gefriert, wachsen örtlich Bodeneiskörper, welche die aufliegenden Sedimente anheben. Gefriert das Wasser an der Oberfläche, nennt man es *Aufeis*. Auf der anderen Seite sind *Closed System Pingos* charakteristisch für breite Täler und küstennahe Ebenen, in denen kontinuierlicher Permafrost herrscht. Sie entstehen durch Ausdehnung des Permafrostes in tiefere, bislang nicht gefrorene Zonen, zum Beispiel unter einem ehemaligen Flusslauf.

Abb. 5.25 In den Lockersedimenten der Permafrostgebiete können polygonale Eiskeilnetze entstehen. Durch das Schmelzen der Eiskeile ist wie im hier gezeigten Beispiel eine erneute Verfüllung möglich. Solche Reliktformen finden sich großflächig in den Braunkohle-Tagebaugebieten Ostdeutschlands und Polens zwischen dem südlichen Moränenrand und dem Nordrand der Mittelgebirge. Sie zeugen von den Permafrostbedingungen während der pleistozänen Kaltzeiten.

Jahr wiederholt, da die einmal entstandenen Risse Schwachstellen für die Quellungs-/Schrumpfungsdynamik bilden und im Folgenden hier immer weitere Eisschichten heranwachsen können (Abbildung 5.25).

Eine weitere Form von Bodeneis sind die so genannten *Pingos* (ein Wort aus der Eskimosprache). Unter Pingos versteht man Erhebungen, die einen Eiskern enthalten und aufgrund des Eiszuwachses Vollformen bilden (Abbildung 5.26). Ihre Höhe variiert zwischen einigen Metern und bis zu 60 Metern. Sie können einen Durchmesser von 300 Metern erreichen. In der Regel werden zwei Typen unterschieden.

Abb. 5.26 *Solche Erhebungen mit linsenförmigem Eiskern werden Pingos genannt. Dieser große Pingo in Nordkanada beginnt schon auszuschmelzen.*

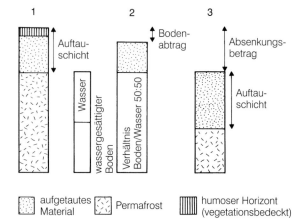

1 = Ausgangsstadium
2 = Stadium unmittelbar nach Zerstörung der Vegetationsdecke
3 = Endstadium nach Absenkung der Oberfläche

Abb. 5.27 *Diese Darstellung beschreibt in drei Stadien die Absenkung der Oberfläche durch Thermokarstprozesse.*

5.11 Thermokarst

Der Begriff *Thermokarst* wird für unruhiges, hügeliges Terrain benutzt, in dem häufig wassergefüllte Senken zu finden sind, die durch das Schmelzen von Bodeneis entstanden sind. Diese Oberflächenform ist den Dolinen der Kalklandschaften sehr ähnlich, doch trotz dieser scheinbaren Verwandtschaft ist Thermokarst keine Variante des Karstes. Mit Karst ist ein Landschaftstyp gemeint, der den Formenschatz im Kalkgestein beschreibt, wo der vorherrschende Formungsprozess die Lösungsverwitterung (Kapitel 13.5), also ein *chemischer* Vorgang, ist. Thermokarst ist jedoch ein *physikalischer* Prozess, nämlich das Ausschmelzen von Bodeneis in Permafrostgebieten.

Die Entstehung des Thermokarstes ist in erster Linie ein Ergebnis des Abschmelzens des Dauerfrostbodens, beziehungsweise eine Folge der Vertiefung der Auftauschicht. Diesen Prozess können wir uns an einem einfachen Beispiel verdeutlichen (Abbildung 5.27). Im Ausgangsstadium (1) haben wir einen ungestörten Tundraboden mit einer 45 Zentimeter mächtigen Auftauschicht vorliegen. Unter dieser Schicht befindet sich ein eisübersättigter, gefrorener Untergrund. Aus diesem würde beim Auftauen eine Schicht mit 50 Prozent Wasserüberschuss und 50 Prozent wassergesättigtem Boden entstehen. In Stadium zwei werden ungefähr 15 Zentimeter des Oberbodens mitsamt der isolierenden Vegetationsbedeckung abgetragen. Infolgedessen kann sich die Mächtigkeit der Auftauschicht auf 60 Zentimeter vergrößern. Da nach der Abtragung nur noch 30 Zentimeter der Auftau-

schicht übrig geblieben sind, müssen also zusätzlich 60 Zentimeter Permafrost auftauen (da davon 30 Zentimeter Wasser frei werden). In Stadium drei hat sich die Oberfläche infolge der Schmelzvorgänge und des zurückweichenden Permafrostes um 30 Zentimeter abgesenkt, sodass insgesamt eine Erniedrigung der Oberfläche um 45 Zentimeter stattgefunden hat.

Es gibt viele Gründe für thermische Veränderungen und die darauf folgenden Veränderungen der Permafrostverhältnisse. Dazu gehören Klimaänderungen, Waldbrände, natürliche Erosion der obersten Bodenschichten, Entfernung der Vegetationsbedeckung durch den Menschen, etwa beim Straßen-, Häuser- oder Pipelinebau. Obwohl Thermokarst ein natürliches Phänomen ist, kann der Mensch erhebliche Absenkungen in Permafrostgebieten verursachen. Solche Absenkungen können in hohem Maße Bauwerke und technische Anlagen gefährden. Eine zukünftige globale Erwärmung könnte weit reichende Veränderungen des Permafrostes mit sich bringen (Exkurs 5.5).

5.12 Eissegregation und Frosthub

Wenn Wasser im Boden gefriert, findet eine Bewegung des ungefrorenen Wassers in Richtung der Gefrierfront statt. Aus dieser Eigenschaft ergeben sich zwei Konsequenzen. Erstens: Der Boden gefriert nicht gleichmäßig; das führt zur Entstehung von *Eissegregationen*. Zweitens: Das Gefrieren des Bodens führt, aufgrund der Bewegung des Wassers zur Froststelle hin und der darauf folgenden Ausdehnung des Eiskörpers, zu einer lokalen Anhebung der Bodenoberfläche. Die Volumenzunahme des Wassers beim Übergang vom flüssigen in den festen Aggregatzustand beträgt ungefähr neun Prozent.

Genau wie Thermokarst kann Frosthub die Ursache technischer Probleme sein, denen Ingenieure in Permafrostgebieten immer wieder gegenüberstehen. Unterschiedlich starker, das heißt *differenzierter Frosthub* stellt dabei ein besonders schwieriges Problem dar. In vielen Gebieten der Erde werden Bauwerke auf Pfählen errichtet, doch in Periglazialgebieten unterliegen solche Pfähle der Hebung durch Gefrierprozesse. Das trifft besonders auf die Gebiete mit diskontinuierlichem Permafrost zu, in denen eine mächtige Auftauschicht ausgebildet ist. In einigen Teilen von Alaska zeigen viele Brücken die Auswirkungen des Frosthubs (Abbildung 5.28). Häufig befindet sich unter dem Flussbett noch ein ständig frostfreier Bereich, sodass im Flussbett eingelassene Pfähle nur geringem Frosthub unterliegen. Ebenso wenig sind jene Pfähle vom

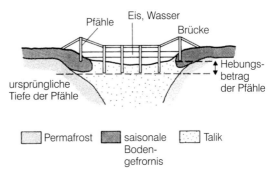

Abb. 5.28 *Die Abbildung stellt den starken Frosthub von Pfählen dar, die nur in den saisonal gefrorenen Untergrund eingelassen wurden. Brücken oder andere Bauwerke können dadurch beschädigt oder zerstört werden.*

Frosthub betroffen, die auf dem Land tief in die dauerhaft gefrorene Schicht reichen und dort festfrieren. Werden sie jedoch an den beiden Flussufern in ein Gebiet mit saisonaler Bodengefrornis eingelassen,

Exkurs 5.5   Permafrost in einer wärmeren Umwelt

Die meisten Klimamodelle sagen den stärksten Temperaturanstieg für die hohen Breiten voraus. Bei einer Verdopplung der Treibhausgas-Konzentration könnte es dort um sechs bis acht Grad wärmer werden. Angesichts des engen Zusammenhangs zwischen der Temperatur und dem Vorkommen sowie der Verbreitung von Permafrost sind starke Veränderungen wahrscheinlich. Man geht davon aus, dass sich mit jedem Grad Erwärmung die Südgrenze des Permafrostes um 150 ±50 Kilometer weiter nach Norden verlagern würde. Die maximale Verschiebung könnte folglich 1 000 bis 1 500 Kilometer betragen. Das Intergovernmental Panel on Climate Change rechnet mit einem Rückgang der Gesamtfläche der Permafrostgebiete um 15 Prozent bis zum Jahre 2050. Die Abbildung zeigt die mögliche zukünftige Verlagerung des Permafrostes für Kanada und Sibirien.

Jedoch bestehen große Unsicherheiten über die zu erwartende Degradation des Permafrostes. Da es sich wahrscheinlich um einen allmählichen Prozess handeln wird, wird der Permafrost in den Gebieten des *kontinuierlichen* Permafrostes über einen längeren Zeitraum bestehen bleiben. In Regionen mit diskontinuierlichem oder sporadischem Permafrost wird dessen Abbau in hohem Maße von der Wärmeleitfähigkeit des lokal anstehenden Materials sowie von der Schneebedeckung und der Vegetation abhängen. Veränderungen des Vegetationstyps und der Schneebedeckung könnten unter den Bedingungen eines wärmeren Weltklimas die Auswirkun-

gen höherer Oberflächentemperaturen unmittelbar modifizieren.

Es gibt historische Belege dafür, dass Permafrost relativ rasch degradieren kann. So war während des holozänen Wärmeoptimums (um 6 000 Jahre vor heute) die Südgrenze des diskontinuierlichen Permafrostes in der russischen Arktis gegenüber ihrem heutigen Verlauf um bis zu 600 Kilometer nach Norden verschoben. Ähnliches konnten Wissenschaftler für die Wärmephase der letzten Jahrzehnte in Kanada nachweisen. So verlagerte sich entlang des Mackenzie Highway der Südrand des diskontinuierlichen Permafrostes zwischen 1962 und 1988 infolge der in diesem Zeitraum um ein Grad gestiegenen Temperaturen um etwa 120 Kilometer nach Norden.

Wo der Permafrost reich an Eis ist oder massive Bodeneiskörper beinhaltet, wird der Permafrostspiegel infolge des Abschmelzens sinken. Es kann ein Thermokarst-Relief entstehen, welches wiederum das Gewässernetz und den Lauf von Flüssen verändern kann. Durch den Rückgang des Permafrostes in Küstenniederungen wird auch die Küstenerosion an Intensität zunehmen, und die durch Setzungsprozesse infolge Abschmelzens bewirkte Absenkung von Niederungen unter den aktuellen Meeresspiegel könnte dazu führen, dass große Gebiete überflutet werden. Die Ufer von Flüssen, Seen und Staubecken werden möglicherweise ebenfalls verstärkter Erosion ausgesetzt sein, da die Hänge instabiler und die aktive Zone mächtiger werden dürfte.

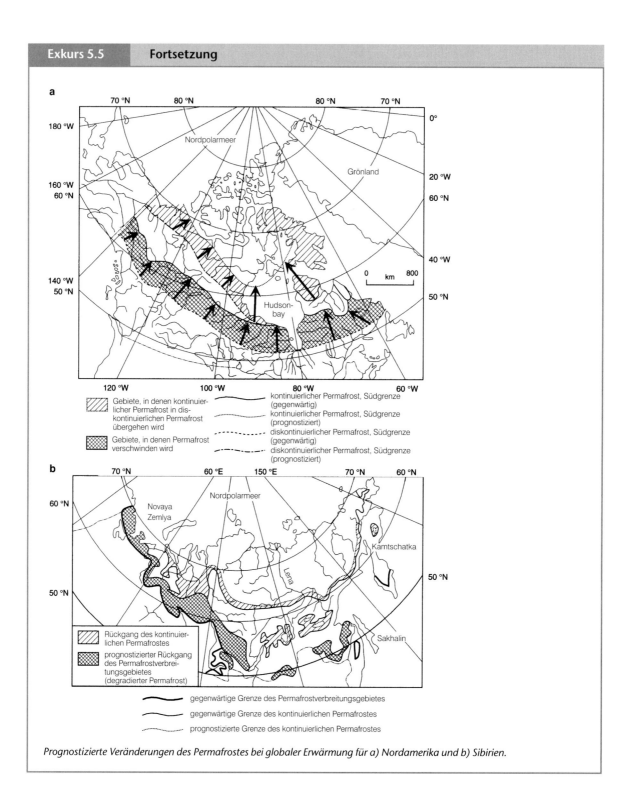

Prognostizierte Veränderungen des Permafrostes bei globaler Erwärmung für a) Nordamerika und b) Sibirien.

dann kann es dort zu einer Aufwölbung und damit Zerstörung der Brücke kommen.

In Periglazialgebieten verändert sich die Wirksamkeit des Frosthubs und der Auftau-/Gefrierprozesse mit den Klimabedingungen und den Gesteinsmaterialien (Abbildung 5.29). Die am stärksten betroffene Zone ist jene mit hohen Sommertemperaturen, die zum Auftauen führen, sowie sehr niedrigen Wintertemperaturen, sodass sich der Bodenfrost bis in große Tiefen ausbilden kann. In sehr kalten Gebieten mit kurzen Sommern und daher nur geringmächtiger Auftauschicht sind die auftretenden technischen Probleme gering, ebenso in relativ milden Gebieten mit weniger kalten Wintern. Kiese und Sande sind kaum von Frosthebung betroffen; Sedimente, die dagegen zum großen Teil aus Schluff und Ton bestehen (diese besitzen ein größeres Mittel- und Feinporenvolumen) sind wesentlich anfälliger.

Eine besondere Auswirkung der durch Frost gesteuerten Prozesse zeigt sich in der Entstehung von Frostmusterböden. In ebenem Gelände bilden sich dabei Ringe beziehungsweise netzartige oder polygonale Strukturen aus, die mehrere Meter Durchmesser haben können. An leicht geneigten Hängen entstehen aus den Steinringen so genannte Steingirlanden; an stärker geneigten Hängen entwickeln sich Steinstreifen. Für die Entstehung von Frostmusterböden existieren eine Reihe von Erklärungsversuchen. Die sechs wichtigsten sind im Folgenden aufgeführt:

1) die Aufwärtsbewegung von Steinen durch Auftau-/Gefrierprozesse;
2) unterschiedlich starker Frosthub bei Auftau-/Gefrierprozessen in Sedimenten mit unterschiedlichen Korngrößen;
3) Solifluktion führt zu den Girlanden- und Streifenstrukturen an Hängen (Kapitel 5.14);
4) Spannungen und Drücke, die zum Beispiel beim Gefrieren der Auftauschicht im Herbst entstehen;
5) Kontraktionseffekte durch sehr tiefe Bodentemperaturen;
6) die Auswirkungen von Torf- oder Vegetationsbedeckung auf Auftau-/Gefrierprozesse.

5.13 Frostverwitterung und Bodenbildung

In Gebieten mit häufigem Frost ist der Wechsel von Auftauen und Gefrieren eine wirkungsvolle Art der Gesteinszerkleinerung, wenn ausreichend Feuchtig-

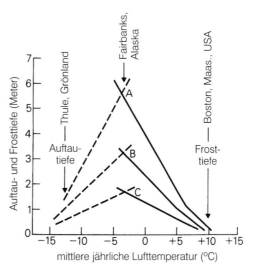

Abb. 5.29 Der Betrag von Frosteindringtiefe und Auftautiefe in Beziehung zur mittleren Lufttemperatur. In sehr kalten Gebieten (zum Beispiel Thule in Grönland) bleibt die Auftautiefe sehr gering. In wärmeren Gebieten (zum Beispiel Boston) ist dagegen die Eindringtiefe des Winterfrostes gering. Eine Zwischenstellung nimmt hierbei eine Zone (exemplarisch dafür: Fairbanks, Alaska) ein, in welcher die Auftau-/Gefrierprozesse und auch die Schwierigkeiten bei der Erschließung am größten sind. Die Risiken hängen auch von der Beschaffenheit des Oberflächenmaterials ab. A stellt die Beziehungen für frostanfälliges Material, B für mittlere Bedingungen und C für weniger anfälliges Material dar.

keit vorhanden ist. Die Zerstörung des Gesteins basiert dabei nicht auf einer Veränderung der Komponenten, wie es bei der *chemischen Verwitterung* der Fall ist, sondern auf einer mechanischen Zerkleinerung – sie wird deshalb als *physikalische Verwitterung* bezeichnet.

Auf zwei Arten kommt es zum Auseinanderbrechen von Gestein unter Frosteinwirkung. Im ersten Fall führt die Volumenzunahme des Wassers beim Gefrieren zu einer Volumenzunahme von ungefähr neun Prozent. Daraus entstehen Drücke, die bis zu 2 100 Kilogramm pro Quadratzentimeter betragen können; sie übertreffen damit die Belastungsfähigkeit vieler Gesteine (im Allgemeinen liegt sie unter 250 Kilogramm pro Quadratzentimeter).

Die zweite Art der Frostverwitterung beruht auf der Eigenschaft von gefrierendem Wasser, ungefrorene Wasserteilchen aus angrenzenden Porenräumen anzuziehen. Durch diesen Prozess wachsen kleine Eiskerne. Manche Wissenschaftler sehen im Wachstum von Eiskristallen eine effektivere Form der Verwitterung als in der Volumenzunahme von gefrierendem Wasser.

Die Wirksamkeit der Frostverwitterung hängt von vielen Faktoren ab. Die Verfügbarkeit von Wasser ist dabei der wesentlichste limitierende Faktor. Laborversuche haben gezeigt, dass die Zerstörung von Gestein, dem fortwährend Feuchtigkeit zugeführt wurde, schneller voranschreitet als bei Gesteinen in trockenerer Umgebung. Aus diesem Grund unterliegen auch Tundren und Kältewüsten weniger stark der Frostverwitterung als feuchtere Regionen. Obwohl dieser Punkt umstritten ist, wird als zweiter wichtiger Faktor die Häufigkeit und die Amplitude von Temperaturschwankungen angesehen. Es bestehen aber noch immer Zweifel, ob nun häufige Frostwechsel, zum Beispiel im täglichen Auftau-/Gefrierzyklus, oder langsame, beständige Frostwirkung, zum Beispiel im jahreszeitlichen Wechsel von Auftauen/Wiedergefrieren, wirkungsvollere Prozesse sind. Zudem ist man sich nicht einig darüber, ob extreme Kälte während der Frostperiode stärkere Gesteinsverwitterung verursacht als Temperaturen, die gerade unter dem Gefrierpunkt liegen. Laborversuche haben jedoch gezeigt, dass im Allgemeinen die Anzahl der Frostwechsel entscheidender ist als die Dauer des Frostes. Das würde bedeuten, dass Gebiete mit hoher Verfügbarkeit an Feuchtigkeit und täglichen Frostwechselzyklen im Laufe eines Jahres in höchstem Maße den Wirkungen der Frostverwitterung unterliegen. Daraus lässt sich wiederum ableiten, dass die Frostverwitterung in den extrem kalten Polargebieten weniger wirksam ist als in Gebieten mit häufigen Frostwechseln (zum Beispiel Island oder Gebirge der niederen Breiten, wie der Himalaja).

Die Gesteinsart ist aber ebenfalls ein wichtiger Faktor bei der Frostverwitterung. Aufgrund von Ergebnissen aus Labor- und Feldversuchen haben Geologen die Gesteine nach ihrer Verwitterungsresistenz geordnet. Quarzite und die meisten Magmatite sind sehr harte, widerständige Gesteine; Schiefer, klüftige Sandsteine und Kalke sind dagegen weniger resistent.

In vielen Periglazialgebieten der Vergangenheit wie auch der Gegenwart kommen *Blockmeere* vor, das sind ausgedehnte, mit kantigen Steinen und Blöcken bedeckte Oberflächen. Sie geben ein beeindruckendes Zeugnis von den Wirkungen des Frostes. Vergesellschaftete Formen sind *Blockschutthalden* und *Felsburgen* (englisch *tors*; Kapitel 6.16).

Obwohl bisher wenig zu den Böden der Tundra gesagt wurde, so sind doch viele ihrer Bildungsprozesse und ihrer Eigenschaften schon genannt worden. Tundraböden werden durch die Permafrostbedingungen, das heißt durch die Auftauschicht, *Solifluktions-prozesse*, Frostverwitterung und Frosthub, geringe Evapotranspirationsraten, geringe Vegetationsbedeckung sowie die Bildung von sommerlichem Stauwasser charakterisiert. Durch die Stauwasserbildung entstehen typische Merkmale der Vergleyung oder Pseudovergleyung (Kapitel 13.2). Der vorherrschende Bodentyp ist daher der Tundragley. Der Frosthub behindert die Entwicklung „normaler" Horizonte, es entstehen so genannte Würge- oder Taschenböden. Die aufgrund der niedrigen Temperaturen geringen Zersetzungsraten organischer Substanz führen häufig zu Torfanreicherungen und Stickstoffmangel im Boden.

5.14 Hangformungsprozesse, Lawinen und Flussregime

Hangformungsprozesse beziehungsweise Massenbewegungen treten in Periglazialräumen besonders heftig auf. Erstens stellt der Dauerfrostboden eine Barriere für das Sickerwasser dar, sodass in den Poren des Oberbodens hohe Drücke entstehen. Zweitens ist die Auftauschicht häufig wassergesättigt und deshalb sehr instabil. Drittens wirkt die gefrorene Schicht als Gleitbahn, auf welcher der Oberboden abrutschen kann. Viertens verursacht der Frosthub zusammen mit der Gravitation eine Hangabwärtsbewegung des Oberflächenmaterials.

Aus diesen Gründen sind die Hänge in Periglazialgebieten durch Instabilität gekennzeichnet. Oft kommt es zu *Rutschungen*, die Gebäude oder andere Bauwerke beschädigen können. An exponierten Steilhängen können durch Frostverwitterung Blöcke herausgelöst werden, während auf weniger geneigten Hängen häufig Bodenkriechen oder Schuttströme vorkommen. In der Tat erachten viele Wissenschaftler die *Solifluktion* als den wichtigsten Prozess der Bodenbewegung in Periglazialgebieten. Dieser Fließprozess kann schon bei einer Hangneigung von einem Grad beginnen. Dabei bewegen sich etwa die obersten 50 Zentimeter des Bodens ungefähr 0,5 bis fünf Zentimeter pro Jahr. Dadurch entsteht eine lappenartige Hangstruktur, die oft an die faltige Haut eines alten Elefanten erinnert.

Eine besondere Form der Massenbewegung in Schnee- und Eisgebieten stellen *Lawinen* dar. Sie treten hauptsächlich an steilen Hängen auf – im Allgemeinen beträgt ihre Neigung über 22 Grad –, doch ihre enorme kinetische Energie vermag sie auch über wenig geneigte Hänge zu transportieren, besonders wenn diese die Schneemassen kanalisieren. Auf der

Abb. 5.30 *Lawinen sind eine natürliche Gefahr in Periglazialgebieten. Sie kommen in einer großen Formenvielfalt vor. Hier sehen wir eine staubartige Trockenschneelawine im Himalaja.*

Abb. 5.31 *Viele Berge in periglazialen Bereichen, beispielsweise die Sierra Nevada in Kalifornien, sind von Schneisen durchzogen, die bevorzugte Bahnen für Lawinen sind und durch diese noch vergrößert werden können.*

Nordhalbkugel sind im Wesentlichen die Nord- und Westhänge lawinengefährdet, da sich der Schnee hier aufgrund geringerer Sonneneinstrahlung weniger verfestigt (Abbildung 5.30 und 5.31).

Es gibt eine Reihe verschiedener Lawinentypen (Abbildung 5.32 und 5.33), aber die zwei wichtigsten sind sicherlich die Trockenschnee- und die Nassschneelawine. Die Zerstörungen, welche der erste

Abb. 5.32 *Die Scholle einer Schneebrettlawine in den Südalpen Neuseelands.*

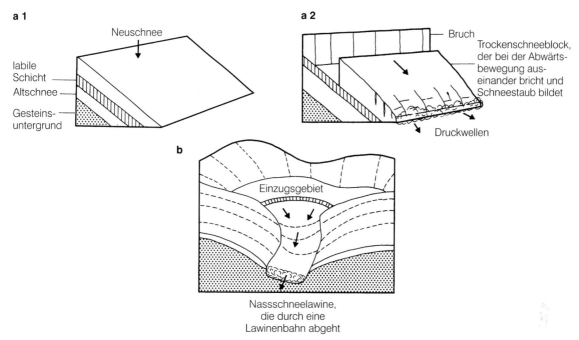

Abb. 5.33 *Schneelawinen: a) Trockenschneelawine. Durch Neuschnee erhöht sich die Auflast der obersten Schneeschicht. Infolge der dadurch entstehenden Drücke – eine labile Schicht entsteht – kommt es zum Abgehen der Staublawine aus Neuschnee auf dem Altschnee. Das „Schneebrett" bricht bei der Abwärtsbewegung in einzelne Schollen und Staub auseinander. Schäden entstehen auch durch die der Lawine vorauseilenden Druckwellen. b) Nassschneelawinen. Zunächst muss Schnee akkumulieren. Unter bestimmten Witterungsbedingungen kann sich die Lawine lösen und in schon vorhandenen, so genannten Lawinenbahnen abgehen.*

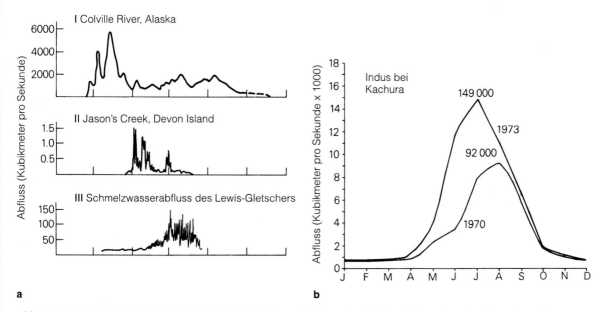

Abb. 5.34 *a) Die Abflussregime von Flüssen im Periglazialraum Nordamerikas. b) Das Abflussregime des Indus, dessen Wasser zum großen Teil aus dem Karakorum und dem Himalaja stammt. Die hohe Abflussrate in den Sommermonaten wird deshalb durch die Schneeschmelze bestimmt. Obwohl die Abflussmengen jährlichen Schwankungen unterliegen, so wird doch deutlich, dass der maximale Abfluss immer in der Zeit von Juni bis August liegt.*

Lawinentyp verursacht, sind in erster Linie auf die mit der Lawine verbundenen Druckwellen zurückzuführen. Diese Druckwellen sind in der Lage, ganze Wälder zu entwurzeln und Gebäude zum Einsturz zu bringen. Eine Welle schneefreier Luft geht der Lawine voraus, doch in der Lawine selbst kommt es zu gewaltigen Böen, die eine Spitzengeschwindigkeit von 300 Kilometern pro Stunde erreichen. Bei den fließend abgehenden Nassschneelawinen führt hingegen das Gewicht der Schneemassen zu verheerenden Schäden. Im Jahre 1885 enthielt in den italienischen Alpen eine Lawine 2,5 Millionen Tonnen Schnee. Ihre Energieleistung entsprach damit etwa 300 Millionen PS (zum Vergleich: ein großer Ozeandampfer hat eine Leistung von 150 000 PS). Die Zerstörungskraft einer solchen Lawine wird durch Blockschutt und anderes Schuttmaterial, welches die Lawine beim Abgehen mitreißt, noch verstärkt (Exkurs 9.1 und 9.2).

Die Flüsse in Periglazialgebieten besitzen sehr typische *Abflussregime*, welche die kurze sommerliche Auftauphase widerspiegeln (Abbildung 5.34). Der Frühsommer (in der kanadischen Arktis ist das Ende Juni/Anfang Juli) beginnt mit raschem Abschmelzen von Eis und Schnee, sodass die Schneedecke gegen Ende des Sommers stark geschrumpft ist und sich daraufhin die Abflussmengen beständig verringern. Ein solches

Abflussregime bezeichnet man als *nival*. In Gebieten mit permanenter Schnee- oder Eisbedeckung kann die Schneeschmelze bis in den Spätsommer andauern. Die Spitzenwerte des Abflusses verschieben sich unter diesen Bedingungen bis Ende Juli/Anfang August. Der Abflusscharakter derartiger Regime ist *glazial*. In den proglazialen Flüssen können, möglicherweise katastrophale, *Jökhulhlaups* auftreten, das sind riesige Flutwellen, die durch das Brechen von Eisdämmen am Rande von Eismassen oder den Ausbruch subglazialer Wassertaschen entstehen (Exkurs 5.6).

5.15 Umweltprobleme bei der Erschließung der Arktis

Wir haben bereits gesehen, dass die Arktis bestimmte Charakteristika aufweist, die dem Menschen bei einer erfolgreichen Erschließung, zum Beispiel von Gebieten in Sibirien oder Alaska, Schwierigkeiten bereiten können. Die wichtigsten Merkmale arktischer und subarktischer Gebiete, die eine Erschließung beeinflussen, gibt die folgende Liste wieder:

- Lawinen in der Nähe von Steilhängen;
- Hanginstabilität in Verbindung mit Solifluktion;

| **Exkurs 5.6** | **Jökulhlaups** |

Manche Gletschersysteme sind durch gelegentlich auftretende katastrophale Flutereignisse gekennzeichnet, bei denen große Schmelzwassermengen unter dem Gletscher hervorbrechen. Diese Gletscherausbrüche werden gewöhnlich nach ihrer isländischen Bezeichnung „jökulhlaup" genannt, in Kontinentaleuropa ist jedoch auch die Bezeichnung „débâcles" gebräuchlich.

Jökulhlaups können hauptsächlich durch drei Mechanismen ausgelöst werden: den plötzlichen Abfluss eines Eisstausees unter einer Eisbarrierre oder durch diese hindurch; den Überlauf eines Sees und rasches Durchschneiden einer Barierre aus Eis, Festgestein oder Lockersediment durch Fließerosion; das Anwachsen und plötzliche Zusammenbrechen eines subglazialen Wasserreservoirs. Jökulhlaups ereignen sich nicht nur auf Island, sondern auch in Neuseeland, Nord- und Südamerika, im Karakorum sowie auf dem europäischen Kontinent. Der plötzliche Abgang großer Wasser- und Sedimentmengen lässt Sanderebenen entstehen und kann schwere Schäden an Straßen und Brücken verursachen.

In Island werden Jökulhlaups in manchen Fällen auch durch subglaziale Vulkanausbrüche ausgelöst (der

Ausbruch unter dem Vatnajökull im Jahre 1996 ist dafür ein Beispiel). Wenngleich derartige heute auftretende Gletscherausläufe Furcht einflößende Naturgewalten darstellen, so ist deren Ausmaß und Wirkung doch gering, verglichen mit den Fluten, die während der letzten Kaltzeit des Pleistozäns aus dem riesigen Laurentischen Eisschild in Nordamerika austraten.

Den isländischen Jökulhlaup im November 1996 lösten vulkanische Aktivitäten entlang einer Eruptionsspalte unter der Eiskappe aus. Dadurch bildete sich ein subglazialer See, der unter Eisbedeckung plötzlich auslief, sodass große Wassermassen die Schmelzwasserebenen (Sander, isländisch: sandur) überfluteten, die sich zwischen Eisrand und Küste erstrecken. Die nationale Ringstraße wurde auf einer Länge von zehn Kilometern vollständig weggespült, weitere zehn Kilometer wurden schwer beschädigt.

Quelle: Charles Warren (1979) *Ice, fire and flood in Iceland*. The Geography Review, 10 (4), S. 2–6.

Exkurs 5.6　　Fortsetzung

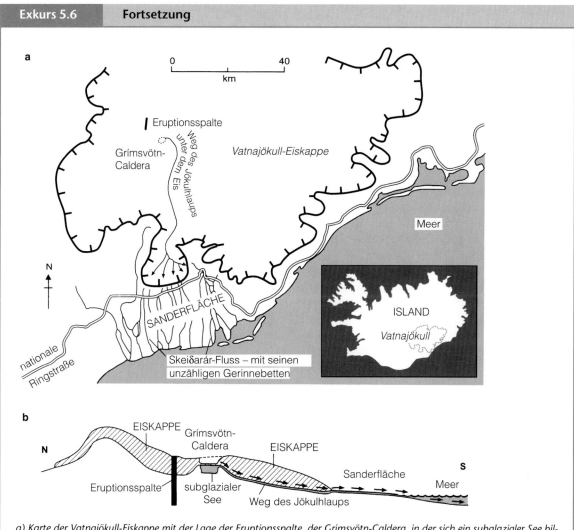

a) Karte der Vatnajökull-Eiskappe mit der Lage der Eruptionsspalte, der Grimsvötn-Caldera, in der sich ein subglazialer See bildete, des 50 Kilometer langen Straßenabschnitts, den die Schmelzwasserfluten überspülten sowie der breiten Sander-Ebene, die überschwemmt wurde. Die Nebenkarte zeigt den Vatnajökull. b) Querprofil des Vatnajökull, das die Beziehung zwischen dem Zentrum der vulkanischen Tätigkeit, dem subglazialen See in der Grimsvötn-Caldera und dem Weg des Jökulhlaups verdeutlicht.

- Steinschlag, verursacht durch Frostverwitterung;
- Absenkungen durch Thermokarst – aufgrund natürlicher Prozesse oder durch menschlichen Einfluss;
- Oberflächenanhebung (zum Beispiel durch Pingos);
- Überflutungen durch frühsommerliche Schneeschmelze;
- Ausbruch von randglazialen Stauseen und subglazialen Wassertaschen und daraus folgende Überflutungen;

- Eisstau auf Flüssen;
- Aufeis;
- Frosthub von Pfählen;
- Vereisung (zum Beispiel von Wasser- und Abwasserleitungen);
- winterlicher Wassermangel zur Beseitigung von Abfällen;
- Wind-Chill-Effekt;
- sehr kurze Vegetationszeit;
- heftige Schneefälle;

- geringe beziehungsweise fehlende Sonnenstrahlung im Winter;
- extrem tiefe Temperaturen;
- unfruchtbare Böden;
- Moore und Sümpfe verursachen Transportprobleme;
- an Küsten und auf See: Eisberge und Packeis.

Einigen dieser Naturgefahren (zum Beispiel Lawinen oder Überflutungen) begegnet man damit, dass Gebäude oder andere Einrichtungen gar nicht erst in gefährdeten Gebieten errichtet werden. Andere Probleme lassen sich technisch lösen. Beispielsweise kann eine Absenkung durch Thermokarstprozesse, die durch die Abwärme von Gebäuden oder Pipelines ausgelöst werden, mit einer isolierenden Kiesschicht oder durch Pfahlbauten verhindert oder verringert werden. Bei Absenkung durch Thermokarst, die durch Zerstörung der Vegetation hervorgerufen wird, muss darauf geachtet werden, die Pflanzendecke so gut wie möglich zu schützen und zum Beispiel Fahrzeuge nur in Fahrspuren zu bewegen und nicht das gesamte Gelände zu befahren. Für die Wasserversorgung und Abwasserentsorgung von Siedlungen wurden spezielle, isolierte Leitungssysteme (*Utilidors*) konstruiert, die oberirdisch auf Stützpfählen verlaufen. Aufeis kann ein großes Hindernis für Straßenverkehr darstellen. Die Aufeisbildung kann aber dadurch verhindert werden, dass beim Straßenbau Hangeinschnitte, aus denen im Winter Hangwasser austreten kann, vermieden werden.

Schwimmendes Meereis birgt große Probleme für die Entwicklung an der Küste, für die Schifffahrt und für die Nutzung ozeanischer Ressourcen. Generell unterscheidet man zwischen Meereis, das direkt aus Meerwasser bei Temperaturen unter –2 Grad Celsius entsteht, und *Eisbergen* sowie *Eisinseln*, die aus Gletschern oder Eisschelfen herausgebrochen sind. Meereis ist relativ dünn; im Allgemeinen ist es weitaus weniger als fünf Meter mächtig. Wenn die Wasseroberfläche vollständig mit Meereis bedeckt ist, spricht man von *Packeis*. Daraus können durch Wind- oder Strömungseinwirkung *Eisschollen* entstehen, die von schmalen Streifen offenen Wassers (so genannten *Leads*) begleitet sind. Wo Eisschollen durch Windwirkung aufgetürmt werden, bilden sich teilweise chaotische Landschaftsformen aus rauen Presseisrücken, die eine Überquerung unmöglich machen. Eisberge, die aus Gletscherbruchstücken bestehen, driften unter dem Einfluss von Meeresströmungen auf den Ozeanen. Nur ein Teil des Eisbergs befindet sich dabei über der Wasseroberfläche. Große tafelförmige Eisberge bezeichnet man als Eisinseln; diese können immense Ausmaße erreichen – bis zu 30 Kilometer Durchmesser bei einer Eismächtigkeit von 60 oder mehr Metern.

Zwar lassen sich auch die sensiblen (und manchmal gefährlichen) polaren Ökosysteme mit empfindlichem Dauerfrostboden und spärlichem Pflanzenwachstum behutsam erschließen; dazu bedarf es jedoch der eingehenden Kenntnis der Charakteristika von Polargebieten.

6 Die mittleren Breiten

6.1 Die Westwinde

Das Klima der mittleren Breiten wird von Höhenwinden bestimmt, die von Westen her wehen. Sie umströmen die Erde in Form von großen Wellen von mehr als 2 000 Kilometern Breite, den so genannten *Rossby-Wellen*. Diese Wellen beeinflussen die Kontaktzone zwischen den kälteren Luftmassen der hohen Breiten und den wärmeren Luftmassen der niederen Breiten. Zwar können sie durch den Störeffekt von Gebirgsbarrieren wie den Rocky Mountains verstärkt werden, sie gehören aber von Natur aus zu einem rotierenden Fließsystem mit einem thermischen Gradienten. In der Nordhemisphäre beträgt die vorherrschende Zahl der Rossby-Wellen im Mittel fünf. In dieser Westwindzone liegt ein schmales Band mit Winden hoher Geschwindigkeit, den so genannten *Jetstreams*, die mit Geschwindigkeiten von bis zu 300 Stundenkilometern in Höhen zwischen 9 000 und 15 000 Metern wehen.

Die Art der Ausprägung der Rossby-Wellen ist für das Wetter in den mittleren Breiten von Bedeutung, da Frontensysteme an der Erdoberfläche, wie die Zyklonen (Gebiete mit tiefem atmosphärischem Druck) und die Antizyklonen (Gebiete mit hohem Druck), mit ihnen in Verbindung stehen. Wie Abbildung 6.1a zeigt, zieht die aufsteigende oder absinkende Bewegung der oberen Wellen Luftsäulen aufwärts oder abwärts und führt so zu Tiefdruck- und Hochdruckgebieten.

Die Form der Wellen kann beträchtlich variieren (Abbildung 6.1b), denn die im Wesentlichen von Westen nach Osten verlaufende Zugbahn der Luftmassen kann überformt werden, sodass sich die Wellentröge und -rücken verstärken und sich schließlich in ein zellenartiges Muster aufteilen und in gewissen

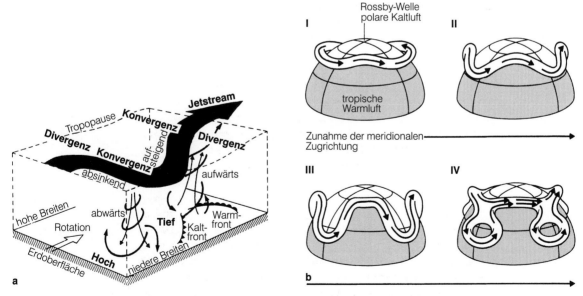

Abb. 6.1 *Rossby-Wellen und ihre Beziehung zu Verhältnissen an der Erdoberfläche: a) die Beziehung zwischen den Rossby-Wellen der oberen Troposphäre und den bodennahen Gebieten mit Hoch- und Tiefdruck; b) die verschiedenen Anordnungen der Rossby-Wellen, wenn sie die Bildung von blockierenden Antizyklonen beeinflussen. Sie beginnen mit einer leichten Wellenbewegung (I), die sich nach und nach verstärkt (II und III), bis sich Zellen mit warmer und kalter Luft gebildet haben (IV). Mit dem Fortschreiten des Vorgangs wird die Zugrichtung weniger zonal und mehr meridional.*

Längengraden deutlich meridional (Nord-Süd) verlaufen. Die tiefen, ziemlich dauerhaften *blockierenden Antizyklonen*, die in Verbindung mit dem verstärkten meridionalen Verlauf bestehen, wirken als Barriere gegen die wandernden Tiefdruckwirbel und können so einen spürbaren Effekt auf das Wetter ausüben. In Mitteleuropa sorgten blockierende Hochdruckzellen für den sehr kalten Winter des Jahres 1963 und die außergewöhnliche Trockenheit 1976 (Kapitel 6.17).

6.2 Tiefdruckgebiete und Hochdruckgebiete

Das unbeständige, windige, bedeckte und feuchte Wetter der mittleren Breiten hängt mit der Bildung von Tiefdrucksystemen (*Depressionen* oder *Zyklonen*) zusammen. Die Konvergenz von Luft gegen das Zentrum der Tiefdruckzone ist mit Aufsteigen und darauf folgender Abkühlung von Luft verbunden, was dann seinerseits zu Bewölkung und Niederschlag führt. Im Gegensatz dazu steht das beständige, schöne und sonnige Wetter der mittleren Breiten mit Hochdruckgebieten (Antizyklonen) in Verbindung. Die Luft in Antizyklonen sinkt ab, fließt nach außen und bewirkt dabei Erwärmung.

Die Tiefdruckgebiete der mittleren Breiten bilden sich, wenn große Luftkörper mit unterschiedlichen Eigenschaften zusammenkommen. Man bezeichnet sie als *Luftmassen*. Sie weisen große Unterschiede in der Temperatur (von sehr warm bis sehr kalt) und im Feuchtigkeitsgehalt (von sehr trocken bis sehr feucht) auf. Die Grenzen zwischen Luftmassen sind in den mittleren Breiten ziemlich scharf definiert. Es sind die so genannten *Fronten*. Das Wesen einer Luftmasse hängt von ihrer Herkunft ab (so unterscheidet sich

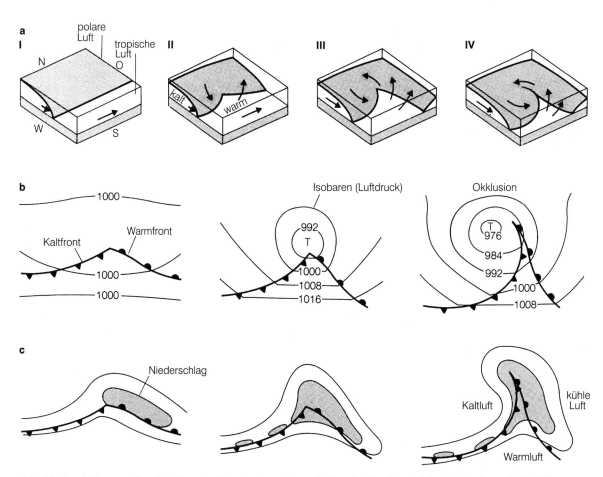

Abb. 6.2 *Entwicklungsstadien einer Frontalzyklone in den mittleren Breiten der Nordhemisphäre. In a) zeigen die Blockdiagramme über einen Zeitraum von einigen Tagen die Entwicklung von Kalt- und Warmfront bis hin zur Okklusion (I bis IV); b) zeigt die Form der Warm- und der Kaltfront am Boden und c) die Verteilung des Niederschlags.*

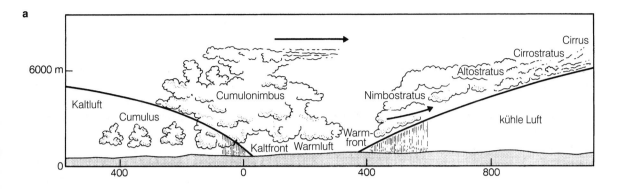

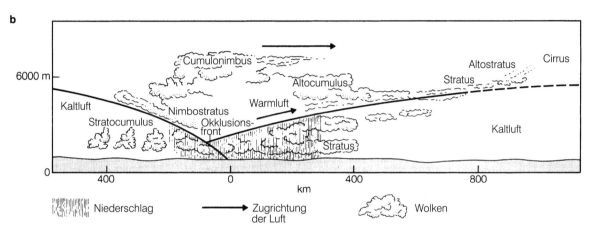

Abb. 6.3 Wolken- und Niederschlagsverhältnisse beim Durchzug einer Frontalzyklone in den mittleren Breiten: a) Wetterverhältnisse vor der Okklusion; b) Wetterverhältnisse während der Okklusion. Die Definitionen der einzelnen Wolkenarten finden sich in Kapitel 14.1.

äquatoriale Luft sehr von polarer Luft) sowie von der Oberfläche, über welcher sie sich bildet (maritime Luft hat ganz andere Feuchtigkeitseigenschaften als kontinentale Luft).

Viele tägliche Wetterschwankungen in den mittleren Breiten stehen in Verbindung mit der Bildung und Bewegung von Fronten. Kalte, polare Luftmassen treffen entlang der *Polarfront* auf warme, feuchte Luftmassen der Tropen. Anstatt sich zu vermischen und sich frei zu verteilen, bleiben diese zwei sehr unterschiedlichen Luftmassen klar abgegrenzt. Aber sie stehen entlang der Polarfront in Form von großen, spiralförmigen Wirbeln (Frontalzyklone) miteinander im Austausch. Wir können nun die einzelnen Entwicklungsstadien der Frontalzyklone verfolgen (Abbildung 6.2a). Zu Beginn des Zyklus (Stadium I) bildet die Polarfront eine relativ gerade Grenze, entlang derer die unterschiedlich temperierte Luft in zwei verschiedene Richtungen fließt. Im Stadium II wird die Polarfront instabil, und es beginnen sich Wellen zu bilden. Kalte Luft wird in südliche und warme Luft in nörd-

liche Richtung gedreht, sodass beide in die Domäne der anderen Luft eindringen. Im Stadium III hat sich die wellenförmige Störung entlang der Polarfront verstärkt und vertieft. Während Kaltluft nun entlang einer *Kaltfront* aktiv nach Süden stößt, bewegt sich Warmluft im Austausch entlang einer *Warmfront* aktiv in Richtung Nordosten. Im Stadium IV hat die Kaltfront die Warmfront eingeholt und die Zone der Warmluft auf einen schmalen Sektor verringert, was zu einer *Okklusion* führt. Schließlich wird im Stadium V die Warmluft vom Boden abgehoben und von der Quellregion warmer Luft im Süden abgetrennt. Der Ausgangspunkt von Energie und Feuchtigkeit ist somit abgeschnitten, und der Tiefdrucksturm nimmt nach und nach ab. Die Polarfront erhält mehr oder weniger wieder das Erscheinungsbild des Stadiums I.

An der Kaltfront dringt kalte Luft in das Gebiet der Warmluft ein. Die dichtere Kaltluft bleibt im Kontakt mit dem Boden und zwingt die wärmere Luft zum Aufstieg. Die Warmluft steigt auf 40 Kilometer Horizontaldistanz etwa einen Kilometer senkrecht auf. Kaltfronten sind eng verbunden mit Gewittern, die beim Aufsteigen instabiler warmer Luft entstehen.

An der Warmfront stößt warme Luft in eine Zone kälterer Luft vor. Auch hier bleibt die dichtere Kaltluft in Kontakt mit dem Boden und zwingt die warmen Luftmassen zum Aufstieg. Der Neigungswinkel ist im Allgemeinen weniger steil als bei einer Kaltfront und liegt in der Regel zwischen 1:80 und 1:200. Abbildung 6.3 zeigt den Wettertyp beim Durchzug einer Frontalzyklone und die verschiedenen Fronten.

6.3 Luftmassen

Da die Entstehung von Fronten mit den unterschiedlichen Eigenschaften der Luftmassen zusammenhängt, müssen wir an dieser Stelle die Luftmassen etwas genauer betrachten. Zu Beginn eine Definition: Luftmassen sind große Luftkörper, in denen die Temperatur- und Feuchtigkeitsverhältnisse über Distanzen von ungefähr 1 000 Kilometern bemerkenswert einheitlich sind. Sie bilden sich, wenn Luft während eines Zeitraums von drei bis fünf Tagen mit geringer Bewegung über einem Teil der Erdoberfläche liegt und

dabei bestimmte Eigenschaften annimmt. Welche Eigenschaften angenommen werden, ist abhängig von Strahlungsmenge und Evaporation des Gebietes, die Einfluss auf Lufttemperatur und Luftfeuchtigkeit haben. Die Gebiete, in denen Luftmassen über einen solchen Zeitraum stationär verbleiben, nennt man *Quellregionen* (Abbildung 6.4). Quellregionen stehen in engem Zusammenhang mit den großen, sich langsam fortbewegenden (antizyklonischen) Hochdruckgürteln der Subtropen und der hohen Breiten. Man kann sechs Hauptarten von Quellregionen unterscheiden, wobei die Temperaturbedingungen (polare Luft P und tropische Luft T) und die Feuchtigkeitsbedingungen (kontinentale Luft c und maritime Luft m die Hauptkriterien sind (Tabelle 6.1).

Für Westeuropa sind vier Quellregionen von Bedeutung, was bedeutet, dass das Klima einer großen Spannweite von Einflüssen unterliegt. Dies hilft auch bei der Erklärung der hohen Variabilität innerhalb von recht kurzen Zeiträumen. *Maritime tropische Luft* (mT) ist der Hauptlufttyp, den Westeuropa aus dem Mittelmeergebiet erhält. Die Luftmassen sind warm und feucht. Im Sommer fördert die Erwärmung an der Erdoberfläche die Instabilität der warmen und feuch-

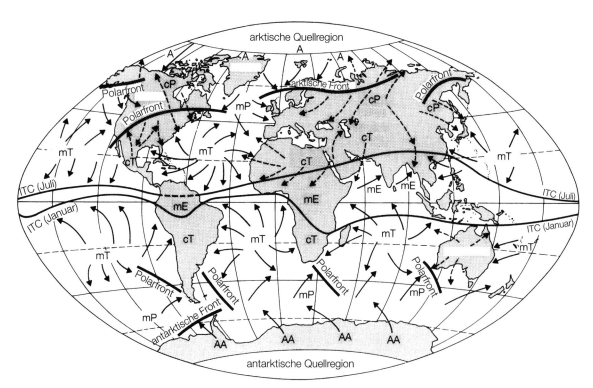

Abb. 6.4 *Die globale Verteilung von Quellregionen der Luftmassen. Die Abkürzungen entsprechen denjenigen in Tabelle 6.1. Die Lage der Fronten bezieht sich auf den Monat Juli. Die gestrichelten Pfeile stehen für kontinentale Luftmassen.*

Tabelle 6.1: Klassifikation der Luftmassen			
Hauptgruppe	**Untergruppe**	**Quellregion**	**Eigenschaften an der Quelle**
polar (P)	maritim-polar (mP) kontinental-polar (cP) arktisch (A) oder antarktisch (AA)	Ozeane polwärts ab etwa 50 ° Kontinente in der Nähe des Polarkreises, Antarktis Polargebiete	kühl, ziemlich feucht, instabil kalt und trocken, sehr stabil kalt, trocken, stabil
tropisch (T)	maritim-tropisch (mT) kontinental-tropisch (cT) maritim-äquatorial (mE)	Passatgürtel über subtropischen Ozeanen Wüsten in niederen Breiten, hauptsächlich Sahara und australische Wüsten äquatoriale Ozeane	feucht und warm, variable Stabilität: stabil auf Osteiten der Ozeane, ziemlich instabil auf Westseiten heiß und sehr trocken, instabil warm, feucht, im Allgemeinen schwach stabil

Exkurs 6.1 — Luftmassen über Australien und Neuseeland

In den Mittelbreiten der Südhalbkugel befinden sich die ausgedehntesten Entstehungsgebiete von Luftmassen über den Ozeanen, sodass hier die Luft zumeist maritimen Ursprungs ist. Drei Arten von Luftmassen beherrschen hauptsächlich das Wetter in Australien und Neuseeland: maritime tropische, kontinentale tropische und maritime polare Luft. Deren unterschiedliche Einflüsse lassen sich wie folgt zusammenfassen (nach Sturman und Tapper, 1996, S. 121–122):

- *Modifizierte maritime polare Luft (NPm)*. Quellregion dieser kalten, feuchten und labil geschichteten Luftmassen ist das Südpolarmeer. Die aus den Randgebieten der Antarktis (55–68 °S) kommenden Kaltfronten beeinflussen die südlichen Teile Australiens und Neuseelands und bringen bis in tiefe Lagen Schnee und Graupel.
- *Maritime Luft aus Süden (Sm)*. Diese kühle, feuchte Luft stammt aus niederen Breiten des südlichen Ozeans (35–55 °S). Sie ist in der Regel labil geschichtet in den bodennahen Schichten und stabil geschichtet in der Höhe. Im Süden Australiens sorgt sie zu allen Jahreszeiten für kühles, feuchtes und wolkenreiches Wetter mit Sprühregen. In Neuseeland, wo orographische Hindernisse die Luft zum Aufsteigen zwingen, entstehen stärkere Regenfälle.
- *Maritime tropische Luft aus der Tasman-See (tTm)*. Die Luft entsteht über der nördlichen Tasman-See. Sie ist warm, labil geschichtet und in der Höhe feucht. Aufgrund ihrer höheren Temperaturen verursachen die Luftmassen an der Ostküste Australiens und im Nordwesten Neuseelands warmes, wolkenreiches Wetter mit Nieselregen. An orographischen Hindernissen entstehen kräftigere Steigungsregen.
- *Maritime tropische Pazifik-Luft (pTm)*. Diese Luft ist wärmer als die tTm-Luftmassen, da ihre Quellregion weiter im Norden über dem äquatornahen Westpazifik liegt.

Sie beeinflusst den nördlichen Teil von Queensland in vielen Monaten des Jahres. In Verbindung mit tropischen Wirbelstürmen sorgt sie für starken Regen. Ihr Einfluss kann sich auch auf den Norden Neuseelands erstrecken.

- *Maritime tropische Indik-Luft (iTm)*. Diese Luftmassen bilden sich über dem östlichen Indischen Ozean und besitzen ähnliche Eigenschaften wie die mit pTm bezeichneten Luftmassen. Sie beeinflussen die Küstenregionen im Nordwesten Australiens.
- *Maritime äquatoriale Luft (Em)*. Sehr warme, feuchte und labil geschichtete Luft, die während des Sommermonsuns den Nordwesten Australiens beeinflusst. Diese maritime äquatoriale Luft verursacht Starkregen und hohe Luftfeuchtigkeit. Ihr Einfluss kann sich bis 30 °S erstrecken.
- *Kontinentale tropische Luft (Tc)*. Die Luftmassen, die sehr heiß, trocken und stabil geschichtet im Sommer, jedoch kühler im Winter sind, stammen aus dem Innern Australiens. Bewölkung und Regen können aufgrund fehlender Feuchtigkeit und der Passatinversion, die vertikale Luftbewegungen einschränkt, nur begrenzt entstehen. Weite Teile des Nordens und der Mitte von Australien werden über viele Monate des Jahres von diesen Luftmassen beeinflusst, die regelmäßig auch Hitzewellen in weiter südlich gelegenen Regionen verursachen.
- *Kontinentale subtropische Luft (STc)*. Die warme, trockene Luft entsteht im Süden Zentralaustraliens, wo sie in den Wintermonaten vorherrschend ist. Wie der kontinentale tropische Luftmassentyp sind auch die Eigenschaften dieser Luftmassen in hohem Maße durch absteigende Bewegungen in subtropischen Hochdruckgebieten geprägt. Der Einfluss der Absinkinversion verhindert, dass in der labil geschichteten bodennahen Luft stärkere Konvektion stattfinden kann.

Exkurs 6.1 | Fortsetzung

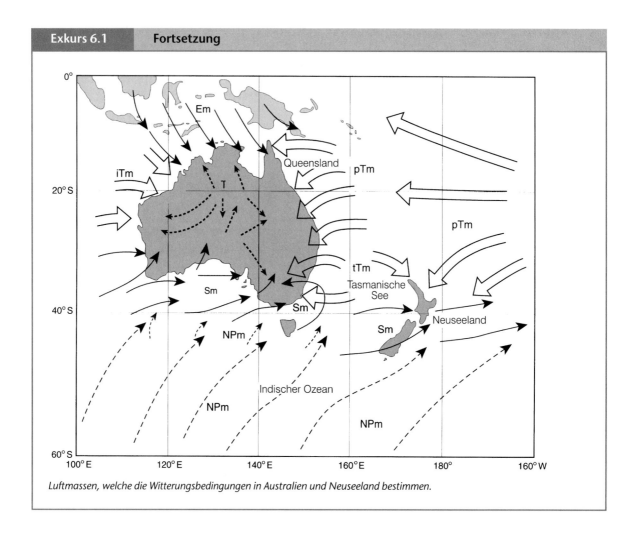

Luftmassen, welche die Witterungsbedingungen in Australien und Neuseeland bestimmen.

ten Luftmassen und damit die Bildung von Gewittern. *Kontinentale tropische Luft* (cT) kommt aus der großen Saharawüste, aber sie stößt selten bis Westeuropa in ihrer ursprünglichen trockenen, heißen und staubhaltigen Form vor. Ihre hohe Temperatur und ihre niedrige relative Luftfeuchtigkeit fördern die Aufnahme von Feuchtigkeit, sobald sie das Meer überquert. *Maritime polare Luft* (mP) erreicht Westeuropa nach Überquerung des Nordatlantiks. Wenn sie in nördliche Richtung zieht, bringt sie dicke Wolken und Regen. *Kontinentale polare Luft* (cP) bildet sich über Sibirien und Nordskandinavien. Im Winter bringt sie sehr kaltes Wetter, ist aber in der Regel sehr trocken und stabil. Beim Überqueren der Nordsee nimmt sie etwas Feuchtigkeit auf und bringt auf den Britischen Inseln Bewölkung und Nieselregen.

In ähnlicher Weise beeinflussen verschiedene Luftmassen das Gebiet der Vereinigten Staaten. Kalte

Luftmassen sind dort überwiegend kontinentalen polaren Ursprungs (cP), bisweilen überstreicht aber auch arktische Luft den Nordosten der USA. Polare kontinentale Luftmassen aus Quellregionen im Norden Kanadas und Alaskas stoßen in der Regel in die Great Plains und den Mittelwesten vor, gelangen aber von Zeit zu Zeit südlich bis über den Golf von Mexiko hinaus. Maritime polare Luftmassen (mP) haben ihren Ursprung meistens über dem Nordatlantik und dem Nordpazifik. Letztere, die von Westwinden nach Osten transportiert werden, sind von großem Einfluss auf das Wetter in ganz Nordamerika.

Ein Großteil der maritimen tropischen Luft (mT) bewegt sich ausgehend vom Golf von Mexiko und der Karibik in nördlicher Richtung und beeinflusst die Wetterbedingungen östlich der Rocky Mountains (vor allem dann, wenn die warme und feuchte Luft aus der Golfregion auf die aus Kanada einströmende kalte, trockene Polarluft trifft). Kontinentale tropische Luft (cT) erreicht nur selten die USA, da ihre Quellgebiete in Mexiko und Zentralamerika relativ klein sind. Kommt es dennoch dazu, dringt warme, trockene Luft in das Great Basin und den Südwesten der Vereinigten Staaten vor.

Die Luftmassen, die Australien und Neuseeland beeinflussen, sind im Exkurs 6.1 behandelt.

6.4 Kühlgemäßigte Klimate

Die kühlgemäßigten Klimate unterscheiden sich von den warmgemäßigten Klimaten durch eine Haupteigenschaft: Sie besitzen eine ausgeprägte kalte Jahreszeit, welche das aktive Pflanzenwachstum verzögert oder verhindert und eine Unterbrechung der landwirtschaftlichen Tätigkeit bewirkt. Die Strenge der kalten Jahreszeit nimmt von Westen nach Osten zu, denn winterliche Wärme und Regen kommen von Westen. Das bedeutet, dass die relative Lage zu Land und Meer in dieser Zone wichtiger ist als die Breitenlage.

Die Tiefdruckgebiete der Westwindzone beeinflussen das Klima während des ganzen Jahres und nicht nur zur Hauptsache im Winter wie in den warmgemäßigten Regionen. Die Frontalzyklonen sind in den kühlgemäßigten Zonen klimabeeinflussend, obwohl sie im Winter von den Hochdruckgebieten über den kalten Kontinenten zurückgedrängt werden. Eine Unterscheidung zwischen maritimen und kontinentalen Klimatypen ist deshalb nützlich. Die Gebiete unter maritimem oder ozeanischem Einfluss (Tabelle 6.2)

haben eine geringere Differenz im Jahresgang der Temperatur, höhere Feuchtigkeits- und Niederschlagswerte, relativ gleichmäßig verteilte Niederschläge mit einer Tendenz zu einem Wintermaximum, einen kaum spürbaren Übergang zwischen den Jahreszeiten mit häufigen Rückfällen (zum Beispiel vom Frühling in den Winter oder vom Herbst in den Sommer), und schließlich schnelle Wetterwechsel mit Durchzug von Fronten und Antizyklonen.

Die Bedeutung der Kontinentalität kommt in Abbildung 6.5 sehr deutlich zum Ausdruck. Dieses Diagramm zeigt den Jahresgang der Temperatur für fünf Stationen, die alle ungefähr bei 52 °N liegen. Je mehr

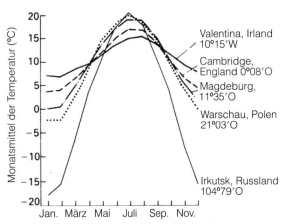

Abb. 6.5 *Der jährliche Temperaturverlauf an fünf Standorten, die auf einer Breite von 52 °N liegen. (Monatsmittelwerte auf den Meeresspiegel reduziert).*

Tabelle 6.2: Repräsentative Klimadaten für kühlgemäßigte Klimate													
	Jahr	**J**	**F**	**M**	**A**	**M**	**J**	**J**	**A**	**S**	**O**	**N**	**D**
kühlgemäßigte ozeanische Klimate													
Portland, Oregon, USA (45 °N)													
Temperatur (°C)	12	4	6	8	11	14	16	19	19	16	12	8	5
Niederschlag (mm)	1112	170	140	122	79	59	40	15	15	48	84	165	175
Hokitika, Neuseeland (42 °S)													
Temperatur (°C)	12	16	16	15	13	10	8	7	8	10	12	13	14
Niederschlag (mm)	2949	249	186	247	234	249	247	229	239	234	299	269	269
kühlgemäßigte kontinentale Klimate													
New York City (41 °N)													
Temperatur (°C)	11	−1	−1	4	9	16	21	23	22	19	13	7	1
Niederschlag (mm)	1067	84	84	86	84	86	86	105	110	86	86	87	84
Moskau (56 °N)													
Temperatur (°C)	4	−11	−9	−5	3	12	17	19	17	11	4	−2	−8
Niederschlag (mm)	536	28	25	30	38	48	51	71	74	56	35	40	38

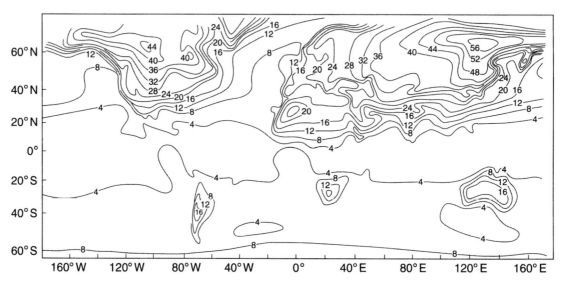

Abb. 6.6 *Mittlere jährliche Temperaturspanne an der Erdoberfläche (°C) als Differenz der monatlichen Mitteltemperatur der boden-nahen Luftschicht im wärmsten und kältesten Monat.*

man sich nach Osten vom mäßigenden Einfluss des Atlantiks entfernt, desto strenger wird die Winterkälte, aber auch die Intensität der Sommerhitze. Das ausgeglichene Klima in den westlichen Teilen Irlands kontrastiert stark mit den klimatischen Extremen in den östlichen Teilen Russlands.

Abbildung 6.6 zeigt die durchschnittliche jährliche Temperaturamplitude nahe der Erdoberfläche. Sie ergibt sich aus der Differenz, die zwischen der mittleren Monatstemperatur der bodennahen Luft des wärmsten und des kältesten Monats des Jahres besteht. Die Darstellung zeigt deutlich die extremen klimatischen Bedingungen im Innern Nordamerikas und Eurasiens.

6.5 Warmgemäßigte Klimate in Westlagen (Mittelmeertyp)

Gebiete, die je nach Jahreszeit sowohl im Einflussbereich der Westwinde als auch der Passate liegen (*alternierendes Klima*), bilden eine klimatische Übergangszone.

Sie geraten mit der Verlagerung der ITC in den Sommermonaten unter den Einfluss der subtropischen Hochdruck- und Passatzone mit ihren trockenheissen Luftmassen, und im Winter gewinnt im Zuge der Zurückverlagerung der ITC das Wettergeschehen der außertropischen Westwindzone an Einfluss, wobei der Durchzug von eigenbürtigen oder atlantischen

Zyklonen Niederschläge bringt. Dieser Klimatyp, der auf küstennahe Regionen an der Westseite der Kontinente beschränkt ist, wird häufig als „Mittelmeerklima" bezeichnet, obwohl er nicht nur im Mittelmeerraum, sondern insbesondere auch in Kalifornien, Chile, in der Kapregion in Südafrika und in Westaustralien vorkommt. Alle diese Gebiete liegen etwa zwischen dem 30. und 45. Breitengrad (Nordhalbkugel) beziehungsweise dem 30. und 38. Breitengrad (Südhalbkugel) und zeichnen sich durch trocken-heiße Sommer und feucht-milde Winter aus. Die Temperaturen nehmen – abgesehen von orographisch bedingten Abweichungen – mit abnehmender Breitenlage deutlich zu und die Niederschläge ab. Der von West nach Ost wachsende kontinentale Einfluss macht sich – wenn auch in abgeschwächter Form – hier ebenso bemerkbar wie in den kühlgemäßigten Gebieten (Kapitel 6.4).

Entsprechend variieren die Niederschlagswerte typischerweise zwischen 350 und 900 Millimetern im Jahr. Küsten, die nach Westen gerichtet sind und Gebirgsketten in ihrem Hintergrund haben, erreichen wesentlich höhere Gesamtwerte. Einige Gebirge in Dalmatien im Osten der Adria erhalten über 4 500 Millimeter und gehören damit zu den niederschlagsreichsten Gebieten in Europa. Auch die Länge der feuchten und trockenen Jahreszeiten verändert sich mit der geographischen Breite. In Richtung auf die Pole verlängert sich die Regenzeit an beiden Enden, bis man nicht mehr von einer Trockenzeit sprechen kann und die Zone des kühlgemäßigten Klimas beginnt. Tunis im Süden des Mittelmeers hat fünf Monate mit weniger als 25 Millimeter Regen, während Genua unmittelbar südlich der Alpen keinen solchen Monat aufweist. In Richtung auf den Äquator beginnt der Winterregen immer später und hört immer früher auf, bis man sich in der trockenen Passatzone befindet (Kapitel 7). Gebiete mit mediterranem Klimatyp differenzieren sich gegenüber den Tropen durch insgesamt kühlere Temperaturen, vor allem aber durch erhebliche jahreszeitliche Temperaturunterschiede (*Jahreszeitenklima*; Tabelle 6.3). Gegenüber den kühlgemäßigten Breiten grenzen sie sich durch größere Wärmesummen und das Fehlen einer Kälteruhe für die Vegetation ab.

Eine der interessantesten klimatischen Erscheinungen in den Mittelmeerländern ist das Auftreten einer Anzahl von Lokalwinden mit ausgeprägtem Charakter. Sie stehen mit der Bewegung von Tiefdruckgebieten in Zusammenhang. Eine solche Depression bezieht Luftmassen von ihrer gegen den Pol gerichteten und von ihrer gegen den Äquator gerichteten Seite mit ein, weshalb es zu kalten und zu warmen Winden kommen kann. Polare Luftmassen können in Verbindung mit Depressionen dazu führen, dass kalte Winde besonders bei günstigen topographischen Verhältnissen in normalerweise mildere Gebiete einbrechen. Im Mittelmeerraum wehen die *Bora* in Kroatien und der *Mistral* in Südfrankreich. Sie haben sich aus den winterlichen Hochdruckgebieten über Kontinentaleuropa entwickelt und bewegen sich mit großer Heftigkeit, wenn sie zwischen höher liegenden Gebieten kanalisiert werden. Der Mistral wird zum

Beispiel oft zwischen den Alpen und dem Massif Central durch das Rhonetal gelenkt. Vergleichbare Winde sind *Norte* und *Papagayo* in Mexiko, *Pampero* in Argentinien und der Südwind *Burster* in New South Wales, Australien.

Ein Tiefdruckgebiet, das im Mittelmeerbecken nach Osten zieht, kann zum Ausbrechen heißer Luft aus der Sahara führen. Bekannte Beispiele für solche Winde sind *Gibli* in Tunesien, *Leveche* in Spanien, *Schirokko* in Italien und *Khamsin* in Ägypten. Sie sind oft heiß, staubreich und extrem trocken, obwohl sie manchmal nach dem Überqueren des Meeres auch sehr feucht und unangenehm schwül sein können.

Sowohl die sehr kalten als auch die sehr heißen Winde haben sehr ungünstige Auswirkungen auf die Ernteerträge in dieser Region.

6.6 Warmgemäßigte Klimate in Ostlagen

Auf den Ostseiten der Kontinente wird der Übergang zwischen der Zirkulation der Passate und der Westwinde durch einen Klimatyp repräsentiert, der zwar die milden Winter und die heißen Sommer des Mittelmeerklimas teilt, sich aber grundlegend in der Menge und Verteilung des Niederschlags unterscheidet. Wenn die Passate die Ostseite der Kontinente erreichen, bringen sie hier nicht wie in den Westlagen Sommertrockenheit, sondern sind Regenbringer. Die Westwinde, die in den Westlagen der Kontinente Advektionsniederschläge (Tiefdruckregen) bringen, sind hier kontinental, das heißt die Depressionen sind weniger heftig. Der Winter-

Tabelle 6.3: Repräsentative Klimadaten für warmgemäßigte Klimate	Jahr	J	F	M	A	M	J	J	A	S	O	N	D
warmgemäßigte Westlage (Mittelmeertyp)													
Haifa, Israel (33 °N)													
Temperatur (°C)	22	14	14	16	19	23	25	28	28	27	24	21	16
Niederschlag (mm)	621	180	145	23	18	3	0	0	0	0	13	69	170
Perth, Australien (32 °S)													
Temperatur (°C)	18	23	23	22	19	16	14	13	13	14	16	18	22
Niederschlag (mm)	861	8	13	18	40	125	175	165	145	84	54	20	15
warmgemäßigte Ostlage													
Charleston, South Carolina (33 °N)													
Temperatur (°C)	19	10	11	14	18	23	26	28	27	25	20	14	11
Niederschlag (mm)	1207	76	79	84	61	84	130	157	165	132	94	64	81
Sydney, Australien (33 °N)													
Temperatur (°C)	17	22	22	21	18	15	12	11	13	15	17	19	21
Niederschlag (mm)	1212	91	112	125	137	130	122	127	76	74	74	71	71

regen ist somit geringer als in den Zonen des Mittelmeerklimas. Die Sommerregen fallen reichlich aus,
und tropische Zyklonen bringen heftige Stürme.
Diese Klimate haben Einfluss auf Argentinien, Uruguay und Südbrasilien, die Südostküste von Südafrika,
die Staaten des atlantischen Golfs der USA und Südchina. Der Niederschlag ist regelmäßig verteilt
(Tabelle 6.3), die Winter sind mild, und die Sommer
können wegen der hohen Temperaturen und der
hohen Feuchtigkeit recht drückend sein.

6.7 Borealer Nadelwald

In den an die Tundrazone anschließenden Gebieten
nehmen in Richtung auf den Äquator die Sommertemperaturen nach und nach zu. Bäume werden
zunehmend ein wichtiger Bestandteil der Flora (Abbildung 6.7 und 6.8) Mindestens 30 Tage mit einer Mitteltemperatur von mindestens 10 °C müssen gegeben
sein, damit sich aus den arktischen Zwergstrauchge-
sellschaften die Nadelwaldzone ausbildet. Auch seine

Exkurs 6.2 **Auswirkungen einer globalen Erwärmung auf die Vegetation der Mittelbreiten**

Steigende Temperaturen infolge des zunehmenden Treibhauseffekts können große Auswirkungen auf die zonale
Vegetation der Mittelbreiten haben. So zeigt die Abbildung die mögliche Verlagerung der Nord- und Südgrenzen
der borealen Nadelwaldzone als Folge der aus einer Verdopplung des atmosphärischen Kohlendioxidgehalts resultierenden Klimaerwärmung. Man beachte die Verschiebung der Südgrenze von der Südspitze Skandinaviens bis
in den äußersten Norden Skandinaviens.

Auch die durch die Verdopplung des atmosphärischen Kohlendioxidgehalts verursachten potenziellen
Veränderungen in der Verbreitung bestimmter Baumarten im östlichen Nordamerika lassen sich modellieren.
Die Unterschiede zwischen der gegenwärtigen und der für
die Mitte des 21. Jahrhunderts erwarteten Verbreitung
sind beträchtlich.

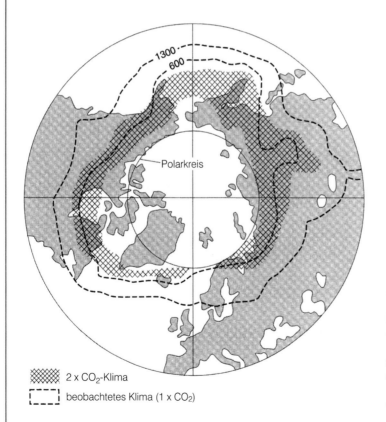

XXXX 2 x CO_2-Klima

‐‐‐‐ beobachtetes Klima (1 x CO_2)

*Die Nord- und Südgrenzen des borealen
Nadelwaldes entsprechen ungefähr den
600- und 800-growing degree-day-
Isoplethen (Linien gleicher durchschnittlicher Temperatursummen in der Vegetationsperiode). Dargestellt ist deren gegenwärtige Lage sowie die Position, die
sie bei der durch eine Verdopplung des
CO_2-Gehalts resultierenden Klimaerwärmung einnehmen würden.*

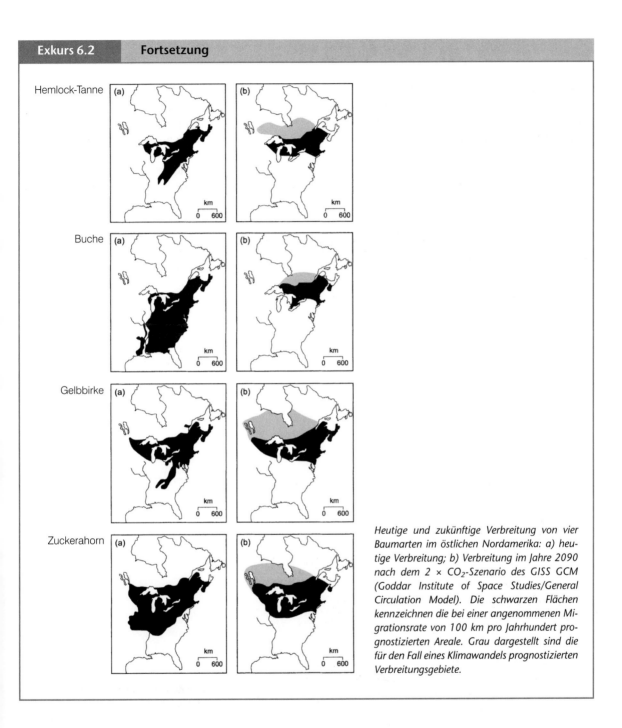

Exkurs 6.2   Fortsetzung

Hemlock-Tanne

Buche

Gelbbirke

Zuckerahorn

Heutige und zukünftige Verbreitung von vier Baumarten im östlichen Nordamerika: a) heutige Verbreitung; b) Verbreitung im Jahre 2090 nach dem 2 × CO₂-Szenario des GISS GCM (Goddar Institute of Space Studies/General Circulation Model). Die schwarzen Flächen kennzeichnen die bei einer angenommenen Migrationsrate von 100 km pro Jahrhundert prognostizierten Areale. Grau dargestellt sind die für den Fall eines Klimawandels prognostizierten Verbreitungsgebiete.

Südgrenze wird von der Dauer der Tage mit einem Temperaturmittel von 10 °C bestimmt. Sind es mehr als 120 Tage, werden Laubholzarten konkurrenzkräftig und es kommt zur Ausbildung von Misch- und Laubwäldern. Die borealen Nadelwälder bestehen meist aus immergrünen Koniferen (*dunkle Taiga*), vor allem aus Fichten (*Picea*), Tannen (*Abies*), Kiefern (*Pinus*)

und Lärchen (*Larix*). In extrem kontinentalen Gebieten, wie Ostsibirien, haben sich aufgrund extremer Winterkälte aber winterkahle Lärchenwälder gebildet (*helle Taiga*). Die immergrüne Lebensform hat den Vorteil, dass die aktive Wachstumsperiode sehr zeitig im Frühjahr beginnt und bis zum Auftreten vereinzelter Fröste andauert. Erst nach Beginn der dauerhaften

Abb. 6.7 *In hohen Breiten oder in hohen Lagen der mittleren Breiten stellt der boreale Nadelwald einen der wichtigsten Vegetationstypen dar. Dieses Beispiel stammt von der Front Range der Rocky Mountains in Colorado, USA.*

Kälteperiode verfällt zum Beispiel die Fichte in eine Dauerruhe. Der Übergang zur Winterruhe ist mit einem physiologischen Abhärtungsprozess verbunden, der bewirkt, dass Frostschäden, selbst in Sibirien bei −60 °C, nicht beobachtet werden. Mit zunehmend extremen Klimabedingungen werden die Bäume auch spitzkroniger, was eine zu große Schneeauflast verhindert und die Schneebruchgefahr deutlich herabsetzt. Große Bäume mit einer Höhe von bis zu 40 Metern bilden durchgehend einen ziemlich dichten *Bestand*, sodass die schlechten Lichtverhältnisse am Boden einen dichten Unterwuchs verhindern. Die Bodenbedeckung besteht meist aus Flechten, Moosen und bei ausreichender Bodenfeuchte aus sehr anspruchslosen Arten wie der Heidelbeere (*Vaccinium myrtillus*).

Der boreale Nadelwald ist mit rund 800 Gramm pflanzlichem Material pro Quadratmeter und Jahr (verglichen mit bis zu 1 200 Gramm für die laubabwerfenden Bäume in den mittleren Breiten) recht produktiv (Kapitel 4.3). Wegen der im Allgemeinen niedrigen Temperaturen zersetzt sich das organische Material ziemlich langsam, sodass sich die Streu auf dem Waldboden als dicke Schicht (50 Tonnen pro Hektar und Jahr) anhäuft. Von Zeit zu Zeit wird diese Streu, die reichlich Feuernahrung liefert, durch Waldbrände vernichtet. Sollte sich das Weltklima in der Zukunft erwärmen, so hätte dies erhebliche Folgen für den borealen Nadelwald (Exkurs 6.2).

6.8 Laubabwerfende Wälder

An den borealen Nadelwald schließt sich äquatorwärts die Zone der sommergrünen Falllaubwälder an. Der herbstliche Blattabwurf der Laubbäume ist eine Anpassung an die Kältezeit. Er ist obligat und schützt die Bäume vor der direkten Frosteinwirkung und vor Frosttrocknis. Der Laubwald ist eine vielschichtige Pflanzengemeinschaft, die meist aus ein oder zwei Baumschichten, einer Strauchschicht und einer oftmals gut ausgebildeten Krautschicht besteht. Die Struktur der Wälder, die eine Höhe von 40 Meter bis 50 Meter erreichen können, ist nach vielen Jahrhunderten der menschlichen Einwirkung heute meist forstwirtschaftlich bestimmt. Typische bestandsprägende Bäume in Mitteleuropa sind Buche (*Fagus*), Eiche (*Quercus*), Hainbuche (*Carpinus*), Ulme (*Ulmus*), Linde (*Tilia*) und Ahorn (*Acer*). Buchenwälder bilden meist dichte Reinbestände, und Eichenwälder sind eher Mischbestände aus verschiedenen Laubholzarten und mit einer besonders gut ausgebildeten Strauchschicht aus Arten wie Haselnuss (*Corylus*) und Weißdorn (*Crataegus*). Die durchschnittliche Baumartenzahl der Falllaubwälder bleibt weit hinter jener der tropischen Regenwälder zurück. Das Maximum liegt in Europa bei ungefähr zehn Arten und in Nordamerika bei 50 Arten pro Hektar.

6.9 Grasländer in mittleren Breiten

Im kontinentalen Innern der mittleren Breiten, besonders in Gebieten mit nur 300 bis 500 Millimeter Niederschlag pro Jahr, gibt es einige ausgedehnte Graslandgebiete. Sie haben viele Namen: *Steppe* in Eurasien, *Prärie* in Nordamerika, *Pampas* in Argentinien, *Veld* in Südafrika und so weiter. Große Teile davon sind in den letzten zwei Jahrhunderten stark vom Menschen verändert worden, indem sie für den Weizenanbau umgepflügt oder mit Rinder- und Schafherden beweidet wurden. Noch ist es aber überhaupt nicht klar, ob diese Graslandgebiete anthropogenen Ursprungs sind oder ob sie eine natürliche Reaktion der Pflanzen auf gewisse Randbedingungen der Umwelt in diesem besonderen Milieu sind. Früher herrschte die Auffassung vor, Prärien seien in erster

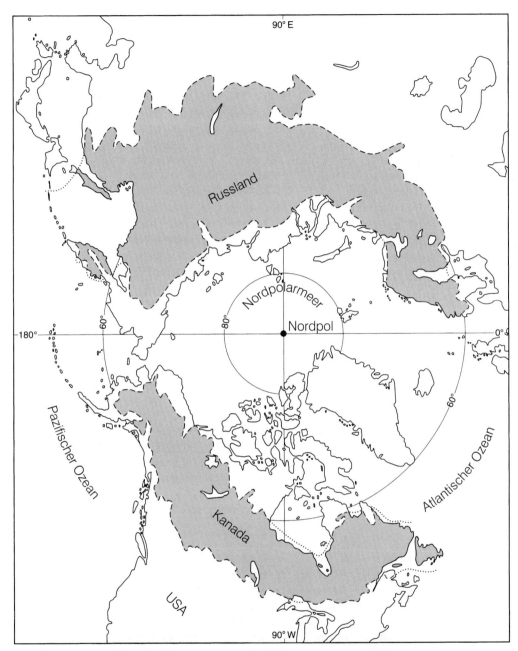

Abb. 6.8 *Der boreale Nadelwald (schattiert) bildet eines der größten Biome der Erde und bedeckt riesige Gebiete in Kanada, Skandinavien und Russland. Er besteht im Wesentlichen aus frostunempfindlichen Kiefern-, Fichten-, Lärchen- und Tannenarten.*

Linie eine Sache des Klimas. Botaniker neigten zu der Ansicht, dass das Vordringen und Festsetzen von Bäumen unter den herrschenden Boden- und Klimabedingungen durch die dichte Grasschicht stark behindert würde. Man nahm an, hohe Werte der Evapotranspiration gäben den Krautpflanzen mit ihren flachen, dicht verzweigten Wurzelsystemen und ihrer Fähig-

keit zur raschen Vollendung ihrer Lebenszyklen einen Wettbewerbsvorteil.

Allerdings konnten verschiedene Beweisführungen bestätigen, dass Bäume in diesen Gebieten imstande sind zu überleben und sogar zu blühen. Bäume, die man in Plantagen oder Gehölzen gepflanzt hat, entwickelten sich selbst in Trockenjahren erfolgreich. Dazu kommt, dass man Bäume häufig an Schichtstufen oder anderen abrupten Übergängen der Topographie in einer sonst baumlosen Fläche vorfindet. Eine Erklärung liegt darin, dass natürliches oder vom Menschen verursachtes Feuer auf flachen, ebenen Oberflächen wegen der höheren Windgeschwindigkeiten und des Mangels an Widerstand wirkungsvoller ist als entlang von Schichtstufen und Ähnlichem. Von einigen früheren Wissenschaftlern wurde wohl die Fähigkeit des frühen Menschen unterschätzt, das Feuer zu nutzen, sei es um Land für die Landwirtschaft zu gewinnen, das Weideland durch Entfernung des abgestorbenen Grases und durch Förderung neuen Wachstums zu verbessern oder um wilde Tiere zu vertreiben. Viele zusätzliche Feuer sind ohne Absicht entzündet worden. Auch natürliche Feuer durch Blitzschlag haben eine Rolle bei der Entblößung flacher Gebiete von ihrer Baumbedeckung gespielt, wie das auch für die intensive Beweidung durch wild lebende Tiere wie den Bisons der Fall gewesen sein mag.

6.10 Mediterrane immergrüne Gehölze

Der warmgemäßigte mediterrane Klimagürtel war wahrscheinlich überwiegend von lichten immergrünen Hartlaubwäldern bedeckt, die hauptsächlich aus verschiedenen Arten immergrüner Eichen bestanden. In den Höhenlagen kamen von Natur aus aber auch Nadelwälder mit Tannen, Zypressen und Zedern zur Ausbildung.

Wo aber die Niederschlagsbedingungen weniger günstig sind oder wo dauerhafte und vielfach wiederholte menschliche Tätigkeiten den natürlichen Wald durch Beweidung, Abbrennen und Abholzen degradierten, ist anstelle des Waldes eine niedrige Gebüschformation entstanden (*Mallee* in Australien, *Garrigue* und *Maquis* in Südeuropa und *Chaparral* in Kalifornien). In diesen artenreichen Degradationsstadien der immergrünen Hartlaubwälder bestimmen einzelne, nur noch niedrigwüchsige Baumarten der ehemaligen Eichenwälder, vor allem aber Sträucher, das Bestandsbild. Im europäischen Mittelmeergebiet besonders typische Straucharten dieser Vegetationsformation sind Vertreter der Gattungen: Erika (*Erica*), Ginster (*Genista*), Mastixstrauch (*Pistacia*), Zistrose (*Cistus*), und Lavendel (*Lavendula*).

6.11 Böden der kühlgemäßigten Klimate

In Gebieten mit kühlgemäßigten Klimaten gibt es hauptsächlich drei Bodentypen mit einer großen Verbreitung: Podsole, Braunerden und Auswaschungsböden. Natürlich gibt es je nach dem Zusammenspiel von Ausgangsmaterial, Vegetationstyp, Bodendrainage, Bodenreife und anderen Faktoren viele Abweichungen von diesen zonalen Typen. Ihnen allen ist aber die Tatsache gemeinsam, dass in solch kühlen Klimaten genügend Niederschlag vorhanden ist, um eine allgemeine nach unten gerichtete Auswaschung aller löslichen Bodenbestandteile aufrechtzuerhalten. Sehr allgemein ausgedrückt sind die Podsole für die borealen Wälder typisch, und Braunerden sowie podsolierte Braunerden kommen normalerweise zusammen mit laubabwerfendem Wald vor.

Podsole (Abbildung 6.9) und Farbabbildung 19) sind durch einen aschefarbenen Horizont unmittelbar unter der Oberfläche gekennzeichnet. Auf der Nordhemisphäre kommen sie im Allgemeinen in einem zirkumpolaren Gürtel vor, der ungefähr vom Polarkreis nach Süden bis in die Breite der Großen Seen in Nordamerika und auf ungefähr 50 °N in Europa reicht. Sie entwickeln sich am besten auf durchlässigen Kiesen und Sanden, bei hohen Niederschlägen und verhältnismäßig niedrigen Jahresmitteltemperaturen und unter einer Vegetation mit nährstoffarmen Vegetationsrückständen (Nadelgehölze, Erika-Heiden). Podsole sind Böden, in denen die Verlagerungsprozesse (Bodenbestandteile werden mit dem versickernden Regenwasser in tiefere Schichten verlagert) des kühlgemäßigten Klimas ihr Maximum erreicht haben. Eisen und Aluminium verbinden sich in der oberen Bodenschicht mit Humus. Diese *metallorganischen Komplexe* werden in tiefere Bodenschichten transportiert und im B-Horizont wieder abgelagert. Die mit Eisen angereicherte Schicht ist fest und wird als *Eisenstein* oder *Ortstein* bezeichnet.

Braunerden und verwandte Böden verdanken viel von ihrem Wesen ihrer Verbindung mit den laubabwerfenden Wäldern. Dank dem jährlichen Laubfall der Bäume und dem Beitrag der kleineren Büsche, Kräuter und Gräser ist die produzierte Streu vielfältiger als diejenige des Nadelwaldes. Sie hat auch einen höheren Nährstoffwert und wird von der vielfältigen Bodenfauna leichter verdaut. Es kommt deshalb zu einer effizienten Zersetzung der Streu, und der ent-

a Definitionen der Bodenhorizonte

Haupthorizonte sowie organische und mineralische Ausgangssubstanzen werden durch große Buchstaben bezeichnet:

L Streu, weitgehend unzersetztes organisches Ausgangsmaterial (von englisch *litter* für „Abfall")
O organischer Horizont, dem Mineralboden aufliegend, „Trockenhumus"
H Humushorizont, unter Wassereinfluss entstanden, Torf
A „Oberboden", oberster mineralischer, mit organischer Substanz vermischter Horizont
E Eluvialhorizont (ausgewaschener Horizont) unter O- oder A-Horizont, an organischer Substanz, Ton, Eisen- und Aluminium-Verbindungen verarmt (E von lateinisch *eluere* für „auswaschen")
B „Unterboden", mineralischer Horizont unter A- oder E-Horizont, durch Tonmineral-Neubildung oder Ton-Verlagerung mit Ton, durch Eisen- und Aluminium-Freisetzung oder Eisen- und Aluminium-Verlagerung mit freiem Eisen und Aluminium oder durch Humus-Verlagerung mit organischer Substanz angereichert
C „Untergrund", Ausgangsgestein, aus dem der Boden entstanden ist
D Gestein unter B- oder C-Horizont, aus dem kein Boden entstanden ist (D: 4. Buchstabe im Alphabet); auch als DI, DII, DIII bezeichnet zur Kennzeichnung verschiedener Gesteinsschichten
G durch Grundwasser beeinflusster Horizont (G von „Gley" oder von „Grundwasser")
S durch Stauwasser beeinflusster Horizont (S von „Stauwasser")
K Knickhorizont der Marschen (K von „Knick")
M kolluvialer Horizont (M von lateinisch *migrare* für wandern)
P toniger Horizont mit starkem Segregatgefüge (P von „Pelosol")
R durch menschliche Tätigkeit entstandener Mischhorizont (R von „Rigosol")
Y künstlich geschaffener Auftragshorizont

Übergangshorizonte, die Merkmale von 2 Haupthorizonten aufweisen, werden durch 2 große Buchstaben gekennzeichnet, zum Beispiel AE, EB, BE, BCS. Schwach ausgeprägte Horizonte werden in Klammern gesetzt, zum Beispiel (A), (B).

Haupthorizonte können durch kleine Zusatzverbindungen näher definiert werden; ist eine Buchstabenindizierung nicht möglich, werden die Subhorizonte durch Zahlen bezeichnet, zum Beispiel C_1, C_2. Gebräuchliche Zusatzbuchstaben für spezifische Merkmale der Haupthorizonte:

al Anreicherung oder Verarmung von Aluminium-Verbindungen durch Verlagerung, zum Beispiel E_{al}, B_{al}
ca Anreicherung oder Vorhandensein von Carbonaten, zum Beispiel C_{ca}
f fermentierte, teilweise zersetzte organische Substanz, zum Beispiel O_f
fe Anreicherung oder Verarmung von Eisen-Verbindungen durch Verlagerung, zum Beispiel E_{fe}, B_{fe}
fo fossiler Horizont, zum Beispiel A_{fo}
h humifizierte, gut zersetzte organische Substanz, zum Beispiel O_h, A_h; auch Humus-Anreicherung oder -Verarmung durch Verlagerung, zum Beispiel E_h, B_h
na Anreicherung von Na an den Austauschern, zum Beispiel A_{na} bei Natrium-Böden
o oxidierter Teil des G-Horizontes: G_o
ox residuale Anreicherung von Oxiden in Latosolen, zum Beispiel B_{ox}
p durch Pflügen veränderter A-Horizont: A_p
r reduzierter Teil des G-Horizontes: G_r
sa Anreicherung oder Vorhandensein von Salzen, zum Beispiel A_{sa} bei Salz-Böden
t Anreicherung oder Verarmung von Ton durch Verlagerung, zum Beispiel E_t, B_t
v Anreicherung von Ton durch Tonmineral-Neubildung, Verbraunung durch Eisen-Freisetzung, zum Beispiel B_v (v von verwittert, verbraunt)

b

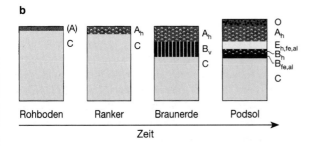

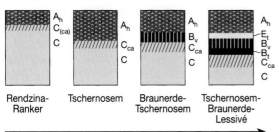

Abb. 6.9 *Charakteristische Bodenprofile der mittleren Breiten. Die Horizontabfolgen der einzelnen Bodenprofile beschreiben einen Bodentyp. Verändert sich ein Faktor der Pedogenese während die übrigen Faktoren annähernd gleich bleiben, können Bodentypen-Sequenzen erstellt werden.*

stehende Humus wird durch die Tätigkeit der Regenwürmer in den Boden eingearbeitet. Dem Braunerdeprofil fehlen meist die dicken Auflagehorizonte aus organischem Material, die für die Podsole typisch sind. Aber Auswaschung ist auch hier von Bedeutung: Die oberen Horizonte sind gewöhnlich neutral bis sauer, weil die Karbonate weitgehend ausgewaschen sind. Die wesentlichen Prozesse, die zur Bildung von Braunerden führen, sind die bei der Verwitterung silikatischer Gesteine zu Stande kommende Bildung von Tonmineralen (Verlehmung) und braun gefärbten Eisenoxiden (Verbraunung). Unter den Braunerden haben sich je nach Klimaregion und Standortbedingungen zahlreiche Übergangstypen ausgebildet. Während in atlantisch geprägten Gebieten Übergänge zu Podsolen häufig sind, haben sich unter kontinentalen Bedingungen, vor allem in den Randgebieten der Schwarzerdezone, Übergänge zwischen Braunerden und Schwarzerden (*Tschernosem*) entwickelt.

6.12 Böden der warmgemäßigten Klimate

Im Gebiet des Mittelmeerklimas ist die Länge der Sommertrockenheit der wichtigste zonale Faktor bei der Bodenbildung. Die zunehmende Länge der Trockenheit führt zu einer Abfolge von Böden, die von Braunerden in einem Auswaschungsmilieu (weniger als ein Monat Sommertrockenheit) über mediterrane Rot- und Braunerden zu zimtfarbenen Böden reicht, wo eine fünf oder sechs Monate dauernde Trockenheit zu einer gewissen Verkalkung des Bodens führt.

Mediterrane Braunerden entstanden unter dem ursprünglichen, von Eichen und Kiefern dominierten mediterranen Hartlaubwald. Sie sind durch ihre braune Farbe, einen krümeligen, humusreichen A-Horizont und einen dichteren und weniger krümeligen B-Horizont gekennzeichnet. In den unteren Horizonten dieser Böden sind Tone und Komplexe aus Eisen und Kieselerde abgelagert, die ihnen die charakteristische sattrote Farbe geben. Die *mediterranen Roterden* sind in einigen Fällen das Ergebnis der Bodenbildung auf erodierten Überresten der mediterranen Braunerden. Andere rote Böden bilden sich über den Relikttonen aus der Verwitterung von Kalkstein. Wo eine längere Sommertrockenheit stattfindet, werden die Eigenschaften des Bodens nach und nach eher für aride Böden typisch: ein leichter, gelblich-brauner Boden, der als *zimtfarbener Boden* bezeichnet wird. Der A-Hori-

zont ist mäßig reich an organischem Material, Konkretionen aus Calciumcarbonat kommen an trockeneren Standorten unterhalb von etwa 30 Zentimetern vor, und der Tongehalt nimmt vom unteren Teil des A-Horizonts abwärts durch das Profil zu.

Die Böden in den Ostlagen der warmgemäßigten Klimate sind typischerweise *rote und gelbe podsolige Böden*. Da sie zwischen den Hauptgebieten der Podsolisierung (gegen die Pole hin) und der Ferrallitisierung (gegen den Äquator hin) liegen, gibt es Anzeichen von beiden Vorgängen. Das ganzjährig feuchte Klima fördert die Auswaschung, sodass die Oberflächenhorizonte sauer sind. Der Tongehalt nimmt mit der Tiefe zu, teilweise weil Ton entlang des Profils nach unten verfrachtet wird, teilweise weil sich Tonminerale *in situ* bilden. Die gelbe und die rote Farbe zeigen unterschiedliche Grade der Eisenoxid-Hydratation an. Die roten Böden bilden sich unter trockeneren, die gelben unter feuchteren Klimaverhältnissen.

Im warmgemäßigten Innern der Kontinente kommt einer der berühmtesten zonalen Bodentypen der Welt vor: *Tschernosem* oder Schwarzerden (Abbildung 6.9). Sie gehören zu den Steppen Russlands und zu den Prärien der Vereinigten Staaten und Kanadas. Viele von ihnen haben sich auf großen Flächen äolischer Schluffe (*Löss*) entwickelt. Der Löss wurde am Rande der stark ausgedehnten pleistozänen Inlandeisflächen durch Winde, die feines Material aus Moränen und Sandern wegtransportierten, abgelagert (Kapitel 6.14). Die Tschernosem-Böden stehen in Zusammenhang mit der Graslandvegetation. Unter den in dieser Zone vorherrschenden klimatischen Bedingungen ist das Wachstum des Grases im Frühjahr und im frühen Sommer kräftig, aber die Trockenheit des Spätsommers und die Winterfröste verhindern den Prozess der Zersetzung. Dadurch wird organisches Material in erheblichem Maße angereichert. Das Ausgangsmaterial Löss ist stark calciumcarbonathaltig. Die Bodenfauna ist vielfältig und weist unter anderem verschiedene sich eingrabende Tiere auf, die das Bodenprofil durchmischen. Der Tschernosem zeichnet sich durch einen mächtigen, stark humushaltigen A-Horizont aus. Weiter unten im Bodenprofil findet man häufig Calciumcarbonat angereichert. Diese Konzentration an Calciumcarbonat entsteht durch eine leichte Auswaschung von oben und eine darauf folgende Reevaporation in warmen Sommern. In trockeneren Gebieten sind die Böden weniger reich an organischem Material; man nennt sie *kastanienfarbene Böden*.

1 Ein gehobener Strand bei Portland Bill im südenglischen Dorset. Die Basis bildet eine geneigte, in den anstehenden Fels eingeschnittene Plattform. Darüber lagert eine Schicht grober Gerölle, die einen alten Hochwasserstrand repräsentiert. Über der Gerölllage befinden sich akkumulierte Strandkiese.

2 Eine typische vergletscherte Gebirgslandschaft in den Französischen Alpen bei Chamonix. Man beachte die frostverwitterten Felsnadeln (aiguilles) und die starke Glazialerosion.

3 Der Arolla-Gletscher in den Schweizer Alpen. Der Schuttstreifen auf dem Gletscher ist die Mittelmoräne.

4 Lössablagerungen wie diese in der Republik Tadschikistan in Zentralasien können große Mächtigkeiten erreichen. Allerdings ist ihre Stratigraphie komplex, denn in Zeiten verringerter Akkumulation und mit stabilen Oberflächenverhältnissen bilden sich Böden. Dieses Beispiel zeigt mehrere alte Böden, die unter Umständen sehr wichtige Informationen über die Veränderungen der Umweltbedingungen im Pleistozän enthalten.

5 Die Wüste Namib im südlichen Afrika ist einer der trockensten Orte der Welt. Große Dünen sind mehrere hundert Meter hoch und Dutzende Kilometer lang. Der Sandtransport auf den linearen Dünen wird durch das fast gänzliche Fehlen von Vegetation in diesem extrem ariden Milieu erleichtert.

6 Der ehemalige Verlauf der Küsteneisenbahnlinie im Wüstenstaat Namibia, Südwestafrika. Die Eisenbahnlinie wurde durch Dünen verschüttet und ist mittlerweile verlegt worden. Wanderdünen verursachen viele Probleme für Bauingenieure, es gibt verschiedene Techniken, um die Bewegung der Dünen einzuschränken.

7 Die Monsunüberschwemmungen in Bangladesch entstehen durch das Zusammentreffen von Sturmfluten aus dem Golf von Bengalen mit Hochwasser, das von den Flüssen aus den Gebirgen Zentralasiens verursacht wird. Es ist möglich, dass solche Überschwemmungen bei einem allgemeinen Ansteigen der Temperaturen infolge des Treibhauseffekts immer häufiger und immer verheerender werden,
da die Zahl der Zyklone zunehmen und der Meeresspiegel ansteigen wird.

8 An vielen tropischen Küsten bilden Mangrovensümpfe ein wichtiges Küstenmilieu. Sie sind vielfältige und produktive Ökosysteme,
wichtige Lebensräume für die Tier- und Pflanzenwelt, wirksame Barrieren gegen die Küstenerosion und, sofern sorgfältig genutzt, eine
wertvolle Quelle für Holz, Fische und andere Ressourcen. In vielen Gebieten der Welt werden Mangroven allerdings durch den Menschen
zerstört. Dieses Beispiel stammt von Mahe auf den Seychellen.

9 Eine kleine Koralleninsel aus dem Großen Barrierriff (Queensland, Australien).

10 Eine von hoch ragenden granitischen Inselbergen geprägte Landschaft bei Petropolis, Brasilien.

11 Geikie Gorge am Fluss Fitzroy in Nordwestaustralien zeigt das Ausmaß von Hochwasserereignissen als Folge der intensiven Regenfälle in den Sommermonaten der Tropen. Die weiße Hochwasserlinie entsteht, wenn der Flusspegel bis zu 18 Meter über seinem Winterstand liegt.

12 Das Kali-Gandaki-Tal im nepalischen Teil des Himalaja. Große Gefahren gehen in diesem Gebiet von häufigen Erdrutschen, Laufveränderungen von Gletschern sowie Überschwemmungen und Laufverlegungen der sedimentbeladenen Flüsse aus.

13 Die Kalkküste bei Durdle Door (Dorset, Südengland) zeigt zwei bedeutsame geomorphologische Erscheinungen: die Bedeutung von Felsstürzen bei der Kliffbildung und die Entstehung der Abrasionsplattform. Bei der Bildung dieser Plattform spielt die Wirkung der Wellen eine wichtige Rolle, es können aber auch andere Prozesse, darunter verschiedene Arten von Verwitterung, beteiligt sein.

14 Ein großer Termitenhügel im Kimberley-Distrikt im tropischen Nordwestaustralien. Termiten ernähren sich von großen Mengen organischen Materials und spielen für dessen Abbau und Wiederaufbereitung im Ökosystem eine äußerst wichtige Rolle.

15 Im südlichen Afrika wird der Fynbos, ein macchiaähnliches Hartlaubgebüsch sowie eine der attraktivsten und vielfältigsten Lebensgemeinschaften, durch die explosionsartige Ausbreitung eingeführter exotischer Pflanzen (in diesem Falle Acacia cyclops) aus Australien und anderen Ländern bedrängt. Ökologische Invasionen dieser Art gehören zu den deutlichsten Beispielen für den Einfluss des Menschen auf die Tier- und Pflanzenwelt.

16 In jüngster Zeit wurde die Bedeutung von Feuchtgebieten immer deutlicher. Häufig sind sie überaus produktive und vielfältige Lebensräume für zahlreiche Tier- und Pflanzenarten. Ihr Charakter kann von Jahreszeit zu Jahreszeit sehr unterschiedlich sein, wie das Beispiel des Mrazek Pond in den Everglades (Florida, USA) zeigt: trockene (links) und feuchte Jahreszeit (rechts).

Exkurs 6.3	Glaziale und periglaziale Bedingungen während des Pleistozäns in Großbritannien

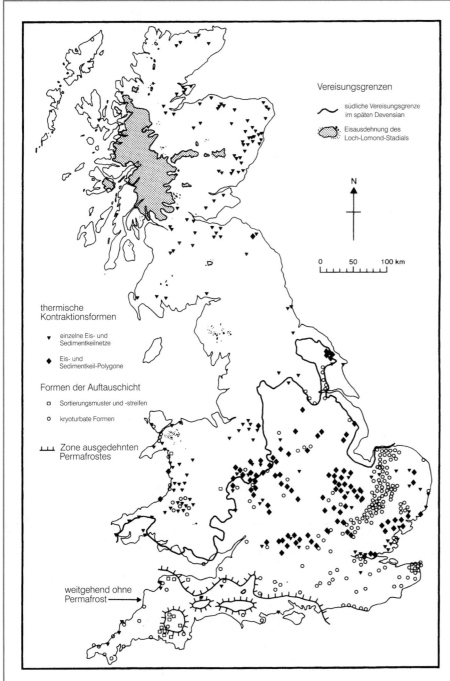

Periglaziale Erscheinungen in Großbritannien.

Exkurs 6.3 | **Fortsetzung**

Die maximale Eisbedeckung der Britischen Inseln ist immer wieder Gegenstand von Diskussionen. Es ist jedoch davon auszugehen, dass sich das Inlandeis ungefähr 450 000 Jahre vor heute in südlicher Richtung bis zu einer Linie erstreckte, die sich von den Scillyinseln über Bristol und Oxford nach Essex ziehen lässt.

Während der letzten Kaltzeit, die ihren Höhepunkt um 20 000 bis 18 000 Jahre vor heute (Dimlington-Stadial) erreichte, war die Ausdehnung des Eises geringer, sodass weite Teile Mittel- und Ostenglands eisfrei blieben. In der Folgezeit ging das Eis zurück, doch um 11 000 vor heute bildeten sich in den Highlands noch einmal für kurze Zeit Gletscher (Jüngere Dryaszeit oder Loch-Lomond-Stadial).

In den eisfreien Gebieten herrschten strenge periglaziale Bedingungen, und periglaziale Formen sind insbesondere in denjenigen Regionen weit verbreitet, die südlich der Grenze des Maximalstandes der letzten Vereisung liegen.

6.13 Der Einfluss des Klimawandels auf die Landschaft

Wie wir in Kapitel 2 gesehen haben, zeichneten sich die letzten zwei Millionen Jahre durch sehr häufige und extreme Klimaveränderungen aus. Über lange Zeit hatte die Welt eine Klimazonierung, die sich von der heutigen sehr unterschied. Ganz besonders gilt dies für die mittleren Breiten. Während der kälteren Phasen des Pleistozäns waren sie sehr stark von der Ausdehnung des Permafrostes und der Gletscher betroffen. Viele Landschaften, Sedimente und Böden zeigen auch heute noch und zum Teil sehr deutlich die Spuren dieser Veränderungen.

In Nordamerika lag eine große Inlandeismasse mehr oder weniger durchgehend vom Atlantik bis zum Pazifik. Sie bestand aus zwei Hauptteilen: den Gletschern der Kordilleren in Verbindung mit den Küstengebirgen und den Rockies und dem großen Laurentischen Inlandeis. Zur Zeit maximaler Ausbreitung reichte das Eis bis zur Lage der heutigen Städte St. Louis, Missouri und Kansas City. Auf den Britischen Inseln (Exkurs 6.3) hatten die Eisflächen unterschiedliche Ausdehnungen in den verschiedenen Eiszeiten, aber vereinigten sich mit den Eisflächen Skandinaviens. In Kontinentaleuropa bildeten die alpinen Gletscher eine große Eisfläche, die stellenweise über 1 500 Meter dick gewesen sein muss. Auf der Nordseite der Alpen reichte das Eis bis in Höhen von 400 Metern und auf der Südseite bis auf 100 Meter ü. d. M. hinunter. Eine weitere große Inlandeisfläche bedeckte Skandinavien und reichte bis ins nordeuropäische Tiefland. Diese war über 3 000 Meter dick. Ein weiteres ausgedehntes Inlandeis lag in Sibirien, und andere pleistozäne Eisflächen bildeten sich in Argentinien, Tasmanien und Neuseeland.

Als Folge dieser großen Vergletscherungen zeigen viele Gebiete in den mittleren Breiten alle Spuren, die Gletscher in einer Landschaft hinterlassen können (Kapitel 5.6 und 5.7).

Außerhalb der großen pleistozänen Inlandeisflächen lagen besonders in Europa ausgedehnte Gebiete mit offener Tundra, die häufig Permafrost aufwiesen. In Großbritannien gibt es Hinweise darauf in Form von fossilen Eiskeil-Polygonen und Pingos. Auch in Kontinentaleuropa (Abbildungen 6.10 und 6.11) war Permafrost eine wichtige Erscheinung. Auch wenn immer noch eine Diskussion darüber im Gange ist, wie groß die maximale Ausdehnung war, so scheint es doch, dass nur der südliche und mittlere Balkan, Italien, die Iberische Halbinsel und Südwestfrankreich nicht betroffen waren. Das Ausmaß der Klimaveränderungen wurde durch die Untersuchung von Pollen aus alten Torfablagerungen erhärtet. Ein großer Teil des Gebietes war damals mit der Vegetation der Kältesteppe und der Tundra bedeckt und nicht mit Wäldern, welche die natürliche Vegetation Europas während der Interglaziale waren.

6.14 Lössdecken

Eine wichtige Erscheinung in großen Teilen der mittleren Breiten ist der *Löss*. Es handelt sich hierbei um große Flächen mit Schluffablagerungen, die hauptsächlich durch Windverfrachtung entstanden sind (Exkurs 6.4). In ausgedehnten Gebieten (mindestens 1,6 Millionen Quadratkilometer in Nordamerika und 1,8 Millionen Quadratkilometer in Europa) deckt der Löss das frühere Relief zu. In China wurde eine Dicke von über 330 Metern festgestellt. Im Tal des Missouri in Kansas in den Vereinigten Staaten kann der Löss

Abb. 6.10 In Breckland in East Anglia, in der Nähe von Thetford, bilden Heidestreifen (Calluna) ein Muster, das eine Reliktform extremer periglazialer Bedingungen während des späten Pleistozäns ist. Vergleichbare aktive Prozesse findet man heute in Alaska.

Abb. 6.11 Im späten Pleistozän lagen die Stiperstones von Shropshire am Rande einer großen Eisfläche. Starke Frostverwitterung ließ die Quarzitgesteine zerbrechen. Der Verwitterungsschutt bildete Blockströme, deren Material zum Teil in periglaziale Muster mit Streifen und Polygonen sortiert wurde.

30 Meter, in Argentinien 100 Meter, in Neuseeland 18 Meter, im Rheintal 25 Meter und in Tadschikistan gegen 200 Meter dick sein (Farbabbildung 4). In Großbritannien dagegen beträgt die maximale Dicke nur ein paar Meter.

Zum ersten Mal erkannte man Löss in der ersten Hälfte des 19. Jahrhunderts im Rheintal bei Heidelberg und gab ihm die richtige Bedeutung. Von diesem Gebiet hat er auch seinen Namen. Der Löss bildet aber auch auf der Norddeutschen Tiefebene als Bördenzone am Fuß der Mittelgebirgsschwelle einen schmalen Gürtel von normalerweise nicht mehr als 30 Kilometern. Die größten Mächtigkeiten liegen in Flusstälern, zum Beispiel am Ober- und Niederrhein, in Sachsen, im Elbetal in Nordböhmen und lokal im Donautal und in Niederbayern.

Die weltweite Verbreitung des Löss legt nahe, dass ein Großteil durch Deflation (Windauswehung) von

Exkurs 6.4   Der Löss in China

Löss ist ein weit verbreiteter Materialtyp an der Erdoberfläche, der weitgehend aus windverfrachtetem Schluff besteht (Farbabbildung 4). Die größte bekannte Fläche dieses Materials liegt in China in den Provinzen Shanxi, Shaanxi, Ganus und Ningxia. Sie umfasst 317 600 Quadratkilometer, was fast der Fläche Deutschlands entspricht. In der Nähe der Stadt Lanzhou liegt das mächtigste bekannte Vorkommen der Welt (über 335 Meter).

Der Löss besteht zur Hauptsache aus quarzitischem Schluff und ist zumindest seit Beginn des Pleistozäns, also in den letzten 1,6 Millionen Jahren, abgelagert worden (Farbabbildung 4). In südöstlicher Richtung wird seine Korngröße feiner.

Es gibt zwei Hauptansichten über die Entstehung des Lössmaterials. Beide stimmen darin überein, dass er durch Winde aus dem Landesinnern an seine heutigen Standorte verfrachtet worden ist. Der eine Erklärungsansatz geht davon aus, dass der Gesteinsstaub als feines Material bei der Gesteinsverwitterung (durch Salz, Ausdehnung von Eiskeilen oder andere Prozesse) entstanden und mit dem Wüstenaufwind transportiert worden sei. Andere Meinungen gehen davon aus, dass das Gesteinsmehl ursprünglich durch glaziales Zerreiben von Sedimenten im Pleistozän entstanden sei, als die Gletscher und Eiskappen in den Hochgebirgen und Hochebenen Asiens ausgedehnter waren als heute. Die erste Hypothese ist zurzeit die anerkannteste, da das Lössplateau in Windrichtung des größten Wüstengebietes der Welt liegt. Winde, die aus den Wüsten wehten, haben Staub mitgeführt, der sich dann südöstlich in feuchteren Gebieten ablagerte und den Löss bildete.

Der Löss in China ist von großer Bedeutung für den Menschen. Er ist ein sehr fruchtbares Ausgangsmaterial für den Boden und lässt sich leicht bearbeiten. Er erodiert aber auch schnell, ist schwerwiegenden Arten von Massenbewegung unterworfen und liefert große Mengen an Sedimenten an einige der größten Flüsse Chinas.

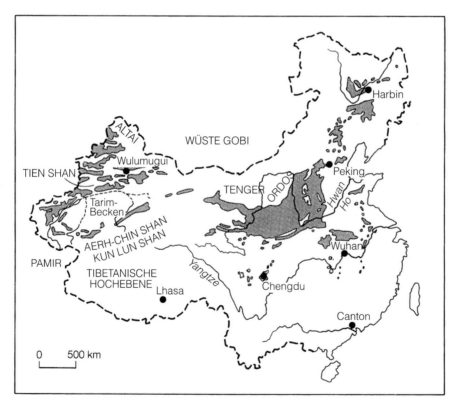

Die Verbreitung von Löss in China

Die Lössgebiete Chinas werden intensiv genutzt. Das Bild zeigt die große Mächtigkeit, welche der Löss erreichen kann, sowie die Terrassierung für die Landwirtschaft und zum Schutz steiler Hänge. In der Mitte ist die Entstehung großer Rutschgebiete und die Bildung von Hohlformen durch Subrosion (Schlufftransport unter der Bodenoberfläche) sichtbar.

schluffigem Material aus den großen Sanderebenen am Rande der pleistozänen Eisflächen entstanden ist. In einigen Gebieten mag der Löss aber auch von der Deflation aus Wüstenbecken stammen. In der Tat besteht eine Kontroverse darüber, welches die Hauptquelle ist. So oder so gibt es keinen Zweifel, dass Löss ein äußerst wichtiges Ausgangsmaterial für Böden, besonders für Tschernoseme, ist. Löss bildet die Grundlage für die leichten Böden, die von den frühen Bauern in Europa mühelos bearbeitet werden konnten. Wenn Löss aber der Erosion durch Wasser unterliegt, können badlandartige Landschaften entstehen und den Flüssen, wie etwa dem Gelben Fluss in China, große Sedimentmengen zugeführt werden.

6.15 Trockentäler

Zu den auffallendsten geomorphologischen Formen des englischen Flachlandes, besonders auf Kalkstein, Kreide und Sandstein, gehören die Trockentäler (Abbildung 6.12) und Täler, deren Flussläufe nur noch als schmales Band das breitere Tal durchfließen (manchmal im Verhältnis 1:10). Die Mäander der heutigen

Abb. 6.12 *Die Kalkgebiete Südenglands (im Bild der White Horse Hill auf den Birkshire Downs in der Nähe von Uffington) sind durch eine Reihe von Trockentälern gekennzeichnet. Es ist unklar, wie die Rinnen auf der rechten Talseite entstanden sind. Vielleicht sind sie durch eiszeitliche Lawinen eingeschnitten worden.*

Flüsse sind wesentlich kleiner als diejenigen der Täler. In gewissem Sinne handelt es sich bereits um Trockentäler, die noch nicht ganz ausgetrocknet sind.

Es gibt keinen Konsens über die Ursachen der Entstehung von Talmäandern, schmalen Wasserläufen, die in breiteren Tälern fließen, und Trockentälern. Einige Haupthypothesen sind weiter unten aufgeführt. Zum einen handelt es sich um allgemeine geomorphologische Hypothesen, die keine größere Veränderung des Klimas oder der Erosionsbasis voraussetzen, sondern allein die Entstehungsursachen im Ablauf der normalen oberflächenformenden Prozesse, die über einen bestimmten Zeitraum wirksam sind, begründen. Zum anderen gibt es marine Hypothesen, die die Entstehungsursachen in der Veränderung der Erosionsbasis sehen, und paläoklimatische Hypothesen, die sich hauptsächlich auf die großen Klimaänderungen des Pleistozäns beziehen:

allgemeine geomorphologische Hypothesen

- Erosion einer wasserundurchlässigen Gesteinsdecke und Freilegung wasserdurchlässiger Schichten
- Klufterweiterung durch Lösung im Laufe der Zeit
- Einsturz von Höhlen und Entstehung von Flussschwinden
- Einschneidung durch größere Wasserläufe
- Verminderung des Niederschlags im Einzugsgebiet und Sinken der Grundwasserspiegel als Folge der Zurückversetzung von Steilstufen
- Flussanzapfung

marine Hypothesen

- Anpassung an einen fallenden pleistozänen Meeresspiegel und damit zusammenhängendes Sinken des Grundwasserspiegels
- Rückzug des Meeres aus einem früheren Ästuar

paläoklimatische Hypothesen

- Überlauf aus großen Eisstauseen
- glazifluviale Erosion
- verminderte Evaporation wegen tieferer Temperaturen
- Frühlingsschneeschmelze unter periglazialen Verhältnissen
- Abfluss aus undurchlässigem Permafrostgebiet

Die allgemeinen geomorphologischen Hypothesen können nicht ausgeschlossen werden, obwohl viele Forscher der Ansicht sind, die meisten Trockentäler seien das Produkt von Kaltphasen im Pleistozän. Einige Trockentäler scheinen auf die Erosion wasserundurchlässiger Schichten (zum Beispiel Ton) und die Freilegung wasserdurchlässiger Gesteinsschichten (zum Beispiel Kalkstein) zurückzugehen. In einem Kalkgebiet erweitern sich im Laufe der Zeit die Gesteinsklüfte durch Kohlensäureverwitterung, sodass ständig wachsende Wassermassen im klüftigen Gestein versickern. Dadurch nimmt das Volumen des Oberflächengewässers ab. Ebenso kann sich ein Hauptfluss mit der Zeit vorzugsweise in das Gebiet anderer Flüsse einschneiden, dabei Wasser aus deren Einzugsbereich ableiten, und es entstehen so Trockentäler. Die Zurückversetzung einer Schichtstufe im Laufe der Zeit ist ein weiterer Faktor, der das Einzugsgebiet eines Wasserlaufes reduzieren und auch zu einer Absenkung der Grundwasserspiegel führen könnte. Der Einsturz von Höhlen im Untergrund oder die Anzapfung eines Flusses durch einen anderen (Kapitel 11.8) kann zwar lokal zur Entstehung von Trockentälern führen, aber kaum ein größeres Verbreitungsmuster erklären. Es sei daran erinnert, dass es bei gelegentlich auftretenden extremen Starkregen in manchen der so genannten Trockentäler zu Oberflächenabfluss kommt, wie im Falle des schweren Unwetters in den britischen Mendips im Jahre 1969 geschehen, als die Cheddar-Schlucht erhebliche Wassermengen führte (Abbildung 6.13).

Keine der bisher erwähnten Theorien basiert auf der Annahme von Meeresspiegelschwankungen oder Klimaänderungen. Viele Forscher ziehen jedoch eine derart grundlegende Veränderung zur Klärung der Entstehungsursachen von Trockentälern oder von schmalen Wasserläufen, die in breiteren Tälern fließen, heran. Einige Geomorphologen gehen zum Beispiel davon aus, dass im frühen Pleistozän der Meeresspiegel in Teilen von Südostengland auf 180 Meter gelegen habe. Damals sei der Grundwasserspiegel so hoch gewesen, dass die Flüsse auf dem klüftigen Kalkgestein fließen konnten, ohne dass sich das Wasser-

volumen durch Versickerung erheblich verändert hätte. Mit dem Rückgang des Meeresspiegels habe sich dann auch der Grundwasserspiegel gesenkt, wodurch einige Täler trocken gefallen seien. Auch die Abrasion durch die Gezeiten könnte bei Talverbreiterungen eine Rolle gespielt haben.

Die verbreitetsten Theorien beruhen allerdings auf Klimaänderungen im Pleistozän. Denn, wie wir gesehen haben, unterlagen viele Teile der mittleren Breiten in den pleistozänen Eiszeiten einem strengen glazialen oder periglazialen Klima. In gewissen Gebieten wurden große Seen durch die Gletscher aufgestaut. Überläufe aus solchen Seen könnten einige Vertiefungen, die heute trocken liegen, eingeschnitten haben. Andere Täler könnten auch durch die Gletscher selbst oder deren Schmelzwasser geformt worden sein. Von besonderer Bedeutung ist aber, dass das kalte Klima tiefe Evaporationsraten zur Folge hatte, sodass der Oberflächenabfluss einen größeren Anteil am Niederschlag ausmachte. Der Niederschlag fiel in den Wintermonaten als Schnee. Beim Schmelzen in der sommerlichen Auftauperiode kam es zu einem raschen Abfluss. Die undurchlässige Permafrostschicht ermöglichte einen Abfluss auch auf Gesteinen wie etwa Kalkstein. Frostverwitterung hatte einen Teil der Gesteine aufgebrochen, zermürbt und sie für die fluviale Erosion anfälliger gemacht.

Geländebefunde unterstützen die Ansicht, dass periglaziale Verhältnisse eventuell zusammen mit einigen der oben genannten vermutlichen Entstehungsursachen für die Bildung von Trockentälern in Südostengland verantwortlich sind. Viele Trockentäler weisen Schuttkegel auf, die man als Frostverwitterungsschutt ansieht, der durch Solifluktion transportiert wurde. In einigen Trockentälern im Kalkhügelland in Wiltshire und Dorset enthalten diese Schuttkegel außerordentlich große Gesteinsbrocken aus tertiärem Sandstein (genannt Sarsens). Sie treten als Blockströme in Erscheinung, wobei auch hier Solifluktion als Ursache für ihren Transport angenommen wird (Abbildung 6.11). Viele Trockentäler in den Chilterns scheinen überdies in ihrer Ausrichtung keine sehr deutliche Übereinstimmung zu den Klüftungen im Kalkgestein zu zeigen. Dies mag darauf zurückzuführen sein, dass die heutigen Trockentäler ursprünglich durch periglaziale Bäche geformt wurden, die auf Dauerfrostboden fließen. Einige Täler zeigen überdies eine deutliche Hangasymmetrie. Unter periglazialen Verhältnissen hat die Hanglage einen beträchtlichen Einfluss auf Hangform und -entwicklung. Sonnenbestrahlte Berghänge unterliegen stärker den Vorgän-

Abb. 6.13 *Die große Cheddar-Schlucht in den Mendip Hills in England ist ein Trockental in kohlehaltigem Kalkstein. Sie ist vermutlich weitgehend unter periglazialen Bedingungen geformt worden und kann im unteren Abschnitt durch Starkregen, wie dies im Jahr 1968 der Fall war, überschwemmt werden.*

gen des Gefrierens, Wiederauftauens und der Solifluktion, was Einfluss auf die Steilheit der Talflanken hat (Abbildung 6.12).

6.16 Tors

Eine weitere Reliefform, die häufig mit periglazialen Zeiten in Verbindung gebracht wird, ist der Tor, eine aufrechte Masse aus anstehendem Gestein oder aus Findlingen, die sich über die eher sanft geneigten Hänge in der Umgebung erheben (Abbildung 6.14). Solche Formen sind aber nicht auf periglaziale Gebiete beschränkt. Es gibt sie zum Beispiel häufig auf anstehendem Sandstein oder Granit in niederen Breiten. Allerdings ist Frostverwitterung einer der vielen Prozesse, die ihre Entstehung begünstigen.

Man ist sich bis heute über die Entstehung der Tors nicht einig. Zum einen werden die Tors der mittleren Breiten als im Wesentlichen scharf aufragende

Reliefformen interpretiert, die durch Frostverwitterung entstanden sind. Der Verwitterungsschutt der übrig bleibenden, resistenteren Gesteinsmassen wird durch Solifluktion wegtransportiert. Man spricht von paläoarktischen Tors. Nach dieser Hypothese handelt es sich um die Überreste von durch Frost verwittertem, anstehendem Gestein, das von einer schwach geneigten Terrasse (Altiplanationsterrasse) umgeben war.

Ein zweiter Erklärungsansatz geht davon aus, dass unter den warmen, feuchten Verhältnissen des Tertiärs durch Tiefenverwitterung entlang von Klüften gerundete Kernblöcke (Wollsäcke) unter der Oberfläche entstanden sind (Farbabbildung 21). Diese Kernblöcke sind dann nach Abtransport des verwitterten Gesteins (Regolith) durch Solifluktion freigelegt worden. Solche Tors werden als paläotropische Formen betrachtet, analog (allerdings in einem kleineren Maßstab) zu den Inselbergen und Kopjes der Tropen (Kapitel 8.12).

Abb. 6.14 *Es gibt in Großbritannien viele Beispiele für Tors, die sich auf ganz unterschiedlichen Gesteinstypen entwickelt haben. Die Stiperstones in Shropshire (links) bestehen aus Quarziten, die Dartmoor Tors (rechts) aus Granit. Frostverwitterung und Solifluktion haben zu ihrer Entstehung geführt.*

6.17 Die Natur als Gefahr für den Menschen

Nachdem wir die wichtigsten Eigenschaften früherer und heutiger Milieus und Landschaften der mittleren Breiten betrachtet haben, wollen wir nun einen Blick auf die natürlichen Gefahrenquellen werfen, von denen die Menschen Westeuropas betroffen sind:

Stürme
- Sturmwinde
- Gewitter
- Hagel
- Wirbelstürme (Tornados)

Schnee, Frost und Kälte

Überschwemmungen
- im Landesinnern
- an der Küste

Trockenheit

Nebel

geomorphologische Gefährdungen
- Erdbebentätigkeit
- Massenbewegungen
- Erdfälle, auch in Bergbaugebieten
- fluviale Erosion
- Eissturz
- Lawinen
- Küstenerosion
- Dünenwanderung, vor allem an Küsten

biologische Gefährdungen
- Gefährdung der Menschen durch Krankheit
- Pflanzen- und Tierkrankheiten

Obwohl man davon ausgeht, dass Westeuropa durch ein relativ ausgeglichenes Klima und eine ziemlich geringe tektonische Tätigkeit begünstigt ist, zeigt die oben genannte Liste doch, dass es eine breite Palette von natürlichen, manchmal vom Menschen verschärften Ereignissen gibt, die sich als Gefährdungen für den Menschen erweisen.

Stürme bilden die erste Gruppe mit natürlichem Gefahrenpotenzial. Da Westeuropa unter dem Einfluss der von Westen kommenden Frontalzyklonen steht und damit verbunden Störungen mit steilen Druckgradienten entstehen, können Stürme besonders an den Küsten und in höheren Lagen häufig auftreten und ein starkes Ausmaß haben. Ein Sturmwind (mit einer Geschwindigkeit von 55 Kilometern pro Stunde oder mehr während mindestens zehn aufeinander folgenden Minuten) kommt in Teilen der Shetland-Inseln vor Nordostschottland an mehr als 50 Tagen pro Jahr vor, aber nur einmal alle zehn Jahre in Kew im Vorortgebiet von London im Südosten Englands. Diese Sturmwinde verursachen beträchtliche Schäden im Verlaufe des Jahres. Dazu kommen Schäden an landwirtschaftlichen Nutzflächen, Verkehrsbehinderung oder -stilllegung und der Ertrinkungstod von Seglern.

Ein besonders heftiger Sturmwind brauste am 15./ 16. Oktober 1987 über Europa (Abbildung 6.15). In Quimper in der Bretagne überschritten die Windgeschwindigkeiten 190 Kilometer pro Stunde, und der Glockenturm der mittelalterlichen Abtei von Caen in Nordfrankreich stürzte ein. Im Südosten Englands for-

Abb. 6.15 *Am 16. Oktober 1987 wurden weite Teile Südostenglands von einem heftigen Sturm heimgesucht, der an Gebäuden und Bäumen große Schäden anrichtete. Bei Brasted Chart wurde die Mehrzahl aller Bäume auf dem Gut niedergelegt.*

derte der Sturm 19 Tote, zerstörte 15 Millionen Bäume und unterbrach für hunderttausende von Haushalten Stromleitungen und Telefonanschlüsse. Die Gesamtschadenssumme, die von den Versicherungen getragen werden musste, belief sich 1988 auf eine Milliarde englische Pfund. Auch in Jütland (Dänemark), im Skagerrak und in Südnorwegen verursachte der Sturm Probleme.

Westeuropa liegt auch im Einflussbereich verschiedener Typen konvektiver Stürme (Abbildung 6.16). Hagelschläge erreichen aber nicht die Stärke und Häufigkeit wie in anderen Teilen der Welt, obwohl im Jahre 1846 große Hagelkörner 7 000 Glasscheiben am House of Commons in London zerschlagen haben sollen! Von größerer Bedeutung ist der Blitzschlag, der Menschen töten und zum Beispiel die Energieversorgung unterbrechen kann. Die Anzahl an Gewittern und schweren Niederschlägen steigt mit der zunehmenden Konzentration menschlicher Siedlungen in Ballungszentren. Dies ist für London, die Niederlande und verschiedene Gebiete Deutschlands, darunter Hamburg und das Ruhrgebiet, nachgewiesen.

Ein Tornado (Abbildung 6.17) ist ein relativ schmaler Wirbel rotierender Winde mit einem Durchmesser von einigen Metern bis einigen hunderten von Metern. Er dreht sich spiralförmig nach innen und gleichzeitig nach oben zur Basis einer Konvektionsgewitterwolke. Typischerweise sind Tornados kurzlebig und sind von geringer räumlicher Ausdehnung mit Weglängen von normalerweise einem Kilometer oder weniger. Dennoch verursachen sie mit ihren Wirbelwinden, die Geschwindigkeiten von über 320 Kilometer pro Stunde erreichen können, und mit ihren Saug- und Schereffekten großen Schaden. Größere Tornados stehen in Zusammenhang mit dem Durchzug von Wetterfronten oder Zyklonen, aus denen sich rasch vertiefende, starke Tiefdruckgebiete entwickeln. Sie können zwar in allen Jahreszeiten vorkommen, die größte Häufigkeit liegt aber im Herbst und im frühen Winter, wenn die relativ warmen Meere die Instabilität beim Durchzug kalter Luft von Osten erhöhen. Die geringsten Häufigkeiten liegen dagegen zwischen Februar und Mai, wenn die Meere gewöhnlich am kältesten sind.

Dürre ist ein anderer Typ klimabedingter Gefährdung der Gebiete Westeuropas. Die Auswirkungen der schweren Trockenheit von 1975/76 sind uns noch gut in Erinnerung. Es zeigte sich, dass Westeuropa bei weitem nicht immun gegen die Folgen einer Trockenperiode ist. Die Stärke der Auswirkungen ergab sich

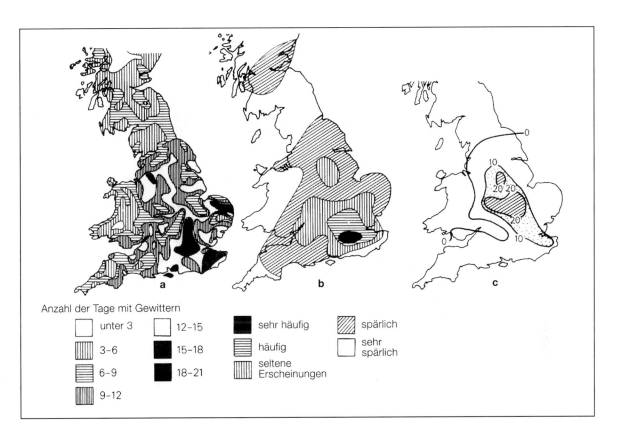

Anzahl der Tage mit Gewittern

	unter 3		12–15	■	sehr häufig	▨	spärlich
▥	3–6	■	15–18	▤	häufig		sehr spärlich
▤	6–9	■	18–21	▥	seltene Erscheinungen		
▥	9–12						

Abb. 6.16 *Gewitter, Hagelschläge und Tornados in Großbritannien: a) Tage mit Gewittern (1955 bis 1964); b) Hagelschläge, die Schäden verursacht haben; c) Verbreitung aller in Großbritannien registrierten Tornados (Anzahl pro 10 000 km² Fläche).*

Abb. 6.17 *Ein Tornado in Dade County, Florida, USA, im Jahre 1925.*

damals aus der besonders lang andauernden Trockenheit, die nur von wenigen Regenperioden unterbrochen war. In großen Teilen Südenglands (Abbildung 6.18), Nordfrankreichs, Belgiens und der Niederlande betrug der Niederschlag zwischen Dezember 1975 und Juli 1976 nur 40 bis 50 Prozent des langfristigen Durchschnitts. Das Auftreten von Hitzewellen verschärfte im Hochsommer das Bodenfeuchtedefizit. Die landwirtschaftlichen Ernteerträge waren in Frankreich, Dänemark, England, Belgien und Deutschland stark eingeschränkt, und auch die Milcherträge gingen zurück. Großbritannien war besonders durch das Absinken von Häusern auf stark ausgetrockneten Tonböden betroffen.

Solche Trockenperioden stehen in Verbindung mit zwei Typen anhaltender Hochdrucksysteme:

- nordöstliche Ausdehnungen des Azorenhochs quer über Südengland nach Deutschland;

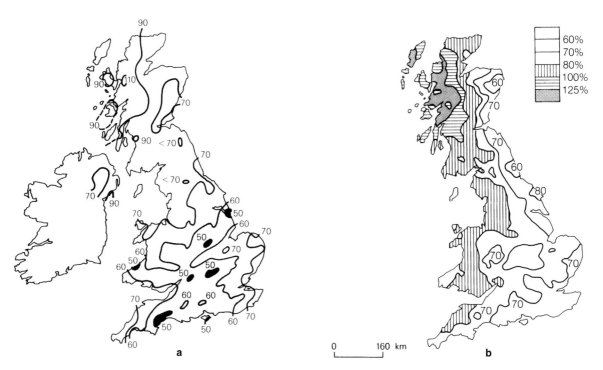

Abb. 6.18 *Trockenperioden in Großbritannien: a) Niederschlagsverteilung während der großen Dürre vom Mai 1975 bis August 1976, angegeben inProzent des langjährigen Mittelwerts der Jahre 1916 bis 1950; b) Niederschläge in der Trockenperiode November 1988 bis November 1989 in Prozent des langjährigen Mittels der Jahre 1941–1970. Die Niederschlagsverteilung beider Trockenperioden zeigen ein ähnliches Muster: normale bis erhöhte Werte im Nordwesten Schottlands, im Osten des Landes jedoch weniger als 60 Prozent der durchschnittlichen Niederschlagsmenge.*

- anhaltende oder ständig neu entstehende Hochdruckgebiete mit Zentrum über Großbritannien oder Deutschland. Die blockierende Wirkung dieser Hochdruckzellen zwingt den Westwind mit seinen Frontalzyklonen nach Norden manchmal auch nach Süden auszuweichen.

Warum in gewissen Gebieten und über längere Perioden eine solche Verteilung von Antizyklonen auftritt, ist immer noch Gegenstand von Diskussionen. Unübliche Meerestemperaturen im Atlantik mögen eine Rolle spielen.

Eine weitere Gruppe natürlicher Gefahrenquellen hängt mit Schnee, Frost und Kälte zusammen. Zu den Folgen strengen Winterwetters (Abbildung 6.19) gehören hohe Heizkosten, die vorübergehende Entlassung von im Freien tätigen Arbeitern, Schäden an landwirtschaftlichen Kulturen und Tierherden und Verkehrsbehinderungen. In höher gelegenen Gebieten wie in den europäischen Alpen können Lawinen zahlreiche Menschenleben fordern (Exkurs 8.1 und 8.2).

Wieder andere Gefahren für den Menschen gehen von Überschwemmungen aus (Kapitel 15.12), wobei man zwischen Überflutungen an der Küste und im Binnenland unterscheiden muss (Exkurs 6.5). Zu Überschwemmungen im Binnenland kommt es, wenn Witterungsbedingungen zu intensivem oder anhaltendem Niederschlag und zu rascher Schneeschmelze führen. Obwohl die geringeren Evapotranspirationsraten in den Wintermonaten nach einem heftigen Regenfall zu einer schnelleren Sättigung der Flusseinzugsgebiete führen, ereignen sich viele der schwersten Überschwemmungen außerhalb der alpinen Gebiete in den Sommermonaten. Ursache sind lokale Konvektionsniederschläge, die von kurzer Dauer sind und häufig in Verbindung mit Gewittern auftreten. Die Auswirkungen werden durch orographische Erhebungen (Kapitel 14.2) oder durch große städtische Siedlungen (Kapitel 17.1) noch verstärkt. Großwetterlagen und dazugehörende Witterungsbedingungen können zu starker Konvektion und zu instabilen atmosphärischen Verhältnissen führen. Sie sind die Vorausset-

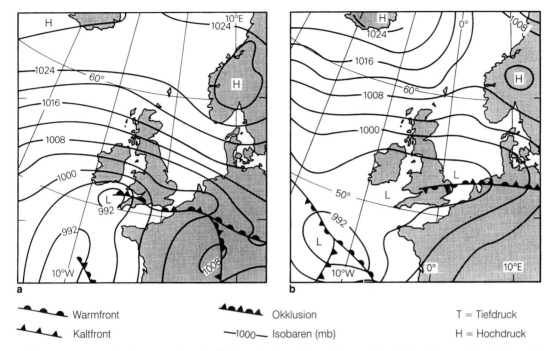

Warmfront	Okklusion	T = Tiefdruck
Kaltfront	—1000— Isobaren (mb)	H = Hochdruck

Abb. 6.19 *Witterungsbedingungen, die in Großbritannien 1962/63 zu schweren Schneefällen führten. a) Am 30. Dezember wanderte eine Tiefdruckwelle von der Biscaya in nördliche Richtung bis zu einem Gebiet südlich von Irland. Sie vereinigte sich dabei zum Teil mit den warmen Luftmassen einer Okklusion, die sich sehr langsam nach Norden in die Kanalregion bewegte. Ein kalter Ostwind bedeckte den größten Teil der Britischen Inseln. Die Front blieb quasi-stationär in der Kanalregion, bis sie sich b) am 4. Januar auf Nordengland zu bewegte.*

zung für die schweren, gewittrigen Sommerregenfälle. In Großbritannien sind dafür meistens kleine, eher flache Tiefdruckgebiete verantwortlich, die sich vom Golf von Biscaya bis zum Ärmelkanal oder durch Südengland bewegen (Abbildung 6.20). Überschwemmungen durch Schneeschmelze gibt es nach strengen Wintern, wenn beträchtliche Mengen an Schnee beim Zufluss warmer und feuchter Luft rasch schmelzen.

Exkurs 6.5   Überschwemmungen in Nordwest- und Mitteleuropa

Ende Januar 1995 ereigneten sich in vielen Regionen Nordwesteuropas katastrophale Hochwässer. Verursacht wurden sie durch starke Niederschläge, verbunden mit der durch milde Temperaturen hervorgerufenen Schneeschmelze in den Alpen und Ardennen. In Frankreich wurden 40000 Häuser zerstört, und in Deutschland waren zahlreiche größere Städte von Überschwemmungen betroffen; in der Kölner Innenstadt stand das Wasser mehrere Tage lang bis zu zwei Meter hoch in den Straßen. In den Niederlanden mussten rund 250000 Menschen ihre Wohnungen verlassen. Es war die größte zivile Evakuierung, die es dort seit über 40 Jahren gegeben hat. Eine Million Rinder wurden ebenfalls aus den Überschwemmungsgebieten in Sicherheit gebracht.

Im Juli 1997 kam es erneut zu Überschwemmungen, diesmal in Osteuropa. Ursache des Sommerhochwassers und der Überflutungen waren starke Niederschläge, die sich in träge entwässernden Niederungen sammelten.

Betroffen waren die Tschechische Republik, Polen und Ostdeutschland und insbesondere die Gebiete entlang der Flüsse Oder und Vistula. Es wurde vermutet, dass es sich um die schwersten Überschwemmungen der letzten 200 bis 500 Jahre gehandelt hat. In Polen und der Tschechischen Republik forderten die Fluten mehr als 100 Menschenleben, und zum Zeitpunkt des Maximalstandes des Hochwassers waren in Polen 150000 Menschen evakuiert. Wroclaw (Breslau), eine alte, malerische Universitätsstadt in Südpolen, stand bis zu vier Meter unter Wasser. Im Monat Juli des Jahres 1997 fielen in Ostrava 351 Millimeter Niederschlag (260 Millimeter mehr als im langjährigen Mittel), in Brno 225 Millimeter (161 Millimeter mehr als im langjährigen Mittel) und in Wroclaw 238 Millimeter (154 Millimeter mehr als im langjährigen Mittel).

Quelle: N. J. Middleton (1996) *The 1995 floods in northwest Europe*, The Geography Review, 9 (5), S. 25–26.

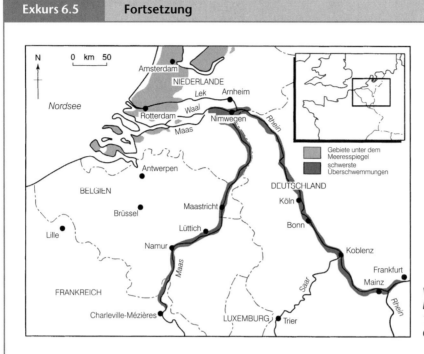

Von den Überschwemmungen Ende Januar/Anfang Februar 1995 am stärksten betroffene Gebiete.

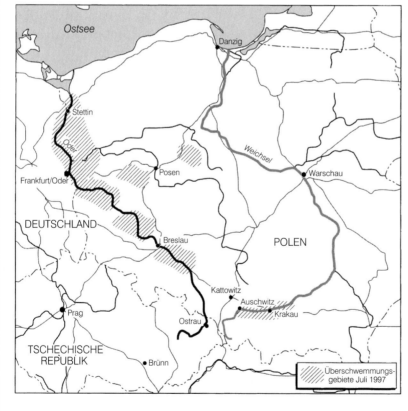

Überschwemmungen in Polen, Juli 1997.

Tabelle 6.4: Übersicht über die Nebeleigenschaften in Großbritannien				
Nebelart	**Jahreszeit**	**betroffene Gebiete**	**Entstehung**	**Auflösung**
Nebel als Folge von Ausstrahlungsnächten	Oktober–März	Binnengebiete, besonders tief gelegener, feuchter Boden	Abkühlung durch Wärme- abstrahlung des Bodens in klaren Nächten bei leichtem Wind	Auflösung durch Sonnen- einstrahlung oder durch verstärkten Wind
Advektionsnebel a) über Land	Winter oder Frühjahr	im Binnenland oft weit verbreitet	Abkühlung warmer Luft beim Durchzug über kaltem Boden	Auflösung durch einen Wechsel der Luftmassen oder durch langsames Aufwärmen des Bodens
b) über dem Meer und an der Küste	Frühjahr und Frühsommer	Meer und Küsten, kann ein paar Kilometer ins Land eindringen	Abkühlung warmer Luft beim Durchzug über kaltes Meer	Auflösung durch einen Wechsel der Luftmassen, an der Küste auch durch Sonnenerwärmung
Frontnebel	jederzeit	höher gelegene Regionen	Absinken der Wolkenbasis entlang einer Front	Auflösung, wenn sich die Front bewegt und einen Wechsel der Luftmassen bewirkt
Rauchnebel (Smog)	Winter	in der Nähe von Industrie- und großen Verstädterungs- gebieten	ähnlich wie Nebel infolge Ausstrahlungsnächten	Auflösung durch Zunahme des Windes oder durch Konvektion

Quelle: A. H. Perry (1981) *Environmental Hazard in the British Isles.* Allen & Unwin, London.

Die Überschwemmung von Küsten ist insbesondere in den tief liegenden Gebieten entlang der Nordsee ein ernsthaftes Problem. Zyklonale Stürme haben schon katastrophale Unwetter und Überschwemmungen bewirkt, die besonders im Mittelalter mit einem großen Verlust an Menschenleben verbunden waren. Man nimmt an, dass vier Stürme an der niederländischen und deutschen Küste im 13. Jahrhundert je 100 000 Opfer gefordert haben. Nordseestürme haben die Insel Helgoland von einer Länge von 60 Kilometern um das Jahr 800 v. Chr. auf 25 Kilometer im Jahre 1 300 und auf nur 1,5 Kilometer Länge im 20. Jahrhundert verkleinert. Die schlimmste Küstenüberschwemmung der jüngeren Geschichte verursachte der Sturm vom 31. Januar auf den 1. Februar 1953, der rund 1 600 Opfer in den Niederlanden und 350 in England forderte. Er hatte seine Ursache in einer Sturmflut, bei der starke Winde aus Nordwesten und Norden Wassermassen nach Süden in die enger werdende südliche Nordsee hineintrieben. Die starken Winde hingen mit einem großen und intensiven Tiefdruckgebiet zusammen, wobei an der schottischen Ostküste durchschnittliche Windgeschwindigkeiten von 110 Kilometern pro Stunde mit Böen von 160 Kilometern pro Stunde beobachtet wurden. Dazu kam, dass die Wasserstände in den Flüssen hoch waren und durch die hohen Fluten, welche das Wasser in den Flussmündungen aufwärts drückten, noch mehr Wasser aufgestaut wurde. Da der Südosten Englands und die Küste der Niederlande einem Senkungsprozess unterliegen, die Meeresspiegel hingegen ansteigen, wird die Problematik der Küstenüberflutung in diesen Gebieten an Bedeutung gewinnen.

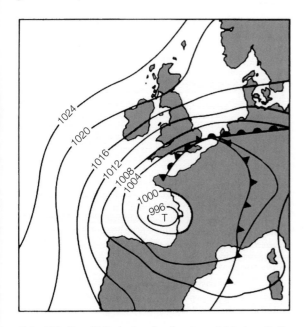

Abb. 6.20 *Eine Wetterkarte, die die atmosphärischen Bedingungen während der starken Regenfälle in England vom 15. September 1968 darstellt.*

Der letzte Typ witterungsbedingter Gefahrenquellen für den Menschen, den wir betrachten, ist der Nebel. Er entsteht unter meteorologischen Bedingungen, die zu einem Abkühlen der Luft unter den Taupunkt führen (Tabelle 6.4). Nebel, der nach einer Ausstrahlungsnacht auftritt, kommt während Hochdruckperioden mit leichten Winden vor. Die Sichtweite ist in der Morgendämmerung am schlechtesten, wenn die Temperaturen am tiefsten sind und es bei klarem Himmel zu einer starken Abkühlung kommt.

Exkurs 6.6   Die Folgen einer globalen Erwärmung für Großbritannien

Sollte die Zunahme der atmosphärischen Treibhausgase zu einer globalen Erwärmung führen, so wird dies auch in Großbritannien beträchtliche Auswirkungen auf die Umwelt haben. Ein jüngerer Bericht geht hinsichtlich des Klimas unter anderem von folgenden bedeutenden Veränderungen aus:

- Die jährliche Niederschlagsmenge könnte um fünf Prozent bis 2020 und um zehn Prozent bis 2050 zunehmen.
- Die Sommertemperaturen werden bis 2050 zwischen 0,8 °C im Nordwesten und 1,8 °C im Südosten steigen. Unter Annahme einer unveränderten Variabilität der Sommertemperaturen wird sich bis 2050 die Wahrscheinlichkeit eines ungewöhnlich warmen Sommers, wie der des Jahres 1995, von 0,013 auf 0,33 erhöhen.
- Während die sommerlichen Niederschläge im nördlichen Großbritannien ansteigen und die potenziellen Evapotranspirationsraten abnehmen dürften, würden die sommerlichen Regenmengen in Südostengland bis zum Jahr 2050 um etwa zehn Prozent abnehmen und die potenzielle Evapotranspiration um bis zu 40 Prozent zunehmen.
- Die Niederschläge dürften im Winter allgemein zunehmen, wobei die größte Zunahme in Südengland erwartet wird.
- Die Frosthäufigkeit würde sich bis 2050 ungefähr halbieren, die Zahl der Tage mit Temperaturen über 25 °C könnte sich verdoppeln.

Man kann davon ausgehen, dass sich derartige Veränderungen auf verschiedene Bereiche der Wirtschaft auswirken würden, auch auf die Landwirtschaft. Die temperaturbedingten Grenzen der Landwirtschaft würden sich je Grad Celsius wahrscheinlich um etwa 300 Kilometer in der Breitenlage und um 200 Meter in der Höhenlage verschieben. Die nördliche Anbaugrenze von Feldfrüchten wie Weizen, Mais oder Sonnenblumen verläuft gegenwärtig durch Großbritannien. Ein Temperaturanstieg könnte – unter der Annahme geeigneter Böden – zu einer beträchtlichen Verlagerung der Anbaugrenzen nach Norden führen. Dies würde die Agrarlandschaft Großbritanniens verändern. Die ländlichen Gebiete könnten dann Agrarräumen ähneln, wie sie heute im südlichen Europa zu finden sind. So könnte sich die Nordgrenze des Maisanbaus, die gegenwärtig im äußersten Süden Englands liegt, bei einer Erwärmung um 0,5 Grad nach Mittelengland, bei einem Anstieg um 1,5 Grad nach Nordengland

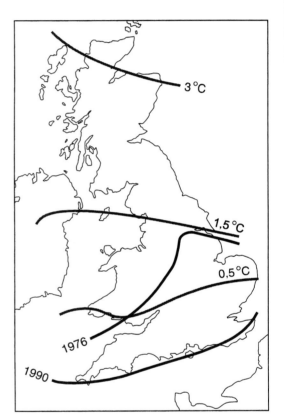

Potentielle Verbreitung von Körnermais in Großbritannien bei verschiedenen Szenarien der Erwärmung.

und bei einer Temperaturzunahme um drei Grad nach Nordschottland verschieben.

Neben Verschiebungen der Anbauzonen bestimmter Feldfrüchte könnte eine Klimaerwärmung den Agrarsektor auch in anderer Weise betreffen. So könnten beispielsweise höhere Temperaturen und häufigere sommerliche Trockenphasen die Erträge verringern. Das Auftreten bestimmter Pflanzenschädlinge und -krankheiten könnte sich verändern, sei es positiv oder negativ.

Quelle: D. Wheeler und J. Mayes (1997) *Regional Climates of the British Isles.* Routledge, London, Kap. 12.

Dies führt zu Temperaturinversionen in geringer Höhe. Die Lufttemperatur nimmt mit der Höhe bis in einige hundert Meter Höhe über Grund zu, sodass die tiefere Atmosphäre sehr stabil ist und die Luftmassen nur wenig durchmischt werden. In Gebieten mit industrieller Luftverschmutzung und in Gebieten, wo topographische Bedingungen die Bildung eines Kaltluftsees fördern, löst sich der Nebel nur schwer auf. Zu Advektionsnebel kommt es, wenn sich warme Luft beim Hinwegziehen über einen kühlen See oder eine kalte, oft schneebedeckte Landoberfläche abkühlt.

Nebel birgt ein Gefahrenpotenzial, das durch menschliche Einwirkung verschärft werden kann. Nebel, der gleichzeitig durch atmosphärische Bedingungen und durch besondere Emissionen der Industrie verursacht wird, muss deshalb als quasi-natürliche Gefahrenquelle bezeichnet werden. Solche Nebel (Smog) stellen eine Art der Luftverschmutzung dar und können zusammen mit den anderen Formen des Nebels für die menschliche Gesundheit schädlich sein.

Die Gefährdung Westeuropas durch Erdbeben hat aktuell keine große Bedeutung. Dennoch verlangt der Bau zum Beispiel von Kernkraftwerken die Berücksichtigung möglicher Erdbebentätigkeit.

Ein weit wichtigeres Gefahrenpotenzial bergen geomorphologische Vorgänge, die mit den verschiedenen Arten der Massenbewegung, wie zum Beispiel Erdrutsche oder Murgänge, zusammenhängen. Sie können durch Entwaldung oder durch die Schaffung instabiler Abraumhalden in Industriegebieten hervorgerufen werden. Eine andere Form geomorphologischer Gefahrenquellen für den Menschen, die teilweise durch menschliche Tätigkeit herbeigeführt werden, ist das Absinken der Bodenoberfläche. Kohleabbau, Salzgewinnung und Trockenlegung von Moorgebieten haben die Bodenoberfläche manchmal drastisch abgesenkt. Allgemein kann davon ausgegangen werden, dass der Mensch als Mitverursacher und Verstärker für eine Vielzahl der so genannten Naturgefahren eine wichtige Rolle spielt.

Zuletzt müssen wir die Gefahrenquellen betrachten, die auf biologischer Seite entstehen. Dazu zählen auch Gesundheitsgefährdungen, die von Umweltbedingungen ausgehen können. Viele jüngere Untersuchungen haben gezeigt, dass bestimmte Krankheiten nicht gleichmäßig über ein Land verteilt auftreten. Einige Krebsformen können offenbar mit besonders hohen Konzentrationen bestimmter Metalle im Boden in Zusammenhang gebracht werden. Die Häufigkeit von Herzgefäßerkrankungen nimmt in Gebieten mit hartem Wasser (reich an Salzen wie etwa Calciumcarbonat) zu. Ebenfalls zu den biologischen Gefahrenquellen gehören Krankheiten, die Pflanzen und Tiere befallen. Unsere zunehmend mobile Gesellschaft hat zur Folge, dass die Einschleppung verschiedener Pathogene ein immer ernsteres Problem wird.

Möglicherweise wird ein zukünftiger Klimawandel die Umweltbedingungen in den Mittelbreiten grundlegend verändern (Exkurs 6.2). In Exkurs 6.6 werden einige der denkbaren Folgen einer globalen Erwärmung für die Britischen Inseln behandelt.

7 Wüsten

7.1 Einleitung

Die Wüsten der Welt (Abbildung 7.1) sind Gebiete mit großem Wasserdefizit, das hauptsächlich aus geringen Niederschlagsmengen hervorgeht. Während sogar die trockensten Teile Deutschlands fast 500 Millimeter Niederschlag pro Jahr aufweisen, verzeichnen viele Messstationen in Wüsten in der Regel weniger als ein Zehntel dieser Menge. In manchen Jahren fällt sogar überhaupt kein Regen.

Dieser Mangel an Feuchtigkeit, der oft durch hohe Temperaturen (und der daraus folgenden hohen Evapotranspirationswerte) noch verstärkt wird, bestimmt viele Eigenschaften der Böden, der Vegetation, der Tierwelt, des Reliefs und der menschlichen Aktivität. Deshalb bauen moderne Methoden zur Definition des Begriffs *Aridität* gewöhnlich auf dem Konzept des *Wasserhaushalts* auf. Darunter versteht man die Beziehungen zwischen dem Wasserinput in Form von Niederschlag (P), den Wasserverlusten durch Evaporation und Transpiration der Pflanzen (*Evapotranspiration*) (E_t) und den Veränderungen im Wasservorrat (Bodenfeuchte, Grundwasser und so weiter) in einem bestimmten Gebiet. Definitionsgemäß herrscht, über ein Jahr betrachtet, in ariden Regionen ein Wasserdefizit, das heißt, die Evapotranspiration ist höher als die jährliche Niederschlagsmenge. Das Ausmaß dieses Defizits bestimmt den Grad der Aridität. Das tatsächliche Ausmaß der Evapotranspiration (AE_t) hängt davon ab, ob überhaupt Wasser zur Verdunstung zur Verfügung steht. Klimatologen haben deshalb das Konzept der *potenziellen Evapotranspiration* (PE_t) entwickelt. Sie ist ein Maß für die Evapotranspiration auf einer Standardoberfläche, auf der es nie an Wasser mangelt. Das Ausmaß der PE_t ist von vier Klimafaktoren abhängig: Strahlung, Feuchtigkeit, Temperatur und Wind. C. W. Thornthwaite hat aufbauend auf der PE_t einen allgemeinen Feuchtigkeitsindex entwickelt:

Wenn das Jahr hindurch $P = PE_t$, beträgt der Index 0.
Wenn das Jahr hindurch $P = 0$, beträgt der Index −60.
Wenn das Jahr hindurch P wesentlich höher ist als PE_t, dann ist der Index +100.

Nach diesem System werden Gebiete mit Werten unter −40 als arid angesehen, solche zwischen −20 und −40 als semiarid und diejenigen zwischen 0 und −20 als subhumid. Die aride Kategorie kann weiter in arid und extrem arid unterteilt werden, wobei *extreme Aridität* als Zustand definiert wird, bei dem an einem Ort während mindestens zwölf aufeinander folgenden Monaten kein Niederschlag verzeichnet worden ist und es keine regelmäßigen jahreszeitlichen Schwankungen beim Niederschlag gibt.

Extrem aride Gebiete bedecken demnach etwa vier Prozent der Festlandfläche der Erde, aride etwa 15 Prozent und semiaride etwa 14,6 Prozent. Zusammen ergeben diese Zahlen ziemlich genau ein Drittel der Festlandfläche. Die Wüsten kommen in fünf großen Zonen vor, die voneinander durch Ozeane oder tropische Regenwälder getrennt sind. Die bei weitem größte Zone umfasst die Sahara und eine Reihe anderer Wüsten, die sich nach Osten über Arabien nach Zentralasien erstrecken. Die südafrikanische Zone besteht aus der Küstenwüste Namib (Exkurs 7.1) und den trockenen Binnengebieten Karroo und Kalahari. Die südamerikanische Trockenzone beschränkt sich auf zwei Streifen: die Atacama-Wüste entlang der Westküste und die Patagonische Steppe entlang der Ostküste. Die nordamerikanische Wüstenzone umfasst einen großen Teil Mexikos und der südwestlichen Vereinigten Staaten mit der Mojave- und der Sonora-Wüste. Die fünfte Zone schließlich liegt in Australien.

Auch wenn der Wasserhaushalt einen ausreichenden Ansatz bietet, um Wüstenmilieus zu untergliedern, so darf man doch nicht vergessen, dass es auch viele andere wichtige Faktoren gibt, welche die Eigenart eines bestimmten Wüstengebietes beeinflussen. So ist es sinnvoll, zwischen warmen Wüsten und solchen, die sich aufgrund ihrer hohen Breitenlage oder ihrer Höhenlage durch Winterfröste auszeichnen, zu unterscheiden. Im Weiteren haben Küstenwüsten wie die Atacama und die Namib ganz andere Temperaturregime und andere Feuchtigkeitsverhältnisse als die Wüsten im Innern der Kontinente. Wüsten unterscheiden sich auch durch viele verschiedene Landschaftstypen oder *Reliefeinheiten*. Denn so wie die

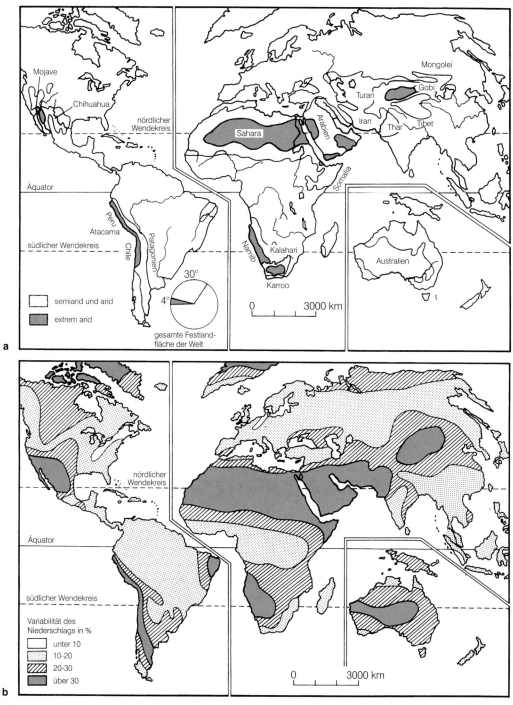

Abb. 7.1 *a) Die Verteilung der Wüsten auf der Welt. b) Weltkarte der Variabilität der Niederschläge. Man beachte, dass die meisten in a) gezeichneten Wüstengürtel eine Variabilität aufweisen, die über 30 Prozent liegt.*

gemäßigten Zonen der Welt unterschiedliche Formen wie Gebirge und Flachländer, Flüsse und Deltas, Seen und so weiter umfassen, so haben auch Wüsten entsprechende topographische Formen.

Im großen Maßstab kann man diese verschiedenen Reliefeinheiten aufgrund ihrer geologischen Vergangenheit in Schildwüsten und in Gebirgs- und Becken-Wüsten untergliedern. Die *Schildwüsten* kommen in

Exkurs 7.1   Die Wüste Namib

Die Wüste Namib liegt an der Atlantikküste des südlichen Afrikas auf dem Gebiet der Republik Südafrika, Namibias und Angolas und erstreckt sich über eine Distanz von mehr als 2 000 Kilometern. Sie ist eine der trockensten Wüsten der Welt; einige Gebiete erhalten weniger als 20 Millimeter Niederschlag pro Jahr. Ihre Aridität rührt zum Teil von ihrer Lage auf der Westseite des Kontinentes und vom Benguelastrom, einer sehr kalten küstennahen Strömung, her. Die Wüste entstand vermutlich vor über 20 Millionen Jahren, als sich die Antarktis in ihre heutige Lage nahe dem Südpol verschob und begann, kaltes Wasser in den südlichen Atlantik zu speisen.

Die Namib weist eine Vielfalt an Wüstenlandschaften auf; man kann sie in vier Hauptgebiete unterteilen. In Südafrika liegt südlich des Orange River die Namaqualand Sand-Namib. Sie ist nicht so trocken wie die Gebiete weiter nördlich und erhält im Winter 150 Millimeter Niederschlag, was zur Aufrechterhaltung einer relativ dichten Pflanzendecke aus Sukkulenten genügt. Die Vegetation gewährleistet die Stabilisierung ausgedehnter Gebiete mit Oberflächensanden.

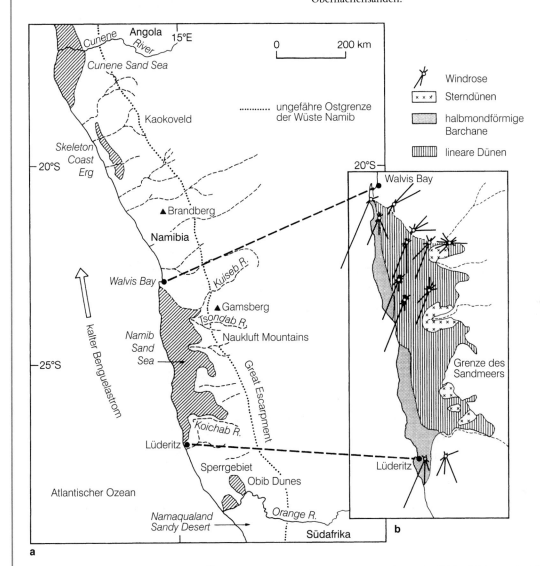

Die Namib-Wüste im südlichen Afrika: a) Übersichtskarte; b) Haupttypen von Dünenformen in Abhängigkeit von der Windrichtung.

Exkurs 7.1   Fortsetzung

Viele dieser Sande sind von Flüssen abgelagert worden, die aus dem Landesinnern gegen die Küstenebene hin entwässern und ihre Sedimentfracht großenteils aus Gebieten mit Granit oder Tafelberg-Sandstein beziehen. Nördlich des Orange River liegt eine felsige und sandbedeckte Ebene, das so genannte Sperrgebiet, das sich nördlich bis Lüderitz erstreckt. Es zeigt die Entwicklung von Yardangs und anderen Windformungen.

Die zweite Zone der Namib ist das große Namib-Sandmeer zwischen Lüderitz und dem Kuiseb River (in der Nähe der Walvis Bay). Hier gibt es rund 34 000 Quadratkilometer Sanddünen mit einem reichen Formenschatz. Im Küstenstreifen sind es von den Südwestwinden geformte Barchane (Sicheldünen). Im Landesinnern sind es große Längsdünen (Farbabbildung 5), die mehr oder weniger von Süden nach Norden verlaufen und durch Südwinde mit einem bimodalen Regime geformt werden.

Sie haben einen Abstand, der von 1 200 bis 2 800 Metern reicht, und erreichen Höhen von 25 bis 170 Metern. An den östlichen Rändern des Sandmeeres liegen große Sterndünen, welche durch komplexe Windregime entstehen und Höhen von 200 bis 350 Metern erreichen.

Nördlich des Kuiseb liegen die zentralen Namib-Ebenen, die überwiegend aus blankem Fels bestehen, denn der Kuiseb River unterbricht weitgehend jeglichen Sandtransport von den Dünen im Süden. Die Ebenen sind übersät mit eindrucksvollen Gruppen von Inselbergen, die aus granitähnlichen Gesteinen bestehen. Der eindrucksvollste unter ihnen ist der große Brandberg Mountain.

Die vierte Zone der Namib liegt im Norden und besteht aus einem Sandmeer an der Küste, das unter dem Namen Skeleton Coast Erg bekannt ist, und aus den Felsebenen von Kaokoveld.

Indien, Afrika, Arabien und Australien vor und waren einst Teil der Landmasse Gondwana (Kapitel 1.6). Sie sind weniger reliefiert als die Gebirgs- und Becken-Wüsten. Da sie keiner rezenten, ausgedehnten tektonischen Aktivität unterliegen, sind oft über weite Gebiete alte Landoberflächen erhalten geblieben. Im Gegensatz dazu haben die *Gebirgs- und Becken-Wüsten* zum Beispiel im Südwesten der USA oder im Iran ein bewegteres Relief. Weil sie häufig rezenten Gebirgsbildungsprozessen unterliegen, haben sie die Tendenz zu scharfen Übergängen entlang von Verwerfungen zwischen Gebirgen und Ebenen. Die Topographie des amerikanischen Südwestens mit ihrem Blockschollengebirge ist ein ausgezeichnetes Beispiel für diesen Typ. Im kalifornischen Death Valley, einem der heißesten und trockensten Orte der Erde, finden wir hohe Berge von über 3 000 Meter in enger Nachbarschaft mit schimmernden weißen Salzebenen, die unter dem Meeresspiegel liegen. Die hohe Reliefenergie ist ein Hauptsteuerungsfaktor für die geomorphologischen Prozesse, die sich hier abspielen.

Innerhalb dieser beiden Strukturtypen sind die einzelnen Gebiete vom Wind, vom Wasser, von der Erosion oder durch Ablagerungen geprägt. Es können verschiedene Wüstentypen charakterisiert werden, jede mit typischen Reliefformen, Oberflächenmaterialien und Pflanzen. Nach der Klassifikation des australischen Geomorphologen J. A. Mabbutt gibt es die folgenden Haupttypen von Wüstengebieten:

- *Wüsten-Hochland*, wo geologische Voraussetzungen das Relief bestimmen, Grundgestein ansteht und die Reliefenergie hoch ist.
- *Wüsten-Piedmontflächen* sind Übergangszonen, die zwar vom Hochland durch einen Einschnitt in der Hangneigung getrennt sind, aber doch Abfluss und Sedimente vom Hochland erhalten. Sie weisen sowohl Ablagerungsformen (zum Beispiel Schwemmkegel) als auch Erosionsformen (zum Beispiel Pedimente) auf.
- *Steinwüsten* bestehen aus steinigen Ebenen und strukturell bedingten Plateaus und können von einer Decke aus Steinpflaster überlagert sein.
- *Wüstenflüsse und Schwemmebenen* sind Erscheinungen des Wüsten-Tieflandes.
- *Wüsten-Seebecken* sind Sammelbecken, in die eine ungeordnete Entwässerung mündet und die oft salzig sind.
- *Sandwüsten* liegen eher außerhalb der Gebiete mit aktiver fluvialer Tätigkeit, erhalten aber oft ihr Material durch den Wind, der Erosionsmaterial aus Schwemmebenen oder Seebecken abtransportiert. Dünen sind ihr Kennzeichen.

7.2 Gründe für die Aridität

Die meisten Wüsten der Welt verdanken ihren Charakter unabhängig von ihrer Form den geringen Niederschlagswerten. Ausgangspunkt ist die Lage der Wüsten. Es handelt sich um Gebiete mit absinkenden Luftmassen (Kapitel 2.3), mit relativer atmosphärischer Stabilität und mit divergierenden Luftmassen in geringen Höhen in Verbindung mit großen Hochdruckzellen in einer Breite von 30 Grad. Wie wir aus Kapitel 2 wissen, dringen in solche Gebiete nur selten niederschlagsbringende Störungen und Tiefdruckgebiete aus der Innertropischen Konvergenzzone oder aus dem Gürtel der mit den zirkumpolaren Westwinden verbundenen Tiefdruckgebiete der mittleren Breiten ein. Die Passate, welche in diesen ariden Zonen wehen, sind verdunstungsfördernde Winde. Durch die Passatinversion haben sie die Tendenz zu absinkender Luftbewegung und zu Stabilität.

Die subtropischen Hochdruckgebiete sind die Hauptregionen der Aridität, obwohl sich die Wüstenzonen nicht durchgehend in 30 Grad Breite um die Erde erstrecken. Der indische Monsun entlädt zum Beispiel beträchtliche Mengen Niederschlag über Nordindien. In anderen Gebieten werden die Antizyklonen in eine Reihe von lokalen Hochdruckzellen auseinander gerissen. Dies ist insbesondere über den Ozeanen der Fall, wo sich die Luftmassen der Antizyklonen im Uhrzeigersinn drehen und die mit Feuchtigkeit beladene Luft gegen die Ostränder der Kontinente (Karibik, Brasilien, Queensland) geführt wird.

Die globalen Auswirkungen der subtropischen Hochdruckgebiete werden häufig durch lokale Faktoren verstärkt. Unter ihnen ist die Entfernung zum Meer (*Kontinentalität*) ein entscheidender Faktor für Lage und Eigenschaften der Wüstengebiete, wie etwa bei den Wüsten Zentralasiens. Der *Regenschatteneffekt* großer Gebirge kann auf der Leeseite zu ariden Gebieten führen, wie etwa in Patagonien, wo die Anden Auslöser des Regenschatteneffekts sind. Andere Wüsten stehen in Verbindung mit kalten küstennahen Meeresströmungen. Im Falle der Namib und der Atacama wehen alle Winde, die auf die Küste zukommen, über kalte Strömungen hinweg. Die kalten Strömungen haben ihren Ursprung in höheren Breiten und stehen mit Zonen in Verbindung, in denen kaltes Wasser aus den Tiefen der Ozeane aufsteigt. Die entstehenden kalten Luftmassen haben eine stabile Schichtung, weil sie von unten abgekühlt werden und sich durch eine relativ geringe Feuchtekapazität auszeichnen. Mit anderen Worten: Sie verstärken die in Wüstengebieten durch vorherrschend absinkende Luftmassen bereits vorhandene Stabilität noch zusätzlich.

7.3 Niederschlag in Wüsten

Die Haupteigenschaften der Wüsten sind durch die geringen Niederschlagswerte bedingt, extrem geringe Niederschlagswerte sind ein besonderes Kennzeichen einiger Küstenwüsten. So beträgt zum Beispiel die mittlere Jahressumme in Callao in Peru nur 30 Millimeter, in Swakopmund in Namibia nur 15 Millimeter und in Port Etienne in Mauretanien nur 35 Millimeter. In Ägypten gibt es Stationen mit einem mittleren Jahresniederschlag von nur 0,5 Millimetern. In Gebieten mit einer so extremen Aridität können Jahre vergehen, bis überhaupt wieder Regen fällt.

Eine andere überaus bedeutsame Eigenheit des Niederschlags in Wüstengebieten ist die starke jährliche Schwankung (Abbildung 7.1b). Diese *Variabilität* (V) kann mit einem einfachen Index ausgedrückt werden:

$$V(\%) = \frac{\text{mittl. Abweichung vom Jahresmittel}}{\text{Jahresmittel}} \times 100$$

Europäische Stationen im feuchtgemäßigten Klima haben eine Variabilität von weniger als 20 Prozent, während sie in der Sahara von 80 bis 150 Prozent reicht. Das bedeutet, dass sich trotz der geringen mittleren Niederschlagsmengen von Zeit zu Zeit Unwetter von erstaunlichem Ausmaß ereignen können (Abbildung 7.2). Tatsächlich können Maximalwerte in 24 Stunden den langjährigen Wert des Jahresniederschlags übersteigen. In Chicama in Peru fielen im Jahre 1925 in einem einzigen Unwetter 394 Millimeter, nachdem der mittlere Jahresniederschlag in den vorangegangenen Jahren armselige vier Millimeter betragen hatte. Ein ähnlicher Fall ereignete sich im September 1969 in El Djem in Tunesien, wo der mittlere Jahresniederschlag 275 Millimeter beträgt: In drei Tagen fielen 319 Millimeter, was schwere Überschwemmungen verursachte und große geomorphologische Veränderungen schuf.

Es wäre aber falsch, wenn der Eindruck entstände, der Niederschlag in Wüsten träte immer als Unwetter mit solcher Intensität auf. Der größte Teil fällt in Regenschauern von schwacher Intensität. Dies kommt klar zum Ausdruck, wenn man die Niederschlagsstatistik für die jordanische Wüste im Mittleren Osten und für das Death Valley in Kalifornien betrachtet (Abbildung 7.3). Beide Gebiete haben sehr geringe Niederschläge in Bezug auf die mittleren Jahreswerte (102 beziehungsweise 67,1 Millimeter). Im Durchschnitt fällt aber Regen an 26 beziehungsweise 17 Tagen, sodass das mittlere Niederschlagsereignis nur etwa

Abb. 7.2 *Obwohl Wüsten im Allgemeinen trocken sind, können Überschwemmungen auftreten, die durch die Kombination von unge-wöhnlich hohem Niederschlag und undurchlässigen Oberflächen zustande kommen. Im Januar 1984 kam es im (ariden) Herzen von Australien zu schweren Zerstörungen: Bei Marla Bore wurde die Eisenbahnlinie weggespült.*

drei bis vier Millimeter aufweist, was ziemlich genau den Niederschlagsverhältnissen in London entspricht.

In Küstenwüsten mit kalten Strömungen vor der Küste kann die nebelbedingte Feuchtigkeit diejenige des Regens übersteigen. Ein Beispiel dafür sind die Küstensäume Namibias mit mittleren Jahresnebelniederschlägen von 35 bis 45 Millimetern. Hier herrscht Nebel an bis zu 200 Tagen im Jahr und über 100 Kilometer landeinwärts. In Peru bringen Nebel und tief liegende Wolken genügend Feuchtigkeit, sodass Pflanzenwachstum möglich ist.

Der Niederschlag zeigt in ariden Zonen, abgesehen von der zeitlichen Variabilität, auch eine beträchtliche räumliche Streuung. Die Verbreitungsmuster erscheinen in der Karte deshalb häufig „fleckenhaft".

7.4 Temperaturen in Wüsten

Je nach Typ haben Wüsten ein breites Spektrum an Temperaturbedingungen. In Binnenwüsten ist die Luft sehr trocken, entsprechend groß sind die Ein- und Ausstrahlung, sodass es im Tagesverlauf zu extremen Temperaturschwankungen kommt, wie sie sonst in keiner anderen Klimaregion erreicht werden. Küstenwüsten hingegen weisen eher relativ schwache tageszeitliche Schwankungen auf.

Im Falle der Küstenwüsten wird das Klima durch die kalten Strömungen und durch den Auftrieb von Meerwasser beeinflusst und gemildert. Die Jahresschwankungen der Temperatur sind geringer als in Binnenwüsten: Callao in der peruanischen Wüste zeigt einen Wert von 5 °C. Auch die Tagesschwankungen sind an solchen Stationen gering. Sie betragen oft um 11 °C und damit nur etwa die Hälfte dessen, was man für die Sahara zu erwarten hat. Die Werte für die mittlere Jahrestemperatur sind in der Regel auch gemäßigt (etwa 19 °C in der Atacama und 17 °C in der Namib).

Im Gegensatz dazu gibt es in den Binnenwüsten hohe Extremwerte der Temperatur mit Maximalwerten von über 50 °C im Schatten. Temperaturen von mehr als 37 °C gibt es in den Sommermonaten am Ende vieler Tage. Wegen des klaren Himmels nimmt die Temperatur aber in der Nacht spürbar ab; Tagesschwankungen von 17 bis 22 °C sind die Regel. In den Wintermonaten kommt es in hoch gelegenen Binnenwüsten häufig zu Frost.

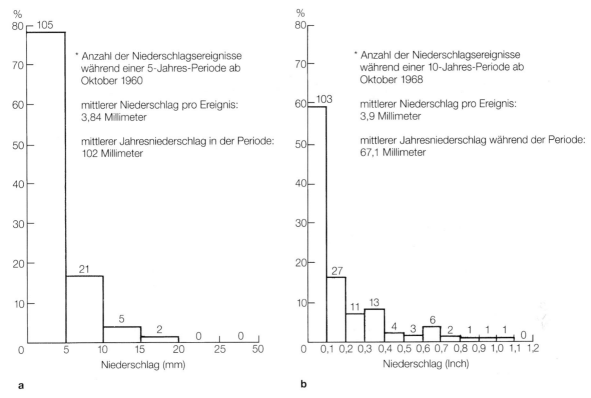

Abb. 7.3 *Histogramme der Regenmengen, die pro Regentag an zwei Messstationen in der Wüste fielen: a) H4, Jordanien; b) Death Valley, Kalifornien. Man beachte die Durchschnittsmenge, die in beiden Fällen weniger als vier Millimeter pro Ereignis beträgt.*

Wenn auch einige Wüsten große Tages- und Jahresschwankungen der Lufttemperatur aufweisen, noch größere Schwankungen zeigen die Temperaturen der Bodenoberfläche. Auf Sand, Erde und Fels hat man schon bis zu 82 °C gemessen, und russische Arbeiter haben von Tagesschwankungen der Bodentemperatur von 75 °C berichtet! Solche Extremwerte haben starke Auswirkungen auf die Gesteinsverwitterung einerseits und auf das Pflanzen- und Tierleben andererseits.

7.5 Frühere Klimabedingungen in Wüsten

Während der Eiszeit im Pleistozän sah die Welt ganz anders aus als heute. Die Eisschilde in den hohen Breiten waren viel ausgedehnter als jetzt, und Permafrost dehnte sich unter anderem bis nach Mitteleuropa aus. Niedere Breiten blieben von diesen Veränderungen nicht ausgeschlossen. Die Temperatur- und Niederschlagsbedingungen wechselten mehrmals, und viele Wüsten erhielten höhere Niederschlagsmengen als

heute. Man nennt solche Perioden *Pluviale* oder *lakustrische Phasen*. Einige Wüsten haben aber auch noch größere Aridität erlebt als heute: Solche Trockenphasen nennt man *Interpluviale*.

Es gibt in den gegenwärtigen Wüstenlandschaften eine ganze Anzahl von Indikatoren für höhere Niederschlagsmengen in der Vergangenheit: hohe Seespiegel, abzulesen an alten Strandlinien am Rande von heute trockenen, salzigen, geschlossenen Becken; ausgedehnte Flächen mit fossilen Böden humider Klimate, wie etwa Laterite und andere Bodentypen, die Indikatoren für deutliche chemische Veränderungen unter feuchten Bedingungen sind; große Verbreitung von Quellablagerungen aus Kalk, welche einen höheren früheren Grundwasserspiegel anzeigen; ausgedehnte Fluss-Systeme, die heute inaktiv und durch Dünenfelder blockiert sind; sowie Überreste von Tieren und Pflanzen und Zeugnisse früherer menschlicher Besiedlung in Gebieten, die heute für Menschen nicht mehr bewohnbar sind.

Zum Nachweis von ehemals trockeneren Bedingungen dienen leicht abgetragene, stabile Sanddünen

Abb. 7.4 *Die Terrassen, die den Hang hinter diesen Schulgebäuden im US-Bundesstaat Utah gliedern, sind durch den Wellenschlag des pluvialzeitlichen Lake Bonneville entstanden.*

in Gebieten, die heute für den Transport von Sand zu feucht sind (Kapitel 2.7).

Einige pluviale Seebecken erreichten ungeheure Dimensionen, und zwar besonders im Südwesten der Vereinigten Staaten, wo durch Bruchfaltung eine große Anzahl geschlossener Becken entstanden ist. In Zeiten größerer Feuchtigkeit konnten in diesen Becken Seen akkumulieren. Lake Bonneville (Abbildung 7.4) in der Nähe von Salt Lake City in Utah hat heute eine Wasserfläche von 2 600 bis 6 500 Quadratkilometern und ist sehr salzhaltig. In den Pluvialen des Pleistozäns hatte er eine Ausdehnung von 51 700 Quadratkilometern, was fast der Fläche des heutigen Lake Michigan entspricht, und war vermutlich relativ salzarm. Der Wasserspiegel lag 355 Meter höher als heute.

Auch der Tschadsee am Rande der Sahara erlebte größere Schwankungen des Seespiegels: Dieser dürfte etwa 120 Meter höher als heute gelegen haben, und der See erstreckte sich hunderte von Kilometern nach Norden über die heutige Begrenzung hinaus. Auch in Zentralasien gab es im Gebiet des heutigen Aralsees und des Kaspischen Meeres einen riesigen See, der mehr als 1,1 Millionen Quadratkilometer bedeckte und von der heutigen Wolgamündung an 1 300 Kilometer flussaufwärts reichte.

Die Datierung dieser humiden Phasen ist immer noch Gegenstand von großen Diskussionen. Im Allgemeinen scheint es, dass die hohen Seespiegel im amerikanischen Südwesten weitgehend zeitgleich mit der letzten großen Ausdehnung der Eisschilde vor ungefähr 18 000 Jahren sind. In anderen Gebieten, so etwa am Rande der Sahara und in Ostafrika, fand die letzte große Phase der Seeausdehnung (vermutlich eine unter vielen) gerade nach dem Beginn der Postglazialzeit vor etwa 9 000 Jahren statt.

Starke Klimaänderungen haben offenbar im Pleistozän und im frühen Holozän stattgefunden. Aus der Untersuchung meteorologischer Daten, die in einigen Fällen bis in die Mitte des vorletzten Jahrhunderts zurückreichen, ergibt sich aber, dass auch heute noch deutliche Schwankungen stattfinden. So haben zum Beispiel in den Dreißigerjahren geringere Niederschläge und überdurchschnittliche Temperaturen in den Vereinigten Staaten zur extremen Winderosion und Staubauswehung der so genannten „Dust Bowl"-Jahre beigetragen (Exkurs 7.2). Seit den späten Sechzigerjahren leidet ein breiter Landgürtel von Mauretanien im Westen bis Nordwestindien im Osten unter einer Reihe anhaltender und extremer Dürren mit Niederschlägen von etwa zwei Dritteln des langjährigen

| Exkurs 7.2 | Die „Dust Bowl" der Dreißigerjahre in den USA |

Die Great Plains Amerikas sind eine der größten Agrarregionen der Welt. Der westliche Teil, die High Plains, ist ein Gebiet mit trockenem Grasland, das sich von Texas nach Norden erstreckt und Teile der Staaten Oklahoma, Kansas, Colorado, New Mexico und Nebraska umfasst. In den dreißiger Jahren wurde es von einer schweren Katastrophe heimgesucht, die Daniel Worster in seinem Buch *Dust Bowl* (Oxford University Press, New York, 1979) anschaulich beschrieben hat:

»Wetterstationen in den Plains verzeichneten im Jahre 1932 nur wenige Staubstürme, im April 1933 bereits 179, und im November desselben Jahres einen großen Staubsturm, der sich bis Georgia und New York hinzog. Aber erst der Sturm vom Mai 1934 brachte die Wende in eine dunkle Zeit. Am 9. Mai wurde in Montana und Wyoming Erde vom Boden in die Luft gewirbelt, von Winden in extrem hohe Luftschichten mitgerissen und nach Osten in Richtung der beiden Staaten von Dakota geblasen. Immer mehr lockere Erde wurde in diesen Luftstrom gezogen, bis schließlich 350 Millionen Tonnen in Richtung der Großstädte Amerikas unterwegs waren. Am späten Nachmittag erreichte der Sturm Dubuque und Madison, und am Abend fielen zwölf Millionen Tonnen Staub wie Schnee über Chicago hernieder – vier Tonnen für jede in der Stadt lebende Person. In Buffalo war der Mittag des 10. Mai vom Staub verdunkelt. Von dort breitete sich die „Finsternis" mit einer Geschwindigkeit von 160 Kilometern pro Stunde über verschiedene Staaten nach Süden aus. Am Morgen des 11. Mai befand sich der Staubsturm

über Boston, New York, Washington und Atlanta; von hier zog er aufs offene Meer. Die Stadt Savannah, die als letzte den Staub meldete, hatte am 12. Mai den ganzen Tag über einen bedeckten Himmel. In den folgenden ein bis zwei Tagen schlug sich der Staub sogar auf Schiffen im Atlantik, zum Teil in Entfernungen bis zu 500 Kilometer vor der Küste, nieder.

In den dreißiger Jahren begann der Soil Conservation Service mit der Erstellung einer Häufigkeitskarte aller Staubstürme von regionaler Bedeutung mit einer Sichtweite unter einer Meile. Im Jahre 1932 waren es 14, im Jahre 1933 38, im Jahre 1934 22, im Jahre 1935 40, im Jahre 1936 68 und im Jahre 1937 72. Dann fielen die Zahlen, als die Dürre etwas nachließ, auf 61 im Jahre 1938, 30 im Jahre 1939 und je 17 in den Jahren 1940 und 1941. Ein anderes Maß für die Heftigkeit lag in der Berechnung der Gesamtzahl der Stunden, welche die Staubstürme während eines Jahres dauerten. Nach diesem Kriterium war wiederum das Jahr 1937 das schlimmste: In Guymon im „Pfannenstiel" Oklahomas stieg die Gesamtzahl der Stunden in jenem Jahr auf 550, wovon die meisten in der ersten Jahreshälfte lagen. In Amarillo war 1935 das schlimmste Jahr mit insgesamt 908 Stunden. Zwischen Januar und März war die Sichtweite siebenmal gleich Null. Einer dieser absoluten Blackouts dauerte elf Stunden. Ein einzelner Sturm konnte zwischen einer Stunde und dreieinhalb Tagen wüten. Der Wind kam meistens aus Südwesten, zum Teil aber auch aus Westen, Norden und Nordosten und schlug mit einer Gewalt von 100 Kilometern pro

In der Mitte der Dreißigerjahre waren die High Plains der Vereinigten Staaten heiß und trocken. Große Gebiete waren überdies für die Getreideproduktion umgepflügt worden, sodass der Oberboden der Winderosion ausgesetzt wurde. In der Folge bildeten sich Staubstürme, und es kam zu starken Sandverwehungen. Dieses Beispiel in South Dakota zeigt die kahle Bodenoberfläche und das Ausmaß der Versandung von landwirtschaftlichen Geräten und Gebäuden.

Stunde auf Fenster und Hauswände ein. Der Schmutz, den sie auf dem Rasen vor dem Haus hinterließen, war braun, schwarz, gelb, aschgrau oder seltener rot, je nach ihrem Ursprung. Und jede Farbe hatte auch ihren eigenen Geruch, von einem scharfen Pfeffergeschmack, der in der Nase brannte, bis zu einer starken Öligkeit, die Übelkeit erregte.«

Die „Black Blizzards" der „Dirty Thirties" verursachten viel Not. Sie waren ein Zeichen für eine starke Degradation der Landschaft, die wir heute als Desertifikation bezeichnen.

Was waren die Ursachen für diese Tragödie, die John Steinbeck in seinem Roman *The Grapes of Wrath* (1939;

auf Deutsch unter dem Titel *Früchte des Zorns* erschienen) so packend eingefangen hat? Sicher spielten natürliche Ursachen eine Rolle, denn die Dreißigerjahre waren in den High Plains ein heißes, trockenes Jahrzehnt, das die Vegetationsdecke reduzierte und die Böden austrocknete, sodass sie durch starke Winde weggeblasen werden konnten. Die Hauptrolle spielte aber der Mensch. Entscheidend war, dass weite Gebiete mit Grasland, die vor dem Umpflügen durch eine dichte Grasdecke geschützt waren, für den Getreideanbau kultiviert wurden. Die Entwicklung des Traktors, des Mähdreschers und des Lastwagens machte die Bearbeitung dieser großen Flächen möglich.

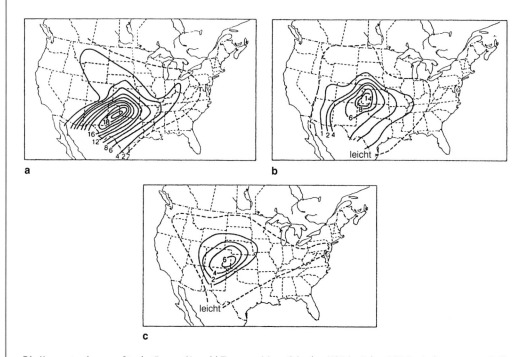

a

b

c

Die Konzentration von Staubstürmen (Anzahl Tage pro Monat) in den USA im Jahre 1936 mit der extremen Ballung über den High Plains von Texas, Colorado, Oklahoma und Kansas: a) März; b) April; c) Mai.

Mittels. Dies hat schwere Hungersnöte verursacht und führt zu einer starken Belastung der Vegetation, die in den Wüstenrandgebieten für Weidetiere nur begrenzt zur Verfügung steht. Intensive Landdegradation und Erosion sind die Folge.

7.6 Vegetation und Tierwelt der Wüsten

Die Trockenheit der Wüsten hat eine nur geringe Vegetationsbedeckung zur Folge, und selten findet

man eine geschlossene Pflanzendecke (Abbildung 7.5). Ein nützliches Maß für den Grad der Vegetationsentwicklung eines Gebietes ist dessen Phytomasse, also die Gesamtmenge des lebenden Pflanzenmaterials über und unter der Erde. Wüsten produzieren nur wenig Phytomasse, häufig hundert Mal weniger als eine gleich große Fläche in einem Wald der Mittelbreiten. Wasser ist von lebenswichtiger Bedeutung für das Pflanzenwachstum. Deshalb ist der Wassermangel Ursache der niedrigen Phytomassewerte. Die meisten Pflanzengewebe sterben ab, wenn ihr Wassergehalt zu stark sinkt; Wasser transportiert die Nährstoffe der Pflanzen; Wasser ist ein Rohmaterial im lebenswichtigen Prozess der Photosynthese; und Wasser reguliert die Temperatur einer Pflanze durch seine Fähigkeit, Wärme zu absorbieren, und auf der anderen Seite durch die Verdunstung von an die Atmosphäre abgegebenem Wasserdampf die Temperaturen der Pflanzen herabsetzen zu können. Wasser steuert aber nicht nur die Menge des produzierten pflanzlichen Materials, sondern auch die Möglichkeit des Vorkommens von Pflanzen in einem Wüstengebiet. Es gibt Gebiete, die wegen ihrer Bodentextur, wegen ihrer topographischen Lage oder wegen ihrer Entfernung zum Grundwasser praktisch kein pflanzenverfügbares Wasser aufweisen und deshalb von nacktem Gestein oder Sand geprägt sind.

Die Besonderheiten des pflanzlichen Lebens in Wüsten spiegeln die Anpassungen der Pflanzen an die Aridität wider. Es gibt zwei Hauptgruppen der Vegetation: *perennierende* (mehrjährige) *Pflanzen*, die sukkulent und xerophytisch sind, und *ephemere* (einjährige) *Pflanzen*, die einen kurzen Lebenszyklus haben, sich nur unmittelbar nach einem Regenfall entwickeln und die übrige Zeit als Samen (*Therophyten*) oder als Knollen bzw. Zwiebeln (*Geophyten*) im Boden überdauern.

Im Gegensatz zu den ausdauernden Arten weisen Letztere keine besonderen Anpassungserscheinungen an Wassermangel auf. Eine Unterscheidung von Dürre meidenden und Dürre ertragenden Arten ist ökolo-

gisch aber nicht sinnvoll. Alle ertragen die Dürre: die einen als Samen und Knollen, die anderen im Zustand latenten Lebens (Algen, Flechten) und wieder andere im reduziert-aktiven Zustand (*Xerophyten, Sukkulenten*). Es sind die Ephemere, die die Wüste nach Niederschlagsereignissen binnen weniger Tage in ein Blütenmeer verwandeln können und eine Fülle neuer Überdauerungsorgane (Samen und Zwiebeln) bilden, ehe sich mit dem Wasser auch das Leben aus der Wüste zurückzieht.

Die perennierende Vegetation passt sich an die Aridität durch verschiedene Schutzmechanismen an (Abbildung 7.6). Die meisten Wüstenpflanzen gehören zu den Xerophyten, die während der Dürrezeit eine zumindest minimale Wasseraufnahme benötigen, da ihr Vermögen, Wasser zu speichern, nicht sehr groß ist. Aufgrund spezieller Mechanismen sind sie sehr trockenheitsresistent: Die Verdunstung wird herabgesetzt entweder durch eine dichte Behaarung, wachsartige Blattoberflächen, kleine und hartlaubige Blätter, eine verringerte Zahl an Poren oder durch das Aufrollen oder Abstoßen der Blätter zu Beginn der Trockenzeit sowie durch physiologische Anpassungen. Einige Xerophyten, nämlich die Sukkulenten (unter anderem die Kakteen), legen einen Wasservorrat in einem speziellen Wasserspeichergewebe in Blatt, Stamm oder Wurzel an. Ein anderer Weg, der Trockenheit zu begegnen und begrenzte Wasservorräte im Boden auszunutzen, liegt in der Ausbildung einer eingeschränkten oberirdischen Phytomasseproduktion zugunsten der unterirdischen. Ausgedehnte Wurzelsysteme unter der Erde sind eine verbreitete Anpassungserscheinung, und es ist nichts Ungewöhnliches, dass Wurzeln von perennierenden Wüstenpflanzen mehr als zehn Meter in die Tiefe reichen.

Viele Wüstenpflanzen müssen zusätzlich zum Wassermangel auch mit einem häufigen Wüstenphänomen, dem der Salzböden, kämpfen. Dadurch hat sich eine Gruppe salztoleranter Pflanzen herausgebildet (*Halophyten*), die über eine Vielzahl von diesbezüglichen Anpassungsmechanismen verfügen.

Auch Tiere müssen sich an die Wüstenbedingungen anpassen (Abbildung 7.7). Sie tun dies auf zwei verschiedene Arten: entweder durch saisonales oder durch kurzfristiges, an Tageszeiten gebundenes Schutzverhalten. Zum saisonalen Schutzverhalten gehört die *Aestivation*, ein Zustand anhaltenden Schlafes oder anhaltender Trägheit, bei dem die Tiere ihren Stoffwechsel und ihre Temperatur während der heißen Jahreszeit oder während sehr trockener Perioden herabsetzen. Saisonale Wanderungen sind besonders

Abb. 7.5 In der extrem ariden Namibwüste ist die Vegetationsbedeckung im Allgemeinen lückenhaft, doch in feuchten Jahren können für kurze Zeit Gräser wachsen.

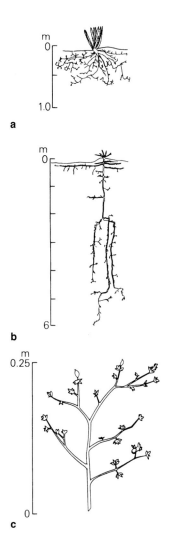

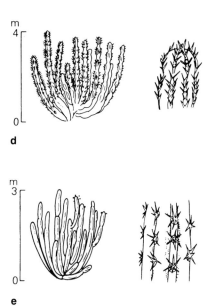

Abb. 7.6 *Einige Formen der Anpassung von Wüstenpflanzen an die Umweltbedingungen in der Wüste: a) eine sukkulente Pflanze, die eine große Menge Wasser speichern kann und mit oberflächennahen Wurzeln auskommt, mit denen sie das Wasser bei sporadischen Niederschlagsereignissen aufnimmt; b) ein Akazienbusch als Beispiel eines Pflanzentyps, der für Wüstenrandgebiete kennzeichnend ist und der eine Doppelstrategie verfolgt: Flachwurzeln zur Aufnahme der sporadisch bei Regen verfügbaren Feuchtigkeit und ein System von tief reichenden Wurzeln, das bis ins ständig verfügbare Grundwasser im Unterboden und Gestein reicht; c) eine Pflanze mit im Vergleich zur Astlänge (ungefähr 25 Zentimeter) sehr kleinen Blättern zur Begrenzung der Wasserverluste durch Transpiration; d) die dornige Euphorbia der Wüste Namib in Südwestafrika; und e) ihr Pendant in Nordamerika: der Kaktus.*

für große Säugetiere oder Vögel eine andere Form des Schutzes. Kurzfristiges Schutzverhalten von Wüstentieren nimmt gewöhnlich einen tageszeitlichen Rhythmus an. Vögel suchen Schutz in Nestern, unter Felsvorsprüngen, in Bäumen und dichtem Gebüsch, um den heißesten Stunden des Tages zu entfliehen, während Säugetiere wie der Taschenspringer sich in die Erde eingraben.

Einige Tiere besitzen gewisse, physiologische und morphologische (strukturelle) Anpassungen, die es ermöglichen, die extremen Bedingungen zu überstehen. Der Strauß hat zum Beispiel ein Federkleid, das aus langen, aber nicht zu dichten Federn besteht. Wenn es heiß ist, stellt er seine Federn auf und vergrößert so die Dicke der Barriere zwischen Sonnenstrahlung und Haut. Die spärliche Verteilung der Federn erlaubt aber auch eine beträchtliche laterale Durchlüftung über der Hautoberfläche, wodurch weitere Wärme durch Konvektion abgegeben werden kann. Im Weiteren orientieren sich die Vögel sorgfältig nach der Sonne und schlagen leicht ihre gefiederten Flügel, um so die konvektive Abkühlung zu erhöhen.

7.7 Böden und Oberflächenmaterialien

Böden in ariden Milieus, so genannte *Aridisole*, haben bestimmte generelle Eigenschaften, die sie von anderen Böden unterscheiden. Wegen der geringen Pflanzenbedeckung der Wüstenoberfläche weisen die Böden nur einen geringen Anteil an organischem Material auf und sind deshalb überwiegend Mineralböden eines unreifen und skelettartigen Typs (Roh-

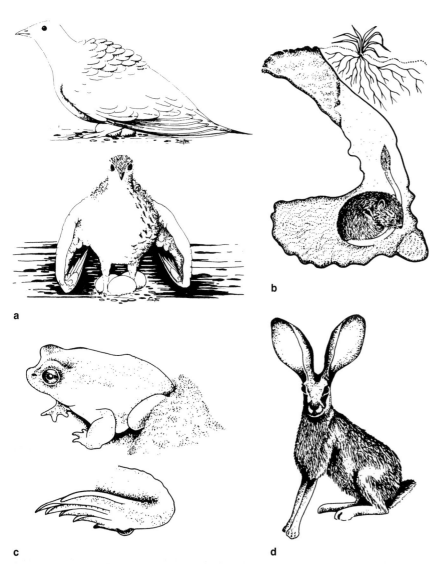

Abb. 7.7 Einige Anpassungsformen der Tiere an die Umweltbedingungen in der Wüste: a) Das bodenbrütende Flughuhn beschattet seine Eier während der heißesten Stunden des Tages und vermindert die Strahlungsmenge durch Ausbreiten der Mantelfedern. Es blickt gegen den Wind und erhebt sich über dem Nest, um so das konvektive Kühlen der beschatteten Eier zu erleichtern. b) Der Taschenspringer gräbt sich ein und verschafft sich so Schutz vor Räubern, Sonnenstrahlung und Austrocknung. c) Der Krötenfrosch der Sonora-Wüste hat kräftige Füße mit einem Hornfortsatz, mit denen er sich bei ungünstigen klimatischen Bedingungen in eine Tiefe von bis zu 90 Zentimetern eingräbt. d) Die riesigen Ohren helfen dem so genannten Jack Rabbit, übermäßige Körperwärme loszuwerden.

böden). Sie unterliegen wegen der geringen Niederschlagswerte auch nur unwesentlich der Auswaschung, sodass sich die löslichen Salze im Bodenprofil entweder in der Nähe des Grundwasserspiegels oder in der maximalen Durchdringungstiefe des Bodenwassers anreichern. Solche Konkretionen bilden einen der wenigen deutlich sichtbaren Horizonte in ariden Böden. Je geringer der Niederschlag ist, desto näher an der Bodenoberfläche liegt dieser Horizont.

Eine weitere allgemeine Eigenschaft von Wüstenböden ist ihr geringer Tongehalt im Vergleich mit Böden humider Klimate. In der Regel nimmt die Tonmineralbildung mit steigendem Niederschlag zu.

Die Akkumulation von Salz ist die herausragendste dieser Eigenschaften. Wenn das Grundwasser, wie in den Überschwemmungsebenen von Flüssen oder in der Nähe von Salzseen, nahe an der Bodenoberfläche vorkommt, kann es zu Salzkonzentrationen kommen, die für Pflanzen toxisch sind. Böden dieser Art mit einem Salzhorizont aus NaCl (Natriumchlorid) werden *Solontschak* (Weißalkaliböden) genannt, solche mit einem Horizont aus Na_2CO_3 (Natriumcarbonat) *Solonez* (Schwarzalkaliböden). Ein hoher Salzgehalt beeinflusst das Pflanzenwachstum auf verschiedene Weise. Zunächst ist die Bodenstruktur betroffen: Ein hoher Gehalt an Natriumsalzen führt zu einer Auflockerung oder *Peptisation* der Bodenpartikel, das heißt ihrer Aggregierungen, sodass die Böden ihre Struktur verlieren und relativ undurchlässig und schlecht durchlüftet werden. Zweitens gibt es den osmotischen Effekt, der dem Eindringen von Wasser in die Wurzeln der Pflanzen entgegensteht und dadurch den Feuchtigkeitsstress insgesamt erhöht. Drittens gibt es einen direkten Nährstoffeffekt, wobei Toxizität oder ein Ungleichgewicht in den Nährstoffen entsteht: Einige Salze sind in großen Mengen giftig.

Zwar kommt ein großer Teil des Salzes letztendlich aus natürlichen Quellen (aus der Atmosphäre, von der Gesteinsverwitterung, von Zuflüssen und so weiter) und ist Salz eine natürliche Eigenschaft vieler Wüstengebiete. Aber menschliche Tätigkeit hat die Ausdehnung und den Grad des Salzgehaltes auf vielerlei Art verstärkt. Insbesondere kann der Ausbau der Bewässerung für landwirtschaftliche Zwecke zur Bildung von Salzhorizonten im Boden führen. Der Grundwasserspiegel wird so nahe an die Bodenoberfläche angehoben, dass es zu kapillarem Aufstieg und anschließender Salzkonzentration im Boden durch Verdunstung kommt. Andernorts kann eine Übernutzung von Grundwasser im küstennahen Bereich zum Eindringen von salzhaltigerem Wasser aus dem Meer führen. Das Problem aus der durch Bewässerung verursachten Versalzung ist schwerwiegend. Schätzungen zufolge beträgt der Anteil der versalzten und wasserdurchtränkten Böden in den Bewässerungsgebieten Iraks und Syriens 50 Prozent.

Manchmal geht die Anreicherung von löslichen Stoffen so weit, dass eine harte Oberfläche oder harte Oberflächenkrusten entstehen. In warmen Wüsten gibt es eine Vielzahl solcher Krusten, die zuweilen als *Hartkrusten* bezeichnet werden. Man teilt sie nach der wichtigsten chemischen Verbindung des Krustenbildners ein. Calciumcarbonat-Krusten (*Kalkkrusten*) sind am weitesten verbreitet, und unter den beschriebenen Formen gibt es verhärtete Horizonte von einigen Metern Dicke. *Kieselkrusten* sind Krusten, die durch die Zementierung einer Grundmasse durch Kieselsäure in der Form von Opal, Chalcedon oder Quarz entstehen. Die ausgedehntesten Gebiete mit Kieselkrusten befinden sich in Südafrika und Australien, aber sie sind in keiner Weise auf semiaride Zonen beschränkt; einige kommen auch in feuchteren Gebieten vor. *Gipskrusten* sind Krusten aus Calciumsulfat, die in Gebieten mit

Abb. 7.8 In Wüstengebieten wie den Trockentälern des Karakorums in Pakistan sind Felsoberflächen oft mit Wüstenlack überzogen. Wo der dunkle Lack weggekratzt wird, wie hier bei diesen Felszeichnungen, kommt der hellere Fels darunter zum Vorschein.

50 bis 200 Millimetern Niederschlag auftreten, während Kalkkrusten in Gebieten mit Niederschlägen zwischen 200 und 500 Millimetern vorherrschen. In noch trockeneren Gebieten bestehen die Krusten häufig aus Natriumchlorid und ausnahmsweise, vor allem in der Atacama, aus Natriumnitrat. Dieses Verbreitungsmuster wird durch die Niederschlagsmengen gesteuert und steht offensichtlich im Zusammenhang mit der Löslichkeit der verschiedenen beteiligten Mineralien. Jedes Mineral besitzt einen Grenzwert, oberhalb dessen das Klima feucht genug sein muss, um die oberflächennahen Anreicherungen zu lösen und auszuwaschen. Die Prozesse, die für die Bildung dieser Hartkrusten verantwortlich sind, sind so verschieden wie die Krusten selber. Zum Teil entstehen Krusten aus Salzen, die in verdunstenden Seen abgelagert werden; zum Teil entstehen sie *in situ* und sind mit einer Anreicherung des zementierenden Minerals verbunden, indem andere Mineralien ausgewaschen werden; zum Teil bilden sie sich als Folge der Verdunstung von Grundwasser in Gebieten mit hohen Verdunstungsraten; zum Teil entstehen sie in Verbindung mit Formen wie Pedimenten und Schwemmkegeln durch die Verdunstung von seitwärts abfließendem Wasser an der Oberfläche oder in oberflächennahen Schichten; ein Teil schließlich hat mit der nach unten gerichteten Auswaschung und Anreicherung von löslichem Material zu tun, das als Staub herangebracht worden ist.

Man unterscheidet von den eben beschriebenen Krusten den dünnen Überzug aus Eisen und Manganoxiden, der viele Felsoberflächen bedeckt. Man nennt ihn *Wüstenlack* (Abbildung 7.8).

Von den verschiedenen Oberflächentypen, die man in Wüsten findet, sind die *Steinpflaster* eine der charakteristischsten Formen. Es handelt sich dabei um Oberflächen, die aus eckigen oder gerundeten Steinfragmenten bestehen. Sie bestehen gewöhnlich aus ein bis zwei Steinschichten und liegen über feinerem Material wie Sand, Schlick oder Ton. Die traditionelle Erklärung für diese Erscheinungen besagt, sie seien eine Folge der Ausblasung von feinem Material aus einer Ablagerung mit ursprünglich gemischter Korngröße durch den Wind (*Deflation*). Dabei bleibt das grobe Material als Rest an der Oberfläche liegen (Abbildung 7.9). Ein ähnliches Ergebnis könnte aber auch durch eine Sortierung durch Wasser entstehen. Grobe Materialien könnten an der Oberfläche liegen bleiben, wenn Regentropfen die feinen Materialien ablösen und fließendes Wasser in Form von Schichtfluten sie wegspült. Vertikale Prozesse könnten auch eine Rolle spielen, denn sowohl Gefrieren und Auf-

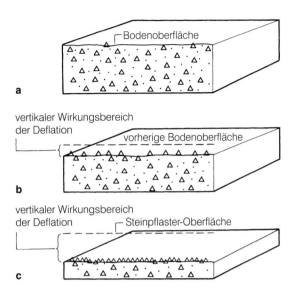

Abb. 7.9 *Das klassische Deflationsmodell einer Steinpflaster-Oberflächenentwicklung. Die Oberfläche bestand ursprünglich aus Alluvialsediment mit feinem und grobem Material a), das der Deflation ausgesetzt ist b) bis zu einem Zeitpunkt, da die Oberfläche so weit herabgesetzt ist c), dass ein grober Kiesbelag auf der Oberfläche übrig bleibt und alles feine Material ausgeblasen ist.*

tauen als auch Durchfeuchtung und Austrocknung kann zu einer Bewegung grober Partikel an die Erdoberfläche führen.

7.8 Insolations- und Salzverwitterung

Mechanische Verwitterung, das heißt die Zerstörung von Gestein ohne jede chemische Veränderung, wird im Wüstenmilieu häufig als dominanter Prozess betrachtet. Es gibt vermutlich zwei Haupttypen von mechanischer Verwitterung: die Insolations- und die Salzverwitterung.

Insolationsverwitterung ist das Aufbrechen von Gesteinen und Mineralien hauptsächlich als Folge der großen täglichen Temperaturunterschiede, welche Temperaturgradienten innerhalb der Gesteinsmassen bewirken. Flächen, die erhitzt werden, dehnen sich im Verhältnis zu den kühleren Teilen des Steines aus, was zu Spannungen führt. In Gesteinen, die aus vielen verschiedenen Mineralien mit unterschiedlichen Ausdehnungskoeffizienten und -richtungen bestehen, werden solche Spannungen noch verstärkt. Dazu kommt noch, dass auch die verschiedenen Farben der Mineralien an der Oberfläche eine unterschiedliche Erwärmung und Abkühlung bewirken.

Die Tagesschwankungen der Temperatur können unter Wüstenbedingungen 50 °C überschreiten, und die Temperatur an der Felsoberfläche kann in der Tageshitze über 80 °C liegen. In der Nacht aber kommt es zu einer raschen Abkühlung, sodass starke Spannungen im Gestein entstehen. Wüstenreisende haben behauptet, das Splittern der Felsen gehört zu haben mit Geräuschen wie Pistolenschüsse in der kühlen Abendluft – und in der Tat: zersplitterte Felsen liegen offenkundig auf vielen Wüstenflächen.

Auf den ersten Blick scheint der Prozess der Insolationsverwitterung ein zwingender und wirksamer Mechanismus der Gesteinsverwitterung zu sein. In jüngeren Jahren ist aber aus einer Reihe von Gründen Zweifel an seiner Wirksamkeit aufgekommen. Die überzeugendste Grundlage, um an seiner Kraft zu zweifeln, wurde durch (allerdings grobe) Laborexperimente von Geomorphologen wie Blackwelder, Griggs und Tarr gelegt. Sie alle fanden heraus, dass simulierte Isolation keine sichtbare Verwitterung trockenen Gesteins bewirkte, dass aber, wenn Wasser in der Abkühlungsphase eines Verwitterungszyklus verwendet wurde, die Verwitterung offensichtlich war. Dies unterstrich die Bedeutung der Beteiligung von Wasser. Überdies ergaben Untersuchungen an alten Gebäuden und Denkmälern aus Stein in trockenen Teilen von Nordafrika und Arabien sehr wenig Anzeichen von Zerfall, mit Ausnahme von Gebieten zum Beispiel in der Nähe des Nils, wo Feuchtigkeit vorhanden war. Es gibt in der Tat viele Situationen, in denen es in Wüsten Feuchtigkeit gibt: In der Küstenwüste Namib werden die Steine an ganzen 200 Tagen im Jahr vom Nebel befeuchtet; in Teilen Israels gibt es Tau an 150 Tagen im Jahr; und sogar in einem sehr ariden Gebiet wie dem Death Valley in Kalifornien zählt man durchschnittlich 17 Tage im Jahr mit Niederschlag. Wenn sich Wasser mit den empfindlicheren Mineralien in einem Gestein chemisch verbindet, können diese aufquellen und eine genügend große Zunahme des Volumens bewirken, sodass die äußeren Schichten des Felsens wie konzentrische Schalen abgehoben werden. Man nennt dies Schalenverwitterung (*Exfoliation*). Somit muss nun ein Teil der Verwitterung, die man früher der Insolation zuschrieb, auf chemische Veränderungen unter Einwirkung von Feuchtigkeit zurückgeführt werden.

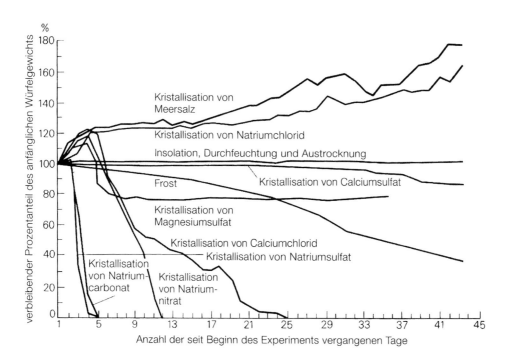

Abb. 7.10 *In einem Laborexperiment wurden kleine Steinwürfel einer Vielzahl von physikalischen Verwitterungsprozessen unterworfen, und nach jedem Zyklus wurde ihr Gewicht gemessen. Gewisse Salze, insbesondere Natriumcarbonat und Natriumsulfat scheinen sehr wirkungsvoll zu sein. Einige Proben haben wegen der Aufnahme von Salz an Gewicht zugenommen, aber nach der Auswaschung zeigten auch sie Anzeichen von Verwitterung.*

Immerhin kann man die Bedeutung der Insolation nicht völlig leugnen. Die frühen Experimente hatten stark eingeschränkte Rahmenbedingungen: Die verwendeten Steine waren sehr klein, sie waren nicht klüftig, und die benützten Temperaturzyklen entsprachen nicht denjenigen in der Natur. Einige neuere Experimente, bei denen eine große Auswahl an Gesteinen unter natürlicheren Temperaturzyklen getestet wurden, haben gezeigt, dass es zu Sprüngen im Mikrogefüge kommen kann.

Ein Faktor der mechanischen Verwitterung, der in jüngster Zeit in den Vordergrund getreten ist, ist die *Salzverwitterung*, denn Salze sind in Wüsten weit verbreitet. Niedrige Niederschlagswerte bedeuten, dass Salze eher akkumulieren, als dass sie gelöst in Flüssen abtransportiert werden. Zu den Salzen gehören das gewöhnliche Kochsalz ($NaCl$), Natriumcarbonat (Na_2CO_3), Natriumsulfat (Na_2SO_4), Magnesiumsulfat ($MgSO_4$), Gips (Ca_2SO_4) und (besonders in der Atacama) Natriumnitrat (Na_2NO_3). Salze wirken sich auf die Gesteinsverwitterung hauptsächlich auf zwei Arten aus. Zum einen bilden sich Salzkristalle beim Abkühlen oder Verdunsten einer salzhaltigen Lösung. Der Druck, den das kristallisierte Salz auf das umgebende Gestein ausübt, kann groß genug sein, um die Dehnbarkeit des Gesteins zu überschreiten. Zweitens dehnen sich Salzmineralien aus, wenn Wasser zu ihrer Kristallstruktur hinzugefügt wird. Diese Zustandsänderung nennt man *Hydratation*. Einige Salze liegen bei bestimmten Temperatur- und Feuchtigkeitsbedingungen in der nicht-hydratisierten Form vor. Veränderungen der Temperatur oder der Feuchtigkeit können aber einen Zustandswechsel in die hydratisierte Form bewirken. Es erfolgt Wasseraufnahme des Kristallgitters und Ausdehnung. Im Falle von Na_2SO_4 und Na_2CO_3 kann die Zunahme des Volumens mehr als 300 Prozent betragen. Befindet sich Salz im Gestein, kann dieses durch den unter feuchten Bedingungen entstandenen Druck aufbrechen.

Es gibt heute viele Labor- und Feldversuche, die die Kraft der Salzverwitterung nachweisen (Abbildung 7.10). Man hat einen schnellen Gebäudezerfall in salzreichen Gebieten wie Bahrain, Suez und im Industal in Pakistan festgestellt, während Telegraphenstangen und Grabsteine in einigen Wüsten offenbar wie Dochte für Grundwasserlösungen dienen und unter Salzkristallisation leiden, wenn das Wasser verdunstet. Im Death Valley in Kalifornien befinden sich in Schwemmkegeln widerstandsfähige Gesteinsbrocken mit Durchmessern von 20 bis 60 Zentimetern, die in unmittelbarer Nähe zur Salzpfanne zu Staub zerfallen.

7.9 Die Wirkung des Windes in Wüsten

Da Wüsten trocken sind und die Vegetation sich deshalb nur spärlich entwickelt, ist die Wüstenoberfläche der Winderosion ausgesetzt. Aber die Bedeutung des Windes für die Gestaltung von Wüstenlandschaften unterlag im Laufe der Zeit unterschiedlichen Gewichtungen. Am Ende des 19. Jahrhunderts schrieben viele Wissenschaftler, die in Südwestafrika und anderen Kolonien Erfahrungen sammelten, die Bildung von isolierten Hügeln (*Inselbergen*) und die schwach geneigten, glatt gestrichenen und in den Fels geschnittenen Oberflächen (*Pedimente*) in ihrer Umgebung der planierenden Wirkung des sandbeladenen Windes mit seiner vermuteten hohen erosiven Wirkung zu. Es handelt sich hier um Phasen besonders intensiver äolischer Formung.

Aber schon bald meldeten sich Gegenstimmen zu diesem Erklärungsansatz. Ausgelöst zum Teil durch die zunehmende Anzahl an Untersuchungen in den Wüsten Nordamerikas, die durch steile Hänge, aktive Tektonik und etwas feuchtere Bedingungen gekennzeichnet sind. Verschiedene Argumente wurden gegen die Verfechter einer weit verbreiteten Windplanation zusammengestellt; viele davon sind heute noch gültig. Erstens hat man erkannt, dass seltene, aber heftige Regenfälle auf Oberflächen mit einer schütteren Vegetationsdecke und auf Böden mit geringem Infiltrationsvermögen die Voraussetzung für fluviale Prozesse schaffen können. Zweitens glaubt man, dass die Pluviale im Pleistozän und im Holozän von großer Bedeutung für die Formung der Wüstenoberflächen gewesen sind. Drittens konnte nachgewiesen werden, dass viele Flächen durch Steinpflaster und Krusten vor erosivem Oberflächenabtrag durch Wind geschützt sind. Viertens benötigt die Winderosion Sand als abschleifendes Agens, doch dieser ist nicht überall vorhanden. Abgesehen davon bewegt sich Sand nur etwa einen Meter über dem Boden und hat deshalb nur einen niedrigen Wirkungsbereich. Fünftens konnten viele Formen, die man der Winderosion zuschrieb, durch andere Prozesse erklärt werden (zum Beispiel geschlossene Becken oder Inselberge).

Dennoch kann Winderosion dort, wo starke Winde mit viel Schleifsand auf empfindliche Flächen einwirken, von Bedeutung sein. Die Betrachtung von Luftaufnahmen und Satellitenbildern hat in der Tat ergeben, dass ausgedehnte Felsgebiete in vielen Wüsten riesige bogenförmige Rinnen mit einer Reliefenergie von mehr als hundert Metern aufweisen. Diese verlaufen über zig Kilometer und sind nach den vorherrschenden Winden

Tabelle 7.1: Yardangs	
Ort	**Gestein**
Taklimakan, China	Fluss- und Seesedimente aus dem Pleistozän
Lut, Iran	pleistozäner, feinkörniger und horizontal liegender, schluffiger Ton sowie kalk- und gipshaltiger Sand
Wüste Khash, Afghanistan	Ton
Sinai	nubischer Sandstein
Saudi-Arabien	Kalkkrusten, Kalkstein
Bahrain	Aeolianite (Pleistozän), Dolomite
Ägypten	eozäner Kalkstein, limnische Sedimente; nubischer Sandstein
Süd-Zentralalgerien	Ton aus Kreidezeit, kambrische Tonsteine
Borkou, Tschad	Sandsteine und Schiefer aus dem Palöozoikum und dem unteren Mesozoikum
Jaisalmer, Indien	eozäne Kalksteine
Wüste Namib	präkambrische Dolomite, Granite und Gneise
Rogers Lake, Kalifornien	Dünensand und limnische Sedimente
Nordperu	schwach bis mäßig verfestigte Sedimente aus dem oberen Eozän bis ins Paläozän (Schiefer und Sandsteine)
Süd-Zentralperu	Schluffgesteine des oberen Oligozäns bis zum Miozän (Pisco-Formation)

ausgerichtet (Tabelle 7.1). Die vom Wind schablonenartig herauspräparierten Vollformen nennt man *Yardangs* (Abbildung 7.11 und 7.12). Viele Wüstensenken (Abbildung 7.13) scheinen äolischen Ursprungs zu sein. Sie sind häufig stromlinienförmig und haben Dünen in ihrem Lee, wo der Wind den aus den Senken ausgeblasenen Sand abgelagert hat. Darüber hinaus legt die große Verbreitung von Senken in Wüstengebieten den Schluss nahe, dass für die Mittelbreiten „normale" Prozesse (das heißt fluviale Tätigkeit und Massenbewegungen) nicht ausreichen würden, um sie aufzufüllen, und dass ein „anormaler" Prozess (zum Beispiel Wind) bei ihrer Entstehung wirksam sein muss. Allerdings darf man auch nicht vergessen, dass viele Prozesse Hohlformen schaffen können. Viele Wüstensenken sind das Ergebnis von Prozessen, die von Natur aus nicht durch Aridität beeinflusst sind. So können zum Beispiel durch tektonische Prozesse Becken entstehen, Lösungsverwitterung kann Hohlformen in Kalksteingebieten schaffen, Tiere können Wasserlöcher graben und so weiter.

Der deutlichste Hinweis darauf, dass die Tätigkeit des Windes ein wichtiger Faktor bei der Formung von Wüstenlandschaften ist, ist das Auftreten von *Staubstürmen* (Abbildung 7.14) als Folge der Deflation von feinem Material (besonders Schluff) aus vegetationsfreien Wüstenflächen. Staubstürme können so intensiv sein, dass die Sichtweite an 20 bis 30 Tagen im Jahr unter 1 000 Meter sinkt, sie können aber auch so aus-

Abb. 7.11 *Satellitenbilder zeigen in Iran große parallele Rinnen, Yardangs oder Kaluts genannt. Sie haben ihren Ursprung in der Erosion von Sedimenten durch starke Nordwestwinde. Diese Beispiele sind zig Kilometer lang.*

Abb. 7.12 *Yardangs, angelegt in dunklen, pluvialzeitlichen Seesedimenten in der Dakhla-Oase, Ägypten. Diese stromlinienförmigen Gebilde wurden von Winden geschaffen, die aus Richtung links oben im Bild wehten.*

Abb. 7.13 *Eine kleine geschlossene Senke in der ariden Zone Westaustraliens. Die wichtigsten Prozesse, die für ihre Entstehung verantwortlich sind, sind vermutlich Salzverwitterung und Deflation. Solche Mulden haben häufig kleine Dünen an ihren Leeseiten, so genannte Sicheldünen, die aus Material bestehen, das aus dem Becken ausgeblasen wurde.*

Abb. 7.14 *Ein Staubsturm in Jazirat Al Hamra, Vereinigte Arabische Emirate, März 1998.*

gedehnt sein (bis zu 2 500 Kilometer Durchmesser), dass sie auf Satellitenbildern sichtbar werden. Staub kann über große Distanzen transportiert werden; Staub aus der Sahara hat schon so entfernte Gebiete wie Deutschland oder Florida erreicht.

In einem Staubsturm von durchschnittlicher Heftigkeit können 27 Kubikmeter Luft (Luftwürfel von 3 × 3 × 3 Metern) ohne weiteres 28 Gramm Staub enthalten. Ein Sturm von 500 × 600 Kilometern kann also gut und gerne 100 000 000 Tonnen Festmaterial mit sich führen!

7.10 Sandablagerung und Dünen

Wenn auch das romantische Bild der Wüste durch Landschaften mit ständig wandernden Sanddünen und mit Oasen sowie durch Kamele und Männer in wehenden Kleidern geprägt ist, so sind die Wüsten der Welt doch nur zu einem Drittel bis Viertel mit Flugsand bedeckt. Man sollte also die Bedeutung von Flugsand in der Wüste nicht überbewerten. In der Tat machen in den Wüsten Nordamerikas die Sanddünen weniger als ein Prozent der Fläche aus. Dennoch finden sich große *Ergs* oder Sandmeere nur in den Wüstengebieten der Erde. Besonders große Ergs befinden sich in Arabien und in der Sahara (Abbildung 7.15).

Der Sand der Dünenfelder besteht aus Teilchen einer leicht transportierbaren Größe, die der Wind aus Spülflächen, Seeufern und verwittertem Gestein wie Sandstein und Granit ausgeweht hat. Wenn die Windgeschwindigkeit den Grenzwert, bei dem Sandkörner in Bewegung geraten (im Allgemeinen bei ungefähr 20 Stundenkilometern), überschreitet, beginnen die Sandkörner am Boden zu rollen. Schon nach einer kurzen Strecke kann dies zu einem Aufspringen führen, das man *Saltation* nennt. Die Sandkörner werden dabei auf einer kurzen Distanz (oft nur ein paar Zentimeter) in den Luftstrom gezogen und fallen dann in einer ziemlich flachen Flugbahn wieder auf den Boden zurück. Die herabfallenden Körner lockern weitere Partikel, und dadurch kann der Prozess der Saltation fortgesetzt werden. Die springenden Körner, die in der Regel einen Durchmesser zwischen 0,15 und 0,25 Millimetern haben, sind in der Lage, größere Körner mit einem Durchmesser zwischen 0,25 und 2 Millimetern an der Oberfläche zu verschieben (*Reptation*). Die kleinsten Körner mit einem Durchmesser von weniger als 0,15 Millimetern können sehr hoch in die Luft hinauf getragen werden und dort längere Zeit verweilen.

Durch Saltation entstehende Dünen bilden sich vorzugsweise auf sandbedeckten Flächen und nicht auf den angrenzenden sandfreien Oberflächen. Dies scheint eine Folge davon zu sein, dass die verstärkte

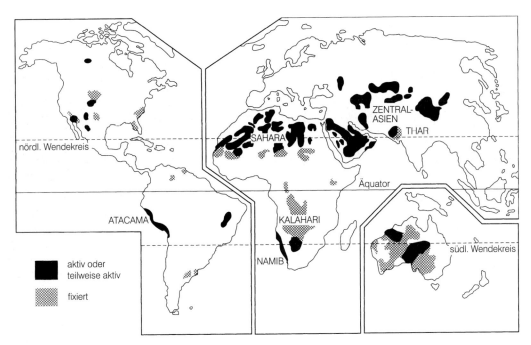

Abb. 7.15 *Vorkommen großer Sandmeere und Dünenfelder.*

Sandbewegung auf einer sandigen Oberfläche selbst starken bodennahen Wind abschwächt. Die Sandbewegung ist weniger intensiv, wo saltierende Sandkörner an einzelnen Sandkörnern abprallen, sodass die Bewegungsenergie nur wenig kompensiert wird, wie dies auf festem Untergrund der Fall ist. Die geometrischen Formen der Sandablagerungen (Dünen) sind sehr unterschiedlich gestaltet (Abbildung 7.16) und hängen vom Angebot an Sand, dem Windregime, der Vegetationsbedeckung und von der Oberflächenform ab. Da diese Bedingungen von Wüste zu Wüste variieren, verändert sich auch die regionale Bedeutung der verschiedenen Dünentypen (Tabelle 7.2).

Tabelle 7.2: Relative Bedeutung der wichtigsten Dünentypen in den Wüsten der Welt

	Thar (%)	Takla Makan (%)	Namib (%)	Kala-hari (%)	Saudi-Ara-bien (%)	Ala Shan (%)	Südl. Sahara (%)	Nördl. Sahara (%)	Nord-ost-sahara (%)	West-sahara (%)	Durch-schnitt (%)
lineare Dünen (gesamt)	13,96	22,12	32,84	85,85	49,81	1,44	24,08	22,84	17,01	35,49	30,54
einfach und im Verbund	13,96	18,91	18,50	85,85	26,24	1,44	24,08	5,74	2,41	35,49	23,26
gefächert	–	–	–	–	4,36	–	–	3,56	1,13	–	0,91
mit Halbmondformen überdeckt	–	3,21	–	–	–	–	–	4,02	7,32	–	1,46
mit Sternformen überdeckt	–	–	14,34	–	19,21	–	–	9,52	6,15	–	4,92
Halbmondformen (gesamt)	54,29	36,91	11,80	0,59	14,91	27,01	28,37	33,34	14,53	19,17	24,09
einzelne barchanähnliche Rücken	8,96	3,21	11,80	–	0,59	8,62	4,08	0,06	–	0,65	3,80
Megabarchane	–	–	–	–	–	–	–	7,18	1,98	–	0,92
komplexe barchanähnliche Rücken	16,65	33,70	–	–	14,32	18,39	24,29	26,10	12,55	18,52	16,45
Parabelformen	28,68	–	–	0,59	–	–	–	–	–	–	2,93
Sterndünen	–	–	9,92	–	5,34	2,87	–	7,92	23,92	–	5,00
Kuppeldünen	–	7,40	–	–	–	0,86	–	–	0,80	–	0,90
Schilde und Streifen	31,75	33,56	45,44	13,56	23,24	67,82	–	35,92	39,25	45,34	38,34
undifferenziert	–	–	–	–	6,71	–	47,54	–	4,50	–	1,12

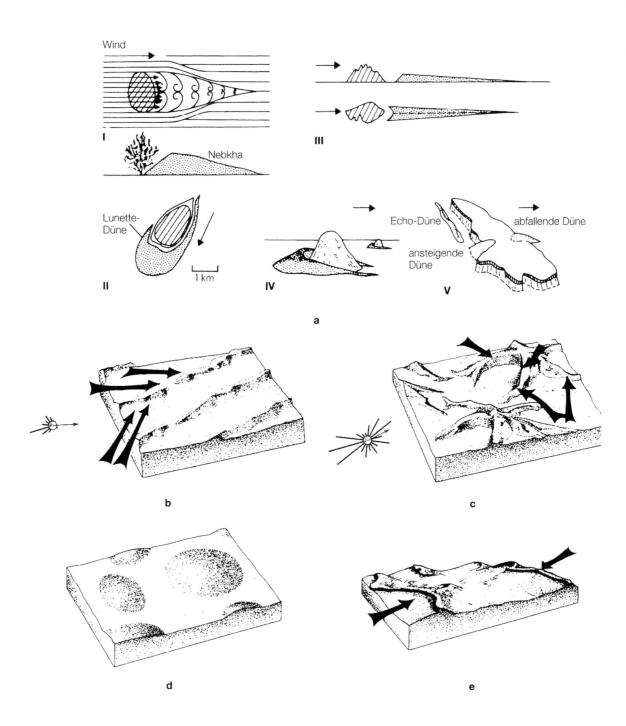

Abb. 7.16 *Einige der Haupttypen von Dünenformen, die man in den Wüsten der Welt antrifft: a) Hindernis- oder topografische Dünen: I) eine kleine Düne oder Nebkha im Lee eines Busches mit herabgesetzter Windgeschwindigkeit; II) eine halbmondförmige Lunette-Düne, entstanden im Lee einer kleinen Wüstensenke (Playa); III) Windschatten-Dünen entstanden im Lee von Hügeln; IV) eine Düne entstanden auf der windzugewandten Seite eines Hügels; V) Dünenbildung in der Nähe eines Plateaus; b) lineare Dünen oder Seifs (Die Pfeile zeigen die vermutlich dominanten Winde); c) Sterndünen (Die Pfeile zeigen die tatsächlichen Windrichtungen); d) Kuppel-dünen; e) Umkehrdünen (Die Pfeile zeigen die Windrichtungen); f) Parabeldünen (Der Pfeil zeigt die vorherrschende Windrichtung); g) Barchandünen (Der Pfeil zeigt die vorherrschende Windrichtung); h) barchanähnlicher Rücken (Der Pfeil zeigt die vorherrschende Windrichtung); i) Transversaldüne (Der Pfeil zeigt die vorherrschende Windrichtung).*

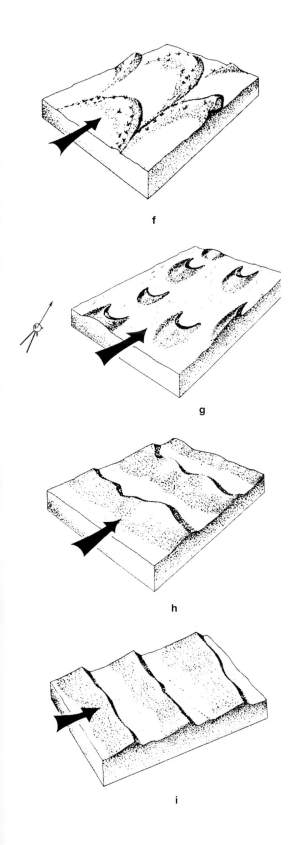

f

g

h

i

Eine Gruppe von Dünen entsteht beim Auftreffen von sandtransportierendem Wind auf ein Hindernis wie etwa ein Hügel. Dieser Hügel beeinflusst das Windregime, sodass Sand auf der Leeseite oder auf der windzugewandten Seite abgelagert werden kann. Große Büsche können eine ähnliche Wirkung auf die Luftströmung haben und zur Bildung von *Nebkhas* (Abbildung 7.16a I) führen. Einige Dünen bilden sich im Lee von Wüstensenken. Man nennt solche halbmondförmigen Gebilde *Lunettes* (Abbildung 7.16a II)). Die meisten Dünen benötigen zur Entstehung aber kein Hindernis, weder einen Hügel, noch ein Gebüsch, auch keine Becken oder ein totes Kamel. Tatsächlich entstehen die regelmäßigsten Dünenformen auf ebenen Oberflächen als *freie Dünen*.

Wohl die bekannteste und verbreitetste Dünenform entsteht durch Winde, die nahezu konstant aus einer Richtung wehen, wobei ihre Längsachse im rechten Winkel zur Windrichtung liegt. Solche Dünen reichen von kleinen sichelförmigen Typen (*Barchanen*) (Abbildung 7.16g) über parallele Reihen von *barchanähnlichen Rücken* bis zu Rücken, die als *Transversaldünen* bezeichnet werden (Abbildung 7.16i). Diese Dünen sind alle durch einseitig ausgerichtete Luvseiten gekennzeichnet, die für eine vorherrschende Windrichtung typisch sind. Barchane kommen in Gebieten mit geringerem Sandangebot, Transversaldünen in Gebieten mit reichlichem Sandangebot vor. *Kuppeldünen* zeigen gewöhnlich keine deutlich ausgeprägte Luvseite und sind im Grundriss kreisförmig oder elliptisch (Abbildung 7.16d). Sie sind das Ergebnis von starken Winden, welche die Spitze eines Barchans abflachen und die Leeseiten einebnen.

Eine Gruppe von Dünen, bei denen die Formbildung durch eine begrenzte Vegetationsdecke oder durch Bodenfeuchte beeinflusst wird, sind die *Parabeldünen* (Abbildung 7.16f). Diese haben die Form einer Haarnadel, wobei die Spitzen in der Windrichtung liegen. Sie kommen in Gruppen vor und bilden rechenartige Formen.

Längs- oder Longitudinaldünen (*Seifs*) (Abbildungen 7.17 und 7.18) sind geradlinige Rücken ohne ausgesprochene Luv- und Leeseite und verlaufen mehr oder weniger parallel zur vorherrschenden Windrichtung (Abbildung 7.16b). Sie sind gewöhnlich fünf bis 30 Meter hoch und liegen in regelmäßigen Abständen von 200 bis 500 Metern zueinander. Diese Rücken können sich über zig, sogar über hunderte von Kilometern erstrecken und in stimmgabelförmigen Verbindungen zusammentreffen, die fast unveränderlich in die Hauptwindrichtung weisen. Sie

Abb. 7.17 *Sanddünen zeigen eine große Formenvielfalt. Ein verbreiteter Typ ist die lineare Düne oder Seif. Diese Formen, die wie diese Beispiele aus der Namib über hundert Meter hoch sind, können sich über Zehner von Kilometern erstrecken. Die Dünen in der Namib haben in der Nähe der Küste eine eher barchanähnliche Form (links auf dem Landsat-Satellitenbild). Ihre Nord- und Ostgrenze wird durch den Kuiseb River gebildet.*

Abb. 7.18 *Die linearen Dünen der Binnenwüste Kalahari in Südwestafrika sind kleiner als diejenigen der Namib. Oft sind sie nur einige Zehner von Metern hoch. Die Straße folgt einer Senke zwischen zwei parallelen Rücken.*

kommen in Gebieten mit jahreszeitlichen oder täglichen Schwankungen der Windrichtung vor.

Die gleichmäßige Form vieler Longitudinaldünen wird einer gewissen Regelmäßigkeit der Windturbulenzen zugeschrieben. Möglicherweise spielen parallel verlaufende, korkenzieherartige Verwirbelungen der Passatwinde eine Rolle.

Wenn die Winde aus vielen verschiedenen Richtungen kommen, entstehen *Sterndünen* (oder *Rhourds*) (Abbildung 7.19), die ihre Fiedern radial von einem

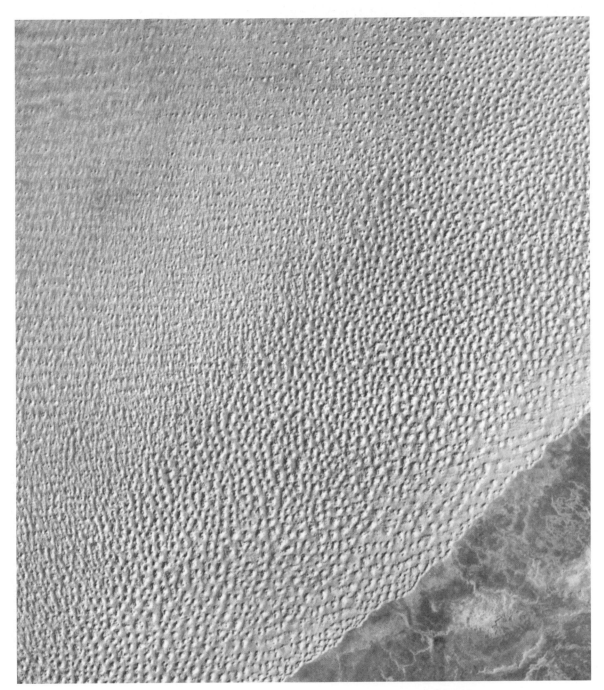

Abb. 7.19 Dieses Landsat-Bild von Algerien, Nordafrika, zeigt ein großes Feld mit Sterndünen. Das Bild hat einen Durchmesser von ungefähr 180 Kilometern.

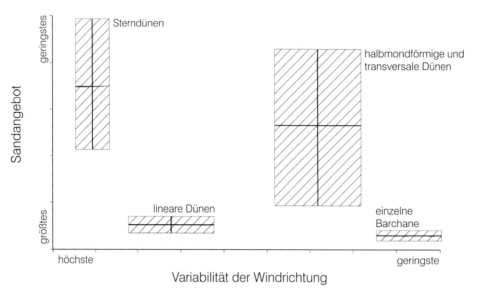

Abb. 7.20 *Ein einfaches Schema der Beziehung zwischen Dünenform, Windvariabilität und Sandangebot.*

Mittelpunkt ausstrecken (Abbildung 7.16c). Sie sind bis zu 150 Meter hoch und können einen Durchmesser von ein bis zwei Kilometern haben. Eine Sonderstellung nimmt die *Oppositionsdüne* ein, die typischerweise dort gebildet wird, wo sich zwei Winde aus nahezu entgegengesetzter Richtung in Bezug auf Stärke und Richtung die Waage halten (Abbildung 7.16e). Obwohl wir jetzt die wichtigsten Dünentypen behandelt haben, wird in vielen Situationen deutlich, wie ein Dünentyp sich in einen anderen umwandeln kann. Der halbmondförmige Barchan kann beim Vorrücken in ein Gebiet mit anderem Windregime oder verändertem Sandangebot in eine Longitudinaldüne (*Seif*) (Farbabbildung 5) umgeformt werden. In ähnlicher Weise kann eine Parabeldüne schrittweise in die Länge gezogen werden, bis es zu einem Durchbruch kommt und zwei Longitudinaldünen entstehen.

Obwohl bei der Darstellung der Dünenformen die Bedeutung der Windrichtungen besonders hervorgehoben wurde, spielt auch die Bereitstellung von Sand eine wichtige Rolle. Barchane entstehen häufig dort, wo geringe Mengen Sand vorhanden sind und eine bestimmte Windrichtung vorherrscht. Walldünen bilden sich bei großem Sandangebot und schwachen Winden aus unterschiedlichen Richtungen, Längsdünen bei geringer Sandanlieferung und noch stärker wechselnden Windrichtungen. Sterndünen bauen sich in Gebieten mit komplexem Windregime und großen Sandvorkommen auf (Abbildung 7.20).

Sogar bei globaler Betrachtung zeigen Dünen eine beträchtliche Regelmäßigkeit im Verbreitungsmuster. Dies äußert sich in *Kreis*- oder Wirbelstrukturen, die durch die vorherrschenden Windrichtungen bestimmt werden (Abbildung 7.21). In manchen Trocken-

Problem	Maßnahmen
Tabelle 7.3: Maßnahmen zur Eindämmung von Sandverwehungen und Wanderdünen	
Sandverwehungen	Verstärkung der Sandablagerungen durch Anlage breiter Gräben, Schaffung von Vegetationsstreifen und -barrieren sowie die Errichtung von Zäunen (Abbildung 7.22)
	Verringerung des Sandangebots durch Oberflächenbehandlung, dichtere Vegetationsbedeckung oder die Errichtung von Zäunen
	Ablenkung von bewegtem Sand durch Zäune, Hindernisse oder Vegetationsstreifen
Wanderdünen	Entfernung durch mechanisches Abtragen
	Zerstörung durch Neugestaltung, Ziehen von Gräben durch die Dünenachse oder Oberflächenstabilisierung von Barchanspitzen
	Festlegung durch Oberflächenbehandlung und Zäune

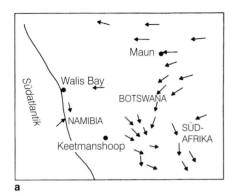

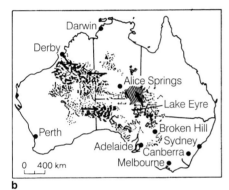

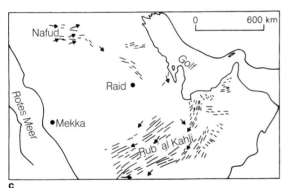

Abb. 7.21 *Regionale Darstellungen der Dünenrichtungen zeigen die Tendenz zur kreisrunden Form: a) südliches Afrika; b) Australien; c) Arabien.*

gebieten werden Dünen durch Eingriffe des Menschen instabil oder reaktiviert. Dabei handelt es sich um eine Facette der Desertifikation (Exkurs 7.3).

Die drohende Reaktivierung von Dünen wird von den Verantwortlichen im Kampf gegen die Desertifikation am meisten gefürchtet. Sowohl das Bevölkerungswachstum als auch die Zunahme des Nutztierbestandes als Folge besserer medizinischer Versorgung und neuer Brunnenbohrungen haben den Druck auf die Vegetation wachsen lassen. Durch die Verminde-

rung der Pflanzendecke sind Dünen zunehmend instabil geworden. Das Problem besteht nicht so sehr darin, dass die Dünen der Kernwüsten unaufhaltsam in feuchtere Regionen vordringen. Schwerwiegender ist die Tatsache, dass fossile Dünen, die während einer arideren Phase mit Höhepunkt etwa 18 000 Jahre vor heute entstanden sind, durch das Beseitigen stabilisierender Vegetation reaktiviert wurden (Tabelle 7.3). Bei dem Versuch, Sandverwehungen und Wanderdünen einzudämmen, bedient man sich unterschiedlicher Verfahren. In der Praxis beinhalten Maßnahmen zur Bekämpfung der Düneninstabilität in den meisten Fällen den Versuch, eine Vegetationsbedeckung zu etablieren. Dies ist nicht immer leicht zu bewerkstelligen. Pflanzenarten, die zur Festlegung von Dünen eingesetzt werden, müssen sowohl die Freilegung ihrer Wurzeln als auch eine Verschüttung aushalten; sie müssen der schleifenden Wirkung vom Wind bewegter Sandkörner widerstehen sowie häufige und erhebliche Defizite an Bodenfeuchtigkeit überstehen. Die ausgewählten Arten müssen also in der Lage sein, nach einer teilweisen Verschüttung erneut die Oberfläche zu bedecken; sie müssen ein tiefes, stark verzweigtes Wurzelsystem ausbilden und im Keimlingsstadium rasch in die Höhe wachsen; ferner müssen sie möglichst rasch Streu produzieren sowie durch Wurzelknöllchen Stickstoff im Boden anreichern können. Während des frühen Wachstumsstadiums sollten die Pflanzen durch Zäune (Abbildung 7.22), Sandfallen und Mulch geschützt werden. Darüber hinaus kann das Wachstum durch Zugabe von Kunstdünger gefördert werden.

Abb. 7.22 *Eine der Maßnahmen gegen vorrückende Barchan-Dünen unweit der Walvis Bay, Namibia – Sandzäune.*

Exkurs 7.3   Desertifikation

Eines der größten Umweltthemen der letzten zwei Jahrzehnte war das Problem der Desertifikation. Entsprechende Karten zeigen, dass riesige Gebiete in unterschiedlichem Maß von Landzerstörung bedroht sind. Es wird allgemein geschätzt, dass die Desertifikation ungefähr 65 Millionen Hektar ehemaliger produktiver landwirtschaftlicher Nutzfläche betrifft und den Lebensunterhalt von 850 Millionen Menschen bedroht.

Der Begriff „Desertifikation" wird häufig mit „Dürre" verwechselt. Dürre ist ein relativ kurzfristiges Problem mit akuten Phasen von jeweils einigen Jahren Dauer. Desertifikation hingegen ist ein chronisches, langfristiges Problem. Dürre hat nicht direkt Desertifikation zur Folge, solange sie nicht von längerer Dauer ist. Normalerweise kehrt die Vegetation wieder, wenn die Rückkehr des Regens das Ende der Dürre ankündigt. Desertifikation wird auch häufig mit „Hungersnot" gleichgesetzt, da Dürre und Desertifikation die agrarische Produktivität der betroffenen Gebiete und somit die Verfügbarkeit von Nahrungsmitteln drastisch herabsetzen kann.

Die Konferenz von Nairobi über die voranschreitende Desertifikation 1977 beschrieb auf ihren Karten vier Klassen der Desertifikation:

leicht
- geringe oder keine Degradation der Pflanzendecke oder des Bodens.

mäßig
- deutliche Zunahme an untypischen Kräutern und Büschen, oder
- Hügel, kleine Dünen oder kleine Rinnen, die durch beschleunigte Wind- oder Wassererosion entstehen, oder

- Bodenversalzung mit einer Verminderung der Erträge im Bewässerungsfeldbau um etwa zehn bis 50 Prozent.

schwer
- untypische Kräuter und Büsche, zum Beispiel Dornbüsche, dominieren die Flora, oder
- flächenhafte Erosion durch Wind und Wasser hat das Land weitgehend von der Vegetation entblößt oder große Rinnen sind vorhanden, oder
- Versalzung hat die Erträge im Bewässerungsfeldbau um mehr als 50 Prozent vermindert.

sehr schwer
- große wandernde und unproduktive Sanddünen sind entstanden, oder
- große, tiefe und zahlreiche Rillen sind vorhanden, oder
- Salzkrusten haben sich auf beinahe undurchlässigen bewässerten Böden gebildet.

Die grundlegenden Ursachen für die Degradation arider Zonen stehen im Zusammenhang mit der weltweiten Bevölkerungsexplosion im 20. Jahrhundert. Diese hatte Übernutzung, Überweidung, Abholzung und die Versalzung von Bewässerungssystemen zur Folge.

Übernutzung

Übernutzung ist ein typischer Faktor für die Degradation arider Gebiete. Sie zeigt sich durch das langsame Vordringen des Trockenfeldbaus in extrem aride Gebiete. Anbau wird heute in Nordafrika und im Nahen Osten in Gebieten mit nur 150 Millimetern und in der Sahelzone mit nur 250 Millimetern Jahresniederschlag betrieben. Wenn der Boden nach dem Anbau oder einer Missernte unbedeckt belassen wird, neigt er zur Erosion durch Wind und Wasser und beschleunigt die Desertifikation weiter.

Eine der am stärksten von der Desertifikation betroffenen Regionen in den Vereinigten Staaten sind die Navajo-Gebiete. Eine der Hauptursachen dafür ist in diesem Gebiet die Überweidung durch Nutztiere.

Überweidung

Überweidung wird allgemein als Hauptursache der Desertifikation angesehen. Weltweit stieg der Rinderbestand zwischen 1955 und 1976 um 38 Prozent an, der Bestand an Schafen und Ziegen um 21 Prozent. In vielen Gebieten hat die Zunahme der frei weidenden Nutztierbestände die Tragfähigkeit der Region überschritten. Zusätzlich hat in einigen Gegenden die Zunahme der kultivierten Flächen das verfügbare Weideland verringert und so den Druck auf die übrig gebliebenen Weiden verstärkt.

Die Einrichtung moderner Bohrlöcher und verschiedener Typen abgetiefter Wasserlöcher hat eine rasche Vervielfachung der Bestandeszahlen ermöglicht, sodass es vor allem in der Nähe der neuen Wasserquellen häufig zu starker Überweidung und Degradation des Landes kommt. Nach dem Wegfall der Ruhezeit, die früher durch das nur periodische Wasserangebot gegeben war, treten nun (Futter-)Pflanzen an die Stelle des Wassers als limitierender Faktor für das Überleben der Viehbestände.

Abholzung

Starke Abholzung ist ein weiterer grundlegender Faktor für die Degradation von Landschaften. Das Sammeln von Holz für Holzkohle und als Brennholz ist besonders in der Nähe von großen Stadtgebieten ein ernsthaftes Problem, wo Elektrizität und elektrische Geräte (zum Beispiel Kochherde) für die meisten der armen Stadtbewohner zu teuer sind.

Versalzung

Vom Menschen verursachte Versalzung als Folge der Ausbreitung der Bewässerung ist eine unheilvolle und weit verbreitete Form der Degradation von Land. Bodenversalzung zerstört die Bodenstruktur.

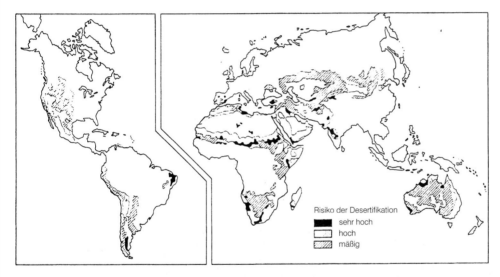

Risiko der Desertifikation

■ sehr hoch
□ hoch
▨ mäßig

Die von der Conference on Desertification der Vereinten Nationen (Nairobi 1977) erstellte Karte der Gebiete mit hohem Desertifikationsrisiko.

7.11 Die Wirkung von Flüssen

Auch wenn wir jetzt relativ ausführlich die Rolle der Winderosion und Windablagerung in Trockengebieten behandelt haben, so ist doch auch die frühere und die heutige Aktivität von Flüssen für die Formung der Wüstenlandschaften von Bedeutung (Abbildung 7.23). Wie wir bereits festgestellt haben, sind zwar die Niederschlagsmengen alles in allem gering, doch können sich von Zeit zu Zeit beträchtliche Regenfälle ereignen. Im weiteren sind viele Wüstenoberflächen so gestaltet, dass schon bei geringen Niederschlagsmengen ein beachtlicher Oberflächenabfluss entsteht. Erstens liefert die spärliche Pflanzendecke wenig organische Streu, die Wasser absorbieren könnte. Zweitens führen der geringe Humusanteil, die minimale Durchwurzelung und die nur schwach entwickelte Fauna zu einem sehr kompakten Bodengefüge. Drittens kann der Regen mit ungehinderter Kraft auf den Boden auftreffen, da praktisch keine Pflanzendecke da ist, die ihn aufnehmen könnte. Feine Partikel, die nicht durch die Vegetation festgehalten werden, verteilen

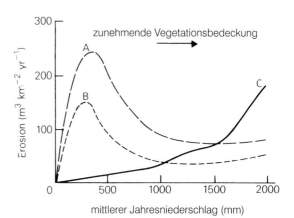

Abb. 7.24 *Sedimentertrag im Verhältnis zum mittleren Jahresniederschlag. A zeigt die Erosionsraten in Verbindung mit hohem Relief, B mit niedrigem Relief. C gibt die Lösungsrate für Kalkstein wieder. Die Erosionsraten scheinen unter semiariden Bedingungen ein Maximum zu erreichen, während die Lösungsraten von Kalkstein nur in Verbindung mit wesentlich höheren Niederschlagswerten hoch sind.*

Abb. 7.23 *Sogar in den Tiefen des Death Valley in Kalifornien mit einem mittleren jährlichen Niederschlag von nur etwa 70 Millimetern ist die Wirkung der fluvialen Prozesse in dieser stark zerschnittenen Landschaft deutlich sichtbar. Einige Wüstengebiete weisen extrem hohe Abflussdichten auf.*

sich durch das Aufspritzen der Regentropfen, lagern sich in Porenöffnungen ein und bilden eine dichte Bodenoberfläche von verminderter Durchlässigkeit. Untersuchungen in verschiedenen Gebieten haben gezeigt, dass die Infiltrationsrate in Gebieten mit solch verkrusteten, undurchlässigen Böden nur ein paar Millimeter pro Stunde beträgt. Höhere Niederschläge führen mit großer Wahrscheinlichkeit zu Oberflächenabfluss.

Flussabläufe oder Täler in Wüsten nennt man *Wadis*. Obwohl sie normalerweise trocken liegen, können sie große Wasser- und Sedimentmassen transportieren. Solche Flüsse treten, wie nach den Niederschlagswerten in Wüsten zu erwarten, nur sporadisch auf. Die semiariden Gebiete der Sahara werden durchschnittlich einmal pro Jahr überflutet, während die Wadis der arideren Saharazone manchmal zehn Jahre kein Wasser haben. Häufig transportiert ein Fluss seine Fracht nur über ein kurzes Stück seines Verlaufs, und das Überflutungswasser geht durch Versickerung und Verdunstung langsam verloren. Wenn diese Flüsse in Aktion sind, enthalten sie eine beträchtliche Sedimentfracht und können Probleme (zum Beispiel

für den Straßenbau) schaffen: Die Wassermassen spülen die Straße weg, und die Sedimente verstopfen Abflussgräben und ähnliche Anlagen.

Ein nützliches Maß für die geomorphologische Tätigkeit ist die transportierte oder abgelagerte Sedimentmenge pro Flächen- und Zeiteinheit (Abbildung 7.24). Dieses Maß kann zum Beispiel über abgelagerte Sedimentmengen in Reservoiren oder über die Materialfracht von Flüssen ermittelt werden. Untersuchungen deuten darauf hin, dass die Sedimentmengen in Wüsten rasch ansteigen, sobald der Niederschlag die Infiltrationsrate des Bodens übersteigt, da mehr und mehr Oberflächenwasser für den Sedimenttransport zur Verfügung steht. Zudem ist der unbedeckte Boden sehr erosionsanfällig. Wenn der Bedeckungsgrad der Vegetation allerdings größer wird, nimmt die Sedimentmenge ab. In extrem ariden Wüsten sind die Sedimentmengen zwar sehr gering, in semiariden Gebieten können sie aber zu den höchsten der Welt zählen. Dazu kommt, dass viele Flüsse so sehr mit Sedimenten beladen sind, dass es häufig zu Schlammströmen kommt, in denen das Festmaterial einen Anteil zwischen 25 und 75 Prozent hat. Aus solchen Sedimentanhäufungen bilden sich oft alluviale Schwemmkegel. Sie können auch zu einer raschen Verfüllung von technischen Einrichtungen wie Stauseen führen.

In den Wüstenrandgebieten kann Störung oder Entfernung der Vegetationsdecke durch menschliche

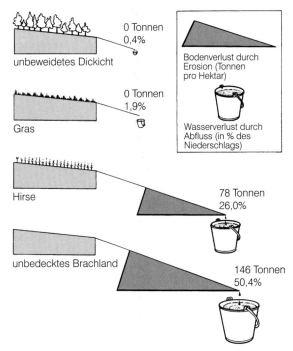

Abb. 7.25 Ergebnisse von Bodenerosionsversuchen auf Böden mit unterschiedlichen Vegetationsbedeckungen im semiariden Teil von Tansania. Die grasbedeckten Parzellen hatten wenig Verlust an Boden und Wasser, während die Verlustraten an Boden und Abfluss auf unbedecktem Brachland sehr hoch waren.

Eingriffe die natürlichen Basiswerte der Sedimentmengen spürbar ansteigen lassen. Eine Untersuchung in Tansania zeigte, dass der jährliche Bodenverlust unter unbeweidetem Dickicht oder Gras praktisch Null betrug, aber auf 78 Tonnen pro Hektar unter Hirse und auf fast 146 Tonnen pro Hektar auf Brachland anstieg (Abbildung 7.25). Die Zunahme des Wassers, das durch oberflächlichen Abfluss verloren ging, verlief parallel mit der Erhöhung der Sedimentmenge, denn die Infiltration war unter Brachlandbedingungen wesentlich geringer.

Wegen des hohen Abflusses und der hohen Sedimentmenge in einigen Wüstenflächen wird die Wirkung des Wassers oft durch starke Zerschneidung des Geländes oder eine hohe Dichte der Entwässerungslinien sichtbar. Auf leicht erodierbaren Gesteinen oder Sedimenten entstehen *Badlands* mit einer Dichte der Entwässerungslinien (Gesamtlänge der Entwässerungslinien pro Flächeneinheit), die zwischen zehn und 20 Mal höher liegt als in humiden Klimaten. In Teilen des ariden Nordamerikas können sie 350 Kilometer pro Quadratkilometer erreichen (Abbildung 7.23), verglichen mit zwei bis acht Kilometern pro Quadratkilometer in den meisten Gebieten Großbritanniens. In sandigen Wüstengebieten allerdings, wo die Oberflächenbedingungen eine hohe Infiltrationsrate und somit wenig Abfluss zur Folge haben, bleibt die Dichte der Entwässerungslinien gering.

Abfluss-Systeme sind nicht immer gut in den Wasserhaushalt integriert. Ein großer Teil des Wassers erreicht das Meer wegen der hohen Verdunstungs- oder Infiltrationswerte nie. Da weltweit viele geschlossene Becken vorkommen (Kapitel 7.9), ist ein großer Teil des Abflusses *endorheisch* (das heißt zentripetal, gegen das Zentrum fließend). Immerhin haben einige Wüstenflüsse, darunter viele mit großem Nutzen für den Menschen wie Nil, Tigris-Euphrat und Indus, ihre Quellen außerhalb der Wüstenregion, und solche *allochthonen* oder *exogenen Flüsse* können dann bis zum Meer fließen und ganzjährig Wasser führen.

Eine typische fluviale Form der Wüsten sind *alluviale Schwemmfächer* (Abbildung 7.26a). Dabei handelt es sich um Sedimentkegel, die zwischen Gebirgsrand und Ebene vorkommen. Ihre Größe ist unterschiedlich. Kleinere Ablagerungen haben einen Durchmesser von wenigen Dutzend Metern, während die großen mehr als 20 Kilometer Durchmesser haben und am Scheitelpunkt 300 Meter mächtig sein können. Sie entstehen dort, wo Flüsse aus ihren engen Oberläufen in den Bergen heraustreten. An einem solchen Punkt kann sich der Fluss ausbreiten, seine Bewegungsenergie abgeben und seine Geschwindigkeit verlangsamen, sodass es zur Ablagerung von Sedimenten kommt. Sie bilden sich am leichtesten dort, wo es ein scharf abgegrenztes Nebeneinander von Gebirge und Tiefland gibt. Tektonische Vorgänge müssen hierfür die Voraussetzungen schaffen, wie zum Beispiel im Gebiet der Basin-Ranges im Westen der Vereinigten Staaten. Im Übrigen sind Schwemmfächer, die aus leicht erodierbaren Gesteinen, wie zum Beispiel Schiefertonen, zusammengesetzt sind, größer als solche aus widerstandsfähigen Gesteinen wie Quarziten. Die Transportformen des Sedimentmaterials reichen von einfachen Flussläufen bis hin zu sehr zähflüssigen Schlamm- und Schuttströmen. Wegen der veränderlichen Flussregime und der unterschiedlichen Beschaffenheit des Ausgangsmaterials sind die Schwemmfächer raschen morphologischen Veränderungen unterworfen. Rinnen verlagern sich seitlich über eine weite Fläche, schneiden sich ein und füllen sich wieder auf. Dies bringt Probleme für Verkehrsverbindungen und Gebäude, die auf den Flächen der Schwemmfächer errichtet werden, mit sich.

7.12 Hänge in Wüsten

Hangprofile in Wüsten sind nur wenig vegetations-
bedeckt und deshalb optisch interessanter als die
Hänge in humiden Gebieten. Wissenschaftler haben

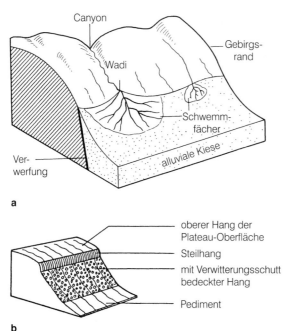

a

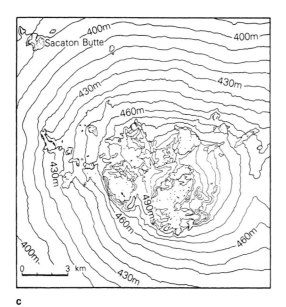

b

c

Abb. 7.26 *Einige Hangformen, die in Wüsten angetroffen werden: a) ein alluvialer Schwemmkegel, entstanden am Gebirgsrand beim Austritt eines Flusses (Wadi) aus dem Canyon; b) die
vier Hauptkomponenten von Hängen in ariden Profilen; c) Pedimente und Pediment-Gassen um Inselberge in den Sacaton
Mountains in Arizona.*

versucht, eine Gliederung der einzelnen Hangab-
schnitte zu erstellen. Ihre Form kann mit einem vierteiligen Idealprofil (Abbildung 7.26b) beschrieben
werden: eine obere konvexe Form (der wachsende
Hang), ein Steilhang, ein gerades Segment (konstanter
Hang) und eine basale konkave Form (Pediment). Das
Pediment (Abbildung 7.26c und 7.27) und der konstante Hang sind oft durch einen abrupten Hangknick
voneinander getrennt. Die einzelnen Pedimente können verbunden sein und ausgedehnte Gebiete bedecken (genannt *Pediplains*). Aus diesen erheben sich isolierte Restberge (genannt *Buttes*), die eine oder beide
der steilen Hangkomponenten besitzen.

Die Pedimente bestehen aus einer leicht geneigten, in den Fels geschnittenen Oberfläche mit einem
Winkel zwischen einem und sieben Grad, mit wenigen konzentrierten Entwässerungslinien und einem
dünnen Überzug aus Verwitterungsmaterial. Eine frühe
Erklärung sah die Ursache in Schichtfluten von hoher
Geschwindigkeit (so genannte Flächenspülung), die
die Oberfläche einebneten. Die Schichtflutentheorie
wurde immer wieder zur Erklärung der Pedimente herangezogen, aber die Hypothese leidet am uralten Problem mit dem Huhn und dem Ei. Was war zuerst: das
Pediment oder die Schichtfluten? Eine zweite Hypothese besagt, Pedimente seien durch Einebnung von

Abb. 7.27 *Zu den klassischen Formengruppen eines Wüstengebietes wie hier der Mojave-Wüste in Kalifornien gehört die Bildung
von Pedimenten. Ein sehr scharfer Knick trennt sie vom Gebirgsrand im Hintergrund. Man beachte die schüttere Vegetationsdecke.*

der Seite her geformt worden. Dabei geht man davon aus, dass Flüsse, die vom Gebirgsrand in die Ebenen fließen, ständig ihr Bett verlegen und sie so mit der Zeit einebnen. Diese Erklärung trifft jedoch nicht auf Pedimente zu, die ohne verlagernde Flussläufe direkt an die Berge grenzen. Eine dritte Hypothese bezieht die Rolle der Verwitterung an der Oberfläche und darunter mit ein. Die Verwitterung ist vermutlich im Grenzbereich zwischen Gebirgsrand und Ebene wegen der erhöhten Wasserkonzentration, beziehungsweise Versickerung, verstärkt wirksam. Sie bringt feinkörniges Material hervor, das wegen der fehlenden Vegetationsdecke durch Flächenspülung, Deflation oder andere Prozesse ausgeräumt werden kann.

Über die Pedimente erheben sich oft isolierte Hügel mit steilen Seiten, so genannte *Inselberge* (Abbildung 7.28). Sie entstehen, wenn ein Hang durch Verwitterung und Erosion zurückversetzt wird und aufbricht. Sie bestehen aus unterschiedlichen Gesteinen, unter anderem auch aus feinkörnigen Sandsteinen (zum Beispiel Ayers Rock in Australien) oder aus Graniten. Solche Inselberge, die über 600 Meter hoch sein können, sind zwar nicht allein auf Wüstengebiete beschränkt, bilden aber in vielen Wüsten spektakuläre Landschaftsformen.

Ob Hänge in Wüsten durch parallele Rückverlegung mit gleichzeitiger Bildung von Pediplains und steilen Zeugenbergen geformt werden oder durch schrittweise Verringerung der Hangneigung, hängt sehr stark vom Gesteinstyp ab. Eine Untersuchung von S. A. Schumm im semiariden Dakota in den Vereinigten Staaten zeigt dies deutlich. In diesem Gebiet gibt es bei identischen klimatischen Bedingungen zwei Typen von Sedimentgestein: Brule und Chadron (Abbildung 7.29). Im Brule-Gestein waren steile (44 Grad), gerade Hänge entstanden, und die Erosion hatte Zeugenberge mit einem ähnlichen Profil geschaffen. Im Gegensatz dazu waren im Chadron-Gestein gerundete Hänge mit breiten Abflussrinnen ausgebildet, und die Zeugenberge hatten geringere Neigungswinkel als der Steilhang, von dem sie durch Erosion abgetrennt worden waren. Die Erklärung dafür liefern die Prozesse, die auf die beiden Gesteinstypen einwirken. Das Brule-Gestein hatte eine geringe Infiltrationsfähigkeit, weshalb hier Oberflächenabfluss vorherrschte und die steilen Hänge durch Flussunternagung entstanden. Das Chadron-Gestein hatte eine Oberfläche aus tonig-lehmigem Substrat in einem lockeren Gefüge mit einer viel höheren Infiltrations-

Abb. 7.28 *Eine klassische Inselberg-Landschaft bei Groß Spitzkopje in Namibia. Dieser isoliert stehende Inselberg erhebt sich steil über eine sehr sanft geneigte Ebene – ein Pediment.*

Abb. 7.29 *Steile Hänge, entstanden durch Erosion der Brule Rocks in den Badlands in South Dakota in den USA.*

fähigkeit. Das Kriechen des wassergesättigten Materials war der Hauptprozess der Hangformung.

7.13 Grundwasser

Wegen der geringen Niederschlagswerte und dem Mangel an ständig Wasser führenden Flüssen (mit Ausnahme der großen allochthonen Flüsse wie dem Nil) ist Grundwasser oft von besonderer Bedeutung, wenn aride Gebiete genutzt werden sollen.

Grundwasser tritt in den so genannten grundwassertragenden Zonen unterirdischer Gesteine und Sedi-

mente auf. Die grundwassertragenden Zonen sind entweder durch gelegentliche Unwetter oder während der Pluviale, als die Trockengebiete weniger ausgedehnt waren als heute, aufgefüllt worden. Sie können aber auch in Gebiete reichen, die gegenwärtig relativ feucht sind. In durchlässigen Gesteinen wie dem nubischen Sandstein der Sahara kann es sich um große Wassermengen handeln. Wenn die Anordnung der Schichten günstig ist, können artesische Brunnen vorhanden sein (Kapitel 14.7). Auch Sanddünen und Kiese der Wadis, beide in hohem Maße wasserdurchlässig, können für die Grundwasserbildung nützlich sein. Dies liefert auch die Erklärung für die Entstehung von zumindest einem Teil der Oasen, die inmitten eines Ergs liegen. Wenn es regnet, dringt das Wasser schnell in den Dünensand ein und reichert sich an, vorausgesetzt, die darunter liegende Schicht ist mehr oder weniger undurchlässig. Seitliches Durchsickern an den Dünen kann genügen, um ein paar Palmen mit Wasser zu versorgen. Aus ähnlichen Gründen waren Küstendünen entlang des Arabischen Golfes bevorzugte Siedlungsstandorte.

Allerdings sind Grundwasservorräte weder unendlich, noch können sie ohne Probleme endlos ausgebeutet werden. Erstens kann Übernutzung zum raschen Versiegen führen, da einige Grundwasservorräte in Pluvialzeiten entstanden, also fossil sind. In Teilen der High Plains von Texas sind die Wasserniveaus in 40 Jahren um 50 Meter gefallen. Zweitens sind einige Vorräte zu salzhaltig, um vielseitig verwendbar zu sein (Tabelle 7.4). Drittens kann die Übernutzung in Küstengebieten ein Eindringen von Salzwasser vom Meer her bewirken. Der Grund dafür liegt darin, dass Frischwasser eine geringere Dichte als Salzwasser hat, sodass eine Meerwassersäule nur mit einer entsprechend höheren Frischwassersäule im Gleichgewicht stehen kann. Wenn das Frischwasser aber zu schnell weggepumpt

Tabelle 7.4: Eigenschaften des salzhaltigen Wassers	
Art der Wassernutzung	**Salzkonzentration (ppm TDS[a])**
Meerwasser	35 000
maximaler trinkbarer Salzgehalt für den Menschen	3 000
empfohlener Salzgehalt für den Menschen	weniger als 500 bis 750
Haustiere in Wüsten	weniger als 15 000; im Extremfall 25 000
Bewässerungswasser (bei optimalen Boden- und Entwässerungsverhältnissen)	weniger als 750: keine Gefahr der Versalzung 750 bis 1 500: geringe Erträge bei empfindlichen Pflanzen 1 500 bis 3 500: geringere Erträge bei vielen Pflanzen 3 500 bis 6 500: nur salzverträgliche Pflanzen 6 500 bis 8 000: geringere Erträge bei salztoleranten Pflanzen

[a] *Total dissolved,* gesamte gelöste Stoffe.

wird, steigt das Salzwasser schnell an und ersetzt das Frischwasser von unten. Viertens kann die Bodenoberfläche durch das Abpumpen von Grundwasser aus den Gesteinsporen absinken und Bauprobleme verursachen. In Mexico City sank der Boden um 7,5 Meter, was 250 bis 300 Millimetern pro Jahr entspricht, und im Central Valley in Kalifornien um 8,5 Meter.

Grundwasservorräte werden in einem immer schnelleren Tempo ausgebeutet. Zum Teil ist dies die Folge von neuen Methoden der Grundwassernutzung zu Bewässerungszwecken, die in den letzten zwei bis drei Jahrzehnten entwickelt wurden. In diesem Zusammenhang hat die Zentralbewässerung eine besondere Bedeutung. Dabei wird Wasser über ein Bohrloch heraufgepumpt und mit einem riesigen drehenden Ausleger, der mit Sprinklern versehen ist, über das Land verteilt.

7.14 Staudämme, Reservoirs und Wassertransfer zwischen Einzugsgebieten

Abgesehen von der Nutzung des Grundwassers aus Bohrlöchern kann der Mensch das Wasserangebot in ariden Gebieten verbessern, indem er Flüsse staut. Der erste bekannte Damm wurde tatsächlich schon vor ungefähr 5 000 Jahren in Ägypten erbaut, um die Bewässerung zu ermöglichen. Seither haben Anzahl und Größe der Staudämme gewaltig zugenommen: Sie steuern Überschwemmungen, vermindern die Bedrohung durch Hungersnöte und produzieren Elektrizität.

Allerdings haben Staudämme eine Reihe von Auswirkungen auf die Umwelt (Exkurs 7.4), die nicht immer voraussehbar sind (Abbildung 7.30). Sie halten Sedimente zurück, was zu einer verminderten

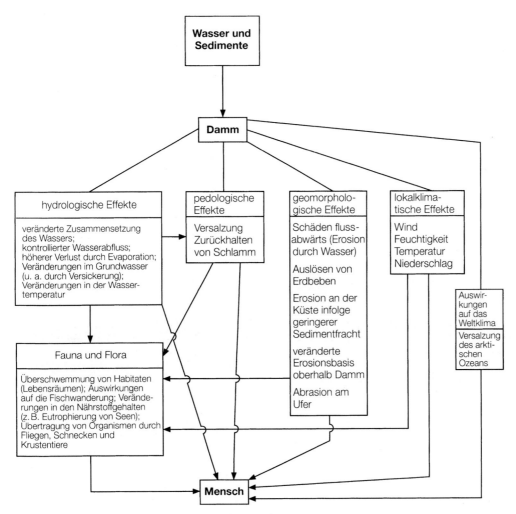

Abb. 7.30 *Einige Folgen des Staudammbaus für die Umwelt.*

Exkurs 7.4   Entwicklung und Preis der Bewässerung

Das 20. Jahrhundert ist ein Zeitalter der Bewässerung. Zwischen 1900 und 1950 verdoppelte sich weltweit die Fläche des bewässerten Landes beinahe und erreichte 94 Millionen Hektar. Um 1990 war sie auf 250 Millionen Hektar angestiegen. Ungefähr ein Drittel der Welternte an Nahrungsmitteln stammt von den 17 Prozent der bewässerten Ackerflächen der Welt. Gemessen an der Bruttobewässerungsfläche sind Indien, China, die frühere Sowjetunion, die USA und Pakistan die fünf größten Länder.

Wie der *State of the World Report* (1990) festhält, konnte diese Ausdehnung nicht ohne einen an die Umwelt zu zahlenden Preis erkauft werden:

»Jahr für Jahr werden rund 3 300 Kubikkilometer Wasser (die sechsfache Menge des Jahresabflusses des Mississippi) von den Flüssen, Strömen und unterirdischen Grundwasserträgern auf der Erde entnommen, um Kulturen zu bewässern. Bei einer Anwendung in diesem Maßstab hat Bewässerung einen tief greifenden Einfluss auf die Wasserkörper der Welt und auf die Flächen, denen das Wasser zugeleitet wird. Versumpfte und versalzte Gebiete, abnehmendes und verunreinigtes Grundwasser, schrumpfende Seen und Binnenmeere, sowie die Zerstörung von aquatischen Habitaten führen zusammen dazu, dass für die Bewässerung ein hoher Preis zu zahlen ist.«

Der schlimmste Schaden entsteht bei Durchtränkung und Versalzung bewässerter Böden. Die Anreicherung von Salzen im Boden hat eine ganze Reihe unerwünschter Folgen. So kommt es durch die Verdunstung von Bewässerungswasser zur Ausfällung von Kalzium und Magnesium in Form von Karbonaten; zurück bleiben in der Bodenlösung vorwiegend Natrium-Ionen. Diese lagern sich an kolloidale Tonpartikel an und bewirken deren Ausflockung. Es entsteht ein kohärentes Bodengefüge, das so gut wie wasserundurchlässig ist und die Entwicklung von Wurzeln hemmt. Nachteilige Bodenstruktur und Toxizität lassen die Vegetation an versalzten Standorten absterben. Zurück bleiben freie Flächen, die anfällig gegenüber Wind- und Wassererosion sind.

Die wohl gravierendste Folge der Versalzung ist ihr Einfluss auf das Pflanzenwachstum. Teilweise resultiert dieser aus Veränderungen des Bodengefüges, in noch stärkerem Maße aber aus der Veränderung der osmotischen Druckverhältnisse und aus direkter Toxizität. Kommt eine wässrige Lösung, in der große Mengen Salze gelöst sind, mit einer Pflanzenzelle in Berührung, schrumpft das Protoplasma im Innern der Zelle, und zwar aufgrund der osmotischen Bewegung des Wassers, welches aus der Zelle in die stärker konzentrierte Bodenlösung austritt. Die Zelle kollabiert, und die Pflanze stirbt ab.

Diese toxische Wirkung ist unterschiedlich bei verschiedenen Pflanzen und bei verschiedenen Salzen. Natriumkarbonat, das ein stark alkalisches Bodenmilieu verursacht, kann Pflanzen direkt durch Verätzung schädigen; hohe Nitratgehalte können bei Trauben oder Zuckerrüben ein unerwünscht starkes Wachstum verursachen, das auf

Wasserdurchtränkte und versalzte Felder in der Indus-Ebene in Pakistan. Die Ausweitung der künstlichen Bewässerung hat den Grundwasserspiegel bis nahe der Bodenoberfläche ansteigen lassen. Aufgrund hoher Temperaturen und begrenztem Niederschlag überzieht an der Oberfläche angereichertes Salz als weiße Kruste den Boden.

Kosten des Zuckergehalts geht. Bor ist ab einer Konzentration in der Bodenlösung von 1 oder 2 ppm für viele Feldpflanzen schädlich.

Es gibt viele Gründe, warum sich die Bodenversalzung ausbreitet. Der wichtigste ist die Ausweitung von Bewässerungsland, dessen Fläche von rund acht Millionen Hektar um das Jahr 1800 auf 250 Millionen Hektar in den Neunzigerjahren des 20. Jahrhunderts zugenommen hat. Der Ausbau der künstlichen Bewässerung und der Einsatz verschiedenster Techniken der Wassergewinnung und -aufbringung können dazu führen, dass sich Salze im Boden anreichern. Zum einen geschieht dies, weil die Ganzjahresbewässerung als Folge des sich neu einstellenden hydrologischen Gleichgewichts zwischen Zu- und Abfluss den Grundwasserspiegel so weit ansteigen lässt, dass das Wasser durch kapillaren Aufstieg an die Bodenoberfläche gelangt. Verdunstet das Wasser, bleiben Salze im Boden zurück. So ist der Grundwasserspiegel in den semiariden nördlichen Ebenen im australischen Victoria jedes Jahr um 1,5 Meter gestiegen und befindet sich nur noch gut einen Meter unter der Oberfläche. Dringt Grundwasser bis auf drei Meter unter Geländeoberkante in tonige Böden ein, so transportieren Kapillarkräfte die Feuchtigkeit an die Oberfläche, wo diese verdunstet und Salze zurückbleiben. Schluffreiche oder sandige Böden sind hiervon weniger betroffen.

Zweitens werden bei vielen Bewässerungstechniken große Wassermengen auf die Bodenoberfläche aufgebracht, insbesondere zum Beispiel beim Reisanbau. Die Verdunstung des Oberflächenwassers setzt unmittelbar ein, sodass der Salzgehalt ansteigt.

Drittens werden durch den Bau großer Staudämme und Talsperren zur Regulierung des Abflusses und zur Speicherung große Reservoirs geschaffen, aus denen Wasser verdunstet. Dadurch erhöht sich die Salzkonzentration des Wassers, das dann zur Bewässerung verwendet wird – mit den oben beschriebenen negativen Folgen.

Viertens versickert Wasser, insbesondere in sehr durchlässigen Substraten, aus Bewässerungskanälen in den Boden, wodurch die Verdunstung zunimmt. Bei vielen Bewässerungstechniken werden die Verteilerkanäle auf erhöhten Geländeteilen im Hochwasserbett eines Flusses angelegt, um die Schwerkraft optimal auszunutzen. Dabei handelt es sich um natürliche Erhebungen, flussbegleitende Dünen und Terrassen, die allesamt aus Schluff und Ton aufgebaut sind, sodass der Wasserverlust durch Versickerung dort oft besonders groß ist.

In Küstenregionen entstehen Probleme der Bodenversalzung durch eindringendes Meerwasser, verursacht durch übermäßiges Leerpumpen des Grundwasserkörpers. Stehen die Grundwasser führenden Schichten in hydraulischer Verbindung zum Meer, so kann Salzwasser einströmen und das entnommene Grundwasser ersetzen. Das Problem ist besonders gravierend an den Küsten des Persischen Golfes, wo die natürlichen Süßwasserspeicher wegen des trockenen Klimas durch Niederschläge nur sehr langsam aufgefüllt werden.

Schätzungen zufolge beläuft sich die Fläche des von Versalzung betroffenen und wasserdurchtränkten Bodens auf 50 Prozent des bewässerten Ackerlandes im Irak, auf bis zu 40 Prozent in Pakistan, auf 50 Prozent im syrischen Euphrat-Tal, auf 30 bis 40 Prozent in Ägypten und auf bis zu 30 Prozent im Iran. In Afrika hingegen, wo es weniger große Bewässerungsprojekte gibt, ist das Problem der Versalzung auf weniger als einem Zehntel der insgesamt davon betroffenen Fläche vom Menschen verursacht.

Die runde Form dieses Feldes in der Nähe von Port Elizabeth in Südafrika resultiert aus einem Bewässerungsverfahren, bei dem eine Beregnungsanlage um einen Drehpunkt im Zentrum der Fläche im Kreis bewegt wird.

Betrachtet man das Problem in seiner weltweiten Dimension, so hat sich die Gesamtfläche des Bewässerungslandes von 1700 bis 1984 von 50 000 Quadratkilometer auf 2,2 Millionen Quadratkilometer ausgeweitet. Im selben Zeitraum wurden rund 500 000 Quadratkilometer Bewässerungsland wegen sekundärer Versalzung aufgegeben. In den letzten drei Jahrhunderten hat die durch künstliche Bewässerung verursachte Bodenversalzung die Produktivität auf einer Million Quadratkilometer Land herabgesetzt.

In Anbetracht der Schwere des Problems wurden eine Reihe von Verfahren entwickelt, um Bodenversalzung zu beseitigen, rückgängig zu machen oder einzuschränken. Dazu gehören unter anderem die folgenden Maßnahmen:

- Gewährleistung einer adäquaten Entwässerung des Unterbodens, um einer Durchtränkung vorzubeugen, um den Wasserspiegel tief genug zu halten und damit den Effekt des Kapillaraufstiegs zu vermindern, und um überschüssiges, von den Kulturpflanzen nicht benötigtes Wasser wegzuführen.

- Ausschwemmen der Salze durch oberirdische Zufuhr von Frischwasser, das den gesamten durchwurzelten Bodenraum „durchspült".
- Behandlung der Böden (mit Zugaben von Kalzium, Magnesium, organischem Material etc.) zum Erhalt der Bodendurchlässigkeit.
- Anbau von Feldfrüchten mit geringem Wasserbedarf.
- Anbau von Feldfrüchten oder Varietäten von Feldfrüchten, die auch auf salzreichen Böden ausreichende Erträge liefern.
- Einschränkung der Sickerverluste aus Kanälen und Gräben durch Auskleidung (beispielsweise mit Beton).
- Verringerung der zugeführten Wassermenge durch Einsatz von Beregnungs- und Tropfbewässerungsanlagen.
- Speicherung von stark mit Salzen angereichertem Abwasser von den Feldern in Verdunstungsbecken.

Tabelle: Bodenversalzung auf bewässerten Anbauflächen in ausgewählten Ländern

Land	Prozent der von Bodenversalzung betroffenen Bewässerungsfläche	Land	Prozent der von Bodenversalzung betroffenen Bewässerungsfläche
Algerien	10–15	Jordanien	16
Australien	15–20	Pakistan	<40
China	15	Peru	12
Kolumbien	20	Portugal	10–15
Zypern	25	Senegal	10–15
Ägypten	30–40	Sri Lanka	13
Griechenland	7	Spanien	10–15
Indien	27	Sudan	20
Iran	<30	Syrien	30–35
Irak	50	USA	20–25
Israel	13		

Sedimentfracht flussabwärts führt. Dies wiederum vermindert wie im Falle des Assuan-Dammes am Nil die Menge der vom Fluss abgelagerten Nährstoffe auf den Feldern, verschlechtert die Nährstoffsituation für Fische im südöstlichen Mittelmeer und verursacht Erosion an der Küste und im Fluss. Das Gewicht des Wassers hinter dem Staudamm kann die Erdbebentätigkeit durch den Druck auf die Erdkruste verstärken.

Versickerung im Reservoir und in den Kanälen führt zu einer erhöhten Versalzungsgefahr; Lokalklimate ändern sich; die Umleitung von Flüssen kann den Salzgehalt in den Meeren verändern, was dann wiederum die Eisdecken und das Weltklima beeinflussen kann; Krankheiten, die ihren Ursprung im Wasser haben, werden weiter verbreitet, und die Fischwanderung wird gestört.

| Exkurs 7.5 | Wassertransfer zwischen Flusseinzugsgebieten und das Sterben des Aralsees in Zentralasien |

Steigender Wasserverbrauch und die regional ungleiche Verteilung der Wasserressourcen bedeuten, dass in vielen Gebieten der Erde Wasser über große Entfernungen zwischen verschiedenen Einzugsgebieten transferiert wird. Auch werden den Flüssen in den Trockengebieten der Welt große Mengen Wasser für Bewässerungsprojekte entzogen. Als eine Folge dieser umfangreichen Eingriffe ist die Wasserführung mancher Flüsse drastisch zurückgegangen. Dies wiederum bedeutet, dass die Ausdehnung und das Volumen aller von diesen Flüssen gespeisten Seen verringert wurde.

Die wohl gravierendsten Veränderungen eines großen Binnenmeeres oder Sees erfährt der Aralsee im Süden der ehemaligen Sowjetunion. Noch vor nicht allzu langer Zeit war der Aralsee der viertgrößte See der Erde, gekennzeichnet durch hohe biologische Aktivität sowie eine reiche und besondere aquatische Flora und Fauna. Die Fischereiwirtschaft spielte eine bedeutende Rolle, und der See wurde ebenso für den Transport wie für Freizeit- und Sportaktivitäten genutzt. Gleichzeitig bildete er ein Refugium für riesige Schwärme von Wasser- und Zugvögeln. Und schließlich profitierten die umliegenden Regionen von den günstigen klimatischen, hydrologischen und hydrogeologischen Effekten des Sees. Doch in den 1960er-Jahren setzte ein dramatischer Wandel ein. Die Zuflüsse in den See verringerten sich erheblich, sodass

seine Fläche bis heute um über 40 Prozent und sein Volumen um etwa 60 Prozent abgenommen haben. Der Seespiegel ist um mehr als 14 Meter gesunken, und der Salzgehalt hat sich verdreifacht. Fauna und Flora des Sees sind weitgehend zugrunde gegangen, nur wenige Arten haben überlebt. Auch das Klima in der Region hat sich gewandelt. Die wachsende Fläche frei liegenden, austrocknenden und mit Salzen angereicherten Seebodens bietet ideale Voraussetzungen für die Entstehung von Staubstürmen. Solche Stürme tragen jedes Jahr viele Millionen Tonnen Salz auf landwirtschaftlich genutzte Flächen und verringern dadurch die Erträge. Die Menschen leiden ebenfalls unter der schlechteren Wasserversorgung sowie an Erkrankungen der Atemwege infolge des ausgewehten Salzes und Staubes. Es überrascht daher nicht, wenn die Austrocknung des Aralsees heute als die schlimmste ökologische Tragödie in der ehemaligen Sowjetunion gesehen wird.

Weshalb hat sich der Wasserzufluss in den Aralsee so enorm verringert? Der Hauptgrund war eine in den Fünfziger- und frühen Sechzigerjahren getroffene Entscheidung, die Bewässerung in Zentralasien und Kasachstan auszuweiten. Dadurch ließen sich Feldfrüchte wie Reis und Baumwolle, die sehr viel Wasser benötigen, inmitten der Wüste kultivieren. Dafür wurden außerdem große Mengen Düngemittel und Herbizide eingesetzt, sodass

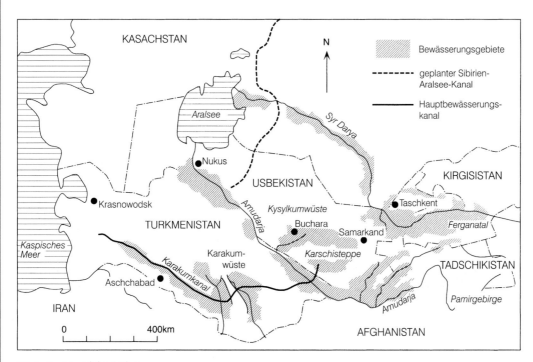

Bewässerung und der Aralsee.

Exkurs 7.5   **Fortsetzung**

sich die Wasserqualität verschlechterte. Hinzu kam, dass die Bewässerungssysteme als solche in Bezug auf ihre Konzeption, Konstruktion und Funktion mangelhaft waren.

Quellen: P. P. Micklin (1988) *Desiccation of the Aral Sea: a water management disaster in the Soviet Union*. Science,

241: 1170–1175. One of the key papers drew attention to the situation around the Aral Sea.
P. P. Micklin (1992): *The Aral crisis: introduction to the special issue*. Post-Soviet Geography, 33 (5): 269–282. A collection of papers on all aspects of the Aral Sea problem (at http://www.dfd.dlr.de/app/land/aralsee/chronology.html)

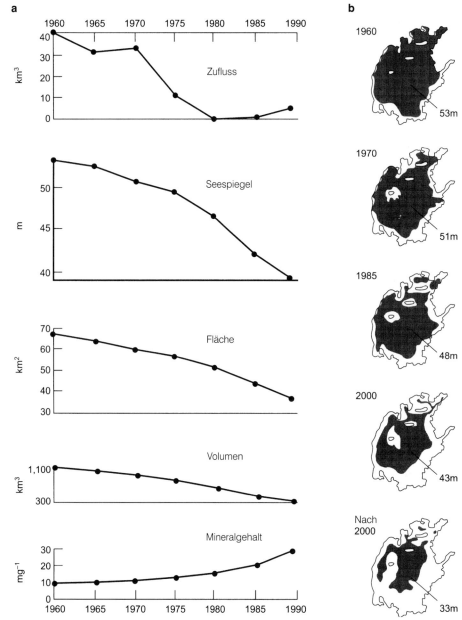

a) Veränderungen des Aralsees 1960–1989; b) das bisherige und zukünftige Schrumpfen des Aralsees als Folge des sinkenden Wasserspiegels.

In jüngerer Zeit wurden viele Flussläufe reguliert und große Wassermengen von einem Einzugsgebiet in ein anderes übergeleitet. Dies kann eine ganze Reihe von Auswirkungen haben, was deutlich wird, wenn man den verheerenden Zustand des Aralsees in Zentralasien betrachtet (Exkurs 7.5).

7.15 Landdegradierung

Die Probleme im Zusammenhang mit Staudämmen und Reservoirs geben einen Hinweis darauf, wie schwierig es ist, ein Wüstenmilieu zu entwickeln, ohne dabei negative Auswirkungen auf die Umwelt zu schaffen. In jüngster Zeit wurde die Befürchtung laut, menschliche Tätigkeit könnte sogar zu einer Ausbreitung von Wüsten führen, was man als *Desertifikation* bezeichnet. Man ist sich über die Ursache der Desertifikation nicht einig. Auslöser könnten temporäre Trockenperioden großen Ausmaßes, ein längerfristiger Übergang zu einem arideren Klima, ein anthropogen bedingter Klimawandel oder die Degradierung der biologischen Grundlagen in ariden Zonen durch den Menschen sein. Die meisten Forscher sind heute der Ansicht, dass Desertifikation durch die Kombination von zunehmenden Bevölkerungs- und Tierbestandszahlen hervorgerufen wird, was die Auswirkungen von Dürrejahren immer schwerwiegender macht. Die Vegetation ist erheblichen Belastungen durch Überweidung, durch Bebauung von Grenzertragsböden, durch Abbrennen von Gebüschvegetation zur Gewinnung von Weideland und durch das Sammeln von Brennholz ausgesetzt. Die Entfernung der Vegetation setzt irreversible Prozesse wie Deflation oder fluviale Erosion in Gang. Dadurch wird wiederum die Nutzbarkeit des verfügbaren Landes verringert (Abbildung 7.31).

7.16 Probleme der Wüstenregionen

Wüsten machen ein Drittel der Erdoberfläche aus, sind aber im Allgemeinen für den Menschen unwirtliche Lebensräume, die leicht degradiert werden können. Dies sind einige ihrer Probleme:

- Vordringen von Sand in Siedlungen, Straßen
- Winderosion (Deflation) von Böden
- Staubstürme

Abb. 7.31 Als Folge der Überweidung durch Rinder und Ziegen in der Nähe von Baringo in Kenia wurde die Bodenoberfläche so stark abgetragen, dass die Baumwurzeln an der Oberfläche zu Tage treten. Diese Art von Erosion bildet einen Teil des Desertifikationsproblems.

- Versalzung
  Verwitterung von Bausteinen
  Verminderung der Bodenqualität
  Einschränkung des Pflanzenwachstums
- Überschwemmungen
- Schuttströme
- Staudämme
  Verschlammung von gestautem Wasser
  fehlende fruchtbare Sedimente dammabwärts
  Zunahme des Salzgehaltes des Wassers
  Übertragung von Krankheiten
  Veränderung des Mikroklimas
- Grundwasserentnahme
  Absenkung des Grundwasserspiegels
  Eindringen von Salzwasser (Intrusion)

- Klima
  Smog durch Sonnenlicht und Inversion
  extreme Hitze
  sehr geringe Feuchtigkeit

Obwohl in einigen entwickelten Ländern und in den neuen ölreichen Ländern im Mittleren Osten spektakuläre Fortschritte in der Nutzung von Wüsten zu verzeichnen sind (diese Länder besitzen das nötige Geld für Investitionen in langfristige Forschung und haben in Projekte mit zweifelhaftem, kurzfristigem wirtschaftlichem Ertrag investiert), werden trotzdem viele Wüstengebiete der Erde in den kommenden Jahrzehnten ein vom Menschen weitgehend unberührter Naturraum bleiben.

8 Die Tropen

8.1 Die allgemeine atmosphärische Zirkulation

Die Tropen nehmen fast zwei Fünftel der Landoberfläche der Erde ein. Klimatisch sind sie charakterisiert als das Gebiet zwischen den Wendekreisen mit Tageszeitenklima. Die Tropen bilden eine sehr heterogene Ökozone. Zwischen nördlichem und südlichem Wendekreis gibt es eine große Vielfalt an klimatischen und dementsprechend auch an botanischen, topographischen und pedologischen Charakteristika: zum Beispiel immergrüne Regenwälder, Savannen, Mangroven, Korallenriffe, Gebirge und Ebenen. Und während einige Gebiete eine hohe Bevölkerungsdichte aufweisen, sind andere fast unbesiedelt. Allgemein gilt aber für die gesamten Tropen, dass sie im Jahresverlauf mehr Sonneneinstrahlung erhalten als andere Zonen.

Daraus ergibt sich ein wesentlicher Antriebsmechanismus für die globale atmosphärische Zirkulation, nämlich der Transport überschüssiger Energie (in Form von Luftmassen) von den niederen in die hohen Breiten. Nach dem einfachen Zellenmodell, das G. Hadley bereits im Jahre 1735 entworfen hat, steigt die erwärmte Luft von den Gebieten um den Äquator auf. Die Luftmassen werden dann in der Höhe durch Luftströmungen (*Antipassate*) in höhere Breiten transportiert. In etwa 20 bis 30 Grad Breite wird die Luftbewegung abgeschwächt. Hier kommt es in einer Zone mit relativ hohem Luftdruck, dem subtropischen Hochdruckgürtel, zum Absinken der Luft. Die *Hadley-Zelle* wird durch beständige Winde in der unteren Troposphäre, die äquatorwärts wehenden Passate, wieder geschlossen. Die nördlichen und südlichen Passatwindsysteme treffen in einem Gebiet mit niedrigem Luftdruck, genannt *äquatoriale Tiefdruckrinne* oder *Innertropische Konvergenzzone (ITC)*, wieder aufeinander. Obwohl dieses Modell einige Mängel aufweist und die Realität sehr stark vereinfacht, gibt es doch ein hinreichend genaues Bild von der tropischen Zirkulation (Kapitel 2.2).

Im Verlauf eines Jahres verlagert sich die ITC dem Zenitstand der Sonne folgend nach Norden beziehungsweise Süden, wobei die Verschiebung, gemessen in Breitengraden, normalerweise nur einige Grad beträgt (Abbildung 8.1). Eine Ausnahme bildet der Indische Subkontinent, wo die Verschiebung der ITC 30 Grad nördlicher Breite erreichen kann, was für die Erklärung des indischen Monsuns von Bedeutung ist (Kapitel 8.5). Die ITC ist durch niedrigen Luftdruck in Bodennähe, durch aufsteigende Luftbewegung und durch Konvergenz von Luftmassen gekennzeichnet. Die Windgeschwindigkeiten sind in der Regel gering und die Windrichtungen veränderlich; häufig treten Windstillen auf, die als *Kalmen* bezeichnet werden.

8.2 Passate

Der Bereich zwischen subtropischem Hochdruckgürtel und der ITC wird durch starke und beständige Ostwinde, die so genannten *Passate*, beherrscht. Diese

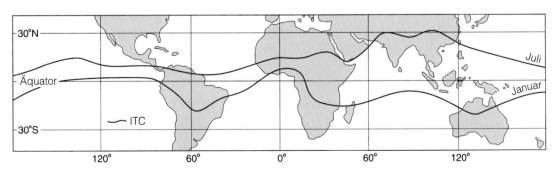

Abb. 8.1 Die jahreszeitliche Verlagerung der Innertropischen Konvergenzzone (ITC).

Zone reicht zum Beispiel im Nordwinter bis in etwa 30 Grad nördliche beziehungsweise ungefähr 20 Grad südliche Breite.

Üblicherweise unterscheidet man in dieser Zone drei verschiedene (atmosphärische) Schichten. Die *bodennahen Passate* weisen die Windrichtung Ostnordost auf der Nordhalbkugel und Ostsüdost auf der Südhalbkugel auf. Sie zeigen eine bemerkenswerte Richtungsbeständigkeit. In der Nähe der subtropischen Hochdruckgebiete kommen sie nur in Höhen unter 500 Metern vor, aber in der Nähe der ITC können sie auch in Höhen von 2 500 Metern auftreten.

Über den bodennahen Passaten befindet sich die klimatisch wichtige *Passatinversion*, in der die Temperatur in der Höhe mit ungefähr 1 °C/100 Meter zunimmt. Die Hauptwirkung dieser Inversion liegt darin, dass sie sich als stabile Sperrschicht erweist, die normalerweise Aufwärtsbewegungen der Luft unterbindet und so Konvektionsniederschlag verhindert. Diese „Deckelwirkung" verschwindet, wenn, wie in der Nähe der ITC, die Luftmassen durch starke Konvektion zum Aufstieg gezwungen werden.

Oberhalb der Inversion befinden sich die *Antipassate*, die als Westwinde mit niedrigen Geschwindigkeiten in Höhen zwischen 6 000 und 10 000 Metern wehen.

8.3 Die feuchten Tropen

Die feuchten Tropen umfassen fast zehn Prozent der Festlandfläche der Erde. Sie bilden einen Gürtel, der sich meist 5–10 Grad zu beiden Seiten des Äquators erstreckt. Sie haben tendenziell eine größere Ausdehnung an den Ostseiten der Kontinente (besonders in Südamerika) und entlang einiger tropischer Küsten. Die größere Ausdehnung folgt aus der passatzugewandten Lage dieser Gebiete auf der schwach ausgeprägten Westseite des subtropischen Hochs, einer Zone mit vorherrschender neutraler oder stabiler Luft. An den Westküsten der Kontinente befinden sich häufig Meeresströme, die kaltes Auftriebswasser hervorbringen. Dieses Kaltwasser bewirkt eine Abkühlung der unteren Luftschichten, was eine absinkende Luftbewegung einleitet. Aus dem Absinken resultiert wiederum eine stabile Schichtung der Troposphäre, welche die Niederschlagstätigkeit stark verringert.

In den feuchten Tropen liegen die Temperaturen im Monatsmittel bei 25 °C oder sogar höher. Da diese Gebiete so nahe am Äquator liegen, sind die Schwankungen der Tageslänge übers Jahr gering. Aus diesem Grund sind auch die jahreszeitlichen Temperaturschwankungen minimal. Die täglichen Temperaturschwankungen übersteigen die jährlichen bei weitem, sodass gegenüber den Jahresschwankungen, die in den feuchten Tropen selten 3 °C übersteigen, die Tagesschwankungen zwei bis fünf Mal größer sind. Die Temperaturen erreichen aufgrund hoher Luftfeuchte und Bewölkung aber nicht die sehr hohen absoluten Werte einiger außertropischer Gebiete – die höchsten in New York gemessenen Werte (40 °C) liegen höher als bei äquatorialen Stationen wie Jakarta in Indonesien oder Belém in Brasilien.

Die feuchten Tropen erhalten in der Regel zwischen 1 750 und 2 500 Millimeter Niederschlag pro Jahr, wobei allerdings topographische Unterschiede eine beträchtliche Variabilität verursachen. Die hohen Niederschlagswerte sind zum Teil eine Folge der starken Erwärmung dieser Zone, sowie der konvergierenden Winde und des damit zusammenhängenden weit verbreiteten Aufsteigens von warmer und feuchter Luft. Völlig wolkenlose Tage sind selten, der Bewölkungsgrad erreicht im Durchschnitt 50 bis 60 Prozent. Im Verlaufe eines Jahres gibt es durchschnittlich 75 bis 100 Tage mit Gewittern, und die Zahl der Tage mit Niederschlag ist hoch. In Belém in Brasilien zum Beispiel sind es 243 Tage im Jahr. In Kerngebieten der feuchten Tropen wie dem westlichen Amazonasbecken oder dem Zentrum des Kongobeckens gibt es überhaupt keine trockenen Monate. In der Regel hat der Niederschlag hier ein dem zweimaligen Zenitstand der Sonne entsprechendes zweigipfeliges Maximum, das durch trockenere, aber noch immer humide Phasen unterbrochen wird. Mit zunehmender Entfernung vom Äquator werden Dauer und Intensität der trockeneren Phasen intensiver, die Zahl der humiden Monate geht von zwölf auf zehn zurück und es kommt zu ein bis zwei ariden Monaten.

Die Niederschläge in den Tropen sind oft sehr heftig. Aus diesem Grund entstehen einerseits typische Reliefformen, andererseits folgt daraus verstärkte Bodenerosion. Dies gilt besonders, wenn der schützende immergrüne Regenwald, die zonale Vegetation der immerfeuchten Tropen, gerodet wird. An Stationen in einem außertropischen, feuchttemperierten Gebiet (zum Beispiel London) betragen die mittleren Niederschlagswerte pro Regentag zwischen vier und sechs Millimetern; der Mittelwert für die aufgeführten tropischen Stationen liegt bei 15,2 Millimetern, ist also rund drei Mal höher (Tabelle 8.1).

Tabelle 8.1: Niederschlagsintensität, ausgedrückt als mittlerer jährlicher Niederschlag pro Regentag	mm
Hong Kong	21,2
Jakarta (Indonesien)	13,5
Rangun (Burma)	20,9
Kalkutta (Indien)	15,5
Bombay (Indien)	22,4
Entebbe (Uganda)	12,4
Lagos (Nigeria)	14,4
Accra (Ghana)	13,6
Georgetown (Guyana)	13,3
Quito (Ecuador)	8,5
San Salvador (El Salvador)	16,1
San Juan (Puerto Rico)	10,1
Mittelwert	15,2

8.4 Tropische Jahreszeitenklimate

Zwischen den feuchten Tropen und den großen subtropischen Wüsten liegt die Klimazone der wechselfeuchten Tropen, die gewöhnlich einen geringeren und stärker jahreszeitlich differenzierten Niederschlag als die feuchten Tropen aufweist. Ihr gemeinsames Merkmal mit dem sie sich gegen die feuchten Tropen abgrenzen ist somit hygrischer Natur und liegt in dem jahreszeitlichen Wechsel von trockenen (2,5 bis 5 Monate) und feuchten Phasen. Bedingt durch die Nord-Süd-Wanderung der Sonne und der damit verbundenen Verlagerung von Einstrahlungsmaxima, Luftdruckgürteln und Windsystemen liegen die wechselfeuchten Tropen abwechselnd im Gebiet der ITC beziehungsweise der Regen bringenden äquatorialen

Westwinde (Sommer) oder im Einflussbereich der meist trockenen Passate und der subtropischen Antizyklonen (Winter).

Die Jahresamplitude der Temperatur ist zwar größer als in den feuchten Tropen, aber immer noch recht gering und übersteigt selten 8 °C. Während der Regenzeit der Sommermonate ist auch die insolationsbedingte tägliche Temperaturamplitude gering, in der wolkenlosen Trockenzeit ist sie dagegen deutlich größer. Häufig fallen die heißesten Monate nicht mit dem höchsten Sonnenstand zusammen, sondern liegen etwas früher, denn in der Regenzeit bewirken die andauernde Wolkenbedeckung und die stärkeren Niederschläge eine Abkühlung der Luft. Für das Pflanzenwachstum bedeutsam ist, dass die warme und die feuchte Jahreszeit zusammenfallen, auch wenn die heißesten Monate meist nicht in der wolkenreichsten Zeit des Sonnenhöchststandes liegen (Tabelle 8.2). Entsprechend dieser klimatischen Bedingungen und ihrer Differenzierung (2,5 bis 5 aride Monate) besteht die zonale Vegetation der wechselfeuchten Tropen aus halbimmergrünen Wäldern, regengrünen Monsunwäldern und Savannen. Besonders deutlich wird der Kontrast der Jahreszeiten in Gebieten, die unter dem Einfluss des Monsuns stehen.

8.5 Monsune

Seit Jahrhunderten weiß man, dass es in einigen Gebieten der niederen Breiten im Sommer und Winter verschiedene Windrichtungen gibt. Die Veränderungen im Windsystem sind mit einem markanten jahres-

Tabelle 8.2: Repräsentative Klimadaten für tropische Klimate	Jahr	J	F	M	A	M	J	J	A	S	O	N	D
immerfeuchte tropische Klimate													
Singapur (1° 18′ N)													
Temperatur (°C)	27	26	27	27	27	28	27	27	27	27	27	27	27
Niederschlag (mm)	2413	252	172	193	188	172	172	170	196	178	208	254	257
Belém, Amazonastal, Brasilien (1° 18′ S)													
Temperatur (°C)	26	25	25	25	25	26	26	26	26	26	26	26	26
Niederschlag (mm)	2735	340	406	437	343	287	175	145	127	120	91	89	175
wechselfeuchte tropische Klimate													
Calcutta, Indien (23° N)													
Temperatur (°C)	26	18	21	26	29	30	29	28	28	28	27	22	18
Niederschlag (mm)	1494	10	28	35	51	127	284	308	292	292	110	13	5
Normanton, Australien (18° S)													
Temperatur (°C)	27	30	29	29	28	26	23	22	24	24	29	31	31
Niederschlag (mm)	952	277	254	155	38	8	10	5	3	3	10	45	142

zeitlichen Wechsel der Niederschläge verbunden. Die Winde aus der einen Richtung sind feucht, schaffen eine labile atmosphärische Schichtung und bringen Niederschlag, die Winde aus der anderen Richtung befördern trockene Luftmassen und führen zu einer stabilen Schichtung. Südasien bietet das klassische Beispiel für einen Monsun, das heißt eine jahreszeitliche Windumkehr, und ist bekannt für die Unvermitteltheit, mit der die Regenzeit einsetzt. Monsune kommen aber auch anderswo vor, insbesondere in Küstenbereichen zwischen 5 bis 25 Grad zu beiden Seiten des Äquators. Sie treten auch an der Küste von Guinea in Westafrika, in Ostafrika und in Nordaustralien auf (Abbildung 8.2).

Die traditionelle Erklärung für den indischen Monsun ist, dass es sich im Wesentlichen um ein großdimensionales Land-See-Windsystem handelt, das seine Ursache in den saisonalen Temperaturunterschieden zwischen den Landmassen und den Ozeanen hat. Diese Temperaturunterschiede sind im Falle Asiens mit seiner enormen Landfläche besonders ausgeprägt und beeinflussen den jahreszeitlichen Gang des Luftdrucks und der Winde. Über den Ozeanen sind die saisonalen Verschiebungen der Wärme- und Luftdruckzonen ziemlich gering, parallel zu den in gleicher Weise geringen jährlichen Temperaturunterschieden. Über dem Festland mit seinen größeren Temperaturunterschieden ist dagegen die Bewegung der Wärme- und Luftdruckzonen sehr viel stärker. Dies zeigt sich in der Sommer- und Winterbewegung der ITC, die im Sommer über Indien mehr als 30 Breitengrade vom Äquator entfernt liegt. Diese extreme Lage hängt mit den hohen Temperaturen im Innern des Kontinents zusammen, die Konvektion und tiefen Bodenluftdruck bewirken und dadurch die ITC vom Äquator „wegziehen" und zu Südwestwinden anstelle der üblichen Nordostwinde führen.

Diese einfache thermische Erklärung der jahreszeitlichen Windumkehr muss aber durch eine Betrachtung der Rolle der Luftverhältnisse in der höheren Troposphäre ergänzt werden. Denn diese Betrachtung vereinfacht das Verständnis des plötzlichen Auftretens und der extremen jahreszeitlichen Gegensätze, die den indischen Monsun kennzeichnen.

Die Wechselwirkungen des Monsuns werden heute mit der Verschiebung des *Jetstreams* der mittleren Breiten in Verbindung gebracht. Hochdruckver-

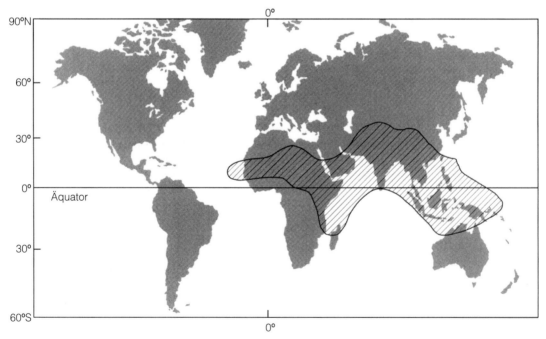

Abb. 8.2 *Die Verbreitung von Monsunklimaten. Die Karte basiert auf vier Kriterien: 1) dass die Hauptwindrichtung um mindestens 120° zwischen Januar und Juli wechselt; 2) dass die durchschnittliche Häufigkeit der vorherrschenden Windrichtungen im Januar und Juli über 40 Prozent liegt; 3) dass der Wind aus der daraus resultierenden mittleren Richtung in mindestens einem dieser Monate 3 m pro Sekunde überschreitet; und 4) dass weniger als ein Zyklon-Antizyklon-Wechsel alle zwei Jahre entweder im Januar oder im Juli in einem fünf Längen- auf fünf Breitengrade umfassenden Gebiet erfolgt.*

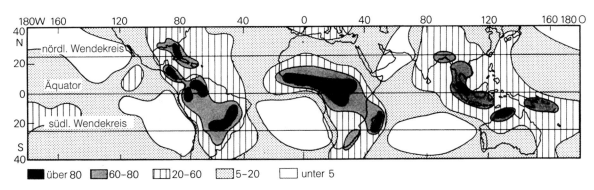

180W 160   120   80   40   0   40   80   120   160 180 O

■ über 80   ▨ 60–80   ⊞ 20–60   ⊡ 5–20   ☐ unter 5

Abb. 8.3 *Mittlere Zahl von Gewittern pro Jahr.*

hältnisse und absinkende Luftbewegung finden sich an der Erdoberfläche normalerweise unterhalb des *Jetstreams*, jedoch etwas äquatorwärts versetzt. Man nimmt an, der *Jetstream* verlaufe im Winter südlich der großen topographischen Barriere, die durch das Gebirge und die Hochebene von Tibet und die umliegenden Gebiete gebildet wird. Dies bewirkt eine subtropische Hochdruckzelle mit trockener absinkender Luft über Nord-Zentralindien. Luft, die von diesem Zentrum abzweigt, führt zum Wintermonsun in Richtung Ozean. Gegen Ende des Winters bewegt sich der *Jetstream* aber langsam nach Norden, bis er plötzlich nördlich um die topographische Barriere herumgelenkt wird. Mit der Verschiebung des *Jetstreams* geht aber auch eine Verlagerung der tropischen Windsysteme einher. Der Sommermonsun besteht daher aus Passaten, die ihren Ursprung auf der Südhalbkugel haben, nach dem Überschreiten des Äquators aber durch die Coriolis-Kraft zu Südwestwinden umgelenkt werden, die hohe Niederschläge bedingen können.

8.6 Tropische Störungen

Im Vergleich zu Störungen der höheren Breiten (Kapitel 6.2) zeigen diejenigen in den Tropen zwei Hauptunterschiede. Erstens fehlen die Fronten, die für die Tiefdruckgebiete in den mittleren Breiten so typisch sind, fast völlig, denn die Temperaturunterschiede zwischen zwei Luftmassen sind gewöhnlich so gering, dass keine klare Front entstehen kann. Zweitens ist die Coriolis-Kraft in der Nähe des Äquators nur schwach, sodass die meisten Störungen in sehr niederen Breiten von kürzerer Dauer und geringerer Intensität sind als in höheren Breiten.

Die Hauptvoraussetzung für die Entstehung tropischer Störungen ist das Vorhandensein von warmen und feuchten Luftmassen, in denen es keine Inversion gibt. Diese atmosphärische Schichtung wird als labil bezeichnet, und jegliche Aufwärtsbewegung wird durch die Freisetzung von großen Mengen latenter Kondensationswärme verstärkt. Die aufsteigende Luftbewegung (Konvektion) kann ihre Ursache in der Erwärmung der Erdoberfläche haben, wobei Konvektionszellen zu *Gewittern*, der kleinsten und häufigsten Form tropischer Störungen, werden (Abbildung 8.3). Aufsteigende Luft kann aber auch die Folge der Konvergenz zweier Luftmassen sein, denn in diesem Fall wird das Aufsteigen erzwungen, und so kommt es wiederum zu Gewittern, die in Bändern, so genannten *Linear Systems*, angeordnet sind. Die Auswirkungen der Konvergenz in den unteren Schichten der Atmosphäre werden noch verstärkt, wenn darüber eine Divergenz herrscht. Ein Hochdruckgebiet in der oberen Troposphäre, das einen allgemeinen Abfluss der Luft bewirkt, kann Aufwärtsbewegungen der Luft und Labilität in den unteren Schichten nach sich ziehen. Aufwärtsbewegungen der Luft können auch mit der Topographie der Erdoberfläche zusammenhängen, wenn die Luft zum Beispiel über Gebirgen zum Aufstieg gezwungen wird.

Einige tropische Störungen haben ihren Ursprung jedoch außerhalb der Tropen, denn Tiefdruckgebiete aus dem Bereich der Polarfront in den mittleren Breiten können ab und zu weit in Richtung des Äquators vordringen und sich regenerieren, wenn sie mit warmen und feuchten Luftmassen zusammentreffen.

Monsundepressionen

Ein anderer Typ tropischer Störungen ist das Monsuntief (Abbildung 8.4a). Es handelt sich um geschlossene isobarische Tiefdrucksysteme mit einem Durchmesser von 500 bis 1 000 Kilometern. Sie kommen im asiatischen Sommermonsun etwa drei Mal pro Monat vor. Sie entstehen über dem Golf von Bengalen, weniger häufig über dem Arabischen Meer. Konvergenz in der bodennahen westlichen Monsunströmung und divergente Ostwinde in der Höhe bewirken eine Aufwärtsbewegung der Luft, die sich durch die Freisetzung großer Mengen latenter Wärme zu einem großen Tiefdruckgebiet verstärkt.

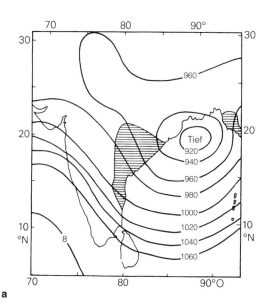

a

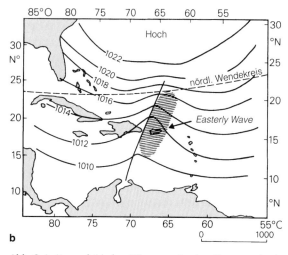

b

Abb. 8.4 *Atmosphärische Störungen in den Tropen: a) ein Monsuntief im Golf von Bengalen, 1000-mbar-Linien in Dezimetern für 12 Uhr GMT am 20. August 1967; das schraffierte Gebiet zeigt die Zone mit andauerndem Niederschlag; b) eine* Easterly Wave *in der Karibik; das schraffierte Gebiet zeigt die Hauptniederschlagszone.*

Linear Systems (Gewitterlinien)

Linear Systems oder Gewitterlinien bestehen aus Gewitterbändern; diese können Hunderte von Kilometern lang und zehn bis 30 Kilometer breit sein. Sie entstehen durch Konvergenz, wenn zum Beispiel lokale Land- und Seewinde von verschiedenen Inseln aufeinander treffen, wie das in Südostasien häufig geschieht.

Wellenstörungen

Die Passate und die äquatorialen Ostwinde im zentralen Pazifik lassen Regen bringende Störungen entstehen, die ganz anders geartet sind als die Tiefdruckgebiete der mittleren Breiten. Sie haben die Form von Wellentälern, die im Druckfeld an der Erdoberfläche kaum auffindbar und etwa halb so groß sind wie ein Tiefdruckgebiet in mittleren Breiten. Die Luft vor dem Wellental divergiert und ist durch absinkende Bewegung und Trockenheit gekennzeichnet, während die Luft hinter dem Wellental konvergiert. Diese Konvergenz führt zu labiler Schichtung, sodass mächtige Cumulonimbus- oder Cumulus-Wolken entstehen, die mäßige oder schwere gewittrige Schauer bewirken. Da diese Wellen sich mit den Ostwinden (*Easterlies*) fortbewegen, nennt man sie gewöhnlich *Easterly Waves* (Abbildung 8.4b).

Die Gebiete, in denen diese Wellen hauptsächlich vorkommen, sind die Westränder der großen Ozeanbecken in Breiten zwischen 5 und 20 Grad. Sie sind in der Karibik sehr häufig, kommen aber auch im Pazifik vor. Im erstgenannten Gebiet erscheinen sie im Spätsommer alle drei bis fünf Tage, im zweiten alle zwei bis drei Tage. Sie haben eine Geschwindigkeit von etwa 15 bis 20 Stundenkilometern und führen beträchtliche Regenmengen mit sich. Einige entwickeln sich gelegentlich zu den viel gefährlicheren tropischen Wirbelstürmen weiter.

Tropische Wirbelstürme

Tropische Zyklonen sind geschlossene Tiefdrucksysteme mit einem Durchmesser von in der Regel etwa 650 Kilometern. Sie bringen heftige Winde, sintflutartige Regenfälle und Gewitter. Üblicherweise haben sie ein Zentrum, das *Auge*, mit einem Durchmesser von zig Kilometern und mit schwachen Winden und mehr oder weniger leicht bewölktem Himmel. Sie haben eine Vielzahl von lokalen Namen: „Hurrikan" in der Karibik (Exkurs 8.1), „Taifun" im Chinesischen Meer,

„Willy-Willy" in Australien oder „Zyklone" im Golf von Bengalen.

Damit Wirbelstürme entstehen können, müssen verschiedene Bedingungen erfüllt sein. Erstens muss ein reichliches Angebot an Feuchtigkeit vorhanden sein, weshalb die Verbreitung der Zyklonen eng an die Regionen mit den höchsten Temperaturen an der Meeresoberfläche (mindestens 27 °C) gebunden ist (das sind die westlichen Teile der tropischen Ozeane im Spätsommer). Die Feuchtigkeit liefert die nötige

| Exkurs 8.1 | Der Hurrikan Gilbert, Jamaika, 1988 |

Der Hurrikan Gilbert entstand am 10. September 1988 im Atlantik ungefähr 360 Kilometer östlich von Barbados. Er zog durch die Karibik in westlicher Richtung und erreichte die Insel Jamaika am 12. September. Von hier zog er nach Mexiko, wo seine Energie über der Sierra Madre Oriental südlich von Monterrey nachließ.

Der Hurrikan Gilbert war besonders intensiv, mit einem Luftdruck, der kurzfristig auf 888 Millibar, den tiefsten je in der westlichen Hemisphäre gemessenen Druck, abstürzte. Sein „Auge" hatte einen besonders großen Durchmesser von etwa 40 Kilometern. Die Windgeschwindigkeiten erreichten über Kingston, Jamaika, 200 Stundenkilometer.

Die Auswirkungen dieses dramatischen Ereignisses auf Jamaika waren beträchtlich. Schon vor seiner Attacke waren viele Gebiete auf der Insel, hauptsächlich in den steilen und tief eingeschnittenen Blue Mountains, durch fortgeschrittene Erosion schwer degradiert – eine Folge von seit Generationen unangepasster Landnutzung. Der Hurrikan stieß also auf eine Umwelt, die sich bereits in einem sehr labilen Zustand befand. Viele Bäume und Sträucher, ja ganze Plantagen, wurden entlaubt oder umgeblasen, und der starke Regen (bis zu 900 Millimeter in höheren Lagen) verursachte schwere Erdrutsche und Erosionsschäden. Die Küste wurde durch hohe Wellen schwer angeschlagen und erodiert. Die Wellen erreichten an der Ost- und an der Nordküste eine Höhe von 7,6 Meter.

Die Schäden dieses Hurrikans beliefen sich für Jamaika auf ungefähr 800 bis 1 000 Millionen US-Dollar, ein Wert, der die jährlichen Exporteinnahmen des Landes überstieg.

Dazu kam, dass die Möglichkeit von Devisenerträgen durch die Schäden an den besonders wichtigen Bananen- und Kaffeeanbauflächen stark reduziert wurde: zum Beispiel wurden 98,5 Prozent der Bananenanbaufläche beschädigt.

Die Zahl der Todesopfer war verhältnismäßig gering, 45 Personen starben in Jamaika, während aus Mexiko, wo der Hurrikan endete, 330 Tote gemeldet wurden.

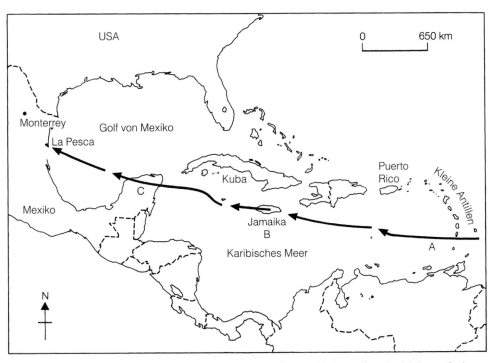

Der Zug des Hurrikans Gilbert durch die Karibik (A = 10. September, B = 12. September, C = 14. September)

Exkurs 8.1	Fortsetzung

Auf diesem Satellitenbild, aufgenommen am 11. September 1988, erkennt man, wie der Hurrikan „Gilbert" die Ostküste von Jamaika streift. Das Auge des Hurrikans befand sich an der Küste der Insel nahe Kingston. Anschließend zog es weiter nach Westen in Richtung Mexiko.

latente Wärme, um den Sturm anzutreiben und um Niederschlag abzugeben. Tropische Wirbelstürme kommen gewöhnlich in diesem Gebiet vor (Abbildung 8.5). Wenn sie diesen Bereich verlassen oder über Festland ziehen, nimmt ihre Heftigkeit schnell ab. Sie kommen üblicherweise auch nur in Gebieten außerhalb von etwa fünf Grad Entfernung vom Äquator vor, denn näher am Äquator geht die Coriolis-Kraft

gegen Null. Auf der Nordhalbkugel entstehen die Wirbelstürme im Wesentlichen im Spätsommer und Herbst während der Verschiebung der äquatorialen Tiefdruckrinne nach Norden.

Ältere Theorien über die Bildung tropischer Wirbelstürme gingen davon aus, dass große Konvektionszellen eine rasche Freisetzung von viel latenter Wärme hervorrufen, welche die Energie für die Stürme liefert.

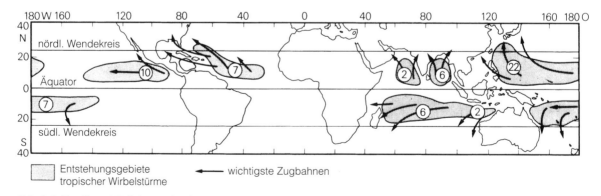

Abb. 8.5 *Verteilung, Häufigkeit und Richtung tropischer Wirbelstürme (Hurrikane). Die Zahlen geben die ungefähre Anzahl pro Jahr und Gebiet an.*

Exkurs 8.2	Zyklone in Bangladesch

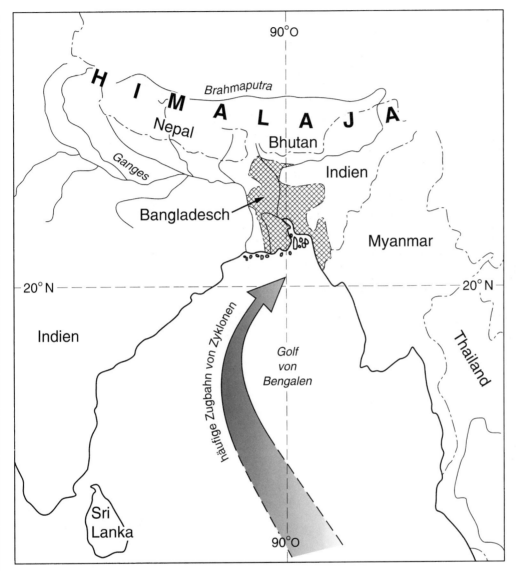

Die exponierte Lage Bangladeschs im Bereich einer typischen Zyklonenbahn.

Die Auswirkungen der Zyklone der Jahre 1991 und 1994 im Vergleich						
Indikator	**1991**	**1994**		**Indikator**	**1991**	**1994**
Tote	139 000	127		zerstörte religiöse Stätten	3 000	550
Verletzte	Anzahl pro Jahr	2 100		Verluste von Vieh (Stück)	1 000 000	10 000
betroffene Personen	10 800 000	390 000		Verlust von Feldfrüchten (ha)	380 000	31 000
betroffene Familien	2 500 000	74 000		Zahl der in Sicherheit		
zerstörte Häuser	970 000	60 000		gebrachten Menschen	350 000	750 000
zerstörte Schulen	9 600	150				

Quelle: (1995) *World Disaster Report* (Abb. 9.1)

Exkurs 8.2 **Fortsetzung**

Viele der verheerendsten Wetterereignisse der Erde treffen Bangladesch, ein armes (Pro-Kopf-Einkommen 1990: 200 US-Dollar) und dicht besiedeltes Land (um 800 Einwohner je Quadratkilometer). Es ist ein Land des Wassers, in dem die Fluten der über ihre Ufer getretenen Flüsse in normalen Jahren fast ein Fünftel der Landesfläche bedecken. Ebenso kommt es zu Überflutungen durch Meerwasser, verursacht durch Zyklone – derartige Überschwemmungen können ein Drittel des Staatsgebiets betreffen, da mehr als ein Drittel von Bangladesch weniger als sechs Meter über dem Meeresspiegel liegt. Dieser Umstand beruht auf dem Sachverhalt, dass ein großer Teil

des Landes aus den Deltaschüttungen zweier großer, im Himalaja entspringender Flüsse besteht: Ganges (Ganga) und Brahmaputra. Zudem beschreibt die Küstenlinie des Landes eine Art Trichter, der die über den warmen Gewässern des Golfs von Bengalen entstehenden Zyklone bündelt, sodass im Jahresdurchschnitt fünf Zyklone auftreten. Manche dieser Ereignisse haben katastrophale Auswirkungen. Die Zyklone von 1994 war weniger zerstörerisch als jene des Jahres 1991, zum einen, weil sie keine solch verheerende Flutwelle erzeugte, zum anderen, weil dank einer verbesserten Katastrophenvorsorge mehr Menschen in neue Schutzunterkünfte evakuiert werden konnten.

Heute glaubt man aber, dass sich Wirbelstürme aus bereits bestehenden Störungen, zum Beispiel Ostwindwellen, heraus entwickeln. Die meisten Störungen führen aber nicht zu Wirbelstürmen, und es scheint, dass das Vorhandensein einer Antizyklone in der oberen Troposphäre eine weitere notwendige Voraussetzung ist. Diese ist grundlegend für das Abfließen der Luft in hohen Schichten, was dann seinerseits die Entstehung eines sehr tiefen Drucks und hoher Windgeschwindigkeiten in Bodennähe ermöglicht.

Im Allgemeinen haben tropische Wirbelstürme eine Lebensdauer von etwa einer Woche, und in dieser Zeit können sie enorme Zerstörungen anrichten; zum einen wegen ihrer hohen Windgeschwindigkeiten, zum anderen wegen der hohen Niederschlagswerte, die sie erzeugen (auf den Philippinen hat man Tageswerte von über 2 000 Millimeter gemessen), aber auch wegen ihrer sehr tiefen Luftdruckwerte, die außergewöhnlich hohe Wasserstände verursachen können. Der Wirkungsbereich der zerstörerischen Winde tropischer Wirbelstürme ist unterschiedlich bemessen. Ein durchschnittlich großer Orkan produziert Winde mit mehr als 120 Stundenkilometern über etwa 160 Kilometer Breite. Es sind aber auch extreme Werte bekannt. Der „Labour Day Hurricane", der Florida Keys in den Vereinigten Staaten im Jahre 1935 heimsuchte, erreichte wahrscheinlich Spitzengeschwindigkeiten von 320 bis 400 Stundenkilometer.

Tropische Wirbelstürme gehören wegen der mit ihnen verbundenen hohen Gezeiten, der starken Regenfälle und der hohen Windgeschwindigkeiten zu den größten Naturgefahren der niederen Breiten (Abbildung 8.6), besonders in den tiefliegenden Küstengebieten (Exkurs 8.2) (Farbabbildung 7). Ein Wirbelsturm aus der Bucht von Bengalen tötete 1970 in

Tabelle 8.3: Schäden durch Naturgefahren in Japan, 1946–70			
Ereignis	Zahl der Ereignisse	Todesopfer	zerstörte Gebäude
Taifune	59	13 745	576 378
außertropische	89	8 156	65 818
Stürme	11	5 490	113 339
Erdbeben	5	86	143
Erdrutsche	4	28	847
Hagel und Gewitter	2	242	1 734
starke Schneefälle	1	12	12
Vulkanausbrüche			

Quelle: Verändert nach Daten in J. B. Whittow, *Disasters* (Harmondsworth, Penguin, 1980).

Bangladesch und Indien zwischen 300 000 und 1 000 000 Menschen, die im übervölkerten und dem Sturm ausgesetzten Gangesdelta lebten. In Japan sind Taifune die größten Naturgefahren, mit denen die Bevölkerung zu kämpfen hat. Sie sind noch gefährlicher als Erdbeben (Tabelle 8.3). Obwohl Japan außerhalb der Tropen liegt, stammen viele dieser Stürme aus tropischen Breiten.

8.7 Tropischer Regenwald

Der tropische Regenwald ist in den feuchten Tropen der vorherrschende, mit dem Großklima in Einklang stehende Vegetationstyp (Abbildung 8.7). Er ist der artenreichste aller Vegetationstypen und wird auch als Genpool der Erde angesehen. Es bestehen deutliche floristische Unterschiede zwischen den amerikanischen, afrikanischen und ozeanischen Regenwäldern. Sie treten jedoch gemessen an den gemeinsamen, vor

Abb. 8.6 Zerstörung nach Durchzug einer Zyklone in Swasiland, südliches Afrika. Im Jahre 1984 brachte der Wirbelsturm „Domoina" 900 mm Niederschlag in nur zwei Tagen. Der Fluss Usutu spülte die wichtigste Eisenbahnverbindung von Swasiland nach Südafrika davon.

allem klimatisch bedingten, Strukturmerkmalen in den Hintergrund:

- Fast alle Bäume sind immergrün; Blattabwurf und Blatterneuerung finden parallel statt, da es weder kälte- noch trockenheitsbedingte Wachstumspausen gibt. Aus dem gleichen Grund erfolgen Blüten- und Fruchtbildung ganzjährig, einer artspezifischen Periodizität, aber keiner Klimarhythmik folgend.

- Die Blätter zeigen klimaökologische Anpassungen. Am gleichen Baum ist meist eine ausgeprägte *Heterophyllie* festzustellen, die die unterschiedlichen Lichtverhältnisse im Bestand wiederspiegelt. In den unteren schattigen Bereichen sind besonders große Blätter ausgebildet und mit „Träufelspitzen" (Vorrichtungen zur Ableitung des Regenwassers) versehen (Abbildung 8.8a). Am selben Individuum werden die Blätter in der Höhe, wo sie der inten-

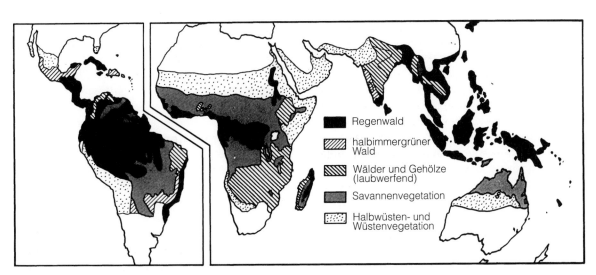

Regenwald

halbimmergrüner Wald

Wälder und Gehölze (laubwerfend)

Savannenvegetation

Halbwüsten- und Wüstenvegetation

Abb. 8.7 Verbreitung tropischer Vegetationstypen.

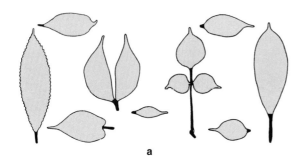

a

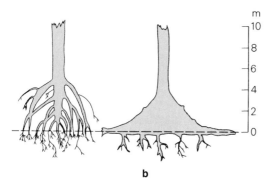

b

Abb. 8.8 *Einige typische Eigenheiten tropischer Pflanzen: a) verschiedene Blattformen mit deutlich differenzierten „Träufelspitzen"; b) Pfahlwurzeln von* Uapaca sp. *(links) und starke Stützwurzeln von* Piptadeniastrum africanum *(rechts).*

Abb. 8.9 *Einige Regenwaldbäume, wie dieser Ficus aus Amazonien, haben enorme Stützwurzeln.*

siven Sonnenstrahlung ausgesetzt sind, xeromorph, das heißt klein, ledrig und mit aktivem Spaltöffnungsverschluss.

- aufgrund des überdurchschnittlichen Längenwachstums tropischer Regenwaldbäume und ihres flach angelegten Wurzelsystems (Nährstoffe sind nur in den oberen Bodenschichten vorhanden) bilden viele Baumarten oberirdische Brett- oder Stelzwurzeln aus, die der besseren Standfestigkeit dienen (Abbildungen 8.8b, 8.9).
- Regenwaldbäume können 60 bis 90 Meter hoch werden und sind somit sehr viel höher als die Bäume der sommergrünen Falllaubwälder, aber sie erreichen nicht die gigantischen Dimensionen der kalifornischen Sequoia oder des riesigen Eukalyptus Australiens.
- Tropische Regenwälder bestehen nur selten aus weniger als 40 Baumarten pro Hektar und können sogar mehr als 100 Baumarten pro Hektar besitzen, die sehr vielen verschiedenen Familien angehören. Europäische Laubwälder bestehen dagegen nur aus wenigen Arten, die vielfach der gleichen Familie angehören.

- Die Mehrzahl der Regenwaldarten (etwa 70 %) gehören zu den Bäumen (*Phanerophyten*). Im Kampf um den Mangelfaktor Licht bewähren sich aber auch andere regenwaldtypische Artengruppen: Lianen (Kletterpflanzen) und *Epiphyten*. Letztere nutzen die guten Lichtbedingungen im Kronenraum für ihre Keimung und Ansiedlung auf Astgabeln. Typische Vertreter sind Orchideen und Bromelien. *Hemi-Epiphyten* wie die „würgenden" Ficusarten sind im Gegensatz zu den Epiphyten Parasiten. Sie keimen zunächst auf Bäumen, nutzen sie als Stützhilfe und entwickeln zahlreiche Stelzwurzeln, mit denen sie den Baum allmählich regelrecht erwürgen.
- Auf den eher spärlich bemessenen ausreichend beleuchteten Flächen des Waldbodens wachsen chlorophyllhaltige großblättrige Krautpflanzen. In Gebieten mit starker Dunkelheit bringen es aber einige Pflanzen, die *Saprophyten*, mithilfe von bestimmten Pilzen fertig, von toter organischer Substanz, das heißt ohne Photosynthese zu leben.
- Alles in allem hat der Regenwald, besonders im indo-malayischen Raum, eine sehr artenreiche Flora. In Malaysia kommen ungefähr 7 900 Arten, davon etwa 1 500 Samenpflanzen, vor. In Großbritannien dagegen, wo die Fläche rund 2,3 mal größer ist, betragen die entsprechenden Zahlen 1 430 und 628 Arten.

Die Artenvielfalt nimmt von den Polen zu den Tropen stark zu. Diese Tendenz kann auch in der großen Vielfalt von Tierarten (Abbildung 8.10), zum Beispiel Mollusken, Ameisen, Eidechsen und Vögel, nachgewiesen werden. Diese regional unterschiedlichen Verbreitungsmuster werden in marinen Lebensräumen,

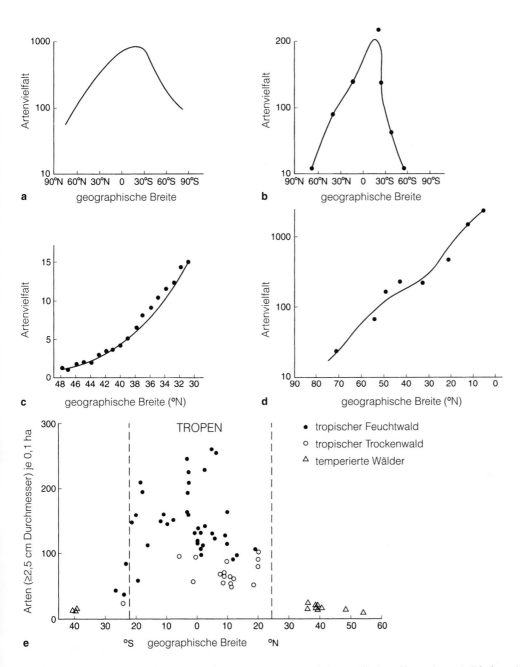

Abb. 8.10 *Artenvielfalt nach Breitengraden für: a) marine zweischalige Mollusken; b) Ameisen; c) Eidechsen in den Vereinigten Staaten; d) Vögel in Nord- und Zentralamerika; e) auf einer Standardfläche von 0,1 Hektar Wald aufgenommene Pflanzenarten ≥ 2,5 cm Durchmesser.*

in Süßwasserhabitaten und in terrestrischen Ökosystemen sichtbar, sowohl in kleinen Gesellschaften wie auch über größere Gebiete. Es gibt aber Ausnahmen von diesem allgemeinen Trend. So weisen etwa aride Gebiete oder Inseln in der Nähe der Tropen eine relativ geringe Artenvielfalt auf. Aber im Allgemeinen ist der große Artenreichtum in den feuchten Tropen

eines ihrer wichtigsten Charakteristika, auch wenn es bis heute noch keine völlig akzeptable Begründung dafür gibt.

Die vertikale Struktur des tropischen Regenwaldes ist in vielen Arbeiten beschrieben und mit Profildiagrammen dargestellt worden. Es gibt aber eine größere Diskussion darüber, ob der Regenwald aus klar abgrenzbaren Schichten besteht. Die traditionelle Betrachtung unterscheidet fünf Schichten über dem Boden:

- die obere Baumschicht der sich berührenden Baumkronen (höher als 25 Meter);
- die mittlere Baumschicht (zehn bis 25 Meter);
- die untere Baumschicht (fünf bis zehn Meter);
- die Strauchschicht;
- die Krautschicht.

Man darf aber nicht vergessen, dass sich das Dach des Regenwaldes in ständigem Wandel befindet, da die einzelnen Bäume die verschiedenen Altersstufen durchlaufen.

Die Biomasse des Regenwaldes beträgt etwa 450 Tonnen pro Hektar. Die enorme Blattmasse und -zahl führt zu einer sehr großen Streumenge (elf Tonnen pro Hektar und Jahr), aber der Humusgehalt der Böden und die Akkumulation von Streu auf dem Boden ist abgesehen von Tieflandsümpfen und (montanen) Gebirgswäldern (Kapitel 9.4) gewöhnlich gering. Der Grund dafür liegt darin, dass die Streu in der Regel rasch abgebaut wird. Da der Humusumsatz ungefähr ein Prozent pro Tag beträgt, besteht keine Chance, dass er sich auf der Bodenoberfläche akkumulieren kann. Die Streu wird durch Pilze und andere Mikroorganismen schnell zersetzt, und ihre Nährstoffe werden sofort durch ein oberflächliches dichtes Wurzelnetz wieder den Bäumen zugeführt. Es besteht also ein direkter, geschlossener Nährstoffkreislauf. Die Nährstoffe zirkulieren aber im Wesentlichen zwischen der lebenden Vegetation, der abgestorbenen organischen Substanz und den obersten durchwurzelten Bodenschichten, kaum aber im Boden. Deshalb sind viele Böden unter dem Regenwald trotz der hohen Biomasseproduktion der Vegetation, die sie tragen, vergleichsweise wenig fruchtbar.

Da fast alle Nährstoffe in der Vegetation und nicht im Boden gebunden sind, kann die Rodung des Regenwaldes tatsächlich zu einer sehr ernsthaften Verarmung des Bodens führen. Traditionelle Anbausysteme, wie die Brandrodungswirtschaft, nehmen darauf Rücksicht. Der Wald wird durch Abbrennen und Fällen gerodet, wodurch Nährstoffe in den Boden gelangen. Aber durch schnelles Auswaschen der Nährstoffe als Folge der hohen Niederschläge dauert die Fruchtbarkeit nicht lange an. Deshalb ziehen die Bauern weiter, und auf der genutzten Fläche entsteht ein Sekundärwald. Mit anderen Worten, es besteht eine mehrjährige Brache. Wenn die Bevölkerung weiter zunimmt, so ist für eine solch extensive Art der Landnutzung leider zu wenig Land verfügbar, sodass sich

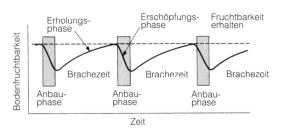

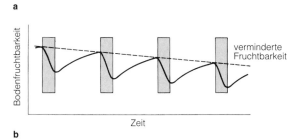

Abb. 8.11 *Brachezyklen und Bevölkerungsdichte. Die Darstellungen zeigen den Zusammenhang zwischen der Bodenfruchtbarkeit und den Zyklen der Brandrodung. In a) wird die Fruchtbarkeit mit langen, für geringe Bevölkerungsdichten typischen Zyklen aufrecht erhalten. In b) nimmt die Fruchtbarkeit bei kürzeren, für zunehmende Bevölkerungsdichten typischen Zyklen ab. Man beachte, dass in beiden Diagrammen die Kurven für die Erschöpfung und Erholung des Bodens dasselbe Gefälle haben.*

die Brachezeit zunehmend reduziert und mit negativen Langzeitfolgen für die Bodenfruchtbarkeit zu rechnen ist (Abbildung 8.11).

Allerdings sind nicht alle Böden in den feuchten Tropen so nährstoffarm. Auf alten stabilen Landoberflächen haben die tektonische Stabilität und das heißfeuchte Klima zu einer sehr starken tiefgründigen Verwitterung und zu einer Nährstoffauswaschung des unterliegenden Gesteins geführt. Verstärkt wird dieser Effekt, wenn dieses, wie im Falle der Quarzite, schon vor der intensiven Verwitterung arm an Nährstoffen war. Im Gegensatz dazu gibt es aber auch Gebiete, wo infolge jüngerer morphologischer Veränderungen (zum Beispiel Vulkanismus, Erosion oder Delta- und Alluvialablagerungen) Flächen mit nährstoffreichen Böden entstanden sind. So ernähren einige der großen Delta- und Vulkangebiete in Südostasien seit Jahrhunderten viele dicht siedelnde landwirtschaftlich orientierte Völker.

Der wachsende Bevölkerungsdruck ist aber nicht der einzige Grund für die Rodung von Regenwald: Kommerzielle Viehwirtschaft, Holzeinschlag und Ähnliches sind ebenfalls für die zunehmenden Eingriffe verantwortlich. Man schätzt, dass von den ehemaligen Beständen ungefähr 40 Prozent der Regenwäl-

Abb. 8.12 *Weite Gebiete des Regenwaldes werden durch Brandrodung zerstört, hier ein Beispiel aus Nicaragua.*

spiel in Westamazonien und in großen Teilen des Kongobeckens in Zentralafrika), während in anderen die Ausbeutung der Regenwälder sehr rasch voranschreitet (beispielsweise auf den Philippinen, der malayischen Halbinsel, in Thailand, Indonesien, Westafrika, Ostamazonien und auf Sri Lanka). Tatsächlich kann in Südmexiko und auf Madagaskar die Rate der Regenwaldzerstörung zehn Prozent in einem Jahr betragen. Da die Regenwälder so unendlich vielfältig und reich an Pflanzen- und Tierarten sind, wird die groß angelegte Zerstörung zu schwer wiegenden Verlusten führen (Abbildung 8.14).

Abbildung 8.13 gibt die Regenwaldzerstörung auf den einzelnen Kontinenten wieder, Abbildung 8.15 zeigt die gerodeten Flächen und die zunehmende Abholzung von Regenwaldgebieten für zwei ausgewählte tropische Regionen, Sumatra und Costa Rica.

Eine andere Folge der Abholzung des Regenwaldes ist die Bodenerosion. Die Waldbedeckung fängt den starken und sintflutartigen tropischen Niederschlag auf und schützt den Boden. Mit der Rodung nimmt der Anteil des Oberflächenabflusses zu. Die Flüsse ersticken fast im erodierten Material, das ihnen infolgedessen zugeführt wird, und neigen zu häufigen Überschwemmungen. Tabelle 8.4 stellt dar, wie die Abfluss- und Erosionsraten in den Tropen nach dem Entfernen der Vegetation zunehmen. Die fünf Untersuchungen aus verschiedenen Teilen Afrikas zeigen, dass der jährliche Oberflächenabfluss in Prozent des

der der Erde gerodet sind; in Westafrika sind allerdings bereits 72 Prozent und in Südostasien 64 Prozent gerodet.

Schon seit Jahrtausenden werden Regenwälder gerodet, um Ackerflächen zu gewinnen, doch gegenwärtig schreitet die Abholzung besonders rasch voran (Abbildung 8.12). Nach einer aktuellen Schätzung der Food and Agriculture Organisation (FAO) wurden in den 1980er-Jahren jährlich 16,8 Millionen Hektar Regenwald zerstört, verglichen mit 9,2 Millionen Hektar in den späten Siebzigerjahren. In den Neunzigerjahren dürfte der jährliche Verlust von Regenwäldern zwei Prozent der gesamten Regenwaldfläche betragen haben. Das Ausmaß der Abholzung ist jedoch von Region zu Region höchst unterschiedlich. In manchen Gebieten ist die Bedrohung relativ gering (zum Bei-

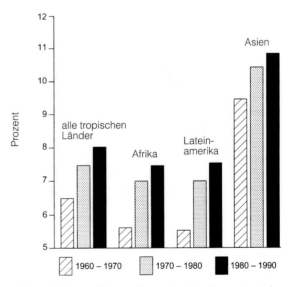

Abb. 8.13 *Die geschätzten Raten der Zerstörung tropischer Regenwälder (1960–1990) zeigen die besonders rasche Entwaldung in Asien (verändert nach World Resources, 1996–1997).*

Abb. 8.14 *In Gebieten mit Brandrodungswirtschaft in Sri Lanka lässt man typischerweise einige wenige Bäume als Schatten spendende Überhälter stehen. Aber viele Arten werden ausgerottet.*

mittleren Jahresniederschlags unter Wald nur 0,9 Prozent beträgt. Im Ackerland steigt der Wert auf 17,4 Prozent und auf nacktem Boden auf über 40 Prozent. Die Erosionsraten steigen in vergleichbarer Weise. Unter Wald sind sie minimal (0,09 Tonnen pro Hektar und Jahr), während sie im Ackerland um das 320-fache auf 28,8 und auf ungeschütztem Boden um das 768-fache auf 69,1 Tonnen pro Hektar und Jahr zunehmen.

Die Rodung des Regenwaldes hat noch weitere Folgen, die von allgemeiner, weltweiter Bedeutung sind

(Tabelle 8.5). Die betrifft vor allem die Auswirkungen auf den Kohlendioxidgehalt der Atmosphäre, insbesondere für das Weltklima. Der CO_2-Gehalt beeinflusst den Wärmehaushalt der Erde, da CO_2 für die einfallende Sonnenstrahlung praktisch durchlässig ist, aber die von der Erde reflektierte Infrarotstrahlung absorbiert. Diese Strahlung würde sonst ins Weltall entweichen und einen Wärmeverlust in der unteren Atmosphäre zur Folge haben. Aufgrund dieses schon vorhandenen *Treibhauseffekts* muss man annehmen, dass höhere CO_2-Werte zu einer Zunahme der Oberflä-

Tabelle 8.4: Abfluss und Erosion bei unterschiedlicher Vegetationsbedeckung in Teilen Afrikas								
	mittlerer Jahres-niederschlag	Hang-neigung	jährlicher Abfluss (%)[a]			Erosion (t ha^{-1} a^{-1})		
Ort	(mm)	(%)	A	B	C	A	B	C
Quagadougou (Burkina Faso)	850	0,5	2,5	2–32	40–60	0,1	0,6–0,8	10–20
Sefa (Senegal)	1300	1,2	1,0	21,2	39,5	0,2	7,3	21,3
Bouake (Elfenbeinküste)	1200	4,0	0,3	0,1–26	15–30	0,1	1–266	18–30
Abidjan (Elfenbeinküste)	2100	7,0	0,1	0,5–20	38	0,03	0,1–90	108–170
Mpwapwa (Tansania)	570	6,0	0,4	26,0	50,4	0	78	146
Mittelwerte			0,9	17,4	40,1	0,09	28,8	69,1

[a] A = Wald oder unbeweidetes Buschland; B = Ackerland; C = unbedeckter Boden.

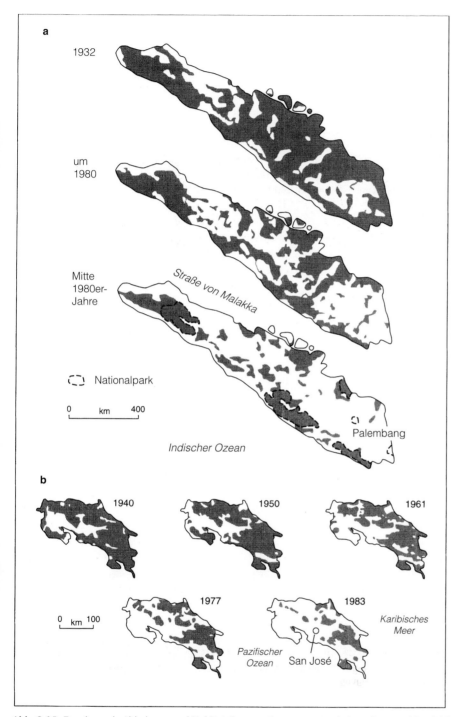

Text innerhalb der Abbildung:

a

1932

um
1980

Mitte
1980er-
Jahre

Straße von Malakka

⌒⌐⌐⌐ Nationalpark

0   km   400

Indischer Ozean

Palembang

b

1940   1950   1961

0   km   100

1977   1983

Karibisches
Meer

Pazifischer
Ozean   San José

Abb. 8.15 *Zunehmende Abholzung und Habitat-Fragmentierung von tropischem Regenwald auf (a) Sumatra (Südostasien) und (b) Costa Rica (Mittelamerika).*

Tabelle 8.5: Einige Konsequenzen der Abholzung tropischer Regenwälder

Art der Veränderung	Beispiele
verringerte Biodiversität	Ausrottung von Arten geringere Verfügbarkeit tropischer Produkte verminderte Fähigkeit, verbesserte Feldfrüchte zu züchten
lokale und regionale Umweltveränderungen	beschleunigte Bodenerosion Verminderung der Bodenqualität (Verlust von Nährstoffen, organischer Substanz) erhöhter Abfluss und stärkere Überschwemmungen verstärkte Sedimentation in Flüssen, Flussmündungen, Seen usw. mögliche Veränderungen der Albedo, der Niederschläge, der Temperatur usw.
globale Umweltveränderungen	Verringerung der in Pflanzen und Böden gespeicherten Kohlenstoffmenge Anstieg des CO_2-Gehalts in der Atmosphäre verstärkt Treibhauseffekte

chentemperaturen führen (Abbildung 8.16). Tropische Wälder enthalten wegen ihrer enormen Biomasse und wegen ihrer großen räumlichen Ausdehnung große Mengen von Kohlenstoff. Wenn sie gerodet werden, wird dieser in beträchtlichen Mengen als CO_2 in die Atmosphäre abgegeben. Wenn diese Argumentation stimmt, könnte die Abholzung zusammen mit der Freisetzung von CO_2 aus der Verbrennung fossiler Brennstoffe wie Erdöl und Kohle zu einem Anstieg der Welttemperaturen um einige Grade führen. Dies wiederum würde ein Abschmelzen der Eiskappen und die Überschwemmung tief liegender Küstengebiete als Folge des Meeresspiegelanstiegs verursachen.

8.8 Sekundärwald

Wegen des zunehmenden Drucks, den der Mensch auf den Regenwald ausübt, sind immer größere Gebiete in den feuchten Tropen nicht mehr durch den ursprünglichen Regenwald, sondern durch *Sekundärregenwald* gekennzeichnet. Wenn ein Stück Regenwald für Landwirtschaft oder Holznutzung gerodet und dann später wieder verlassen wird, beginnt sich der Wald zu regenerieren. Aber für eine lange Zeit ist der entstehende Wald, der Sekundärwald, sehr verschieden vom Primärwald, den er ersetzt. Erstens ist der Sekundärwald niedriger und besteht aus kleiner dimensionierten

Bäumen als der Primärwald. Da es vergleichsweise selten ist, dass ein Gebiet mit Primärwald völlig kahl geschlagen oder völlig durch Feuer zerstört wird, findet man aber üblicherweise im wieder aufwachsenden Wald einzelne, den Bestand überragende Bäume. Zweitens ist der sehr junge Sekundärwald auffallend regelmäßig und einheitlich in seiner Struktur, und ein im Unterschied zum Primärwald sehr reicher Unterwuchs macht das Eindringen mühsam. Drittens ist der Sekundärwald viel artenärmer als der Primärwald; manchmal ist er von einer einzigen Art oder von einigen wenigen Arten dominiert. Viertens sind die dominanten Baumarten des Sekundärwaldes lichtbedürftig und nicht schattentolerant. Die meisten wachsen sehr rasch (bis zu 12 Meter in drei Jahren) und haben effiziente Verbreitungsmechanismen (Samen) oder Früchte, die an den Transport durch Wind oder Tiere angepasst sind). Fünftens hat das Holz wegen des schnellen Wachstums oft eine weiche Textur und eine geringe Dichte, was es für wirtschaftliche Zwecke weniger interessant macht als die Harthölzer des Primärwaldes.

Sekundärwälder sollten aber nicht als wertloses Buschwerk betrachtet werden. Bis auf den frühen Jungwuchs können Sekundärwälder die Bodenerosion verhindern, den Wasserhaushalt regulieren und die Wasserqualität erhalten. Außerdem stellen sie Rückzugsgebiete für einige Pflanzen und Tiere dar.

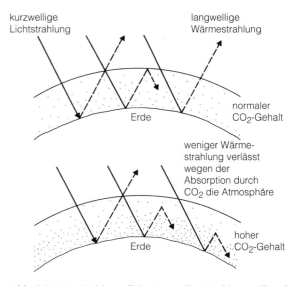

Abb. 8.16 *Der Treibhauseffekt: Kurzwellige Strahlung trifft auf die Erdoberfläche auf und wird in langwellige Strahlung (Wärme) umgewandelt. Da CO_2 langwellige Strahlung absorbiert, wird bei zunehmendem CO_2-Gehalt die Erdatmosphäre erwärmt.*

8.9 Tropischer Monsunwald und Savanne

Wird die Trockenzeit ausgeprägter, so wird der tropische Regenwald, der von immergrünen Pflanzen dominiert ist, durch einen Vegetationstyp abgelöst, der teilweise immergrün, teilweise laubwerfend ist. Dieser tropische halbimmergrüne Wald kommt in einigen der Monsunländer Asiens vor, ist aber in Afrika relativ selten, wo die Savannen unmittelbar an den Regenwaldgürtel anschließen.

Zwischen den ständig trockenen Wüsten des subtropischen Hochdruckgürtels und den äquatorialen Regenwäldern liegen in der Regel die Savannen. Sie bedecken rund ein Viertel der Landoberfläche der Welt und weisen eine große Formenvielfalt auf. Generell kommen Savannen in denjenigen Teilen der Tropen vor, die eine Trockenzeit von 2,5 bis 7,5 Monaten Dauer haben, also eine Jahreszeit, die das Wachstum der Pflanzen aus hygrischen Gründen einschränkt oder unterbricht. Je nach Dauer der Trockenperiode unterscheidet man Feuchtsavannen (2,5 bis 5 aride Monate) von den sich ohne scharfe Grenzen jeweils polwärts anschlie-

ßenden Trockensavannen (5 bis 7,5 aride Monate) und Dornsavannen (7,5 bis 10 aride Monate).

„Savanne" ist ein Sammelbegriff für physiognomisch ähnliche Pflanzengemeinschaften, die durchaus unterschiedliche Entstehungsursachen (klimatische, edaphische, feuerbedingte Ursachen) haben können. Unter Savanne wird ein homogenes tropisches Grasland verstanden, das mehr oder weniger regelmäßig, mal dichter, mal weniger dicht von Gehölzarten (Sträucher und niedrige Bäume) durchdrungen ist (Abbildung 8.17). Die Nettoprimärproduktion der Savanne beträgt im Durchschnitt ungefähr 1 200 Gramm pro Quadratmeter und Jahr, ver-glichen mit 2 400 im Regenwald und etwa 200 in Wüsten, wobei aber eine sehr große Spannweite existiert.

Typischerweise sind die Bäume in der Savanne sechs bis zwölf Meter hoch, besitzen ein dichtes Wurzelgeflecht und sind mit einer abgeflachten Krone versehen (Abbildung 8.18). Sie weisen verschiedene Eigenschaften auf, um mit der langen Trockenzeit fertig zu werden. Dazu gehört der teilweise oder völlige jahreszeitliche Abwurf der Blätter, oder bei einigen Arten die Feuerresistenz dank dicker Rinde und dicken Schuppen-

Abb. 8.17 *Baumsavanne am Ende der feuchten Jahreszeit im Kimberley-Distrikt, Nordwestaustralien. Die Mischung aus Bäumen und Gräsern ist eines der auffälligsten Merkmale dieses Bioms. Das Gebiet wird häufig von Bränden heimgesucht.*

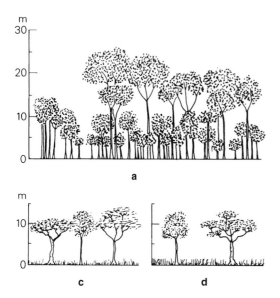

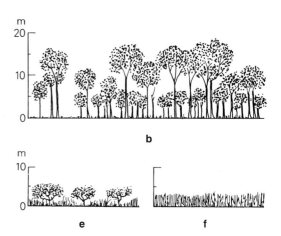

Abb. 8.18 *Einige Vegetationstypen, die man in den wechselfeuchten Tropen findet: a) halbimmergrüner Wald; b) laubwerfender wechselgrüner Wald; c) Savannengehölz; d) Baumsavanne; e) Dornstrauchsavanne; f) Grassavanne.*

knospen. Die Baumarten sind sehr unterschiedlich (Abbildung 8.19): In Honduras wird die Savanne von Kiefern dominiert, in Australien gibt es verschiedene Arten von Eukalyptus und in Afrika die dornige Akazie, verschiedene Palmen und den flaschenförmigen Affenbrotbaum (*Adansonia digitata*). Die Gräser sind häufig hochwüchsig und erreichen Höhen von bis zu 3,5 Metern,

wodurch sie reichlich Brennmaterial für Buschfeuer in der Trockenzeit abgeben. Savannen sind dort durch eine sehr vielfältige Großwildfauna gekennzeichnet, wo der Mensch diese nicht dezimiert hat. Besonders auffällig sind die großen Pflanzen fressenden Säugetiere wie Antilopen, Gnus, Zebras und Giraffen sowie die Aasfresser und Raubtiere, wie zum Beispiel Hyänen und Löwen.

Abb. 8.19 *Eine Savanne am River Uruguay in Argentinien, in der Palmen das Bestandsbild dominieren.*

Die Ökologie und die Verbreitung der Savanne hängt zu einem großen Teil mit den Klimabedingungen zusammen (*klimatische Savanne*). Ursprünglich hielten Wissenschaftler sie für die *Klimaxvegetation* (Kapitel 16.5), die in den Teilen der Tropen mit einer ausgedehnten Trockenzeit vorkommt. Heute weiß man, dass dies wie bei vielen Vegetationstypen der Welt eine ziemlich vereinfachende Sicht ist und dass andere Faktoren eine Rolle spielen. Einige Wissenschaftler haben die Bedeutung der *edaphischen* (Boden-)Bedingungen für die Bildung von Savannen (*edaphische Savannen*) hervorgehoben: schlechte Drainung, Böden mit geringer Wasserspeicherkapazität in der Trockenzeit, Böden mit einem geringmächtigen Profil wegen der Bildung von Lateritkrusten und Böden mit einem geringen Nährstoffangebot (entweder weil sie sich auf einem nährstoffarmen Ausgangsgestein wie Quarzit gebildet haben oder weil der Boden eine lange Periode der Verwitterung und Auswaschung auf einer alten Landoberfläche hinter sich hat). Ein anderer höchst wichtiger Faktor ist das Feuer (*pyrogene Savannen*). Seine Bedeutung in der Stabilisierung und Entstehung von einigen Savannen wird durch die bereits erwähnte Tatsache unterstrichen, dass viele Savannenbäume feuerresistent sind. Experimente bei der Brandbekämpfung haben gezeigt, wie

sich Bäume wieder erholen, sobald der Brand aufhört. Es gibt auch viele Beobachtungen über die Häufigkeit, mit der zum Beispiel afrikanische Hirten und Bauern große Flächen im tropischen Afrika abbrennen, um dadurch das Grasland zu erhalten. Ein Teil der Feuer wird absichtlich entzündet, andere entstehen auf natürliche Weise durch Blitz, der ja im Durchschnitt 100 000 mal pro Tag irgendwo auf dem Festland der Erde einschlägt. In der Regel fördert regelmäßiges Abbrennen die mehrjährigen Gräser mit unterirdischen Ausläufern, die sich wieder regenerieren, wenn das Feuer vorüber ist.

8.10 Mangrovesümpfe

Ein Vegetationstyp, der mehr oder weniger auf den Bereich innerhalb von 30 Grad nördlich und südlich des Äquators beschränkt ist, weil er keinen Frost erträgt, sind die bei Flut überschwemmten Küstenwälder, die so genannten *Mangrovesümpfe* (Abbildung 8.21a; Farbabbildung 8). Mangroven bestehen grundsätzlich aus salztoleranten Bäumen, die Höhen von 40 Metern erreichen können, in der Regel aber viel kleiner sind. Sie kommen an vielen tropischen Küsten vor (Abbildung 8.20), wo die Wellenbewegung nicht zu

Abb. 8.20 *Mangrovesumpf auf der Seychellen-Insel Mahé im Indischen Ozean. Man beachte die Pneumatophoren (Atemwurzeln).*

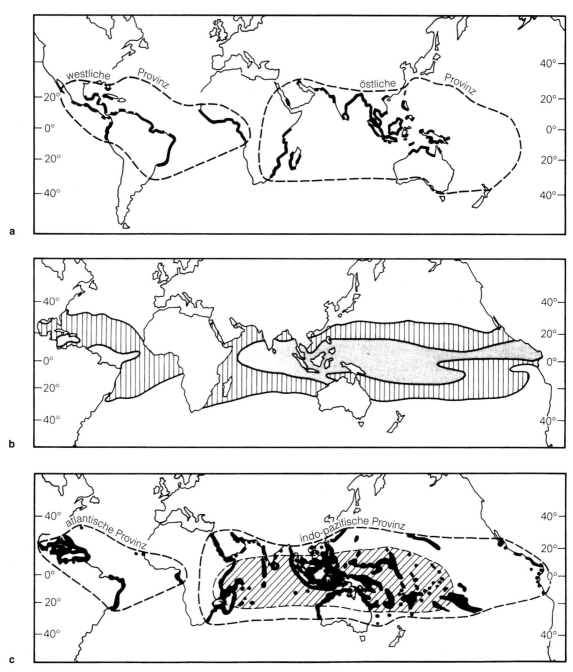

Abb. 8.21 a) Die Verbreitung der Mangroven wird sehr stark durch die Temperaturverhältnisse gesteuert. Die gestrichelten Linien umfassen das Gesamtgebiet; dicke Linien zeigen die hauptsächlichen Küstenabschnitte mit Mangroven an. b) 20 °C- und 26 °C-Isothermen für die Meeresoberfläche im kältesten Monat. Während der Eiszeiten im Pleistozän betrug der Rückgang der tropischen Meerestemperaturen (nahe der Oberfläche) ungefähr 6 Grad. Die schraffierten Gebiete zeigen die damals verminderte Verfügbarkeit von tropisch temperiertem Wasser. c) Die Verbreitung der Korallenriffe korreliert ebenfalls eng mit den Meerestemperaturen. Das schraffierte Gebiet umfasst die Zonen mit besonders reicher Riffentwicklung und fast alle Atolle.

intensiv ist und wo Schlamm und Torf abgelagert werden. Einige Bäume haben Stelzen- oder Stützwurzeln, damit sie sich auf den leicht verlagerbaren Sedimenten besser halten können. Wo Flüsse unter dem Einfluss der Gezeiten stehen, können sich Mangroven bis zu 60 Kilometer landeinwärts ausdehnen. Sie kommen auch an den Rändern von Lagunen bei Korallenatollen vor.

Die Mangroven an den Küsten Malaysias und der Inseln in der Umgebung sind sehr artenreich und komplex aufgebaut. Im Allgemeinen ist die Mangrovenvegetation an den Ostseiten der Kontinente höherwüchsig und von größerer Vielfalt als an den Westseiten von Afrika und Amerika.

Mangroven sind wichtige Lebensräume und gehören zu den produktivsten und biologisch vielfältigsten Ökosystemen der Erde. Die Nährstoffe, die bei der Zersetzung von Blättern und Zweigen freigesetzt werden, sind eine wichtige Nahrung für die Wasserfauna, unter anderem auch für wirtschaftlich bedeutende Fischarten. Mangroven sind ebenfalls eine wertvolle Quelle für Holzprodukte, und ihre verzweigten Wurzelsysteme dienen als „Schlammfallen". Sie stabilisieren dadurch die Küsten und helfen mit, die Qualität des Wassers in Flussmündungen und an Küsten aufrechtzuerhalten (Farbabbildung 8).

Trotz ihrer wichtigen Funktionen sind Mangrovesümpfe zunehmend menschlichem Druck ausgesetzt, unter anderem durch Rodung und Landgewinnung für Landwirtschaft und Aquakultur. Um zwei Beispiele zu geben: Die Fläche der in Fischzucht und Garnelenteiche (Aquakulturen) umgewandelten Mangrovesümpfe ist von rund 90 000 Hektar in den frühen Fünfzigerjahren auf über 244 000 Hektar in den frühen Achtzigerjahren gewachsen; in Indonesien werden jährlich 200 000 Hektar Mangrove gerodet.

8.11 Korallenriffe

Ein bedeutender Lebensraum, der fast ganz auf die Tropen beschränkt ist, ist das *Korallenriff* (Abbildung 8.21c). Diese Erscheinung hat Wissenschaftler seit über 150 Jahren fasziniert. Einige der einschlägigsten Beobachtungen wurden von Charles Darwin (Abbildung 8.22) auf seiner Reise mit der *Beagle* in den Dreißigerjahren des 19. Jahrhunderts gemacht. Er erkannte drei Hauptformen: *Saumriffe*, *Barriereriffe* und *Atolle*. Er sah auch, dass diese drei Formen miteinander in einem logischen und stufenweise fortschreitenden Zusammenhang stehen (Abbildung 8.23).

Ein *Saumriff* liegt nahe an der Küste eines Kontinentes oder einer Insel. Seine Oberfläche bildet eine unebene Terrasse um die Küste herum, etwa auf der Höhe des Niedrigwassers, und sein äußerer Rand bildet einen steilen Abhang zum Meeresboden. Zwischen dem Saumriff und dem Festland liegt oft ein kleines abgeschnittenes Teilbecken, die *Lagune*. Wenn die Lagune weit und tief ist, liegt ein *Barriereriff* vor (Farbabbildung 9). Ein *Atoll* ist ein Riff in Form eines Ringes oder eines Hufeisens mit einer Lagune in der Mitte.

Darwins Theorie besagt, dass die Sukzession von einem Korallenrifftyp zum anderen durch das Aufwärtswachsen von Korallen auf einem absinkenden Untergrund, zum Beispiel einem sinkenden Vulkan, zu Stande kommt. Er argumentierte, solange die Wachstumsrate der Korallen größer sei als die Absinkrate, gäbe es ein Fortschreiten vom Saumriff über das Stadium des Barriereriffs bis zum Moment, da nach dem Absinken und Verschwinden der zentralen Insel nur noch eine vom Riff umschlossene Lagune, das Atoll, übrig bleibt. Lange Zeit nachdem Darwin seine Theorie entwickelt hatte, wurden in den pazifischen Atollen im Zusammenhang mit Atombombentests in den Fünfzigerjahren tiefe Löcher gebohrt. Diese Boh-

Abb. 8.22 Charles Darwin, Naturwissenschaftler in viktorianischer Zeit, entwickelte eine der wichtigsten Theorien über die Entstehung der Atolle. Sie basiert auf dem Absinken der Riffunterlage.

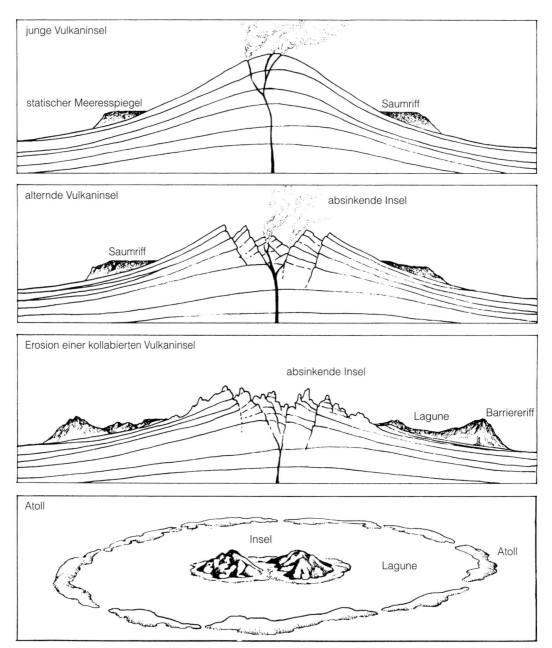

Abb. 8.23 *Darwins Modell der Entstehung von Korallenatollen infolge des Absinkens einer Vulkaninsel. Man beachte die Entwicklung des Saumriffs zu einem Atoll bei fortschreitendem Absinken.*

rungen ergaben eine Riffmächtigkeit von mehr als 1 000 Metern, bevor sie den Basaltboden des Ozeans erreichten. Sie bewiesen, dass die Korallen in vielen Millionen Jahren aufwärts wuchsen, während die Erdkruste zwischen 15 und 50 Metern pro Million Jahre absank. Darwins Theorie erwies sich somit im Grundsatz als richtig. Es gibt einige submarine Inseln (*Guyots* und *Seamounts*; Kapitel 1.7), bei denen das Absinken im Zusammenhang mit dem *Seafloor Spreading* zu schnell vor sich ging, als dass das Korallenwachstum hätte Schritt halten können.

Korallenriffe findet man dort, wo die Temperatur des Meerwassers nicht weniger als 20 °C beträgt (Abbildungen 8.21b und c), wo ein fester Untergrund vorhanden ist und wo das Meerwasser nicht durch große Sedimentfrachten von Flüssen zu stark getrübt wird.

Exkurs 8.3 **Das Große Barrierriff**

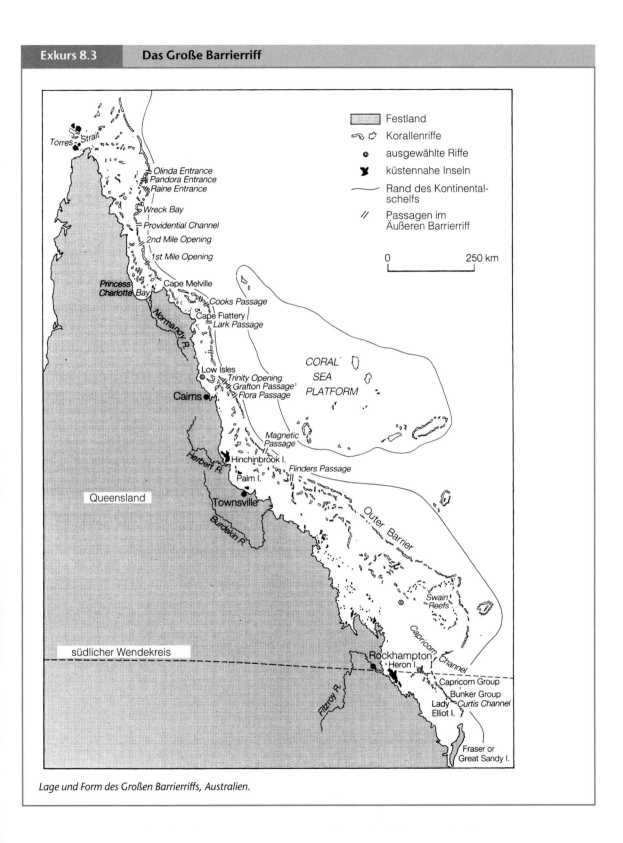

Lage und Form des Großen Barrierriffs, Australien.

Das Große Barrierriff, vor der Küste von Queensland, Australien, gelegen, ist bei weitem die größte Korallenformation der Welt. Es erstreckt sich über rund 2000 Kilometer von der Torres Strait bis etwa 24 °S. Es entwickelte sich auf einer langsam einsinkenden Landfläche, die jetzt als Kontinentalschelf überflutet ist. Der meerwärts liegende Rand, das Outer Barrier, trotzt der Kraft der Brandung des Pazifiks in einem lang gestreckten Bereich mit tobender Brandung. Am ausgedehntesten ist dieser Bereich im Norden, wo sich Korallen-Terrassen in Ketten von bis zu 25 Kilometern Länge und einem Kilometer Breite anordnen. Diese sind bei Flut überspült. Es gibt einige Lücken im Großen Barrierriff, so zum Beispiel die Grafton und die Flora Passage in der Nähe von Cairns und die Flinders und die Magnetic Passage bei Townsville. Die Entstehung dieser Lücken ist nicht ganz klar, aber die Flinders Passage könnte mit dem Süßwasser des Burdekin Rivers zusammenhängen, denn Korallen ertragen kein Süßwasser.

Meerseitig steigt das Barrierriff steil vom Meeresboden in etwa 1800 Meter Tiefe auf, während die Wassertiefe landseitig oft nur rund 50 Meter beträgt. Von dieser seich-

ten Plattform wachsen die Korallenterrassen nach oben und ragen knapp über den mittleren Wasserstand bei Ebbe, der weiteres (Längen-)Wachstum der Korallen begrenzt. Wellen bringen Sand und anderes Verwitterungsmaterial auf diese Terrassen, woraus dann niedrige, bewaldete Sandinseln, so genannte *Cays* entstehen. Form und Größer dieser Inseln können zum Beispiel durch Wirbelstürme (Hurrikane) verändert werden.

Obwohl das Große Barrierriff ein massives Gebilde ist, das der Kraft des Pazifiks zu widerstehen scheint, sind schon viele Befürchtungen über seinen zukünftigen ökologischen Zustand geäußert worden. Teile davon werden zum Beispiel von der Dornenkrone (*Acanthaster planci*, einem Seestern) angeknabbert und zerstört. Aus Gründen, die noch stark diskutiert werden, hat diese Seesternart in den letzten Jahren an Zahl stark zugenommen. Zu den weiteren Gefährdungen gehören die Verschmutzung durch Abwassereinleitungen aus Industrien und Touristenorten, die Verschlammung durch Flüsse sowie die Belastung mit Pestizidrückständen aus der Landwirtschaft.

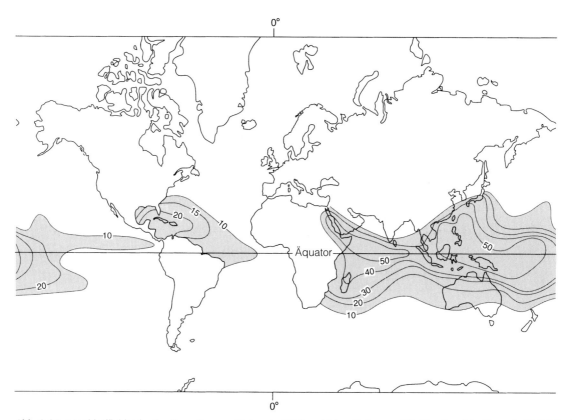

Abb. 8.24 *Anzahl riffbildender Korallengattungen (Linien sind Linien gleicher Gattungszahl). Man beachte die große Vielfalt im Indischen Ozean sowie im Westpazifik, insbesondere nahe am Äquator.*

In sehr tiefem Wasser wachsen sie nicht; eine Plattform in etwa 30 bis 40 Metern unterhalb der Wasseroberfläche ist eine unabdingbare Voraussetzung für ihre Entwicklung. Die Struktur der Riffe wird von den Skeletten der *Korallen* bestimmt. Das sind Tiere, die sich von Zooplankton ernähren. Zusätzlich zu den Korallen sind aber auch große Mengen von zum Teil kalkhaltigen Algen vorhanden, die den Aufbau der Riffe unterstützen. Die Größe der Riffe ist unterschiedlich. Einige Atolle sind sehr groß (Kwajelein in den Marshall Islands im Südpazifik ist 120 Kilometer lang und 24 Kilometer breit), aber die meisten sind viel kleiner und erheben sich nur wenige Meter über das Wasser. Der 2000 Kilometer lange Riffkomplex, der von der Nordostküste Australiens einen gigantischen natürlichen Wellenbrecher bildet, das Große Barrierriff, stellt das mit Abstand größte Korallenvorkommen der Erde dar (Exkurs 8.3) (Farbtafel 19).

Korallenriffe sind wie Mangrovensümpfe äußerst wichtige Lebensräume. Die Vielfalt an Korallengattungen ist am größten in den warmen Gewässern des Indischen Ozeans und des Westpazifiks (Abbildung 8.24). Man hat Korallenriffe auch schon die marine Ausgabe der tropischen Regenwälder genannt. Sie rivalisieren mit ihren terrestrischen „Gegenstücken" in Bezug auf Artenreichtum und biologische Produktivität. Sie sind auch deshalb von Bedeutung, weil sie Schutz für die Küste und Möglichkeiten zur Erholung bieten und potenzielle Quellen zum Beispiel für Arzneisubstanzen sind. Sie werden durch viele Ursachen bedroht, wobei zwei der häufigsten Bedrohungen in Abbaggerungen und in den Auswirkungen einer zunehmenden Verschlammung als Folge einer beschleunigten Erosion in benachbarten Landgebieten bestehen.

8.12 Gesteinsverwitterung

Hohe Temperaturen, große Niederschlagsmengen und eine besonders hohe biologische Aktivität fördern den raschen Zerfall vieler Minerale: Die Geschwindigkeit der chemischen Reaktionen verdoppelt sich nach *Van't Hoffs Temperaturregel* ungefähr bei jedem Anstieg der Temperatur um 10 °C. Wasser ist das wichtigste chemische Reagens beim Gesteinszerfall, und die

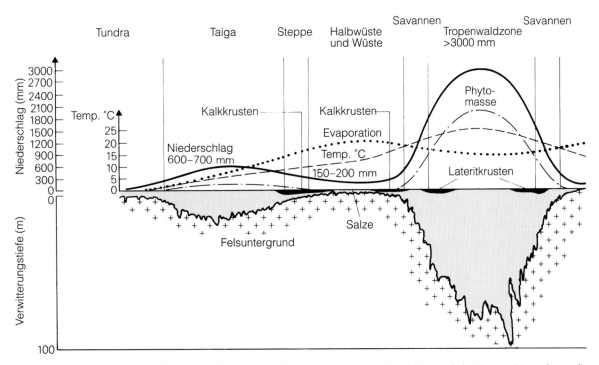

Abb. 8.25 *Vergleichende schematische Darstellung der Verwitterungstiefe in den Polargebieten und den Tropen. Man erkennt die große Mächtigkeit der Verwitterungsschicht, die in den heißen, feuchten Gebieten der Äquatorzone erreicht wird, und die geringere Mächtigkeit in den feuchten mittleren Breiten.*

große Menge an organischem Material, das im und auf dem Boden verwest, setzt organische Säuren und Kohlendioxid frei, welche eine große Rolle bei der Mobilisierung einiger Minerale spielen, die durch die Verwitterung entstehen. Insbesondere gilt dies für Eisenoxid.

Die beständige Wirkung der tropischen Verwitterung führte zusammen mit den relativ geringen Raten der Oberflächenerosion (solange die Waldbedeckung besteht) bei anfälligen Gesteinen zu Verwitterungsmaterial (*Regolith*) von einer beträchtlichen Mächtigkeit. Eine solche *Tiefenverwitterung* (Abbildung 8.25) ist charakteristisch für die feuchten Tropen: Manchmal sind die Gesteine zig Meter tief verwittert, lokal sogar über 120 Meter. Tiefenverwitterung ist dort besonders wirksam, wo das Gestein von einem dichten Fugennetz durchzogen ist. Aus diesem Grunde verläuft die *Verwitterungsfront*, die Trennlinie zwischen Ausgangsgestein und Regolith, sehr uneben.

Es gibt zahlreiche Typen von Tiefenverwitterungsprofilen. Einige davon sind durch eine Eisen-(*Laterit-*) oder Aluminium-(*Bauxit-*)Kruste abgeschlossen (Abbildung 8.26). Krusten bilden sich (Kapitel 7.7) an der Bodenoberfläche oder unmittelbar darunter. Unter den verschiedenen Typen, die man in den feuchteren Teilen der Tropen findet, sind wahrscheinlich die Lateritkrusten die verbreitetsten. Durch intensive Verwitterung wird in erster Linie die Kieselsäure ausgewaschen und die schwer löslichen Rückstände von Eisen- und Aluminiumsesquioxiden bleiben zurück. Diese Oxide verhärten sich, wenn sie nach der Entfernung der Vegetation exponiert sind, und es entsteht ein har-

tes Material, das gegenüber Verwitterung und Erosion resistent ist. Zuweilen ist die Oberfläche so undurchlässig, dass sie nur eine sehr geringe Vegetationsbedeckung hat oder Verflachungen mit tafelförmigen Hügeln bewirkt (Abbildung 8.26).

Wenn eine Veränderung des Klimas oder der Erosionsbasis die fluviale Erosion beschleunigt, kann die unebene Verwitterungsfront freigelegt werden (Abbildung 8.27), wobei in grobklüftigen Gebieten große isolierte Hügel (*Inselberge*; *Bornhardts* in der nordamerikanischen Literatur) an die Oberfläche kommen (Abbildung 8.28; Farbabbildung 10). Weniger klüftiges Gestein bewirkt kleinere Formen, auch *Schlosshügel* genannt. Im Gestein, wo sehr engliegende Fugen zu einer fast vollständigen Auflösung des Gesteins führen, führt das Abschälen zur Freilegung eines Haufens gerundeter Kopf- oder Kernsteine.

Zu den wichtigsten Böden der feuchten Tropen gehören die *Oxisole*. Diese Böden, die manchmal als *ferralitisch* bezeichnet werden, sind gewöhnlich sehr stark verwittert und haben sich über lange Zeiträume zu tiefgründigen, leicht sauren Profilen entwickelt. Sie sind reich an *Sesquioxiden*, reich an Tonen, von deutlich heller Farbe, und die Nährstoffe sind zum großen Teil ausgewaschen. Auch *eisenhaltige Böden* und *tropische Podsole* haben sich über eine lange Zeit entwickelt, sind aber weniger stark verwittert und generell weniger tiefgründig als ferralitische Profile. Sie kommen in Gebieten mit halbimmergrünem, laubwerfendem Wald und in Savannen mit ausgeprägten Trockenzeiten vor. Die tropischen Podsole sind ihren

Abb. 8.26 *Intensive chemische Verwitterung von Basalt in Maharashtra, Indien, schuf lateritische Deckschichten, die zur Entstehung von markanten tafelförmigen Hügeln führten.*

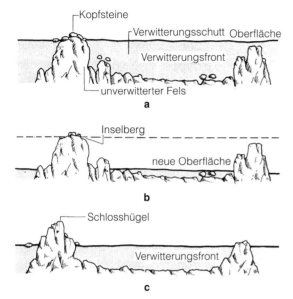

Abb. 8.27 Die Entwicklung von tropischen Ebenen und Inselbergen durch abwechselnd tiefgründige Verwitterung und Abtragung. a) Inselberge sind verschüttet unter verwittertem Gestein; die Tiefe der Verwitterung hängt von der Porosität der Deckschicht ab. b) Verwittertes Gestein wird abgeschält, unverwitterte Inselberge bleiben zurück. c) Die Tiefenverwitterung geht weiter; subaerische Verwitterung greift die Inselberge an und führt zur Bildung von Schlosshügeln.

Abb. 8.28 Gebiete mit alten Granit- und Gneisgesteinen sind in den Tropen oft übersät mit Inselbergen oder Bornhardts. Der Sibebe-Inselberg in Swaziland besteht aus grobkörnigem Granit.

Gegenstücken in kaltgemäßigten Klimaten ähnlich, sind aber sehr viel tiefgründiger und bilden sich in unverfestigtem quarzreichem Ausgangsmaterial wie zum Beispiel alluvialen Sanden. Andere Flusstäler, Deltas und Sümpfe haben *hydromorphe Böden* (Inceptisole oder Entisole – Kapitel 4.1), in denen die saisonale Wassersättigung Vergleyungsmerkmale hervorrufen kann. In flachen und tief liegenden Teilen der wechselfeuchten Tropen kommen *Vertisole* vor. Das sind dunkle tonige Böden, die in trockenen Perioden schrumpfen und rissig werden und in feuchten Zeiten aufquellen. Sie entstehen durch die Verwitterung von basenreichem Ausgangsmaterial wie Basalt. Der Tongehalt ist hoch; weit verbreitet ist *Montmorillonit*, ein Dreischicht-Tonmineral mit starker Quell- und Schrumpfungsfähigkeit. Die Risse ergeben polygonale Muster und ein Mikrorelief, das man *Gilgai* nennt. Wird auf solchen, oft als „expansiv" bezeichneten Böden gebaut, führen Spannungen in den Fundamenten zu Gebäudeschäden.

8.13 Hangbewegungen

Obwohl tiefgründige Verwitterungsprofile ein Hinweis darauf sind, dass in vielen Gebieten der Materialtransport an Hängen langsamer vonstatten geht als die Produktion von neuem Verwitterungsmaterial, heißt das nicht, Massenbewegungen seien unwirksam. Hohe Niederschlagsmengen und -intensitäten, geringe Vegetationsbedeckung und geringe Humusgehalte der Waldböden und die Undurchlässigkeit vieler tonreicher Böden deuten darauf hin, dass es wahrscheinlich bei tropischen Waldböden beträchtliche Oberflächenabspülung durch so genannten *Rainsplash* (Wegspritzen von aufprallenden Regentropfen) gibt.

Einen weiteren wichtigen Prozess stellen Erdrutsche dar, die durch das Zusammenwirken verschiedener Faktoren begünstigt werden (zum Beispiel tonige Böden, starke Niederschläge, nur wenig tiefreichendes Wurzelwerk). Dies erwies sich als besondere Gefährdung, als sich Städte wie Rio de Janeiro, Hongkong und Kuala Lumpur ausdehnten und dabei auch steile Hänge bebaut wurden.

8.14 Probleme der feuchten Tropen

Obwohl einige europäische Reisende schon früh über die reichhaltige Natur des Regenwaldes staunten und glaubten, die Tropen seien sehr fruchtbar, und deshalb eine kommerzielle Nutzung erwarteten, sieht sich diese Entwicklung in den feuchten Tropen einigen grundsätzlichen Umweltproblemen gegenübergestellt:

- große Gebiete mit unfruchtbaren Böden
- Lateritisierung
- Erosion durch intensive Niederschläge
- instabile Hänge in Zusammenhang mit tiefgründig verwittertem Gestein
- extrem entkräftendes Klima (wegen der hohen Feuchtigkeit)
- schneller Nährstoffverlust nach Rodung
- tropische Wirbelstürme und ihre Folgen
- Einwirkungen auf Holz und anderes organisches Material durch Termiten, Pilze und so weiter
- Überschwemmungen (natürliche und nach Abholzungen) (Farbabbildung 12)
- Veränderungen im Weltklima (CO_2-Problem)

Es wäre zwar falsch, den frühen Optimismus durch einen ebenso großen Pessimismus zu ersetzen, aber die Tropen sind ein Gebiet, in dem unkluges menschliches Handeln zerstörerische Folgen haben kann. So hatten zum Beispiel einige Gummifabriken, die im Amazonasgebiet nach dem Ersten Weltkrieg errichtet wurden, ein kurzes Leben. Als der Wald gerodet war, verhärteten sich einige Böden schnell zu Laterit und andere wurden weggespült. Desgleichen scheiterte der Versuch der britischen Regierung, in Ostafrika unmittelbar nach dem Zweiten Weltkrieg den Erdnussanbau einzuführen. Die Böden verschlechterten sich deutlich, als sie mit schweren Maschinen bearbeitet wurden. Man musste ihnen auch große Mengen von teurem Dünger zuführen, um den Verlust an natürlichen Nährstoffen zu kompensieren.

TEIL III

AUSGEWÄHLTE ÖKOSYSTEME

9 Gebirge

9.1 Einleitung

Wie wir in Kapitel 1 gesehen haben, verlaufen Gebirgsketten häufig in langen, linearen Zonen am Rande der Kontinente. Ein besonders langer Gürtel erstreckt sich rund um den Pazifischen Ozean, während ein anderer von Westen nach Osten etwa in der Mitte von Eurasien verläuft. Die Verteilung folgt genau dem Auftreten von Erdbeben, Verwerfungszonen, vulkanischer Tätigkeit, Inselbögen und ozeanischen Gräben. Viele Gebirge bestehen aus marinen, unter Umständen metamorphen Sedimenten und sind häufig mit vulkanischem Material durchsetzt, das aus der Zeit der Gebirgsbildung stammt.

Auffaltungen, Verwerfungen und Vulkanismus sind die endogenen Prozesse, welche die Gebirge geschaffen haben. Der Schlüssel zum Verstehen ihrer Verteilung, ihrer Form und ihrer Zusammensetzung liegt im Verständnis der Plattentektonik, die in Kapitel 1 beschrieben wurde. Das Gebirgsrelief ist neben den endogenen auch das Ergebnis exogener Vorgänge, wie Verwitterung und Erosion, aus denen sich Massenbewegungen wie Bergstürze, Lawinen und Materialtransport durch Flüsse ergeben In diesem Kapitel soll dieser geomorphologische Aspekt nicht weiter vertieft werden. Es geht vielmehr um die spezifischen Unterschiede in Klima und Vegetation, durch die sich Gebirge gegenüber dem Flachland differenzieren.

9.2 Die Gebirgsklimate

Wesentlich für das Verständnis der Gebirgsklimate sind die mit zunehmender Höhe eintretenden Veränderungen der Atmosphäre, im Besonderen die Abnahme der Temperatur, der Luftdichte, des Wasserdampfes, des Kohlendioxids und der Luftverunreinigungen.

Wenn auch die Sonne letztlich die Quelle der Energie ist, so stammt doch nur ein sehr kleiner Teil der Erwärmung der Atmosphäre direkt von ihr. Die Erdoberfläche erhält und absorbiert die von der Sonne kommende kurzwellige Strahlung und wandelt sie in langwellige Wärmestrahlung um. So wird die Erde zu einem langwellig abstrahlenden Wärmekörper und die Atmosphäre wird daher hauptsächlich von der Erde und nur indirekt von der Sonne erwärmt. Daraus erklärt sich, warum die höchsten Temperaturen der Atmosphäre normalerweise an der Erdoberfläche auftreten und nach außen, das heißt mit zunehmender Höhe abnehmen.

Im weiteren wirken sich Dichte und Zusammensetzung der Luft auf deren Fähigkeit aus, Wärme zu speichern. Mit zunehmender Gebirgshöhe nimmt der Luftdruck merklich ab (Abbildung 9.1b). Auf Meereshöhe wird er im Allgemeinen mit 760 Millimeter Quecksilbersäule angegeben. Geht man auf eine Höhe von rund 7000 Metern über den Meeresspiegel, beträgt der atmosphärische Druck weniger als 300 Millimeter Quecksilbersäule. Dies ist entscheidend für die Wärmekapazität der Luft, die von ihrer molekularen Struktur abhängig ist. In größeren Höhen mit geringerem Luftdruck liegen die Moleküle weiter auseinander, sodass sich in einem bestimmten Luftvolumen weniger Moleküle befinden, die Wärme aufnehmen und speichern können. Mit zunehmender Höhe enthält die Luft auch weniger Wasserdampf, Kohlendioxid und Schwebteilchen (Abbildung 9.1a). Diese sind ebenfalls wichtig für die Bestimmung der Wärmekapazität der Luft. Der meiste Wasserdampf zum Beispiel ist in den unteren Schichten der Atmosphäre enthalten, die Hälfte davon unterhalb von 1800 Metern.

Aus diesen Gründen nimmt die Temperatur mit der Höhe ab (Tabelle 9.1), was als vertikaler Temperaturgradient bezeichnet wird. Der vertikale Temperaturgradient ist von verschiedenen Faktoren abhängig, schwankt aber in der Regel zwischen 0,6° und 1°C pro 100 Meter.

Eine weitere wichtige Auswirkung auf das Klima hat der *Barriere-Effekt* der Gebirge. Bei genügender Höhe kann es zum Stau von Luftströmen kommen, wobei das Ausmaß von der Mächtigkeit der Luftmasse und von der Höhe des tiefsten Tales oder Passes abhängt. Bei einem völligen Stau der Luftmasse kommt es zu einer Umleitung der Winde um die Gebirge. Als Zentren kalter Luft sind mächtige

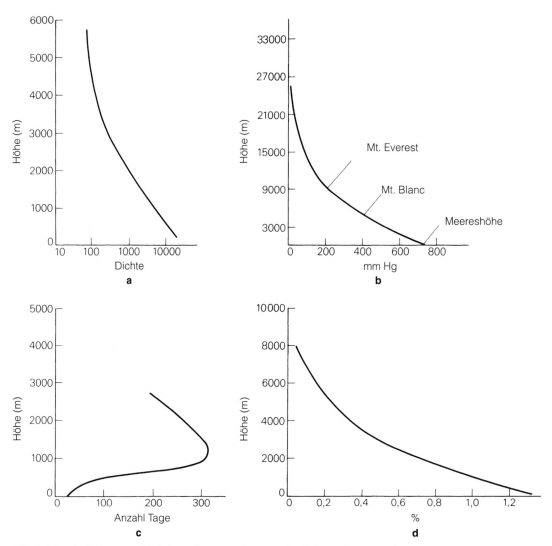

Abb. 9.1 *Wechselnde atmosphärische Bedingungen in unterschiedlicher Höhe: a) mittlere Konzentration von Schwebteilchen pro Kubikmeter; b) atmosphärischer Druck; c) Zahl der Tage mit Nebel oder Wolken in verschiedenen Höhen in Japan; d) durchschnittlicher Wasserdampfgehalt der Luft in Volumenprozent.*

Gebirgssysteme ein Ursprung von Hochdruckgebieten. Diese können Stürme um die Gebirge herumlenken. Auch *Jetstreams* teilen sich so um Gebirge herum auf (etwa um den Himalaja), vereinigen sich aber auf der Leeseite wieder. Hier entstehen dann häufig Stürme. So sind die Tornados und die heftigen Windböen, die sich im Mittleren Westen Nordamerikas bilden und verheerende Verwüstungen anrichten können, oft das Ergebnis sehr unterschiedlicher Luftmassen, die im Lee der Rocky Mountains zusammenfließen. Gebirgsbedingte Störungen von Luftmassen können ein Wellenmuster zeigen, das demjenigen im Kielwasser eines Schiffes ähnlich ist. Dies

führt zu Turbulenzen in klarer Luft, welche den Piloten zu schaffen machen, oder zu stationären *Lee-Wellen* mit prächtigen Lenticularis-Wolken.

Gebirge sind Hindernisse, die antransportierte Luftmassen zum Aufsteigen zwingen. Wenn feuchte Luft auf einen Gebirgszug stößt und aufsteigt, kühlt sie sich ab. Sobald der Taupunkt erreicht ist, kommt es zur Kondensation, also zur Wolkenbildung, und es beginnt zu regnen. Deshalb liegen einige der regenreichsten Orte der Erde dort, wo Winde von einem relativ warmen Ozean kommend auf Gebirge treffen. So beträgt zum Beispiel der mittlere Jahresniederschlag um die Hawaii-Inseln im Pazifischen Ozean

Tabelle 9.1: Temperaturbedingungen in unterschiedlicher Höhe in den Ostalpen							
Höhe (m)	mittlere Lufttemperatur (°C)				Anzahl pro Jahr		
	Januar	Juli	Jahr	Jahres-schwankung	frostfreie Tage	Tage mit Frostwechsel	Tage mit Dauerfrost
200	– 1,4	19,5	9,0	20,9	272	67	26
400	– 2,5	18,3	8,0	20,8	267	97	31
600	– 3,5	17,1	7,1	20,6	250	78	37
800	– 3,9	16,0	6,4	19,9	234	91	40
1000	– 3,9	14,8	5,7	18,7	226	86	53
1200	– 3,9	13,6	4,9	17,5	218	84	63
1400	– 4,1	12,4	4,0	16,5	211	81	73
1600	– 4,9	11.2	2,8	16,1	203	78	84
1800	– 6,1	9,9	1,6	16,0	190	76	99
2000	– 7,1	8,7	0,4	15,8	178	73	114
2200	– 8,2	7,2	–0,8	15,4	163	71	131
2400	– 9,2	5,9	–2,0	15,1	146	68	151
2600	–10,3	4,6	–3,3	14,9	125	66	174
2800	–11,3	3,2	–4,5	14,5	101	64	200
3000	–12,4	1,8	–5,7	14,2	71	62	232

Quelle: R. Geiger, *The Climate near the Ground*. Cambridge, Mass. (Harvard University Press) 1965, S. 444.

etwa 650 Millimeter, aber am Mount Waialeale auf Kauai erreicht er ganze 12 344 Millimeter! Während es auf diese Weise auf der windzugewandten Seite der Gebirge, der Luvseite, zu starken Regenfällen kommen kann, empfängt die windabgewandte Leeseite dagegen deutlich weniger Niederschlag (Abbildung 9.2). Die Leeseite ist in der Regel durch das erneute Absinken der Luft charakterisiert. In der Folge kommt es zu einer Erwärmung der Luft, was man als *adiabatische Erwärmung* bezeichnet, und zu klarem, trockenem Wetter. Die Eigenheiten von lokalen Winden wie Föhn in den Alpen oder der Chinook in den Rocky Mountains sind auf dieses Phänomen zurückzuführen.

Mit der Höhe ändert sich auch die Qualität der auftreffenden Sonneneinstrahlung. Gebirge erhalten insbesondere mehr ultraviolettes Licht, das für Lebewesen in verschiedener Beziehung als schädlich zu erachtende Wirkungen hat, vom gehemmten Wachstum bei Hochgebirgspflanzen bis zu Hauterkrankungen beim Menschen.

Das Ausmaß der Sonneneinstrahlung ist im Gebirge weitgehend von der Hangneigung und -exposition abhängig. Die Hänge in ungünstigen, sonnenabgewandten nördlichen Expositionen erhalten meist weniger Stunden Sonnenschein als ebene Flächen. Aber ein direkt der Sonne ausgesetzter Hang erhält besonders in höheren Breiten mehr Strahlungsenergie als eine waagrechte Fläche. In den Tropen empfangen allerdings die Ebenen auf Grund des fast senkrechten Einfallswinkels der Sonnenstrahlen mehr Sonnen-

energie als Hangbereiche. Unabhängig davon, wie Dauer und Intensität der Besonnung geartet sind, ihre Auswirkungen auf die lokale Ökologie und auf die Tätigkeiten des Menschen sind in der Regel sehr groß. Auf der Nordhalbkugel sind südexponierte Hänge wärmer und trockener als nordexponierte und die Anzahl sowie Vielfalt an Tieren und Pflanzen ist größer. Die Baumgrenzen verlaufen an Südhängen in größerer Höhe und in den von Ost nach West verlaufenden Tälern der europäischen Alpen liegen die meisten Siedlungen auf den nach Süden gerichteten Talseiten. Die nordexponierten Hänge sind im Frühjahr länger schneebedeckt und deshalb stärker bewaldet, während die Südhänge als Weiden genutzt werden.

Das Relief kann auch deutliche Auswirkungen auf die Temperatur haben, indem es die Voraussetzungen für *Temperaturinversionen* schafft. Während die Temperaturen in der Regel mit zunehmender Höhe abnehmen, verhalten sie sich bei einer Temperaturinversion umgekehrt, sodass sie am Talboden am tiefsten sind und mit dem Talhang ansteigen. Eine Erklärung dafür liegt darin, dass kalte Luft dichter ist als warme und sich deshalb bei einer nächtlichen Abkühlung der Talhänge nach unten bewegt und dort die wärmere Luft verdrängt. Dies geschieht besonders ausgeprägt in ruhigen und klaren Nächten, wenn die Oberflächenwärme an die Umgebung abgegeben wird und kein Wind für eine Durchmischung und einen Ausgleich der Temperaturen sorgt. In der Folge können sich in Tal- und Muldenlagen Kaltluftseen mit extrem tiefen Temperaturen und starken Frösten entwickeln.

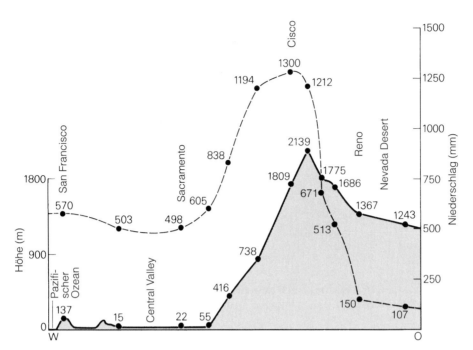

Abb. 9.2 *Ein Querschnitt von San Francisco an der kalifornischen Pazifikküste nach Reno in der Wüste von Nevada zeigt den Zusammenhang zwischen Niederschlag und Topographie. Man beachte die hohe Niederschlagsmenge in großer Höhe auf der windzugewandten Westseite und den Regenschatteneffekt auf der östlichen Luvseite.*

Das Ausmaß der Temperaturschwankungen ist ein weiteres interessantes Kennzeichen der Gebirgsklimate. Der Temperaturunterschied zwischen Tag und Nacht und zwischen Winter und Sommer nimmt schrittweise mit zunehmender Höhe ab (Tabelle 9.1). Je höher und isolierter ein Berg ist, desto mehr gleicht seine Temperatur derjenigen der umgebenden freien Luft. Die Oberflächentemperaturen verändern sich dabei wesentlich stärker als die Lufttemperaturen. Selbst in großen Höhen können sich besonnte Bodenoberflächen in der Tagesmitte stark erwärmen, obwohl sie in der Nacht unter die Lufttemperatur abkühlen. Untersuchungen in über 4 000 Metern Höhe im Karakorum-Gebirge in Pakistan haben zum Beispiel gezeigt, dass die täglichen Temperaturschwankungen auf einer Felsoberfläche im Sommer üblicherweise zwischen 30 und 40 °C, in der Luft aber nur zwischen sechs bis 16 °C liegen.

Der Feuchtigkeitsgehalt der Atmosphäre nimmt mit zunehmender Höhe schnell ab (Abbildung 9.1d). Auf 2 000 Metern ist er nur noch ungefähr halb so groß wie auf Meereshöhe, und auf 8 000 Metern (auf der Höhe der höchsten Gipfel des Himalajas) beträgt der Wasserdampfgehalt der Luft weniger als ein Promille. In sehr großen Höhen herrscht deshalb Trockenheit vor. Pflanzen und Tiere haben besondere Eigenschaften ent-

wickelt, um diesen Mangel an Feuchtigkeit zu überstehen. Alpine Pflanzen zeigen häufig dicke, korkähnliche Rinden und wachsartige Blätter, wie sie von Wüstenpflanzen her bekannt sind. Gebirgsschafe und -ziegen und Wildtiere wie Steinbock und Gämse haben alle die Fähigkeit, über längere Zeit mit wenig Feuchtigkeit auszukommen.

Allein das Vorhandensein von Wolken kann im Gebirge zu einer Zunahme der pflanzlich nutzbaren Niederschlagsmengen führen. Wassertropfen aus Wolken werden von Pflanzen als Nebelregen aufgefangen. Die feinen Tröpfchen werden von Blättern und Ästen aufgenommen und vergrößern sich durch Zusammenfließen, bis sie schwer genug sind, um auf den Boden zu fallen. Viele tropische und subtropische Gebirge weisen daher so genannte Nebelwälder auf. Ein Beispiel dafür sind auch die üppigen Nebelwälder an der Ostküste von Mexiko in der Sierra Madre Oriental zwischen 1 300 und 2 400 Metern Höhe.

Es ist noch immer ungeklärt, ob Niederschläge grundsätzlich ab einer bestimmten Höhe abnehmen. Das liegt auch daran, dass aufgrund der im Gebirge nur schwer möglichen Wartung und Betreuung von Messinstrumenten zu wenig Messergebnisse vorliegen. In den Tropen scheint dies allerdings erwiesen zu sein. In den Anden und in Zentralamerika liegt die

Zone maximaler Niederschläge zwischen 900 und 1 600 Metern, im Kamerun-Gebirge in Westafrika auf 1800 Metern und in Ostafrika auf 1 500 Metern. In den Gebirgen der mittleren Breiten wird hingegen das Bestehen einer solchen Zone mit maximalem Niederschlag mehr und mehr infrage gestellt. Die verfügbaren Daten legen eine Zunahme des Niederschlags mindestens bis auf eine Höhe von 3000–3500 Metern nahe. Der Unterschied zwischen niederen und mittleren Breiten mag auf die Passatinversion in den Tropen (Kapitel 8.2) und auf die höheren Windgeschwindigkeiten in den mittleren Breiten mit einem stärkeren orographisch bedingten Aufsteigen der Luft zurückzuführen sein.

Gebirge gehören zu den windreichsten Orten der Erde. Die Winde stoßen hier in die hohe Atmosphäre vor, wo weniger Reibung sie in ihrer Bewegung hindert. Auf Berggipfeln und Passhöhen werden die höchsten Windgeschwindigkeiten gemessen. Da Wind ein wesentlicher Stressfaktor für Pflanzen ist, sind große Teile der alpinen Vegetation niederliegend und können nur in windgeschützten Kleinlebensräumen überleben.

Gebirge erzeugen auch ihre eigenen Windsysteme (Abbildung 9.3). Winde, die am Tage hang- und talaufwärts und in der Nacht in umgekehrter Richtung wehen, sind häufig. Die treibende Kraft dahinter sind Unterschiede in der Erwärmung und in der Abkühlung, was zu Dichteunterschieden der Luft zwischen Hängen und Talböden und zwischen Gebirgen und Flachländern führt. Bei Sonneneinstrahlung (Strahlungswetterlagen) erwärmt sich die Luft am Hang stärker als die Luft auf gleicher Höhe in den Tälern. Die warme, weniger dichte Luft bewegt sich als *anabatischer Wind* hangaufwärts. In der Nacht kühlt die Luft wiederum stark ab, fließt als *katabatischer Wind* nach unten und verursacht so eine Temperaturinversion. Eine wichtige Variante dieser thermisch bedingten Hangwindsysteme ist der *Gletscherwind*. Er entsteht, wenn die Luft über einer Gletscheroberfläche abkühlt und hangabwärts fließt. Bei sehr großen Gletschern, die eine ständige Kältequelle bilden, weht der Gletscherwind ununterbrochen (Abbildung 9.3b).

Neben den thermisch bedingten Winden gibt es auch Winde, die durch den Barriere-Effekt verursacht werden. Man nennt sie allgemein *Föhn-Winde*. Zum Teil haben sie aber auch ihre eigenen Namen (zum Beispiel Chinook in Nordamerika und North-Wester in Neuseeland). Sie sind durch einen schnellen Anstieg der Temperatur, durch ihre hohe Geschwindigkeit und durch eine außerordentlich starke Tro-

ckenheit gekennzeichnet. Die Trockenheit wirkt sich auf Menschen, Tiere und Pflanzen gleichermaßen aus und erhöht die Feuergefahr. Eine typische Föhnsituation besteht, wenn auf einer Gebirgsseite ein Hochdruck- und auf der anderen Seite ein Tiefdruckgebiet liegt. Über dem Gebirgskamm entsteht ein steiler Druckgradient. Die Luft ist auf der Luvseite zum Aufsteigen gezwungen und beginnt zu kondensieren. Beim Aufsteigen kühlt sie sich um den *feuchtadiabatischen Gradienten* (zirka 0,6 ° C pro 100 m Höhenunterschied) ab. Dies ist eine relativ langsame Abkühlung, da durch die Kondensation latente Verdampfungswärme frei wird. Auf der Leeseite des Gipfels beginnt die nun trockene Luft abzusteigen. Dabei erwärmt sie sich, aber um den relativ hohen trockenadiabatischen Gradienten von ungefähr 1 °C pro 100 m Höhendifferenz. Die Luft kann deshalb im Talgrund oder in der Ebene auf der Leeseite viel wärmer und mit viel weniger Feuchtigkeit als auf der entsprechenden Höhe der windzugewandten Seite ankommen.

Eine weitere Auswirkung des Barriere-Effekts auf die Winde ist die Bildung von *Leewellen* (Abbildung 9.3d). Stößt ein Wind auf ein Hindernis, in unserem Falle auf ein Gebirge, wird seine normale Bewegungsrichtung gestört. Im Lee entstehen eine Reihe von Wellen, die den Abwind über beachtliche Distanzen weitertragen. In solchen *Leewellen* treten Windgeschwindigkeiten von über 160 Stundenkilometern auf. Sie sind häufig von Lenticularis-Wolken begleitet, welche sich auf den Wellenrücken bilden. Sie können auch mit *Rotoren* (Leewirbeln) verbunden sein; das sind walzenähnliche Strömungen, welche sich unmittelbar im Lee der Gebirge unter den Wellenrücken entwickeln.

9.3 Schnee und Schneegrenzen

In den höheren Gebieten der Gebirge fällt ein großer Teil des Niederschlags als Schnee, der Gletscher, Schneefelder sowie Lawinen nährt, der Erschließung der Gebirge Grenzen setzt, die Grundlage für den Wintersport bildet, das Pflanzen- und Tierleben beeinflusst und einige der größten Flüsse der Erde mit Wasser versorgt.

Auf den höchsten Gipfeln bleibt der Schnee das ganze Jahr über liegen. In den unteren Lagen kommt er nur saisonal vor und schmilzt in der sommerlichen Wärme. Die Grenzlinie zwischen Dauerschnee zu saisonalem Schnee am Ende eines Sommers wird als *Schneegrenze* bezeichnet. Es ist allerdings schwierig, diese einigermaßen genau festzulegen, da sie sich von

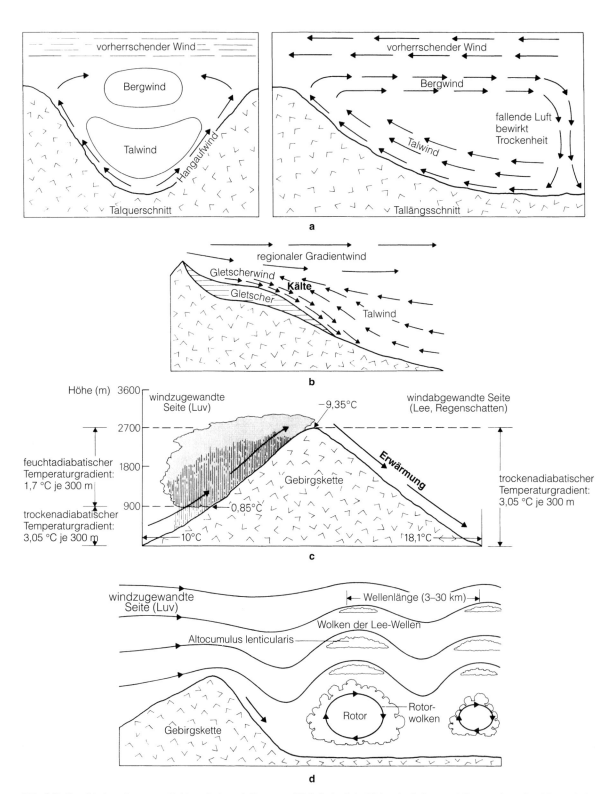

Abb. 9.3 *Verschiedene Arten von Gebirgswinden: a) Hang- und Talwinde; links Blick talaufwärts zur Mittagszeit, rechts Längsschnitt durch das Tal in der gleichen Situation; b) Gletscherwind, c) Föhn; d) Lee-Wellen mit Rotoren.*

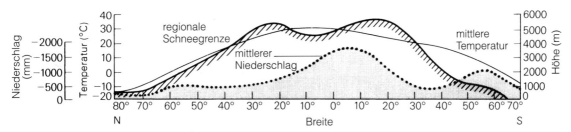

Abb. 9.4 *Idealisierter Verlauf der Schneegrenze auf einer Linie von Norden nach Süden. Man beachte die etwas tiefere Lage in den Tropen als Folge der größeren Niederschläge und der stärkeren Bewölkung in diesen Gebieten.*

Jahr zu Jahr und im Gelände von Hang zu Hang aufgrund unterschiedlicher Expositionen und Inklinationen ändert. Im Allgemeinen entspricht sie etwa der Höhenlage der mittleren Lufttemperatur von 0 °C im wärmsten Monat des Jahres. Daneben spielt auch die Niederschlagsmenge eine Rolle. Bei großen Schneemengen liegt die Schneegrenze tiefer, da mehr Wärme benötigt wird, um den gefallenen Schnee zu schmelzen.

Die regionale Schneegrenze liegt in den hohen Breiten am tiefsten (Abbildung 9.4), zum Teil sogar auf Meereshöhe, in den Tropen dagegen mit 5 000 – 6 000 Metern am höchsten. Die stärkere Bewölkung und der größere Niederschlag führen im Äquatorgürtel dazu, dass die Schneegrenze in Äquatornähe tiefer liegt als in Gebieten zwischen 20 ° und 30 °N und S, die unter dem Einfluss der subtropischen Hochdruckzone stehen. Innerhalb einer bestimmten Breitenzone ist die Schneegrenze im Allgemeinen in Gebieten mit viel Niederschlag (zum Beispiel in Küstenzonen) am tiefsten und in Gebieten mit wenig Niederschlag (zum Beispiel im Inneren der Kontinente) am höchsten. Die global höchsten Schneegrenzen findet man in der Hochebene von Tibet und in den Anden, wo sie bis auf 6 500 Meter aufsteigen können. Durch die vorherrschenden Windrichtungen besteht auch die Tendenz, dass die Schneegrenzen in den Tropen nach Westen und in den mittleren Breiten nach Osten ansteigen.

9.4 Die Gebirgsvegetation

Am Ende des 18. Jahrhunderts besuchte der große deutsche Naturforscher und Geograph Alexander von Humboldt Südamerika und erklomm Berge im tropischen Teil der Anden. Er erkannte, dass sich sowohl die Vegetation als auch das Klima mit der Höhe ändert und ging davon aus, dass diese vertikale Abfolge vom tropischen Regenwald in den tieferen Lagen bis zum ewigen Eis auf den höchsten Gipfeln in einem Mikrokosmos die Abfolge ähnlicher Zonen vom Äquator bis zu den Polen widerspiegle. Alles in allem trifft diese Analogie in etwa zu, aber in vielen wichtigen Punkten sind die Abfolgen in der Höhe und in der geographischen Breite doch sehr verschieden. So ist zum Beispiel das einzig Gemeinsame zwischen einem tropischen Hochgebirgsklima (in der *tierra fria* von Humboldt) und einem Polarklima die jährliche Mitteltemperatur. Mit Bezug auf die Tageslänge, die täglichen Temperaturschwankungen und deren saisonale Veränderungen sind sie völlig verschieden, was sich auch in der Pflanzenwelt äußert.

Die wichtigste Eigenschaft der Gebirgsvegetation ist das Vorhandensein von sich mit zunehmender Höhe ablösenden Pflanzengemeinschaften. In der Tendenz werden die Pflanzen kleiner, sind einfacher gebaut und zeigen kleinere Wachstumsraten, eine verminderte Produktivität, eine geringere Artenvielfalt und weniger interspezifische Konkurrenz. Wälder an tiefer gelegenen Hängen in den außertropischen Gebieten nennt man *submontane* oder *montane Wälder*. Der höher gelegene Wald bildet die *subalpine Zone* darüber liegt die baumlose *alpine Zone*.

Hochmontane bis subalpine Gebirgswälder in mittleren und höheren Breiten der Nordhalbkugel bestehen zur Hauptsache aus immergrünen Koniferen – Kiefer, Fichte und Tanne. Diese Arten stehen in engem Zusammenhang mit den Arten im breiten Gürtel des borealen Nadelwaldes (Kapitel 6.7), welcher südlich der arktischen Tundra durch Nordamerika und Eurasien verläuft. In tiefer gelegenen colinen bis submontanen Gebieten der feuchten Mittelbreiten herrschen Laubwälder vor. Zu diesen Gebieten gehören Teile von Westeuropa, der Osten der Vereinigten Staaten und das östliche Asien. Die verbreitetsten Baumarten sind Eiche, Ahorn, Buche, Birke und Kastanie. Gebirgswälder auf der Südhalbkugel bestehen zur Hauptsache aus immergrünen Laubbäumen mit zahlreichen Farnen.

Abbildung 9.5a zeigt eine verallgemeinerte Vegetationsabfolge in einem äquatorialen Gebiet am Beispiel der Gebirge Ostafrikas. Dort finden wir in den unteren Regionen unter 2000 Meter je nach Klimazone Tieflandwald oder Savanne. Darüber liegt der montane Waldgürtel, der sich durch eine Vielfalt an breitblättrigen Hartlaubgewächsen mit einigen Nadelbäumen auszeichnet. Wird die Wolkenstufe erreicht, kommen Nebelwäldern mit ihren maximalen Feuchtigkeitsansprüchen zur Ausbildung. Diese feuchteste Höhenstufe

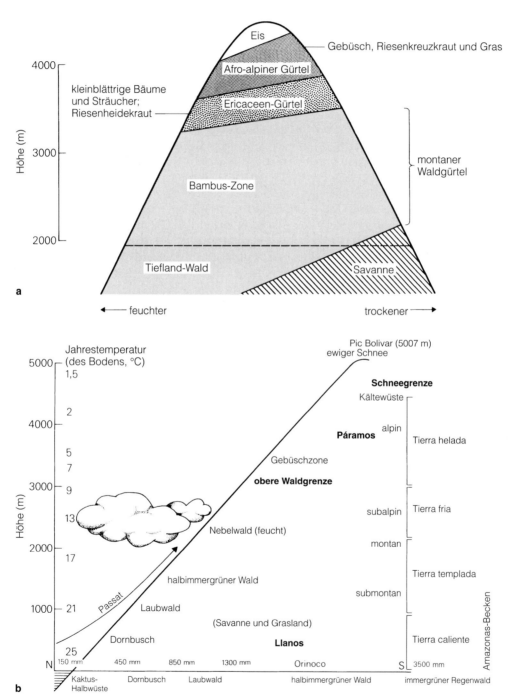

Abb. 9.5 *a) Vereinfachte Darstellung der Vegetationszonen in verschiedenen Höhenlagen in tropischen Gebirgen Ostafrikas; b) hypsometrische Vegetationszonierung in einem Nord-Süd-Profil durch Venezuela.*

Abb. 9.6 *Die Páramostufe der ostafrikanischen Hochgebirge haben eine ganz besondere Vegetation. Wie hier am Mount Kenia beherrschen Schopfpflanzen, vor allem der Gattung* Senecio *(Kreuzkraut), das Vegetationsbild. Das Foto wurde auf ungefähr 4300 Metern aufgenommen, die Gipfel im Hintergrund mit dem Diamond Glacier in der Mitte liegen knapp unter 5200 Metern.*

ist in Ostafrika durch dichte Bambusbestände und in Südamerika durch das Vorkommen von Palmen gekennzeichnet. Über der Wolkenstufe nehmen die Niederschläge rapide ab, die Waldgrenze wird erreicht und es folgt der Ericaceen-Gürtel mit zahlreichen Straucharten aus der holarktischen Flora wie beispielsweise Erikagewächse (darunter Baumheiden), sowie Arten der Gattungen *Hypericum* (Johanniskraut) und *Ribes* (Johannisbeere). Zwischen dieser Zone und den eisbedeckten Gipfeln liegt der afroalpine Gürtel. Die alpine Stufe der feuchten Tropen wird als *Páramo* bezeichnet. Die floristische Zusammensetzung der Páramos in Afrika, Südamerika und Indonesien ist sehr unterschiedlich. Dennoch sind sie alle geprägt durch eng am Boden wachsende Pflanzen, vor allem aber durch das Vorkommen hochwüchsiger Pflanzenarten, den so genannten Schopfpflanzen und Wollkerzen. Im afroalpinen Gürtel werden sie von Arten der Gattung *Senecio* (Kreuzkraut) und *Lobelia* (Lobelien) vertreten (Abbildung 9.6), in den Anden Erstere dagegen vor allem von *Espeletien* und Letztere von Arten der Gattung *Lupinus*.

Abbildung 9.5b zeigt eine weitere Höhenzonierung der Vegetation in den niederen Breiten anhand eines Querschnittes durch Venezuela. In diesem Land variieren auf Meereshöhe die Pflanzengesellschaften je nach Niederschlag von der Kakteen-Halbwüste über die Dornbuschsavanne bis zum halbimmergrünen und immergrünen Regenwald im Amazonas-Becken. Mit zunehmender Höhe folgt darauf die klassische Zonierung nach Humboldt, die für ganz Südamerika üblich ist: *Tierra caliente, Tierra templada, Tierra fria* und *Tierra helada*.

9.5 Die Baumgrenze

Der Übergang an einem Berghang vom Wald zur baumlosen Tundra ist oft sehr unvermittelt. Innerhalb einer vertikalen Distanz von wenigen Zehnern von Metern geht der Baum als Vegetationsform verloren und wird durch niedere Büsche, Kräuter und Gräser ersetzt. Diese Übergangszone wird als *obere Baumgrenze* bezeichnet. In vielen semiariden Gebieten gibt es

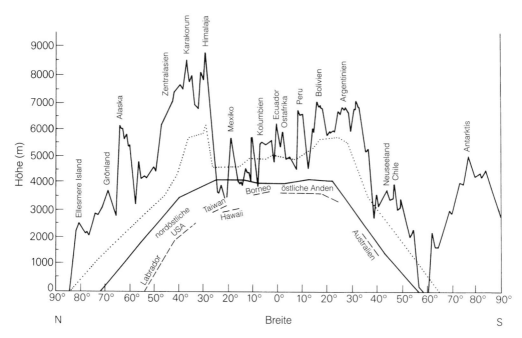

Abb. 9.7 *Schematischer Nord-Süd-Verlauf der höchsten Gipfel (obere ausgezogene Linie) und der oberen Grenze der Gefäßpflanzen (gepunktete Linie). Die Höhe der Baumgrenze ist für trockenere kontinentale Gebiete (untere ausgezogene Linie) und für feuchtere, marin beeinflusste Gebiete (gestrichelte Linie) angegeben.*

auch eine *untere Baumgrenze*, wo der Wald an seinem unteren Rand wegen Feuchtigkeitsmangel in Steppe oder Wüste übergeht (Trockengrenze).

Die obere Baumgrenze ist wie die Schneegrenze in den Tropen am höchsten und in den Polarregionen am niedrigsten (Abbildung 9.7). Sie steigt von Meereshöhe in den polaren Zonen bis auf 3 500 – 4 000 Meter in den feuchten Tropen und bis auf 4 500 Meter in den trockenen Subtropen an. Die Bäume an der Baumgrenze sind in der Regel immergrün, da sie unter extremen Umweltbedingungen Vorteile gegenüber laubwerfenden Bäumen haben. Allerdings gibt es auch einige Gebiete, wo laubwerfende Bäume die Baumgrenze bilden, so etwa Birkenarten (*Betula*) in Teilen des Himalajas.

An der oberen Baumgrenze nehmen Bäume Krüppelwuchs an (Abbildung 9.8), bevor sie in halbaufrechtes *Krummholz* übergehen.

Es gibt immer noch keine allgemein anerkannte Begründung dafür, warum das Wachstum der Bäume an der oberen Baumgrenze so abrupt aufhört. Verschiedene Umweltfaktoren könnten eine Rolle spielen. Zu viel Schnee zum Beispiel kann Bäume ersticken. Lawinen und Schneekriechen können sie beschädigen oder gar zerstören. Die lang anhaltende Schneedecke vermindert die Wachstumsperiode bis zu einem Punkt, da die Sämlinge sich nicht mehr entwickeln können. Auch die Windgeschwindigkeit nimmt mit der Höhe zu, was für die Bäume ein ernsthafter Stressfaktor ist, wie das die verschiedenen For-

Abb. 9.8 *In großen Höhen sind Bäume, wie hier* Pinus flexilis *in Colorado, USA, oft vom Wind deformiert (Windschur).*

men der Winddeformation zeigen (Abbildung 9.8). Einige Wissenschafter meinen, die in der Höhe zunehmenden Anteile des ultravioletten Lichtes könnten von Bedeutung sein. Aber auch auf die Auswirkungen des Äsens von Wildtieren, wie etwa vom Steinbock, wird hingewiesen. Sicher ist jedoch die Temperatur der wichtigste Umweltfaktor, denn bei zu kurzer Vegetationszeit (weniger als 120 Tage mit einer Tagesmitteltemperatur von mindestens 10 °C) können Triebe nicht richtig ausreifen. Ihre Kutikula erreicht nicht die endgültige Dicke, die notwendig ist, um Schäden durch Frost und Frosttrocknis zu verhindern.

9.6 Hochgebirgsvegetation

Die Zone oberhalb der Baumgrenze ist die Stufe der eigentlichen Hochgebirgsvegetation, die mit unterschiedlichen Termini angesprochen wird: beispielsweise als alpine Vegetation (Europa), als afroalpine Vegetation (Afrika), als Páramo (feuchte Tropen) oder im anglo-amerikanischen Sprachgebrauch – und nur dort – ganz allgemein auch als Gebirgstundra oder alpine Tundra. Sie besteht unmittelbar angrenzend an die Baumgrenze aus einer fast durchgehenden Decke aus dichten Matten und Rasen mit zahlreichen Zwergsträuchern und Blütenpflanzen (Abbildung 9.9). Oberhalb davon nehmen Arten- und Individuenzahl ab. Die winterliche Schneedecke ist in der alpinen Stufe sehr mächtig, sodass für die niedrigwüchsige Hochgebirgsvegetation nicht die Lufttemperatur, sondern die Zeitdauer ohne Schneedecke (*Aperzeit*) ein entscheidender Wachstumsfaktor ist. Sie wird bestimmt von Relief, Exposition und Windrichtung. Mit der Höhe nimmt die Aperzeit ab und mit Erreichen der klimatischen Schneegrenze ist sie theoretisch gleich Null. An Steilhängen in mikroklimatisch begünstigten Südlagen können dennoch Blütenpflanzen bis weit oberhalb der Schneegrenze, also in der *nivalen Stufe*, vorkommen. Die höchstgelegenen Pflanzen der Welt finden wir auf rund 6 100 Metern am Makalu im Himalaja, wo von der Sonne aufgewärmte Felsen kleine Schneewehen zum Abschmelzen bringen.

Die auffälligste Eigenschaft der alpinen Pflanzen ist ihre niedrige Wuchsform. Diese ermöglicht ihnen, den hohen Windgeschwindigkeiten zu entgehen und von den höheren Temperaturen unmittelbar an der Bodenoberfläche zu profitieren. In einer Umgebung, in

Abb. 9.9 *Oberhalb der Baumgrenze liegt die alpine Zone mit niedrigwüchsigen Pflanzen, die als Viehweide dienen. Im letzten Jahrhundert reichte der Gletscher fast bis zu dieser Wiese oberhalb von Arolla in den Walliser Alpen.*

der die tiefen Temperaturen ein limitierender Faktor für alles Leben sind, kann die zusätzliche Wärme direkt über dem Boden entscheidend sein. Die niedrige Wuchsform erlaubt den Pflanzen auch, die isolierende Wirkung der winterlichen Schneedecke auszunützen.

Eine andere verbreitete Eigenschaft der alpinen Pflanzen ist, dass sie meistens mehrjährig und nur selten einjährig sind. Diese Eigenschaft teilen sie aufgrund ähnlich limitierender Temperaturbedingungen der beiden Lebensräume mit den Pflanzen der arktischen Tundra. Pflanzen in dieser Höhe müssen ebenso wie jene in hohen Breiten mit einer stark verkürzten Vegetationszeit auskommen, und einjährige Pflanzen haben dann Mühe, in so kurzer Zeit zu keimen, zu blühen und Früchte reifen zu lassen. Mehrjährige Pflanzen haben hingegen mehrere Vegetationsperioden für Keimung und Samenreife zur Verfügung. Sie haben, ähnlich wie viele Pflanzen in anderen Grenzlebensräumen (Arktis, Wüsten), ausgedehnte Wurzelsysteme entwickelt. Ausgedehnte Wurzelsysteme sind entscheidend in der Konkurrenz um die Aufnahme von lebenswichtigen Nährstoffen aus dem Boden und auch als Nährstoffspeicher, der gleich zu Beginn der Aperzeit ein schnelles Initialwachstum im Frühling ermöglicht.

9.7 Das Gebirge als Gefahrenquelle für den Menschen

Gebirge sind lange Zeit mit Respekt und Distanz betrachtet worden. Heute aber sind sie dank ihrer großartigen Landschaft zu attraktiven Erholungsgebieten geworden. Immer mehr Menschen suchen sie auf und unterschätzen dabei oft die Gefahren, die in dieser Umgebung lauern. Die klimatischen und physiologischen Bedingungen sind nicht selten hart, und in großer Höhe kann der Mensch darunter leiden. Dazu gehört insbesondere der Mangel an Sauerstoff, der sich schon ab einer Höhe von etwa 2 800 – 3 000 Meter mit leichter Atemnot bemerkbar macht und zur *Höhenkrankheit* mit Symptomen wie Kopfweh, Schwindel, Übelkeit, Appetitmangel und Schlaflosigkeit führen kann. Eine weitere Gefahr für die Gesundheit ist das Lungenödem, bei dem eine Wasseransammlung in der Lunge den Sauerstoffaustausch mit dem Blut verhindert. Die Auskühlung durch Wind kommt sowohl in kalten, windigen Gebirgen als auch in Polargebieten vor (Kapitel 5.1); dazu kommen Erfrierungen und Schneeblindheit. Rasche Wetterwechsel und das plötzliche Auftauchen von Nebel und Wolken treffen Kletterer oft unerwartet. Exponierte Bergkämme und -gipfel können Blitzschlag anziehen, anderswo sind Lawinen eine große Gefahr (Kapitel 5.14) (Exkurse 9.1 und 9.2).

In manchen Gebirgstälern kann es als Folge topographisch bedingter Inversion zu Luftverschmutzung kommen, und an steilen Talhängen können sich relativ häufig Massenbewegungen wie Bergstürze ereignen (Kapitel 12). Das ausgeprägte Relief, die glaziale Übertiefung, das Vorhandensein von Wildbächen am Hangfuß, Felstrümmer als Folge tektonischer Bewegungen, die starken Auswirkungen von Gefrier- und Auftauprozessen, Erdbeben und das häufige Auftreten von hohen Niederschlagsmengen – das alles trägt zur Instabilität von Hängen in Gebirgen bei. Deshalb müssen Verkehrswege und Siedlungen mit besonderer Sorgfalt angelegt werden.

Tabelle 9.2: Verteilung schwerer Naturkatastrophen in Gebirgsregionen (1953–1988)

Region	Erdbeben	Vulkantätigkeit	Erdrutsch	Lawine	Überschwemmung	Sturm	total
Mittelmeergebiet (ohne Türkei)	21	1	4	–	13	1	40
Südwest-/Südasien	49	–	15	2	44	3	113
Ostasien	11	2	19	2	14	10	58
Südostasien, Australien und Ozeanien	21	8	7	1	9	18	64
Afrika	3	2	1	–	5	2	13
Europa (ohne Mittelmeerländer)	2	–	4	6	5	2	19
Süd-/Mittelamerika	33	5	16	7	22	4	87
Nordamerika	14	1	4	–	6	1	26
total	154	19	70	18	118	41	

Aufgeführt sind diejenigen Ereignisse, über die *The New York Times*, *Globe, Mail* (Toronto) und *The Times* (London) berichtet haben. Die Untergrenzen der Verluste waren zehn Tote und 50 Verletzte oder über eine Million US-Dollar Unterstützung für Schäden und Soforthilfe von außerhalb der betroffenen Region.
Quelle: K. Hewitt, *Risk and disaster in mountain lands*. In: B. Messerli und J. D. Ives (Hrsg.), *Mountains of the World*: A Global Priority. New York (Parthenon), S. 371–406.

KAPITEL 9 >>> Gebirge | 267

| Exkurs 9.1 | Lawinen in den europäischen Alpen |

Lawinen fordern in den europäischen Alpen eine beträchtliche Zahl an Menschenleben. Zwischen 1975 und 1989 waren es 1 622 Opfer, wobei Frankreich mit 413 Toten (im Durchschnitt 30 pro Jahr) am meisten zählte. Die Zahl der Toten verändert sich von Jahr zu Jahr: im Winter 1984/85 waren es 180, im Winter 1988/89 dagegen 58 Menschen.

Skifahrer sind mit 1 259 Verunglückten (78 Prozent) die größte Gruppe; dazu kommen 158 Bergsteiger. Im Vergleich dazu wurden relativ wenige Menschen (49) in ihren Häusern oder unterwegs auf der Straße von Lawinen getötet. Die meisten Todesfälle ereignen sich während der Skisaison, in Chamonix etwa 80 Prozent in den Monaten Januar bis März.

Die Gefährlichkeit der Berge ist somit eindeutig abhängig von den Menschen, die sich bewusst beim Skifahren und Klettern unberechenbaren und todbringenden Ereignissen aussetzen.

Der Untere Arolla-Gletscher in der Schweiz. Auf dem linken Bild sieht man den Gletscher vor dem Lawinenniedergang. In der Mitte des rechten Bildes ist der Schnee zu sehen, der vom Mont Collon auf den Gletscher fällt (August 1966).

Dies wird zum Beispiel bei einer Betrachtung des Karakorum Highway deutlich, einer strategisch wichtigen Verbindungsstraße, die China und Pakistan durch das Karakorum-Gebirge auf einer Höhe von 4 600 Metern verbindet (Farbabbildung 12). Die Straße wurde zur Hauptsache in den Siebzigerjahren unter Verlust von zahlreichen Menschenleben gebaut und sieht sich heute einer beachtlichen Zahl von Problemen gegenüber. Ihr Verlauf wurde durch sich rasch verändernde Gletscherränder bedroht; Brücken und ganze Straßenabschnitte sind von unberechenbaren Gebirgsflüssen weggespült worden; in der Schlucht des Hunza-Flusses kam es zu großen Flutwellen als Folge des Bruchs von natürlichen, durch Erdrutsche entstandenen Dämmen im Fluss. Staubstürme können sich in den fluvioglazialen Flussbetten entwickeln. Im Winter drohen Lawinen und große Schneefälle; und wegen der steilen, instabilen Hänge ist die Straße häufig durch Felsstürze und Schuttströme blockiert. Zahlreiche Bautrupps arbeiten ununterbrochen daran, die Straße offen zu halten.

Eine Zusammenstellung aller großen Naturkatastrophen in den Gebirgen der Erde hat ergeben, dass Erbeben, Überschwemmungen und Erdrutsche dort die drei größten Gefährdungen darstellen (Tabelle 9.2).

Exkurs 9.2   Das Lawinenunglück im Chamonixtal

Am Dienstag, den 9. Februar 1999, lösten sich um 14.40 Uhr große Eis- und Schneemassen von einem Berg, dem Montagne de Peclerey, an der Flanke des von Gletschern übersteilten Chamonixtals in den französischen Alpen. Ausgelöst durch außergewöhnlich starke Schneefälle (über zwei Meter Neuschnee seit dem vorangegangen Samstag), stürzte die Lawine auf den Talboden zu, über-querte den Fluss Arve und brandete gegen die andere Tal-seite, wo sie in den Dörfern Le Tour und Montroc 17 Cha-lets niederriss. Der Vorfall ereignete sich auf dem Höhe-punkt der Skisaison. Zehn Menschen wurden getötet, fünf weitere schwer verletzt. Es war das schlimmste Lawi-nenunglück im Tal im 20. Jahrhundert.

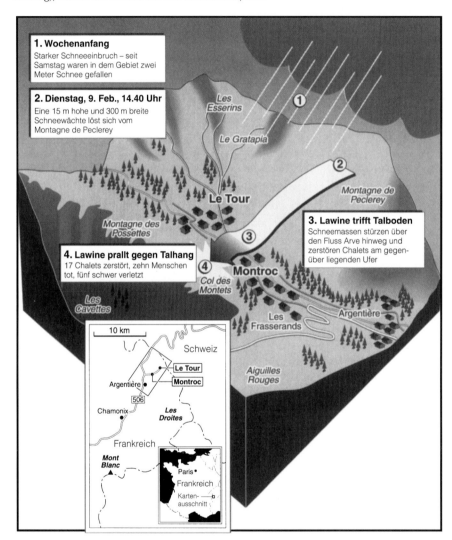

1. Wochenanfang
Starker Schneeeinbruch – seit Samstag waren in dem Gebiet zwei Meter Schnee gefallen

2. Dienstag, 9. Feb., 14.40 Uhr
Eine 15 m hohe und 300 m breite Schneewächte löst sich vom Montagne de Peclerey

3. Lawine trifft Talboden
Schneemassen stürzen über den Fluss Arve hinweg und zerstören Chalets am gegen-über liegenden Ufer

4. Lawine prallt gegen Talhang
17 Chalets zerstört, zehn Menschen tot, fünf schwer verletzt

Das Lawinenunglück in Montroc im Jahre 1999.

9.8 Klimaänderungen

Da zwischen Höhe, Klima, Vegetation und Geomor-phodynamik enge Beziehungen bestehen, waren die Gebirge von den Klimaänderungen der Vergangenheit besonders stark betroffen und werden es auch von künftigen, mit einer globalen Erwärmung einher-gehenden Klimaveränderungen sein.

Die Auswirkungen vergangener Klimaänderungen auf Gebirgsökosysteme lassen sich anhand der vertika-

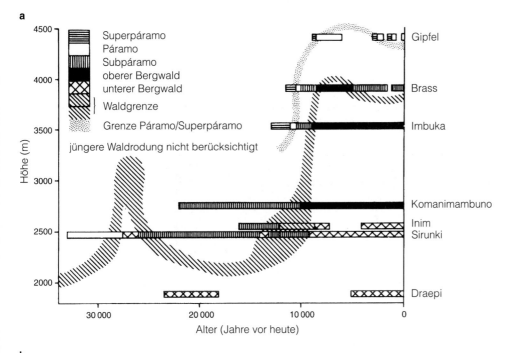

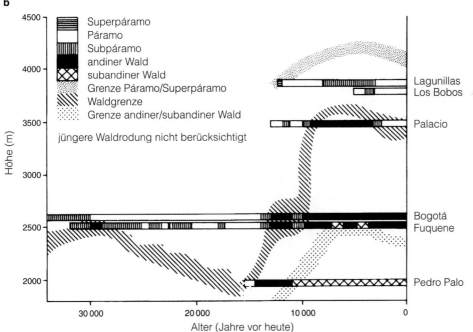

Abb. 9.10 *Zusammenfassende Darstellung der spätquartären Vegetationsveränderungen in den niederen Breiten.*

len Veränderungen der Höhenstufen der Vegetation in tropischen Gebirgen während der kalten Glaziale aufzeigen (Abbildung 9.10). Wie die Pollenanalysen zahlreicher Seen und Moore in Neuguinea und den kolumbianischen Anden in Südamerika belegen, haben sich die Vegetationszonen während der letzten 30 000 Jahre um bis zu 1 700 Höhenmeter verschoben. Die Grenze zwischen dem oberen Bergwald und der darüber liegenden waldfreien Höhenstufe, dem Sub-páramo lag vor 30 000 Jahren niedrig, zeigte einen geringfügigen Anstieg (unsicherer Höhe und zeitlicher Stellung) zwischen 30 000 und 25 000 Jahren vor heute, sank auf ein besonders niedriges Niveau um 18 000–15 000 vor heute (in ungefährer Übereinstimmung mit dem Gletscherhöchststand in den höheren Breiten), rückte mit der Klimaverbesserung zwischen 14 000 und 9 000 Jahren vor heute weit nach oben und erreichte oder überstieg vor 7 000 Jahren geringfügig die heutige Waldgrenze.

Ebenso können wir feststellen, wie die Gletscher in den Gebirgstälern während der rund einhundert Jahre seit dem Ende der als „kleine Eiszeit" bezeichneten Kältephase reagierten (Exkurs 2.3, Tabelle 9.3).

Welche Folgen kann es für die Umwelt in den Gebirgen haben, wenn sich das Klima aufgrund des zunehmenden Treibhauseffekts in den kommenden Jahrzehnten weiter erwärmen wird? Voraussichtlich werden sich die Höhenstufen mit jedem Grad Erwärmung um rund 160 Meter verschieben (400 Meter bei einem Temperaturanstieg von 2,5 °C). Die Gletscher werden ebenso weiter abschmelzen wie der Permafrost in den Gebirgen. Mächtigkeit und Dauer der Schneedecke werden sich verändern, mit Folgen für Wintersport und Tourismus, und die Veränderungen der Schneebedeckung, des Bodeneises und der Gletscher werden sich auf Abfluss und Hochwässer auswirken. Mit der Verlagerung der Höhenstufen nach oben könnten die Lebensräume bestimmter Pflanzen und Tiere eingeengt werden oder gänzlich verschwinden.

Tabelle 9.3: Rückgang von Gletschern im 20. Jahrhundert (Meter pro Jahr)

Lokalität	Periode	Rate
Breidamerkurjökull, Island	1903–48	30–40
	1945–65	53–62
	1965–80	48–70
Lemon Creek, Alaska	1902–19	4,4
	1919–29	7,5
	1929–48	32,9
	1948–58	37,5
Humo-Gletscher, Argentinien	1914–82	60,4
Franz Josef, Neuseeland	1909–65	40,2
Nigardsbreen, Norwegen	1900–70	26,1
Austersdalbreen, Norwegen	1900–70	21,0
Abrekkbreen	1900–70	17,7
Brikdalbreen	1900–70	11,4
Tunsbergdalsbreen	1900–70	11,4
Argentière, Mont Blanc	1900–70	12,1
Bossons, Mont Blanc	1900–70	6,4
Ötztaler Alpen	1910–80	3,6–12,9
Großer Aletsch	1900–80	52,5
Carstenz, Neuguinea	1936–74	26,2
Rocky Mountains	1890–1975	15,2
Spitzbergen	1906–1990	51,7
Island	1850–1965	12,2
Norwegen	1850–1990	28,7
Alpen	1850–1988	15,6
Zentralasien	1874–1980	9,9
Irian Jaya	1936–1990	25,9
Kenia	1893–1987	4,8
Neuseeland	1894–1990	25,9

10 Küsten

10.1 Küstenlinien

Die Küsten der Welt umfassen eine Länge von fast einer halben Million Kilometern und sind ein bedeutender Lebensraum für den Menschen. Man schätzt, dass etwa zwei Drittel der Weltbevölkerung im Küstenraum (in einer Entfernung von nur wenigen Kilometern zur Küstenlinie) leben.

Küsten zeichnen sich durch eine große Vielfalt aus. Dies ergibt sich aus den klimatischen Verhältnissen, aus ihrer Geschichte der Meeresspiegelschwankungen, aus den geologischen Strukturen des Hinterlandes, aus den für den Aufbau von Stränden verfügbaren Sedimenten und aus der Art der sie formenden Wellen, Strömungen und Gezeiten.

Angesichts dieser großen Vielfalt ist es nicht erstaunlich, dass schon viele Versuche gemacht wurden, Küsten anhand von zahlreichen Kriterien zu klassifizieren. Eine der bekanntesten Klassifizierungen stammt von dem amerikanischen Geomorphologen D. W. Johnson, der Küsten danach unterschied, ob sie in ihrer Vergangenheit durch Auftauchen oder durch Absinken geprägt wurden. Zusätzlich sprach er von „neutralen" und von „Mischküsten". Für „untertauchende" Küsten sind Rias und Fjorde bedeutende Beispiele, während für auftauchende Küsten Strände mit Nehrungen wie etwa im Baltikum kennzeichnend sind (Kapitel 10.3).

Der amerikanische Ozeanograph F. P. Shepard glaubte, eine nützliche Unterscheidung liege zwischen dem, was er junge „Primärküsten" nannte, wo nicht marine Kräfte immer noch als landschaftsprägend erkennbar sind, und „Sekundärküsten", wo marine Tätigkeit deutlicher ist. Primärküsten umfassen Küsten mit deutlicher Erosion (Rias, Fjorde, ertrunkener Karst und so weiter), mit Zeichen von subaerischer Ablagerung (Deltas – Kapitel 15.9 –, Sanddünen, Erdrutsche, überflutete Glazialformen) oder mit Spuren der Auswirkungen von vulkanischer oder tektonischer Bewegung. Sekundärküsten sind diejenigen, die entweder durch marine Erosion stark umgestaltet wurden (zum Beispiel durch Wellen ausgeglichene Küsten), wo es zu marinen Ablagerungen

gekommen ist (zum Beispiel Nehrungsküsten, Landzungen, Schlickzonen) oder wo Küsten durch marine Organismen wie Korallen oder Mangroven aufgebaut wurden (Kapitel 8.10 und 8.11).

Jüngere Klassifikationen haben die Bedeutung der Küstenlage in Bezug auf die plattentektonischen Grenzen (Kapitel 1.8) erkannt, wie auch die Bedeutung der Energiemenge, welche durch die verschiedenen Arten des Wellenangriffs auf unterschiedliche Küstenlinien auftrifft (Kapitel 10.2). In den letzten Jahren wurde auch zunehmend deutlich, dass praktisch alle Küstenlinien im Pleistozän und im Holozän eine sehr komplexe Reihe von Meeresspiegelschwankungen erlebt haben. Jede einfache Unterteilung in auftauchende oder absinkende Küsten hat deshalb ihre Schwierigkeiten, ebenso der Versuch, heutige Strände und Küsten ohne Bezug zur Vergangenheit zu erklären. Die weltweiten Meeresspiegelschwankungen werden in Kapitel 2.9 und die Auswirkungen der Eiskappen und der Tektonik auf den Meeresspiegel in Kapitel 5.8 beziehungsweise in Kapitel 11.4 behandelt.

10.2 Wellen

Wellen sind für die Geomorphologie von Stränden und Küsten entscheidend, da sie den größten Teil des Energieinputs in das Strandsystem einbringen. Viele sichtbare Veränderungen sind das Ergebnis von unterschiedlichen Eigenschaften (Höhe, Länge) der Wellen und der Richtung, aus der sie kommen. Wellen erhalten ihre Energie vom Wind, sei es ganz nahe an der Küste, wo die Wellen brechen, oder in weiter Entfernung von der Küste. Wenn Wellen einmal vom Wind gebildet worden sind, setzen sie sich als Dünung durch die Ozeane fort und verlieren dabei langsam an Höhe und damit an Energie, bis sie schließlich das seichte Küstengewässer erreichen und gegen das Land brechen. So können Wellen, die durch heftige, andauernde Winde im südlichen Pazifik in Bewegung gesetzt worden sind, bis an die Küste von Alaska gelangen.

Bevor wir fortfahren, müssen wir ein paar Begriffe im Zusammenhang mit Wellen erläutern. *Wellenlänge* ist die horizontale Distanz zwischen zwei Wellengipfeln oder zwei Wellentälern. Die *Fortpflanzungsgeschwindigkeit* ist die Distanz, die eine Welle in einer bestimmten Zeiteinheit zurücklegt. Die Wellenperiode ist die Zeit, die zwischen dem Durchgang von zwei Wellengipfeln oder zwei Wellentälern an einem bestimmten Punkt vergeht. Und die *Wellenhäufigkeit* ist die Anzahl der Wellenperioden, die in einem bestimmten Zeitintervall, zum Beispiel in einer Minute, vorkommen.

Wenn wir eine Wellenabfolge vom Meer hereinkommen sehen, müssen wir uns daran erinnern, dass sich die Wellenform durch das Wasser bewegt und nicht das Wasser selbst. Es ist zu vergleichen mit der wogenden Bewegung, die der Wind verursacht, wenn er über ein Getreidefeld weht. Wellen setzen sich auch im Getreidefeld eine nach der anderen durch die Weizenhalme fort, und doch türmt sich der Weizen am weit entfernten Ende des Feldes nicht zu einem Haufen auf! Die Bewegung des Korns kommt daher, dass sich die einzelnen Halme beim Durchgang einer Welle

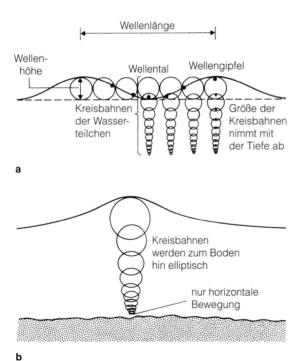

Abb. 10.1 *Die Bewegung von Wellen. a) Wellenformen werden durch die kreisförmigen Bewegungen von Wasserteilchen hervorgerufen. Jedes Teilchen bleibt auf seiner Bahn ungefähr am selben Ort, während sich die Wellenform weiterbewegt. b) Die Kreisbahnen der Wasserteilchen werden elliptisch, wenn sie sich dem seichten Grund nähern; ganz am Boden bewegen sie sich nur noch hin und her.*

neigen. In ähnlicher Weise bewegen sich die Wasserteilchen in einer Meereswelle nicht mit der fortschreitenden Welle weiter, sondern folgen einer kreisförmigen Bahn (Abbildung 10.1).

Ist der Wind, der die Wellen bewirkt, stark und einigermaßen konstant, werden die Wellen, solange der Wind bläst, größer und beziehen immer wieder neue Energie vom Wind. In geschlossenen Meeren begrenzt die Länge des offenen Wassers in einer geraden Linie, die so genannte Laufstrecke des Windes über das Wasser (engl.: *fetch*), die maximal mögliche Wellengröße. Starke Winde bilden Wellen im Verhältnis zur Laufstrecke nach der Formel

$$H = 0{,}36 \sqrt{F},$$

wobei H die Höhe der Welle in Metern und F die Laufstrecke in Kilometern ist. Bei langen Laufstrecken wird H im Allgemeinen als proportional zu $U2$ angenommen, wobei U die Windgeschwindigkeit ist:

$$H = 0{,}0024 \, U^2.$$

Auch hier ist H die Höhe in Metern und U die Windgeschwindigkeit in km/h.

Es scheint, dass es eine obere Grenze für die Größe von Wellen gibt. Im offenen Ozean sind schon solche mit einer Höhe von über 30 Metern, Wellenlängen von über 800 Metern, Geschwindigkeiten von über 120 km/h und Wellenperioden von 22,5 Sekunden beobachtet worden. Wenn die Wellen sich der Küste nähern, ändern sie ihren Charakter. Sie verlieren abrupt an Energie, wenn sie an der Küste ankommen, denn im seichten Wasser erfahren sie Reibung und Ablenkung. Dieser Prozess, der schließlich zum Brechen der Wellen führt, scheint dann zu beginnen, wenn die Wassertiefe etwa die Hälfte der Wellenlänge beträgt. Es entsteht die Grundsee; die Wellen werden kürzer und ihre Höhe nimmt relativ zu. Die steiler werdende Welle bricht dort, wo die Wassertiefe und die Wellenhöhe ungefähr gleich groß sind. Küstenwärts dieser Linie stürzt das Wasser als *Schwall* gegen das Ufer und führt Sand mit sich. An einem geneigten Strand läuft es als Sog wieder ab (Abbildung 10.2).

Das Verhältnis zwischen Uferprofil und aufprallenden Wellen bestimmt die Wirkung der Wellen auf das Strandmaterial und damit auf die Strandform. Bei kleinen Wellen mit großer Wellenlänge und/oder einem flach ansteigenden Uferprofil steigt die Wellenfront nach und nach auf und ergießt sich an den Strand anstatt mit aller Kraft zusammenzubrechen. Wenn solche Wellen sich am Strand aufwärts bewegen, verlieren sie rasch an Volumen und Energie, indem sie ins Strandmaterial einsickern. Der Sog hat

Abb. 10.2 Der Strand bei Durdle Door in Dorset, Südengland. Er besteht aus aneinander gereihten Vorsprüngen und dazwischen liegenden Rinnen, in denen das Wasser vom Strand abläuft.

deshalb viel weniger Energie, um Sedimente strandabwärts zu transportieren. Er ist auch nicht genügend stark, obwohl er die Schwerkraft auf seiner Seite hat, um das nächste Brechen der Wellen und den nächsten Schwall zu behindern. Diese Wellen sind somit konstruktiv und spielen eine wichtige Rolle beim Aufbau von Stränden (Abbildung 10.3).

Destruktive Wellen dagegen sind solche mit kurzen Wellenlängen und hohen Wellenkämmen, wie sie an einem steiler abfallenden Ufer vorkommen. Solche Wellen „tauchen" eher, als dass sie auslaufen, und verursachen Erosion und einen mächtigen Sog. Sie durchkämmen den Strand abwärts und transportieren Sand bis unter das Niedrigwasserniveau. In gemäßigten Breiten gibt es oft einen saisonalen Wechsel zwischen winterlichen Sturmwellen mit Erosion und sommerlichen energiearmen Wellen mit Ablagerung.

Strände, die durch kurze Wellen entstehen, sind gewöhnlich ziemlich steil, während Strände, die unter dem Einfluss eines langen Schwalls gebildet werden, eher weit und sanft ansteigend sind. Der Grund für

diesen Gegensatz liegt in der unterschiedlichen Wassermenge, die auf den Strand auftrifft wird. Die großen Wasservolumen der langen Wellen sind im Stande,

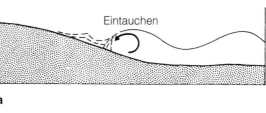

a

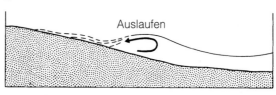

b

Abb. 10.3 Zwei verschiedene Wellentypen, die von großer geomorphologischer Bedeutung sind: a) zerstörend (destruktiv); b) aufbauend (konstruktiv).

Sediment über eine schwache Neigung zu transportieren. Die kürzeren Wellen hingegen haben ein sehr viel kleineres Wasservolumen und benötigen einen steileren Gradienten für den Transport von Sediment.

Eine andere wichtige Steuerungsgröße für den Strandgradienten ist die Korngröße des betreffenden Materials. Im Allgemeinen kommen die steilsten Küsten in den gröbsten Materialien vor. Dies liegt daran, dass die Versickerungsraten zunehmen, je gröber das Sediment wird. So braucht es steilere Hänge, damit der Schwall und der stark reduzierte Sog im Gleichgewicht sind.

Der Sog, der durch den Rückzug des von den Wellen ans Ufer gebrachten Wassers entsteht, fließt entweder als Sog (Rückstrom nahe am Meeresboden) oder in lokalisierten *Ripströmungen* (Abbildung 10.4) wieder vom Strand abwärts. Letztere sind Wasserrinnen von etwa 30 Metern Breite, welche mit einer Geschwindigkeit von bis zu 8 km/h durch die Wellenbrecherzone fließen und sich dann ins Meer verteilen. Eine leichte oder mäßige Dünung führt zu zahlreichen Ripströmen, eine starke Dünung bildet wenige konzentrierte Ströme, die durch starke laterale Strömungen in der Brandungszone (Brandungsstrom) alimentiert werden. Der Brandungsstrom und die Ripströmungen selber schneiden entlang dem Strand und durch allfällige parallel liegende Sandbarrieren Rinnen ein.

Die Art und Bedeutung der Wellentätigkeit variiert je nach Umweltbedingungen. R. A. Davies hat die Wellenmilieus in fünf Haupttypen eingeteilt:

- Sturmwellen der Westwindgürtel und im Wirkungsbereich tropischer Wirbelstürme

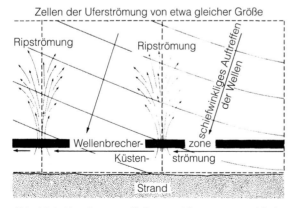

Zellen der Uferströmung von etwa gleicher Größe

Abb. 10.4 *Ripströmungen fließen vom Ufer weg, wenn sich das Wasser aufzutürmen beginnt – eine Folge des schrägwinkligen Auftreffens der Wellen, das auch die Küstenströmung bewirkt. Die Ripströmungen brechen durch die Brandungszone, fächern sich auf und verteilen sich.*

- starke Dünung, vorwiegend aus der Westwindzone stammend
- Wellen und Dünung durch Passat und Monsun
- relative Schutzlagen

Die Sturmwellen der Westwindgürtel betreffen die Gebiete mit Tiefdruckfronten in den höheren Mittelbreiten auf beiden Hemisphären. In den Tropen sind Sturmwinde nicht häufig, mit Ausnahme von tropischen Wirbelstürmen (Hurrikane). In dieser Umgebung kommen kurze, energiereiche Wellen aus verschiedenen Richtungen.

Die Dünung der Westküsten entsteht in einiger Entfernung zur Küste, in der Regel durch Sturmwinde in den gemäßigten Breiten im Bereich der großen Westwindzonen. Diese Dünung aus Westen ist besonders an Küsten wie in Peru und Westafrika ausgeprägt, wo starke Winde selten sind oder in einiger Entfernung von der Küste vorbeiziehen. Es gibt deshalb nur wenig lokal entstehende Wellen von geomorphologischer Bedeutung. Die Wellen sind lang und niedrig, relativ gleichmäßig in der Häufigkeit ihres Erscheinens und in ihrer Richtung.

Dünung an Ostküsten ist gekennzeichnet durch Wellen, die ihre Entstehung den Passaten verdanken. Stärkere Dünung ist seltener als an den Westküsten der außertropischen Westwindgürtel. Die Dünung überlagernd gibt es jedoch bedeutende Wellen, die durch die Hurrikane, eine typische Erscheinung an den Ostseiten der Kontinente in den niederen Breiten, entstehen. Mit Ausnahme der zyklonenbedingten Wellen sind die Energiemengen an solchen Küsten gering bis mäßig und im Allgemeinen niedriger als bei der Dünung der Westküsten.

Ein geschütztes Milieu weisen Meeresküsten auf, an die wenig Dünung gelangt, entweder weil sie abgeschlossen sind (zum Beispiel das Schwarze Meer) oder weil sie durch eine Eisschicht geschützt sind (zum Beispiel Teile des Arktischen Ozeans).

Angesichts der Unterschiede in Wellentyp und Sedimentcharakter ist es einleuchtend, dass es eine breite Spannweite von verschiedenen Strandformen gibt. Es lohnt sich dennoch, sich über die Form eines Idealstrandes zu unterhalten (Abbildung 10.5). Ein solcher besteht aus zwei Hauptelementen und verschiedenen kleinen Formen. Das eine Hauptelement ist der obere Strand, der häufig aus grobem Material wie Kieseln besteht und deshalb einen Hang mit einer Neigung von oft 10 bis 20 Grad aufweist. Der untere Strand besteht im Allgemeinen aus Sand oder sogar Schlick und hat einen niederen Gradienten (bis maximal zwei Grad) An vielen, aber nicht allen Stränden gibt es einen scharfen Knick zwischen diesen beiden Elementen. Die kleineren Elemente, die diese generalisierte Unterteilung überlagern, sind:

- der *Strandwall*, ein klar definierter und halbpermanenter Rücken oberhalb des Niveaus der höchsten Springfluten;
- *Wälle* oder *Bermen*, die unterhalb des Niveaus der höchsten Springfluten durch konstruktive Wellen gebildet werden;
- *Strandhörner* oder Strandhörnchen, kleine regelmäßige Einbuchtungen, die an der Oberfläche des Kiesstrandes oder beim Zusammentreffen von Kies- und Sandstrand entstehen;
- *kleine Rinnen*, die im Sand bei Niedrigwasser vom abfließenden Wasser gebildet werden;
- *Rippelmarken*, die auf dem Sand durch die Wellenbewegung oder durch Gezeitenströme entstehen;
- Rücken und Rinnen, breite und sanfte Erhöhungen und Vertiefungen, die parallel zum Ufer an der meerzugewandten Seite des Sandstrandes verlaufen.

Wellen verursachen mehr, als die bloße Steuerung (zusammen mit der Korngröße der Sedimente) der Strandgradienten und -profile. Sie sind auch äußerst wichtig, weil sie Material entlang der Küstenlinie verfrachten. In einer Idealsituation, in der die Wellen völlig parallel auf eine ganz gerade Küstenlinie auftreffen, bricht eine bestimmte Welle überall zum gleichen Zeitpunkt, und der Schwall bewegt sich im rechten Winkel auf das Ufer zu. Der Sog kehrt auf der gleichen Linie zurück. Folglich bewegen sich die Sandteilchen

auf einer fixen Linie auf dem Strandabhang auf und ab. In der Wirklichkeit findet man allerdings eine so vereinfachte Situation selten, entweder weil das Ufer nicht völlig gerade ist oder weil die Wellen in einem schiefen Winkel auf das Ufer auftreffen oder weil das Wasser im küstennahen Gebiet nicht überall gleich tief ist. Wenn sich Wellen auf die Küste zu bewegen, werden sie *gebrochen*, sobald sie in Flachwasserbereiche gelangen und dort vom Meeresboden gebremst werden (Abbildung 10.6). Da der Wellenteil über dem seichtesten Gebiet gegenüber dem Wellenteil über tiefem Wasser zurückfällt, werden die Wellenkämme umgebogen. Das hat Auswirkung auf die Energieverteilung entlang des Kammes; denn zusammenlaufende *Orthogonalen* (Linien im rechten Winkel zum Wellenkamm) zeigen eine Verstärkung der Wellenenergie an und auseinander strebende Orthogonalen bedeuten Gebiete mit geringerer Wellenenergie. Landspitzen sind deshalb größeren Energiemengen unterworfen als die Buchten dazwischen (Abbildungen 10.7).

Obwohl die Refraktion der Wellen dazu führt, dass die Wellenkämme im Grundriss eine gebogene Form bekommen und paralleler zum Ufer verlaufen, treffen die Wellen doch im Allgemeinen schräg auf die Wellenbrecherzone. Der Schwall läuft deshalb in einem schiefen Winkel auf den Strand auf und transportiert Sediment mit sich. Wenn er seine Energie verloren hat, fließt der Sog unter dem Einfluss der Schwerkraft wieder den Abhang des Strandes hinunter. Das Sediment bewegt sich somit in einem anderen Winkel hinab, als es heraufgekommen ist. Als Folge davon

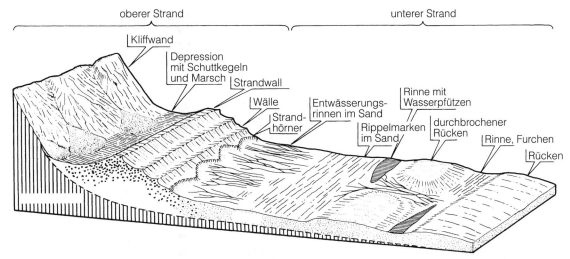

Abb. 10.5 *Idealisierte Darstellung eines Sand- und Kiesstrandes.*

Abb. 10.6 *Wenn sich Wellen der Küstenlinie nähern, werden sie vom Meeresboden gebremst und gebrochen. Diese Luftaufnahme von Star Point in Devon, England, zeigt den Vorgang deutlich.*

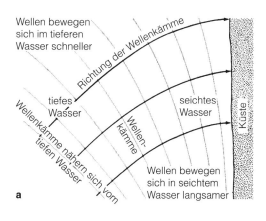

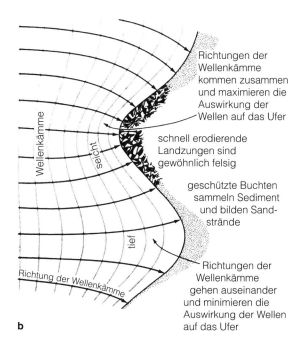

Abb. 10.7 *Brechung der Wellen. a) Der Teil der Welle, der zuerst auf Flachwasserbereiche stößt, verringert seine Geschwindigkeit, während sich der noch im tieferen Wasser befindende Teil mit der ursprünglichen Geschwindigkeit weiterbewegt, was eine Änderung des Winkels bewirkt. b) Wegen der Anordnung von seichtem und tiefem Wasser um Landzungen und Buchten herum konzentriert sich die Energie der Wellen auf Landvorsprünge und verteilt sich bei Einbuchtungen.*

bewegen die Wellen Sediment über eine gewisse Zeit hinweg entlang dem Strand. Man bezeichnet diesen Vorgang als *Strandversetzung*. Dadurch entstehen einige bedeutende Reliefformen (Abbildung 10.8).

Wenn eine Küstenlinie eine Einbuchtung in der Form eines Ästuars oder einer Ria besitzt, entsteht durch starken strandparallelen Materialtransport an dem Punkt, wo die Küste ein- oder ausspringt, ein länglicher Akkumulationskörper. Eine solche ins Meer vorstoßende Akkumulation nennt man *Strandhaken*. Durch Wellenrefraktion ist die Hakenspitze häufig scharf zurückgebogen. Wächst der Strandhaken weiter, so entsteht eine mehr oder minder geschlossene Barriere vor der Bucht, eine Nehrung. Eine andere Form, die durch fortgeschrittenes Längenwachstum des Hakens entsteht, ist die Verbindung einer Insel mit dem Festland durch das Wachstum eines *Tombolo*. Trifft die Küstenversetzung von zwei entgegengesetzten Seiten an einem bestimmten Punkt am Ufer zusammen, akkumuliert das Sediment in Form eines Dreiecks, das sich schließlich zu einer dreieckförmig vorgebauten Ebene (Höftland) ausdehnen kann.

10.3 Nehrungsküsten und verwandte Formen

Die Ablagerung von Strandmaterial vor der Küste oder durch Meeresarme und Einbuchtungen hindurch und die Bildung von Barrieren (Nehrungen), die über das Niveau des Tidenhochwassers reichen und ganz oder teilweise Haffs (Lagunen) abschließen, ist eine weit verbreitete Erscheinung. Einige entstehen durch Weiterwachsen der Strandhaken, andere scheinen sich vor der Küste zu bilden, besonders wo zu ihrer Entstehung reichlich Sand, ein geeignet tiefer Gradient und konstruktive Wellen mit Schwallverhältnissen vorhanden sind. Man schätzt, dass Nehrungsküsten etwa 13 Prozent aller Küsten der Welt ausmachen. Die längsten Abschnitte liegen entlang der Ostküste der Vereinigten Staaten und im Golf von Mexiko (Abbildung 10.9). Sie sind aber auch anderswo, besonders an Meeresufern mit geringem Tidenhub wie Mittelmeer und Ostsee, verbreitet. In Gebieten mit hohem Tidenhub sind sie weniger verbreitet; denn mit der Zunahme des Gezeitenunterschieds werden sie als Folge der Gezeitenströmungen zwischen Haff und offener See in größerem Umfang zerteilt.

Der genaue Mechanismus, mit dem der umfangreiche Nachschub an Sand auf eine Nehrung geworfen und dort über Wasser festgehalten wird, ist Diskussionsgegenstand. Zum einen ging man davon aus, dass der Rückgang des Meeresspiegels Sedimentbarrieren freigelegt habe, die unter den Wellen als Wellenbrecherriegel gebildet worden seien. Aber in den meisten Teilen der Welt ist der Meeresspiegel in den letzten rund 10 000 Jahren eher angestiegen als gefallen. Eine andere Erklärung ist, dass diese Barrieren die Folgen eines Meeresspiegelanstiegs, wie zum Beispiel bei der Flandrischen Transgression (Kapitel 2.9), sind. Dabei wäre ein alter, mit Dünen bedeckter Strandwall teilweise überschwemmt worden. Andere Wissenschafter halten daran fest, dass eine Veränderung des Meeresspiegels keine unabdingbare Entstehungsvoraussetzung für eine Nehrung ist. Untiefen könnten so nahe an die Wasseroberfläche heranreichen, dass schließlich die Wirkung des Schwalls überwiegt und sie in eine Insel oder einen Riegel umwandelt. Ist die Insel einmal da, akkumuliert sich Sand in Form von Dünen, und so kann sich das Gebilde weiter über den Wasserspiegel erheben.

10.4 Gezeiten

Obwohl Wellenbewegungen vermutlich der wichtigste Vorgang der Küstenformung sind, sind auch die Gezeiten äußerst bedeutsam, denn sie helfen mit, den Höhenbereich zu steuern, in dem die Wellen wirksam sein können.

Gezeiten sind regelmäßige Bewegungen des Meerwassers, ausgelöst durch die Anziehungskraft des Mondes und in geringerem Maße der Sonne. Diese Anziehung bewirkt, dass sich die Wassermassen in zwei Ausbuchtungen auf zwei entgegengesetzten Seiten der Erde ansammeln. Auf einer gänzlich mit Wasser bedeckten Erde gäbe es zwei Gebiete mit hohem Wasserstand. Die Ausbuchtungen bleiben unter dem Mond fixiert, während sich die Erde dreht, sodass es zweimal im Tag zu Ebbe und Flut kommt. Die Sonne ist zwar weiter entfernt, besitzt aber erheblich mehr Masse als der Mond, sodass auch sie Einfluss auf die Gezeiten ausübt. Diese sind aber nicht einmal halb so hoch wie die Mondgezeiten. Die beiden Gezeitenarten sind nicht synchron; denn die Sonnengezeiten kommen alle 24 Stunden. Stehen Erde, Mond und Sonne in einer Linie, verstärken die kombinierten Anziehungskräfte von Mond und Sonne die Gezeitenwirkungen, sodass sehr hohe Fluten, die *Springtiden* entstehen. Die niedrigsten Tiden, die *Nipptiden*, entstehen dann, wenn Sonne und Mond zueinander in Bezug auf die Erde in einem rechten Winkel stehen.

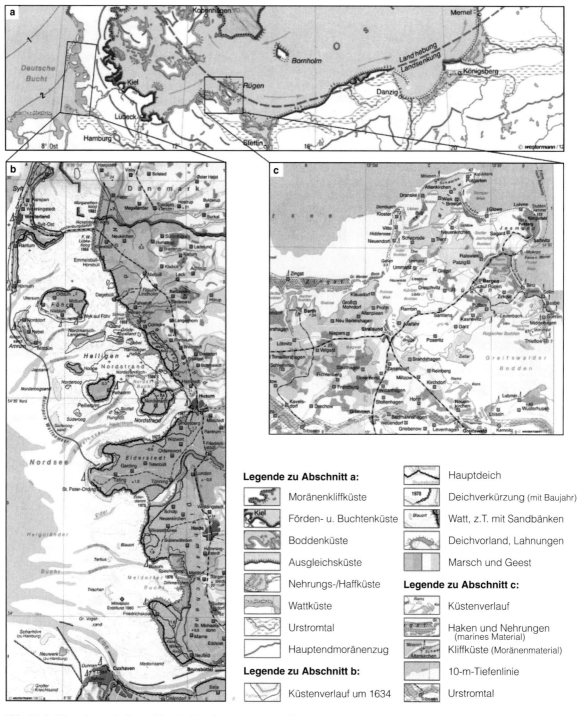

Abb. 10.8 *Küstenformen in Deutschland. a) An den Küsten Deutschlands sind viele Küstenformen „lehrbuchartig" ausgebildet. Es handelt sich um Küsten in einem Raum mit Transgression (ansteigendem Meeresspiegel und Landsenkung), an der Nordsee in einem Altmoränenraum, an der Ostsee in einem Jungmoränengebiet. Im Unterschied zu Deutschland treten in Skandinavien, einem Raum mit starker Landhebung und Regression, fast ausschließlich Felsenküsten (Schären-, Fjord-, Kliffküsten) auf. b) Entlang der Wattküste zwischen Elbmündung und dänischer Grenze trennt der Hauptdeich die Küstenlandschaft in Watt und Deichvorland beziehungsweise Marsch und Geest. An zahlreichen Stellen wurde die Küstenlinie im Rahmen von Küstenschutzmaßnahmen verkürzt. Der Küstenverlauf im Jahre 1634 belegt sowohl die Landverluste durch marine Erosion als auch Landgewinne durch gezielte Eindeichungen während der letzten 350 Jahre. c) Der Wechsel von Kliffküsten (im Moränenmaterial der pleistozänen Inselkerne) und Haken und Nehrungen (aus Küstensedimenten) prägt die Boddenküste von Rügen.*

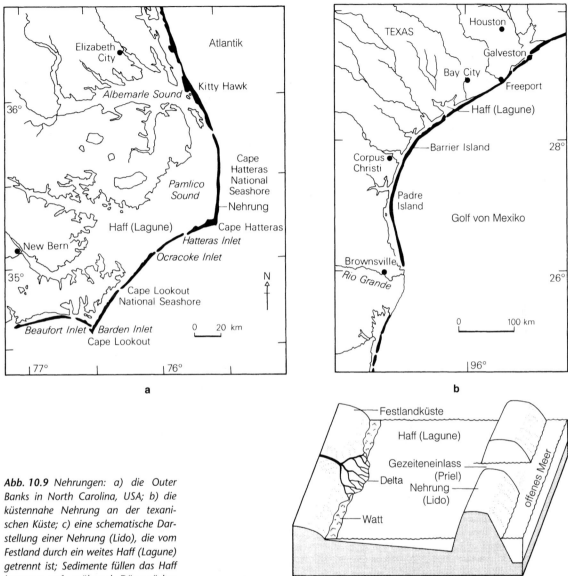

Abb. 10.9 *Nehrungen: a) die Outer Banks in North Carolina, USA; b) die küstennahe Nehrung an der texanischen Küste; c) eine schematische Darstellung einer Nehrung (Lido), die vom Festland durch ein weites Haff (Lagune) getrennt ist; Sedimente füllen das Haff langsam auf, während Dünenrücken über das Watt vorrücken.*

Diese Darstellung beschreibt das, was man als *Gleichgewichtstide* bezeichnet, nämlich berechnet für einen gleichförmigen Globus. Die Erdoberfläche ist natürlich nicht gleichförmig, sodass die Höhen der tatsächlichen Gezeiten in den verschiedenen Teilen der Ozeane sehr verschieden sind. Da die Ozeane von unterschiedlicher Gestalt und Größe sind, reagieren die Gezeiten komplex. Ihre Wirkung kann man mit einer großen Anzahl an Töpfen und Schalen in komplizierter Anordnung und dem Hin- und Herschaukeln von Wasser zwischen ihnen vergleichen.

In einigen engen Meeresarmen sind die Gezeitenunterschiede sehr hoch; so betragen sie etwa im Severn Estuary in Großbritannien im Maximum 13 Meter und in der Bay of Fundy in Kanada maximal 15–17 Meter. An Küsten des offenen Meeres sind sie selten höher als zwei Meter, und in geschlossenen Meeren, wie zum Beispiel im Mittelmeer, gibt es kaum einen Gezeitenunterschied. Im Schwarzen Meer beträgt er nicht mehr als 10 Zentimeter. In den Meeren rund um Großbritannien wird die durch lokale Faktoren bedingte Komplexität sehr deutlich. Nach dem Passieren der westlichen Küsten schwingt der Kamm einer Gezeitenwelle um Schottland herum in die Nordsee und verläuft von dort nach Süden weiter. Beim Durchgang durch die Irische See bewirkt die Corioliskraft (Kapitel 2.2), dass die Flut auf der Seite von Wales und England mindestens doppelt so hoch ist wie auf der irischen Seite. Die Flut, welche die Nordsee herunterkommt, ist in Großbritannien höher als in Norwegen und Dänemark, weil die Corioliskraft sie nach rechts abdrängt. In gleicher Art wird die Flut, die von Westen durch den Kanal kommt, nach rechts gedrückt, wodurch die französischen Küsten höhere Tidenstände haben als die englischen. Wie man sich denken kann, entsteht eine besondere Komplexität dort, wo Gezeitenkämme wie in der Straße von Dover und in der südlichen Nordsee zusammenkommen.

Die geomorphologischen Folgen der Gezeiten sind von doppelter Art: Sie erzeugen Gezeitenströme und sie verteilen die Wellentätigkeit auf verschiedene Höhenbereiche. *Gezeitenströme* entstehen in zwei Hauptsituationen. Erstens kommt es offensichtlich zu einem steilen Gradienten zwischen den beiden Enden einer Meerenge, wenn ein Zeitunterschied im Höchststand der Flut besteht. Wenn die Meerenge schmal ist, kann sich eine starke Strömung bilden. Die zweite Situation kommt auch dann vor, wenn keine Unterschiede zwischen den beiden Enden einer Meerenge bestehen. Sie ist einfach die Folge der Kanalisierung der Flut in einer schmalen Meerenge oder in einem Ästuar. Die Geschwindigkeiten können in Gezeitenströmen hoch sein: bis zu 8 km/h in der Straße von Messina, 17–18 km/h zwischen Alderney und der Cotentin Peninsula und bis zu 25 km/h in den Molukken. Allerdings sind dies Ausnahmewerte. Starke Strömungen können Erosion bewirken, während schwächere Strömungen Schlick und Sand transportieren, die von den Wellen in Suspension aufgewirbelt wurden.

Der Gezeitenunterschied eines Gebietes beeinflusst die relative Bedeutung der Wellentätigkeit. Beträgt er weniger als zwei Meter, kann man meist annehmen, die Wellentätigkeit sei der dominante küstenbildende Prozess und Formen wie Strände, Strandhaken und Nehrungen ständen im Vordergrund. Betrachtet man beispielsweise die englischen und walisischen Küsten, so gibt es nur drei Bereiche mit Gezeitenunterschieden von weniger als drei Metern: die östliche Norfolk-Küste, die Südküste von Start Point und ein Abschnitt der walisischen Küste. Diese Verteilung deckt sich mit dem Vorkommen von Strandhaken an den Küsten.

Abb. 10.10 *Die schlimmste Überschwemmung der letzten Jahrzehnte an der Küste Großbritanniens ereignete sich im Februar 1953, als Gebiete wie hier Canvey Island von einer Sturmflut heimgesucht wurden.*

10.5 Sturmfluten

Auch wenn Wellen und Gezeiten die beiden Hauptprozesse der Küstenformung sind, können an bestimmten Orten Sturmfluten oder Sturmtiden von beträchtlicher Bedeutung sein. Auf diese Art kann der Meeresspiegel um einige Meter ansteigen, sodass der Angriff der Wellen auf unüblich hohe und oft gefährliche Niveaus angehoben wird. Sowohl tropische Zyklonen als auch Stürme gemäßigter Breiten können Sturmfluten erzeugen. Sie sind besonders schwerwiegend in Meeresbuchten oder golfähnlichen Meeren, die auf mehreren Seiten abgeschlossen sind. Offen ist die Seite, aus deren Richtung die großen Wellen kommen. Gebiete mit häufigen Sturmfluten sind der Golf von Mexiko, der Golf von Bengalen, der Golf von Tonkin und die südliche Nordsee. Tiefliegende Küsten wie in den Niederlanden und an der Themsemündung können stark überschwemmt werden, wenn Sturmfluten und Flut zusammenfallen. Die Wirkung wird noch verstärkt durch die großen Wassermengen, welche über Flüsse herantransportiert werden. Diese Kombination von Ereignissen hat die enormen Überschwemmungen rings um die südliche Nordsee im Jahre 1953 bewirkt (Abbildung 10.10) (Kapitel 6.17).

10.6 Ästuare

Ästuare sind Gezeitenmündungen großer Flüsse. Sie sind Meeresarme, die bis zur oberen Grenze der Gezeitenauswirkung in Flusstäler hineinreichen. Sie unterscheiden sich aber sehr von den eigentlichen Flüssen, auch wenn sie vom Süßwasserzufluss aus den überliegenden Flüssen abhängig sind, um die für sie typischen Prozesse aufrecht zu erhalten. Das Fließen des Ästuarwassers in zwei Richtungen, die Strömungen, die bei der Durchmischung von Süß- und Salzwasser entstehen, und die ständigen Wechsel im Abfluss und in der Geschwindigkeit während des Gezeitenzyklusses machen die Prozesse, die im Ästuar ablaufen, unverwechselbar.

Es gibt in Ästuaren zwei großmaßstäbige Strömungstypen: Gezeitenströme, die entstehen, wenn sich die Flut im Meeresarm aufwärts bewegt, und *Residualströmungen*, die durch die Mischung von Süß- und Salzwasser und deren unterschiedliche Dichte entstehen. Diese beiden Strömungstypen bestimmen über Erosion und Ablagerung in den Meeresarmen. Der Gezeitenunterschied bestimmt den Gezeitenstrom und die Geschwindigkeiten der Residualströ-

mungen und dadurch die Menge und die Herkunft der Sedimente. Mikrogezeiten-*Ästuare* kommen dort vor, wo der Tidenhub weniger als zwei Meter beträgt. Sie sind oberhalb der Mündung durch den Süßwasserzufluss dominiert und außerhalb durch windangetriebene Wellen. Sie besitzen häufig ein Flussdelta sowie Strandhaken und Barrieren am meerseitigen Rand. In *Mesogezeiten-Ästuaren* mit einem Tidenhub von ungefähr zwei bis vier Metern nimmt die Bedeutung der Gezeitenströme zu, aber infolge des immer noch bescheidenen Gezeitenunterschieds reichen die Gezeitenströme nicht sehr weit flussaufwärts. Die meisten Mesogezeiten-Ästuare sind deshalb relativ kurz. Im Falle von *Makrogezeiten-Ästuaren* führen Gezeitenunterschiede von über vier Metern dazu, dass sich die Gezeiten bis weit ins Inland hinein auswirken. Solche Ästuare haben parallel zum Gezeitenstrom lange, lineare Sandbänke. Aber ihre typischste Eigenschaft ist ihre Trichterform. Gute Beispiele für diesen Typ sind die Ästuare des Severn in Großbritannien, des Delaware in den Vereinigten Staaten und des Rio de la Plata in Südamerika.

10.7 Küstendünen

An vielen Küsten schließt sich an den Strand ein Sanddünengürtel an, obwohl zu ihrer Entstehung und Formung eine große Anzahl verschiedenster Faktoren erforderlich ist. Zunächst ist ein reichliches Angebot an Sand von geeigneter Korngröße (im Allgemeinen um 0,25 Millimeter Durchmesser) nötig, damit sich Dünen bilden können. Flüsse können Hauptlieferanten für diesen Sand sein, wenn auch beträchtliche Mengen durch den Meeresspiegelanstieg im Holozän (Flandrische Transgression) verfügbar wurden. Dieser nahm sandiges Material vom Kontinentalschelf auf und lagerte es an Stränden wieder ab. Neben der Verfügbarkeit von geeignetem Material sind Winde, die mit genügender Häufigkeit und Geschwindigkeit wehen und den Sand landeinwärts transportieren, ein weiterer wichtiger Faktor für die Dünenbildung.

Die einschneidende Bedeutung der Windgeschwindigkeit für die Entstehung von Küstendünensystemen wird daran deutlich, dass Dünen bevorzugt an Küsten der gemäßigten Breiten entstanden sind, wo es eine starke Tätigkeit von Wetterfronten gibt. Große Dünen liegen an windzugewandten und nicht an windabgewandten Küsten. Sie sind relativ selten in der Kalmenzone der niederen Breiten, obwohl die geringe Windgeschwindigkeit hier vermutlich nur einer der maßgebenden Faktoren ist. In sehr feuchten Gebieten ist der Strand so stark durchfeuchtet, dass sehr hohe Windgeschwindigkeiten nötig sind, um den Sand fortzutragen. Sandtransport ist hier deshalb nicht häufig. Auch die Gezeitenunterschiede scheinen eine Rolle zu spielen, denn Strände mit einem größeren Tidenhub setzen größere Sandflächen der Windtätigkeit aus. Ein großer Gezeitenunterschied führt auch zu einem flacheren Strand, was den Transport des Sandes begünstigt. Denn die Schwellengeschwindigkeit nimmt mit dem Steilheitsgrad des Strandes zu.

Zusammenfassend können wir sagen, dass Küstendünensysteme mit großer Wahrscheinlichkeit dort auftreten, wo ein aktives Sandangebot besteht, wo der Sandtransport entlang der Küste behindert ist, wo starke auflandige Winde wehen, wo zumindest zeitweise wenig Niederschlag und Feuchtigkeit vorhanden sind, wo große Gezeitenunterschiede herrschen und wo die Strandwinkel flach sind. Hinter dem Strand ist eine geeignete Topographie, auf der sich Dünen akkumulieren können, eine notwendige Voraussetzung. An Stränden mit hohen Kliffs sind große Dünen sehr unwahrscheinlich.

Wenn riesige Mengen Sand verfügbar sind oder wenn das Klima so trocken ist, dass hinter dem Strand keine Vegetationsbedeckung vorhanden ist, kann man einige der klassischen Dünenformen antreffen, die für die großen Wüstengebiete der Welt typisch sind (Kapitel 7.10). Dies ist in Teilen Washingtons und Oregons im Westen der Vereinigten Staaten der Fall, wo keine Pflanzenart im Stande ist, den Sand wirksam festzuhalten. Das Gleiche gilt neben anderen für die extrem ariden Küstenwüsten der Namib und Marokkos. In diesen Gebieten treten sich frei bewegende Barchane und Transversal-Dünen auf. An den meisten Küsten ist allerdings die Vegetation von großer Bedeutung und beeinflusst Wachstum und Form der Dünen (Abbildung 10.11).

Parallel zu vielen Dünen verläuft eine *Frontal-* oder *Vordüne*. Diese bildet sich dort, wo sich Sand an angespültem organischem Material oder an vorhandener sand- und salztoleranter Vegetation anlagert. Besonders Grasarten und in Europa vor allem die Sandquecke (*Agropyron junceum*) tragen mit ihren ausgedehnten Wurzelsystemen dazu bei, den Sand zu fixieren. Sie gelten als regelrechte Sandfänger, da um die einzelnen Pflanzen kleine Dämme entstehen, die mit der Zeit zusammenwachsen. Unter günstigen Bedingungen wachsen diese so genannten Embryonaldünen gleichmäßig in die Höhe, denn die kräftigen Wurzeln wachsen so schnell, dass 50–60 Zentimeter Sand in einem einzi-

Abb. 10.11 *Küstendünen bei Braunton Burrows, Devon, England. Man beachte die ausgedehnte Bedeckung mit* Ammophila arenaria *(Strandhafer), einer Pflanze, welche den Sand in einem frühen Dünenstadium besiedelt und bei der Stabilisierung hilft.*

gen Jahr akkumulieren können. So entsteht eine ununterbrochene Dünenlinie hinter dem Sandstrand. Wenn die Dünen vom Meer bei einem Sturm angeschnitten werden oder wenn die Vegetationsdecke durch den Einfluss des Menschen oder durch Tiere (zum Beispiel Kaninchen) zerstört wird, wird der freigelegte Sand aus dem Sandrücken herausgeblasen und hinterlässt einen großen Hohlraum oder sogar einen Korridor in der Vordüne. Es kommt zu einer *Verwehung* und der Sand lagert sich weiter landeinwärts als eine haarnadelförmige Düne (*Parabeldüne*) wieder ab.

In Gebieten, wo sich die Küste weiter ausbaut, können auf der Meerseite des ursprünglichen Rückens neue Vordünen entstehen. Wenn dies der Fall ist, beginnen die inneren Dünen zu zerfallen, weil sie vom Sandnachschub abgeschnitten sind. Der Regen degradiert sie, eine zunehmend dichtere Vegetation unter anderem aus Heidekraut, Ginster und Birke stabilisiert sie, und durch Verwitterung entsteht ein ausgeprägtes Bodenprofil. Es bilden sich aus den ursprünglich weißen Dünen im Zuge der chemischen Prozesse der Bodenbildung zunächst Gelb-, dann Braundünen und bei fortschreitender Podsolierung Graudünen. In den Bereichen zwischen den aufeinander folgenden Dünenrücken entstehen *Dünentäler.* Diese sind unter Umständen feucht und haben ihre eigenen Pflanzengesellschaften. In Teilen der niederen und mittleren Breiten, wo der Sand sehr stark kalkhaltig sein kann, kommt es zur *Versteinerung* von älter werdenden Dünen. Das daraus entstehende Material (*Aeolianit*) ist zuweilen hart genug, dass es als Baumaterial dienen kann. Aeolianit wurde rund um das Mittelmeer ausgiebig abgebaut, um Gebäude wie römische Tempel (in Libyen) oder Hotels für den Massentourismus (auf Mallorca) zu errichten.

Die Sanddünen der Küsten sind eine weit verbreitete Reliefform und bieten einer vielfältigen Tier- und Pflanzenwelt Lebensraum. Sie sind auch ein guter Küstenschutz und bieten ein eindrucksvolles Landschaftsbild. Wenn sie durch menschliche Einwirkungen remobilisiert werden, können sie landeinwärts wandern und landwirtschaftlich genutztes Land sowie Gebäude unter sich begraben, oder sie degradieren und brechen auseinander. Wenn sie hingegen vor einer übermäßigen Nutzung (meist durch den Tourismus) geschützt werden, so sind sie insbesondere bei Sturmfluten eine wirkungsvolle Barriere gegen den Wellenangriff an tief liegenden Küsten.

10.8 Salzmarschen

Wir haben bei den Küstendünen gesehen, welch wichtige Rolle die Vegetation spielt. Dies gilt auch für ein weiteres bedeutendes Küstenmilieu: die Salzmarsch (Abbildung 10.12).

In Gebieten, die wie in Ästuaren oder im Lee von Landzungen oder Nehrungen nicht der Wellentätig-

Abb. 10.12 *Große Flächen von Salzmarsch haben sich hinter dem Küstenriff von Scolt Head Island in Norfolk, England, entwickelt. Im Vordergrund sieht man alte Kiesrücken, die sich bei der Entstehung des Riffs entlang der Küste bildeten. Man beachte das verzweigte Netz kleiner Bäche, die bei Flut überschwemmt werden.*

keit ausgesetzt sind, wächst die Küste in Form von Schlickflächen, die der Überflutung durch die Gezeiten unterliegen. Die Anlandung wird durch eine Vegetation gefördert, die an die periodische Überschwemmung durch Salzwasser angepasst ist. Dies gilt für die Vegetation der Salzmarschen in den gemäßigten Regionen wie auch für die Mangrovesümpfe in den niederen Breiten (Kapitel 8.10). Das Sediment, das von der Flut in die Pflanzengesellschaften der Salzmarsch eingebracht wird, wird von der Vegetation ausgefiltert und bei Ebbe zurückgehalten. Auf diese Weise wird das Niveau der Oberfläche schrittweise erhöht, und die vegetationsbedeckte Marsch dringt ins Ästuar oder ins Watt vor. Die Anlandungsrate ist zunächst relativ gering, da die Vegetationsbedeckung nur sporadisch ist. Aber mit dem Fortschreiten des Vorgangs und dem Ansteigen des Niveaus wird die Vegetation dichter und deshalb ihre filternde und stabilisierende Wirkung größer. Gegen Ende des Prozesses ist die Marsch so hoch, dass die Häufigkeit der Überschwemmungen durch die Gezeiten abnimmt und somit auch die Anlandungsrate. Die Anlandung ist gewöhnlich nicht eben, und die meisten Marschen sind von gut entwickelten Bachsystemen und kleinen Mulden durchzogen.

Die parallel zum Fortschreiten des Verlandungsprozesses verlaufende Besiedlung durch die Vegetation variiert in den unterschiedlichen Klima- und Florenregionen, gibt aber ein gutes Beispiel für das, was wir *Sukzession* nennen (Kapitel 16.5). An der deutschen oder englischen Nordseeküste sammeln sich in den Wattgebieten in den frühen Stadien Flecken mit grünen Algen (zum Beispiel *Enteromorpha*) an. Dies erlaubt eine gewisse Akkumulation von Sediment und in der Folge die Besiedlung durch salztolerante Pflanzen (Halophyten) wie etwa *Salicornia europea*) (Queller) und *Suaeda maritima* (Strand-Sode). Typischerweise handelt es sich bei der Vegetation der Salzmarschen um Pflanzengemeinschaften aus überwiegend einjährigen Arten. Sie ermöglichen das Fortschreiten des Anlandungsprozesses, sodass sich mit der Zeit auch weniger tolerante Arten gegenüber Überschwemmung und Salzgehalt ansiedeln können, aus denen dann eine dichtere, höhere Pflanzendecke aus mehrjährigen Arten hervorgeht. Zu diesen Pflanzen gehören *Aster tripolium* (Strandaster), *Limonium vulgare* (Strandflieder) und *Puccinella maritima* (Andel). Insbesondere die letztgenannte Art bildet dichte, als Andelrasen bezeichnete Vegetationsbestände aus. Das Festhalten von Sediment wird durch die oft fleischigen Blätter der vorkommenden Arten stark beschleunigt, und die

Marsch kann nun mit Raten von etwa einem Zentimeter pro Jahr wachsen. Es kommt zu kleinen Bächen, die von *Halimione portulacoides* (Strand-Salzmelde) gesäumt werden. Diese Pflanze ist ausgesprochen effizient im Festhalten von Schlick und trägt so zur Stabilisierung der Bachrinnen bei und fördert auch die Bildung von kleinen Dämmen an deren Rändern. Gegen Ende der Marschentstehung werden Pflanzen wie *Juncus maritimus* (Strandbinse) dominant, und wenn die Marsch so hoch ist, dass Überschwemmungen selten werden, tauchen Süßwasserseggen (*Carex*) und *Phragmitis communis* (Schilf) auf.

10.9 Küstenerosion

Das Meer ist ein kraftvoller Erosionsfaktor, und die zerstörende Wirkung der Wellen ist beträchtlich. Man hat berechnet, dass der durchschnittliche Druck, den atlantische Wellen im Winter ausüben, bei 10 000 Kilogramm pro Quadratmeter liegt, während er in großen Stürmen sogar über 30 000 Kilogramm pro Quadratmeter betragen kann. Kliffs und vom Menschen erbaute Einrichtungen wie etwa Deiche unterliegen deshalb einer enormen Brandungsintensität. Im weiteren kann Wasser, das in Gesteinsfugen hineingedrückt wird, die dort schon vorhandene Luft so zusammenpressen, dass es zu einer explosionsartigen Sprengung kommt. Diese Kombination von Bombardierung und Sprengung wird noch verstärkt durch das von den Wellen aufgewühlte Sediment. Diese mechanischen Prozesse werden in Gebieten mit empfindlichem Gestein unterstützt durch Lösungsverwitterung und durch die salzhaltige Gischt. Kliffs, die dem Wellenangriff ausgesetzt sind, werden gleichzeitig durch verschiedene subaerische Prozesse der Frostverwitterung und der Massenbewegungen angegriffen. Das Meer arbeitet aufgrund der küstenparallelen Strömung und der Gezeitenströme sehr effektiv beim Abtransport des Verwitterungs- und Erosionsmaterials.

Die Erosion geht in Gebieten mit krümeligen, unverfestigten Sedimenten und Gesteinen sehr rasch vor sich. Gletscherablagerungen, Tone, tertiäre Sande und Kiese, sowie vulkanische Asche gehören zu diesen leicht erodierbaren Materialien. Einige Werte für die Rückversetzung von Kliffs sind in den Tabellen 10.1 und 10.2 enthalten. In resistenteren Gesteinen sind die Erosionsraten geringer, aber sie sind auch dann noch messbar, wenn die Wellentätigkeit deutlich und die küstenparallele Strömung aktiv ist. Die Form der Kliffs ist in widerstandsfähigem Gestein komplexer als

Tabelle 10.1: Kliffabtragung		
Lithologie	**Standort**	**Abtragungsraten (m pro 100 Jahre)**
Moränenmaterial	Holderness, E. England	175
pleistozäne Ablagerungen	Pakefiled, E. Anglia	300
vulkanische Asche	Krakatoa, E. Indies	3000
Londoner Ton	Isle of Sheppey	300
pleistozäne Ablagerungen	Dunwich, E. Anglia	400
Moränenmaterial	North Yorkshire	30
Kalkstein	Isle of Thanet, Kent	30
Kalkstein	Sussex	50
Lias-Schiefer	North Yorkshire	9

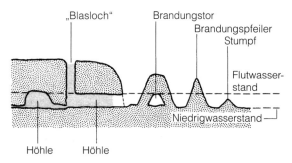

Abb. 10.13 Durch marine Erosion entstandene Höhlen, „Blaslöcher", Tore, Pfeiler und Stümpfe.

in weicheren Gesteinen, weil sich die Wellenbewegung in Klüfte, Brüche und Verwerfungen hineinfrisst. Höhlen, Säulen, Stümpfe, Bogen, Löcher und ausgeweitete Klüfte sind Beispiele für Formen, die entstehen können (Abbildung 10.13). Die Anordnung der Schichtflächen und der Klüftung ist auch von beträchtlicher Bedeutung für die Steuerung des Kliffprofils. Wenn die Schichten ziemlich steil gegen das Meer abtauchen, brechen Felsblöcke gewöhnlich im rechten Winkel zu den Kluftflächen ab, sodass das Kliffprofil vom Abtauchen der Schichten dominiert wird. Wo die Gesteinsfugen aber eine fast vertikale oder horizontale Lage haben (Abbildung 10.14), können Gesteinsblöcke nicht so leicht abbrechen und auf den Schichtflächen hinuntergleiten. Als Folge davon sind diese Kliffs nahezu senkrecht.

Die Klifformen sind komplexer, wo an der Kliffstirn verschiedenartige Gesteine anstehen. Wenn

Tabelle 10.2: Typische Raten der Kliffrückverlegung bei unterschiedlichen Gesteinsarten	
Gestein	**Rate (m/Jahr)**
Granit	10^{-3}
Kalkstein	10^{-3}–10^{-2}
Flysch und Schiefer	10^{-2}
Kreide und tertiäre Sedimentgesteine	10^{-}–10^{-0}
quartäre Ablagerungen	10^{-0}–10^{-1}
unverfestigte vulkanische Auswurfmassen	10^{1}

widerstandsfähige Gesteine über ziemlich weichen liegen, führt der hauptsächlich auf die weichen Gesteine gerichtete Angriff des Meeres zu einer Unterhöhlung der darüber liegenden harten Schichten, was große Felsstürze auslösen kann.

Wenn Kliffs zurückversetzt werden, bleibt vor ihnen eine *Küstenplattform* übrig (Abbildung 10.15). Ihr oberer Teil ist bei Ebbe als felsiges Küstenvorland sichtbar (Farbabbildung 13). Zum Teil wird sie durch *Abrasion* mit Sand und Kies beim Hin- und Herkehren durch die Gezeiten gebildet, aber in Kalkstein können auch Lösung und andere Verwitterungsformen zu ihrer Bildung beitragen. Vermutlich gibt es eine Grenze für die Ausdehnung der Plattformen, denn wenn die Plattformen breiter werden, wird mehr Wellenenergie für den Durchgang im seichten Wasser über der Plattform benötigt, und der Angriff auf die Basis des Kliffs wird weniger intensiv.

Auch Gesteinsstrukturen und Gesteinsart steuern zu einem wesentlichen Teil den Grundriss einer Küste. Wo tektonische Prozesse eine Faltung im rechten Winkel zum Küstenverlauf geschaffen haben, entstehen eine Reihe von Buchten und Landzungen. Südwestirland zeigt diesen *atlantischen Küstentyp*. Wenn aber wie in Kroatien die Faltenstrukturen generell parallel zur Küste liegen, dann entsteht der *dalmatinische Küstentyp* mit in die Länge gezogenen Inseln und parallel zur Küste verlaufenden Meeresarmen.

10.10 Der Einfluss des Menschen auf die Küste

Wegen der Konzentration von Siedlungen und menschlichen Aktivitäten an der Küste unterliegt das Küstenmilieu häufig einer starken Belastung. Die Folgen übermäßiger Erosion sind dann schwerwiegend. Wir

Abb. 10.14 *Felskliffs an der Westküste der Isle of Portland, Südengland. Der obere Teil des Kliffs besteht aus kluftreichem Portland-Kalkstein. Das Kliff wird größtenteils von diesem Gestein gebildet. Unter dem Kalkstein lagert eine mächtige Schicht Kimmeridge-Ton. Das Zusammentreffen von Kalkstein und Ton verursacht Instabilität, aus der sich das Vorhandensein von Erdrutschmassen zwischen Kliff und Meer erklärt.*

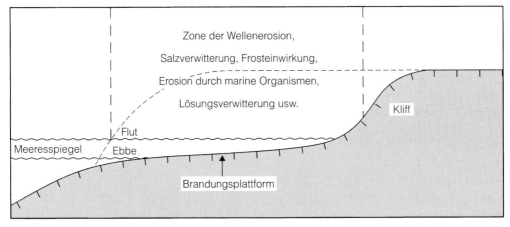

Abb. 10.15 *Auf einer Brandungsplattform wirkende erosive Prozesse.*

haben bereits gesehen, dass Sanddünen leicht durch jede Form der mechanischen Belastung geschädigt werden können, sodass ihre Wirksamkeit als Küstenbarriere sinkt.

Zwar unterliegen die meisten Gebiete in gewissem Maße der Erosion und der Anlandung, das Gleichgewicht kann aber durch menschliche Tätigkeit auf vielfältige Art gestört werden. Im Allgemeinen sind diese Veränderungen die unerwarteten und unwillkommenen Folgen verschiedener wirtschaftlicher Tätigkeiten. In einigen Gebieten nahm die Küstenerosion jedoch gerade durch die Versuche des Menschen, Küstenerosion zu bekämpfen, zu.

Eine der effektivsten Arten des Küstenschutzes ist ein gut erhaltener Strand. Wenn Material vom Strand entfernt wird, um Minerale oder Baumaterial zu gewinnen, kann es deshalb zu einer *Zurückversetzung des Kliffs* kommen. Ein klassisches Beispiel für diesen Vorgang war der Abbau von 660 000 Tonnen Kies am Strand von Hallsands in Devon in Südengland im Jahre 1887 für den Bau von Schiffsdocks in Plymouth. Es zeigte sich, dass der Kies nur wenig natürlichen Nachschub hatte. Als Folge davon wurde das Strandniveau um etwa vier Meter tiefer gelegt, und der Verlust des schützenden Kieses führte bald zu einer Erosion des Kliffs von sechs Metern in den Jahren 1907 bis 1957. Das kleine Dorf Hallsands war nun dem Angriff der Wellen ausgesetzt und ist heute größtenteils verlassen und verfallen (Abbildung 10.16).

Eine weitere Ursache von Kliff- und Stranderosion sind Küstenschutzmaßnahmen, die an einem anderen Küstenteil vorgenommen werden (Abbildung 10.17). Ingenieure versuchen häufig, mit dem Bau von Buhnen einen breiten Strand zum Schutz eines Kliffs vor Erosion zu schaffen. Buhnen beschleunigen in der Tat die Ablagerung, aber sie verhindern dadurch auch den bisher vorhandenen Transport von Material durch die küstenparallele Strömung dem Ufer entlang. So kann der Schutz durch Buhnen weiter entfernt an der Küste zu intensivem Abbau und zu Erosion führen. Ähnliche

Abb. 10.16 Das zerstörte Dorf von Hallsands in Devon, England. Es fiel der marinen Erosion zum Opfer, nachdem sein Strand durch Kiesabbau für die Dockanlagen von Plymouth im Jahre 1887 ausgebeutet wurde.

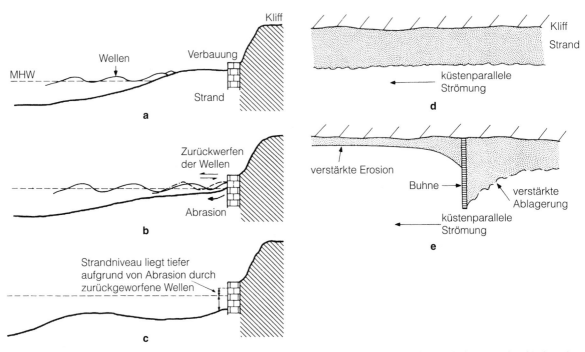

Abb. 10.17 *Einflüsse des Menschen auf die Küstenerosion. a–c) Verbauungen und Erosion: Ein breiter, hoher Strand verhindert, dass die Sturmwellen gegen eine Küstenverbauung schlagen; er bleibt bestehen oder erodiert nur langsam. Wo aber die Wellen von der Mauer zurückgeworfen werden, wird die Abrasion beschleunigt; der Strand verschwindet schnell und die Abrasionsfläche bekommt ein tieferes Niveau. d)–e) Schematische Darstellung der Auswirkungen des Baus von Buhnen auf die Sedimentation an einem Strand.*

Auswirkungen können auch Hafenmolen oder Wellenbrecher haben (Abbildung 10.18).

Einer der Gründe, warum der Abbau von Sedimenten an Stränden und der Bau von Buhnen, Hafenmolen und Wellenbrechern so folgenreich sein kann, liegt darin, dass an Stränden in vielen Teilen der Welt der Sedimentnachschub nicht mehr so groß ist wie früher, und es gibt reichlich Hinweise darauf, dass ein großer Teil des Reservoirs an Sand und Kies reliktisch ist. Viel davon wurde auf dem Kontinentalschelf während des Maximums der letzten Vergletscherung vor rund 18 000 Jahren abgelagert, als der Meeresspiegel etwa 120–140 Meter tiefer lag als heute. Das Material wurde in der Zeit der rasch ansteigenden postglazialen Meeresspiegel, welche die Flandrische Transgression kennzeichneten, bis ungefähr 6 000 Jahre vor heute gegen das Ufer transportiert und in die heutigen Strände eingebaut. Seither sind die Weltmeeresspiegel relativ stabil geblieben, und es wird daher viel weniger Material an Strände geliefert.

In einigen Teilen der Welt sind die Sedimente, welche über Flüsse an die Küste transportiert werden, eine wichtige Materialquelle für das Wiederauffüllen der Strände. Die Sedimente werden von den küstenparallelen Strömungen verfrachtet und in die Strände eingebaut. Jede Veränderung in der Sedimentfracht solcher Flüsse kann deshalb zu Veränderungen im Sedimentbudget der benachbarten Strände führen. Einerseits führt eine beschleunigte Erosion in ihrem Einzugsgebiet zu einem Anwachsen der Strände und zu einer Verschlickung der Ästuare, andererseits hält der Bau von Dämmen die Flusssedimente zurück, sodass es an der Küste zu Erosion kommt (Abbildung 10.19).

Abb. 10.18 *In West Bay, Dorset, England, hat der Bau eines Wellenbrechers zum Schutz des Hafens das Strandbild verändert. Die Bilder zeigen die Situation in den Jahren 1860, 1900 und 1976. Während im Vordergrund Anlandung erfolgt ist, wurde die Küste auf der anderen Seite des Wellenbrechers beträchtlich zurückversetzt, und man musste Maßnahmen zum Schutz der Küste ergreifen. Man beachte, wie eng der Strand vor dem Kliff geworden ist. Ähnliche Erscheinungen wie hier lassen sich unter anderem auch auf der Insel Sylt in Deutschland beobachten.*

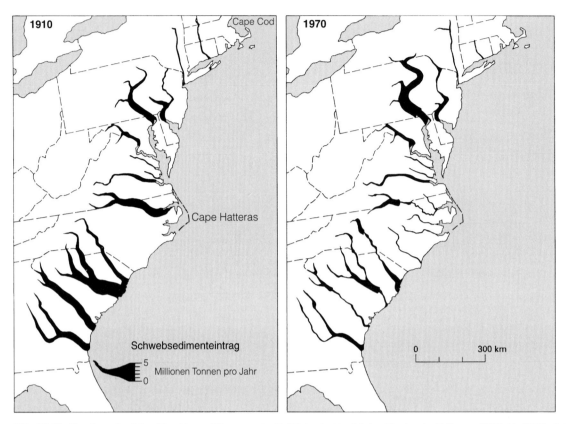

Abb. 10.19 *Abnahme der Schwebfracht von Flüssen an der Ostküste der Vereinigten Staaten im Zeitraum 1910 bis 1970 als Folge von Boden erhaltenden Maßnahmen, der Errichtung von Staudämmen und Veränderungen der Landnutzung.*

In anderen Teilen der Welt schafft die Veränderung der Vegetation durch den Menschen die Voraussetzung für erhöhte Erosion. In niederen Breiten sind kleine Inseln unter natürlichen Bedingungen von einer dichten Vegetation bedeckt, die als Schutz gegen Wellen und zur Stabilisierung von Korallenblöcken und Kiesen, die durch Zyklonen aufgewirbelt werden, dient. Auf vielen Inseln wurde aber die natürliche Vegetation ersetzt durch Kokosnussplantagen. Diese haben eine offene Struktur, flache Wurzeln und wenig oder gar keinen Unterwuchs, sodass sie nicht imstande sind, dem Angriff eines Hurrikans zu trotzen. Beobachtungen während des Hurrikans Hartie in Belize, Zentralamerika, zeigten, dass dort, wo die natürliche Vegetation nicht mehr vorhanden war, die Höhen der kleinen Sandinseln (*Cays*) um etwa zwei Meter abnahmen. Wo aber die natürliche Vegetation noch vorhanden war, führte die Aufschichtung von Sturmsedimenten gegen das Vegetationsdickicht dazu, dass die Nettoabnahme in der Höhe nur einen Meter betrug.

In jüngeren Jahren hat sich eine weitere Bedrohung der Küsten der Welt durch den Menschen bemerkbar gemacht: der beschleunigte Meeresspiegelanstieg (Exkurs 10.1). In den letzten hundert Jahren scheinen die Weltmeeresspiegel um rund 15 Zentimeter angestiegen zu sein, und zwar parallel zu einer allgemeinen Erwärmung der globalen Temperaturen. Der Grund dafür liegt darin, dass höhere Temperaturen die Eisschilde und Gletscher der Welt schneller schmelzen lassen, wodurch sie mehr Wasser an die Meere liefern. Dazu kommt die Ausdehnung des Meerwassers infolge der höheren Temperaturen. Die Rolle des Menschen liegt darin, dass wahrscheinlich die Verbrennung fossiler Brennstoffe und die Rodung ausgedehnter Waldgebiete in den feuchten Tropen und anderswo den Gehalt an Kohlendioxid in der Atmosphäre haben ansteigen lassen. Wie in Kapitel 8.7 ausgeführt, können höhere Werte an Kohlendioxid als Folge des Treibhauseffekts die atmosphärischen Temperaturen erhöhen.

Exkurs 10.1   Treibhauseffekt und Meeresspiegelanstieg

Viele Wissenschafter halten es für sicher, dass die globalen Temperaturen als Folge menschlicher Aktivitäten, insbesondere durch Verbrennung fossiler Brennstoffe, in den kommenden Jahrzehnten ansteigen werden. Viele Voraussagen gehen davon aus, dass die Erde sich in den nächsten 40–50 Jahren um einige Grad Celsius erwärmt. Eine der schwerwiegendsten Folgen einer Erwärmung in dieser Größenordnung wäre ein weltweiter Anstieg des Meeresspiegels als Ergebnis von zwei verschiedenen Prozessen: einer thermischen Ausdehnung der oberen Schichten des Meerwassers und des Abschmelzens von Gebirgsgletschern, Permafrost und Inlandeismassen. Das Ausmaß des möglichen Meeresspiegelanstiegs ist allerdings ungewiss, hauptsächlich da Wissenschaftler sich nicht klar darüber sind, wie die antarktische Eiskappe auf die Erwärmung reagieren wird. Wird sie instabil werden und aufsteigen, dabei große Mengen von Eis in die Weltmeere abgeben und dadurch einen raschen Anstieg des Meeresspiegels bewirken? Oder aber, als anderes Extrem, könnte die globale Erwärmung zu vermehrtem Schneefall in der Antarktis und somit zu einem Wachstum der Eiskappe und vielleicht sogar zu einem Sinken des Meeresspiegels führen?

Es gibt eine ziemliche Übereinstimmung darüber, dass der Meeresspiegel bis zum Jahre 2100 in der Größenordnung zwischen einem halben und einem Meter ansteigen könnte. Diese Zahlen mögen auf den ersten Blick nicht groß erscheinen, aber in ohnehin von Überschwemmungen bedrohten Gebieten (zum Beispiel tief liegende Küsten, Deltas, Marschen, Feuchtgebiete, Korallenatolle) wären die Auswirkungen deutlich. Man hat zum Beispiel berechnet, dass bei einem Anstieg des Meeresspiegels um gerade einen Meter im Verlauf dieses Jahrhunderts bis zu 15 Prozent des Ackerlandes in Ägypten durch Überschwemmung verloren gingen und dass 16 Prozent der Bevölkerung umgesiedelt werden müssten. Auch einige der großen Stadtregionen der Welt würden gefährdet, darunter London, Rotterdam, Tokio, Bangkok, Miami und Kalkutta. Tief liegende Gebiete, die wie die Malediven im Indischen Ozean auf Atollen liegen, würden fast vollständig überschwemmt.

Die Auswirkungen einer solchen Überschwemmung würden in denjenigen Gebieten verstärkt, wo das Land als Folge lokaler tektonischer Bewegungen, isostatischer Anpassungen oder durch Ausbeutung von Öl oder Grundwasser absinkt.

Ein beschleunigtes Untertauchen der Küste wird eine Vielzahl von Auswirkungen haben, wobei die Zunahme der Erosion vielleicht die wesentlichste ist. Einige Berechnungen auf der Basis der so genannten „Bruun-Regel" gehen davon aus, dass die Küstenlinie an erodierbaren Sandküsten für jeden Zentimeter Anstieg des Meeresspiegels in der Größenordnung von einem Meter wegerodiert würde.

Es gibt verschiedene Möglichkeiten, wie der Mensch auf einen Meeresspiegelanstieg reagieren kann. Er kann das Land verlassen, Planungsmechanismen zur Begrenzung der zukünftigen Entwicklung in gefährdeten Gebieten schaffen oder schützende Anlagen bauen (Dämme, Deiche etc.).

TEIL IV

GRUNDLEGENDE
PHYSISCH-GEOGRAPHISCHE VORGÄNGE

11 Tektonik

11.1 Einleitung

Tektonische Bewegung (zusammen mit der Verschiebung von Erdkruste bildenden Platten) beeinflusst nicht nur die Landschaftsentwicklung, sie ist ebenso verantwortlich für die Entstehung schwerer Naturkatastrophen. Wir leben in einer Welt, die sich ständig verändert. Gebiete, die tektonischen Prozessen unterliegen, machen unterschiedlich starke Hebungen oder Absenkungen durch. Es erscheint deshalb sinnvoll, eine Vorstellung über die Geschwindigkeit, mit der diese Vertikalbewegungen ablaufen, zu gewinnen.

Betrachtet man die *Hebungen*, so sind besonders die *alten Kontinentalschilde* sehr stabil und bewegen sich im Allgemeinen weniger als einen Millimeter in 1 000 Jahren. *Ältere Gebirge*, die mit frühen Phasen der Plattenkollision und daraus folgenden Orogenesen zusammenhängen, besitzen eine höhere Hebungsrate (bis zu fünf Meter in 1 000 Jahren); *aktive Bruchschollengebirge*, wie die Basin and Range-Region in den Vereinigten Staaten, können noch höhere Beträge aufweisen (bis zu zehn Meter in 1 000 Jahren), doch die höchsten Raten (bis zu 20 Meter in 1 000 Jahren) kommen in den großen *orogenetischen Gürteln* vor, die sich gegenwärtig noch in der Gebirgsbildung befinden. Selbst bei dieser Rate scheint die Bewegung nicht besonders schnell zu sein. Doch muss man dabei bedenken, dass, wenn diese Hebungsrate über einen Zeitraum von einer Million Jahre andauert und in der Zwischenzeit keinerlei Erosion auftritt, die entstan-

Abb. 11.1 Reste von Vulkanen (Hintergrund) und Lava auf Fuerteventura.

dene Gebirgskette wesentlich höher wäre als alle heute existierenden. Die mittlere Hebungsrate für eine aktive Gebirgskette liegt bei etwa 3–5 Metern in 1 000 Jahren. Schließt man nun die Erosion mit ungefähr 0,5–2 Metern in 1 000 Jahren in den Prozess ein, so kann man sagen, dass ein 8 000 Meter hoher Berg umgerechnet etwa 2–8 Millionen Jahre zu seiner Entstehung benötigt.

Die Hauptgebiete der *Senkungen* sind wahrscheinlich die Deltabereiche der großen Flüsse, wie die des Rheins und des Mississippi, in denen die Auflast der Sedimente fortwährend die Kruste eindrückt. Die Niederlande sinken zum Beispiel gegenwärtig mit einer Rate von bis zu 2,5 Meter in 1 000 Jahren ab, wodurch natürlich die Überflutungsgefahr des Gebietes verstärkt wird.

Wenden wir uns nun einem der wichtigsten Bereiche der Tektonik zu: den Vulkanen (Abbildung 11.1).

11.2 Vulkane

Wie wir in Kapitel 1 gesehen haben, sind die Vulkane nicht zufällig auf der Erde verstreut. In der Tat ist es bemerkenswert, dass nahezu alle Vulkane der Welt in einem nur wenige hundert Kilometer breiten Gürtel angeordnet sind und dass nur wenige aktive Vulkane im Innern der Kontinente vorkommen. Wenn man die Verbreitung der Vulkane in eine Weltkarte einzeichnet, so wird man feststellen, dass die meisten in einer charakteristischen, schmalen Linie auftreten. Außerdem ist es wichtig zu wissen, dass Vulkane an bestimmten Orten vorkommen, von denen die meisten einen engen Bezug zu Position, Typ und Bewegung der großen Krustenplatten haben:

- *entlang der mittelozeanischen Rücken*, wo das Seafloor-Spreading stattfindet und aufsteigendes Magma Gebirgskämme an den Plattenrändern bildet;
- *in Inselbögen*, die durch die Subduktion von ozeanischer Kruste entstehen, wie etwa im Pazifik;
- *in rezent orogenetisch aktiven Zonen*, wo mindestens eine Kontinentalplatte mit einer subduzierenden Platte kollidiert (zum Beispiel die Anden);
- *an isolierten Orten innerhalb der Plattengrenzen*, wo aufsteigende Magmaströme im Mantel Hot-spots erzeugen (wie innerhalb der pazifischen Platte);
- *entlang einiger großer Kontinentalgräben*, besonders in Ostafrika.

In Abhängigkeit vom Vulkantyp bestehen Unterschiede in der Zusammensetzung der Lava. Lava, die

aus aufsteigendem Mantelmaterial entsteht, ist *basaltisch* und tritt in unter a), d) und e) genannten Lokalitäten auf. Lava, die durch Subduktionsprozesse, entweder in Inselbögen oder in kordillerischen Orogenesen erzeugt wird, nennt man *andesitisch*. Andesite, nach den Anden benannt, wo sie fast die gesamte Vulkanmasse ausmachen, unterscheiden sich grundlegend von den Basalten. Durch die Subduktion wird ein großer Teil des Krustenmaterials der Schmelze hinzugefügt. Die Zusammensetzung der Lava beeinflusst ihrerseits die Art der Eruption sowie den Vulkantyp. Basalt ist normalerweise leichtflüssig, vergleichbar mit der Konsistenz von Sirup. So entstehen blasige Lava und schnell fließende Bäche aus geschmolzenem Gestein. Im Gegensatz dazu ist andesitische Schmelze viel viskoser, bewegt sich deshalb auch langsamer und bildet dickere, aber im Allgemeinen weniger ausgedehnte Lavadecken. Hinzu kommt, dass Schmelze andesitischer Zusammensetzung durch ihre höhere Viskosität Gase stärker festhält, bis ein Druck erreicht ist, der die Lava förmlich wegbläst. Deshalb werden andesitische Eruptionen oft von starken Explosionen begleitet, die Teile der Lava (Pyroklastika genannt) durch die Luft schleudern.

Pyroklastika

Das Wort pyroklastisch bedeutet eigentlich „durch Feuer zerbrochen". Als *Pyroklastika* wird jedoch alles bezeichnet, was aus Vulkanen in bruchstückartiger Form ausgeworfen wird. Die einfachsten Formen pyroklastischer Ablagerung bestehen aus Material, das durch die Luft geschleudert wurde und an anderer Stelle wieder herunterfällt. Diese Ablagerungen werden auch *Tephra* genannt. Sie treten in unterschiedlichen Größen auf: Dazu gehören Asche (sehr feines Material mit weniger als vier Millimetern Durchmesser), *Lapilli* (kleine Steine zwischen vier und 32 Millimetern Durchmesser), sowie *Blöcke* und *Bomben* (die um einiges größer sind).

Es gibt aber auch noch eine andere Form pyroklastischen Materials – es entsteht durch *pyroklastisches Fließen*. Die Fragmente treten hierbei als Schlammströme oder Lawinen an den Seiten des Vulkans auf oder sie bewegen sich rollend als sehr heiße Wolken, die *Glutwolken* (*nuées ardentes*) genannt werden. Besonders die Hitze und ihre Explosivität in Kombination mit ihrer rasanten Bewegung machen sie extrem gefährlich. Gestein, das aus einer Glutwolke, die langsam über den Kraterrand quillt, entstanden ist, heißt *Ignimbrit* (wörtl.: „Feuerregen").

Eruptionstypen und vulkanische Landschaftsformen

Eine vulkanische Eruption kann sehr unterschiedlich ablaufen und wird durch die Form des Schlotes, die Art der Eruption und durch die charakteristischen Ablagerungen klassifiziert (Abbildung 11.2).

Betrachtet man die Form des Schlotes, so ist das wichtigste Unterscheidungsmerkmal Zentraleruption oder Spaltenerguss. *Zentraleruptionen* entstehen, wenn Lava und anderes Material aus einem Schlot, der sich bis in große Tiefen fortsetzt, ausgeworfen wird. Das ausgeworfene Material lagert sich um den Schlot herum an und bildet eine Aufschüttung, die man *Vulkan* nennt. Zentraleruptionen treten im Gegensatz zu Spaltenergüssen an allen Stellen mit vulkanischer Aktivität auf. *Spaltenergüsse* beschränken sich auf durch Spannung aufgerissene Bereiche der Erdkruste. An solchen Orten entstehen dann eine Reihe von tiefen Rissen, in denen sich das Magma seinen Weg bahnen kann. Mittelozeanische Rücken, wie der, auf dem Island liegt, sind bevorzugte Stellen solcher Aktivität.

Erreicht das Material nicht die Oberfläche, so bildet sich ein Wall. Gelangt es an die Oberfläche, so findet ein Spaltenerguss statt, bei dem sich Basaltlava über die Oberfläche ergießt. Bei solchen *basaltischen Deckenergüssen* kann die Fördermenge enorm hoch sein.

Es ist nicht leicht, eine klare Trennlinie zwischen diesen beiden Typen zu ziehen. Vulkankegel können auch in Spalten entstehen und einige vulkanische Basaltergüsse können ebenso aus Spalten herausfließen. Lava fließt außerdem nicht immer aus dem zentralen Schlot, sondern kann auch aus Schloten oder Spalten an den Flanken des Vulkans (*Nebenschlote*) austreten.

Schon lange ordnen Vulkanologen Eruptionen in einer Reihe mit steigender Heftigkeit (Abbildung 11.3a).

Der *Hawaii-Typ* ist der „zahmste" unter ihnen; er ist durch ruhigen Basaltfluss aus einem zentralen Schlot gekennzeichnet. Etwas explosiver ist dagegen der *Stromboli-Typ*, der nach einer kleinen Insel zwischen Sizilien und dem italienischen Festland benannt wurde. Bei diesem Typ entgast die Schmelze

Abb. 11.2 „Orgelpfeifen"-Basalte in der nördlichen Tschechischen Republik.

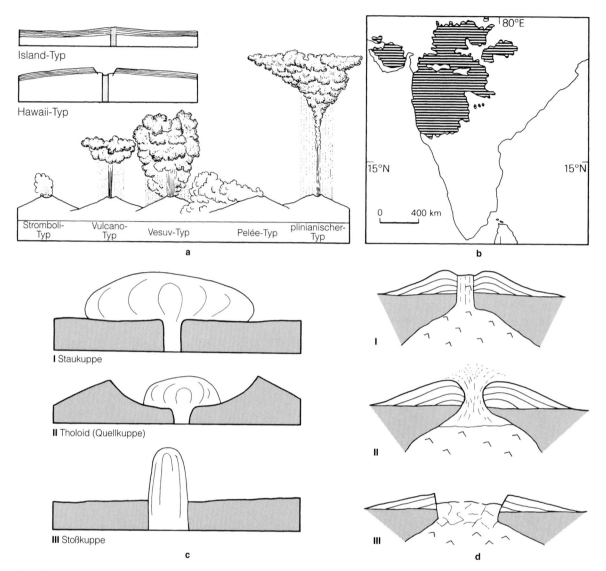

Abb. 11.3 *Einige wichtige Vulkanformen: a) Eruptionstypen; b) das Dekkan-Plateau in Indien, ein Lavaplateau; c) Ausstoßformen saurer (viskoser) Lava; d) Entstehung einer Caldera durch Einsturz des Schlotes: I) Ausgangsstadium; II) Explosion; III) Einsturz.*

ruckartig unter kleinen Explosionen. Im Falle des *Vesuv-Typs*, benannt nach dem Vesuv bei Neapel, entwickelt sich während langer Zeit der Inaktivität unter der Lava, die den Schlot abdichtet, Gasdruck. Die Blockade löst sich durch eine heftige Explosion oder durch eine Serie von Explosionen, bei denen große Mengen Asche ausgestoßen werden. Werden noch größere Mengen an Asche durch die Gasexplosion herausgeschleudert, spricht man vom *Plinian-Typ*. Äußert sich die Eruption durch jene gefährlichen Glutwolken (*Nuées ardentes*), liegt der *Pelée-Typ* vor.

Die Landschaftsformen, die durch vulkanische Aktivität entstehen, sind das Endergebnis zweier gegensätzlicher Kräfte: konstruktiver und destruktiver. Zu den konstruktiven Kräften gehören die Ablagerung von Lava und der Auswurf von pyroklastischem Material. Die destruktiven Kräfte beinhalten einerseits die normalen Kräfte der Erosion, welche man in den meisten anderen Landschaften ebenfalls antrifft (zum Beispiel Wind, Wasser und Massenbewegungen), andererseits aber auch die Explosionsaktivität der Vulkane. Da die meisten Vulkane lange existieren, ist es möglich, dass sie mehrere Phasen des Aufbaus, der Erosion und der Explosion durchmachen.

Basaltdecken entstehen eher durch effusiven als durch explosiven Vulkanismus (Exkurs 11.1). Die

KAPITEL 11 >>> Tektonik

mächtigen Ergüsse treten häufig übereinander geschichtet auf, wobei flache Plateaus entstehen, die das unterliegende Relief begraben, wie zum Beispiel das Dekkan-Plateau in Indien (Abbildung 11.3b) oder das Columbia-Plateau in Nordamerika. Werden diese Plateaus durch Erosion zerschnitten, wie im Falle der Drakensberge in Südafrika, der dem Meer zugewandten Seite des Dekkans bei Bombay oder in Teilen Äthio-

piens, so geben die mächtigen Decken Auskunft über ihren schichtförmigen Aufbau. Die größte zusammenhängende Basaltdecke in Mitteleuropa ist der Vogelsberg in Hessen. Früher vermutete man aufgrund des Reliefs, dass dort eine große zentrale Eruption stattgefunden hat. Doch es stellte sich heraus, dass es sich um eine Vielzahl von Eruptionen und Effusionen gehandelt haben muss.

Exkurs 11.1   Lanzarote

Die Kanareninsel Lanzarote vor der Nordwestküste Afrikas ist in den Wintermonaten ein beliebtes Urlaubsziel sonnenhungriger Europäer. Zwischen dem 1. September 1730 und dem 16. April 1736 war die Insel jedoch Schauplatz einer starken Eruption. Auf einem Viertel ihrer Fläche erhielt die Landschaft ein völlig neues Gesicht, Gehöfte und Dörfer wurden begraben. Die Aktivität ereig-

nete sich entlang einer von Klüften durchzogenen Zone von vier Kilometern Breite und 18 Kilometern Länge. Es entstanden über 30 Aschekegel und ausgedehnte Ströme zerklüfteter Lava. Viele dieser spektakulären Formen bilden heute einen Teil des Timanfaya-Nationalparks, wo Fumarolen immer noch aktiv sind.

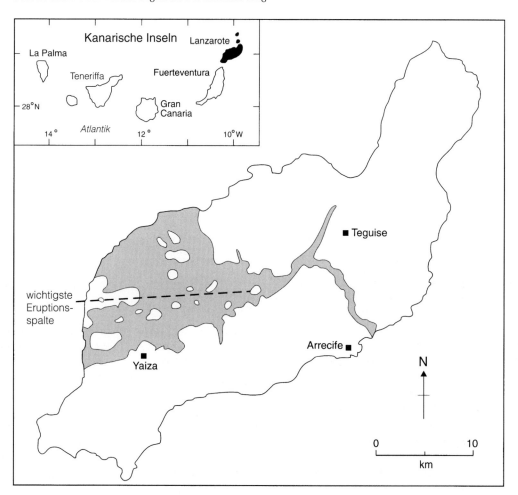

Die graue Fläche zeigt die von den Eruptionen 1730–1736 betroffenen Gebiete auf der Kanareninsel Lanzarote.

Fließt die relativ dünnflüssige Basaltlava nicht durch Spalten, sondern durch einen Zentralschlot in der Form des Hawaii-Typs aus, so entsteht ein breiter, konvexer Vulkan, in der Regel mit einem kleinen Krater in der Mitte. Diese Vulkane werden *Schildvulkane* genannt. Die Flanken des Vulkans sind nur schwach geneigt und bestehen aus mehreren Lavaschichten, die ein gewaltiges Ausmaß erreichen können. Der Mauna Kea und der Mauna Loa auf Hawaii erreichen beide eine Höhe von über 4 000 Metern über dem Meeresspiegel. Bedenkt man zudem, dass ein Teil von ihnen unter Wasser liegt, so stellen sie mit über 9 000 Metern die höchsten Berge der Erde dar.

Die klassische Form eines Vulkans ist *kegelförmig*, mit gleichförmigem, symmetrischem Profil. Lava und Pyroklastika liegen bei diesem Typ übereinander; zuerst wird Lockermaterial ausgeworfen, über das sich dann die Lava ergießt. Die Lava (Abbildung 11.4) entspricht normalerweise, aber nicht immer, dem relativ viskosen, andesitischen Typ.

Zu den destruktiven Kräften, die Vulkane formen, gehören die Eruptions-, Explosions- und Absenkungskräfte, durch die Krater entstehen. *Eruptionskrater* sind die am Schlotausgang erweiterten Öffnungen an der Spitze des Vulkankegels. Sie sind oft von Ringwällen umgeben, von denen bei nachlassender Vulkantätigkeit Schutt in die Öffnung zurückfällt. *Explosionskrater* entstehen, wenn Sickerwasser in Kontakt mit heißem Magma gerät und in Wasserdampf umgewandelt wird oder wenn aus aufgeschmolzenem Gestein Gase entweichen. Die anschließende Explosion vermag den gesamten oberen Vulkanteil wegzusprengen. Solche Krater sind meist einfache, kreisrunde Becken, die von niedrigen Ringwällen umgeben sind und oft kleine Seen enthalten. Sie werden als *Maare* bezeichnet. Größere Einsturzkrater mit einem Durchmesser von einem Kilometer oder mehr werden *Caldera* genannt. Sie sind in der Regel kreisrund mit einem breiten Boden und steilen Wänden (Abbildung 11.3d). Der größte bekannte Krater misst einige zehn Kilometer im Durchmesser. Heftige Explosionen und ein großer unterirdischer Materialverlust bilden dabei die Voraussetzung für den folgenden Einsturz und die Calderabildung.

Die Gestalt der Vulkane und der damit verbundenen Landschaften wird zusätzlich noch durch Erosionsprozesse beeinflusst (Abbildung 11.5). An einem klassisch kegelförmigen Vulkan (Abbildung A11.5b) werden sich solange Gräben einschneiden, bis sie

Abb. 11.4 Ein Lavastrom auf den Galapagos-Inseln. Die Lava kommt hier als Pahoehoe vor, das ist ein strick- oder fladenförmig gestalteter Lavatyp.

untereinander nur noch durch schmale Rippen getrennt sind. In diesem Stadium sieht der Kegel einem nicht ganz geöffneten Sonnenschirm ähnlich. Das entstandene Muster aus V-förmigen Gräben und Rippen ist im englischen Sprachgebrauch als *Parasol Ribbing* bekannt. Mit fortschreitender Erosion wird der Kegel so zu einem ziemlich flachen Hügel reduziert – ein Prozess, der allerdings Millionen von Jahren dauern kann. Pyroklastische Ablagerungen können ebenfalls stark durch Grabenerosion zerfurcht sein, sodass so genannte Badlands entstehen. Die Erosion greift zuerst die am wenigsten resistenten Schichten an; in einigen Fällen können sich dabei regelrechte Höhlen bilden. Andererseits bleiben die harten Teile des Vulkans, wie etwa die Zentralschlote, nach Abtragung der

Umgebung, als Härtling stehen. Die „Dome" im französischen Zentralmassiv sind, ebenso wie Arthur's Seat in Edinburgh (Überrest eines karbonischen Vulkans), das Ergebnis selektiver Erosion.

Ist die in ein Tal geflossene Lava härter als das umgebende Talgestein, so tritt im Laufe der Zeit eine Reliefumkehr ein (Abbildung 11.5a).

Extrem zähflüssige Lava mit saurer Zusammensetzung bildet, wenn sie nicht von Explosionen heimgesucht wird, viele unterschiedliche Landschaftsformen. Dazu gehören Quell-, Stau- und *Stoßkuppen* (Abbildung 11.6). Letztere entstehen, wenn die Lava so zäh ist, dass sie sich nicht mehr seitlich ausbreiten kann und als zylinderförmiger Block aus dem Schlot gedrückt wird (Abbildung 11.3c).

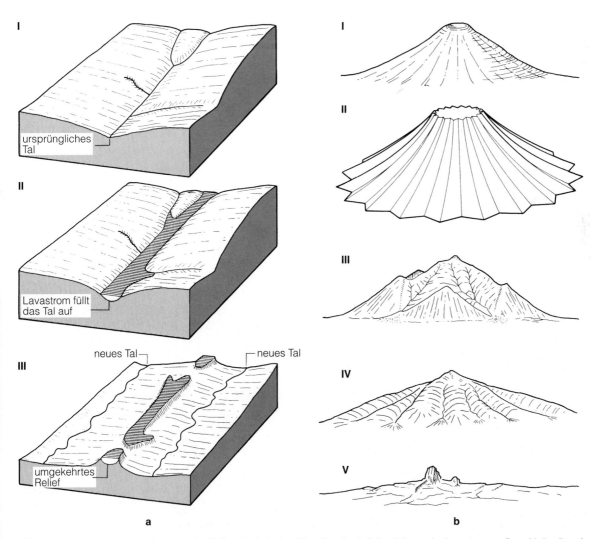

Abb. 11.5 *Posteruptive Veränderungen der Vulkanlandschaft: a) Stadien der Reliefumkehr nach einem Lavaausfluss; b) Stadien der Erosion an Vulkanen: I) unveränderter Kegel; II) schirmförmiger Kegel III) Einebnungsstadium; IV) Vulkanrest; V) Vulkanskelett.*

Abb. 11.6 *Eine Stoßkuppe bei Le Puy im Massif Central in Frankreich, die durch selektive Erosion in den Vulkanablagerungen exponiert wurde.*

Die relativ hohe Viskosität der Lava erklärt teilweise auch, warum Täler aus Basalt eher breit, flach und steilwandig sind. Sie haben zudem einen U-förmigen Querschnitt, der an ehemals vergletscherte Täler erinnert.

Vulkane als Naturkatastrophen

Vulkane bergen viele Gefahren (Tabelle 11.1). Lava kann beträchtliche Fließgeschwindigkeiten erreichen (bis zu 50 Kilometer pro Stunde) und enorme Entfernungen zurücklegen. Der längste bekannte Lavafluss in historischer Zeit fand auf Hawaii statt, als der Mauna Loa 53 Kilometer hangabwärts floss, bis er das Meer erreichte. Spaltenergüsse können aber noch größere Gebiete bedecken.

Tephra-Niederschlag verursacht ebenfalls Probleme. Heftige Ascheregen vernichten die Vegetation (einschließlich der Feldfrüchte), führen zum Einsturz

von Gebäuden, verstopfen die Kanalisation, können zum Erstickungstod führen, liefern Material für Muren und Schlammströme und können, wenn sie heiß genug sind, Brände verursachen. Pyroklastische Ströme, wie etwa die *Nuées ardentes*, haben besonders schwerwiegende Konsequenzen. Den Ausbruch des Mont Pelée auf der Karibikinsel Martinique im Jahre 1902 überlebten nur zwei der insgesamt 28 000 Einwohner. Die meisten wurden durch *Nuées ardentes* getötet, welche sich mit einer Geschwindigkeit von 30 Metern pro Sekunde bei einer Temperatur von bis zu 1 200 °C fortbewegten. In jüngerer Zeit ereignete sich ein Ausbruch auf der Insel Montserrat (Exkurs 11.2).

Wenn heftige Niederschläge während einer Eruption fallen und sich der Regen mit der Asche an den Vulkanhängen vermischt, so kann daraus ein mächtiger Schlammstrom oder Lahar resultieren (Exkurs 11.4). Der katastrophalste Schlammstrom dieser Art, bei dem 5 500 Menschen getötet wurden, fand am Kelut-Vulkan auf Java im Jahre 1919 statt. Andere zerstörerische Schlammströme treten beim Überfließen von Kraterseen auf.

Wie ernst sind all diese Katastrophen? C. D. Ollier, (1988) betrachtet die Situation aus ungewöhnlichem Blickwinkel:

»In den letzten 500 Jahren haben Vulkane, direkt oder indirekt, über 200 000 Menschen getötet, von denen die Hälfte bei den Ausbrüchen von Tamboro, Krakatau und Mont Pelée starben. Diese Zahlen sind eigentlich sehr gering, vergleicht man sie mit den Opfern von Erdbeben und Flutkatastrophen und mit Kriegs- oder Verkehrstoten.

Positiv ist, dass Vulkane fruchtbares Land, Energie und Rohstoffe für die Industrie sowie für eine große Zahl von Menschen einen Lebens-

Tabelle 11.1: Durch einige der schwersten Vulkanausbrüche des 20. Jahrhunderts verursachte Todesfälle		
Jahr	**Lokalität**	**Tote**
1985	Nevado del Ruiz, Kolumbien	25 000
1902	Mt. Pelée, Martinique	20 000
1919	Kelut, Indonesien	5 500
1951	Mt. Lamington, Papua	3 000
1982	El Chicón, Mexiko	2 000
1902	La Soufrière, St. Vincent	1 680
1963	Mt. Agung, Bali (Indonesien)	1 500
1911	Taal, Philippinen	1 335
1965	Taal, Philippinen	500
1991	Mount Pinatubo, Philippinen	350
1980	Mt. St. Helens, Washington (USA)	70

Exkurs 11.2	Montserrat

Montserrat ist eine kleine Insel in der Karibik. Sie gehört zu einem Inselbogen, der durch die Subduktion der Nordamerikanischen und der Südamerikanischen Platte unter die weniger dichte Karibische Platte gebildet wurde. Bei der Magma, die unter dem Soufrière Hills-Vulkan auf Montserrat (und auf anderen Inseln im Bereich der Kleinen Antillen) aus der Tiefe aufdringt, handelt es sich um wieder aufgeschmolzenes Material der Nordamerikanischen und der Südamerikanische Platte. Dieses Magma bahnt sich entlang von Schwächezonen in der Erdkruste seinen Weg nach oben und gelangt von Zeit zu Zeit mit vulkanischen Eruptionen an die Oberfläche.

Der erste Ausbruch des Soufrière Hills-Vulkans in geschichtlicher Zeit begann im Juli 1995. Im Juni 1997 töteten die großen pyroklastischen Ströme 19 Menschen, und der einzige Flughafen der Insel musste evakuiert wer-

den. Im August desselben Jahres wurde Plymouth, die Hauptstadt der Insel, zu großen Teilen zerstört. Die Bewohner waren jedoch rechtzeitig in Sicherheit gebracht worden. Bis Ende 1997 hatte sich der Vulkan schließlich über zwei Drittel der Insel ausgebreitet, und fast der gesamte Südteil der Insel wurde aufgegeben. Rund 7000 der 11 000 Bewohner von Montserrat verließen die Insel.

Der Vulkanausbruch auf Montserrat war nicht die erste Heimsuchung für die Bewohner der Kleinen Antillen. Im Jahre 1902 verloren bei einem Ausbruch des Mont Pelée 28 000 Menschen ihr Leben, als sich heiße Gas- und Aschenwolken (so genannte *Nuées ardentes*) über die Flanken des Vulkans hinab bis in die Stadt St. Pierre gewälzt hatten.

Quelle: J. Horrocks (1998) *Death and Destruction on Montserrat*. The Geography Review, 11 (4). S. 18–22.

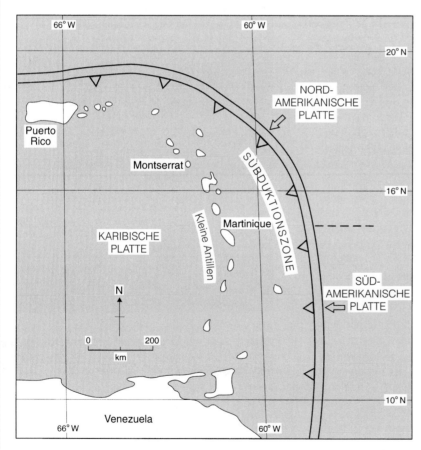

Die tektonische Situation von Montserrat.

unterhalt in der Touristenbranche bringen. Selbst wenn der Vulkan schon lange erloschen ist, bewahren die Vulkangebiete eine große natürliche Schönheit und stellen oft eine eindrucksvolle Kulisse dar. Solche Gebiete sind häufig Touristenattraktionen, und viele Nationalparks befinden sich in vulkanisch geprägten Regionen. Im direkten Vergleich nützen Vulkane mehr, als dass sie schaden.«

Die enormen Veränderungen, die ein Vulkanausbruch mit sich bringt, werden im folgenden Bericht über die Eruption des Mount St. Helens von 1980 abgeschätzt (Abbildung 11.7) (von J. E. Costa und V. R. Baker, 1981):

»Die nördliche Explosion des Seitenausbruchs reduzierte die Höhe des Berges um 396 Meter. … Asche wurde 19 Kilometer hoch in die Atmosphäre geschleudert. Heiße Druckwellen von Staub und Gas warfen Millionen von Bäumen um (Abbildung 11.7). Schlammströme flossen in Seen, Bäche und Flüsse, töteten Fische und zerstörten Straßen und Brücken. … Zwei Erdbeben der Stärke 5,0 konnten während der Eruption aufgezeichnet werden. Die Explosion hinterließ einen Krater von 1,6 Kilometer Durchmesser und 900 bis 1 500 Metern Tiefe. … Seit Beginn des Sommers wurden schätzungsweise 4,2 × 109 Kubikmeter Schutt aus dem Vulkan herausgeschleudert. … Der Ascheregen führte zur Schließung von Schulen, Fabriken, Geschäften, Büros, Flughäfen und Autobahnen, und „verdammte" 370 000 Arbeiter im Staate Washington zur Untätigkeit. … Die Schäden durch die Eruption werden auf etwa zwei Milliarden Dollar geschätzt. … Die Schifffahrt auf dem Columbia River wurde vom Küstenschutz wegen der Behinderungen durch Sedimente und umgestürzte Bäume eingeschränkt. Der Hafen von Portland war durch den Sedimenteintrag an manchen Stellen nicht mehr zwölf, sondern nur noch vier Meter tief …«

Vorhersage von Vulkanausbrüchen

Die Beobachtung vieler Vulkane führte zur Entdeckung einer Reihe von Phänomenen, die als Warnzeichen einer bevorstehenden Eruption benutzt werden können. Man muss allerdings sagen, dass diese Vorhersagen selten mit absoluter Sicherheit gemacht werden können.

Abb. 11.7 Der Ausbruch des Mount St Helens im Jahre 1980 führte zu schweren Schäden in den nordwestlichen Teilen der Vereinigten Staaten. Druckwellen heißen Staubs und heißer Gase warfen flächenhaft Millionen von Bäumen um.

Die geläufigste Methode in der Vorhersage ist die Messung der seismischen Wellen, die durch Erdstöße verursacht werden. Da aufsteigendes Magma Erschütterungen hervorruft, treten diese kurz vor einem Ausbruch häufiger, heftiger und in einer geringen Tiefe auf. Eine weitere Methode ist die Neigungsmessung, da ein Vulkan vor einem Ausbruch infolge nachrückenden Magmas zum Aufquellen tendiert. Die Neigung der

Oberfläche kann mit Instrumenten sehr genau erfasst werden, sodass jede Veränderung als Warnzeichen betrachtet wird. Ebenso zeigen die Temperaturen von Kraterseen, heißen Quellen und *Fumarolen* vor einem Ausbruch oft einen drastischen Anstieg, sodass regelmäßige Messungen der Temperaturen ebenfalls Hinweise geben können. Die Zusammensetzung von Gasen aus Kratern oder Fumarolen kann sich vor einer Eruption verändern, sodass auch Gasanalysen für Vorhersagezwecke benutzt werden können. Außerdem führt die Bewegung von Lava in der Tiefe zu lokalen Veränderungen der Erdanziehung und des Magnetismus. Deshalb kann die Messung dieser Effekte Hinweise auf bevorstehende Vulkanausbrüche geben.

Ist ein Vulkan erst einmal ausgebrochen, so kann man nur sehr wenig tun, um ihn zu stoppen. Trotzdem gibt es einige Maßnahmen, die die Auswirkungen so gering wie möglich halten. Zum Beispiel fließt Lava bevorzugt in bereits existierenden Entwässerungslinien und Mulden am Hang, sodass diese Bereiche evakuiert werden sollten. Unter der Voraussetzung, dass die Lava langsam fließt, ist das oft möglich. Die Geschwindigkeit und die Richtung des Lavaflusses wird auch durch Abwurf von Sprengbomben, den Bau von Hinderniswällen und durch Besprühen mit Wasser beeinflusst. Weil Schlammströme und Glutwolken aber schneller als Lava fließen und eine wesentlich geringere Dichte haben, wird man mit ihnen nicht so leicht fertig.

Einige Auswirkungen von Vulkanausbrüchen auf die Umwelt

Obwohl die direkten Auswirkungen von Vulkanausbrüchen, wie Ascheregen, Gaswolken, Muren und Lavafluss, schon sehr schwerwiegend sind und weitere Naturkatastrophen hervorrufen können, gibt es zudem noch einige indirekte Konsequenzen.

Etwas sehr Spezielles ist die Entstehung von *Jökulhlaups* (Exkurs 5.6). Bricht ein Vulkan unter einer Eiskappe aus, so schmelzen große Mengen Eis ab. Reicht jedoch die Hitze nicht aus, um die Eiskappe bis zur Oberfläche abzuschmelzen, dann brechen die obersten Eisschichten nach und hinterlassen ein riesiges Loch, in dem das durch Abschmelzen entstandene Wasser aufgestaut wird. Dieser Staudamm aus Eis kann brechen, wodurch enorme Mengen an Wasser und Sedimenten freigesetzt werden, die sich über die Sanderflächen ergießen. Es sind einige solche Vorgänge bekannt, bei denen 400 000 Kubikmeter sedimentbeladenes Wasser pro Sekunde abflossen. In Island wurde im Jahre 1912 ein 400 Kubikmeter großer Felsblock durch einen solchen Strom 14 Kilometer weit mitgerissen. (Zum Vergleich: Der Amazonas als wasserreichster Fluss der Erde befördert schätzungsweise „nur" 200 000 Kubikmeter pro Sekunde.)

Nicht weniger spektakulär ist bei Vulkanausbrüchen die Entstehung von Flutwellen, der so genannten *Tsunamis* (Tabelle 11.2) (Exkurs 11.3). Der Ausbruch des Krakatau in Südostasien im Jahre 1883 war so gewaltig, dass riesige Wellen die Küsten von Java und Sumatra verwüsteten, wobei über 36 000 Menschen ums Leben kamen. Die größte Flutwelle, so wird vermutet, war vor der Küste schon mindestens 15 Meter hoch, und als sie auf das Festland brandete, muss sie durch die mitgebrachte kinetische Energie auf 30 Meter angewachsen sein! Oft entstehen Tsunamis jedoch durch Erd- oder Seebeben und sind nicht an Vulkanausbrüche gebunden.

Vulkanausbrüche haben zu verschiedenen Zeiten auch Einflüsse auf das Weltklima gehabt. So können

Tabelle 11.2: Einige stärkere Tsunamis im 20. Jahrhundert				
Datum	Ursprungsregion	Wellenhöhe (m)	betroffenes Gebiet	zusätzliche Angaben
1908	Straße von Messina	5	Messina, Reggio (Kalabrien)	>8 000 Tote
1923	Kamtschatka	6	Waiakea, Hawaii	
1925	Pazifik	11	Zihuatanejo, Mexiko	
1932	Pazifik	10	Cuyutlán-San Blas, Mexiko	10–75 Tote (geschätzt)
1933	Honshu	>20	Japan	3 000 Tote
1946	Aleuten, Alaska	17	Wainaku, Hawaii	173 Tote; 163 Verletzte
1957	Aleuten	16	Hawaii	schwere Schäden, 61 Tote, 282 Verletzte
1960	Chile	>10	Hawaii	
1964	Alaska	8,5	Crescent City, Kalifornien	119 Tote; 200 Verletzte; Schäden in Höhe von 104 Millionen Dollar
1975	Hawaii	8	Hilo, Hawaii	
1976	Westpazifik	5	Philippinen	3 000 Ertrunkene
1983	Hokkaido	6–14	Japan	100 Tote

Quelle: nach Angaben in D. Alexander (1993) *Natural Disasters.* UCL Press, London, Tab. 2.7

Exkurs 11.3 Tsunamis

Am 17. Juli 1998 ereignete sich vor der Küste Neuguineas ein Erdbeben der Stärke 7,1. Dadurch wurde ein furchtbarer Tsunami ausgelöst, der auf die Küste zulief und mehr als 2 200 Dorfbewohner tötete. Die Wellen erreichten Höhen bis 15 Meter. Die meisten Tsunamis entstehen im Pazifik, wobei 86 Prozent von ihnen von Seebeben im Bereich des zirkumpazifischen Gürtels ausgelöst werden, wo heftige Kollisionen tektonischer Platten seismisch hoch aktive Subduktionszonen bilden. Insgesamt forderten zerstörerische Tsunamis während der Neunzigerjahre über 4 000 Menschenleben. Bei einzelnen Ereignissen in der Vergangenheit war eine noch größere Zahl von Opfern zu beklagen. So kamen bei dem Tsunami im Gefolge des Ausbruchs des indonesischen Krakatau im

Jahre 1883 mehr als 36 000 Menschen um. Was die Höhe der Wellen betrifft, war der Tsunami von Neuguinea nicht besonders stark. Bei dem Ereignis von 1993 in Okushiri in Japan türmten sich die Wasserberge bis zu 31 Meter hoch auf, und 35 Meter waren es im Jahre 1946 im Bereich der östlichen Aleuten. An Methoden zur Vorhersage von Tsunamis wird gearbeitet, und besiedelte Küstenstriche benötigen Karten, mithilfe derer bereits lange vor einem solchen Ereignis die wahrscheinlichen Überflutungsgebiete abgeschätzt und Evakuierungswege festgelegt werden können.

Quelle: F. I. Gonzáles (1999) *Tsunami!*. Scientific American, 280 (5), S. 44–55.

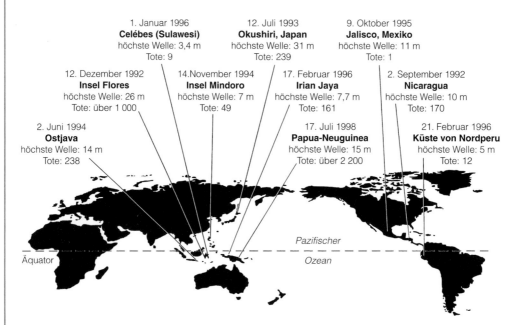

In den Neunzigerjahren des 20. Jahrhunderts sind durch Tsunamis, die Siedlungen an den Küsten des Pazifiks heimsuchten, mindestens 4 000 Menschen ums Leben gekommen.

heftige Eruptionen eine dichte Staubschicht in der Stratosphäre erzeugen, welche die Sonneneinstrahlung vermindert und eine Abkühlung der Erdatmosphäre herbeiführt (Exkurs 11.4). Die Aschewolken des Krakatau wurden in eine Höhe von 32 Kilometer geschleudert und reduzierten die Einstrahlung auf die Erdoberfläche um 10–20 Prozent. Die Folge davon waren mehrere besonders nasse und kalte Jahre in Europa. Andererseits korreliert die Periode der globalen Erwärmung in den Zwanziger-, Dreißiger- und

Vierzigerjahren mit einer Zeit ohne größere Eruptionen in der nördlichen Hemisphäre. Dies ist bedeutend, wenn man davon ausgeht, dass das Fehlen von Staubwolken in der Atmosphäre zu Erwärmung führt. Eine Untersuchung des Byrd-Bohrkerns aus der Antarktis weist heftige und häufige Ascheniederschläge sogar in der Zeit um 20 000 bis 16 000 Jahre vor heute nach – im selben Zeitraum lagen auch die kältesten Abschnitte der letzten Eiszeit im Pleistozän.

| Exkurs 11.4 | Der Ausbruch des Pinatubo im Jahre 1991 |

Der Pinatubo auf den Philippinen ist einer der Vulkane, die den Luzón-Vulkanbogen bilden. Am 14. Juni 1991 ereignete sich dort eine gewaltige Eruption, der in den Monaten zuvor Erdbeben und Gasaustritte (Exhalationen) aus Schloten vorausgegangen waren. Bei dem Ausbruch kamen 300 Menschen ums Leben, während Hunderttausende rechtzeitig evakuiert worden waren. Das Ereignis fiel zufällig mit einem tropischen Wirbelsturm (Taifun „Yunya") zusammen. Dadurch verwandelten sich riesige Mengen pyoklastisches Material in tödliche Schutt- und Schlammströme, so genannte *Lahars*. Diese

machten die Evakuierung von 200 000 Bewohnern der Region notwendig. Der Ausbruch des Pinatubo war die weltweit stärkste bekannte Eruption seit über 50 Jahren, bei der rund zehnmal mehr Magma beteiligt war als bei dem berühmten Ausbruch des Mount St. Helens 1980 in den USA. Der Pinatubo stieß zudem gewaltige Mengen Staub und Schwefeldioxid aus. Diese bildeten den wahrscheinlich dichtesten Schleier der nördlichen Hemisphäre seit dem Ausbruch des Krakatau im Jahre 1883 und verursachten eine weltweite Abkühlung, die mehrere Jahre andauerte.

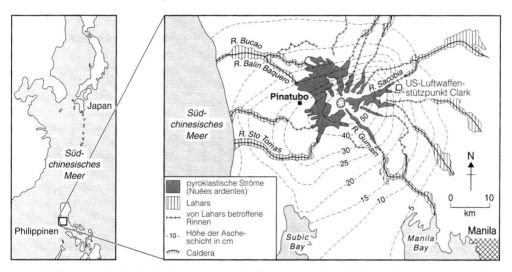

Im Juni 1991 von pyroklastischen Strömen, Lahars und Ascheregen betroffene Gebiete am Pinatubo.

11.3 Intrusionskörper

Nicht alle Vulkangesteine entstehen aus oberflächlich erstarrter Lava. Tiefengesteine oder Intrusivgesteine erstarren nicht an der Oberfläche, sondern kristallisieren innerhalb der Erdkruste aus. Sie kommen in einer großen Formenvielfalt vor. Einige bilden riesige Körper mit einer Größe von bis zu 1 600 x 160 Kilometern, während andere nur einen schmalen Gang von einigen Zentimetern Durchmesser ausfüllen. Einige sind relativ feinkörnig, andere eher grobkörnig. Einige enthalten ein dichtes Fugennetz, während andere nur sehr wenig rissig sind. Einige sind *konkordant* zu den umliegenden Strukturen, andere zerschneiden die Strukturen beim Eindringen und werden deshalb als *diskordant* bezeichnet. Orientiert man sich an diesen Überlegungen, so kann man Intrusionskörper wie folgt klassifizieren (Abbildung 11.8):

- Größere Körper
  Konkordant: Lopolithe
  Diskordant: Batholithe, Diapire
- Kleinere Körper
  Konkordant: Sills, Lakkolithe, Bysmalithe, Phakolithe
  Diskordant: Dykes, komplexe Ring Dykes

Diese unterschiedlichen Intrusionstypen nehmen auch unterschiedlichen Einfluss auf das Relief. *Lopolithe* sind flache Intrusionen, die der Schichtung des Ausgangsgesteins angepasst sind, also konkordant auftreten. Sie können eine enorme Größe erreichen (der Bushveld-Komplex in Südafrika bedeckt eine Fläche von 55 000 Quadratkilometern). Lopolithe sind häufig geschichtet, sodass sich infolge der Wechsellagerung von unterschiedlich widerstandsfähigen Schichten Unterhöhlungen ausbilden können. *Batholithe* sind ebenfalls sehr groß. Sie bestehen meistens aus Granit, sind weit verbreitet, und treten oft nach Erosion des umgebenden Gesteins, in das sie diskordant intrudiert sind, an die Oberfläche. Die Gesteinsumgebung der Intrusionen wird zudem meistens durch den Kontakt zum heißen Magma verändert (metamorphiert). Diese Art der Gesteinsumwandlung nennt man *Kontaktmetamorphose*. Landschaften, die durch Batholithe geprägt werden, enthalten oft freierodierte Härtlinge beziehungsweise Inselberge; die Ausprägung dieser Formen hängt natürlich stark von der Klüftigkeit des Granits ab.

Als Sills werden kleinere Intrusionen bezeichnet, die mehr oder weniger konkordant zur Schichtung des Gesteins verlaufen. Sie können verschiedene Mächtigkeiten aufweisen und sich über weite Bereiche ausdehnen.

Eine etwas komplexere Form (Abbildung 11.8) haben *Lakkolithe*, *Bysmalithe* und *Phakolithe*. Wenn die umgebenden Sedimente erodiert werden, wie im Falle der Henry Mountains in den Vereinigten Staaten, können sehr eindrückliche Formen zutage treten. *Dykes* nennt man lange, schmale diskordante Intrusionen, die eine Vielzahl von Einflüssen auf das Relief haben können. Wie weit dieser Einfluss reicht, hängt im Wesentlichen von der Erodierbarkeit und von der Verwitterungsresistenz der sie umgebenden Gesteine ab. Sind sie weicher als die Intrusion, so bleiben die Dykes in ihrer Form erhalten; ist die Intrusion weicher als

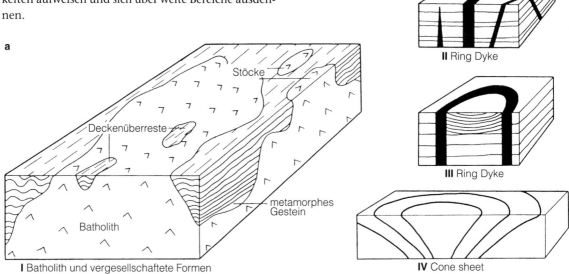

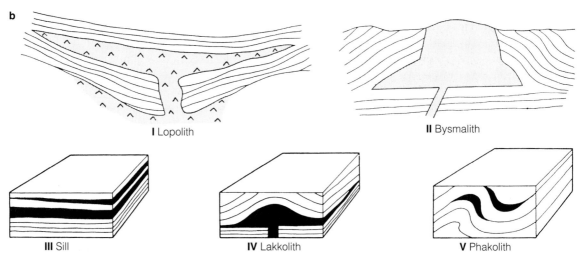

Abb. 11.8 *Einige der größeren und kleineren Intrusionstypen: a) diskordant; b) konkordant.*

das Ausgangsgestein, dann bildet sich eine Mulde aus. Oft ist auch der Bereich der Kontaktmetamorphose am widerstandsfähigsten und wird herauspräpariert. Dykes treten in vielerlei Formen auf und bilden regelrechte Muster in der Landschaft (Farbabbildung 17).

11.4 Erdbeben

Erdbeben sind ein weiteres Zeugnis gewaltiger tektonischer Kräfte (Abbildung 11.9). Unter Erdbeben versteht man Erschütterungen des Erdbodens, die von einem leichten Vibrieren bis zum Einsturz von Häusern und dem Aufreißen großer Spalten im Boden reichen. Ein Erdbeben ist vergleichbar mit einer Wellenbewegung, mit der Energie in konzentrischen Kreisen um den so genannten Erdbebenherd bis zur Oberfläche weitergegeben wird. Ähnlich den Wellen, die bei einem Steinwurf ins Wasser entstehen, bewegen

Abb. 11.9 *Erdbeben zählen zu den schwersten Naturkatastrophen. Sie stehen in der Opferstatistik von Naturkatastrophen hinter den Wirbelstürmen an zweiter Stelle. Im Dezember 1972 wurde die Stadt Managua in Nicaragua schwer beschädigt.*

sich die *seismischen Wellen* unter Energieverlust in alle Richtungen vom Erdbebenherd weg.

Erdbeben sind als Ergebnis von Krustenbewegungen anzusehen, die an den Rändern der Krustenplatten stattfinden. Wenn Spannung auf einem Gesteinsstück liegt, das heißt, wenn Kräfte mit unterschiedlichen Richtungen darauf einwirken, so wird sich das Gestein zunächst verformen, da es bis zu einem gewissen Grad dehnbar ist. Bleibt die Spannung jedoch lange genug erhalten oder wird die Dehnbarkeit überschritten, dann kommt es zum Bruch des Gesteins entlang einer *Verwerfung* (Kapitel 1.4). Im Moment des Bruches erhält das Gestein seine ursprüngliche Form, jedoch an einem anderen Platz, zurück. Das Zittern und Beben findet während der ruckartigen Bewegung des Gesteins statt, das nach der Druckentlastung in seine ursprüngliche Form zurückdrängt. Der Ort an der Erdoberfläche, unter dem die Druckentlastung stattgefunden hat, heißt *Epizentrum*.

Es hat schon viele Versuche gegeben, die *Stärke* oder *Intensität* von Erdbeben zu definieren. Die beiden gebräuchlichsten Skalen sind die Mercalli-Skala, die Auswirkungen beschreibt, und die Richterskala, die die Stärke des Bebens angibt. Die Auswirkungen eines Erdbebens hängen von vielen Faktoren ab, wie zum Beispiel von der Stärke des Bebens, von der Entfernung zum Epizentrum, von der Bebendauer, von der Wellenamplitude, von der Beschaffenheit des Untergrundes, vom Grundwasserspiegel und von der Bauart der betroffenen Gebäude. Die Einteilung der Mercalli-Skala basiert auf Befragungen und Beobachtungen und ist von I bis XII gegliedert (Tabelle 11.3). Die Stärke eines Erdbebens ist mit der Richterskala objektiver zu beurteilen, da die durch das Beben freigesetzte Energiemenge gemessen wird. Die Richterskala ist logarithmisch aufgebaut und die Werte verhalten sich proportional zur Amplitude der Wellen, die in 100 Kilometer Entfernung vom Epizentrum gemessen wird.

Weltweit stehen die Erdbeben an zweiter Stelle in der Liste der Opfer von Naturkatastrophen (Tabellen 11.4 und 11.5). In der etwas über dreißigjährigen Periode von 1947–1980 wurden insgesamt über 450 000 Menschen durch Erdbeben getötet. Das sind ungefähr 37 Prozent aller Opfer von Naturkatastrophen. Nur bei Wirbelstürmen starben in jenem Zeitraum noch mehr Menschen. Unter der Voraussetzung, dass Erdbeben weniger gut vorhersagbar und auch nicht vermeidbar sind, und in der Annahme, dass die Verstädterung in vielen erdbebengefährdeten Gebieten weiter zunimmt, werden auch Zerstörungen und die Zahl der Opfer wei-

Tabelle 11.3: Erdbebenskalen mit ungefähr vergleichbaren Werten

	Mercalli-Skala	charakteristische Effekte	Richter-Skala zeigt die größte erreichte Stärke
I	messbar	nur mit Seismographen messbar	3,5 bis 4,2
II	schwach	von empfindlichen Menschen wahrnehmbar	
III	gering	vergleichbar mit Vibrationen von LKWs; wahrnehmbar von ruhenden Menschen, besonders in höheren Stockwerken	
IV	mittel	wahrnehmbar von gehenden Menschen; auch stehende Gegenstände wackeln	4,3 bis 4,8
V	ziemlich stark	allgemein wahrnehmbar; Erwachen der meisten Schlafenden; Glocken läuten	
VI	stark	Bäume schwanken und alles Hängende schwingt; Herunterfallen von einzelnen Dingen	4,9 – 5,4
VII	sehr stark	allgemeiner Alarm; Mauern brechen; Putz fällt ab	5,5 – 6,6
VIII	zerstörerisch	Autofahrer werden stark behindert; Schornsteine kippen; schlechte Bausubstanz wird beschädigt	6,2 bis zu 6,9
IX	vernichtend	Einsturz von Häusern; Erdspalten brechen auf	
X	verheerend	große Erdspalten; viele Gebäude zerstört; Eisenbahnlinien werden unterbrochen; Erdrutsche an steilen Hängen	7 – 7,3
XI	sehr verheerend	nur wenige Gebäude stehen noch; Brücken sind zerstört; alle Verbindungen unterbrochen; Erdrutsche und Überflutungen	7,4 – 8,1
XII	katastrophal	völlige Zerstörung; Erdboden steigt und sinkt in Wellen	über 8,1
			(bekanntes Maximum: 8,9)

ter zunehmen. Erdbeben besitzen das größte Zerstörungspotenzial aller geologisch bedingten Katastrophen. Das Leben bei einem extrem starken Erdbeben zu verlieren, ist zehnmal wahrscheinlicher als bei einem extrem heftigen Vulkanausbruch.

Tabelle 11.4: Durch Naturkatastrophen verursachte Todesfälle, aufgegliedert nach Art der Ereignisse (1947–1980)

	Todesfälle	% der Gesamtzahl
Hurrikan	498 516	40,8
Erdbeben	450 048	36,8
Überschwemmung	194 435	15,9
starker Sturm	22 977	1,9
Schneefall und extreme Kälte	13 197	1,1
Vulkanausbruch	9 430	0,8
Tornado	7 648	0,6
Hitzewelle	7 470	0,6
Erdrutsch	5 493	0,4
Lawine	5 025	0,4
Tsunami	4 526	0,4
Nebel	3 550	0,3
total	1 222 315	100

Quelle: nach Angaben in D. Alexander, *Natural Disasters*. UCL Press, London, Tab. 1.1

Tabelle 11.5: Durch schwere Erdbeben des 20. Jahrhunderts verursachte Todesfälle

Jahr	Ort	Stärke (Richter-Skala)	Tote (max.)
1905	Kangra, Indien	8,6	20 000
1907	Afghanistan	8,1	12 000
1908	Messina, Italien	7,5	200 000
1915	Avezzano, Italien	7,5	30 000
1917	Süd-Java	?	15 000
1918	Südost-China	7,3	10 000
1920	Kansu, China	8,5	200 000
1923	Tokyo-Yokohama, Japan	8,3	163 000
1927	Nansham, China	8,0 – 8,3	180 000
1933	nördl. Zentralchina	7,4	10 000
1934	Bihar, Nepal	8,4	10 700
1935	Quetta, Pakistan	7,5 – 7,6	60 000
1939	Chillin, Chile	8,3	40 000
1939	Erzincan, Türkei	8,0	32 700
1948	Kagi, Taiwan	7,3	19 800
1960	Agadir, Marokko	5,6 – 5,9	14 000
1962	Buyin-Zara, Iran	7,3	14 000
1968	Dasht-i-Bayaz, Iran	7,3 – 7,8	18 000
1970	Chimbote, Peru	7,8 – 7,9	67 000
1974	westl. Zentralchina	6,8	20 000
1975	Haicheng, China	7,3 – 7,4	10 000
1976	Guatemala	7,5	23 000
1976	Tangshan, China	7,8 – 8,1	750 000
1978	Tabas, Iran	7,7 – 7,8	25 000

Quelle: *Open Earth* No. 15, S. 50–51.

Die Erschütterungen, die Erdbeben verursachen, führen oft zur *Instabilität von Hängen.* Eines der entsetzlichsten Beispiele dafür war die Tragödie, die sich im Mai 1970 in der peruanischen Stadt Yungay ereignete (Exkurs 11.5).

Eine der wichtigsten Auswirkungen von Erdbeben sind die Veränderungen im Niveau der Erdoberfläche.

Dazu gehören nicht nur die Riss- und Grabenbildung, sondern auch ein eventueller Meeresspiegelanstieg und andere Phänomene. So erschütterte vor 1 550 Jahren ein Erdbeben große Teile von Kreta sowie Karpathos, Rhodos und die Südküste der Türkei bei Alanya (Abbildung 11.10). Am stärksten betroffen war Westkreta, wo sich die Erdoberfläche um neun Meter hob.

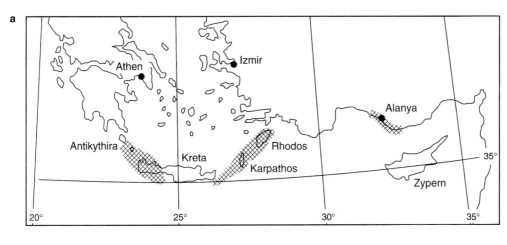

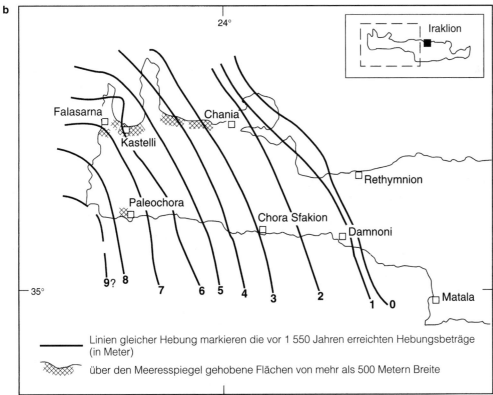

Abb. 11.10 *Durch ein Erdbeben vor 1 550 Jahren hervorgerufene Hebung: a) die schraffierten Flächen markieren Gebiete, die als Folge des Ereignisses deutlich gehoben wurden; b) die unterschiedlichen Hebungsbeträge in Westkreta.*

Exkurs 11.5   Die Katastrophe am Huascarán im Jahre 1970

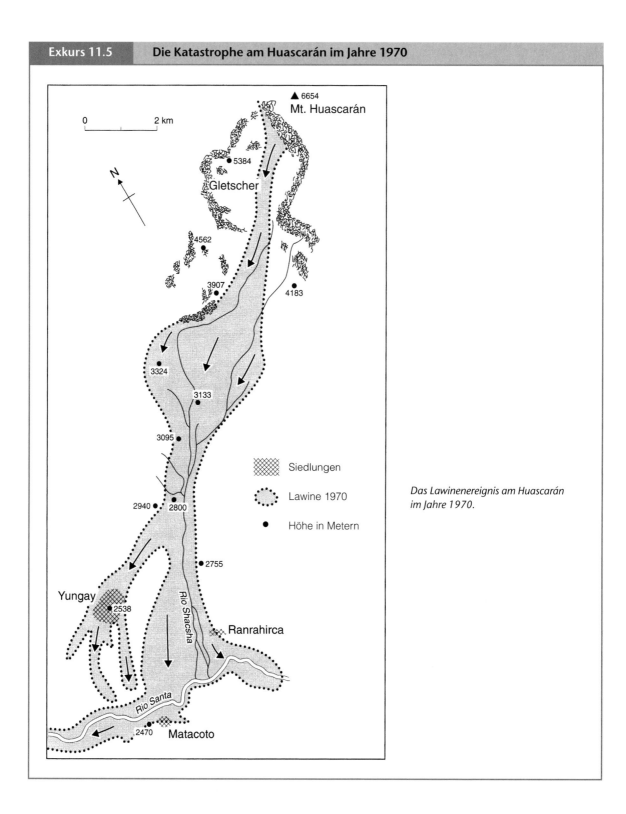

Das Lawinenereignis am Huascarán im Jahre 1970.

| Exkurs 11.5 | Fortsetzung |

Durch Erdbeben verursachte schwere Erschütterungen können in steilem Gelände Erdrutsche, Stein- und Schneelawinen auslösen. Sie sind hauptsächlich verantwortlich für die Verluste von Menschenleben und Sachwerten im Zuge von Erdbeben. Eine der größten bekannten Bergsturzkatastrophen ereignete sich, als ein Seebeben im Pazifik eine gewaltige Stein- und Schneelawine an den überhängenden Flanken der vergletscherten Huascarán-Kette auslöste. Am Huascarán, dem mit 6654 Metern höchsten Berg der peruanischen Anden, bildete sich ein reißender Strom aus Schlamm und Gesteinsblöcken (mit einem geschätzten Volumen von 50 bis 100 × 10^6 Kubikmetern), der sich in Form einer bis zu 30 Meter hohen Welle mit durchschnittlichen Geschwindigkeiten von 270 bis 360 Kilometern pro Stunde bergab bewegte. Die Massen begruben die Städte Yungay und Ranrahirca unter sich und töteten mindestens 18 000 Menschen.

Der römische Hafen bei Falasarna wurde aufgegeben, nachdem er mehr als sechs Meter über das Meeresniveau gehoben worden war.

Das Alaska-Beben von 1964 verursachte Verschiebungen des Erdbodens von 10–15 Metern. Verschiebungen im Bereich von wenigen Metern sind bei Erdbeben durchaus normal. Seismische Bewegungen können aber auch ganz allmählich vonstatten gehen und werden dann unter dem Begriff *seismisches Kriechen* zusammengefasst. Obwohl diese Auswirkungen weniger dramatisch sind, werden detaillierte Untersuchungen mit präzisen Messinstrumenten in Teilen Kaliforniens vorgenommen, wo die großen Verwerfungen, wie die Garlock- und die San Andreas-Verwerfung, Verschiebungsraten von 5–13 Metern in 1 000 Jahren aufweisen.

Eine prinzipielle Gefahr bei Erdbeben geht von Konstruktionsfehlern aus. Das Ausmaß der *Erschütterungsschäden* wird aber auch von den Eigenschaften des Untergrunds bestimmt. Auf Lockermaterial, zum Beispiel Fluss-Sedimenten, künstlichen Aufschüttungen oder Schlammablagerungen, dauern die Vibrationen länger an, die Wellenamplitude ist größer und es entstehen größere Schäden als auf Festgestein. So erfolgten die schwersten Schäden beim Erdbeben von San Francisco im Jahre 1906 auf derart empfindlichem Material. Die Gebäude, die auf Festgestein errichtet wurden, nahmen nur relativ wenig Schaden. Die Vibrationen sind jedoch nicht das einzige Problem. Durch die Erschütterungen eines Erdbebens wird Lockermaterial stärker verfestigt. Die einzelnen Teilchen rücken näher zusammen und verringern dadurch das Volumen. Die Folge davon ist eine Absenkung der Oberfläche, die ebenfalls zu Gebäudeschäden führen kann. Beim Beben von San Francisco sackte stellenweise die Oberfläche durch die Volumenabnahme der Sedimente um 0,6 Meter ab. In Alaska waren es 1964 sogar 1,8 Meter. Die Folgen für die Bebauung sind besonders gravierend, wenn sich Gebäudekomplexe über Ablagerungen mit unterschiedlichen physikalischen Eigenschaften erstrecken und sich dadurch ein Teil des Komplexes stärker absenkt.

In Gebieten, in denen neben unverfestigtem Material noch ein hoher Grundwasserspiegel vorhanden ist, kann es bei Erschütterungen dazu kommen, dass sich das Sediment regelrecht verflüssigt. Besonders an Hängen finden dann Gleit- oder Fließbewegungen statt, die weitere Schäden verursachen können.

Als schlimme Folge vieler Erdbeben sind aber auch Brände zu nennen, die durch defekte Gasleitungen, umgestürzte Öfen und so weiter entstehen.

Tsunamis, die – wie wir bereits festgestellt haben – häufig durch heftige Vulkanausbrüche, zum Beispiel die Krakatau-Eruption, entstehen, können auch durch Erdbeben ausgelöst werden. Die Schäden, die durch Tsunamis verursacht werden, hängen einerseits von der Stärke des Bebens, aber auch von der Küstenform und der Entfernung zum Epizentrum ab. Breite, flach abfallende Schelfgebiete fördern die Entstehung von großen Tsunamis. Tritt aber schon im Küstenbereich tiefes Wasser auf, so sind dort die Bodenreibung und die davon abhängige Wellenhöhe minimal. In engen, V-förmigen Buchten und Häfen summiert sich die Energie der Wasserbewegung, sodass hier die größten Wellen vorkommen. Besonders verbreitet sind die Tsunamis im Pazifik. Im Mittel treten pro Jahr etwa zwei Tsunamis auf, doch meistens bleiben sie klein und ungefährlich. Wesentlich seltener sind sie im Atlantik, weil dieser nicht von aktiven Plattenrändern eingerahmt wird. Trotzdem entstanden beim Erdbeben von Lissabon im Jahre 1755 mächtige Flutwellen (Abbildung 11.11); sie töteten 25 000 Menschen und verursachten selbst in der Karibik noch 3,5–4,5 Meter hohe Wellen.

Abb. 11.11 *Wie dieser zeitgenössische Druck zeigt, entstanden beim großen Erdbeben in Lissabon 1755 vernichtende Flutwellen (Tsunamis). Ihre Auswirkungen waren noch auf den Westindischen Inseln zu spüren.*

11.5 Vom Menschen verursachte Erdbeben

Wir können zwar nur sehr wenig tun, um Erdbeben zu verhindern oder zu stoppen, aber es mehren sich die Anzeichen, dass der Mensch einige Beben selbst verschuldet.

Um das Grundwasser nicht zu verschmutzen, wurden in Denver, Colorado, in den frühen Sechzigerjahren Nervengasabfälle in großer Tiefe deponiert. Die Abfälle, die dort unter großem Druck hineingepumpt wurden, lösten eine Reihe von Erdbeben aus, deren Zeitpunkte jeweils genau mit der Deponierung übereinstimmten. Durch die allseits hohen Drücke verringerte sich die Bruchstabilität der Gesteine, sodass sich bestehende Scherkräfte entladen konnten und Erdbeben entstanden. Diese Deutung des „Unfalls" wurde nun in einem Ölfeld in Colorado bestätigt, wo unterschiedlicher Druck der Bohrflüssigkeit entsprechende seismische Ereignisse in einer seismisch aktiven Zone bewirkte.

Die wichtigsten Einflüsse des Menschen auf die Seismik resultieren jedoch aus der Akkumulation von großen Wassermengen hinter Staudämmen. Mit der immer weiter steigenden Zahl und Größe der Stauseen wächst diese Gefahr zunehmend. Detaillierte Untersuchungen haben gezeigt, dass sich Erdbeben nach Auffüllung der Stauseen häufen. Vor dem Staudammbau waren Erdbeben eher selten. Man fand sogar heraus, dass die seismische Aktivität mit dem jahreszeitlichen Wasserstand der Stauseen schwankte. Solche Erdbeben können den Staudamm beschädigen und zu Überschwemmungen führen.

Durch viele andere Maßnahmen kann der Mensch ebenfalls seismische Vorgänge beeinflussen oder auslösen. In den Goldminen in Südafrika zum Beispiel oder in den Kohleflözen des Ruhrgebietes haben die unterirdischen Aushöhlungen und Sprengungen bereits Erschütterungen an der Erdoberfläche verursacht. Es gibt außerdem Fälle, bei denen seismische Aktivität auf die Entnahme von Flüssigkeiten oder

Gasen zurückzuführen ist, wie zum Beispiel in den texanischen Ölfeldern oder in den Gasfeldern der italienischen Po-Ebene.

11.6 Störungen

Ein wichtiger Prozess, bei dem endogene Kräfte freigesetzt werden, ist die Entstehung von *Verwerfungen*. So werden Brüche in der Erdoberfläche bezeichnet, die durch ruckartigen Spannungsausgleich entstehen. Eine Verwerfung wird von einer Versetzung der gestörten Gesteine begleitet. Da Verwerfungen oft von großer horizontaler Ausdehnung sind, kann man sie häufig entlang einer Störungslinie über mehrere Kilometer verfolgen (Abbildung 11.12). In einigen Fällen sind auch die gegenüberliegenden Gesteinsschichten deutlich zu erkennen und man kann den Versetzungsbetrag messen.

Verwerfungen treten in vielen Formen auf, die man durch unterschiedliche Neigungswinkel und die relative Versetzungsrichtung beschreiben kann (Abbildung 11.13). Eine *Abschiebung* besitzt eine steile oder sogar vertikale Störungsfläche, weshalb die Bewegung meist in vertikaler Richtung verläuft. Eine Seite wird angehoben, die andere abgesenkt. Infolge von Kompressionskräften wird bei einer *Aufschiebung* eine Fläche auf eine andere aufgeschoben. Durch Scherkräfte entstehen die so genannten *Transformstörungen*, bei denen eine horizontale Versetzung entlang einer Scherfläche stattfindet. Der Great Glen in Schottland ist ein Beispiel für eine solche Störung. Die Versetzung beträgt hier über 100 Kilometer. Andere Störungen sind als *Überschiebungen* ausgebildet, wo Störungsfläche und -richtung vorwiegend horizontal liegen und Gesteinsschichten übereinander geschoben werden.

Im Allgemeinen treten Störungen gruppenweise auf. Gebiete, die durch einfache Störungen in relativ gehobene oder gesenkte Blöcke unterteilt sind, nennt man *Bruchschollen*. Gehobene Blöcke, die von steilen Scherflächen begrenzt sind, nennt man *Horst*. Beispiele dafür sind insgesamt die Vogesen, der Schwarz-

Abb. 11.12 *Diese Störung wurde durch ein Erdbeben verursacht und verschob die ursprünglich geradlinig angeordneten Knoblauchreihen auf diesem Acker in Kalifornien.*

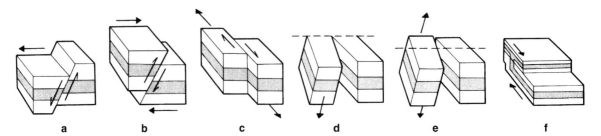

Abb. 11.13 *Verschiedene Störungstypen: a) Abschiebung, durch Zerrung verursacht; b) Aufschiebung, durch Kompression verursacht; c) Blattverschiebung, durch Scherkräfte verursacht; d), e), f) Deckenüberschiebung.*

wald und der Harz (Abbildung 11.14). Sind die Schollen gegenüber ihrer Umgebung abgesenkt, spricht man von einem Graben. Zwischen den Horsten von Schwarzwald und Vogesen fließt der Rhein in einem solchen Graben, dem Oberrheingraben. Ein Beispiel für einen sehr großen, durch plattentektonische Vorgänge entstandenen Graben stellt das Rote Meer dar, welches die Arabische Halbinsel und Afrika trennt.

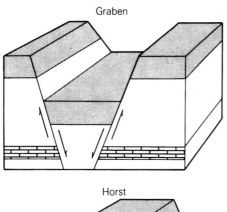

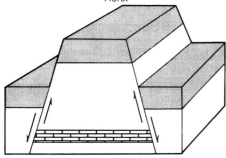

Abb. 11.14 *Die Entstehung von Horst und Graben. Senkt sich bei einer Verwerfung ein Gesteinsblock in die Umgebung ein, entsteht ein Graben, wird er über die Umgebung herausgehoben, spricht man von einem Horst.*

Störungen und Brüche beeinflussen das Relief auf dreifache Weise: Durch die Verschiebungen, die sie verursachen (Kapitel 11.1), durch die Veränderung der Gesteine in der Nähe von Störungen (Bruchzonen; Breccien und Mineralgänge) und durch die Nebeneinanderstellung von Gesteinen unterschiedlicher Verwitterungseigenschaften entlang von Verwerfungen. Die Landschaftsformen sind durch Stufen mit charakteristisch ausgebildeten Seiten, durch unterbrochene Flussläufe, veränderte Höhlenverläufe und eine große Zahl an Schwemmfächern charakterisiert.

11.7 Faltung

Es ist eine besondere Eigenschaft der Erdkruste, auf tektonische Kräfte mit „Zerknitterung" der Schichten zu reagieren. Dieser Prozess wird Faltung genannt (Abbildung 11.15). Falten variieren in einer Größenordnung von einigen Millimetern bis zu Hunderten von Kilometern.

Bogenförmige Aufbiegungen von Gesteinsschichten werden als *Antiklinalen* (oder *Sättel*) bezeichnet, Abbiegungen heißen dagegen *Synklinale* (oder *Mulden*). Ein stufenförmiges Band, das aus einer ebenen oder leicht geneigten Fläche herausragt, wird *Monoklinalkamm* genannt. Antiklinalen, denen eine ausgesprochene Längenausdehnung fehlt und die deshalb fast punktförmig über einer Ebene aufragen, bezeichnet man als *Domberg*; die entsprechenden Synklinalstrukturen heißen *Becken*. Wie aus Abbildung 11.16 hervorgeht, gibt es weitere Unterteilungen der wichtigsten Faltungstypen, die sich durch Symmetrie- oder Winkelunterschiede und so weiter voneinander abgrenzen lassen. Aufgrund der vielen Formen, die durch Faltung verschiedenartiger Gesteine entstehen können, haben Faltungen Einfluss auf die Landschaftsgestaltung.

Abb. 11.15 *Gefaltete Sedimentschichten bei Stair Hole, Dorset, England. Faltungen haben Antiklinal- und Synklinalstrukturen hervorgebracht.*

Zu Beginn der Erosionsphase sind Antiklinalen noch gleichzusetzen mit Bergen oder Rücken, Synklinalen entsprechend mit Tälern. Doch häufig sind Sättel (aufgrund vieler Risse und Spalten, die bei der Aufwölbung entstehen) weniger verwitterungsresistent als Mulden. So tritt im Laufe der Zeit eine *Reliefumkehr* ein, das heißt, dass aus dem Sattel ein Tal und aus der Mulde ein Berg wird.

11.8 Tektonik und Flussarbeit

Parallel zur Entstehung der Alpen fand in Deutschland die Absenkung des Oberrheingrabens statt, mit der eine leichte Kippung des südwestdeutschen Raumes verbunden war. In diesem Gebiet entstand durch selektive Erosion eine Landschaft, in der *Schichtstufen* die dominierende Form darstellen. Die Form dieser

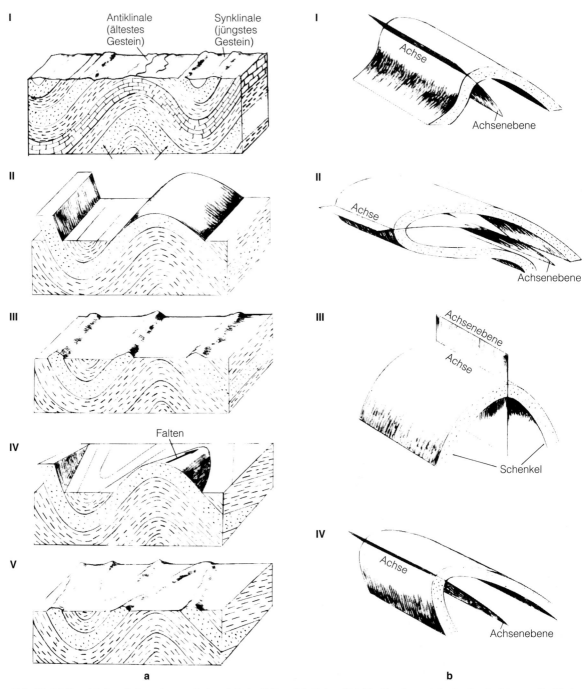

Abb. 11.16 *Verschiedene Faltungstypen. a) eine einfache Falte mit Sattel und Mulde: I) aufgrund der Erosion findet man die ältesten Gesteine im Bereich der Antiklinale und die jüngsten im Bereich der Synklinale; II) und III) symmetrische Falte vor und nach der Abtragung; IV) und V) symmetrische, ausstreichende Falte vor und nach der Abtragung. b) Verschiedene Faltungstypen. Dargestellt sind der Sattel sowie die Lage der Faltungsachse und der Achsenebene: I) Schiefe (asymmetrische) Falte; II) liegende Falte; III) aufrechte (symmetrische) Falte; IV) überkippte Falte.*

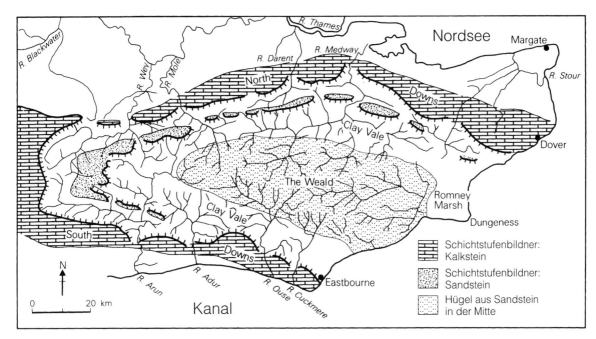

Abb. 11.17 *Abflusslinien, Gesteinsart und Relief in The Weald in Südostengland.*

Abb. 11.18 *Eine große Schichtstufe, die im sanft abfallenden Sandstein der Brecon Beacons in Südwales entstanden ist.*

Schichtstufen hängt in starkem Maße von dem Neigungswinkel der Sedimentschichten, ihrer Erodierbarkeit (*Petrovarianz*) und Mächtigkeit ab (Abbildungen 11.17 und 11.18). Nur leicht gekippte Schichten führen zur Ausbildung von *klassischen Schichtstufen*, wie zum Beispiel in der Schwäbischen Alb oder im Pariser Becken. Sind die Schichten hingegen stark gekippt, so entstehen *Schichtrippen* (Abbildung 11.19), die für das südliche Niedersachsen (Wiehengebirge, Teutoburger Wald) typisch sind. Die erosive Leistung von Flüssen spielte bei der Formung dieser Landschaften eine wichtige Rolle. Die einzelnen Großformen sind gleichwohl tektonisch bedingte Strukturformen.

Auch auf andere Art und Weise vermögen sich Flüsse den geologischen Gegebenheiten anzupassen. Zum Beispiel können in eiszeitlich aufgeschotterten Flussläufen Flüsse durch rückschreitende Erosion eine Umlenkung eines Flussgebietes zur Folge haben – ein Vorgang, der *Tal*- oder *Flussanzapfung* genannt wird (Beispiel Aitrach-Anzapfung, Wutach-Ablenkung; Abbildung 11.20).

Obwohl die Entwässerungslinien sich im Allgemeinen den geologischen Strukturen eines Gebietes unterordnen, gibt es auch Fälle, wo eine solche Unterordnung fehlt. Diese fehlende Übereinstimmung ist durch zwei verschiedene Typen vertreten: der erste Typ entsteht durch die Neubildung von Strukturen, die quer zur Fließrichtung verlaufen, der zweite durch das Einschneiden des Flusses in ältere, ehemals überdeckte Strukturen (Abbildung 11.21).

Die erste Situation tritt bei einer langsamen Hebung eines quer zur Fließrichtung verlaufenden Gebietes auf, wenn die Erosionsarbeit des Flusses mit der Hebung Schritt halten kann (Abbildung 11.22). Dieser Typ wird Antezedenz (oder antezedenter Durchbruch) genannt. Eines der spektakulärsten Beispiele für *Antezedenz* birgt das große Faltengebirge des Himalaja. Der Indus, der Ganges und die Brahmaputra haben trotz der immensen Hebungsrate des Himalajas ihre nach Süden gerichtete Entwässerungsrichtung beibehalten, obwohl der Brahmaputra auch 1 300 Kilometer parallel zur Gebirgsachse zurücklegt.

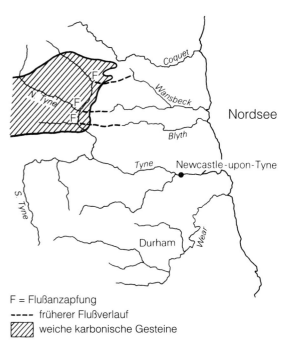

Abb. 11.19 *verschiedene Beispiele, wie Landschaften durch unterschiedlich stark geneigte Schichten entstehen können: a) ein Plateau bei horizontal liegenden Schichten; b) eine Schichtstufe bei leicht gekippten Schichten; c) eine Schichtrippe bei steil abtauchenden Schichten.*

Abb. 11.20 *Die Läufe einiger Flüsse in Nordengland, die von einer Tal- oder Flussanzapfung betroffen waren. Der North Tyne konnte sich in das weiche Gestein aus dem Karbon einschneiden und hat so die Oberläufe von Blyth und Wansbeck „geköpft". Im englischen Sprachgebrauch wird dieser Vorgang deshalb manchmal auch als „Stream Piracy" bezeichnet.*

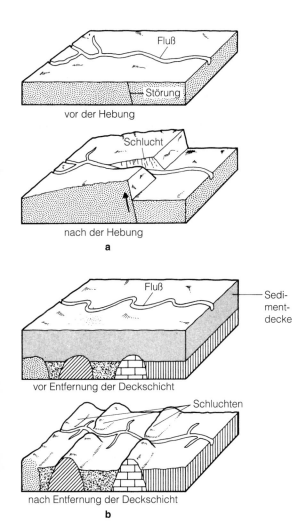

Abb. 11.21 *Beispiele für diskordante Verläufe von Flüssen: a) Antezedenz; b) Epigenese.*

Abb. 11.22 *Durchbruchstal der Mosel bei Klotten (Blick fluss-abwärts). Eindrücklich sind die sehr steilen Hänge im Prallhang-bereich (Bildhintergrund). Die Siedlung Klotten liegt auf der Nie-derterrasse des Gleithanges (links).*

Der zweite Prozess hinterlässt ein Tal, das als *epige-netisches (Durchbruchs-)Tal* bezeichnet wird. Im Laufe der Zeit werden bei der Epigenese die jüngeren Deck-schichten ausgeräumt, sodass allmählich ein älteres, quer zur Fließrichtung verlaufendes Relief zu Tage tritt, welches durch den Fluss zerschnitten wird.

12 Hangformung

12.1 Massenbewegungen

Massenbewegung ist ein Begriff, der alle Bewegungen von Gesteins- oder Bodenmaterial an geneigten Hängen umfasst. Diese Bewegungen sind ausschließlich auf die Wirkung der Schwerkraft zurückzuführen, laufen also ohne Wasser, Wind oder Eis als Transportmedium ab. In der Realität sind die Übergänge jedoch fließend, und Massenbewegungen stellen häufig komplexe Prozesse dar, sodass eine klare Klassifizierung nur sehr schwer vorzunehmen ist. Dennoch gibt es brauchbare Versuche, zum Beispiel die Klassifizierung von M. A. Carson und M. J. Kirkby (1972). Diese Klassifizierung stellt die vier Haupttypen der Massenbewegungen in Abhängigkeit von deren Bewegungsmechanismus (*Kriechen*, *Gleiten* und *Fließen*) und von deren Feuchtigkeitsgehalt in Form eines Dreiecks dar (Abbildung 12.1).

Stürze und Rutschungen

Die einfachste Art der Bewegung stellen *Steinschläge* und *Felsstürze* dar (Abbildungen 12.2 und 12.3a). Sie treten an übersteilten Hängen auf, wo die Verwitterung an Schwachstellen, wie Spalten oder Rissen, angreifen

kann. Der Schutt fällt in freiem Fall vom oberen Teil des Hanges und akkumuliert am Hangfuß zu einem Schuttkegel. Verwitterung, besonders Frostverwitterung, und heftige Schnee- und Regenfälle können die Ursache für Steinschlag sein. Es können aber auch große Blöcke den Steilhang hinunter stürzen (Abbildung 12.3b), bei denen die Sturzbewegung über einen Drehpunkt stattfindet. *Berg-* und *Erdrutsche* entstehen durch die Gleitbewegung einer Masse über den Untergrund (Abbildung 12.4). Man kann dabei zwei Formen unterscheiden: *Blockschollenrutschungen*

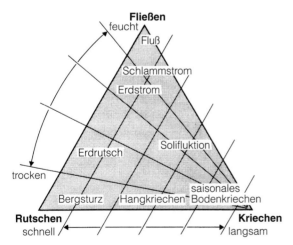

Abb. 12.1 *Klassifizierung von Massenbewegungsprozessen am Hang.*

Abb. 12.2 *Ein Bergsturz bestehend aus Gletscherschutt im Karakorum in Pakistan im Jahre 1980. Der Schutt stürzt in den Hunza-Fluss und vergrößert noch dessen Fracht.*

(Abbildung 12.3d) hinterlassen eine bogenförmige Gleitbahn, *Translationsrutschungen* (Abbildung 12.3c) gehen dagegen auf einer ebenen Gleitbahn ab (Farbabbildung 18).

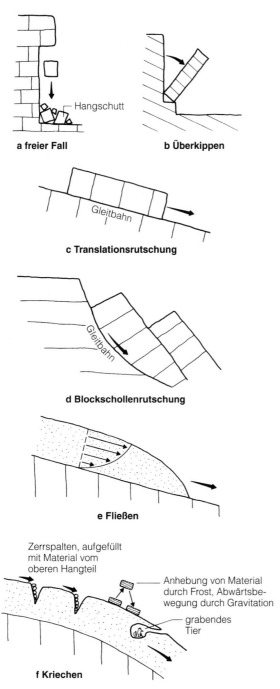

a freier Fall

b Überkippen

— Hangschutt

c Translationsrutschung

Gleitbahn

d Blockschollenrutschung

Gleitbahn

e Fließen

Zerrspalten, aufgefüllt mit Material vom oberen Hangteil

Anhebung von Material durch Frost, Abwärtsbewegung durch Gravitation

grabendes Tier

f Kriechen

Abb. 12.3 Wichtige Arten von Massenbewegungen.

Fließen

Die genaue Unterscheidung zwischen Gleiten und Fließen von Schutt ist im Allgemeinen sehr schwierig. Häufig führt ein durch Starkregen wassergesättigter Boden an einem Hang zu einem Erdrutsch. Bei sehr hohem Wassergehalt kann aber auch Fließbewegung auftreten.

Fließbewegungen (Abbildung 12.3e) kommen in einer sehr großen Variationsbreite vor. Das daran beteiligte Material variiert dabei von großen Blöcken über Steine bis hin zu Tonteilchen. Der Wassergehalt liegt zwischen Austrocknung und Übersättigung, und die Geschwindigkeit der Bewegung reicht von einem langsamen Kriechen bis zu einigen hundert Metern pro Sekunde (Abbildung 12.5). *Schuttströme* (Abbildung 12.6) bestehen aus einem relativ schnellen Fluss von ziemlich grobem Material. Sie sind charakteristisch für Gebirgsfußflächen in ariden Gebieten. Diese sind häufig von Schutthalden bedeckt und nicht durch Vegetation stabilisiert, sodass heftige Regenfälle den Schutt in einen Schutt- oder Schlammstrom verwandeln können, der fließendem Beton ähnelt und den Hang hinab „brandet". Der Strom kann sich über große Entfernungen ausdehnen und Schwemmfächer ausbilden. Meistens findet das Fließen in bereits vorhandenen Kanälen statt. Die charakteristische Geschwindigkeit beträgt zwischen drei und zehn Meter pro Sekunde. Es werden Blöcke mitgerissen, die oft einen Durchmesser von zwei bis acht Meter haben. Der Wassergehalt liegt bei 20 Prozent, und der Strom kann eine Ausdehnung von mehreren Kilometern erreichen. Solche Ströme sind auch in der Lage, Häuser mitzureißen sowie Rohre und Kanäle von Straßen und Eisenbahnen zu verstopfen (Abbildung 12.4).

Solifluktion, was wörtlich übersetzt „Bodenfließen" bedeutet, kommt vor allem in Periglazialgebieten vor. Der Begriff beinhaltet hauptsächlich zwei Prozesse: das *Fließen* von wassergesättigtem Material und das *Kriechen* von Oberflächenmaterial durch Auftau- und Gefrierprozesse. Die wassergesättigte Schicht entsteht durch oberflächliches Auftauen von Dauerfrostboden oder jahreszeitlich gefrorenen Oberflächen im Zusammenhang mit der Schneeschmelze (Kapitel 5.9). Die undurchlässige Schicht des Dauerfrost- oder Winterfrostbodens fördert zusätzlich noch die Wassersättigung des oberflächennahen Materials und dient gleichzeitig als Unterlage, auf der sich die obere Schicht abwärts bewegt. Der Kriechprozess wird hingegen durch Auftau- und Gefrierprozesse verursacht, die eine sich wiederholende Volumenänderung des

Abb. 12.4 *Am 18. April 1991 ab etwa 6 Uhr erfolgte in der linken Talflanke des Mattertales bei Randa (Wallis, Schweiz) ein mehrphasiger Bergsturz von etwa 20 Millionen Kubikmeter, der den tief eingeschnittenen Vispa-Fluss auf 850 Meter Länge zuschüttete sowie die Bahnlinie und den Westteil des Weilers „Ünners Lerch" überfuhr. Nachstürze mit weiteren zehn Millionen Kubikmeter erfolgten am 22. April und 9. Mai. Die Aufnahme zeigt den überfluteten Talboden am 17. Juni 1991.*

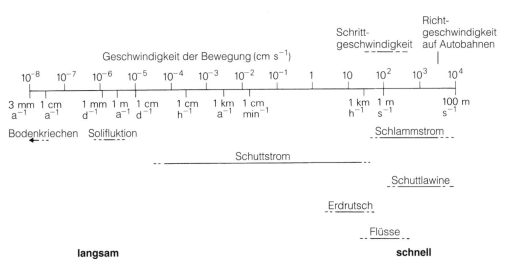

Abb. 12.5 *Die Geschwindigkeit von verschiedenen Massenbewegungen.*

Abb. 12.6 *Schuttströme im Karakorum, Pakistan, entstehen aus steilen Schuttkegeln. Dieser Schuttstrom ergoss sich über Bewässerungsfelder und stürzte in den Hunza-Fluss.*

Oberflächenmaterials bewirken. Im Zusammenhang mit dieser Volumenänderung findet ein Materialversatz am Hang statt. Solifluktion wird durch die Präsenz von schluffreichen Böden gefördert, da diese sehr viel Wasser halten können, wenn der Hang nur schwach geneigt und von wenigen Pflanzen bestanden ist.

Kriechen (engl.: creep) ist eigentlich ein Oberbegriff, der die langsamen, abwärts gerichteten Bewegungen von Boden und Lockermaterial (zum Beispiel auch Blockschutt) zusammenfasst (Abbildung 12.3f). Eine Reihe von Prozessen, die allein nur geringe Bewegungen verursachen können, sind an diesem Vorgang beteiligt. Durch Flächenspülung und den Aufprall von Regentropfen können kleinere Teilchen hangabwärts bewegt werden. Als Folge davon werden oft große Blöcke freigespült, die dann ihrerseits verlagert werden können. Auch das Schwanken der Bäume oder die Trittbelastung von Tieren, seien es frei lebende Tiere oder Haustiere, kann eine zwar geringe, jedoch sich wiederholende Massenverlagerung am Hang hervorrufen. Pflügen fördert ebenfalls solche Bewegungen.

Die zwei Hauptursachen des Bodenkriechens sind aber *Expansions-* und *Kontraktionsvorgänge*, die entweder durch Austrocknung und Wassersättigung oder durch saisonales Auftauen und Wiedergefrieren ausgelöst werden. Beim letztgenannten Prozess werden die Teilchen durch wachsende Eiskristalle und durch Nadeleisbildung zwischen den Partikeln rechtwinklig zur Oberfläche angehoben, beim Auftauen sinken sie aber in der Richtung der Gravitationskraft ab. Ähnlich verhält es sich bei der Austrocknung von Boden, bei der durch Kontraktion Risse und Spalten entstehen können. Wenn es wieder zu regnen beginnt, werden die entstandenen Spalten erneut verfüllt, und zwar mit Material vom höher gelegenen Hangbereich, sodass auch hier Massenverlagerung stattfindet.

Verschiedene Techniken zur Messung des Bodenkriechens sind bis heute entwickelt worden. Auf Hängen mit mittlerer Hangneigung in feuchtgemäßigten Gebieten bewegen sich die Bodenschichten mit einer mittleren Geschwindigkeit von einem bis zwei Millimeter pro Jahr. In den feuchten Tropen liegt die

Rate zwischen drei und sechs Millimeter pro Jahr und in den semiariden Gebieten beträgt sie fünf bis zehn Millimeter pro Jahr. Obwohl dieser Prozess im Vergleich zu anderen Massenbewegungen weniger spektakulär verläuft, resultiert daraus doch im Laufe der Zeit eine beachtliche geomorphologische Wirksamkeit.

12.2 Hanginstabilität als Ursache von Massenbewegungen

Viele Arten der Massenbewegung treten sehr plötzlich auf und gerade dies führt oft zu Unglücksfällen (Abbildung 12.4). Meistens gibt es jedoch mehr als einen Grund für die Instabilität von Hängen. Normalerweise sind instabile Hänge das Ergebnis aus einer Reihe von Ereignissen, die zu einem Massenversatz hangabwärts führen. Die Ursachen lassen sich in zwei Gruppen einteilen: Zum einen handelt es sich um alle Vorgänge, die direkt auf den Hang einwirken; zum anderen sind es die Kräfte, die die Widerstandsfähigkeit des Hangmaterials herabsetzen, auf das die erstgenannten

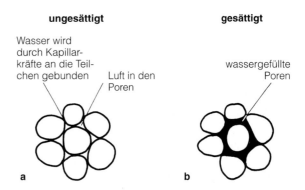

Abb. 12.7 Der Einfluss von Wasser auf die Stabilität von Hangmaterialien. Im ungesättigten Zustand halten die Kapillarkräfte die Partikel zusammen; im gesättigten Zustand drückt das Porenwasser die Teilchen auseinander.

Kräfte einwirken. Die Faktoren, die diese Kräfte verstärken oder abschwächen, sind in Tabelle 12.1 aufgelistet.

Wasser ist ein entscheidender Faktor für Stabilität oder Instabilität eines Hanges, denn Wasser beeinflusst viele Vorgänge im Boden (Abbildung 12.7). Sind

Tabelle 12.1: Massenbewegung beeinflussende Faktoren
Faktoren, die zu einer Erhöhung der Scherkräfte führen

Zerstörung/Erosion von stützendem Material
    Unterschneidung durch Wasser (z. B. Flüsse, Wellen) oder Gletschereis
    Verwitterung von weicheren Schichten am Hangfuß
    Auswaschung von Bindemitteln bei der Versickerung
    vom Menschen verursachte Einschnitte und Unterhöhlungen, Abfluss von Stauseen[a]

erhöhte Materialbeanspruchung
    natürliche Akkumulationen von Wasser, Schnee, Schutt
    vom Menschen verursachte Drücke (z. B. Erzschächte, Müllhalden, Gebäude)

unregelmäßige, plötzliche Erdbelastungen
    Erdbeben
    starke Verkehrsbelastungen

erhöhter Innendruck   Aufbau von Porenwasserdrücken (z. B. in Spalten und Rissen, besonders in der Belastungszone an der Rückseite einer Rutschung)
Faktoren, die zu einer Verringerung der Kohäsionskräfte führen

Material
    Material, bei dem die Kohäsionskräfte durch Wasseraufnahme stark abnehmen (Tone, Schiefer, Glimmer, Serpentinit usw.) *(z. B. wenn der örtliche Grundwasserspiegel infolge Talsperrrenbaus ansteigt)* oder bei Material, das der Druckentlastung (vertikal/horizontal) bei der Hangentstehung unterlag;
    geringe innere Reibung (z. B. verfestigter Ton, Sand, poröses organisches Material) im Ausgangsgestein: Störungen, Klüfte, Schieferung usw.

Veränderungen durch Verwitterung
    Verwitterung reduziert Kohäsion und Widerständigkeit gegen Scherkräfte
    Wasserabsorption führt bei Tonen zu Strukturveränderungen (z. B. Verringerung der Bindungskräfte zwischen Teilchen oder Rissbildung)

Erhöhung der Porenwasserdrücke   hoher Grundwasserspiegel infolge erhöhter Niederschlagsintensität oder als *Ergebnis menschlicher Einflüsse (z. B. Staudammbau)*

[a] menschliche Einflüsse in *Kursivschrift*

Quelle: Verändert nach R. U. Cooke und J. C. Doornkamp, (1974) *Geomorphology in Environmental Management*. Clarendon Press, Oxford, S. 131.

die Poren des Bodens nicht vollständig mit Wasser gefüllt (das heißt, der Boden ist nicht wassergesättigt), so treten Kräfte auf, welche die Bodenpartikel näher zusammenrücken lassen. Diese Annäherung wird durch so genannte *Kapillarkräfte* bewirkt. Kapillarkräfte ermöglichen es zum Beispiel, Sandburgen aus nassem, aber nicht aus trockenem Sand zu bauen. Sind die Poren jedoch vollständig mit Wasser gefüllt, so ist der Boden wassergesättigt. In diesem Zustand entsteht ein Druck innerhalb der Poren, der die Bodenteilchen auseinander drängt. Steigt dieser Porenwasserdruck, so wird das Hangmaterial in sich mehr und mehr instabil. Solche Bedingungen entstehen zum Beispiel durch extrem heftige Regenfälle oder durch Überlaufen von Entwässerungskanälen.

Ein paar Beispiele (eines davon in Exkurs 12.1) sollen uns zeigen, aus welchem Grund Hanginstabilität auftritt und welche katastrophalen Folgen sie haben kann. In den italienischen Alpen fand im Jahre 1963 ein riesiger Bergsturz statt, der in den Vaiont-Stausee niederging. Dieser Bergsturz war zwei Kilometer lang, 1,6 Kilometer breit und teilweise 150 Meter mächtig. Als er sich in den Stausee ergoss, verdrängte er so viel Wasser, dass der Staudamm überspült wurde und eine 70 Meter hohe Flutwelle talabwärts schoss, die 3 000 Menschen tötete. Verschiedene Faktoren führten dazu, dass dieser Hang instabil wurde: Das Gestein in diesem Gebiet besteht aus Ton und Kalkstein in Wechsellagerung und ist zudem noch stark gefaltet. Es besteht also neben dem steilen Fallen der Schichten auch noch eine unterschiedliche

---

Exkurs 12.1 | **Der Erdrutsch von Abbotsford in der neuseeländischen Stadt Dunedin im Jahre 1979**

Dunedin ist eine Stadt im Südosten der Südinsel Neuseelands. Eine ihrer Vororte heißt Abbotsford. An einem Abhang geriet dort am 8. August 1979 eine sieben Hektar große Fläche ins Gleiten und schob sich mit einer Geschwindigkeit von drei Metern in der Minute in einen Teil der Vorortsiedlung. Durch Risse, die in den Monaten zuvor in dem Gebiet entstanden waren, waren die Bewohner auf die Gefahr einer Hangrutschung aufmerksam geworden, sodass niemand zu Schaden kam. Indes wurden bei dem Ereignis 69 Häuser zerstört, und 200 Bewohner mussten das Gebiet für immer verlassen. Der Erdrutsch von Abbotsford ist insofern aufschlussreich, als er die vielen verschiedenen Faktoren deutlich macht, die bei der Entstehung einer Rutschung zusammenwirken können:

- Die Vorortsiedlung wurde auf lockerem Sand errichtet.
- Der Sand lagert auf einer Tonsteinschicht, die eine potenzielle Gleitfläche darstellt.
- Die Stabilität des Hangfußes wurde durch die Anlage einer Grube (Harrison's Pit), in der Material für den Straßenbau gewonnen wird, beeinträchtigt.
- Infolge der starken Schnee- und Regenfälle vor dem Ereignis stieg der Porenwasserdruck im Bereich des Hanges.

Quelle: C. Dolan (1994) *Hazard Geography*, 2. Auflage Longkamp, Melbourne, S. 193–194.

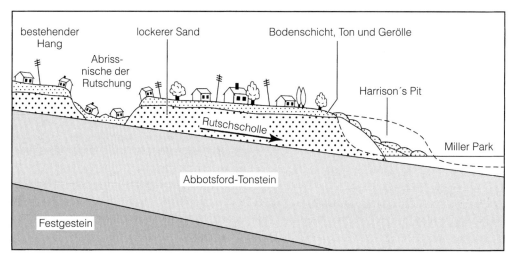

Die Rahmenverhältnisse der Rutschung von Abbotsford, Neuseeland

Tabelle 12.2: Durch Erdbeben ausgelöste Erdrutsche

Jahr	Lokalität	Stärke	Anzahl der Erdrutsche	Volumen der Rutschmassen (m³)
1976	Guatemala	7,6	≅ 50 000	$1,16 \times 10^8$
1989	Loma Prieta, USA	7,0	≅ 1 500	$7,5 \times 10^7$
1994	Nortridge, USA	6,7	> 11 000	
1974	Izu-Oshima Kinkai, Japan	6,7	> 51	
1983	Kaoiki, Hawaii	6,7	≅ 300	
1983	Coalinga, Kalifornien, USA	6,5	9 389	$1,9 \times 10^6$
1980	Mammoth Lakes, Kalifornien, USA	6,2	5 250	$1,2 \times 10^7$
1980	Mt. Diablo, Kalifornien, USA	5,8	103	
1986	San Salvador, El Salvador	5,4	≅ 400	$3,78 \times 10^5$
1957	Daly City, Kalifornien, USA	5,3	23	$6,7 \times 10^4$

Quelle: D. K. Kiefer, *Earthquake induced landslides and their effect on alluvial fans*. In: Journal of Sedimentary Research, 68, S. 84–104.

Wasserdurchlässigkeit von Ton und Kalkstein. Das Tal, in dem der Stausee liegt, ist außerdem (zuerst durch Gletscheraktivität, dann durch fluviale Erosion) sehr steil ausgebildet und aufgrund der tektonischen Spannungen in diesem Gebiet sehr stark zerklüftet. Was den Bergsturz letztlich auslöste, war das Wasser im Stausee. Das Stauwasser führte zu einer Wassersättigung der unteren instabilen Hangbereiche, erhöhte den Porenwasserdruck und ließ somit die Stabilität des Hanges unter einen kritischen Punkt absinken.

Viele wichtige Beispiele für Hanginstabilität stammen von Küsten. Ein klassisches Beispiel dafür ist Folkstone Warren in Südengland, wo ein großer Erdrutsch-Komplex entstand. In diesem Fall lagern mächtige Kalkschichten über undurchlässigen Tonen. Der gesamte Bereich liegt am östlichen Teil des Hafens von Folkstone, und die Anlagerung von Strandsedimenten erfolgte von Westen. Die Errichtung von großen Wellenbrechern vor dem Hafen ließ im neunzehnten Jahrhundert aber die weitere Strandaufschüttung versiegen, sodass die Küste verstärkt der Unterschneidung durch die Brandung ausgesetzt war. Eine Reihe von Zwischenfällen ereignete sich, mit einer größeren Rutschung im Jahre 1915, bei der die Eisenbahnlinie Dover–Folkstone unterbrochen wurde. Daraufhin fanden Küstenschutzmaßnahmen statt, bei denen große Mengen Beton zur Stabilisierung des Hangfußes eingebracht wurden.

In Teilen von Kanada und Skandinavien treten erdrutschartige Bewegungen durch Gefügeänderung von Materialien auf, die *Quickton* genannt werden. Diese Quick- oder *Fließtone* sind sehr trügerisch, denn in natürlichem, ungestörtem Zustand erscheinen sie sehr widerstandsfähig und sind häufig an steilen Flussufern zu finden. Aus Gründen, die noch nicht eindeutig geklärt sind, können sie sich in kurzer Zeit in eine flüssige Phase von geringer Festigkeit umwandeln. Dies

geschieht ohne vorherige Anzeichen und kann katastrophale Folgen haben. Eine Theorie über die kanadischen Beispiele besagt, dass feinkörnige Sedimente in Küstengebieten während der Eiszeit abgelagert wurden. Die Tone wurden durch Elektrolyte (Salze) im Meerwasser ausgeflockt (koaguliert) und sehr schnell abgelagert. Einige der chemischen Bestandteile des Wassers, wie zum Beispiel Natrium (Na^+), konnten die einzelnen Tonteilchen binden und ihnen dadurch Festigkeit verleihen. Doch durch die postglaziale, isostatische Hebung wurden diese Ablagerungen über den heutigen Meeresspiegel angehoben, sodass frisches Regenwasser das kittende Natrium auswaschen konnte und den Ton mit einer sehr instabilen Struktur zurückließ. Durch Erschütterung kann diese Struktur zusammenbrechen und das Wasser wird in die Poren gedrängt, der Ton „verflüssigt" sich und beginnt bereits auf schwach geneigten Hängen zu fließen. Die Erschütterungen stammen häufig von Erdbeben. Daraus ergibt sich eine Kombination von Faktoren, die das St. Lorenz-Tal besonders anfällig für Massenbewegungen am Hang machen: Die Gletschererosion lieferte das passende Material, die postglaziale Hebung schuf die erforderliche Ausgangsposition und Erdbeben wirken als Auslöser der Prozesse.

Tatsächlich sind in tektonisch aktiven Gebieten durch Erdbeben hervorgerufene Erschütterungen ein wichtiger Auslöser von Rutschungen. Tabelle 12.2 zeigt eine Zusammenstellung von Erdbeben, die in den betroffenen Regionen umfangreiche Massenbewegungen zur Folge hatten. Ein extremes Beispiel ist das Erdbeben der Stärke 7,6, das 1976 Guatemala heimsuchte und etwa 50 000 Erdrutsche auslöste.

Auch Schutt- und Schlammströme sind teilweise das Ergebnis menschlicher Aktivität. Die Zerstörung der Vegetationsdecke, etwa durch Abbrennen oder bei der Umwandlung von Wald in Ackerland, kann insta-

Jahr	Ort	Ursache und Art der Massenbewegung	Opfer
1920	Kansu, China	durch Erdbeben verursachte Rutschungen im Löss	200 000
1936	Loen, Norwegen	Bergsturz in einem Fjord, tsunamiähnliche Flutwellen	73
1941	Huaraz, Peru	Lawine und Schlammstrom	7 000
1956	Santos, Brasilien	Erdrutsche	100+
1959	Montana, USA	durch Erdbeben ausgelöster Erdrutsch	26
1962	Mt. Huascarán, Peru	Eislawine und Schlammstrom	ca. 4 000
1963	Vaiont-Damm, Italien	Bergsturz verursachte Flutwellen	ca. 3 000
1966	Rio de Janeiro, Brasilien	Erdrutsch in Slum-Vorort	279
1966	Hong Kong	Erdrutsche an tropischen Steilhängen nach heftigen Regenfällen	64
1966	Aberfan, Wales	Schuttstrom auf Abraumhalde	144
1970	Mt. Huascarán, Peru	durch Erdbeben ausgelöster Eis- und Bergsturz, Schuttstrom	25 000
1971	Quebec, Kanada	Erdrutsche durch Quickton	31
1971	Rumänien	Schlammstrom in Bergbaustadt	45
1972	West Virginia, USA	Erdrutsch und Schlammstrom in Abraumhalde	400
1974	Mayunmarca, Peru	Bergsturz und Schuttstrom	450
1976	Pahire-Phedi, Nepal	Erdrutsch	150
1976	Hong Kong	Erdrutsch	22
1978	Myoko Kogen Machi, Japan	Schlammstrom verschüttet Ski-Ferienort	12

Tabelle 12.3: Katastrophale Massenbewegungen im 20. Jahrhundert

bile Oberflächen dem Einfluss von heftigen Unwettern aussetzen. Doch auch ohne menschliche Einwirkung können schwere Regenfälle in steilem Gelände Schutt- und Schlammströme bewirken.

Gleich welche Kombination von Fakoren letztendlich auslösend ist, Massenbewegungen können auf jeden Fall lebensbedrohlich sein (Tabelle 12.3, Abbildung 12.4) und spielen eine wichtige Rolle in der Hangformung.

12.3 Weitere hangformende Prozesse

Die verschiedenen Formen der Massenbewegung sind nicht die einzigen Prozesse, die an Hängen wirken und diese formen. Die chemische Verwitterung ist ebenfalls sehr bedeutsam, denn sie greift entblößtes Gestein an, lässt eine Schicht aus Al- und Fe-reichem Verwitterungsmaterial zurück (*Regolith*) und beeinflusst die Stabilität eines Hanges durch die Bildung von Ton. Auch die Lösungsverwitterung ist für die Verlagerung von Stoffen am Hang sehr wichtig.

Ein dritter, sehr wichtiger Prozess ist der *Oberflächenabtrag* (Abbildung 12.8). Darunter versteht man den oberflächlichen Transport von Verwitterungsmaterial hangabwärts durch die Kraft des Wassers. Dazu gehören zwei unterschiedliche Prozesse: die Auswirkungen des Aufpralls von Regentropfen und der Oberflächenabfluss des Wassers. Die schlimmsten Auswirkungen des Oberflächenabtrags zeigen sich natürlich in Gebieten mit geringer Vegetationsbedeckung, ungünstig strukturierten Böden und gele-

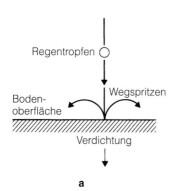

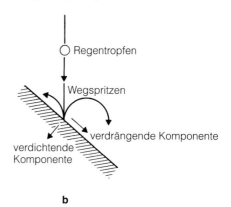

a   **b**

Abb. 12.8 *Die Auswirkungen des Aufpralls von Regentropfen (splash). a) auf einer ebenen Fläche wirken die Erosionskräfte gleichmäßig in alle Richtungen, sodass sie letztendlich wirkungslos bleiben. b) an einem Hang verlängern sich die Flugbahnen der Spritzer in Richtung Hangfuß; daraus folgt, dass die Erosionsrate mit zunehmender Hangneigung wächst.*

gentlich auftretenden heftigen Stürmen. Deshalb erreicht der Oberflächenabtrag in semiariden Bereichen sein Maximum.

Auch einige Transportprozesse, die unter der Oberfläche ablaufen, können von Bedeutung sein. In Böden mit geeigneter Struktur bewegt sich das Bodenwasser in Form von *Sickerwasser* (Kapitel 14.6) und kann so Stoffe im Boden verlagern oder auswaschen. Die Bewegung des Bodenwassers kann aber auch in größeren „Versickerungskanälen" erfolgen, die sich durch Abtragungsvorgänge noch vergrößern können und eventuell die Entstehung von *Gullies* (Erosionsgräben) einleiten.

Hänge werden weiterhin durch Prozesse wie Flusserosion am Hangfuss und durch Wegführung von Verwitterungsmaterial durch fluviale, äolische und andere Prozesse gestaltet.

12.4 Hangformen

Es ist im Wesentlichen die Beziehung zwischen den oben beschriebenen Kräften und dem Hangmaterial, welche die Entstehung der verschiedenartigen Hangformen erklärt. Drei Haupttypen kommen vor. Der erste Typ ist ein *Denudationshang*, bei dem ein Materialverlust auftritt. Der zweite ist ein *Transporthang*, der weder Materialgewinne noch -verluste zu verzeichnen hat, denn das abtransportierte Material hält sich mit dem nachgelieferten die Waage. Der dritte Hangtyp ist ein *Akkumulationshang*, der mehr Material akkumuliert, als abgetragen wird.

Zu den auftretenden Formen gehören zum einen *Erosionsformen*, die aus der Dominanz von Abtragungsprozessen resultieren. *Akkumulationsformen* entstehen durch das Überwiegen von Ablagerungsprozessen, wodurch mehr Material akkumuliert als erodiert

wird. Zwischen diesen beiden Formtypen befindet sich ein Bereich, der sich durch starke *Verlagerungs-* oder *Transportvorgänge* auszeichnet. Bei den Erosions- oder Denudationsformen muss man noch unterscheiden, ob der Hang stärker durch Verwitterungserscheinungen oder eher durch Erosionsprozesse beeinflusst wird. Im ersten Fall übersteigt die potenzielle Denudationsleistung die Verwitterungsrate, sodass das verwitterte Material sofort nach der Entstehung abgetragen wird und die aktuelle Denudationsleistung deshalb von der Verwitterungsrate kontrolliert wird. Dementsprechend prägt die Erosionsleistung die Hangform, wenn die Verwitterungsrate schneller voranschreitet als die Abtragung. Die Erosionsleistung hängt wiederum stark von der Erodierbarkeit der Verwitterungsschicht ab. Im Gegensatz dazu bestimmt die unterschiedliche Widerständigkeit der Gesteine die Verwitterungsrate.

Genau genommen darf man diese Begriffe immer nur für einen Teil des Hangs anwenden, denn in der Regel kommen diese Formen vergesellschaftet vor. Ein typisches Hangprofil besteht im Normalfall aus einem Oberhang mit vorwiegend denudativen Prozessen, aus einem konkav geformten Mittelhang, der durch Verlagerungsprozesse gekennzeichnet ist und aus einem konvexen Hangfuß, bei dem die Akkumulationsprozesse vorherrschen. Einige der wichtigsten Akkumulationsformen, die an Hängen auftreten, sind in Abbildung 12.9 dargestellt, darunter Schuttkegel (Abbildung 12.10), Schwemmfächer (Kapitel 7.11) und Schuttlawinen.

Es gibt im Wesentlichen drei Hangformen, die in unterschiedlicher Kombination an jedem Hangprofil zu finden sind (Abbildung 12.11). Ein *gestreckter Hang* ist der Teil eines Profils, in dem sich die mittlere Neigung über eine gewisse Strecke nicht verändert. Ein Steilhang oder eine Wand sind demnach Sonderfor-

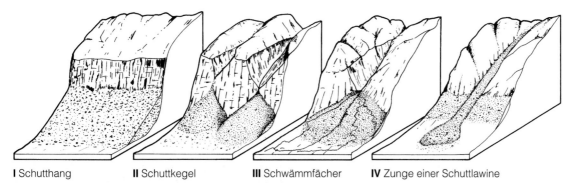

I Schutthang   **II** Schuttkegel   **III** Schwämmfächer   **IV** Zunge einer Schuttlawine

Abb. 12.9 *Die vier Haupttypen der Schuttakkumulation, die unterhalb von Felshängen auftreten.*

Abb. 12.10 *Riesige Schuttkegel, die durch starke Frostverwitterung im Karakorum, Pakistan, entstanden sind.*

men eines gestreckten Hangs. Bei einem *konvexen Hangteil* vergrößert sich der Neigungswinkel zum Unterhang hin, während er sich bei einem *konkaven Abschnitt* hangabwärts verringert.

Betrachten wir nun die Umstände, unter denen diese drei Hangformen entstehen können. Ein gerader Hang kann sich auf vielerlei Weise entwickeln. Durch die Unterschneidung eines Hangs durch einen Fluss oder durch starke Verwitterung am Hangfuß kann dieser

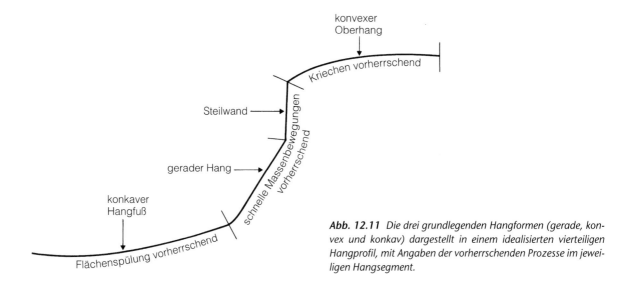

Abb. 12.11 *Die drei grundlegenden Hangformen (gerade, konvex und konkav) dargestellt in einem idealisierten vierteiligen Hangprofil, mit Angaben der vorherrschenden Prozesse im jeweiligen Hangsegment.*

Teil übersteilt werden und nachbrechen; Der daraus resultierende Hang ist in einem Winkel geneigt, der von der Widerständigkeit des Untergrundmaterials und von dessen Wassergehalt abhängt. Im Allgemeinen kommen gerade Hänge, oder besser: gerade Abschnitte von Hängen, dort vor, wo der Prozess der schnellen Massenbewegung dominiert. Wird eine Klippe zum Beispiel durch Verwitterung angegriffen, dann lösen sich einzelne Felsbrocken, fallen herab und akkumulieren als Schutthalden in einem bestimmten Winkel (meistens 32–38 Grad). Geröllhänge haben einen geraden oberen und einen konkaven unteren Teil (Abbildung 12.10). Die Steilheit der Klippe selbst hängt wesentlich von der Klüftigkeit des Gesteins ab.

Gerade Hänge entstehen immer unter Grenzbedingungen. Ist ein Schwellenwert erreicht, zum Beispiel durch Flussunterschneidung, verstärkter Verwitterungsintensität in den Klüften oder als Folge von Druckerhöhung in Poren, so wird sich die Hangneigung sehr schnell auf einen Winkel einstellen, der die Eigenschaften des Hangmaterials widerspiegelt. Im Gegensatz dazu findet bei ungeraden Hangformen auf Grund der Vielzahl der ablaufenden Prozesse eine eher langsame Weiterentwicklung statt.

Konvexe Formen treten besonders in den oberen Hangbereichen auf, obwohl sie in den tropischen Gebieten bis zu 90 Prozent des Hangprofils ausmachen können. Wo Hangunterschneidungen stattfinden, kommen konvexe Hangprofile sogar am Hangfuß vor. Die Spritzwirkung des Regens (engl.: *splash*) und Bodenkriechen sind die Prozesse, die für die Entstehung der konvexen Formen am Oberhang verantwortlich sind. Aber auch Verwitterung führt zur Abrundung rechtwinkliger, exponierter Felspartien. Wenn eine widerstandsfähige Gesteinsschicht auf wenig resistenten Tonen aufliegt, so ist in diesem Fall eine *Abbiegung* dieser Schichten zu erwarten. Die Mechanismen, bei denen die konvexe Hangform durch Bodenkriechen entsteht, wurden im Jahre 1909 von G. K. Gilbert erforscht (Abbildungen 12.12 und 12.13). Die beiden parallelen Linien stellen die Position der Erdoberfläche an zwei verschiedenen Zeitpunkten dar. Setzt man voraus, dass der Boden zu jedem Zeitpunkt die gleiche Profiltiefe aufweist, so wird der Boden zwischen Punkt A und B den Punkt B und der Boden zwischen Punkt A und C den Punkt C passiert haben, wenn man von einem gleichmäßigen Kriechen ausgeht. Das bedeutet, dass die Bodenmasse zunimmt, je weiter sie sich abwärts bewegt. Wenn nun die Geschwindigkeit der Kriechbewegung sich proportional zur Hangneigung verhält, dann erhöht sich auch

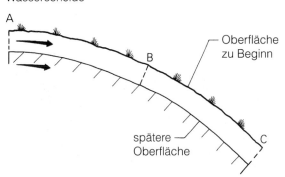

Abb. 12.12 *G. K. Gilberts Modell zur Entstehung von konvexen Hängen durch Bodenkriechen. Erläuterungen siehe Text.*

die Neigung des Hangs mit steigender Entfernung zur Wasserscheide, weil auch die Sedimentmasse im gleichen Verhältnis zugenommen hat.

Konkave Hangformen treten eher im unteren Teil eines Profils auf, wo eine massive Abtragung nicht mehr stattfindet. Trotzdem können sie sich über große Teile des Profils erstrecken, wie zum Beispiel die Pedi-

Abb. 12.13 *Einer der bedeutendsten Geomorphologen war G. K. Gilbert. Er arbeitete im späten 19. Jahrhundert und zu Beginn des 20. Jahrhunderts und betonte die Bedeutung von hangformenden Prozessen für die Landschaftsgestaltung.*

mente in den ariden Gebieten. Häufig stehen sie auch im Zusammenhang mit Flächenspülungsprozessen und bestehen deshalb häufig aus Böden mit geringer Infiltrationskapazität. Die übliche Erklärung des Zusammenhangs zwischen Oberflächenabtrag und konkaver Hangform entspricht im Wesentlichen der Erklärung konkaver Längsprofile von Flüssen (Kapitel 15.4). Wenn man sich hangabwärts bewegt, nimmt die Abflussmenge zu, weil auch die Fläche zunimmt. Mit zunehmender Abflussmenge steigt wiederum die Transportkraft, sodass mit zunehmender Flusstiefe die Abflussgeschwindigkeit nur durch einen kleineren Neigungswinkel gleich bleibt. Zudem verringert sich die Teilchengröße hangabwärts auf Grund von Abschürfungs- und Sortierungsprozessen, und jeder Fluss kann eine größere Menge Fein- als Grobmaterial transportieren. Diese Kombination von Faktoren führt zu einer erhöhten Transportkapazität, sodass Hänge bei anhaltender Transportkraft abgeflacht werden können. Die steilsten Konkavformen treten in grobkörnigem Material auf und die flachsten dementsprechend in feinkörnigem.

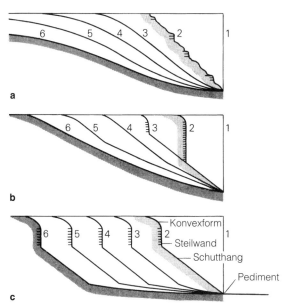

Abb. 12.14 *Drei Modelle zur Hangentwicklung: a) Zyklentheorie von W. M. Davis; b) Hangentwicklungstheorie von W. Penck; c) Parallele Rückverlegung von L. C. King. 1 = Initialform des Steilhangs, 2–6 = nachfolgende Stadien.*

12.5 Hangentwicklung unter dem Einfluss der Zeit

Eine der überaus kontrovers diskutierten Fragen der Geomorphologie ist die Frage nach der Weiterentwicklung von Hängen unter dem Einfluss der Zeit. Anfänglich gab es drei wichtige Theorien zur Hangentwicklung: die Zyklentheorie von W. M. Davis, die Hangentwicklungstheorie von W. Penck und die Theorie der parallelen Rückverlegung von L. C. King. Diese drei Theorien sind in Abbildung 12.14 dargestellt.

Im Fall der *Davis'schen Zyklentheorie* verringert sich vom Jugend- über das Reife- zum Altersstadium hin die Hangneigung und es bilden sich, mit stark abnehmendem Gefälle, im oberen Teil eine Konvexform und im unteren Teil eine Konkavform aus. Bei der Penck'schen Hangentwicklungstheorie verringert sich die maximale Neigung und wird von unten her durch flachere Abschnitte ersetzt. Dabei wird ein großer Teil des Profils konkav geformt und erhält entweder eine leicht gebogene Form oder ist in einzelne Segmente gegliedert. Bei der *parallelen Rückverlegung* nach King bleibt die maximale Neigung konstant, und auch die Länge aller Hangbereiche verändert sich – bis auf den konkaven Hangfußbereich – nicht.

Die Theorie von W. M. Davis (Abbildung 12.15) wurde erstmals gegen Ende des 19. Jahrhunderts for-

Abb. 12.15 *Ein großer Zeitgenosse von G. K. Gilbert war der amerikanische Geomorphologe W. M. Davis, der ein Modell zur Hangentwicklung entwarf, das als Normalzyklus der Erosion bekannt wurde und in welchem sich die Hangneigungen im Laufe der Zeit verringern.*

muliert, und sie ist Teil des *Normalzyklus der Erosion*. In diesem außerordentlich einflussreichen Modell stellte sich Davis eine Landmasse vor, die durch tektonische Hebung über den Meeresspiegel auftaucht. Er nahm an, dass, wenn die Hebung schnell genug erfolgt, Abtragungsprozesse auf dieser stabilen Landmasse ab dem Zeitpunkt der Hebung wirksam werden. Im so genannten Jugendstadium wird sich, nach dem Modell von Davis, unter humiden Bedingungen sehr schnell ein System von Flüssen entwickeln, das sich tief einschneidet und steile Talseiten produziert. Im Laufe der Zeit wird aber die Tiefenerosion in den V-förmigen Tälern nachlassen, denn die Fluss-Sohlen sind näher und näher an das *untere Denudationsniveau* herangerückt (welches in den meisten Fällen mit dem Meeresspiegel gleichzusetzen ist). In diesem Stadium der Reife wird die Tiefenerosion bedeutungslos und die Seitenerosion wird prägend. Verwitterung und Massenverlagerungsprozesse leiten eine Abflachung der Talhänge und eine Erniedrigung der zwischen den Tälern liegenden Bereiche (*Wasserscheiden*) ein. Gegen Ende des Reifestadiums, so nahm Davis an, sind die Hänge im Allgemeinen abgeflacht, sodass ein gleichmäßiges, sanft gewelltes Relief entsteht. Auch die absoluten Höhenunterschiede nehmen generell ab.

Abb. 12.16 *Der deutsche Geomorphologe Walter Penck nahm an, dass die Hangentwicklung wesentlich komplexer verlief, als das Davis annahm. Er betonte, dass tektonische Prozesse Hangprofile in ihrer Entwicklung beeinflussen.*

Im dritten Stadium – dem Altersstadium – haben sich die Erosionsprozesse insgesamt verlangsamt, da die Abnahme des Flussgefälles zur Verringerung der Transport- und Erosionsleistung des Flusses geführt hat und die Hänge bereits durch Hangformungsprozesse abgeflacht worden sind. Durch Mäanderbildung verbreitern die Flüsse dennoch ständig ihr Bett, sodass sich ausgedehnte Auengebiete entwickeln können. Am Ende dieses Stadiums steht eine nur noch ganz leicht wellige Ebene, die von Davis als *Peneplain* (*Fastebene*) bezeichnet wurde. Diese liegt nur unwesentlich höher als das untere Denudationsniveau.

Der *Erosionszyklus nach L. C. King* (Abbildung 12.14c) unterscheidet sich deshalb von dem Davis'schen Zyklus, weil Davis seine Theorie in Bezug auf die feucht-gemäßigte Landschaft der Appalachen in den Vereinigten Staaten formulierte. King arbeitete hingegen in Südafrika, wo inselartig Hügel aus einer breiten Ebene emporsteigen. Diese Erhebungen werden Zeugenberge, Inselberge oder *Kopjes* genannt. Kings Untersuchungen über die afrikanische Landschaft legten ihm den Schluss nahe, dass sie aus zwei Basiselementen aufgebaut sein muss: nämlich aus leicht konkav gewölbten Unterhängen, den *Pedimenten*, und aus Steilwänden, die schichtstufenartig ein Hochplateau begrenzen. Erstere sind zwischen 0,2 und 7 Grad geneigt, Letztere haben einen Neigungswinkel von 15 bis 30 Grad. King vermutete, dass sich die Landschaft durch die Ausdehnung der Pedimente (*Pedimentation*) und durch parallele Rückverlegung der Schichtstufen entwickelt hat. Sein Jugendstadium beginnt mit der Hebung einer bereits vorgeformten Ebene. Flüsse schneiden sich sehr schnell ein und folgen dabei dem Verlauf von bestehenden Synklinalen, sodass klippenartige Abhänge entstehen. Mit fortschreitender Abtragung erreichen diese im Laufe der Zeit einen relativ stabilen Neigungswinkel, der in engem Bezug zum Ausgangsmaterial steht. Ist dieser Zustand erreicht, beginnt die Rückverlegung – parallel zueinander und weg von den Entwässerungslinien, sodass sich zwischen den zurückweichenden Hängen große Pedimente erstrecken. Die Grundflächen der zurückbleibenden Erhebungen in den *Pediplains* schrumpfen ständig, bis nur noch schmale, steilwandige Einzelberge übrig bleiben (Abbildung 12.17).

Im Gegensatz zu Davis und King arbeitete W. Penck (Abbildung 12.16) in Gebieten wie den Alpen oder den Anden mit aktiven tektonischen Prozessen. Er nahm an, dass die Hebungsvorgänge noch immer andauern. Hebungsprozesse steuern die Erosionsleistung der Flüsse und beeinflussen damit die Entwick-

Abb. 12.17 *Die Hänge im Monument Valley, Arizona, verdeutlichen, wie durch parallele Rückverlegung im Laufe der Zeit steilwandige Insel- oder Zeugenberge entstehen können.*

lung der Talhänge. Die *Penck'sche Hangentwicklungstheorie* lehnt daher die von Davis vertretene These der schnellen Hebung und der nachfolgenden stabilen Phase ab. Er versuchte hingegen eine Verbindung zwischen der Hangform und der tektonischen Geschichte eines Gebietes herzustellen. Konvexe Hänge sind demnach in Zeiten verstärkter Hebung („aufsteigende Entwicklung"), gerade Hänge in Zeiten konstanter Hebung („gleichförmige Entwicklung") und konkave Hänge in Zeiten nachlassender Hebung („absteigende Entwicklung"), beziehungsweise unter stabilen Bedingungen entstanden. Die Abtragungsrate ist nach seiner Vorstellung von der Hangneigung abhängig. Deshalb unterliegt ein steiler Hang stärker der Verwitterung und Materialbewegung als ein flacher Hang, auf dem sich

eine Verwitterungsschicht nur langsam bewegt und das unterliegende Gestein vor atmosphärischen Einflüssen schützt. Wenn ein steiler Hang also unterhalb eines flachen Hangteils liegt, kann der steile Abschnitt so schnell verwittern und zurückweichen, dass dadurch der darüberliegende flache Teil zerstört wird. Außerdem werden, im Zuge der allgemeinen Abflachung, steile Hänge an beiden Seiten der Wasserscheiden vom Hangfuß her durch weniger steile ersetzt (Abbildung 12.14b). Die Begriffe *Primärrumpf* und *Endrumpf* für flaches Abtragungsrelief am Anfang und Ende einer Gebirgshebung sind ebenfalls Ergebnisse dieser Überlegungen.

Keines dieser drei Modelle der Hangentwicklung ist jedoch allgemein gültig. Sie alle sind idealisiert und vereinfachen die komplexen Strukturen der Realität.

Es ist unwahrscheinlich, dass die Entwicklung eines natürlichen Hanges einem der Modelle absolut entspricht. Inwieweit Übereinstimmungen auftreten, hängt im Wesentlichen von der geologischen Struktur eines Gebietes und von der Wirksamkeit der vor allem klimaabhängigen, hangformenden Prozesse ab. Unter bestimmten Bedingungen können sich Hänge sogar gänzlich anders als oben aufgeführt entwickeln. Zum Beispiel kommen in einigen Regenwaldgebieten ausgedehnte Komplexformen vor, die mit der Zeit sogar noch an Steilheit zunehmen.

Weil Hänge sehr lange Zeiträume zu ihrer Entstehung benötigen, kann man deren Entwicklungsprozesse innerhalb eines Menschenlebens nicht überprüfen. Wenn man aber Landschaftsformen mit ähnlichen Materialeigenschaften und den gleichen Klimabedingungen findet, die sich jedoch im Alter unterscheiden, so könnte man feststellen, welches Modell auf diese Gebiete am besten zutrifft. Geomorphologen haben dafür zum Beispiel vom Meer entfernte Kliffreihen, Strandlinien, die bei der Austrocknung eines Sees zurückbleiben oder Altmoränen, die beim Gletscherrückzug konserviert werden, genutzt. Bei diesen Formen kennt man das Ausgangsstadium und kann auf Grund des unterschiedlichen Alters Vergleiche anstellen.

13 Bodenbildung und Verwitterung

13.1 Faktoren der Bodenbildung

Der Boden ist die natürliche Grundlage des Pflanzenwachstums auf der Erde und spielt damit eine fundamentale Rolle in der Nahrungskette der meisten Lebewesen. Boden kann definiert werden als „Naturkörper, bestehend aus mineralischen und organischen Bestandteilen, Luft und Wasser. Er ist in Horizonte gegliedert, aus denen sich ein Profil unterschiedlicher Mächtigkeit zusammensetzt." Die Wissenschaft vom Boden heißt *Pedologie*.

Die Zerstörung des Gesteins durch Verwitterungsprozesse spielt in der Entstehung der meisten Böden eine entscheidende Rolle. Doch ein Boden ist weit komplexer aufgebaut als nur aus verwittertem Gestein: Er ist ein Produkt einer Vielzahl verschiedener Faktoren.

Dazu gehören: Klima, biotische Faktoren, Relief, Ausgangsgestein und Zeit. Diese Faktoren sind in vielfältigen Wechselbeziehungen miteinander verknüpft. Das Regionalklima beeinflusst zum Beispiel nicht nur die Pflanzen- und Tierwelt, sondern auch die Oberflächenform sowie Art und Intensität von Verwitterungs-, chemischen Umwandlungs- und Erosionsprozessen.

Klima

Da biologische Aktivität, sowie Erosions- und Verwitterungsvorgänge sehr stark von klimatischen Bedingungen abhängen, stellt das Klima einen bedeutenden Faktor der Bodenbildung dar. Wie wir in Kapitel 4.1 gesehen haben, stimmen die Bodentypen der Welt weitgehend mit den Weltklimazonen überein. Zwischen den tropischen Böden (Kapitel 8.12), den Böden der Trockenzone (Kapitel 7.7) und den Tundraböden (Kapitel 5.13) gibt es beträchtliche, für die jeweilige Klimazone typische Unterschiede.

Biotische Faktoren

Ein Boden ist mehr als nur verwittertes Gestein; ebenso bedeutsam ist seine biogene Komponente. Aus der abgestorbenen Vegetation eines Gebietes entsteht Humus, also teilweise verweste organische Substanz.

Der *Humus* tritt mithilfe von zersetzenden Mikroorganismen, wie etwa Bakterien und Pilzen, in einen Nährstoffkreislauf zwischen Pflanze und Boden ein (Kapitel 16.1). Einige Makroorganismen, einschließlich Regenwürmer und Termiten, vermischen Boden und Humus und beeinflussen so die Bodeneigenschaften. Schon Charles Darwin fand zum Beispiel heraus, dass Regenwürmer im Jahr bis zu 6,5 Tonnen Boden pro Hektar durchmischen.

In zunehmendem Maße wird auch der menschliche Einfluss auf die Bodenentwicklung wichtiger. Wie Tabelle 13.1 zeigt, kann der Mensch alle fünf klassischen bodenbildenden Faktoren positiv oder negativ beeinflussen. Von besonderer Bedeutung ist dabei der Einfluss auf Versalzung (Kapitel 7.7), Lateritisierung (Kapitel 8.12) und Bodenerosion (Kapitel 13.6)

Topographie (Relief)

Die Reliefsituation eines Gebietes hat besonders bei kleinräumiger Betrachtung eine entscheidende Bedeutung für die Bodenbildung und für die Bodeneigenschaften. Die Hangneigung beeinflusst zum Beispiel die Bodenfeuchtigkeit ebenso wie Massenbewegungen und Bodenerosion. Das bedeutet, dass bei einem steilen Hang der Oberflächenabfluss sehr groß ist. Damit kann durch Erosionsprozesse der Boden ebenso schnell abgetragen werden, wie er sich bildet. Dadurch bleibt das Profil geringmächtig und nur schwach entwickelt. In flacherem Terrain ist der Oberflächenabfluss behindert, also kann mehr Wasser in den Boden eindringen, dabei zur Mineralverwitterung beitragen und lösliche Bestandteile mit dem Sickerwasserstrom wegführen. Die Erosion schreitet weniger schnell voran, sodass sich mächtige Profile bilden können. Solche Böden lassen sich in einer *Toposequenz* oder *Catena* zueinander in Beziehung setzen (Abbildung 13.1).

Ausgangsgestein

Wenn sich ein Boden vorwiegend unter dem Einfluss des Untergrundes entwickelt, lassen Bodenart und Mineralzusammensetzung oft noch eine enge Ver-

Tabelle 13.1: Bewertete Auswirkungen menschlicher Eingriffe auf fünf klassische Faktoren der Bodenbildung		
Faktoren der Bodenbildung	**Auswirkungen**	**Art des Eingriffs**
Klima	positiv	Be- und Entwässerung, Windschutzanlagen etc.
	negativ	Entblößung des Bodens, dadurch verstärkte Einstrahlung, Winde, Frost etc.
Biotische Faktoren	positiv	Erzeugung und Kontrolle von Lebensgemeinschaften, Zugabe organischer Substanz, Schädlingsbekämpfung
	negativ	Ausrottung von Tieren und Pflanzen, Reduzierung der organischen Substanz durch Abbrennen, Überweidung, Pflügen, Ernten etc.
Relief	positiv	Erosionskontrolle durch Erhöhung der Oberflächenrauigkeit, Einebnen des Landes, Neulandgewinnung
	negativ	Absenkung des Landes durch Entwässerung und Minenarbeit, keine Erosionskontrolle
Ausgangsmaterial	positiv	Zugabe von Kunstdünger, Entsalzung, lokale Ascheakkumulationen
	negativ	Entnahme von mehr Nährstoffen als nachgeliefert werden können; Verdichtung
Zeit	positiv	Verjüngung des Bodens, z. B. durch Tiefpflügen oder Zugabe von unverwittertem Material
	negativ	Degradierung des Bodens, Verschüttung, Versalzung durch schlechte Bewässerungstechnik

Quelle: Verändert nach O. W. Bidwell und F. D. Hole: Man as a factor of soil formation, *Soil Science* 99 (1965), 65–72.

wandtschaft zum Ausgangsmaterial erkennen. Verwitterungsprozesse können zwar dazu führen, dass sich der Ionengehalt des Bodens von demjenigen des Untergrundmaterials unterscheidet, der Charakter dieser autochthonen Böden ist jedoch deutlich vom Ausgangsmaterial geprägt. Im Gegensatz dazu bleiben die *allochthonen Böden*, welche aus antransportiertem vorverwittertem Material bestehen, von den Eigenschaften des unterliegenden geologischen Substrates weitgehend unberührt. Zu diesen Böden gehören Lössböden, Auenböden und Böden aus Gletschergeschiebe.

Zeit

Ob ein Boden tief- oder flachgründig entwickelt ist, hängt nicht zuletzt von seiner Entwicklungsdauer ab.

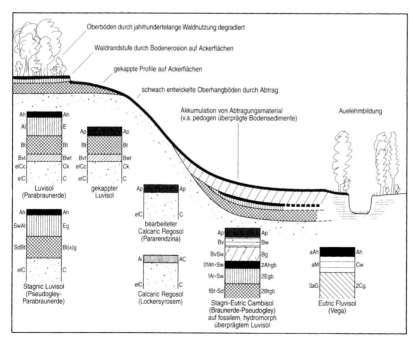

Abb. 13.1 *Schematische Catena in einer von fortgeschrittener Erosion betroffenen Lösslandschaft Südwestdeutschlands. Aus: Bernhard Eitel,* Bodengeographie, *Abb. 19, Braunschweig 2001. Das Geographische Seminar.*

Die Böden der alten Kontinente, zum Beispiel in Afrika, sind, natürlich auch aufgrund klimatischer Faktoren, äußerst tiefgründig verwittert. Im Gegensatz dazu sind die Böden, die auf Sanddünen oder auf Moränen der letzten Eiszeit entstanden sind, erst relativ wenig entwickelt.

Alles in allem bestimmen diese fünf Faktoren (Klima, biotische Faktoren, Topographie, Ausgangsgestein und Zeit) die Eigenschaften eines Bodens und seiner vier Hauptbestandteile: mineralische und organische Stoffe, Luft und Wasser. Die mineralische Komponente umfasst alle durch Verwitterung entstandenen Produkte, wie zum Beispiel Tonminerale. Zur mineralischen Komponente zählen aber auch jene Stoffe, die sich aus der Bodenlösung neu bilden. Die organische Substanz im Boden (vor allem Humus) besteht aus verwesendem Pflanzenmaterial, das durch verschiedene Tiere und Mikroorganismen zersetzt und in den Boden eingearbeitet wird sowie aus den Lebewesen selbst. Luft und Wasser nehmen den Raum zwischen den einzelnen Bodenteilchen ein. Wenn der Boden gut drainiert ist, sind die Risse und Poren von den Gasen der Atmosphäre durchdrungen. Bei Wassersättigung wird der größte Teil der Luft aus den Poren verdrängt; der Boden ist nun im *anaeroben Zustand*.

Der mineralische Bodenanteil ist durch eine Reihe von Verwitterungsprozessen aus dem Ausgangsgestein hervorgegangen, die später in diesem Kapitel noch besprochen werden. Unterschiedliche Böden besitzen auch verschiedene Korngrößenzusammensetzungen (*Bodenart*). Ein Extrem stellen hierbei die so genannten Skelettböden dar: Sie bestehen vorwiegend aus Gesteinsbrocken. Tonböden hingegen bestehen aus Teilchen, deren Durchmesser kleiner als 0,002 Millimeter ist. Die Korngrößenverteilung hat eine große Bedeutung für den Boden, da Erodierbarkeit, Bearbeitbarkeit, Bodenfeuchtigkeit und -wärme von ihr abhängig sind. Sandböden zum Beispiel entwässern schnell und sind leicht zu bearbeiten; in einem trockenen Jahr bieten sie aber wenig Wasservorrat und sind zudem anfällig gegen Winderosion.

Tonminerale sind wahrscheinlich die wichtigsten mineralischen Bestandteile des Bodens. Sie entstehen durch chemische Verwitterung des Ausgangsgesteins. Ihre Blättchenstruktur konnte nur mithilfe chemischer Methoden sowie dem Einsatz stark vergrößernder Mikroskope erkannt werden. Sie gehören zu einer Gruppe von Mineralen, die durch ihre geschichtete, kristalline Struktur charakterisiert sind. Diese Schichten sind aus Silizium- und Aluminium-Ionen mit dazugehörigen Sauerstoffatomen und Hydroxidionen, ähnlich einem Sandwich, aufgebaut. Drei Hauptgruppen der Tonminerale lassen sich unterscheiden: *Kaolinite*, *Smectite* (zum Beispiel *Montmorillonit*) und *Illite*. Sie unterscheiden sich in ihrer Kristallstruktur, ihren Ladungsverhältnissen und den daraus folgenden Eigenschaften; Mischformen sind jedoch häufig. Die meisten Böden enthalten eine Vielzahl verschiedener Tonminerale, doch ist es schwierig, die Entstehung einer bestimmten Zusammensetzung eindeutig zu erklären. In einem frühen Stadium stellt das Ausgangsgestein den dominierenden Faktor dar. Granit zum Beispiel tendiert zur Kaolinitbildung, basische Vulkanite bilden hingegen eher Smectite (Montmorillonite). Doch andere Faktoren spielen ebenfalls eine Rolle. Saure Bedingungen fördern die Kaolinitbildung, alkalisches Bodenmilieu bringt Smectite hervor. In den Vereinigten Staaten ist der Kaolinit im warmen, feuchten Südosten vorherrschend, während die Illite im kühlen Nordosten hervortreten und die Smectite im trockenen Westen am weitesten verbreitet sind.

Tonminerale erschweren jedoch die Entwässerung des Bodens, behindern daher eine zeitige Erwärmung im Frühjahr und haften in trockenem Zustand sehr fest aneinander. In Abhängigkeit vom Bodenwassergehalt beginnen sie zu quellen oder zu schrumpfen. Daraus können sich auf tonigem Untergrund bautechnische Probleme ergeben.

Die organische Substanz des Bodens hat unterschiedliche Erscheinungsformen: Mull, Moder, Rohhumus und Torf. Unter nassen, anaeroben Bedingungen mit reduzierter mikrobieller Aktivität entsteht eine organische Auflage von über 30 Zentimetern Mächtigkeit, die man als *Torf* bezeichnet. *Rohhumus* entwickelt sich unter sauren Bedingungen, vor allem unter einer Vegetation mit schwer zersetzbarer Streu (Heide, Nadelwald). Die Zersetzung durch Mikroorganismen ist hier aufgrund des niedrigen pH-Wertes und der ligninhaltigen Streu eingeschränkt. *Mull* entsteht in basenreichen, gut durchlüfteten Böden. Die Pflanzen gedeihen hier hervorragend und liefern leicht zersetzbare Streu, die von Mikroorganismen und Regenwürmern vollständig abgebaut und mit den mineralischen Komponenten vermischt wird. *Moder* nimmt eine Zwischenstellung zwischen Mull und Rohhumus ein.

Organische Substanz wird also zersetzt und bildet Humus. Der Humus spielt, zusammen mit den Tonmineralen, eine wichtige Rolle bei der Adsorption von Ionen, die aus verwittertem Gestein oder abgestorbenen Organismen freigesetzt werden. Die entstehenden

Ton-Humus-Komplexe fungieren als Speicher von Pflanzennährstoffen und schützen diese vor der Auswaschung durch das Bodenwasser. Für die Fruchtbarkeit des Bodens ist daher der Ton- und Humusgehalt ein wichtiger Aspekt.

13.2 Bodenprofile

Einen Vertikalschnitt durch einen Boden nennt man *Profil*. Die Unterschiede zwischen den Profilen werden als Basis für die Bodenklassifizierung herangezogen. Ein Bodenprofil ist in mehrere Bereiche untergliedert, die durch verschiedene bodenbildende Prozesse entstanden sind (Farbabbildung 19). Diese Bereiche werden Horizonte genannt. Die wichtigsten Prozesse sind:

* Anreicherung organischer Substanz: findet hauptsächlich an der Bodenoberfläche durch Akkumulation von zersetzten Pflanzenresten statt
* Lessivierung: die Verlagerung von Ton und anderen feinen Partikeln profilabwärts
* Podsolierung: Abwärtsverlagerung von Humus und gelösten Eisen- und Aluminiumverbindungen aus dem Eluvialhorizont (Auswaschungshorizont); Wiederausfällung im Illuvialhorizont (Anreicherungshorizont)
* Karbonatisierung: Anreicherung von Karbonaten als Bänder oder Konkretionen
* Turbation: Vermischung von mineralischen und organischen Komponenten (zum Beispiel durch Regenwürmer oder Termiten)

Zu den *Inputs* in den Boden gehören:

* Wasser aus der Atmosphäre
* Gase aus der Atmung der Bodentiere und aus der Atmosphäre
* abgestorbene organische Substanz von Pflanzen und Tieren
* Ausscheidungen der Pflanzenwurzeln
* Nährstoffe aus verwittertem Ausgangsgestein

Zu den *Outputs* gehören:

* Verluste an Bodenmaterial durch Bodenerosion und Bodenkriechen
* Nährstoffverluste an das Sickerwasser
* Nährstoffe, die durch Pflanzen aufgenommen werden
* Verdunstung (Evaporation)

Doch der Boden wird nicht nur durch einfache Inputs und Outputs beeinflusst, oft stellt sich ein Kreislauf ein. Einige der Pflanzennährstoffe, die den Boden als Output verlassen, kehren später als Laubstreu auf den Boden zurück. Menschen sind in der Lage, Input und Output in vielfältiger Weise zu modifizieren, zum Beispiel durch die Zugabe spezieller Pflanzennährstoffe in Form von Düngemitteln, durch Verlangsamung oder Beschleunigung der Bodenerosion (Kapitel 13.6), durch Drainagemaßnahmen, oder durch Veränderung der Vegetationsdecke.

Traditionell unterscheidet man drei *Bodenhorizonte*. Der oberste, der *A-Horizont*, besteht aus verwittertem Gestein und Humus. Dieser Bereich ist von der Auswaschung löslicher Substanzen besonders betroffen. Unter ihm liegt der *B-Horizont*, der aus stark verwittertem Material, wenig organischer Substanz und aus den wieder ausgefällten ausgewaschenen Substanzen besteht. Der *C-Horizont* stellt das geologische Ausgangsmaterial der Bodenbildung dar.

Diese Dreiteilung ist zwar sehr praktisch zu handhaben, aber ziemlich stark vereinfachend. Aus diesem Grund sind eine Vielzahl von Untergliederungen entwickelt worden. Jedes System benutzt weitere Buchstaben oder Zahlen, um die Haupthorizonte A, B und C genauer zu charakterisieren (Abbildung 6.9), aber auch „neue" Horizontsymbole. Eine *Streuauflage* wird zum Beispiel in O_l, O_f und O_h untergliedert, je nachdem, wie stark die Pflanzenreste zersetzt sind. Teile des A-Horizontes können als A_e, A_h oder A_l bezeichnet werden. Der A_e oder E ist ein gebleichter Eluvialhorizont, der A_h ist humusreich und der A_l unterliegt der Lessivierung (Tonverlagerung). Besitzt der B-Horizont Orterde oder Ortstein aus von oben herangeführten Sesquioxiden (vor allem aus Eisen und Aluminium) und aus Humusbestandteilen, wird er als B_{sh} bezeichnet. Enthalten B- und C-Horizont Anreicherungen an Calciumcarbonat, werden sie B_{ca} oder C_{ca} genannt. Steht der Boden unter dem Einfluss des Grundwassers, so entsteht ein *Gley-Horizont*. Dieser ist das Produkt der anaeroben, reduzierenden Bedingungen, die graugrüne Eisenverbindungen entstehen lassen. Der graue G-Horizont gerät im Schwankungsbereich des Grundwassers mit dem jahreszeitlich bedingten Anstieg und Absinken des Grundwasserspiegels abwechselnd unter Luftabschluss (anaerobe Bedingungen bei hohem Grundwasserstand) und in erneuten Kontakt mit Sauerstoff (aerobe Bedingungen bei niedrigem Grundwasserstand). Sobald eine aerobe Phase einsetzt, werden die reduzierten Eisen- und Manganverbindungen wieder oxidiert und es bilden sich rostbraune (Eisen) und schwarze (Mangan) Flecken und Konkretionen im grauen Horizont (Abbildung 6.9).

13.3 Formen der Verwitterung

Die meisten Gesteine der oberen Erdkruste sind heute anderen physikalischen, chemischen und biologischen Bedingungen ausgesetzt als zum Zeitpunkt ihrer Entstehung (Farbabbildung 20). Unter den veränderten Bedingungen entsteht heute aus jenen Gesteinen Bodenmaterial. Dieser Vorgang wird allgemein als Verwitterung bezeichnet. Zwei Haupttypen lassen sich hierbei unterscheiden:

- Mechanische Prozesse (physikalische oder mechanische Verwitterung)
  - Kristallisationsverwitterung
    Salzsprengung
    Frostverwitterung
  - Temperaturverwitterung
    Insolation (Aufheizung und Abkühlung)
    Feuer
  - Durchfeuchtung und Austrocknung (besonders bei Schiefer und Tongesteinen)
  - Druckentlastung durch Erosion des aufliegenden Materials
  - biologische Prozesse (zum Beispiel Wurzeldruck)
- Umwandlungsprozesse (chemische Verwitterung)
  - Hydratation und Hydrolyse
  - Oxidation und Reduktion
  - Lösung und Carbonatisierung
  - Chelatisierung
  - biologisch-chemische Prozesse (biologische Verwitterung)

Physikalische Verwitterung meint die Zerstörung des Gesteins ohne grundlegende chemische Veränderungen der Minerale. Bei der chemischen Verwitterung werden die Minerale in ihrer Zusammensetzung verändert oder umgewandelt. In den meisten Teilen der Welt wirken beide Verwitterungsarten gemeinsam, jedoch in wechselnden Anteilen, wobei sie sich gegenseitig auch intensivieren können. Die physikalische Verwitterung verschafft durch Materialaufspaltung der chemischen Verwitterung mehr Angriffsfläche, da sie zur Freilegung der „inneren" Gesteinsoberfläche führt.

13.4 Physikalische Verwitterung

Die mechanische Zerkleinerung des Gesteins wird durch eine Reihe von Prozessen bewirkt: Auftauen und Gefrieren (Kapitel 5.13), Erwärmung und Abkühlung (Insolation) (Kapitel 7.8), Wachsen von Salzkristal-len (Kapitel 7.8), Hebelwirkung von Baumwurzeln und Druckentlastung nach Abtragung der Auflast.

Aufgrund des letztgenannten Prozesses ist das Gestein nahe der Oberfläche von mehr oder weniger parallel laufenden Klüften durchzogen. Der Begriff Schalenverwitterung wird für die zwiebelschalenförmige Verwitterung von frei stehenden Gesteinsblöcken benutzt. Die Abschalung entsteht bei der Ausdehnung eines Gesteinsblocks, nachdem eine aufliegende Schicht, beispielsweise durch intensive Gletschererosion, entfernt worden ist (Kapitel 5.6). In der Tiefe muss das Gestein einem Druck widerstehen, der dem Gewicht der darüber liegenden Masse entspricht. Wird das darüber liegende Gestein durch Erosion entfernt – sagen wir eine Sedimentdecke von einem Granit-Batholithen – kann sich das darunter liegende Gestein ausdehnen.

Die Druckentlastung zeigt sich in der Form, dass sich Spalten bilden, die im rechten Winkel zur Entlastungsrichtung stehen. Die Arbeit des Menschen in Minen oder Steinbrüchen kann dieselben Effekte wie die Erosion haben, sodass sich die Druckentlastung als gewaltiger Steinschlag entladen kann.

13.5 Chemische Verwitterung

Lösungsverwitterung

Die Lösungsverwitterung ist ein optisch meist gut erkennbarer chemischer Verwitterungsprozess. Manche Gesteine lösen sich wortwörtlich auf, fast so wie Zucker in Getränken oder wie Salz in einem Topf mit Wasser. Kalkstein, der vor allem aus Calciumcarbonat besteht, ist von dieser Form der Verwitterung besonders betroffen, da er durch Kohlensäure vollständig aufgelöst werden kann. Diese Säure entsteht durch die Reaktion von Wasser mit Kohlendioxid; Letzteres stammt entweder aus der Atmosphäre oder aber, in stärkerer Konzentration, aus dem Boden:

$$\underset{\text{Wasser}}{H_2O} \quad + \quad \underset{\text{Kohlendioxid}}{CO_2} \quad \rightarrow \quad \underset{\text{Kohlensäure}}{H_2CO_3}$$

Daraus folgt eine Reaktionsgleichung, in der sich Calciumcarbonat in Gegenwart von Wasser und Kohlendioxid löst:

$$\underset{\substack{\text{Calcium-}\\\text{carbonat}}}{CaCO_3} \quad + \quad \underset{\substack{\text{Kohlen-}\\\text{dioxid}}}{CO_2} \quad + \quad \underset{\text{Wasser}}{H_2O}$$

$$\rightarrow \quad \underset{\substack{\text{Calcium in}\\\text{Lösung}}}{Ca^{2+}} \quad + \quad \underset{\substack{\text{Hydrogencarbonat}\\\text{in Lösung}}}{H_2CO_3^-}$$

Wasser in Verbindung mit Kohlendioxid greift viele Minerale an. Olivin zum Beispiel, der sich in vie-

Abb. 13.2 *Lösungskarren in Granitgestein auf der Seychellen-Insel Praslin im Indischen Ozean.*

len vulkanischen Gesteinen befindet, kann nach einer Reihe von Reaktionen fast völlig aufgelöst werden. Hier eine vereinfachte Reaktionsgleichung:

$$\underset{\text{Olivin}}{Mg_2SiO_4} \quad + \quad \underset{\text{Wasser}}{2H_2O} \quad + \quad \underset{\text{Kohlendioxid}}{4CO_2}$$

$$\rightarrow \quad \underset{\substack{\text{Magnesiumhydrogen-}\\\text{carbonat}}}{2Mg(HCO_3)2} \quad + \quad \underset{\substack{\text{lösliches}\\\text{Siliziumoxid}}}{SiO_2}$$

In manchen Fällen kann auch Granit Lösungsformen aufweisen, wie die auf den Seychellen ausgebildeten Lösungsrinnen zeigen (Abbildung 13.2).

Hydrolyse

Die meisten gesteinsbildenden Minerale verwittern durch Hydrolyse, das ist eine Reaktion mit Wasser sowie dissoziierten H- und OH-Ionen. Daraus entsteht, quasi als Nebenprodukt, ein neuer Stoff, der sich von der Zusammensetzung und den Eigenschaften der Ausgangssubstanz wesentlich unterscheidet. Zum Beispiel führt die Verwitterung von Feldspat (einem Aluminiumsilikat, das man in vulkanischen Gesteinen wie Granit findet) zur Bildung von Tonmineralen, wie im Folgenden gezeigt wird:

$$\underset{\text{Orthoklas-Feldspat}}{2KAlSi_3O_8} \quad + \quad \underset{\text{Wasser}}{11H_2O}$$

$$\rightarrow \quad \underset{\text{Kaolinit}}{Al_2Si_2O_5(OH)4} \quad + \quad \underset{\substack{\text{Kieselsäure}\\\text{in Lösung}}}{4H4SiO_4}$$

$$+ \quad \underset{\text{Hydroxid}}{2OH^-} \quad + \quad \underset{\text{Kalium in Lösung}}{2K^+}$$

Der auf diese Weise entstehende Kaolinit ist ein häufig vorkommendes Zweischicht-Tonmineral. Es bildet den Hauptbestandteil der in Mitteleuropa wäh-

rend des Tertiärs unter tropisch-subtropischen Bedingungen gebildeten, so genannten Kaoline, die als keramische Tone verwendet werden.

Hydratation

Hydratation findet statt, wenn Wasser in die Mineralstruktur eingebaut wird, das heißt, wenn sich die Bestandteile des Minerals (Anionen und Kationen) mit Wasser umgeben (hydratisieren). Das betrifft Minerale aus Vulkangestein ebenso wie einige Vertreter der Sedimentgesteine und vor allen Dingen die Tonminerale. Hydratation verursacht (oft sogar sichtbare) Aufquellungsvorgänge, und man vermutet in dieser Dynamik den wirkungsvollsten Faktor bei der Verwitterung von feinkörnigen Vulkaniten. Diese zerbersten dabei unter dem ständigen Druck ihrer hydratisierten Minerale. Hydratation ist die Voraussetzung der Lösungsverwitterung, da erst sie den Übergang des stabilen Minerals in die wässrige Bodenlösung möglich macht.

Oxidation

Rosten ist ein Vorgang, den wir alle kennen. Eiserne Gegenstände, die der Feuchtigkeit ausgesetzt sind, werden davon betroffen. Viele silikatische Minerale enthalten Eisen und Mangan, die durch die Gegenwart von Sauerstoff im Verwitterungsmilieu oxidiert werden. Die oxidierten Kationen „passen" nun nicht mehr in das Mineralgitter und werden ausgeschieden. Auf diese Weise wird das Mineralgerüst instabil und anfällig für eine fortschreitende Verwitterung in Form der Hydrolyse. Durch Oxidation zerfallen eisenhaltige Minerale unter der Bildung von gelblich braunen und rotbraunen Eisenoxiden. Sie geben den Böden der mittleren Breiten ihre charakteristische Farbe und auf sie geht der Name des Bodentyps mit der weitesten Verbreitung in Deutschland und Mitteleuropa, der Braunerde, zurück.

Mineralzusammensetzung und Verwitterung

Die Mineralzusammensetzung hat entscheidenden Einfluss auf das Ausmaß der Verwitterung, da einige Minerale chemisch leichter angreifbar sind als andere. Deutlich wird dies am Beispiel der Vulkangesteine, die sich durch eine große Bandbreite in ihrer Mineralzusammensetzung auszeichnen. Man hat versucht, die Minerale nach ihrer Stabilität gegenüber chemischer Verwitterung zu ordnen. Ein Versuch dazu ist das Gol-

Tabelle 13.2: Das Goldich-System (Stabilität von Mineralen gegenüber chemischer Verwitterung)			
	dunkle Minerale	**helle Minerale**	
wenig stabil	Olivin		sehr anfällig
		Kalkfeldspat	
	Augit		
		Kalk-Natron-Feldspat	
	Hornblende	Natrium-Kalk-Feldspat	
		Natrium-Plagioklas	
	Biotit		
		Orthoklas	
		Muskovit	
sehr stabil		Quarz	wenig anfällig

dich-System (Tabelle 13.2). Granite bestehen in erster Linie aus Quarz, Orthoklas, Muskovit und Biotit, welche die vier stabilsten Minerale in der Tabelle darstellen. Daraus folgt, dass Granit gegenüber chemischer Verwitterung weniger anfällig ist als Gabbro, der vorwiegend aus den weniger resistenten Mineralen Augit und Kalk-Natron-Feldspat (Plagioklas) besteht. Doch die Mineralzusammensetzung ist nicht der einzige Faktor, der die Verwitterungsrate beeinflusst. Faktoren wie etwa Kristallgröße und Kristallstruktur können von gleichrangiger Bedeutung sein.

Die chemische Zusammensetzung ist auch bei der Verwitterung von Sedimentgesteinen wichtig. Diese enthalten gewöhnlich eines der folgenden Bindemittel: Kieselsäure, Calciumcarbonat, Eisenoxid oder Ton. Tritt als Bindemittel Kieselsäure auf, dann ist das Gestein relativ resistent. Deshalb zählen mit Kieselsäure zementierte Quarzsandsteine zu den widerstandsfähigsten Gesteinsarten, da weder das Bindemittel noch die Quarzkörner leicht der chemischen Verwitterung erliegen. Im Gegensatz dazu unterliegen carbonathaltige Bindemittel der Lösungsverwitterung und Eisenoxide verschiedenen Redoxprozessen, die das Gestein zermürben. Geringe Widerstandsfähigkeit besitzt ein toniger Zement, denn physikalische Verwitterungsprozesse, wie etwa Auftauen-Gefrieren, führen zu einer raschen Zerlegung des Gesteins.

Die Bedeutung von Gesteinsklüften für die chemische Verwitterung

Wasser bestimmt die Intensität der oben genannten Arten der chemischen Verwitterung. Deshalb ist das Vorhandensein von Spalten und anderen Diskontinuitäten äußerst wichtig, denn sie ermöglichen das Eindringen des Wassers in das Gestein und vergrößern außerdem die Angriffsfläche für die Verwitterung.

Unter sonst gleichen Voraussetzungen wird ein tief zerklüftetes Gestein schneller verwittern als ein weniger geklüftetes Gestein. Das ist von besonderer Bedeutung bei der Entstehung von Landschaftsformen in vulkanischen Gesteinen, einschließlich Tors (Kapitel 6.16) und Inselberge.

Biologische Verwitterung

Die Wirkung der Kohlensäure wird in vielen Fällen durch die Wirkung einfacher organischer Säuren verstärkt. Sie entstehen bei der Zersetzung von abgestorbener organischer Substanz oder werden von den Wurzeln lebender Pflanzen abgegeben. Sie gehen mit Metallen, vor allem Eisen, Aluminium und Mangan, sehr stabile, zum Teil lösliche, zum Teil unlösliche Verbindungen zu so genannten metallorganischen Komplexen (*Chelaten*) ein. Diese *Chelatbildung* ist eine wichtige Verwitterungsreaktion. Das Wort „Chelat" bedeutet „krallenähnlich" und bezieht sich auf die sehr enge Bindung, die organische Moleküle mit Metall-Kationen eingehen. Im Falle der löslichen Komplexe werden diese im Bodenprofil mit der Sickerwasserbewegung verlagert und dem Verwitterungsmechanismus entzogen. Chelatisierende Substanzen, die vor allem bei mikrobiellen Abbauprozessen freigesetzt werden, sind unter anderen Citronensäure, Weinsäure und Salicylsäure.

Des Weiteren können Bakterien und die Atmung der Pflanzenwurzeln den Kohlensäuregehalt im Boden erhöhen und dadurch Lösungsprozesse beschleunigen. Anaerobe Bakterien bewirken teilweise Reduktionsprozesse, da sie ihren Sauerstoffbedarf durch die Reduktion von Eisen (von der dreiwertigen zur zweiwertigen Form) decken. Dieses zweiwertige Eisen ist in Wasser wesentlich leichter löslich als das dreiwertige, kann also relativ leicht mobilisiert und verlagert werden.

Exkurs 13.1 Karst in Südchina

Wahrscheinlich eine der spektakulärsten und ausgedehntesten Karstlandschaften findet man in Südchina. Sie ist ein bekanntes Thema in Literatur, Kunst und Töpferei der Chinesen. Das ist keineswegs überraschend, bedenkt man, dass in China 1,2 Millionen Quadratkilometer Land eine verkarstete Oberfläche besitzen.

Warum ist der Karst in Südchina so stark ausgeprägt? Eine Reihe von Faktoren tragen dazu bei. Erstens ist dieses Gebiet sehr humid, mit einem mittleren jährlichen Niederschlag von ungefähr 2 000 Millimetern. Das deutet darauf hin, dass viel Wasser für Lösungsprozesse zur Verfügung steht. Zweitens machte dieses Gebiet eine langsame Hebung im Känozoikum durch, die eine schwach geneigte Ebene der Verwitterung aussetzte. Das ablaufende Wasser konnte sich in den Kalkstein einschneiden und schuf damit die Voraussetzungen des jetzigen Reliefs, eine Notwendigkeit für die Ausbildung solch eindrucksvoller Landschaften. Drittens, und vermutlich am wichtigsten, ist die Tatsache, dass der Kalkstein des Gebietes, der vom späten Präkambrium bis zur Trias gebildet wurde, eine große Mächtigkeit erreicht (über 3 000 Meter). Die Schichten sind praktisch durchgehend massiv und kristallin, sodass sich solche ausgedehnten und eindringlichen Formen entwickeln können.

Es gibt zwei klassische Karsttypen, denen die Chinesen die Namen Fenglin und Fengcong gaben. Fenglin besteht aus einzeln stehenden Türmen, die eine flache Ebene überragen, und ist dem von europäischen und amerikanischen Geomorphologen als Turmkarst bezeichneten Phänomen ähnlich. Diese Türme haben steile Wände und sind oft über 150 Meter hoch. Fencong ist in unserer Terminologie unter der Bezeichnung Kegel- oder Cockpitkarst bekannt, mit einer Reihe von steilwandigen Hügeln, die aus Mulden, Senken und Tälern aufsteigen. Die einzelnen Hügel variieren in der Höhe zwischen 30 und 500 Metern.

Warum treten hier zwei verschiedene Karstformen auf? Das ist eine schwierige Frage, und es gibt einige Lösungsansätze. Teilweise fußen sie auf der geologischen Erklärung, dass sich die steilsten Türme auf besonders massiven, dichten Kalksteinen entwickeln. Die Kegel und Senken kommen bevorzugt in Gebieten vor, die stärkeren tektonischen Hebungen unterlagen, und sind daher vom Wasser tiefer eingeschnitten worden. Dies ist der Fall nahe Guilin, wo die stärkste Hebung im Osten stattgefunden hat und sich deshalb Fencong entwickeln konnte. Im Westen des Gebietes war die Hebung jedoch geringer, sodass sich Fenglin entwickelte. Eine alternative Theorie,

Der Karst in China, hier nahe Yangshuo, Guangxi, ist eine der beeindruckendsten gesteinsabhängigen Landschaften der Erde. Besonders charakteristisch für dieses Gebiet sind die hohen „Türme".

die aber nicht von allen chinesischen Wissenschaftlern unterstützt wird, geht davon aus, dass die Türme älter als die Kegel seien und dass sich so im Laufe der Zeit aus dem Kegelkarst ein Turmkarst entwickelt und letztlich nur noch einzelne Überreste eine sich ausdehnende Ebene überragen.

Die chinesische Karstlandschaft ist von großer Bedeutung für die Chinesen. Ebenso wie andere Karstgebiete besitzt dieses Gebiet große Grundwasserreserven, und die eindrucksvolle Morphologie hat eine große Anziehungskraft auf Touristen.

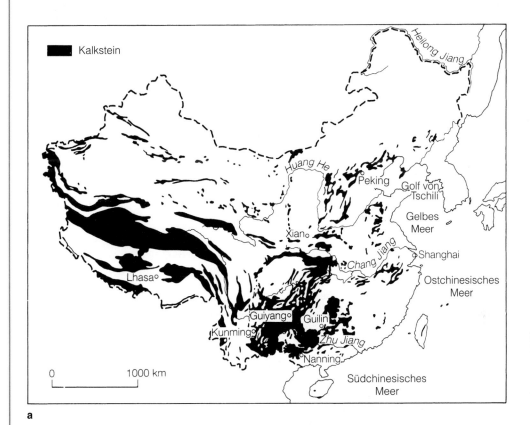

a

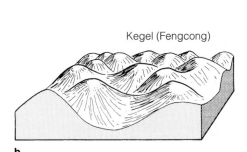

Kegel (Fengcong)

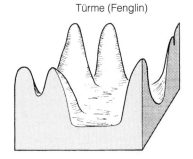

Türme (Fenglin)

b

Die Karstlandschaften in China: a) Die Verbreitung von Karbonatgesteinen, in erster Linie Kalkstein; b) die Formen der Kegel und Türme.

Abb. 13.3 *Karren, entstanden durch Kalklösung auf Mallorca.*

Die Verwitterung von Kalkstein

Kalkstein ist eine Gesteinsart, bei der die Auswirkungen der chemischen Verwitterung, besonders der Lösungsprozesse, sehr bedeutsam sind. Doch Kalksteine variieren in ihrer Zusammensetzung, Härte, Klüftigkeit und so weiter sehr stark, sodass ihre Reaktion auf Lösungsprozesse sehr unterschiedlich ist. In Gebieten, wo der Kalkstein mächtig, massiv und ausgedehnt vorkommt und wo der Grundwasserspiegel niedrig ist, können sich charakteristische Lösungsformen herausbilden, die man als Karst bezeichnet. Einige der eindrucksvollsten Karstlandschaften finden sich in China (Exkurs 13.1). In einem Karstgebiet kann man im Wesentlichen drei Formungstypen unterscheiden:

● *Lösungsformen an der Oberfläche* (Abbildung 13.3): Dazu gehören die in England als Grikes und Clints, in Frankreich als Lapis bezeichneten Karren. Dabei handelt es sich um kleinere Erscheinungen, für die eine Fülle von Namen existiert. Einige typische Formen sind in Abbildung 13.4 dargestellt. Auf Kalkstein, der nicht mehr von Boden oder anderem Material bedeckt ist und deshalb *nackter Karst* heißt, sind diese Formen besonders gut entwickelt (Abbildung 13.5).

● *Geschlossene Becken und einzelne Hügel*: In den meisten Karstgebieten ist die Oberfläche von vielen kessel- oder wannenartigen Formen unterschiedlicher Größe durchsetzt. Einige der größten Formen, Poljen genannt, verdanken jedoch ihre Entstehung eher Faltungsprozessen als allein der Lösungsverwitterung. Kleinere Formen hingegen, *Dolinen*

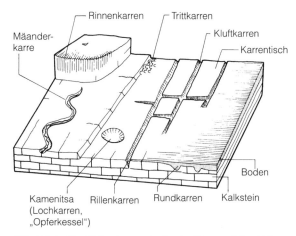

Abb. 13.4 *Oberflächenformen in Karstgebieten: einige kleinere Formen (Karren), die sich auf Kalksteinoberflächen entwickeln. Rinnenkarren sind kleine Abspülungsfurchen, die auf unbedeckten und stark geneigten Hängen vorkommen; Rillenkarren sind dagegen tiefer und scharfkantiger ausgebildet. Rundkarren sind eher abgerundet und kommen unter Bodenbedeckung vor, während Trittkarren kleine „Tritte" an Kluftwandungen darstellen. Diese Formen findet man in den Nördlichen Kalkalpen und, besonders deutlich ausgebildet, im Dinarischen Gebirge.*

Abb. 13.5 *In ehemals vergletscherten Kalksteingebieten wirken die abgeschliffenen, nackten und zerklüfteten Gesteinsoberflächen wie eine Pflasterung (englisch:* pavement*). Bei Ingleborough in Nordwestengland ist das Pavement durch Lösungsprozesse zu Kluftkarren und Karrentischen verwittert.*

genannt, sind als Ergebnis der Spaltenvergrößerung durch Lösung oder aber als nachbrechende Oberfläche infolge unterirdischer Aushöhlung zu sehen (Abbildung 13.6). Ganze Flüsse können in Löchern verschwinden, die in Deutschland *Fluss-Schwinden* genannt werden. Ein bekanntes Beispiel dafür ist die Donauversickerung bei Immendingen. In den Tropen wird das Landschaftsbild häufig durch kegelförmige Hügel geprägt, die mit geschlossenen Mulden, den *Cockpits*, vergesellschaftet sind. Eine andere Möglichkeit ist die Ausbildung von *Turmkarst*, bei dem in einer weiten Ebene einzelne Hügel, die Türme, stehen (Abbildungen 13.7).

• *Unterirdische Formung, einschließlich Grotten und Höhlen*: In Karstgebieten fließt viel Wasser in Höhlen oder entlang von Spalten (Abbildung 13.9). Der Oberflächenabfluss ist deshalb nur schwach ausgeprägt. Die Höhlen entstehen durch die Erweiterung von Spalten entlang von Gesteinsklüften oder Schichtflächen durch die Lösungsverwitterung und mithilfe der Korrasion, die durch die Flussarbeit entsteht. Einige Höhlen, besonders solche mit einem runden Querschnitt, können sich unter der Wasseroberfläche entwickeln *(phreatische Höhlen)*, andere entstehen über Wasser *(vadose Höhlen)*. In der Vergangenheit, als andere Klimabedingungen herrschten oder bevor Verwitterungsprozesse den Untergrund klüftig machten, hat es in Kalksteinregionen Oberflächenabfluss gegeben. Heute finden wir an diesen Stellen Trockentäler (Kapitel 6.15).

Denudationsraten chemischer Verwitterung

Misst man die Summe des Wassers, das sich in einem Gebiet bekannter Größe aus Quellen und Flüssen ergießt und bestimmt dazu den Gehalt an gelösten Materialien darin, dann ist es nach einer Reihe von Jahren möglich, eine Aussage über die Geschwindigkeit der Lösungsverwitterung zu treffen. Einige frühe Studien, insbesondere von J. Corbel, einem französischen Geo-

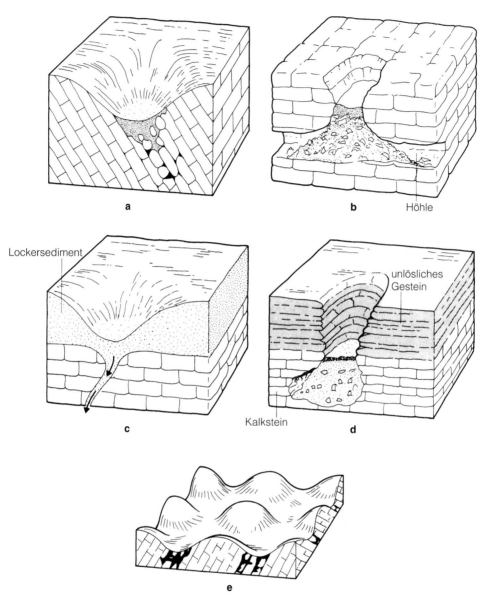

Abb. 13.6 *Fünf verschiedene Hohlformtypen (Dolinen) im Karst: a) Schüsseldoline, entstanden durch Spaltenvergrößerung; b) Einsturzdoline, bei der das überlagernde Gestein nachgebrochen ist; c) Erdfall, bei dem Lockersediment (oder Boden) durch Klüfte nachsackt; d) Einsturzdoline im bedeckten Karst; e) Kegelkarst mit sternförmigen Dolinen zwischen den Kegeln, typisch für tropische Gebiete.*

morphologen, zeigten, dass die höchsten Raten der Lösungsverwitterung möglicherweise in kalten Gebieten auftreten (wahrscheinlich weil Kohlendioxid in kaltem Wasser leichter löslich ist als in warmem Wasser und dadurch eine höhere Säurekonzentration erzielt werden kann). Andere Wissenschaftler behaupteten, da in feuchten tropischen Böden mehr Kohlensäure und mehr Huminsäuren vorhanden sind, müsse auch die Rate der Lösungsverwitterung in den niederen Breiten

am höchsten sein. Wie jedoch Abbildung 13.8 zeigt, hängt die Rate der Kalksteinverwitterung nicht so sehr von der Temperatur ab, sondern eher von der Verfügbarkeit des Wassers, welches ja die Grundlage der chemischen Verwitterung darstellt. Deshalb treten die höchsten Denudationsraten in den feuchtesten Gebieten auf. Die kalten Tundrengebiete im Norden Kanadas besitzen deshalb ähnlich geringe Denudationsraten wie die heißen Randgebiete der Sahara (bei beiden liegt die Rate

Abb. 13.7 *Eine charakteristische Karstform der Tropen ist der Kegelkarst. Diese Aufnahme aus Jamaika zeigt kegelartige Hügel, die sich mit polygonalen, geschlossenen Becken, den Cockpits, abwechseln. Die Straßen und Gebäude deuten den Maßstab an.*

unter fünf Millimeter Abtragung in 1 000 Jahren). In den kalten, aber feuchten Gebieten, wie etwa im Westen Norwegens, können hingegen ähnliche Raten auftreten wie an den mit Regenwald bestandenen Hängen in Ostindien (bei beiden werden Hunderte von Millimetern in 1 000 Jahren abgetragen).

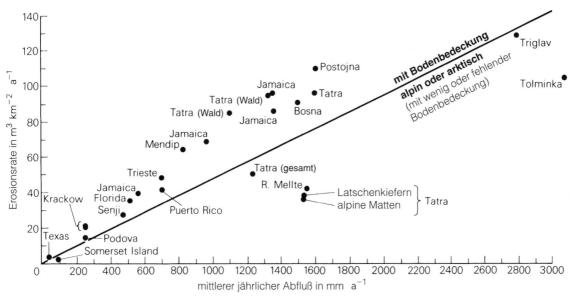

Abb. 13.8 *Die Beziehung zwischen jährlicher Kalklösungsrate und mittlerem Jahresabfluss.*

Abb. 13.9 *Karstgebiete besitzen zahlreiche Grotten und Höhlen. Einige der größten und spektakulärsten Beispiele findet man im Mulu-Gebiet in Sarawak auf Malaysia.*

M. Maybeck hat den Versuch unternommen, die für die Denudationsraten der chemischen Verwitterung maßgeblichen Faktoren im weltweiten Maßstab abzuschätzen. In einem im *American Journal of Science* (1987) veröffentlichten Artikel geht er davon aus (Abbildung 13.10a), dass der Oberflächenabfluss einer Region die Hauptrolle spielt, dass aber der Silikattransport auch von der Temperatur abhängig ist. So kann in warmen Gebieten mehr als die fünffache Menge an Silikat weggeführt werden als in kalten Klimaregionen. Er konnte außerdem zeigen (Abbildung 13.10b),

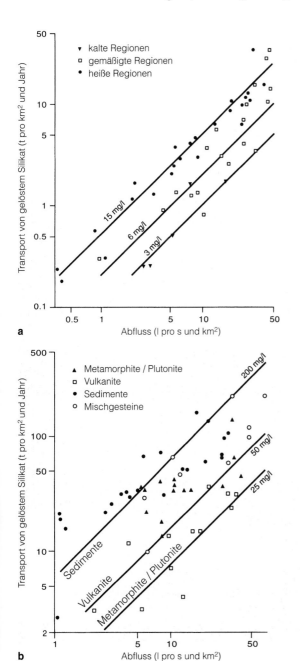

a

b

Abb. 13.10 *a) Transportrate von gelöstem Silikat, aufgetragen gegen den Abfluss (Durchgangsgeschwindigkeit) für kalte, gemäßigte und warme Klimate. b) Abfuhrrate aller wichtigen Ionen plus gelöstes Silikat, aufgetragen gegen den Abfluss (Durchgangsgeschwindigkeit) für verschiedene große Einzugsgebiete in Sedimentgesteinen, vulkanischen und metamorphen Gesteinen/Tiefengesteinen.*

dass bei gegebenem Oberflächenabfluss die Rate des in Lösung abgeführten Materials in Sedimentgestein am größten und in Metamorphiten und Plutoniten am geringsten ist, während Vulkanite diesbezüglich eine mittlere Stellung einnehmen.

13.6 Beschleunigte Bodenerosion

Nun wird deutlich, dass sich Böden vor dem Hintergrund der Denudationsraten und der Zeit immer weiter entwickeln, besonders auf verwitterungsanfälligem Gestein. Das passiert natürlich nicht, wenn die Bodenerosion schneller als die Verwitterung voranschreitet. Böden entwickeln sich im Allgemeinen nur sehr langsam, während die Bodenerosion sehr schnell fortschreiten kann, insbesondere wenn der Mensch diesen Vorgang beschleunigt. Man hat gemessen, dass die Bodenerosion in Teilgebieten der USA mit einer Rate von 30 Tonnen pro Hektar und Jahr fortschreitet; das ist etwa achtmal so schnell wie sich neuer Oberboden bilden kann.

Die negativen Folgen beschleunigter Bodenerosion lassen sich zwei Hauptkategorien zuordnen. Zum einen besteht die Gefahr, dass die Möglichkeiten, Feldfrüchte anzubauen und die Weltbevölkerung zu ernähren, eingeschränkt werden. Bodenerosion verringert die Bodenmächtigkeit und bedeutet oft den Verlust gerade der fruchtbarsten, humus- und nährstoffreichsten Bodenhorizonte. Auf der anderen Seite stehen die nicht landwirtschaftlichen Auswirkungen. Dazu gehört die beschleunigte Verschlammung von Speicherbecken, Flüssen und künstlichen Wassergräben sowie die Eutrophierung von Gewässern durch den Eintrag von Nährstoffen, die mit den Bodenpartikeln verfrachtet werden. Darüber hinaus kommt es zu Sachschäden durch Bodenmaterial mit sich führendes Wasser und Schuttströme.

Die Hauptursache der beschleunigten Bodenerosion (Abbildung 13.11) ist die Verdrängung der natürlichen Waldbedeckung durch Ackerland. Der Wald schützt den darunter liegenden Boden vor den direkten Wirkungen des Niederschlags: Der Oberflächenabfluss wird verringert, Baumwurzeln halten den Boden fest, und die Streuauflage schützt den Boden zusätzlich vor dem Aufprall der Regentropfen. Die Erosionsraten sind nach Rodung des Waldes besonders hoch, wenn keine sofortigen Aufforstungsmaßnahmen durchgeführt werden. Auf agrarisch genutzten Böden haben vor allem die Bearbeitungsart, der Pflanzzeitpunkt, die Wahl der Anbaupflanzen, die Größe und

Abb. 13.11 *Diese bizarre Landschaft, die einen Höhenunterschied von ungefähr vier Metern aufweist, ist ein Beispiel für schwerwiegende Bodenerosion, die durch Gully-Bildung in Swaziland entstanden ist.*

Abb. 13.12 *Entwaldung und Überweidung nahe der St. Michael's Mission in Zimbabwe haben zu diesem Grabensystem geführt, wo ehemals ein flacher Talboden zu finden war. Man beachte die freigelegten Baumwurzeln.*

Tabelle 13.3: Belege für die Zunahme der in Suspension verfrachteten Sedimentmenge aufgrund von Störungen in Flusseinzugsgebieten

Lokalität	Landnutzungsänderung	Zunahme der Schwebfracht
untersuchte Flusseinzugsgebiete		
Westland, Neuseeland	Kahlschlag	× 8
Flüsse Severn und Wye, Wales (UK)	Kahlschlag	× 8
Nordengland	Aufforstung: entwässern und pflügen	× 100
Texas, USA	Waldrodung und Ackernutzung	× 310
Untersuchungen in Einzugsgebieten von Seen und Reservoirs		
Sacnao-See, Mexiko	Waldrodung und Ausbreitung von Städten in der Maya-Zeit	× 35
Ipea-See, Papua Neuguinea	Intensivierung der Landnutzung: Einführung der Süßkartoffel	× 10
Seeswood Pool, Warwicks (UK)	Intensivierung der Landwirtschaft	× 4,5
Old Mill Reservoir, Devon (UK)	verstärkter Weidedruck	× 4,5
Dayat er Roumi, Marokko	Trockenlegung von Flächen	× 45
Llyn Geirionydd, Wales (UK)	Bergbauaktivitäten	× 4
Krageholmssjön, Südschweden	moderne landwirtschaftliche Verfahren	× 4,5

Quelle: J. Woodward und I. Foster: *Erosion and suspended sediment transfer in river catchments*. In: Geography, 82. S. 353–376.

die Lage des Feldes im Gelände Einfluss auf das Ausmaß der Erosion. Besonders schwerwiegend ist die Bodenerosion als Folge von Abholzung und anschließendem Ackerbau in den tropischen und semiariden Gebieten (Abbildung 13.12) (Kapitel 7.15).

Wie Tabelle 13.3 zeigt, belegen zahlreiche Untersuchungen die starke Zunahme der Sedimentfracht in Flüssen als Folge verschiedener Arten von Landnutzungswechsel und Störungen der Oberfläche. In den angeführten Beispielen ist die Sedimentmenge um das 4- bis 310fache erhöht.

Die Angaben in Tabelle 13.4, in der die jährlichen Erosionsraten bei natürlichem Bewuchs denen von bebauten Ackerflächen und unbedecktem Boden gegenübergestellt sind, geben darüber detaillierter Aufschluss. Die Unterschiede sind beträchtlich. Die erosive Abtragung Mitteleuropas bewegt sich zwischen maximal 13–20 Tonnen pro Hektar. Die Erosion findet dabei nicht nur durch den Aufprall von Regentropfen und Oberflächenabfluss statt, sondern auch durch Windverblasung. (Tabelle 13.5). Die Gründe für die erhöhte Erosionsanfälligkeit von Böden unter Nutzung sind in den nicht immer auf die Bodenerhaltung und Nachhaltigkeit der Bodenfruchtbarkeit ausgerichteten landwirtschaftlichen Praktiken zu suchen. Hierzu zählen:

- das Pflügen steiler, vormals von Gras bewachsener Hänge im Zuge der Ausweitung von Ackerflächen;
- der Einsatz größerer und schwererer Landwirtschaftsmaschinen, die den Boden stärker verdichten;
- der Einsatz stärkerer Maschinen, die eine Bearbeitung eher in Richtung der stärksten Hangneigung erlauben als eine hangparallele Bearbeitung. Die Fahrspuren von Traktoren und anderen landwirtschaftlichen Maschinen sowie die Saatfurchen entwickeln sich oft zu Rinnen (Abbildung 13.13);

Tabelle 13.4: Jährliche Erosionsraten in ausgewählten Ländern (t/ha)

	natürlich	unter Nutzung	unbedeckter Boden
Australien	0,0 – 64	0,1 – 150	44 – 87
Belgien	0,1 – 0,5	3 – 30	7 – 82
China	0,1 – 2	150 – 200	280 – 360
Äthiopien	1 – 5	8 – 42	5 – 70
Indien	0,5 – 5	0,3 – 40	10 – 185
Elfenbeinküste	0,03 – 0,2	0,1 – 90	10 – 750
Nigeria	0,5 – 1	0,1 – 35	3 – 150
Großbritannien	0,1 – 0,5	0,1 – 20	10 – 200
USA	0,03 – 3	5 – 170	4 – 9

Quelle: R. P. C. Morgan (1995) *Soil Erosion and Conservation*. 2. Aufl. Longman, Harlow, Tab. 1.1.

Tabelle 13.5: Jährliche Erosionsraten für unterschiedliche Landnutzungsarten in Ostengland (in Tonnen pro Hektar)				
Landnutzung	splash	flächen-haft	linien-haft	total
bewachsener Boden	0,33	6,67	0,10	7,10
Oberhang	0,82	16,48	0,39	17,69
Mittelhang	0,62	14,34	0,06	15,02
Unterhang				
vegetationsfreier Boden	0,60	1,11	–	1,71
Oberhang	0,43	7,78	–	8,21
Mittelhang	0,37	3,01	–	3,38
Unterhang				
Grasland				
Oberhang	0,09	0,09	–	0,18
Mittelhang	0,09	0,57	–	0,68
Unterhang	0,12	0,57	–	0,17
Wald				
Oberhang	–	–	–	0,00
Mittelhang	–	0,012	–	0,012
Unterhang	–	0,008	–	0,008

Quelle: R. P. C. Morgan, Soil erosion in the United Kingdom: Field studies in the Gilsoe area, 1973–75. *National College of Agricultural Engineering, Occassional Paper* 4 (1977).

- der Einsatz motorbetriebener Eggen bei der Vorbereitung des Saatbetts und das Walzen der Anbauflächen nach dem Ziehen der Furchen;
- das Beseitigen von Hecken und die damit verbundene Vergrößerung der Felder. Größere Schläge bedeuten längere ungegliederte Hänge und damit häufig verstärkte Erosion;
- die Abnahme des Gehalts an organischer Substanz im Boden als Folge intensiver Bewirtschaftung und des Einsatzes von Kunstdünger, was wiederum zu einer Verringerung der Aggregatstabilität führt;
- die weit verbreitete Umstellung von Sommer- auf Wintergetreide. Aufgrund der längeren Wachstumsperiode liefert Wintergetreide höhere Erträge und ist daher profitabler. Die Umstellung bedeutet, dass Saatbetten mit gut gelockertem Boden (Tillage) und geringer Pflanzenbedeckung der winterlichen Regenperiode ausgesetzt sind.

Aufgrund der ungünstigen Effekte der Bodenerosion wurden eine Reihe von Techniken zum Schutz der Bodenressourcen entwickelt:

- Regenerierung der Vegetationsdecke
  - Systematische Neubepflanzung
  - Verhindern von Feuer und Überweidung, eventuell Änderung der Nutzungsart, um eine Regenerierung zu ermöglichen

Abb. 13.13 *Sichtbare Bodenerosion entlang von Fahrspuren in sandigen Böden.*

- Maßnahmen zur Verhinderung der Flächenerosion
- Maßnahmen zur Verhinderung der Rillen- und Grabenerosion
  - Bepflanzung mit bodenbedeckenden Pflanzen etc.
  - Anlage von Wehren, Dämmen etc.
- kontrollierte Bearbeitung
  - Bodenbedeckung in kritischen Abschnitten des Jahres
  - Fruchtwechsel
- Kontrolle des Hangabflusses
  - Terrassierung
  - Anlegen von Gräben quer zum Hang, um den Abfluss zu behindern
  - Pflugarbeit quer zum Hang
  - Erhaltung von Vegetationsstreifen (zum Beispiel Hecken), um die Feldgröße gering zu halten
- Verhinderung der punkthaften Erosion (an Straßen und so weiter)
  - Umgehung gefährdeter Stellen
  - Ableitung des Wassers in weniger anfällige Bereiche
  - Bepflanzung von Einschnitten, Aufschüttungen etc.
- Verhinderung der Winderosion
  - Aufrechterhaltung der Bodenfeuchtigkeit
  - Vergrößerung der Bodenrauigkeit durch Pflügen und durch Anpflanzung von Windschutzhecken.

Die Anwendung dieser Maßnahmen ist notwendig, wenn der Boden als grundlegende, aber nur langsam sich neu bildende Ressource weiterhin ausreichend produktiv bleiben soll, um die Ernährung der wachsenden Weltbevölkerung zu sichern.

14 Der Kreislauf des Wassers

14.1 Einleitung

Wasser kommt in drei Erscheinungsformen vor: als kristallartiges Eis (im festen Zustand), als Wasser (im flüssigen Zustand) und als Wasserdampf (im gasförmigen Zustand). Wasser gelangt durch Schmelzen vom festen in den flüssigen und durch Gefrieren vom flüssigen in den festen Zustand, durch Kondensation vom gasförmigen in den flüssigen und durch Evaporation vom flüssigen in den gasförmigen Zustand. Wenn die Temperaturen unter dem Gefrierpunkt liegen, können die Moleküle durch Sublimation direkt vom gasförmigen in den festen Zustand gelangen und damit Wolken bilden (Exkurs 14.1).

Bei der Zustandsänderung von Wasser kommt es zum Austausch von Wärmeenergie mit beträchtlichen meteorologischen Folgen. Wenn zum Beispiel Wasser verdunstet, geht die *spürbare Wärme*, die wir fühlen und mit dem Thermometer messen können, in eine versteckte Form im Wasserdampf über, die wir als *latente Verdampfungswärme* kennen. Dieser Wechsel hat eine Reduktion der verbleibenden Flüssigkeitstemperatur zur Folge, so wie die Verdunstung von Schweiß eine Abkühlung der Haut bewirkt. Die gleiche Energiemenge wird beim umgekehrten Prozess der Kondensation freigesetzt und in spürbare Wärme, die sich in einem entsprechenden Temperaturanstieg äußert, umgewandelt. In ähnlicher Weise wird beim Gefrieren von Wasser Wärmeenergie freigesetzt, die in gleich großer Menge beim Schmelzen als latente Wärme absorbiert wird.

Der Wassergehalt der Luft ist veränderlich. Das Maß dafür ist die *Luftfeuchtigkeit (Luftfeuchte)*. Die Luftfeuchtigkeit verändert sich je nach der Oberfläche, mit welcher die Luft in Berührung steht, und nach der Temperatur. Je nach Temperatur kann die Luft eine maximale Feuchtigkeitsmenge aufnehmen, wobei warme Luft mehr Feuchtigkeit aufnehmen kann als kalte. Das Verhältnis zwischen dem bei einer bestimmten Temperatur effektiv vorhandenen Wasserdampf und dem maximal möglichen Wasserdampfgehalt nennt man *relative Luftfeuchtigkeit*. Wenn sich ein Luftpaket erwärmt, nimmt deshalb seine relative

Feuchtigkeit ab, kühlt es sich ab, nimmt die relative Feuchtigkeit zu. Überschreitet die Abkühlung einen kritischen Punkt, den *Taupunkt*, ist die Luft gesättigt und der überschüssige Wasserdampf kondensiert in einen flüssigen oder festen Zustand.

Auch wenn die relative Luftfeuchtigkeit ein wichtiger Ansatz ist und wertvolle Hinweise über den Zustand des Wasserdampfs in der Luft gibt, handelt es sich doch nur um das Verhältnis von in der Luft vorhandener Wasserdampfmenge und Sättigungsmenge. Die tatsächlich vorhandene Feuchtigkeitsmenge bezeichnet man demgegenüber als *spezifische Luftfeuchtigkeit*. Sie ist definiert als Masse von Wasserdampf in Gramm pro Kilogramm Luft. Warme Luftmassen wie zum Beispiel am Äquator haben sehr hohe, kalte Luftmassen, hingegen eine sehr geringe potenzielle spezifische Luftfeuchtigkeit. Aus diesem Grund kann warme Luft im Vergleich zu kalter Luft eine sehr große Niederschlagsmenge liefern.

14.2 Niederschlag

Die Eigenschaften der einzelnen Aggregatzustände des Wassers liefern die Erklärung für Regen und andere Formen des Niederschlags wie Nebel, Schnee und Hagel. Denn nur wo große Luftmassen einen steten Temperaturrückgang unter den Taupunkt erfahren, kann Niederschlag in nennenswerten Mengen auftreten. Eine solche Abkühlung erfolgt normalerweise, wenn ein Luftpaket in höhere Schichten aufsteigt.

Aufsteigende Luft kühlt sich ab, obwohl keine Wärmeenergie nach außen abgegeben wird. Dies ist eine Folge der Luftdruckabnahme mit der Höhe, wodurch sich aufsteigende Luft ausdehnt. Die Ausdehnung bedeutet, dass sich die einzelnen Gasmoleküle weiter verteilen und sich nicht so schnell bewegen, was die spürbare Temperatur des sich ausdehnenden Gases herabsetzt. Absinkende Luftpakete erfahren eine umgekehrte Entwicklung; Kompression führt zur Erwärmung.

Die Rate, mit der sich die Luft mit zunehmender Höhe abkühlt, bezeichnet man als *adiabatischen Tem-*

Exkurs 14.1   Wolken

Wolken bilden sich, wenn der Taupunkt erreicht ist. Dabei kondensiert ein Teil des Wasserdampfes in winzige Tröpfchen oder Eiskristalle. Diese sind äußerst klein und leicht und schweben entweder in Schicht- oder Haufenform in der Luft. Die ausgedehntesten *Schichtwolken* (Stratus) bilden sich entlang von Fronten, in der Nähe von Tiefdruckgebieten und dort, wo konvergierende Luftströmungen die Luft der unteren Atmosphäre zum Aufsteigen zwingen. Diese Wolken zeigen wenige typische Formen und neigen dazu, den gesamten Himmel zu bedecken. *Nimbostratus* zum Beispiel ist eine graue, dunkle, schwere und undurchsichtige Regenwolke. Haufen- (Quell-) oder *Konvektionswolken* zeichnen sich zwar durch eine geringere horizontale, aber durch eine beträchtliche vertikale Ausdehnung aus. Sie bilden sich durch Aufstieg warmer und instabiler Luftkissen. Der verbreitetste Typ ist der *Cumulus*. Der dritte Wolkentyp, *Cirrus*, ist eine hohe, weiße und dünne Wolke, die aus feinen schleierartigen Lappen von federhaftem Aussehen besteht.

Es gibt zehn Hauptarten von Wolken:

- *Cirrus (Ci)*: kleine Wolken in Form von weißen, manchmal seidig glänzenden Lappen oder Bändern. Treten häufig als federartige Fäden auf, deren Enden durch die Kraft des Windes hakenförmig gebogen werden.
- *Cirrostratus (Cs)*: durchsichtige weiße Schleier, glatt und einheitlich oder faserig.
- *Cirrocumulus (Cc)*: dünne Schicht, zusammenhängend oder aus kleinen Fetzen, die ihrerseits aus kleinen Tei-

len bestehen. Bildet gewöhnlich einen Himmel mit „Schäfchenwölkchen".

- *Altostratus (As)*: graue, formlose Wolkenschicht, zusammenhängend oder faserig. Die Sonne kann nur schwach durchdringen, bei diesem Wolkentyp treten keine optischen Erscheinungen auf.
- *Altocumulus (Ac)*: sehr variabel in der Form. Kann durchgehend oder fetzenartig sein. Da diese Wolke gewöhnlich gewellt ist oder in Rollen, Klumpen oder Blättchen vorkommt, ist sie besser unter dem Namen *Lenticularis* bekannt.
- *Nimbostratus (Ns)*: eine graue, dunkle, schwere und undurchsichtige Wolke.
- *Stratus (St)*: bildet eine graue gleichmäßige Schicht, zusammenhängend oder fetzenhaft, die häufig Regen oder Schnee bringt.
- Stratocumulus *(Sc)*: graue oder weiße Schicht mit dunklen Stellen. Gewöhnlich in Rollen, Wellenformen und gerundeten Massen, aber nicht faserartig. Teile bilden oft ein regelmäßiges Muster.
- *Cumulus (Cu)*: einzelne dichte weiße Wolken mit einer deutlichen Form und mit starker vertikaler Entwicklung. Flache Basis, obere Teile glänzend weiß und blumenkohlförmig.
- *Cumulonimbus (Cb)*: extreme vertikale Ausbildung einer Cumulus-Wolke, an der Basis dunkel, oft in Verbindung mit Niederschlag und Gewitter. Oben glatt, gelegentlich faserig und auf die Seiten hinausgezogen.

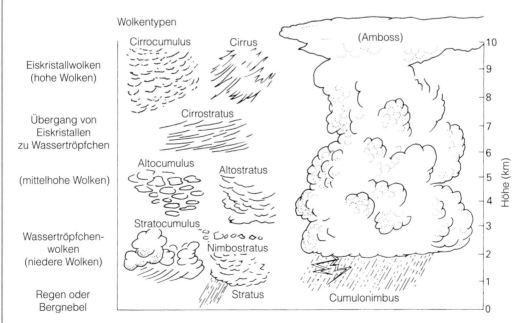

Die wichtigsten Wolkenarten in den für sie typischen Höhen.

Exkurs 14.1 | **Fortsetzung**

Eine Cumulonimbus-Wolke mit ihrer großen vertikalen Ausdehnung und einem „Amboss", am oberen Rand mit faserigen Wolken.

peraturgradienten. Für trockene Luft beträgt er etwa 10 °C pro 1 000 Meter vertikalen Anstieg. Wenn die Luft aber Feuchtigkeit enthält und aufsteigt, führt die Abkühlung beim Überschreiten des Taupunktes zur Kondensation. Diese setzt latente Wärme frei, sodass der adiabatische Temperaturgradient nur noch etwa 3–6 °C pro 1 000 Meter beträgt. Dieser tiefere Wert ist der *feuchtadiabatische Temperaturgradient*.

Beim schnellen Aufsteigen eines Luftpaketes im gesättigten Stadium bilden sich Wolken. Diese enthalten Wasserteilchen, die sich zunehmend vereinigen und zuerst Nieselregen und dann Regen bilden. In den warmen Wolken der niederen Breiten bildet sich Regen direkt durch flüssige Kondensation und Vereinigung von Tröpfchen.

Der Prozess der Koagulation wurde von I. Langmuir, einem amerikanischen Physiker, vorgestellt und läuft wie folgt ab: Wolkentröpfchen sind meistens sehr leicht und bleiben schwebend in der Luft. Einige aber sind schwer genug und beginnen, langsam durch die Wolke zu fallen. Beim Fall stoßen sie mit anderen

Tröpfchen zusammen und werden so noch größer. Je mächtiger die Wolke, desto größer werden die Tropfen und desto schneller fallen sie (Abbildung 14.1a).

In mittleren und höheren Breiten findet ein anderer Vorgang statt, der so genannte *Bergeron-Findeisen-Prozess* (Abbildung 14.1b). Diese Theorie basiert auf der Beobachtung, dass sich Wolken so hoch in die Atmosphäre ausdehnen, dass die Temperaturen nur noch -20 bis -40 °C betragen. In solchen Höhen bestehen Wolken aus einer Mischung von Eiskristallen, unterkühlten Wassertröpfchen und Wasserdampf. Wenn Luft bei diesen tiefen Temperaturen wassergesättigt ist, dann ist sie übersättigt mit Bezug auf die Eiskristalle. Das Dampfdruckgefälle bewirkt innerhalb einer kurzen Zeitspanne eine Anlagerung der unterkühlten Tröpfchen an die Eiskristalle, sodass diese größer werden. Aber dieser Vorgang vermindert den Wasserdampfgehalt, sodass die Luft jetzt wasserungesättigt ist. Einige Tröpfchen verdunsten deshalb und stellen das Gleichgewicht wieder her. Durch diesen Prozess gibt es einen ständigen Übergang von

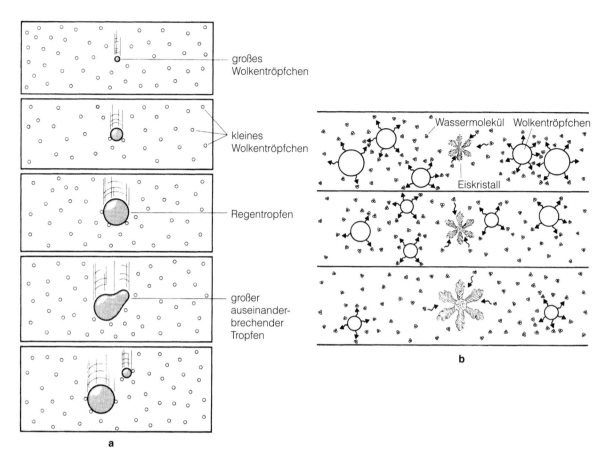

Abb. 14.1 *Zwei Mechanismen der Regenbildung. a) Kollision und Vereinigung: Weil große Wolkentröpfchen schneller fallen als kleine, können sie die kleineren auf ihrem Weg mitreißen und so wachsen. b) Der Bergeron-Findeisen-Prozess: Eispartikel wachsen auf Kosten der Wolkentröpfchen, bis sie groß genug sind, um zu fallen. Man beachte, dass die Größe dieser Partikel in der Darstellung stark übertrieben ist.*

Feuchtigkeit über Dampf zu Eis, und die Eisteilchen wachsen schnell. Solche Teilchen werden schließlich groß genug, um als Schnee herunterzufallen. Wenn sie in tiefere Schichten gelangen, können sie zu Regen werden. Diese Theorie ist die Grundlage für viele Experimente mit künstlich erzeugtem Regen. Dabei wird das Wachstum großer Eiskristalle durch das Einbringen trockener Eis- oder ähnlicher Kristalle in Wolken von unterkühlten Wassertröpfchen angeregt.

Als Nächstes wäre zu überlegen, warum ein Luftpaket aufsteigt. Es scheint zwei Hauptmechanismen zu geben: das spontane Aufsteigen feuchter Luft und das erzwungene Aufsteigen feuchter Luft.

Spontanes Aufsteigen hängt mit Konvektion zusammen, einer Form von atmosphärischer Bewegung, die aus starken Aufwinden innerhalb einer Konvektionszelle besteht. Ein Hauptgrund für solche Aufwinde liegt in der Erwärmung eines Luftpaketes durch Wärmeabstrahlung von der Erdoberfläche. Die entstehenden warmen Luftmassen sind weniger dicht als die umgebende Luft und steigen deshalb auf. Beim Aufsteigen kühlt sie sich adiabatisch ab, sodass sie schließlich unter den Taupunkt gelangt und kondensiert. Durch den Kondensationsprozess wird dann Wärme frei, die die Konvektionszelle weiter anheizt. Ungleiche Bodenerwärmung bei hoher Temperatur und hoher Feuchtigkeit schafft also die Voraussetzungen für instabile Luftmassen und fördert damit den Konvektionsregen.

Niederschlag kann aber auch durch *„erzwungenes"* Aufsteigen feuchter Luftmassen verursacht werden. Wenn die vorherrschenden Winde zum Beispiel auf eine Gebirgsbarriere stoßen, müssen die Luftmassen aufsteigen, um die Gebirgskette zu überwinden. Dieser Typ von reliefbedingtem Niederschlag wird als *orographischer Niederschlag* bezeichnet. Eine Schicht dichter kalter Luft kann sich in gleicher Weise wie eine Gebirgskette auswirken. Da sie eine hohe Dichte hat, bleibt sie nahe am Boden und wirkt sich als Barriere gegen die Bewegung der leichteren, warmen Luft aus. Die warme Luft wird somit zum Aufstieg über die kalte Luft gezwungen, wie dies beim Niederschlag an Wetterfronten der Fall ist. Es handelt sich hier um den Niederschlagstyp der mittleren Breiten (Kapitel 6.2).

Außer dem Regen gibt es noch andere Formen des Niederschlags. Die Eigenschaften der wichtigsten Niederschlagstypen werden in Tabelle 14.1 beschrieben. Wie Abbildung 14.2 zeigt, hängt die Art des Niederschlags, der die Erdoberfläche erreicht, von den atmosphärischen Bedingungen zwischen Wolken und Boden ab. Eine dieser Niederschlagsarten ist der *Nebel*, eine Materie aus winzigen Tröpfchen flüssigen Wassers. Die Wassertröpfchen bilden sich beim Abkühlen der Luft unter den Taupunkt, wenn ein Teil ihres unsichtbaren Wasserdampfs kondensiert. Nebel unterscheidet sich von Wolken nur dadurch, dass er sich bei Abkühlung bodennaher Luftmassen bildet, während Wolken durch Aufstieg und Abkühlung von Luftmassen in den höheren Schichten der Troposphäre entstehen. *Ausstrahlungsnebel* entwickelt sich, wenn relativ warme Luftmassen in Kontakt mit einer kühlen

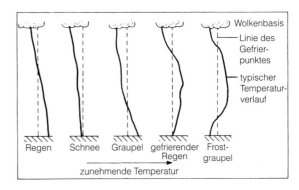

Abb. 14.2 Die Art des Niederschlags, der den Boden erreicht, hängt von den Temperaturen in der Luftschicht zwischen der Wolkenbasis und dem Boden ab. In den dargestellten Situationen fällt der Niederschlag von einer gemischten Wolke. Der resultierende Niederschlagstyp hängt vom Temperaturverlauf und der Lage des Gefrierpunktes ab. In allen Fällen handelt es sich um typische Profile, in denen die Temperatur von links nach rechts zunimmt.

Tabelle 14.1: Wichtigste Niederschlagstypen

Niederschlagstyp	Beschreibung	Normale Wolken, aus denen der Niederschlag bis auf den Boden fällt
Regen	Tropfen mit Durchmesser > 0,5 Millimeter (auch kleinere, wenn sie weit auseinander sind)	Ns, As, Sc, Ac castellanus, Cu congestus
Nieselregen	feine Tropfen mit Durchmesser < 0,5 Millimeter, sehr nahe aneinander	St, Sc
gefrierender Regen (oder Nieselregen)	Regen (oder Nieselregen), dessen Tropfen bei der Berührung mit dem Boden gefrieren	gleiche Wolken wie für Regen oder Nieselregen
Schneeflocken	lockere Aggregate von Eiskristallen, meistens verästelt	Ns, As, Sc, Cb
Schneeregen	teilweise geschmolzene Schneeflocken oder zusammen fallender Regen und Schnee	gleiche Wolken wie für Schneeflocken
Schneekügelchen (auch weicher Hagel, Graupel)	weiße, undurchsichtige Eiskörner, kugelförmig, manchmal konisch, Durchmesser circa 2 bis 5 Millimeter	Cb bei kaltem Wetter
Schneekörner (auch Granulatschnee, Graupel)	sehr klein, weiße, undurchlässige Eiskörner, flach oder länglich, Durchmesser im Allgemeinen < 1 Millimeter	Sc oder St bei kaltem Wetter
Eiskügelchen	durchsichtige oder durchscheinende Eiskügelchen, kugelförmig oder unregelmäßig, Durchmesser < 5 Millimeter Zwei Typen: a) gefrorene Regen- oder Nieselregentropfen oder weitgehend geschmolzene und wieder gefrorene Schneeflocken b) Schneekügelchen mit einer dünnen Eisschicht (auch kleiner Hagel)	Ns, As, Cb Cb
Hagel	kleine Eisbällchen oder -stückchen, Durchmesser 5 bis 50 Millimeter (manchmal mehr)	Cb
Eisprismen	unverzweigte Eiskristalle in der Form von Nadeln, Säulen oder Platten	St, Ns, Sc (manchmal aus heiterem Himmel als fortgeschrittenes Stadium von Eisnebel)

Erdoberfläche geraten, wie dies nach Ausstrahlungs-
nächten der Fall ist. Wenn warme Luftmassen über ein
Gebiet mit kaltem Meerwasser wehen, wie etwa entlang der Westküsten von Kalifornien oder Namibia,
kommt es zu *Meernebeln*. In arktischen Küstenregionen hingegen gibt es Verdunstungsnebel *(Dampfnebel)*,
wenn sehr kalte Luftmassen über warmes Wasser
geführt werden. In Gebieten, wo Nebel häufig auftritt
und die Baumvegetation diese feinen Wassertröpfchen aufnimmt, kann der Nebelniederschlag eine
wesentliche Komponente des Wasserkreislaufes sein.

Ein weiterer wichtiger Niederschlagstyp ist der
Schnee. Die Voraussetzungen für Schneefall entsprechen den Niederschlagsbedingungen, allerdings sind
die Bodentemperaturen beim Schneefall bedeutend
niedriger. Auch hier bedarf es ausgehend von einem
Tiefdruckgebiet, von der Konvergenz der Luftströme
oder von dem Barriere-Effekt einer Gebirgskette einer
Aufwärtsbewegung von Luftmassen als Grundvoraus-
setzung. Da warme Luft mehr Feuchtigkeit halten
kann als kalte, treten die stärksten Schneefälle auf,
wenn die Temperatur nahe dem Gefrierpunkt ist, und
nicht dann, wenn die Temperaturen unter dem

Gefrierpunkt liegen. Der schneereichste Ort der Welt,
für den Angaben vorliegen, heißt Paradise und liegt
im Gebiet des Mount Rainier im Nordwesten der Vereinigten Staaten. Dort hat man im Winter 1971/72
insgesamt 31 Meter Schnee gemessen.

Hagel besteht aus kugelförmigen Eisklümpchen
mit einem Durchmesser von fünf Millimetern und
mehr. Er bildet sich in kräftigen Cumulonimbus-Wol-
ken, in denen die Aufwärtsströmungen stark genug
sind, um das Gewicht der anwachsenden Hagelkörner
aufwärts zu tragen. Hagelkörner sind zunächst nur
Kügelchen aus gefrorenen Regentropfen oder Schnee,
die in den heftigen Luftströmungen einer Gewitter-
wolke aufsteigen und wieder fallen und so durch das
Anfrieren von Wolkentröpfchen an Größe zunehmen.
Hagel ist in kalten Gebieten relativ selten, da dort die
Konvektion nicht stark genug ist. Hagel tritt aber auch
in sehr warmen Gebieten selten auf, da die Hagelkörner mit großer Wahrscheinlichkeit schmelzen, bevor
sie den Boden erreichen. Hagel ist deshalb eher
typisch für Gebiete wie die Central Plains in Nordamerika und für subtropische Gebiete wie Südafrika. In
Kansas wurde 1970 mit 766 Gramm und 44 Zentime-

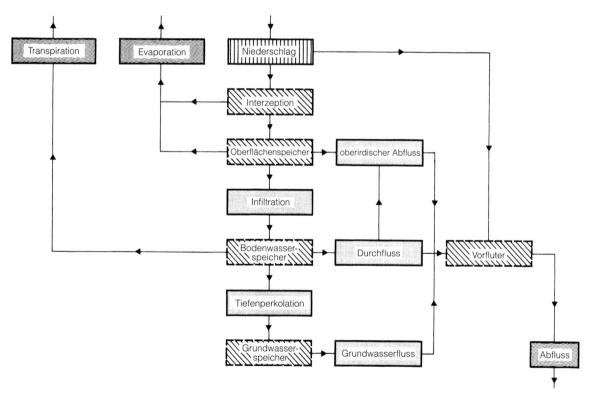

Abb. 14.3 *Der Wasserkreislauf in einem Einzugsgebiet mit den wichtigsten Inputs, Speichern (gestrichelt umrahmt), Transmissionspro-
zessen und Outputs.*

tern Durchmesser das Rekordgewicht für ein Hagelkorn gemessen. Hagelschläge können insbesondere an landwirtschaftlichen Kulturen großen Schaden anrichten. Allein in den Vereinigten Staaten übersteigt der Schaden jedes Jahr 500 Millionen Dollar.

14.3 Interzeption

In den meisten Fällen gelangen Regen und Schnee nicht direkt auf die Bodenoberfläche, sondern werden durch Äste und Blattwerk der Pflanzen *aufgefangen* (*Interzeption*) (Abbildung 14.3). Von da an stehen ihnen drei mögliche Wege zur Bodenoberfläche offen: a) Abtropfen von den Pflanzenblättern (genannt Kronendurchlass), b) sekundäre Interzeption durch Pflanzen tieferen Niveaus oder c) Hinunterfließen entlang Halmen und Stämmen (genannt Stammabfluss). Aber nicht alle aufgefangene Feuchtigkeit gelangt bis auf den Boden. Ein Teil davon wird durch Evapotranspiration wieder an die Atmosphäre zurückgegeben. Diese Menge variiert stark mit der Vegetations- und Niederschlagsart. Bei leichten Regenfällen kann sie beträchtlich sein (bis zu 60 Prozent), bei Starkregen pendelt sie sich bei etwa 15 Prozent ein.

Im Winter sind die laubabwerfenden Bäume nur zu relativ geringer Interzeption fähig, da sie ihre Blätter abgeworfen haben. Dies trifft für Koniferen nicht zu und es gibt sogar im Sommer Hinweise darauf, dass Koniferen mehr Feuchtigkeit auffangen als Laubbäume, denn offenbar ist es für Wassertropfen leichter, sich an Nadeln als an Blätter zu hängen. Einige Blattarten der äquatorialen Wälder haben „Träufelspitzen", welche die Regentropfen leicht ablaufen lassen. Im Allgemeinen aber verhindern tropische immergrüne Wälder mit ihrer geschlossenen Kronenbedeckung und mehreren Vegetationsschichten sehr effizient, dass aufgefangener Niederschlag bis auf den Boden gelangt. Man nimmt an, dass tropische Niederschläge einen Verlust durch Interzeption von etwa 30 Prozent haben. Bei einer Grasdecke beträgt dieser Wert etwa 20 Prozent des Gesamtniederschlags.

14.4 Evapotranspiration

Wenn man die Wassermenge, die ein Einzugsgebiet durch Niederschlag erhält, mit der Abflussmenge der Flüsse vergleicht, wird deutlich, dass es in diesem System zu einem beträchtlichen Verlust kommt. Wenn wir das Beispiel Südostengland nehmen, so beträgt der Flussoutput eines Gebietes nur etwa 30 Prozent des Inputs, und in Wüstengebieten ist der Verlust noch größer. Der große Unterschied zwischen Input- und Outputwerten ist in erster Linie eine Folge der *Evapotranspiration*.

Die Evapotranspiration hat zwei Komponenten. Die eine ist die *Evaporation* (Verdunstung), der direkte Verlust von Wasser an die Atmosphäre (aus dem Wasser, dem Boden und anderen Oberflächen) als Folge von physikalischen Prozessen. Die andere Komponente ist die *Transpiration*, der biologische Prozess der Verdunstung von Wasser durch die Spaltöffnungen (Stomata) der Pflanzenblätter. Die Transpirationsraten variieren deutlich mit dem Verlauf der Wachstumsperioden und in Abhängigkeit von Art und Ausmaß der Pflanzenbedeckung. Die Evaporationsraten variieren deutlich mit Temperatur, Windgeschwindigkeiten, atmosphärischen Turbulenzen, Feuchtigkeit, Anzahl der Stunden mit Sonnenschein und so weiter. Klimatologen unterscheiden zwischen *potenzieller Evapotranspiration* (*Ep*) (Menge des Verlustes an Wasser, wenn immer genügend Feuchtigkeit für die Bedürfnisse der Vegetation, die das Gebiet bedeckt, verfügbar wäre) und *aktueller Evapotranspiration* (*Ea*) (tatsächlicher Verlust an Feuchtigkeit unter Berücksichtigung der Tatsache, dass nicht immer genügend Feuchtigkeit verfügbar ist).

Wenn wir ein Idealmodell (Abbildung 14.4a) nehmen, in dem die Niederschläge gleichmäßig über das ganze Jahr verteilt sind, können wir die Bedeutung dieser Differenz zwischen *Ep* und *Ea* sehen. Während der Niederschlag im Laufe des Jahres konstant ist, zeigt *Ep* aufgrund der höheren Sommertemperaturen und des raschen Wachstums der Vegetation einen ausgeprägten Jahreszyklus. Ist der Niederschlag (*P*) größer als *Ep*, herrscht Wasserüberschuss, und es kommt zu *Oberflächenabfluss* (*R*). Wenn aber wie in den Sommermonaten *Ep* größer ist als *P*, gibt der Boden Feuchtigkeit an die Pflanzen ab. Bei *Bodenfeuchtigkeitsdefizit* ist *Ea* geringer als *Ep*. Ist diese Periode zu Ende, da *P* wieder größer *Ep*, folgt eine Periode, in der die Bodenfeuchtigkeit wieder bis zur Feldkapazität hergestellt wird. Die Feldkapazität ist diejenige Wassermenge, welche ein Boden in ungestörter Lage maximal gegen die Schwerkraft zurückhalten kann (Haftwasser). Wenn die Feldkapazität wieder hergestellt ist, folgt eine Periode mit Wasserüberschuss und *R* kann wieder neu beginnen. Dieses Idealmodell stimmt relativ gut mit dem Diagramm des realen Wasserhaushalts einer Messstation in Yorkshire, England, überein (Abbildung 14.4b).

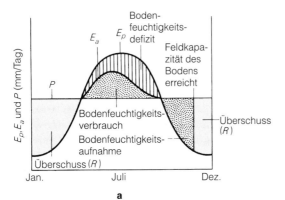

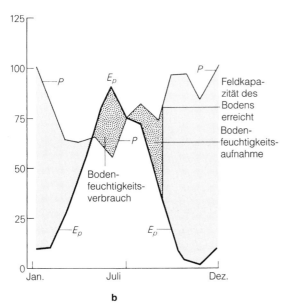

Abb. 14.4 *Bodenfeuchtigkeitshaushalt: a) eine Idealdarstellung eines Jahreshaushalts der Bodenfeuchtigkeit für einen Ort in mittleren Breiten auf der Nordhalbkugel (Erklärungen siehe Text); b) ein Diagramm der Jahreswasserbilanz für Huddersfield Oakes, Yorkshire, England.*

14.5 Infiltration

Wenn das Niederschlagswasser die Vegetationsschicht durchquert hat, trifft es auf die Bodenoberfläche auf. Je nach Beschaffenheit des Bodens läuft ein Teil des Wassers oberflächlich ab und ein anderer dringt in den Boden ein, was als *Infiltration* bezeichnet wird. Es gibt eine Maximalrate, mit welcher der Boden Wasser absorbiert. Diese obere Begrenzung nennen wir *Infiltrationskapazität*. Ist die Niederschlagsintensität geringer als diese Infiltrationskapazität, dann ist die Infiltrationsrate gleich der Niederschlagsrate. Ist die Niederschlagsrate größer als die Fähigkeit des Bodens, Wasser zu absorbieren, dann entspricht die Infiltration der Kapazität. Der Überschuss von Infiltration und Niederschlag sammelt sich auf der Bodenoberfläche an, und es beginnt der *Oberflächenabfluss*.

Wasser, das durch Infiltration in den Boden gelangt, muss durch kleine Spalten und Porenöffnungen eindringen. Seine Bewegungsgeschwindigkeit ist deshalb gering, geringer als die Geschwindigkeit des Oberflächenabflusses. Der Boden spielt daher eine wichtige Rolle für die Bestimmung des Volumens, des zeitlichen Verlaufs und der Spitzenfließgeschwindigkeit des Abflusses bei einem Niederschlagsereignis.

Wasser sickert aufgrund der Schwerkraft und der kapillaren Anziehung in den Boden ein. Die Infiltrationsrate nimmt zu Beginn eines Ereignisses schnell ab und erreicht nach ein bis zwei Stunden Niederschlag einen annähernd konstanten Wert. Verschiedene Faktoren sind dafür verantwortlich. Das Auffüllen feiner Bodenporen mit Wasser vermindert die kapillaren Kräfte, die das Wasser in die Poren ziehen, und füllt das Speicherpotenzial des Bodens auf. Zweitens quellen Tonteilchen im Boden auf, wenn sie befeuchtet werden, und vermindern die Porengröße. Drittens bricht die Einwirkung der Regentropfen beim Aufspritzen Bodenteile auf, worauf feine Teilchen über die Oberfläche gespritzt und in Poren hineingespült werden, wo sie das Eindringen von Wasser behindern.

Viele Faktoren beeinflussen den zeitlichen Verlauf der Infiltrationskurve. Auch die Bodeneigenschaften sind von vitaler Bedeutung. Böden mit einer groben, sandigen Textur haben große Poren, in denen das Wasser leicht ablaufen kann, während die überaus feinen Poren im Ton die Drainage verlangsamen. Desgleichen kommt es zu einer schnellen Infiltration und Drainage bei einem hohen Gehalt des Bodens an organischem Material, da dies die Krümelung fördert. Die Tiefe des Bodenprofils und der anfängliche Feuchtigkeitsgehalt bestimmen weitgehend, wie viel Wasser im Boden bis zur Sättigung und bis zum Beginn des Oberflächenabflusses gespeichert werden kann. In ähnlicher Weise spielt auch die Vegetation eine Rolle. Vegetation und Streu wirken der Bodenverdichtung durch Einwirkung der Regentropfen entgegen. Sie liefern den nötigen Humus für die Verbindung der Bodenteilchen in Aggregaten. Die Bodenfauna trägt zu diesem Prozess bei, indem sie die mineralischen Teilchen und das organische Material vermischt.

Die Infiltrationskapazität kann sich durch die Tätigkeit des Menschen verändern. Bei der Überwei-

Tabelle 14.2: Der Einfluss der Bodennutzung auf die Infiltrationsraten

qualitative Reihenfolge des Einflusses der Landnutzung auf die Infiltrationsrate

höchste Infiltration	Gehölze (gut)
	Wiesen
	Gehölze (mittel)
	Weiden (gut)
	Gehölze (dürftig)
	Weiden (mittel)
	niedriges Getreide (mit gutem Fruchtwechsel)
	niedriges Getreide (mit schlechtem Fruchtwechsel)
	Gemüse (nach Reihenanbau von Getreide)
	Weiden (dürftig)
	Reihenanbau von Getreide (mit gutem Fruchtwechsel)
	Reihenanbau von Getreide (mit schlechtem Fruchtwechsel, ein Viertel oder weniger Heu oder Gras)
geringste Infiltration	Brachland

Infiltrationsraten auf beweidetem und unbeweidetem Land in den USA (Millimeter pro Stunde)

Staat	unbeweidet	stark beweidet
Montana	34,4	10,2
Oklahoma	222,3	62,2
Colorado	62,2	25,4
Montana	147,3	58,4
Wyoming	34,3	24,2
Louisiana	45,7	17,8
Kansas	33,0	20,3
Arizona	40,6	30,5
Durchschnitt	77,5	31,1

dung durch Nutztiere wird der Boden so verdichtet und in seiner natürlichen Lagerung gestört, dass die Bodenstruktur zerstört wird. Die Rodung von Wäldern verringert den Schutz gegen Regentropfen und auch den Gehalt des Bodens an organischem Material. Das Anwachsen der Siedlungen führt zu ausgedehnten Gebieten mit versiegelter Bodenoberfläche (Kapitel 17.4). Der erste Teil von Tabelle 14.2 liefert einen qualitativen Eindruck davon, wie unterschiedlich die Infiltrationsraten unter verschiedenen Landnutzungstypen sind. Der zweite Teil zeigt die unterschiedlichen Infiltrationsraten auf stark beweidetem und unbeweidetem Land: Auf dem stark beweideten Land beträgt die mittlere Rate nur 31,1 Millimeter pro Stunde im Vergleich zu 77,5 Millimetern auf unbeweidetem Land.

14.6 Oberflächenabfluss

Früher nahm man an, der Oberflächenabfluss sei die Folge von Niederschlagsintensitäten, die höher als die Infiltrationskapazität des Bodens sind. Tatsächlich wurden bei Starkregenereignissen häufig Wasserstaus auf der Bodenoberfläche beziehungsweise beträchtliche Oberflächenabflüsse festgestellt. Im Jahre 1935 stellte der amerikanische Hydrologe R. E. Horton ein sehr maßgebliches *Oberflächenabflussmodell* vor (Abbildung 14.5a). Es sagt aus, dass anhaltender Niederschlag, der an den Hängen eines Flusseinzugsgebietes mit relativ gleichmäßiger Infiltrationskapazität fällt, im ganzen Einzugsgebiet mehr oder weniger gleichzeitig zu oberirdischem Abfluss führt, falls die Niederschlagsintensität größer ist als die Infiltrationskapazität. Horton glaubte, dieser oberirdische Abfluss sei der

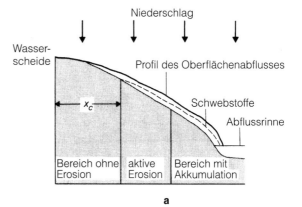

a

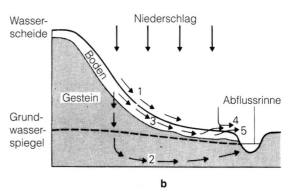

b

Abb. 14.5 Der Weg des Wassers vom Hang zum Vorfluter: *a) das klassische Modell von R. E. Horton; b) das komplexere Modell mit Oberflächen- und Zwischenabfluss: 1. Infiltrationsüberschreitung nach Hortons Oberflächenabflussmodell; 2. Grundwasserfluss; 3. Zwischenabfluss; 4. direkter Abfluss des Niederschlags auf gesättigten Gebieten; 5. Wiederaustreten von Hangwasser (Rückfluss).*

Hauptbeitrag zum raschen Ansteigen der Abflusswerte von Flüssen bei Starkregen und er sei auch ein Hauptgrund für die Hangerosion. Er behauptete, es gäbe je nach der Intensität des Niederschlagsereignisses und nach der Beschaffenheit des Oberflächenmaterials eine kritische Distanz unterhalb der Wasserscheide, wo die Tiefe des oberirdischen Abflusses genügend groß werde, um einen Abscherungsstress zu erzeugen, der die oberflächlichen Bodenteilchen mitzieht und Rillen erodiert. Horton glaubte, oberhalb dieser kritischen Linie sei ein *Bereich ohne Erosion*, wo konvexe Hangkuppen mit Auswirkungen des *splash* und des Bodenkriechens (Kapitel 12.4) die Norm seien. Unterhalb dieser Linie herrsche aktive Oberflächenerosion durch oberirdischen Abfluss, und die Hänge neigten deshalb zu konkaven Formen.

Die Abfolge der Vorgänge im Schema von Horton kann wie folgt zusammengefasst werden:

- Die Niederschlagsintensität übersteigt die Infiltrationskapazität des Bodens.
- Auf der Oberfläche bildet sich eine dünne Wasserschicht, und hangabwärts beginnt oberirdischer Abfluss.
- Das abfließende Wasser sammelt sich in Mulden an der Oberfläche.
- Wenn diese Mulden voll sind, beginnen sie überzulaufen.
- Der oberirdische Abfluss dringt in kleine Rillen ein, die sich vereinigen und kleine Flüsschen bilden. Diese entwässern in tief eingeschnittene Wasserläufe, diese wiederum in die Vorfluter, was zu einem raschen Ansteigen der Flusspegel führt.

Oberirdischer Abfluss nach Horton kommt in Gebieten mit Niederschlägen von hoher Intensität vor, in vegetationsfreien Gebieten und in solchen mit geringmächtigen Böden mit geringer Infiltrationskapazität. Man kann diesen Vorgang in semiariden Gebieten und auf bewirtschafteten Feldern in Regionen mit hohen Niederschlagswerten beobachten, ebenso auf Flächen, die von Fahrzeugen oder Tieren verdichtet wurden.

Allerdings gibt es zwei Beweisstücke, die nahe legen, dass das Modell von Horton in seiner einfachen Form keine breite Anwendbarkeit besitzt. Erstens waren die gemessenen Infiltrationsraten an einigen Hängen, an denen das Oberflächenwasser bei Niederschlagsereignissen beobachtet wurde, sehr hoch. In Großbritannien übersteigen die Niederschlagsintensitäten selbst bei Starkregen, die zu Überschwemmungen führen, selten 20 Millimeter pro Stunde. Zweitens

hat man festgestellt, dass der Abfluss nicht wie im Modell von Horton angenommen überall im Einzugsgebiet entsteht, sondern dass er auf einige besondere Teile beschränkt ist.

Die Erklärung für diese beiden Beweisstücke liegt in einem Vorgang, den man als Zwischenabfluss bezeichnet. Es ist heute erwiesen, dass die Hangabwärtsbewegung des Wassers innerhalb der Bodenschichten bedeutender ist als der oberirdische Abfluss. Die meisten Böden liegen auf geneigtem Land, sodass die Bewegung des Bodenwassers in Richtung auf den Hangfuß erfolgt. Die vertikale Komponente dieser Bewegung nennt man *Perkolation*, die horizontale Komponente *Durchfluss*. Sofern das Niederschlagsereignis nicht von extrem hoher Intensität ist und sofern der Boden nicht sehr hart ist, dringt der ganze tatsächliche Niederschlag in den Boden ein, füllt leere Bodenporen auf und bildet nahe an der Oberfläche eine Zone mit höherem Wassergehalt.

Der unterste Rand des durch Wasser neu durchtränkten Bodens wird Feuchtefront genannt: Sie trennt eine obere hoch permeable Zone von einer unteren mit trockenerem Boden und geringerer Permeabilität. Wenn der Starkregen ausreichend lang andauert, erreicht die Feuchtefront schließlich die Bodenprofilbasis und die Feldkapazität ist erreicht. Danach fließt das Wasser als Zwischenabfluss hangabwärts. Jedoch können sowohl der Boden am Flussufer, als auch am Hangfuß bereits gesättigt sein und quellen durch das einfließende Wasser auf (Abbildung 14.6). Fallen im Flusseinzugsbereich neue Niederschläge, so können sie nicht versickern und müssen oberflächlich abfließen. Dies wiederum ist generell der wichtigste Grund für ein schnelles Ansteigen des Flusswasserspiegels, wobei auch etwas Wasser aus dem gesättigten Uferbereich dem Vorfluter zuströmt.

Tabelle 14.3: Geschätzte Fließgeschwindigkeiten verschiedener hydrologischer Prozesse	
Fließtyp	**Geschwindigkeitsbereich (Meter pro Stunde)**
offener Graben	300–10 000
oberirdischer Abfluss	50–500
Rohrdurchfluss	50–500
Durchfluss durch Bodenmatrix	0,005–0,3
Grundwasserdurchfluss:	
Sandstein	0,001–10
Schiefer	0,00000001–1
zerklüfteter Kalkstein	0–500

Quelle: angepasst nach D. Weyman (1975) *Runoff Processes and Streamflow Modelling.* Oxford University Press, Oxford.

Die laterale Bewegung des Zwischenabflusses kann im Boden kleine Röhren oder Tunnel aushöhlen (oberflächennaher Abfluss), in denen Wasser mit einiger Geschwindigkeit dem Vorfluter zugeführt wird, und somit ebenfalls zu einem schnellen Ansteigen des Flusspegels während eines Starkregens führt. Wasser welches dagegen in der Bodenmatrix fließt, bewegt sich viel langsamer (Tabelle 14.3).

Zusammenfassend kann man das Model des Oberflächen- und Zwischenabflusses in folgende Sequenzen unterteilen (Abbildung 14.5b):

- Am Anfang des Starkregens verläuft ein schmaler gesättigter Keil entlang des Flusses. Das gesättigte

Gebiet im Boden liegt nahe an der Oberfläche und Zwischenabfluss setzt langsam ein (Punkt 3)

- Hält der Starkregen länger an, vergrößert sich der gesättigte Bereich durch Zuströmen von Hangwasser. Es kann dann an der Talsohle zu einem Austreten von Hangwasser aus dem Zwischenablauf kommen, welches dem Vorfluter nun über Oberflächenabfluss zuströmt (Rückfluss, Punkt 5)

- Direkter Abfluss von Niederschlag über gesättigten Bereichen bzw. Niederschlagseintrag auf die Wasseroberfläche (Punkt 4)

- Hält der Regen weiter an, wandert der gesättigte Keil hangaufwärts und somit vergrößert sich das Abflussareal im Flusseinzugsgebiet

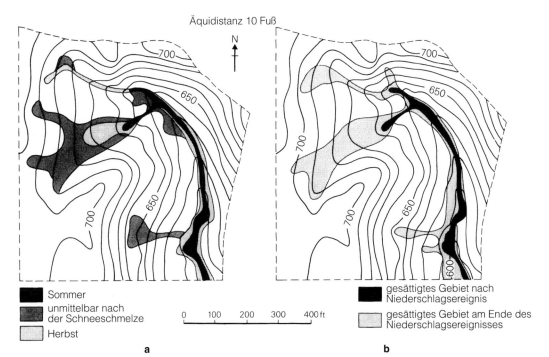

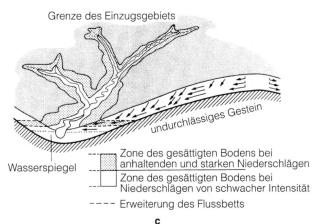

Abb. 14.6 *Die Ausdehnung des wassergesättigten Areals eines Flusseinzugsbereichs hat großen Einfluss auf die Natur des Ablaufs. Sie variiert sowohl saisonal als auch während eines einzigen Niederschlagsereignisses. a) Die saisonale Veränderung des gesättigten Gebietes vor einem Starkregen. Ein Beispiel aus einer gut drainierten Gebirgslandschaft in Vermont (USA) mit nah aneinander liegenden und steilen Hängen über einem schmalen Talboden; b) die Vergrößerung des gesättigten Gebietes während eines einzigen Starkregens mit 46 Millimeter Niederschlag; c) die Auswirkung eines Starkregens auf ein Flusseinzugsgebiet bedeutet ein Anschwellen des Flusses und die Ausbreitung des an den Fluss angrenzenden gesättigten Gebietes.*

• Hört der Regen auf, erlischt der direkte Niederschlagseintrag und der Oberflächenabfluss geht schnell zurück. Jedoch hält der Zwischenabfluss aus langsamem Fließen in der Bodenmatrix und relativ schnellem in den Röhren noch sehr lange an.

Die Bedeutung des Zwischenabflusses in relativ kleinen Flusseinzugsgebieten kann anhand von empirischen Studien von Abflussganglinien belegt werden. In vielen Arbeiten fand man, dass nach einer Regenperiode mit hohen Niederschlägen in der Abflussganglinie (Abbildung 14.7) zwei deutliche Maxima erkennbar sind. Das erste tritt schon kurz nach dem Maximum des Niederschlags auf, manchmal mit einer Verzögerung von nur einer Stunde, und spiegelt den schnellen Niederschlagsabfluss von stark versiegelten Flächen beziehungsweise von direkten Eintrag auf die Wasseroberfläche des Flusses wieder. Das zweite Maximum in der Abflussganglinie kommt erst einige Stunden nach dem ersten zum Vorschein und wird dem Zwischenabfluss zugeordnet.

14.7 Grundwasser

97 Prozent des Süßwassers der Erde, nicht eingerechnet das im Eis der Polargebiete gebundene Wasser, sind im Gesteinsuntergrund gespeichert. Es wird als Grundwasser bezeichnet und befindet sich in den Porenräumen von Sedimenten wie Sand und Geröll sowie in den Klüften von Kalk- und Sandsteinen.

Das Grundwasser ist eine äußerst wichtige Ressource. Einzelne Länder wie Barbados, die Niederlande oder Dänemark sind fast ausschließlich auf Grundwasser angewiesen. In Großbritannien und Frankreich speist sich die Wasserversorgung zu mehr als einem Drittel aus dieser Quelle; in den Vereinigten Staaten beträgt der Anteil des Grundwassers an der Wasserversorgung nahezu 50 Prozent.

Niederschlag, der durch die Bodenschicht sickert und in das Ausgangsgestein eindringen kann (Abbildung 14.5b, Punkt 2), erreicht irgendwann eine gesättigte Zone – das *Grundwasser*. Den oberen Abschluss dieser Zone nennt man den *Grundwasserspiegel*. Normalerweise steht die Oberfläche des Grundwassers in

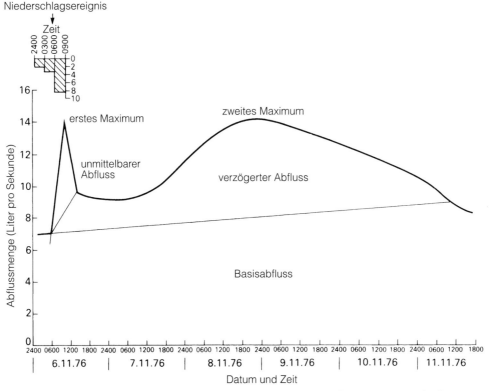

Abb. 14.7 Abflussganglinie eines schmalen Flusseinzugsgebietes in den Mendip-Bergen, SW-England. Das Grundgestein besteht aus undurchlässigem devonischem Old-Red-Sandstein mit einer mächtigen Auflage aus wasserdurchlässigen Braunerden. Man beachte die zwei Maxima des Graphen.

Zusammenhang mit der Topographie der Erdoberfläche. Das Grundwasser fließt gewöhnlich einem tiefen Punkt zu, der oft durch ein Flussbett repräsentiert wird.

Das klassische Modell der Grundwasserfließrate wird durch das *Darcy'sche Gesetz* beschrieben, benannt nach einem französischen Ingenieur aus Dijon. Darcy behauptete, dass für ein wasserleitendes Gestein (Aquifer) die Durchflussrate von einem Punkt zu einem anderen direkt proportional zum Höhenunterschied beider Punkte und antiproportional zur horizontalen Distanz, die das Wasser zurücklegt, ist. Die Beziehung der horizontalen zur vertikalen Entfernung kann man ähnlich dem Einfallswinkel einer Ebene sehen. In der Tat ist es natürlich die Erdanziehung, die das Wasser abwärts fließen lässt, so wie ein Ball mit verschiedenen Geschwindigkeiten verschieden steile Ebenen herunterrollen kann. Darcy fand auch, dass die Fließgeschwindigkeit mit der Permeabilität des Gesteins zunimmt.

Es ist wichtig anzumerken, dass es einen großen Unterschied zwischen Permeabilität und Porosität gibt. Letztere ist ein Maß dafür, wie viel Wasser man in einem Gestein speichern kann, während die Permeabilität Auskunft über die Fließgeschwindigkeit innerhalb eines Gesteins gibt.

Porosität resultiert aus der offenen Textur und grobkörnigen Bestandteilen: offene Verkittung von Gestein und offene Poren und sorgen für *primäre Permeabilität*. *Sekundäre Permeabilität* ist das Ergebnis von Rissen, Brüchen und Spalten, durch die das Wasser fließen kann. Typische Grundwassergeschwindigkeiten liegen im Bereich zwischen einem Millimeter und einem Meter pro Tag. Grobkörnige Sedimentgesteine (Sandstein, Konglomerate, Schotter) zeigen höchste Permeabilität, Sedimente aus feinen Fraktionen (zum Beispiel Tonstein) oder magmatische Gesteine (zum Beispiel Granit) geringe. Für noch nicht verfestigte Sedimente gilt: Die gröberen Fraktionen (Sand und Kies) sind permeabler als die feinen (Schluff und Ton) obwohl sie gewöhnlich weniger porös sind. Dies hat zwei Gründe. Die eckigen, plättchenförmigen Tonteilchen können miteinander verhaken und isolieren so den freien Raum zwischen ihnen. Dies hemmt die Wasserbewegung durch das Sediment. Wichtiger jedoch ist, dass die kleinen Schluff und Tonteilchen eine große Oberfläche im Verhältnis zu ihrem Volumen besitzen, und somit das Wasser in den Poren und an der Oberfläche fest halten. Verschiedene Gesteine haben eine hohe sekundäre Permeabilität entlang von Brüchen oder Schichten, welche entweder durch

Lösung (zum Beispiel in Kalk) oder Abkühlungsrisse (zum Beispiel basaltische Lava) erweitert wurden. Grundwasser tritt gewöhnlich aus, wenn ein Gestein hoher Permeabilität auf einem weniger permeablen aufliegt. Liegt zum Beispiel Kalk über Ton, kann

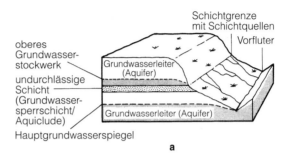

a

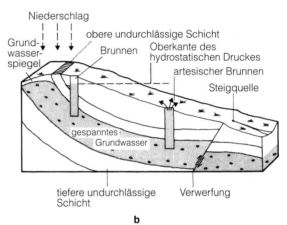

b

Abb. 14.8 *a) Aufliegender Grundwasserspiegel. In Gebieten mit sanft einfallenden Sedimenten können einige Schichten große Porosität und Permeabilität aufweisen (zum Beispiel Sandstein), während andere – etwa Tonschiefer – wasserstauend wirken. Sandstein kann deshalb als unterirdisches Grundwasserreservoir (Aquifer) angesehen werden, während die Tonschieferschicht wegen ihrer geringen Durchlässigkeit wasserstauend wirkt (Aquiclude). In dem Beispiel blockiert eine dünne undurchlässige Schicht die Perkolation des Wassers zum tiefer gelegenen Hauptgrundwasserkörper. Das aufliegende Grundwasser fließt entsprechend der Schwerkraft unterirdisch ab, bis es an einem Hang als Schichtquelle austreten kann. b) Artesischer Brunnen und Steigquelle. Der Wasserspiegel des gespannten Grundwassers liegt etwa am oberen Ende der einfallenden Schichten. Der obere Brunnen, der zwar die obere undurchlässige Schicht durchbohrt, ist kein artesischer, da er die Höhe des maximalen hydrostatischen Drucks übersteigt und somit kein Wasser aus dem Schacht gedrückt werden kann. Der weiter hangabwärts gelegene Brunnen liegt jedoch unterhalb des hydrostatischen Druckmaximums, und somit fließt dort das gespannte Grundwasser aus. Dort wo eine Verwerfung die Schichten versetzt und somit dem gespannten Grundwasser einen Weg entlang der Störung öffnet, kann es an einer Steigquelle ausfließen.*

Grundwasser an den Schichtgrenzen in Form einer Quelle austreten.

Grundwasser kann in zwei verschiedenen Formen vorkommen. Entweder steht es mit der Topographie oder mit geologischen Strukturen in Beziehung. Ist es nicht von relativ durchlässigem Gestein überlagert, spricht man von *freiem Grundwasser*. Oft existiert nahe der Erdoberfläche eine Zone mit freiem Grundwasser, die an der Perkolation zum tiefer liegenden Hauptgrundwasserkörper durch eine undurchlässige Schicht (*Aquiclude*) behindert wird. Ein Wasserkörper, der so vom tieferen Grundwasser isoliert ist, wird *aufliegendes Grundwasser* genannt (Abbildung 14.8a).

Die zweite Art, wie man Grundwasser antrifft, ist die im *gespannten* Zustand. Man nennt es auch *artesisch*. Gespanntes Wasser (Abbildung 14.9) ist durch eine relativ undurchlässige Schicht so begrenzt, dass das Wasser im Brunnen empor steigt und an der Erdoberfläche ausfließt, wenn man einen Brunnen durch die Begrenzung bohrt (Abbildung 14.8b).

Die geringe Fließgeschwindigkeit und die große Speicherkapazität von verschiedenen Grundwassersystemen, besonders im Sandstein, bedeuten, dass auch in langen niederschlagsfreien Perioden ein stetiger Ausfluss von Grundwasser an Quellen und unmittelbar in die Flüsse ermöglicht wird. Grundwasserfließen, ergänzt durch die langsameren Formen des Zwischenabflusses, ist somit eine wichtige Komponente des so genannten Basisabflusses. Manche Grundwasservorräte haben ein hohes Alter und können aus Niederschlägen gespeist worden sein, die vor 30 000 bis 40 000 Jahren gefallen sind. So dürften zum Beispiel einige der großen Grundwasserkörper in den Nubischen Sandsteinen und anderen Aquiferen unter der Sahara in Pluvialzeiten entstanden sein, die von höheren Niederschlägen als heute begleitet waren. Es handelt sich folglich um fossile Wasservorkommen, die sich bei einer übermäßigen Entnahme nicht wieder erneuern.

Die Grundwasservorräte werden zunehmend vom Menschen ausgebeutet. Eine der Konsequenzen ist die Übernutzung vieler Aquifere (Abbildung 14.10), insbesondere derjenigen in ariden Gebieten, aus denen mehr Wasser entnommen wird als auf natürlichem Wege ergänzt werden kann. Neue Technologien, zum Beispiel Kreisberegnungsanlagen, breiten sich immer weiter aus (Abbildung 14.11). Die Übernutzung schafft eine ganze Reihe von Problemen (Exkurs 14.2). Die Ergiebigkeit von Brunnen und Bohrungen kann abnehmen, wodurch die Kosten der Wassergewinnung und damit letztlich auch die Wasserpreise steigen. Außerdem kann es bei fallenden Grundwasserspiegeln zu Sen-

Abb. 14.9 *Ein bekanntes artesisches Grundwassersystem befindet sich in Australien. Dieser Brunnen liegt in Moree, New South Wales.*

kungen an der Oberfläche kommen. In Küstengebieten besteht die Gefahr, dass salzhaltiges Meerwasser in die Aquifere eindringt und das für die Versorgung benötigte Süßwasser verdrängt. Sickerwässer aus Abwasserkanälen, Deponien und Bergwerken – oder auch von landwirtschaftlichen Flächen, auf die Klärschlämme, Dünger oder Herbizide aufgebracht wurden – können ebenfalls das Grundwasser verunreinigen.

In jüngerer Zeit sind jedoch in manchen Industrieregionen die industriellen Aktivitäten zurückgegangen, sodass dort weniger Grundwasser entnommen wird. Demzufolge beginnen die Grundwasserspiegel dort wieder anzusteigen – eine Entwicklung, die durch beträchtliche Sickerverluste aus alten, verrottenden Rohrleitungen und Abwassersystemen noch gefördert wird. Dies geschieht bereits in englischen Städten wie beispielsweise in London, Liverpool und Birmingham. Als Folge der geringeren Grundwasserentnahme sind in London die Grundwasserpegel in den Kreide- und Tertiärschichten um 20 Meter gestiegen. Ein solcher Anstieg hat enorme Auswirkungen, und zwar positive wie negative:

- steigende Wasserführung beziehungsweise Schüttung von Flüssen und Quellen;

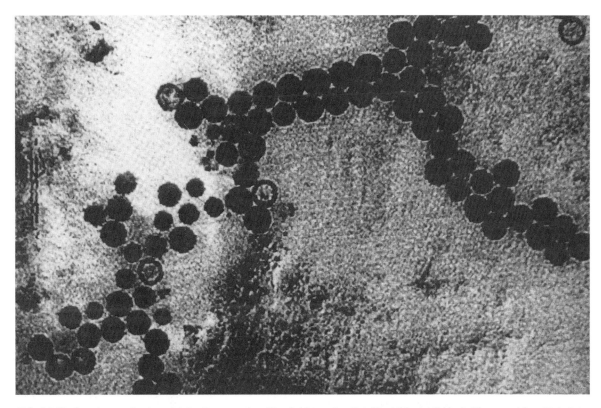

Abb. 14.10 *Grundwasser ist eine wichtige Ressource in ariden Gebieten. Das Satellitenbild zeigt Felder in Libyen, welche mittels Rotationsberegnern mit aus großen Tiefen emporgepumptem Grundwasser bewässert werden.*

- Reaktivierung „versiegter" Quellen;
- Überflutung durch Oberflächenwasser;
- Verschmutzung von Oberflächenwasser und Ausbreitung von Verunreinigungen im Untergrund;

- Überflutung von Kellern;
- verstärktes Eindringen von Sickerwasser in Tunnels;
- abnehmende Stabilität von Hängen und Staumauern;

Abb. 14.11 *Rotationsberegner – hier ein Beispiel aus den Hugh Plains in den USA – können auch in Trockengebieten hohe Ernteerträge ermöglichen. Eine intensive Grundwasserförderung kann aber schnell zur Erschöpfung der Grundwasserreserven führen.*

| Exkurs 14.2 | Die Übernutzung des Grundwassers in Saudi-Arabien |

Der größte Teil Saudi-Arabiens ist Wüste. Die klimatischen Verhältnisse sind folglich nicht geeignet, Aquifere rasch und in großem Umfang wieder aufzufüllen. Zudem handelt es sich bei einem Großteil des Grundwassers unter der Wüste um eine fossile Ressource, die unter humiden Bedingungen, wie sie während den Pluvialen des Spätpleistozäns zwischen 15 000 und 30 000 Jahre vor heute herrschten, gebildet wurden. Ungeachtet der ungünstigen natürlichen Bedingungen benötigt Saudi-Arabien im Zuge seiner wirtschaftlichen Entwicklung immer größere Wassermengen. Im Jahre 1980 lag der Bedarf bei 2,4 Milliarden Kubikmeter. 1990 waren es bereits zwölf Milliarden (eine Zunahme um das Fünffache in gerade einem Jahrzehnt), und bis 2010 rechnet man mit einem Wasserbedarf von 20 Milliarden Kubikmetern. Meerwasser-Entsalzungsanlagen und Oberflächenwasser decken nur einen äußerst geringen Teil der Nachfrage;

mehr als drei Viertel der Versorgung basieren auf der Ausbeutung überwiegend nicht erneuerbarer Grundwasservorräte. Folglich sinken die Grundwasserspiegel rapide ab. Man hat errechnet, dass die tief liegenden Aquifere im Jahre 2010 42 Prozent weniger Wasser führen werden als 1985. Ein Großteil des Wassers wird in der Landwirtschaft ineffizient genutzt, nämlich um Feldfrüchte zu bewässern, die in humiden Gebieten leicht kultiviert und anschließend importiert werden könnten.

Saudi-Arabien steht hinsichtlich seines unstillbaren Bedarfs nach Grundwasser nicht allein da. In vielen Gebieten der Erde haben wachsende Bevölkerungszahlen und steigende Konsumansprüche, verbunden mit neuen Fördertechniken (zum Beispiel die Ablösung auf tierischer und menschlicher Kraft basierender Bewässerungsverfahren durch Elektro- und Dieselpumpen), ähnliche Probleme geschaffen.

- Verringerung der Tragfähigkeit von Fundamenten und Stützpfeilern;
- zunehmender *hydrostatischer* Auftrieb und Quellungsdruck an Fundamenten und Bauwerken;
- durch Wassereinlagerung quellende Tone;
- chemische Verwitterung an Grundmauern von Gebäuden.

14.8 Abfluss und Abflussganglinien

Misst man kontinuierlich den Abfluss eines Gewässers über einen längeren Zeitraum, kann man in einem Graphen den Abfluss als Funktion der Zeit darstellen. Diese Abflussdiagramme oder Abflussganglinien helfen die Reihenfolge der Beziehungen, die während des Abflusses auftreten, zu erklären. Sie geben Auskunft über andere Faktoren und die Änderung verschiedener physischer Charakteristika, die den Wasserhaushalt des Flussgebiets beeinflussen.

Tritt ein Niederschlagsereignis ein, so steigt der Abfluss relativ schnell. Dieser Teil der *Abflussganglinie* wird *ansteigender Ast* genannt. Dann wird der Scheitelpunkt erreicht. Die Messstation registriert die maximale Wassermenge. Danach kommt es zum Abschwellen der Wassermassen. Die Form des *abschwellenden Astes* wird durch die Menge an Wasser, die im Flussgebiet gespeichert werden kann, und die Art und Weise wie es in Boden und Grundgestein festgehalten wird, bestimmt. Erneute Niederschläge während des Abschwellens können weitere Maxima auftreten lassen. Bleibt jedoch neuer Niederschlag aus, so verringert

sich die Abflussmenge so lange, bis die durch den Regen gefüllten Wasserspeicher sich entleert haben und der Fluss sein ursprüngliches Abflussvolumen wieder erreicht hat. Dieses ursprüngliche Abflussvolumen, das zum größten Teil aus austretendem Grundwasser besteht, wird *Basisabfluss* genannt.

Form und Größe der Abflussganglinie werden von zwei Faktorengruppen, die man in permanente und temporäre unterteilt, kontrolliert. Im Allgemeinen beziehen sich die permanenten Faktoren auf die Geomorphologie und Geologie des Flussgebiets, während man die temporären mit dem Klima oder verwandten Faktoren in Verbindung bringt (Abbildung 14.12).

Man muss sich aber vor Augen führen, dass viele der Faktoren eher miteinander vernetzt sind als unabhängig zu einander stehen und somit alle Faktoren sich in einem Wirkungsgefüge gegenseitig beeinflussen.

Wir wollen uns nun den wichtigeren Regelmechanismen zuwenden, die Einfluss auf das Aussehen des Abflussmaximums in einer Abflussganglinie haben. Lässt man alle anderen Faktoren gleich, beeinflusst natürlich die Fläche des Flussgebiets das Maximum. Auf große Einzugsgebiete entfällt mehr Niederschlag als auf kleinere und das führt zu einem größeren Hochwasserabfluss. Jedoch ist dies eine nicht so einfache Beziehung, denn größere Becken haben in der Regel viel flachere Hänge als die kleinen Täler, und die Hangneigung (Inklination) hat unbestreitbar einen Einfluss auf den Oberflächenabfluss.

Die *Form des Flussgebiets* ist ein weiterer wichtiger Faktor (Abbildung 14.13a). Im Allgemeinen kann man ein rundes Becken durch ein ausgeprägtes Hochwas-

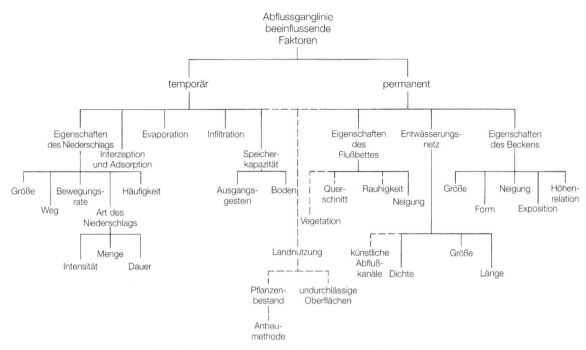

Abb. 14.12 Die Abflussganglinie beeinflussende Faktoren.

ser-Maximum in der Abflussganglinie erkennen. Fällt Niederschlag auf dieses Gebiet, so legt das Wasser von den Rändern des runden Beckens jeweils etwa den gleichen Weg bis zur Messstation zurück. Anders in einem schmalen langen Tal mit der gleichen Fläche. Dort muss das abfließende Wasser vom entfernten Ende eine viel größere Strecke zur Messstation überwinden als die Niederschläge, die in Stationsnähe von den Hängen ablaufen. Aus den selben Gründen sollten auch sehr komplex geformte Täler sich in einer sehr komplexen Abflussganglinie bemerkbar machen.

Hangneigung (Inklination) ist, wie bereits angedeutet, ein weiterer wichtiger Faktor (Abbildung 14.13b). Setzt man wieder alle anderen Faktoren gleich, wird ein Fluss mit starkem Gefälle schneller fließen als ein vergleichbarer Fluss in flachen Tälern. Das Gleiche sollte sowohl für den oberflächennahen Abfluss in Rillen als auch für den Oberflächenabfluss gelten.

Einige Merkmale von Hochwasserabgangslinien hängen von der Wirksamkeit des Entwässerungsnetzes des Flussgebiets ab (Abbildung 14.13c). Wir wissen, dass die Fließgeschwindigkeit im offenen Flussbett größer ist, als im Oberflächen- und Zwischenabfluss (Tabelle 14.3). Somit steht fest, dass je kürzer der Weg des Niederschlagswassers zum Fluss-System ist, desto schneller wird es an der Messstation zu registrieren

sein. Deshalb ist bei einem fein verästelten Gewässernetz mit einem steil ansteigenden Ast in der Abflussganglinie zu rechnen (Abbildung 14.13d).

Des Weiteren wird die Geologie eines Flussgebiets einen fundamentalen Einfluss auf den Abfluss ausüben. Das Ausgangsgestein hat großen Einfluss auf den Boden, die Beschaffenheit des Gewässernetzes, die Art des Grundwassers und seine Bewegungsgeschwindigkeit. Auch ist die Lagerungsform des Gesteins ein sehr wichtiger Faktor, da sie die Bewegung des Grundwassers zum Fluss steuert. So ist es möglich, dass die Zeitspanne zwischen Niederschlag und Abfluss in einem Synklinaltal, in dem die Muldenschenkel zueinander einfallen, kürzer ist als in einem Flussgebiet mit einer horizontalen Schichtlagerung (Abbildung 14.14).

Die Bodenart, durch ihren Einfluss auf die Infiltration und die Fließgeschwindigkeit des Zwischenabflusses, ist ebenso bedeutend. Dito die Vegetationsdecke: Die Bestandsdichte der Vegetation beeinflusst die Evapotranspiration, die Interzeption, die Leichtigkeit, mit der das abfließende Wasser den Hang abwärts fließen kann, und hat großen Einfluss auf die Bodenbeschaffenheit. Der starke menschliche Einfluss auf Boden und Vegetation verändert die natürlichen Abflusseigenschaften eines Einzuggebiets.

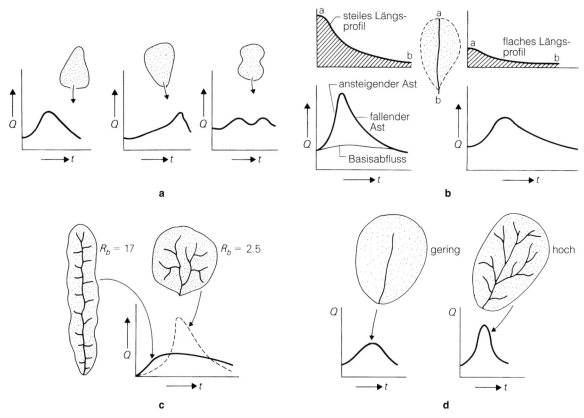

Abb. 14.13 *Theoretisches Aussehen der Abflussganglinie in Bezug zu festen Einflussfaktoren eines Abfluss-Systems (Q = Abfluss; t = Zeit). a) Form des Einzugsgebietes; b) Aussehen und Gefälle des Längsprofils; c) Kennzeichen des Gewässernetzes. Das lange, schmale Einzugsgebiet hat im Vergleich zum beckenförmigen eine hohe Bifurkationsrate (R_b); d) Dichte des Gewässernetzes.*

Betrachtet man die temporären Faktoren, so haben die meteorologischen Verhältnisse eine große Auswirkung. Fällt auf ein Einzugsgebiet der Niederschlag mehr als Schnee denn als Regen, so ändert sich damit auch das Abflussregime. Eine Schneedecke wirkt als Speicher, sodass zu bestimmten Zeiten im Jahr der Niederschlagsabfluss quasi erlischt, während der Schneeschmelze aber schlagartig dem Fluss wieder zugeführt wird. Ist eine Schneedecke vorhanden und Regen setzt ein, kann der Schnee den Regen adsorbieren, und speichert ihn gewissermaßen bis zur Schmelze. Die Regenintensität gehört zu den wichtigsten Faktoren die bestimmt, welche Mengen an Niederschlag oberflächlich Ablaufen oder zur Versickerung gelangen. So wird ein starker Regen schnell die Infiltrationskapazität des Bodens überschreiten, womit das Wasser schnell abläuft. Dagegen wird Niederschlag mit geringerer Intensität in großem Maße vom Boden aufgenommen werden und kann somit erst verzögert zum Gewässer gelangen. Die Nieder-

schlagsdauer ist ebenso wichtig. Die Infiltrationskapazität nimmt oft mit der Zeit ab, wobei der wassergesättigte Keil sich vergrößert. Je länger der Regen anhält, desto geringer wird die Infiltrationskapazität und desto größer die Verteilung im Becken.

Veränderung der Landnutzung

Dass Veränderungen der Landnutzung sich auf das Abflussverhalten der Flüsse auswirken, ist bereits seit Jahrhunderten bekannt. Studien Ende des 18. und zu Beginn des 19. Jahrhunderts an Alpenbächen in Frankreich und Österreich haben gezeigt, dass stärkere Hochwasser im Zusammenhang mit Kahlschlag von Wäldern stehen. Die erste experimentelle Studie in der bewusst die Landnutzung verändert wurde, um zuverlässige Aussagen über die Auswirkungen auf die Wasserführung im Fluss abzuleiten, wurde 1910 in Wagon Wheel Gap, Colorado, gestartet. Hier wurden zwei äußerst ähnliche Flussgebiete von etwa 80 ha

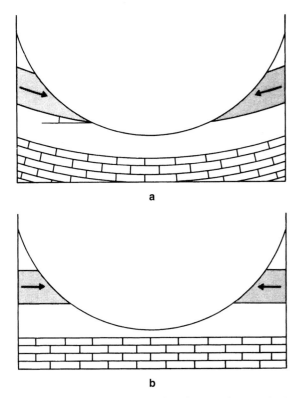

Abb. 14.14 Die Fließgeschwindigkeit des Grundwassers ist in Synklinaltälern (a) größer als bei waagerechter Schichtung des Untergrundes (b).

Größe zuerst über acht Jahre – zwecks Kalibrierung – miteinander verglichen. In einem der Täler wurde darauf der Wald abgeholzt und die Veränderung der Abflussmenge registriert. Nach dem Kahlschlag stieg das jährliche Wasservolumen um 17 Prozent im Vergleich zu dem zur Kontrolle belassenen Tal.

Regeneriert sich die Vegetation nach einem Kahlschlag oder Brand, so regelt sich die Wassermenge des Flusses langsam wieder auf Normal ein, was jedoch Jahrzehnte dauern kann. Dies wird in Abbildung 14.15 verdeutlicht. Dort ist der dramatische Ausgang von zwei Kahlschlägen mit dazwischen liegender Regenerationszeit im Einzugsgebiet des Coweeta in North Carolina zu erkennen. Das Ersetzen einer Baumart durch Aufforstung einer anderen kann ebenso Auswirkung auf die Wasserführung eines Flusses haben, was ebenfalls in einem Versuch im Coweeta-Flussgebiet quantifiziert wurde. In zwei Versuchsflussgebieten wurde ein alter Laubwald durch einen Kiefernwald (*Pinus strobus*) ersetzt. Fünfzehn Jahre nach der Neuaufforstung konnte festgestellt werden, dass die jährliche Abflussmenge um etwa 20 Prozent reduziert wurde. Der Grund des bemerkenswerten Rückgangs ist, dass im Winter sowohl Interzeption als auch Evaporation nach Niederschlagsereignissen bei Kiefernwäldern größere Beträge aufweisen als bei Laubwäldern (Exkurs 14.3).

.Exkurs 14.3   Wald und Abfluss

Das Abholzen von Wäldern und der Ersatz von Waldgebieten durch Weiden, Ackerland oder freie Oberflächen beeinflusst auf verschiedenste Weise den Abfluss. Wald fängt einen größeren Teil des Regens auf, vermindert den Oberflächenabfluss und verleiht dem Boden eine höhere Infiltrationskapazität sowie eine allgemein günstigere Struktur. Alle diese Faktoren sind geeignet, sowohl den Gesamtabfluss zu verringern als auch Hochwasserereignisse abzumildern, wenngleich dies nicht uneingeschränkt zutrifft.

Die Aufforstung aufgelassener Ackerflächen bewirkt das Gegenteil des Abholzens: verstärkte Interzeption des Niederschlags und erhöhte Evapotranspirationsraten können die Wasserzufuhr in die Flüsse verringern. Auf Aktivitäten des Menschen kann sich dies nachteilig auswirken.

Die Ergebnisse von Experimenten in Flussgebieten in vielen Teilen der Erde lassen folgende Schlussfolgerungen zu:

- Kiefern- und Eukalyptuswälder bewirken eine Änderung der jährlichen Abflussmenge um durchschnittlich 40 Millimeter bei einer zehnprozentigen Änderung der Deckung, bezogen auf Grasland. Das heißt, dass sich der jährliche Oberflächenabfluss bei einer Zunahme der Waldbedeckung um zehn Prozent gegenüber Grasland um 40 Millimeter verringert. Bei einer Abnahme der Waldbedeckung um zehn Prozent erhöht sich der Jahresabfluss um denselben Betrag.
- Der Effekt einer Änderung der Deckung um zehn Prozent auf den jährlichen Abfluss beträgt bei Laub werfenden Bäumen oder Büschen zehn bis 25 Millimeter. Das heißt, wenn zehn Prozent eines von Grasland eingenommenen Einzugsgebiets in Laubwald oder Strauchvegetation umgewandelt werden, verringert sich der jährliche Oberflächenabfluss um zehn bis 25 Prozent.

Am stärksten ist die Zunahme der jährlichen Abflussmenge durch das Entfernen von Bäumen oder Gehölzen in der Regel in zwei besonderen Umweltmilieus: solchen mit sehr hohen und solchen mit sehr geringen Niederschlägen. In Ersteren ist die Evaporation bei Waldbedeckung aufgrund der hohen Interzeption des Nieder-

Exkurs 14.3   Fortsetzung

schlagswassers in der Regel höher als bei anderen Vegetationsbedeckungen. In Letzteren ist die Evaporation bei Waldbedeckung wahrscheinlich ebenfalls höher als bei anderen Vegetationstypen, da Wälder, die aus Bäumen mit tief reichenden Wurzelsystemen bestehen, besser in der Lage sind, im Boden gespeichertes Wasser sowie Grundwasser zu nutzen.

Nachdem wir die Änderungen der jährlichen Abflussmenge erörtert haben, wollen wir uns nun der Frage zuwenden, wie sich das Abholzen von Wald auf den Oberflächenabfluss während trockener Jahreszeiten und auf die Hochwasserspitzen auswirkt. Verglichen mit anderen Landnutzungen verursachen die höheren Wasserverluste bei Waldbedeckung – bedingt sowohl durch Interzeption in feuchten Jahreszeiten als auch durch Transpiration in trockenen Jahreszeiten (aufgrund der tief reichenden Wurzelsysteme von Bäumen) – höhere Feuchtedefizite des Bodens in den niederschlagsarmen Jahresabschnitten. Andererseits können Bergwälder, die viel Feuchtigkeit aus den Wolken „auskämmen", in den trockeneren Jahreszeiten maßgeblich zum Wasserzustrom in die Flüsse beitragen und somit die Abflussmenge erhöhen. Dasselbe gilt

für Regionen, in denen starke Gewitter auftreten. Die damit verbundenen Starkregen können einen erhöhten Oberflächenabfluss zur Folge haben. Die gegenüber anderen Landnutzungen höheren Infiltrationsraten unter standortgerechten Waldbeständen tragen dazu bei, dass die Boden- und Grundwasservorräte wieder ergänzt werden können. In stark reliefiertem Gelände sind Wälder darüber hinaus auch insofern wertvoll, als sie die Gefahr von Erdrutschen vermindern und den Boden schützen, aus dem sich in trockenen Jahreszeiten der Abfluss speisen kann. Beide Effekte können somit bei einer Neuaufforstung die Wasserführung der Flüsse in trockenen Jahresabschnitten günstig beeinflussen.

Die Frage, welche Rolle der Wald im Zusammenhang mit Hochwasserereignissen spielt, wird nach wie vor sehr kontrovers diskutiert. Manche Autoren vermuten, dass mit der Forstwirtschaft verbundene Maßnahmen (zum Beispiel der Bau von Straßen und Entwässerungsgräben) oder Folgenutzungen (zum Beispiel Beweidung) den Boden verdichten sowie die Infiltrationskapazität herabsetzen und somit diese Art extremer Naturereignisse begünstigen.

Übersicht der Auswirkungen ausgewählter Landnutzungen auf den Abfluss

Veränderung der Landnutzung	betroffene hydrologische Komponente	hauptsächlich betroffener hydrologischer Prozess
Aufforstung (Abholzung hat im Wesentlichen gegenteilige Auswirkungen)	jährliche Abflussmenge	erhöhte Interzeption erhöhte Transpiration in Trockenperioden
	jahreszeitliche Abflussmenge	erhöhte Interzeption und erhöhte Transpiration in Trockenperioden vermindern Oberflächenabfluss in niederschlagsarmen Jahreszeiten verbesserte Drainage in Verbindung mit Neuanpflanzungen kann Oberflächenabfluss in trockenen Jahreszeiten erhöhen Nebelniederschlag auf Bäume erhöht Abflussmengen in trockenen Abschnitten des Jahres
	Überschwemmungen	Interzeption reduziert Überschwemmungen, indem ein Teil des Starkregens zurückgehalten wird, und erhöht die Wasserspeicherung im Boden
Intensivierung der Landwirtschaft	Wasserangebot	Änderungen der Transpirationsraten bewirken Oberflächenabfluss zeitliche Veränderung des Abflussgeschehens durch Flächenentwässerung
Trockenlegung von Feuchtgebieten	jahreszeitlicher Abfluss	Absenkungen des Grundwasserspiegels können sich nachteilig auf die Bodenfeuchte auswirken, die Transpiration vermindern und den Abfluss in Trockenzeiten erhöhen
	jährlicher Abfluss	anfängliche Entwässerung mittels Drainage erhöht die jährliche Abflussmenge Aufforstung nach Trockenlegung verringert jährlichen Abfluss
	Überschwemmungen	Drainageverfahren, Bodenart und Ausbau der Kanalsysteme beeinflussen Stärke und Häufigkeit von Überschwemmungen

Des Weiteren kann eine Änderung der Ufervegetation sehr große Auswirkung auf die Fließeigenschaften des Flusses haben. Im Südwesten der USA sind zum Beispiel viele Flüsse von der Salzzeder (*Tamarix pentandra*) umsäumt. Die Wurzeln dieses Strauchs entziehen

sowohl dem Kapillarsaum als auch dem Grundwasserspiegel darunter große Wassermengen. Sie wurde vom Menschen als Mittel gegen die Ufererosion eingeführt, verbreitete sich aber ungewollt explosiv und verschlingt im oberen Teil des Rio Grande Tals in New

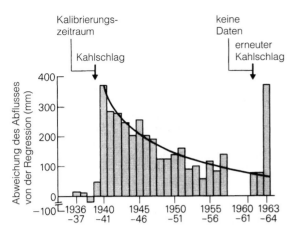

Abb. 14.15 *Das Ansteigen des Abflusses nach Kahlschlag des Waldes. Beispiel aus dem Einzugsgebiet des Coweeta in North Carolina.*

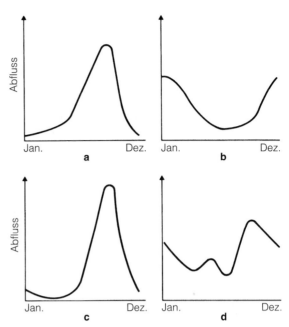

Abb. 14.16 *Charakteristische Abflussregime von Flüssen aus wichtigen Zonen der Nordhemisphäre: a) Von Schnee- und Eisschmelze dominiertes Regime der hohen Breiten oder des Hochgebirges; b) Abflussregime der ozeanischen Mittelbreiten mit geringem Abfluss im Sommer bedingt durch hohe Evapotranspiration; c) Tropischer Monsun-Typ mit hohen Sommerniederschlägen und einer langen Trockenzeit im Winter; d) komplexes Regime eines äquatornahen Flusses mit ganzjährigen Niederschlägen, aber zwei deutlichen Maxima.*

Mexico etwa 45 Prozent der überhaupt verfügbaren Wassermenge des Gebiets.

Zur Produktionssteigerung von landwirtschaftlichen Flächen werden heute besonders in den feuchten Gebieten Europas viele Flächen entwässert. Gräben werden gezogen und Drainagerohre gelegt. Dieser Prozess betrifft natürlich den Abfluss unmittelbar, und so waren Mechanismus und Auswirkungen dieses Effekts Thema vieler Debatten. Auf der einen Seite erhöht das Anlegen der Entwässerungsgräben die Dichte des Entwässerungsnetzes und sollte damit einen schnelleren Ablauf ermöglichen, wie es in Kapitel 14.6 erläutert wurde. Zum anderen aber müsste eine wirkungsvolle Entwässerung den wassergesättigten Bereich eines Flussgebiets dramatisch verkleinern, was zu einer deutlichen Verringerung des Abflusses führt, der aus wiederaustretendem Hangwasser und direkt von wassergesättigten Flächen ablaufenden Niederschlägen stammt.

14.9 Jährliche Abflussregime von Flüssen

Im vorherigen Unterkapitel haben wir gesehen, warum sich das Fließverhalten der Flüsse durch einzelne Niederschlagsereignisse verändert. Es ist aber auch sinnvoll zu überlegen, warum sich die Jahresabflussregime von Flüssen in verschiedenen Großräumen der Erde unterscheiden (Abbildung 14.16).

Einige Flüsse haben *einfache Abflussregime*, weil das Klima nur eine Regenzeit aufweist, die sich in der Abflussganglinie widerspiegelt. Es handelt sich hier zum Beispiel um die glazialen Gebiete, wo der maxi-

male Abfluss mit dem Maximum an Ablation im Sommer auftritt. Geringer Abfluss tritt im Winter auf, weil die Winterniederschläge meist als Schnee fallen. Ein weiteres einfaches Abflussregime ist das mancher Flüsse in den äußeren Tropen, welches durch die kurze aber intensive Regenzeit im Sommer beeinflusst wird. Der Blaue Nil gehört zu dieser Gruppe. Jahresabflussregime in Mittelmeerklimaten sind ähnlich einfach, aber im Vergleich zu den letztgenannten gewissermaßen invertiert, da hier die Hauptniederschläge im Winter fallen, während in den warmen trockenen Sommern der Abfluss gering ist.

Andere Flüsse dagegen besitzen *komplexere Abflussregime*. So sieht man zum Beispiel in manchen mediterranen Gebieten ein deutliches Herbst-Maximum, was dem Beginn der Regenzeit zugeordnet wird, und darauf ein Maximum im Frühjahr, was mit einem zweiten Niederschlagsmaximum und unter Umständen auch mit der Schneeschmelze in höher gelegenen Gebieten des Einzugbereichs in Verbindung gebracht wird. In manchen äquatorialen Gebieten treten ebenfalls zwei Abflussmaxima auf, die aus den beiden Regenzeiten resultieren. Eine andere Ursache komplexer Regime kann man an sehr langen Strömen beobachten, die sich aus vielen Nebenflüssen, welche in den verschiedensten Klimaregionen entspringen, zusammensetzen. Der Nil durchströmt zum Beispiel verschiedene Klimate: äquatoriale Gebiete von Zentral-Afrika, die monsunbeeinflussten Regionen in Äthiopien, extreme Wüsten der Sahara und das Mittelmeerklima der nördlichen ägyptischen Küste. Des Weiteren regulieren die ostafrikanischen Seen den Wasserstand des Weißen Nils, die großen sudanesischen Sümpfe verzögern die Flut, und beide spielen somit bei der zeitlichen Festlegung der Abfluss-Spitze ein große Rolle.

14.10 Seen

Wie gerade dargestellt, wird so wie in Ost-Afrika und in vielen anderen Gebieten der Erde der *hydrologische Kreislauf* durch die Präsenz von Seen, die als systemintegrierte Wasserspeicher den Abfluss mit regulieren können, kompliziert. Ihre Wasserfläche gibt der Evaporation eine große Angriffsfläche. Manche Seen repräsentieren anstelle des Meeres sogar den tiefsten Punkt eines Abfluss-Systems. Dies ist besonders in ariden Gebieten mit starken Depressionen, wie etwa im Death Valley in Kalifornien, am Toten und am Kaspischen Meer, die unterhalb des Meeresspiegels liegen, der Fall.

Die Größe der Seen weist genauso wie die verschiedenen Entstehungsgeschichten eine große Spannweite auf (Exkurs 14.4). Einige dieser Entstehungsmöglichkeiten sind in Tabelle 14.4 aufgelistet.

Die meisten Seen sind nur temporäre Bestandteile der Landschaft. Starke Sedimentation wird die Seebecken auffüllen oder sie werden durch starke Erosion an ihren Ausflüssen nach und nach trockengelegt. Sie reagieren auch empfindlich auf klimatische Änderungen. Viele der großen Becken im Südwesten der USA, die heute Salzseen sind oder trocken liegen, waren in pluvialen Epochen mit Süßwasser gefüllt (Abbildung 14.17). Einige von ihnen sind heute Sumpfgebiete und waren damals zu miteinander in Bezug stehenden Becken verbunden. Auch die Klimaschwankungen der jüngeren Zeit haben sich auf den Wasserhaushalt der Seen ausgewirkt, die auf den Input durch Niederschläge und den Output durch Evaporation (die hauptsächlich temperaturabhängig ist) reagierten.

Der Große Salzsee in Utah weist eine besonders eindrucksvolle Messkurve wechselnder Seespiegelstände auf, die bis in die Mitte des 19. Jahrhunderts zurückreicht. Wie Abbildung 14.18 zeigt, stieg der Seespiegel von etwa 1 280 Meter über dem Meeresspiegel im Jahre 1851 auf ein Maximum von ungefähr 1 283 Meter im Jahre 1873. Danach sank der Spiegel deutlich ab und fiel 1963 auf den niedrigsten gemessenen Wert. Von dieser Zeit an kletterte der Seespiegel von etwa 1 278 Meter erneut auf das ungefähre Niveau der 1870er-Jahre. Die Spannweite der Schwankungen dieses großen Wasserkörpers bewegten sich also in die-

Tabelle 14.4: Entstehung der Seen

Vorgang	Beispiel
tektonische Tätigkeit	Seen des Rift Valley in Ostafrika
vulkanische Tätigkeit	von Lavaströmen blockierte Täler, Krater- oder Caldera-Seen (zum Beispiel in der Eifel in Deutschland)
Massenbewegungen	durch Erdrutsch blockierte Täler
Lösung von Kalkstein	viele Seen in Florida
fluviale Tätigkeit	Altwasser (zum Beispiel am Oberrhein)
glaziale Tätigkeit	durch glaziale Ausschürfung entstandene oder durch Moränenmaterial abgedämmte Becken (zum Beispiel die kleinen Bergseen im Lake District oder die oberitalienischen Zungenbeckenseen)
Küstenbildung	Strandseen hinter Nehrungen
Windtätigkeit	Durch Deflation oder Blockierung von Flusssystemen durch Wanderdünen entstandene Becken (zum Beispiel Salzpfannen in Südafrika, Playas (Salztonebenen) der High Plains der USA und Seen in den Sandhills in Nebraska)
organische Prozesse	durch Biber abgedämmte Seen
Meteoriteneinschlag	Einschlagtrichter (zum Beispiel Lonar Lake in Indien)
anthropogen	Reservoirs

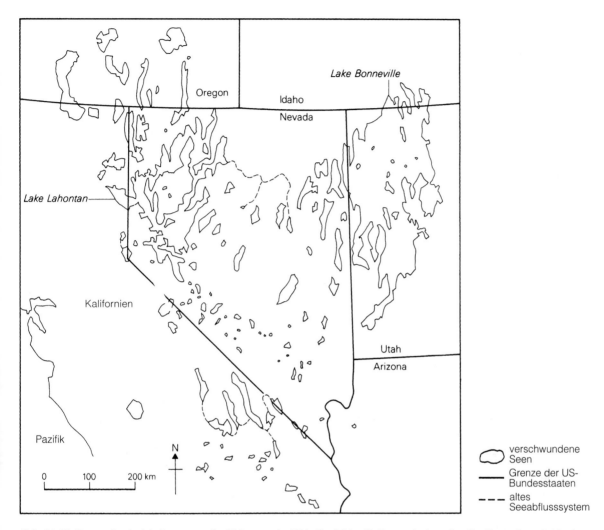

Abb. 14.17 *Das große pluviale Seensystem im Südwesten der USA. Vergleiche die Karte mit einer aktuellen Karte dieses Gebietes aus einem Atlas.*

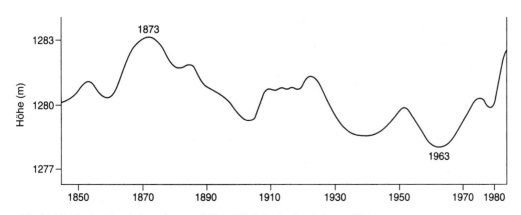

Abb. 14.18 *Die Seespiegelschwankungen (1851–1984) des Großen Salzsees, USA.*

sem Zeitabschnitt in einer Größenordnung von fünf Metern. Der jüngste Seespiegelanstieg resultiert aus einer Reihe sehr feuchter Jahre seit Mitte der Siebzigerjahre.

Auch Aktivitäten des Menschen haben eine Reihe von Auswirkungen auf stehende Gewässer, darunter die Ausbringung von Düngemitteln in den Einzugsgebieten und die damit verbundene Eutrophierung; Versauerung durch saure Niederschläge oder Änderungen der Landnutzung; Kontamination durch chemische Verunreinigungen und Schwermetalle; Invasion durch eingebrachte Fremdorganismen, Verschlam-

---

Exkurs 14.4   Die Großen Seen Nordamerikas

Die Großen Seen Nordamerikas, welche auf der Grenze zwischen Kanada und den Vereinigten Staaten liegen, bestehen aus den fünf Hauptwasserkörpern Lake Superior, Lake Michigan, Lake Huron, Lake Erie und Lake Ontario, die zusammen eine Fläche von fast einer Viertelmillion Quadratkilometern haben. Vor 10 000 Jahren allerdings, als das Laurentische Inlandeis im Rückgang begriffen war, lagen sogar noch größere Wasserkörper südlich der Eisfront. Der größte unter ihnen, Lake Agassiz, erreichte eine maximale Fläche von 350 000 Quadratkilometern.

Weshalb entstanden so große Süßwasserkörper? Die Antwort liegt in der Geschichte der Bildung des Inlandeises im Quartär und in den verschiedenen Faktoren, die zusammengenommen zu den Becken führten, in denen die Seen heute liegen. Einer dieser Faktoren ist die Erosion, denn das Inlandeis und seine verschiedenen Zungen polierten und vertieften Flächen mit relativ leicht erodierbarem Gestein, insbesondere Schiefer. Ein zweiter wichtiger Faktor ist das Vorhandensein eines großen strukturellen und topografischen Beckens in Zentralkanada, das zum Teil heute die Hudson Bay enthält. Wann immer sich also ein großes Inlandeis in den hohen Breiten Zentralkanadas bildete, war die Entwässerung in die Hudson Bay behindert, und es bildeten sich Seen. Große Inlandeismassen führten auch zu erheblichen isostatischen Bewegungen, was seinerseits die Richtung und die Anlage der Entwässerung beeinflusste. Eine entscheidende Bedeutung hatte aber natürlich die Lage der Eisfront in Bezug auf die Wasserscheide zwischen der Entwässerung nach Süden (die in das Mississippi-System fließt) und derjenigen nach Norden und Osten (die in die Hudson Bay und in den Atlantik fließt).

Die Niagarafälle liegen zwischen dem Lake Erie und dem Lake Ontario. Während der Vorstöße und Rückzüge des Eises im Quartär wurde das Entwässerungssystem in großen Teilen von Nordamerika umgestaltet. Ein entscheidender Faktor war die Lage der Eisfront in Bezug auf das südwärts fließende Mississippi-System und das nach Nordosten fließende St. Lawrence-System, zu dem die Niagarafälle gehören.

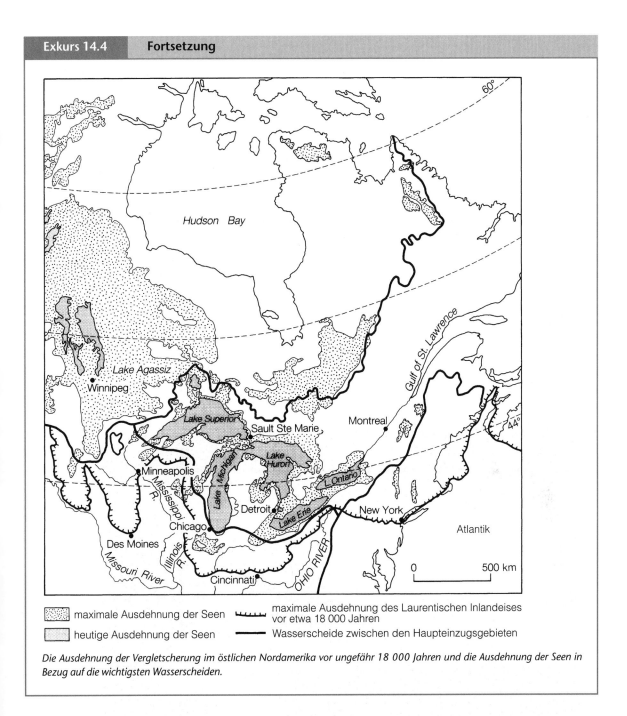

maximale Ausdehnung der Seen

heutige Ausdehnung der Seen

maximale Ausdehnung des Laurentischen Inlandeises vor etwa 18 000 Jahren

Wasserscheide zwischen den Haupteinzugsgebieten

Die Ausdehnung der Vergletscherung im östlichen Nordamerika vor ungefähr 18 000 Jahren und die Ausdehnung der Seen in Bezug auf die wichtigsten Wasserscheiden.

mung durch Veränderung von Landnutzung und Oberflächenbedeckung sowie Eingriffe in den Wasserhaushalt von Seen, beispielsweise durch Wassertransfer zwischen Einzugsgebieten oder Änderungen der Landnutzung.

Sogar der größte See der Erde, das Kaspische Meer, wurde durch Aktivitäten des Menschen modifiziert. Die bedeutendste Veränderung war das Absinken des Wasserspiegels um drei Meter zwischen 1929 und den späten siebziger Jahren (Abbildung 14.19). Eine Ursache dafür war zweifellos die Veränderung des Klimas. Im nördlichen Wolga-Becken, einem Gebiet, in dem die wichtigsten Zuflüsse des Kaspischen Meeres entspringen, fielen in diesem Zeitraum die Winterniederschläge insgesamt geringer aus, da die Regen bringenden atlantischen Tiefdruckgebiete seltener das Wolga-

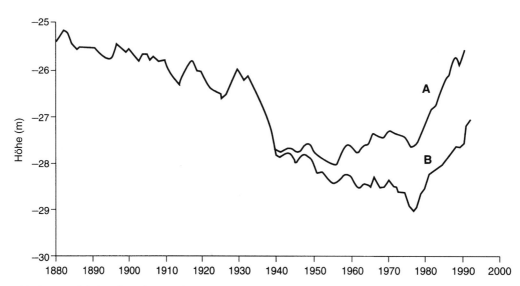

Abb. 14.19 *Jährliche Schwankungen des Wasserspiegels des Kaspischen Meeres im Zeitraum 1880–1993. Kurve A zeigt die Niveauveränderungen, die ohne Einfluss des Menschen erfolgt wären; Kurve B zeigt die in jüngerer Zeit tatsächlich gemessenen Stände.*

Gebiet erreichten. Gleichwohl haben menschliche Eingriffe ebenfalls zur Verringerung des Wasserstandes beigetragen, insbesondere seit den Fünfzigerjahren durch den Bau von Reservoirs, künstliche Bewässerung, kommunale und industrielle Wasserentnahme sowie durch neue landwirtschaftliche Verfahren.

Seit den Siebzigerjahren konnte sich das Kaspische Meer teilweise wieder erholen. Als Folge der geringer werdenden Differenz zwischen Evaporation und Niederschlägen im Einzugsgebiet des Sees ist der Wasserstand gestiegen. Die anthropogenen Effekte allein hätten jedoch dazu geführt, dass der Seespiegel auf den Stand vor 1930 zurückgegangen wäre.

Die vielleicht gravierendsten Veränderungen eines großen Binnengewässers erfuhr der Aralsee auf dem Gebiet der GUS (Exkurs 7.5). Seit 1960 hat der Aralsee über 40 Prozent seiner Fläche und etwa 60 Prozent seines Volumens eingebüßt. Der Wasserspiegel ist um mehr als 14 Meter gefallen. Dadurch sank die Oberfläche des artesischen Grundwassers in einem 80 bis 170 Kilometer breiten Gebietsstreifen, und 24 000 Quadratkilometer Seeboden fielen trocken. Auf diese Weise entstanden salzhaltige Flächen, aus denen Salze ausgeweht und mit Staubstürmen verfrachtet werden – zum Nachteil der Bodenqualität. Es handelt sich um die wohl schlimmste ökologische Tragödie, mit der die GUS konfrontiert wurde. Wie im Falle des Rückgangs des Kaspischen Meeres trägt einen großen Teil der Schuld auch hier der verschwenderische Umgang mit Wasser, das sonst den See auffüllen würde.

15 Flüsse und fluviale Formung

15.1 Einleitung

Flüsse sind ein sehr wichtiger Bestandteil von Umwelt und Landschaft. Sie sind Wasserquellen, sie transportieren Sedimente, verursachen Erosion und Überschwemmungen und dienen als Schifffahrtswege. In diesem Kapitel betrachten wir zunächst die Einzugsgebiete, die Beschaffenheit der Flusslängsprofile und die Grundzüge der Querschnittsformen und -muster. Anschließend werden wir einige besondere Flussmilieus (Überschwemmungsebenen, Terrassen und Deltas) näher ansehen, bevor wir uns zwei bedeutenden Aspekten der Flusseinzugsgebiete zuwenden, die für den Menschen von besonderer Bedeutung sind: dem Sedimenttransport und dem Problem der Überschwemmungen. Abschließend werden die anthropogenen Einflüsse auf Fluss-Systeme kurz erörtert.

15.2 Morphometrie der Einzugsgebiete

Morphometrie ist die Messung der Form. Sie ist eine der wichtigsten Quantifizierungsarten der Hydrologie und Geomorphologie. Der große Vorteil der Formenmessung liegt gegenüber der Beschreibung mit Worten in der Genauigkeit, die man erreichen kann. Man kann verschiedene Einzugsgebiete von Flüssen vergleichen und einander gegenüberstellen, Korrelationen zwischen verschiedenen Variablen innerhalb des Einzugsgebietes herstellen und Gebiete bezeichnen, die von der Norm abweichen. Dies wurde von einem der Begründer der modernen morphometrischen Untersuchungen, R. E. Horton, besonders betont.

Eine der ersten Zielsetzungen der *Flussmorphometrie* bestand in der Bildung einer *Hierarchie von Fließgewässern* nach ihrer Ordnung. Viele Systeme sind entwickelt worden, aber das System von A. N. Strahler, ein Schüler von Horton, hat den Vorteil, dass es objektiv und unkompliziert ist. Nach dem System von Strahler werden die im Fluss-System zuoberst gelegenen „Fingerspitzen"-Zuflüsse als Gewässer erster Ordnung bezeichnet. Zwei Gewässer erster Ordnung ergeben zusammen ein Gewässer zweiter Ordnung, zwei

Gewässer zweiter Ordnung, eines dritter Ordnung und so weiter (Abbildung 15.1a). Es braucht mindestens zwei Gewässer einer bestimmten Ordnung, um ein solches der nächsthöheren Ordnung zu bilden.

Als Horton Ordnungssysteme dieser Art verwendete, wurde ihm klar, dass es innerhalb eines Einzugsgebietes eine regelhafte Verteilung der Gewässer ver-

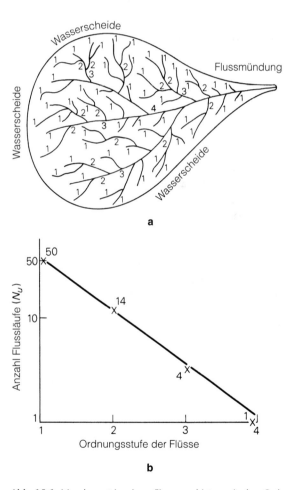

Abb. 15.1 *Morphometrie eines Einzugsgebietes: a) das Ordnungssystem für Flussläufe von Strahler, angewandt auf ein kleines Einzugsgebiet; b) das Verhältnis zwischen der Anzahl Flussläufe der verschiedenen Ordnungen, wie sie für den Einzugsbereich oben festgelegt wurden.*

schiedener Ordnung gab. Das brachte ihn dazu, eine Reihe von *Gesetzen über die Beziehung der Gewässer zueinander* aufzustellen. Er stellte zum Beispiel fest, dass in den meisten Einzugsgebieten die Zahl der Gewässer verschiedener Ordnung mit der Zunahme der Ordnungsstufe regelmäßig abnimmt. Wenn man den Logarithmus der Gewässeranzahl einer bestimmten Ordnung auf der einen Achse und die Ordnung selbst auf der anderen Achse aufzeichnet, so liegen deshalb die Punkte auf einer geraden Linie. Dies ist das *Gesetz der Gewässerzahl* (Abbildung 15.1b). Entsprechend ergeben die Aufzeichnungen der Logarith-

men der mittleren Längen der Gewässersegmente verschiedener Ordnung und die Gewässerordnung selbst eine mehr oder weniger gerade Linie. Dies ist *das Gesetz der Gewässerlängen*. Das *Gesetz der Einzugsgebietsfläche* folgt dem gleichen generellen Muster.

Abgesehen von der Gewässerordnung gibt es noch verschiedene Aspekte der Flussnetzformen, deren Betrachtung sich als nützlich erwiesen hat. So gibt zum Beispiel die *Flussdichte* (Abbildung 15.2), das Maß der Gewässerlänge pro Flächeneinheit in einem Einzugsgebiet, eine nützliche quantitative Angabe über die Zerschneidung der Landschaft. Dieses Maß zeigt

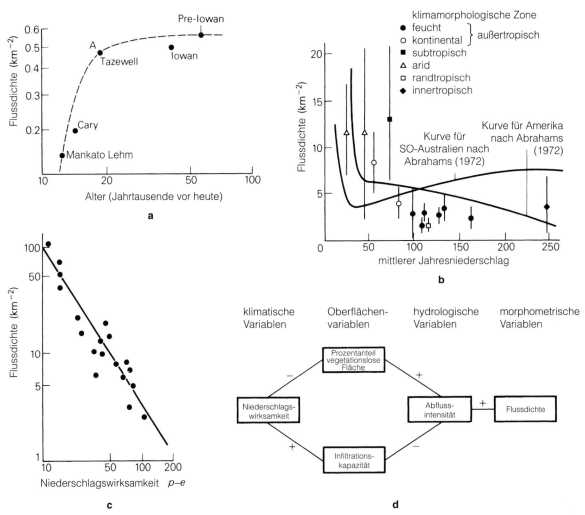

Abb. 15.2 *Flussdichte und ihre Steuerungsgrößen. a) Wie man aus Messungen auf Geschiebelehmen unterschiedlichen Alters in Nordamerika ableiten kann, ist die Gewässerdichte auf älteren Oberflächen größer. Nach etwa 20 000 Jahren scheint aber ein Gleichgewichtswert erreicht zu sein. b) Globale Schwankung des mittleren Jahresniederschlags, wobei jede Linie die Spannbreite der Werte für eine bestimmte Datenquelle zeigt. c) Flussdichte als Funktion der Niederschlagswirksamkeit, abgeleitet durch Subtraktion der Evapotranspirationsverluste (e) vom Niederschlag (p). d) Eine Korrelationsstruktur für die klimatischen, Oberflächen-, hydrologischen und morphologischen Variablen.*

von Gebiet zu Gebiet sehr große Abweichungen. Auch wenn dies zum Teil darauf zurückzuführen ist, dass die Gewässer auf Karten mit unterschiedlichem Maßstab eingezeichnet sind und damit einen unterschiedlichen Generalisierungsgrad aufweisen, gibt dies dennoch einen großen Teil der Wirklichkeit wieder und kann auf die unterschiedlichen Bedingungen in den einzelnen Einzugsgebieten zurückgeführt werden. Auf stark durchlässigen Oberflächen mit einem sehr kleinen Potenzial zur Bildung von Oberflächenabfluss können die *Flussdichten* weniger als einen Kilometer pro Quadratkilometer betragen. Auf der anderen Seite sind in Gebieten mit schwerer Erosion auf undurchlässigen, aber weichen Gesteinen (Badlands) schon Dichten von über 700 Kilometern pro Quadratkilometer festgestellt worden. In Großbritannien liegen die meisten Dichten zwischen 2–8 Kilometern pro Quadratkilometer. Je nach Klima und Gesteinstyp gibt es beträchtliche Unterschiede. Abgesehen von den Gesteinen und den Böden in einem Einzugsgebiet können auch die Eigenschaften des Niederschlags eine wichtige Steuerungsgröße der Flussdichte sein. Denn sie beeinflussen den Grad der Vegetationsbedeckung und damit die Erodierbarkeit der Bodenoberfläche. Abbildung 15.2 b) und c) legen nahe, dass die höchsten Flussdichten in Gebieten liegen, wo der tatsächliche Niederschlag gering ist.

15.3 Formen der Flussnetze

Auch wenn die Gewässerdichte eine der signifikantesten Bestimmungsgrößen für den Charakter eines Einzugsgebietes ist, so darf man doch nicht vergessen, dass auch das Muster des Gewässernetzes sehr unterschiedlich sein kann. Einige typische Beispiele sind in Abbildung 15.3 dargestellt.

Ungeordnete Flussnetztypen findet man in Gebieten, wo das Flussnetz durch Vorgänge wie glaziale Erosion und Ablagerung umgestaltet wurde. Ein Blick auf die Karte großer Teile Finnlands zeigt diesen Typ. Die meisten vorkommenden Gewässernetze haben ein *dendritisches Muster*. Solche Systeme sind typisch für gut angepasste Flüsse auf relativ gleichmäßigen Materialien. Abweichungen von diesem „Normalfall" kommen dann vor, wenn eine klare Steuerung durch geologische Strukturen erfolgt. So entstehen zum Beispiel *ringförmige Muster* auf Dombergen oder Antiklinalen, *gitterförmige Muster* auf sanft geneigten Flächen, die sich durch verschiedenartige Gesteine einschneiden, und *rechteckige Muster* dort, wo Verwerfungen oder

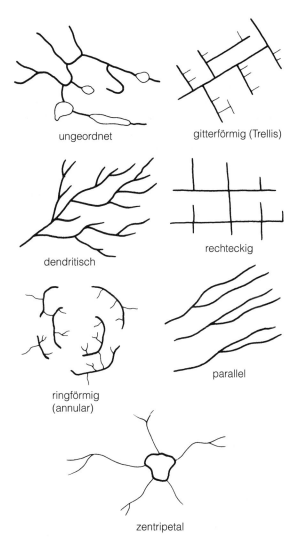

Abb. 15.3 *Eine Auswahl der Haupttypen der Flussnetze.*

Fugen den Verlauf des Flussbettes vorgeben. Auch die Hangneigung kann eine wichtige Steuerungsgröße sein. Auf sehr steilen Hängen (zum Beispiel am Abhang einer Schichtstufe, einer Minenabraumhalde oder eines tiefen Priels) kommt es zu *parallelen Mustern*. Schließlich gibt es, wenn auch die meisten Gewässersysteme ineinander oder in die Ozeane fließen, in gewissen ariden Gebieten auch *zentripetale Systeme*, die ihre Ursache in Vorgängen wie Deflation oder Blockierung durch Dünen haben.

Man muss auch daran denken, dass Flussnetze durch ihre lange Entwicklungsgeschichte beeinflusst sein können. Dies ist besonders dort der Fall, wo keine Übereinstimmung zwischen Flussnetz und geologischen Strukturen festzustellen ist. Wie wir in Kapitel

11.8 gesehen haben, können Antezedenz und Überlagerung solche Anomalien verursachen.

15.4 Das Längenprofil des Flusslaufes

Ein Großteil der Flüsse hat ein konkaves Längenprofil (Abbildung 15.4). Im Laufe der Zeit wurden Unregelmäßigkeiten beseitigt und es entsteht ein einigermaßen ausgeglichenes Längenprofil. Der Gradient wird immer kleiner, je weiter man sich flussabwärts bewegt. Verschiedene zusammenwirkende Faktoren dienen zur Erklärung dieser Tendenz.

Zum einen nimmt die Größe der Geschiebe- und Sedimentfracht eines Flusses flussabwärts ab. Das grobe Material der oberen Flussabschnitte wird entlang des Flusslängsprofils allmählich durch feineres Material ersetzt. Der Grund: Der Gradient des Oberlaufes ist steil, sodass der Fluss hier eine (ausreichend) hohe Geschwindigkeit und somit Transportkraft besitzt, um relativ groben Verwitterungsschutt transportieren zu können. Im Mittel- und Unterlauf flacht der Flussgradient dagegen in der Regel ab, und die Fließgeschwindigkeit verringert sich ebenfalls, sodass die Energie des strömenden Wassers nur noch für den Transport von feinem Sedimentmaterial ausreicht.

Zweitens nimmt der Abfluss durch die Vergrößerung des Einzugsgebietes und durch die ständig wachsende Anzahl an Zuflüssen sowie die transportierte Gesamtfracht flussabwärts zu. Der Querschnitt des Flussbettes wird deshalb breiter, und auch der *hydraulische Radius* (der Abflussquerschnitt durch die Kontaktlänge zwischen Flussbett und Wasser) nimmt zu. Dadurch wird der Fluss effizienter und kann in der Folge mehr "Reserveenergie" für den Geschiebetransport aufwenden. Obwohl also die Gesamtfracht flussabwärts zunimmt, kann sie deshalb durch einen immer leistungsfähigeren Strom auf immer geringeren Neigungen gegen die Mündung transportiert werden. Und im Gegensatz zu dem, was man beim Vergleich der turbulenten Gewässer in ihrem Oberlauf mit den sanfteren Abschnitten in ihrem Unterlauf annehmen könnte, bleibt die mittlere Fließgeschwindigkeit konstant oder nimmt sogar flussabwärts leicht zu. Dies liegt daran, dass die Rauheit des Flussbettes abnimmt, wenn die Flussfracht feiner wird und der Flusslauf durch die zunehmende Wassertiefe weniger durch Bodenreibung beeinflusst wird.

Das Längsprofil eines Flusses ist aber nicht immer eine glatte konkave Kurve (Abbildung 15.4). Zwar besteht die allgemeine Tendenz, dass die Korngröße

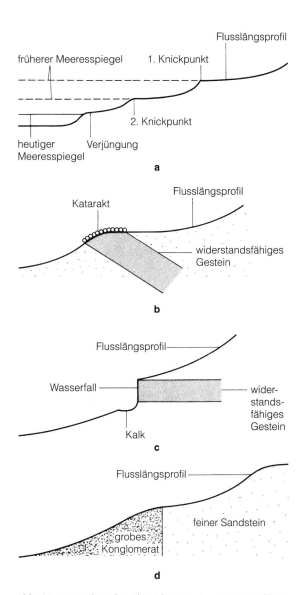

Abb. 15.4 *Ursachen für Abweichungen im Längenprofil von Flüssen (Erläuterung im Text).*

des Flussbettmaterials flussabwärts abnimmt, wenn der Fluss aber in seinem Unterlauf ein besonders widerstandsfähiges Gestein durchschneidet, erhält er wieder grobes Material, sodass dann sein Längenprofil steiler wird (Abbildung 15.4d). Dasselbe widerstandsfähige Gestein kann durch die Begrenzung der Flusseinschneidung zu einem Wasserfall oder einem Katarakt führen (Abbildung 15.4c). Gewisse Flüsse enthalten nicht genügend abrasives Material in ihrer Geschiebefracht, um sich in die unterliegenden Gesteine einschneiden zu können. Man geht davon aus, dass dies einer der Gründe ist, weshalb große tropische Flüsse Längenprofile mit großen Wasserfällen und Katarakten aufweisen (Abbildung 15.4b). Extrem starke Verwitterung unter tropischen Bedingungen verschafft den Flüssen eine Fracht, die nur aus Korngrößen von Schluff und Ton besteht. In anderen Fällen haben Flüsse Unregelmäßigkeiten in ihrem Längenprofil, weil die Erosionsbasis (Meeresspiegel) sich verändert hat. Fällt zum Beispiel der Meeresspiegel (Abbildung 15.4a), liegt die Erosionsbasis tiefer, die Reliefenergie nimmt zu und der Fluss schneidet sich tiefer ein. Man nimmt an, dass diese Verjüngung sich zunächst auf das Mündungsgebiet auswirkt. Der neue steile Abschnitt setzt sich durch einen Profilknick vom übrigen Flusslauf ab und schneidet sich dann langsam rückschreitend ein.

15.5 Das Querprofil des Flusslaufes und hydraulische Geometrie

Größe und Form eines Flussquerprofils variieren in Abhängigkeit von einer großen Anzahl an Faktoren. Eine der wichtigsten Steuerungsgrößen ist der Abfluss. Flussuntersuchungen der amerikanischen Geologen L. B. Leopold und T. Maddock haben einige Beziehungen zwischen Breite und Tiefe des Flusslaufs und Abfluss- und Geschwindigkeitswerten nachgewiesen. Breite, Tiefe und Geschwindigkeit nehmen mit ansteigenden Abflusswerten zu, wobei sich allerdings die Breite flussabwärts schneller zu verändern scheint als die Tiefe.

Das Material, aus dem die Flussufer bestehen, ist auch von großer Bedeutung. Ist es instabil und nicht oder nur wenig verfestigt, dann hat der Fluss die Tendenz, im Verhältnis zu seiner Tiefe ein breites Flussbett zu entwickeln. Flussufer mit einem hohen Anteil an verfestigend wirkendem Ton hingegen haben eine höhere Stabilität und widerstehen besser der Erosion, was die Entstehung von tieferen und schmaleren Querschnitten fördert.

Die Untersuchung der geometrischen Beziehungen von Flussquerprofilen, wie sie Leopold und Maddock als Erste betrieben haben, ist als *hydraulische Geometrie* bekannt geworden. Sie konnten die Zusammenhänge von Breite, Tiefe, Geschwindigkeit, Rauheit des Flusslaufes, Krümmung des Flusslaufes und Abfluss aufzeigen.

Wenn man die mittlere Tiefe eines Flusslaufs im Verhältnis zum Abfluss zu verschiedenen Zeitpunkten aufzeichnet, so stellt man mit zunehmendem Abfluss eine Zunahme der Tiefe fest. Auch die Flussbreite und die Geschwindigkeit nehmen zu. Trägt man die Werte für diese drei Variablen auf logarithmischem Papier ein, liegen die Punkte nahe an einer Geraden und zeigen, dass sie alle eine Hauptfunktion des Abflusses sind. Man kann deshalb drei Gleichungen aufstellen:

$$w = aQ^b$$
$$d = cQ^f$$
$$v = kQ^m$$

wobei Q der Abfluss, w die Breite, d die mittlere Tiefe und v die mittlere Geschwindigkeit ist. Die anderen Ausdrücke (a, b, c, f, k und m) sind empirische Konstanten.

Um die Steuerungsgrößen des Wasserdurchflusses in Wasserläufen herauszufinden, ist es wichtig, die Form eines Wasserlaufs zu verstehen. Die Geschwindigkeit, mit der das Wasser in einem Wasserlauf fließt, wird durch drei Hauptfaktoren beeinflusst: die Form im Querprofil, das Gefälle sowie die Rauheit des Flussbettes und der Seiten. Die Form wird am besten mit dem bereits erwähnten hydraulischen Radius umschrieben. Dies ist die Fläche des Querprofils geteilt durch die Länge des benetzten Perimeters. Wo der Fluss im Verhältnis zu seinem Querprofil einen großen benetzten Perimeter hat, gibt es eine hohe Reibung, und seine Geschwindigkeit nimmt entsprechend ab. Dennoch: je größer das Querprofil, desto größer ist der Abfluss, den der Wasserlauf aufnehmen kann. Die Rauheit der Materialien, aus denen die Seitenwände bestehen, hängt von deren Form und Größe und von möglichen Hindernissen ab, die sich im Fluss befinden oder in ihn hineinragen wie etwa umgestürzte Bäume, Wasserpflanzen oder Wurzeln. Ist das Flussbett sehr rau, so gibt es beträchtlichen Widerstand gegen den Abfluss. Allerdings ist Rauheit sehr schwierig zu quantifizieren, obwohl sie mithilfe einer Messmethode, dem so genannten *Manning'schen Rauheits-Koeffizienten*, optisch abgeschätzt werden kann (Tabelle 15.1).

Diese drei Faktoren stehen in einem Zusammenhang zur mittleren Fließgeschwindigkeit (in Metern pro Sekunde) nach der Gleichung von Manning:

$$\bar{v} = \frac{R^{0,67} S^{0,5}}{n}$$

wobei $\bar{v}$ die mittlere Fließgeschwindigkeit in Metern pro Sekunde, S das Gefälle in Metern pro Meter, R der hydraulische Radius in Metern und n die Rauheit des Randes ist.

Tabelle 15.1: Schätzung des Rauheitskoeffizienten eines Flusslaufs nach Manning				
Flussbettprofil	**Vegetation (Baumwurzeln, Wasserpflanzen, etc.)**	**Werte des Manning-Koeffizienten für Geschiebegrößen**		
		Sand und Kies	**grobe Kiese**	**Flusssteine**
gleichförmig	keine	0,020	0,030	0,050
wellenförmig[a]	keine	0,030	0,040	0,055
gleichförmig	teilweise	0,040	0,050	0,060
wellenförmig[a]	teilweise	0,050	0,060	0,070
sehr unregelmäßig	keine	0,055	0,070	0,080
sehr unregelmäßig	ausgedehnt	0,080	0,090	0,100

[a] wellenförmig = Tiefen und Untiefen gut ausgebildet.
Quelle: verändert nach G. E. Petts (1983) *Rivers*. Butterworth, London, Tabelle 3.4.

15.6 Formen der Flussläufe

Die Form eines Flusslaufes fällt in eine von drei Kategorien: verwildert, wenn sich ein Flusslauf in einzelne Teile gliedert; mäandrierend, wenn der Flusslauf Schlingen bildet; und, am seltensten, geradlinig. Jeder Fluss kann an verschiedenen Stellen seines Laufes jede dieser drei Formen annehmen, und manchmal ist es schwierig, die Formen voneinander zu unterscheiden. Ein mäandrierender Fluss kann zum Beispiel auch geradlinige und verwilderte Abschnitte haben. Im Allgemeinen bezeichnet man einen Fluss als geradlinig, wenn er auf einer Strecke, die dem Zehnfachen seiner Breite in diesem Abschnitt entspricht, gerade fließt. Als Mäander wird ein Flussabschnitt bezeichnet, wenn die Flusslänge zwischen dem Punkt A und dem Punkt B mindestens das Anderthalbfache der Tallänge beträgt. Das Verhältnis von Lauflänge zu Tallänge heißt *Krümmungsverhältnis*.

Flüsse sind selten absolut gerade. Dazu kommt, dass sich viele *geradlinige Flussläufe* sowohl im Labor wie in der Natur als instabil erweisen. Wenn wir die tiefsten Punkte entlang eines Flusslaufes miteinander verbinden, haben wir den so genannten *Talweg* markiert. Auch wenn ein Wasserlauf geradlinige Ufer hat, stellt man doch häufig fest, dass sein Talweg von einer Seite zur anderen pendelt. Im weiteren zeigt das Profil eines Flussabschnittes eine Serie von Tümpeln und seichten Stellen (Tiefen und Untiefen). Diese liegen etwa fünf bis sechs Flussbreiten auseinander. Wenn sich einmal eine solche *Tiefen-Untiefen-Abfolge* ergeben hat, beginnen viele Flussläufe, von einer Seite zur anderen zu pendeln. Abwechselnd wandern die Tiefen zur gegenüberliegenden Seite, während die Untiefen an den Kreuzungen der einzelnen Krümmungen verbleiben. Das Wasser scheint also die Neigung zu haben, in einem geschwungenen Lauf zu fließen. Ein geradliniger Abschnitt ist demnach instabil und unter natürlichen Bedingungen eher selten. Seine Ausbildung erfordert besondere naturräumliche, meist geologisch-strukturelle Voraussetzungen, zum Beispiel dass der Fluss sich entlang einer Bruchzone oder einer Verwerfung bewegt, die sich der Tendenz zum freien, Schlingen bildenden Fließen entgegenstellt.

Abb. 15.5 *Eine Luftaufnahme vom verwilderten Lauf des Rakaia River in der Nähe von Canterbury, Neuseeland. Man beachte das breite, flache Flussbett, das durch Sandbänke fast abgeschnürt wird, und den vielfach gewundenen Flusslauf.*

Verwilderte Ströme (Abbildung 15.5) wurden nicht so eingehend untersucht wie Mäander, obwohl sie unter ganz unterschiedlichen Umweltbedingungen anzutreffen sind. Dazu gehören semiaride Gebiete mit niedrigem Relief, die ihren Abfluss aus Gebirgen erhalten, glaziale Sanderebenen, periglaziale Gebiete über Permafrost und Hochlandflächen in allen Klimaregionen. Zu den typischen Formen verwilderter Flüsse gehören ein breites, flaches Bett, das vor lauter Sandbänken fast erstickt, sowie rasche Verschiebungen von Sandbänken und Wasserläufen. Im Allgemeinen scheinen sich Flussverwilderungen auf groben Ablagerungen zu bilden. Sie nehmen ihren Anfang als kurze überschwemmte Bänke, die flussabwärts zusammenlaufen. Wenn sie einmal bestehen, wachsen sie schnell zusammen, da sich feineres Material dazwischen ablagert, und dehnen sich dann flussabwärts aus. Durch die Reduktion der Flussbreite kann es zur Förderung der Ufererosion kommen. Zu den Umweltbedingungen, welche die Verwilderung begünstigen, gehören das Angebot großer Mengen an grober Geschiebefracht (durch glaziale Sander, Abbildung 15.6, oder auf alluvialen Schwemmkegeln), Ufer aus Lockermaterial, sich schnell und sprunghaft ändernde Abflussmengen und steile Hänge. Der letzte Faktor wird bei einer Betrachtung von Abbildung 15.7 deutlich.

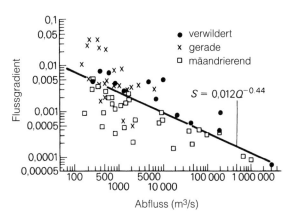

Abb. 15.7 *Das Verhältnis von Abfluss zu Gradient in geraden, verwilderten und mäandrierenden Flüssen.*

Man sieht, dass unmittelbar nachdem der Flussgradient einen kritischen Wert gegenüber dem Abfluss übersteigt ($S = 0{,}012Q^{-0.44}$) (dargestellt durch die Regressionslinie), der Flusslauf vom Mäander zum verwilderten Lauf wird.

Die Frage, warum *Mäander* entstehen, ist schwierig zu beantworten. Die alte und einfache Vorstellung, wonach zufällige anfängliche Unregelmäßigkeiten der Erdoberfläche oder hartes anstehendes Gestein als Erklärung dienen könnten, ist ziemlich unzulänglich. Man nahm an, dass diese Faktoren eine Krümmung des Flusses bewirken würden, die sich dann zu einem schön geformten, gut entwickelten Mäander auswachsen würden. Beobachtungen im Labor und im Feld zeigen aber, dass das Gegenteil der Fall ist: Die besten Mäander entstehen auf homogenem Material, zum Beispiel Schwemmland, wo sie frei sind, sich flussabwärts und seitwärts zu bewegen. Die Seitwärtsbewegung wird durch die Erosion auf der Außenseite der Krümmung, wo die Strömung am stärksten ist (Prallhang), und durch die Ablagerung einer gekrümmten Barre auf der Innenseite der Krümmung, wo die Strömung am schwächsten ist (Gleithang), erreicht. Wenn sich die Mäander seitwärts und flussabwärts bewegen, so wandern diese Ablagerungen des Gleithanges (*point bars*) (Farbabbildung 22) mit ihnen und bauen einen Bereich mit Sand- und Schlick-Akkumulationen auf. Dies trägt, wie wir noch sehen werden, zur Entstehung von Überschwemmungsebenen bei. Da sich Mäander nicht gleichmäßig vorwärts bewegen, können die Schlingen so nahe aneinander kommen, dass der Fluss den Durchbruch schafft, seinen Lauf verkürzt und die abgeschnittene Krümmung als *Altwasserarm* zurücklässt (Abbildung 15.8).

Abb. 15.6 *Verwilderte Flüsse sind eine typische Erscheinung in Gebieten mit glazialen Sandern. Sie kommen wie dieses Beispiel aus dem Wallis, Schweiz, dort vor, wo steile Hänge, eine hohe Sedimentfracht und ein variabler Abfluss zusammentreffen.*

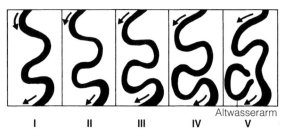

I II III IV V

Altwasserarm

Abb. 15.8 *Aufeinander folgende Stadien in der Entstehung von Mäandern mit der Bildung eines Altwassersees nach einem Durchbruch.*

Tabelle 15.2: Unabsichtliche anthropogene Flusslauf-verändeungen	
Erscheinung	**Ursache**
Einschneidung	Erosion durch „sauberes Wasser" unterhalb von Staudämmen, verursacht durch den Rückhalt der Sedimente
Ablagerung	Reduktion der Spitzenabflüsse unterhalb von Staudämmen; Sedimentzufuhr durch Bergbau, Landwirtschaft etc.
Verbreiterung	Zunahme der Abflusswerte durch Ausdehnung der Siedlungen
Verkleinerung	Abnahme des Abflusses durch Wasserent-nahme oder Maßnahmen gegen Hochwasser
Verkleinerung	Festhalten oder Stabilisieren von Sediment durch künstlich eingebrachte Pflanzen

Die Proportionen der Mäander zeigen keine großen Unterschiede. Selten findet man Mäander, deren Wellenlänge weniger als das Achtfache und mehr als das Zwölffache der Breite des Flussbettes beträgt. Der Grund dafür liegt darin, dass sehr enge Krümmungen (mit einem Verhältnis der Wellenlänge zur Flussbreite von etwa 5:1) und sehr offene Krümmungen (mit einem Verhältnis von Wellenlänge zu Flussbreite von vielleicht 20:1) den Widerstand für das Fließen um die Krümmung herum erhöhen würden.

Menschliche Tätigkeiten haben absichtlich und unabsichtlich Veränderungen der Flussformen verursacht. Viele Flussläufe sind zum Beispiel für die Schifffahrt oder aus Gründen des Hochwasserschutzes begradigt worden. Die Beseitigung der Mäanderschlingen trägt zur Verminderung von Überschwemmungen bei, weil der verkürzte Lauf, den der Fluss dann hat, den Gradienten und die Geschwindigkeit erhöht, sodass das Wasser schneller abfließt. Allerdings wird dadurch der überschwemmungsgefährdete Raum flussabwärts verlagert und die Hochwasserspitze sogar verstärkt. Man geht daher heute wieder dazu über,

neue Rückhaltebecken zu bauen und ehemalige Auengebiete zu reaktivieren. Entsprechende Pläne gibt es für den Oberrhein. Eines der eindrücklichsten Beispiele einer solchen Veränderung bietet der Mississippi, wo 16 Durchbrüche die Flusslänge zwischen Memphis und Baton Rouge auf einer Länge von 600 Kilometern um 270 Kilometer verkürzt haben. Unbeabsichtigte Veränderungen im Flusslauf können jedoch auch durch indirekte Auswirkungen menschlicher Eingriffe in die Sedimentfracht oder in die Abflussmenge auftreten (Tabelle 15.2).

15.7 Das Hochwasserbett

Das relativ flache Land, das den Flusslauf säumt und bei Hochwasser überschwemmt wird, wird als *Hoch-*

Abb. 15.9 *Der Cuckmere River in Sussex, England, hat eine Überschwemmungsebene mit einer besonders schönen Mäanderserie.*

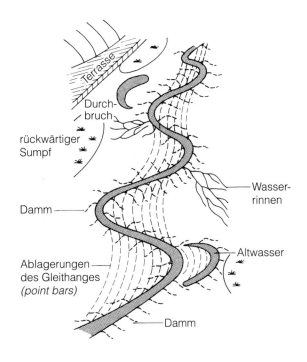

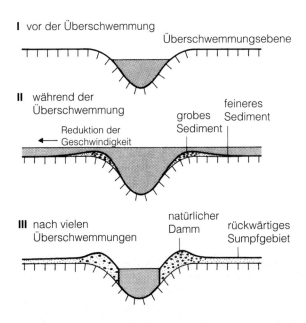

Abb. 15.10 *Überschwemmungsebenen von Flüssen: a) einige Haupteigenschaften einer Überschwemmungsebene in schematischer Darstellung; b) die Bildung natürlicher Dämme durch Flussüberschwemmungen. Sobald ein Flusshochwasser über die Ufer tritt, nimmt es mit der Entfernung vom Flusslauf schnell an Geschwindigkeit ab und lagert die mitgeführte Fracht ab, zunächst das schwerere grobe Material und dann die leichteren und feineren Fraktionen, in der Reihenfolge Sand, Schluff und Ton.*

wasserbett bezeichnet (Abbildung 15.9). Es gibt zwei Haupttypen davon: Solche, die durch Mäandrieren des Flusses und solche, die durch Ablagerung über die Seitendämme hinweg entstehen (Abbildung 15.10).

Bei einem mäandrierenden Flusslauf wird Material akkumuliert, wenn Flüsse sich zunächst seitlich einschneiden und bei verringerter Abflussmenge das Flussbett wieder auffüllen. Ablagerungen am Gleithang, die wir bereits bei der Behandlung der Mäander kennen gelernt haben, können in einigen Gebieten die Hauptursache des seitlichen Wachsens sein, obwohl es auch in Altwasserarmen zu Akkumulation kommt (Abbildung 15.9). Untersuchungen in Amerika legen nahe, dass möglicherweise 80–90 Prozent der Ablagerungen in Überschwemmungsebenen von diesem seitlichen Wachsen stammen. Wenn aber Flüsse über ihre Ufer treten, was normalerweise alle ein bis drei Jahre einmal geschieht, können verschiedenartige Ablagerungen entstehen. Zu den wichtigsten unter ihnen gehören natürliche Dämme.

Wenn ein Fluss bei Überschwemmungen über die Ufer tritt, nimmt die Fließgeschwindigkeit des sedimentreichen Wassers schnell ab. Dort, wo die Abnahme besonders rasch erfolgt, zum Beispiel entlang der Flussufer, wird viel grobes Material abgelagert. Kleinere Mengen von feinem Material werden weiter über die Ebene verbreitet. Auf diese Art bauen aufeinander folgende Überschwemmungen auf beiden Seiten eines Flusslaufes so genannte natürliche Dämme auf. Diese determinieren den Flusslauf außerhalb der Überschwemmungsphasen im Bereich zwischen den Ufern. Manchmal erheben sich die natürlichen Dämme viele Meter über die umgebende Ebene, sodass diese sogar tiefer als die Flussoberfläche liegt. Wenn ein Fluss diese Dämme durchbricht, lagert er entlang von Wasserrinnen grobe Sedimente über die feinkörnigeren Materialien der rückwärtigen Sumpfgebiete ab.

15.8 Terrassen

Wenn sich ein Fluss in seine Überschwemmungsebene einschneidet, dann bilden sich alluviale Terrassen oder Felsterrassen (Farbabbildung 23). An den meisten Flüssen finden sich entlang ihres Laufes Reste von solchen Flussterrassen (Abbildung 15.11). Entweder liegen sie an beiden Talseiten auf der gleichen Höhe (*paarige Terrassen*) oder sie befinden sich an den einzelnen Talseiten auf unterschiedlicher Höhe (*unpaarige Terrassen*) (Abbildung 15.12a).

Abb. 15.11 *Terrassen am Rand der Canterbury Plains, Südinsel Neuseelands. Im Hintergrund die Südalpen. Eiszeitlich bedingte Änderungen in der Sediment- und Geschiebefracht haben ebenso zu ihrer Entstehung beigetragen wie tektonische Aktivitäten.*

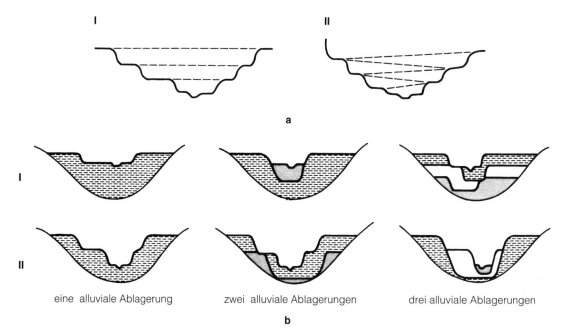

Abb. 15.12 *Flussterrassen. a) I) paarige und II) unpaarige Terrassen; b) Talquerschnitte mit einigen möglichen Kombinationen von Terrassen und alluvialen Auffüllungen: I) mit einer Terrasse; II) mit zwei Terrassen.*

Tabelle 15.3: Einige mögliche Erklärungen, warum Flüsse sich manchmal einschneiden und manchmal Ablagerungen bilden	
Einschneidung	**Aufbau**
Mangel an Fracht zur Ablagerung – Zunahme der Vegetationsdecke – Abnahme von Massenbewegungen – Abnahme der Frostverwitterung – keine Einträge durch Wind – keine Einträge durch Gletschervorstoß – Sediment durch Staudamm zurückgehalten	zu viel Sedimentfracht für den Fluss mehr Erosion, Verwitterung und Massenbewegungen an Hängen

Veränderung der Erosionsbasis
– Landhebung aus tektonischen Gründen,
  wegen isostatischem Ausgleich etc.
– Absinken des Meeresspiegels infolge Landabsenkung,
  Speicherung des Wassers in Eiskappen etc.
	Veränderung der Erosionsbasis
	– Land sinkt oder Meeresspiegel steigt

Veränderung der Fließgeschwindigkeit (Zunahme) – Veränderung der Neigung – Veränderung im Klima	Abnahme der Fließgeschwindigkeit
Veränderung in der Abflussmenge	Veränderung in der Abflussmenge

Eine noch größere Komplexität der Terrassentypen entsteht, wenn die Art ihrer Entstehung berücksichtigt wird (Abbildung 15.12b). Dabei unterscheidet man, ob sich der Fluss in eine oder mehrere Überschwemmungsebenen eingeschnitten hat.

Die Hauptfrage ist, warum sich ein Fluss in Überschwemmungsebenen einschneidet und warum er dann wieder innehält und mit dem Aufbau einer Überschwemmungsebene beginnt. Wie bei so vielen geomorphologischen Formen gibt es auch hier eine breite Palette von Erklärungsmöglichkeiten, darunter Veränderungen in der Erosionsbasis, im Klima, in der Landnutzung und in der Vegetationsdecke (Tabelle 15.3).

Im Falle der vier Terrassen der oberen Themse scheinen alle im Pleistozän entstanden zu sein. Untersuchungen ihrer subarktischen Mollusken und Pollen legen zusammen mit dem Vorhandensein von fossilen Eiskeilbildungen (einem Hinweis auf Permafrost) den Schluss nahe, dass die Mehrheit dieser Terrassen von den Flüssen der Cotswolds stammt, die in den Kaltphasen wegen intensiver Frostverwitterung und Solifluktion eine große Fracht an grobem Geschiebe hatten. In den wärmeren Verhältnissen der Interglaziale hatten die Flüsse wegen der gut entwickelten Vegetation und der geringen Massenbewegungen sehr wenig Fracht und schnitten sich ein. Entsprechendes gilt auch für den Rhein und die meisten Flüsse der deutschen Mittelgebirge. In ihrem Unterlauf hingegen wurden die Flüsse stärker durch das Ansteigen und Absinken des Meeresspiegels als Folge der Zu- und Abnahme der großen pleistozänen Eiskappen beein-

periglaziale Verhältnisse (Frostklima)

interglaziale Verhältnisse (feuchtgemäßigt)

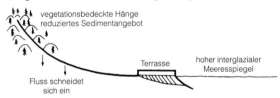

Abb. 15.13 *Ein Modell der Terrassenbildung in Beziehung zum Meeresspiegel und zu Klimaänderungen im Pleistozän.*

flusst. Liegt der Meeresspiegel tief, haben die Flüsse die Tendenz, in ihre Überschwemmungsebenen einzuschneiden, während sie bei hohem Meeresspiegel zur Akkumulation neigen (Abbildung 15.13).

15.9 Deltas

Wenn ein Fluss in einen See oder ins Meer mündet, nimmt seine Geschwindigkeit schnell ab, und er akkumuliert seine Sedimentfracht. Unter günstigen Bedingungen baut dieses Sediment eine klar geformte Ablagerung, ein Delta, auf (Farbabbildung 25). Die einfachsten Deltas stammen von Flüssen, die in einen Süßwassersee fließen. Weil die Dichte des Flusswassers die gleiche ist wie diejenige des umgebenden Seewassers, vermischt sich die Fluss-Strömung in alle Richtungen kegelförmig und verlangsamt sich rasch bis zum völligen Stillstand. Das gröbste Material wird notwendigerweise zuerst abgelagert, dann folgen die mittleren und feineren Materialien. Wo die Abhänge des Seebettes steiler sind als das Flussbett, baut das grobe Material eine Art Ablagerungsplattform auf (Abbildung 15.14a). Die Sedimente des Deltahanges (*foreset beds*) werden von einer dünnen Schicht grobkörniger

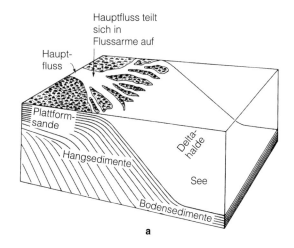

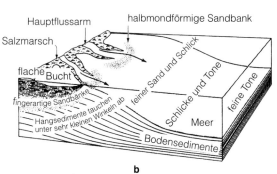

Abb. 15.14 *Flussdeltas: a) ein typisches Süßwasserdelta in einem See mit gut ausgebildeten Plattformsanden (topset beds), Hangsedimenten (foreset beds) und Bodensedimenten (bottomset beds) vom Typ, den G. K. Gilbert für den pluvialzeitlichen Lake Bonneville beschrieb. Man beachte, dass der Abhang an der Deltahalde ziemlich steil sein kann (bis zu 25 Grad). b) ein typisches marines Delta. Die Plattformsande sind feinkörnig und mit sehr geringen Hangneigungen abgelagert (in der Regel weniger als fünf Grad). Sichelförmige Sandablagerungen bilden sich an den Mündungen der Flussarme, wo die Strömungsgeschwindigkeit plötzlich nachlässt.*

Decksedimente (*topset beds*) überlagert und liegen ihrerseits auf einer dünnen Schicht horizontaler, sehr feiner Seebodensedimente (*bottom set beds*). Im Meer abgelagerte Deltas zeichnen sich mehr oder weniger durch ein gleiches Erscheinungsbild aus, mit dem Unterschied, dass sie sich weiter in horizontaler Richtung ausdehnen (Abbildung 15.14b). Der Grund dafür liegt in der unterschiedlichen Dichte von Meerwasser und Flusswasser. Das leichtere Flusswasser „schwimmt" auf dem dichteren Meerwasser, weshalb die vertikale Durchmischung geringer ist als in einem See. Eine geringere Durchmischungsrate bedeutet, dass sich die Strömung langsamer aufteilt und die Fluss-Sedimente über eine größere Distanz transportiert werden. Deshalb ist die Hangneigung der Plattformsande nur gering. Wenn sich der Fluss an der Einmündung ins Meer in einzelne Arme aufteilt, setzen sich diese nach außen als *fingerartige Sandbänke* weiter fort. Der feinere Schlamm und Schlick wird von Strömungen und Wellen in das Stillwasser zwischen den Flussarmen gespült, sodass sich diese mit der Zeit auffüllen.

Die Form der verschiedenen Deltas variiert sehr stark (Abbildung 15.15). Hauptursache der Formen ist das unterschiedliche Gleichgewicht zwischen Abfluss und Wellenkraft. Je dominanter die Küstenprozesse werden, desto unregelmäßiger wird das Delta an der Uferlinie und kann, wie das Senegal-Delta an der exponierten Westküste Afrikas, nur eine kleine Ausbuchtung bilden. Im anderen Extrem bildet sich bei hohem Abfluss, bei beträchtlicher Sedimentfracht und bei einer relativ geschützten Lage eine komplexe „Vogelfuß-Form" wie im Falle des Mississippi (Exkurs 15.1). Solche *Vogelfuß-Deltas* entstehen auch dort, wo die Sedimentfracht primär feinkörnig ist, während die gebogene Form, für die der Niger ein klassisches Beispiel liefert, von Flüssen mit gröberer Fracht stammt.

Nicht alle Flüsse bilden Deltas, denn die Entstehungsbedingungen sind nicht immer gegeben. Zu den Bedingungen, welche die Delta-Akkumulation fördern, gehören:

- ein Fluss mit einer starken Sedimentfracht: Denn dieser kann an seiner Mündung mehr Sediment akkumulieren, als durch Wellen und Strömungen wieder abgetragen werden kann. Flüsse, die wie der Indus schnell erodierende Gebirge oder wie einige der großen Flüsse Chinas Gebiete mit sehr leicht erodierbarem Material wie etwa Lössgebiete entwässern, bilden bei sonst gleichen Bedingungen größere Deltas als andere Flüsse.

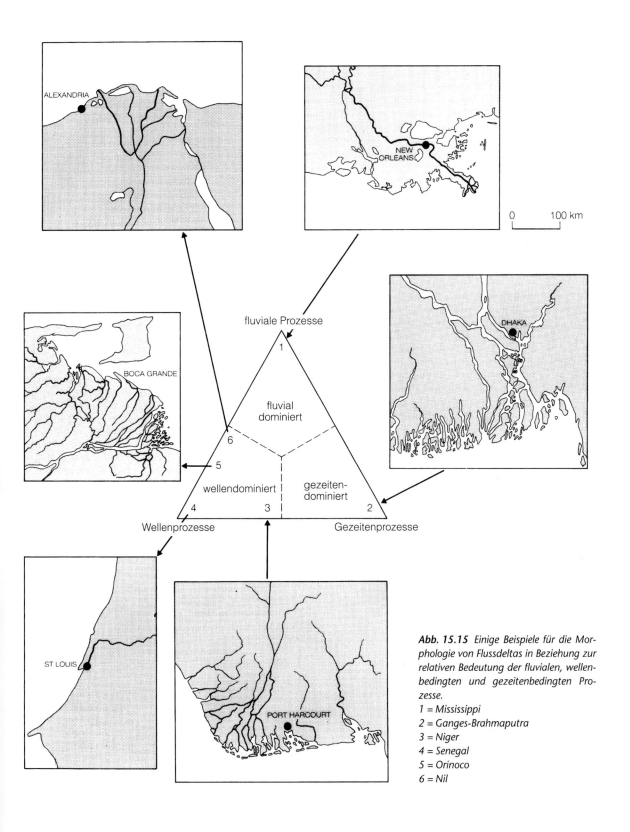

Abb. 15.15 *Einige Beispiele für die Morphologie von Flussdeltas in Beziehung zur relativen Bedeutung der fluvialen, wellenbedingten und gezeitenbedingten Prozesse.*
1 = Mississippi
2 = Ganges-Brahmaputra
3 = Niger
4 = Senegal
5 = Orinoco
6 = Nil

Exkurs 15.1   Das Mississippi-Delta

Der Mississippi in den südlichen USA ist einer der größten Flüsse der Welt; nur der Amazonas hat ein größeres Einzugsgebiet. Seine Mündung wird von einem verzweigten, auf Einflüsse empfindlich reagierenden Delta, einem der größten der Welt, gebildet. Seine Vogelfuß-Form ist charakteristisch. Der Fluss bringt mehr Sediment als Wellen, Gezeiten und Strömungen des Meeres wieder wegtransportieren können. Dennoch schrumpfen das Delta und seine überaus bedeutenden Feuchtgebiete schnell.

Zu diesem Verlust tragen vermutlich viele Vorgänge bei, unter anderem steigende Meeresspiegel, Landabsenkungen infolge von Grundwasserentnahme, Veränderungen an den Orten der Sedimentablagerungen bei der Entwicklung des Deltas, katastrophale Stürme und der menschliche Eingriff in den Abfluss und in den Sedimenttransport des Flusses.

Im Falle des Mississippi-Deltas wird zwei von diesen Prozessen eine besondere Bedeutung beigemessen. Zum einen ändern Deltas im Rahmen ihrer natürlichen Entwicklung ihren Verlauf, um kürzere und steilere Wege in den Ozean zu finden. Man nennt diesen Vorgang *Avulsion*. Tatsächlich werden Deltas, wenn sie größer werden, instabil, und der Fluss verändert seinen Lauf. Entlang seinem verlassenen Hauptlauf lagert sich sehr wenig Sediment ab, und das Gebiet beginnt abzusinken und zu zerfallen. Der Mississippi scheint seinen Weg in den Golf von Mexiko zyklisch im Verlauf von etwa 1000 Jahren hin und her zu verlegen. Zurzeit versucht er, mehr und mehr seinen Abfluss und seine Sedimentfracht durch den Atchafalaya-Arm zu schicken, den er vor etwa 3800 Jahren weitgehend aufgegeben hat. Das bedeutet, dass das derzeitige Vogelfuß-Delta zwischen New Orleans und dem Golf verkümmern wird.

Zum Zweiten hatte die Kanalisierung des Mississippi und der Bau großer Dämme einen tief greifenden Effekt, indem die Fließgeschwindigkeit zunahm, die seitliche Ablagerung in Sümpfen und Marschgebieten abnahm und sich die Verhältnisse für die Salzvegetation veränderten. Diese Veränderungen wurden vom Menschen vorgenommen, um die Schiffbarkeit zu verbessern und die Überschwemmungen besser unter Kontrolle zu behalten. Dadurch wurde das natürliche Gleichgewicht der Sedimentation gestört. Als Folge davon leidet das Gebiet unter den Auswirkungen der Landabsenkung. Der Grund dafür liegt darin, dass das Wachstum des Deltas von einem Gleichgewicht zwischen der Menge und der Art des vom Fluss transportierten Sedimentes einerseits und von der Geschwindigkeit der Verfestigung des Sedimentes andererseits abhängt. Der Mississippi bringt hauptsächlich tonreichen Schlamm. Wenn sich dieser Ton festsetzt, bestehen bis zu 80 Prozent seines ursprünglichen Volumens aus Wasser. Dieses wird durch das Gewicht des neuen, darüber abgelagerten Sedimentes herausgedrückt, was im Laufe der Zeit zum Absinken des Deltas führt. Solange die Überschwemmungen des Flusses neues Sediment bringen, kann dies das Festsetzen und Absinken der früheren Sedimente ausgleichen. Der Eingriff des Menschen durch Kanalisierung und Dammbau greift in dieses Gleichgewicht ein.

Der Mississippi ist über weite Teile seines Unterlaufes durch verschiedene Arten menschlicher Eingriffe verändert worden. Von besonderer Bedeutung ist der Bau großer Dämme wie hier zwischen La Place und New Orleans.

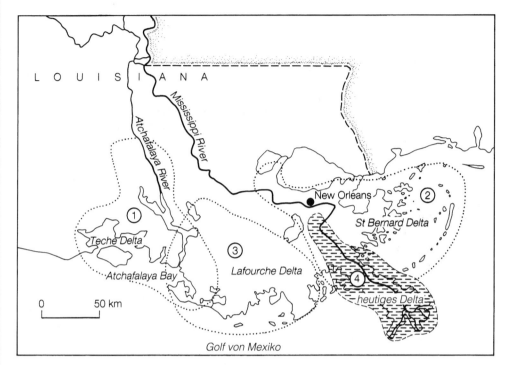

a

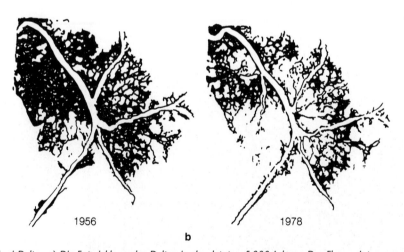

b

Das Mississippi-Delta. a) Die Entwicklung des Deltas in den letzten 5 000 Jahren: Der Fluss zeigt gegenwärtig eine Tendenz, zum Atchafalaya River zurückzukehren. Die Ziffern 1–4 zeigen die aufeinander folgenden Zyklen des Deltawachstums bis zum heutigen Delta (4). b) Die Veränderung des Grundrisses des heutigen Vogelfuß-Deltas mit dem Landverlust zwischen 1956 und 1978.

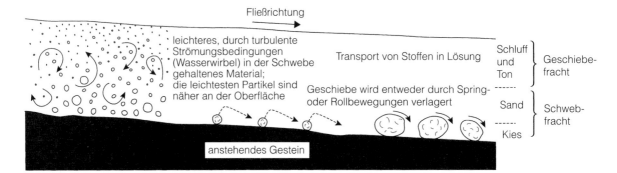

Abb. 15.16 *Die drei Hauptarten des Stofftransports in Flüssen: Suspension, Lösung, Fracht.*

- ein Fluss mit starkem Abfluss: Ein kleiner Fluss, der in einen Ozean fließt, bewirkt aufgrund seiner geringen Strömungs- und Transportkraft naturgemäß wenig, besonders wenn Wellen und Strömungen seine Sedimentfracht verteilen.
- genügend flaches Wasser vor der Küste: Die Sedimente müssen sich akkumulieren können und nicht in einem submarinen Canyon oder einem ozeanischen Graben verschwinden.
- eine relativ geschützte Küste, an der die Wirkung der Meereswellen und -strömungen eingeschränkt ist: Die Bildung von Deltas ist in Meeren wie dem Golf von Mexiko, dem Mittelmeer und im Schutze

Abb. 15.17 *Die am schwierigsten zu messende Komponente der Flussfracht ist die Geschiebefracht. Der Helley-Smith Bedload Sampler ist eigens zu diesem Zweck entwickelt worden.*

der Inselbogen an der Westseite des Pazifiks wahrscheinlicher als an exponierten Küsten.

- ein geringer Gezeitenunterschied: Dieser Faktor reduziert die Gezeitenabrasion. Allerdings gibt es auch Deltas in Gebieten mit einem ganz beträchtlichen Gezeitenunterschied (zum Beispiel Ganges und Irawadi).

15.10 Flusstransport

Eine wichtige geomorphologische Bedeutung von Flüssen liegt im Sedimenttransport, also im Wegtransport von Material aus ihrem Einzugsgebiet und in der Akkumulation dieses Materials. Die Sedimentfracht kann in drei Haupttypen unterteilt werden: Lösungsfracht, Schwebstoffe und Geschiebefracht (Abbildung 15.16). *Lösungsfracht* ist der Anteil der gelösten Stoffe an der Sedimentfracht. Sie stammt in erster Linie aus der chemischen Verwitterung von Gesteinen innerhalb des Einzugsgebietes und, normalerweise zu einem kleineren Teil, aus atmosphärischen Einträgen, denn Regenwasser ist nie völlig rein. In Gebieten mit

löslichem Gestein wie zum Beispiel Kalk kann die Lösungsfracht die wichtigste Komponente der Sedimentfracht bilden.

Andernorts bilden den Haupteintrag *Schwebstoffe*. Feine Ton- und Schluffpartikel werden durch die Aufwärtsfließbewegungen in turbulenten Wirbeln im Wasser schwebend gehalten. Da feine Partikel nur sehr langsam absinken, wenn sie einmal schweben, können sie sich in diesem Zustand über weite Distanzen bewegen.

Die dritte Komponente der Sedimentfracht eines Flusses ist die *Geschiebefracht* (Abbildung 15.17). Sie bewegt sich am Boden durch Rollen oder Gleiten mit gelegentlichen Sprüngen (*Saltation*) weiter. Der größte Teil der Geschiebefracht besteht aus Material, das zu grob ist, um im schwebenden Zustand transportiert werden zu können (Kies, Steine, Blöcke). Grobes Material benötigt für den Transport hohe Fließgeschwindigkeiten. Abbildung 15.18 zeigt die Beziehung zwischen Korngröße und Fließgeschwindigkeit. Die Transportkraft eines Fließgewässers entspricht dem Maximalgewicht eines Partikels, das bei einer bestimmten Geschwindigkeit gerade noch trans-

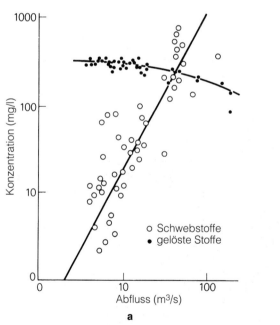

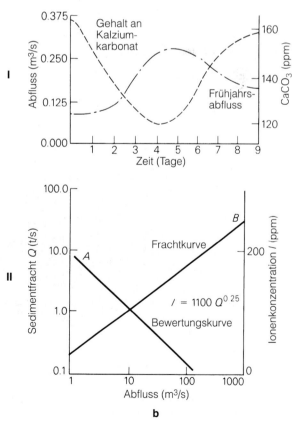

Abb. 15.18 Wasserqualität in Flüssen in Beziehung zu Abflusswerten. a) das Verhältnis von Schwebstoffen und gelösten Stoffen zum Abfluss des River Avon in Wiltshire, England. b) gelöste Fracht im Verhältnis zum Abfluss: I) Konzentration an Kalziumcarbonat durch einen Flusshydrographen für eine Quelle im Mendip-Kalksteingebiet, England; II) Kurve der Lösungsraten für den Mekong in Südostasien.

portiert werden kann. Sie verändert sich mit der sechsten Potenz dieser Geschwindigkeit. Das heißt, wenn die Fließgeschwindigkeit um den Faktor vier zunimmt, nimmt das Gewicht eines einzelnen, noch transportierbaren Fluss-Steines in der Größenordnung von 4^6 oder 4096-mal zu. Dies erklärt, warum Flüsse einen großen Teil ihrer Wirkung während seltener Extremereignisse mit Spitzenwerten des Abflusses erreichen.

Ein verwandtes Erklärungskonzept liefert die so genannte *Kapazität*. Man schätzt, dass sich die Kapazität eines Flusses, also seine maximale Fähigkeit, Geschiebe zu bewegen, mit der dritten Potenz der Geschwindigkeit verändert. Mit anderen Worten: Wenn sich die Fließgeschwindigkeit verdoppelt, nimmt die Kapazität um 2^3 oder achtmal zu. Die Kapazität hängt vom Flussgradienten, vom Abfluss und von der Frachtgröße ab.

Die *Konzentration an Schwebsedimenten* nimmt mit den Abflusswerten an jedem Punkt des Flusses deutlich zu. Wenn man den Abfluss und die Schwebfracht (in Tonnen pro Tag) auf logarithmischem Papier aufzeichnet (Abbildung 15.18b), so erhält man eine gerade Linie. Im gezeigten Beispiel beträgt die Konzentration an Schwebfracht bei einem Abfluss von vier Kubikmetern pro Sekunde ungefähr vier Milligramm pro Liter, während sie für 100 Kubikmeter pro Sekunde auf 1000 Milligramm pro Liter hinaufschnellt. Nehmen wir an, der Abfluss sei um das 25fache und die Konzentration an Schwebfracht um das 250fache gestiegen, dann ist die Menge des als Schwebfracht transportierten Materials bei maximalem Abfluss (in diesem Fall 100 Kubikmeter pro Sekunde) 6000-mal größer als bei Niedrigwasser!

Im Gegensatz zur Konzentration an Schwebsedimenten nimmt die *Konzentration an Lösungsfracht* mit steigenden Abflusswerten ab (Abbildung 15.18). Dies ist vermutlich darauf zurückzuführen, dass bei Niedrigwasser der größte Teil des Abflusses über längere Zeit mit Gestein und Bodenmaterial in Kontakt war und dabei Ionen aufnehmen konnte, die bei der chemischen Verwitterung freigesetzt wurden. Die Abnahme kann der Verdünnung des Grundwassers und des unterirdischen Abflusses durch oberflächennahe oder oberirdische Abflüsse während Starkregen zugeschrieben werden. Obwohl der Gehalt an Lösungsfracht bei einer Zunahme des Abflusses in der Konzentration abnimmt, hat man in vielen Flüssen aber dennoch festgestellt, dass eine ungefähre Verzehnfachung des Abflusses nur etwa eine Halbierung der Konzentration zur Folge hat. Deshalb nimmt die

Lösungsfracht, das Produkt von Abfluss und Konzentration, mit steigendem Abfluss weiterhin zu.

Bei einer allgemeinen Betrachtung der Flüsse ist es schwierig, eine genaue Information über die Bedeutung dieser drei Arten von Materialtransport in Flüssen zu erhalten. Ein besonders schwieriges Problem ist die Bewertung des *Geschiebetransportes*, denn dieser ist überaus schwer zu schätzen. Bei Flachlandflüssen liegt der Anteil des Geschiebes an der Gesamtfracht nur selten über zehn Prozent, und im Allgemeinen ist er wesentlich geringer. Für gelöste Stoffe ist die Sache klarer: Auf globaler Ebene dürften sie etwa 38 Prozent der Gesamtfracht der Weltflüsse ausmachen. Grob geschätzt kann man sagen, dass Schwebfracht, Lösungsfracht und Geschiebefracht in einem Verhältnis von 5 : 4 : 1 auftreten. Man muss allerdings unterstreichen, dass diese durchschnittlichen Verhältniszahlen bei einzelnen Flüssen sehr stark abweichen können. Ein Gebiet mit löslichem Gestein und einer Bodendecke, die von Vegetation gut geschützt ist, wird zum Beispiel einen höheren Anteil an gelösten Stoffen an der Gesamtfracht aufweisen, während in einem Gebiet mit sehr leicht erodierbaren Sedimenten, einer eingeschränkten Vegetationsdecke und landnutzungsbedingten Störungen der Bodenoberfläche (durch Pflügen und Ähnliches) ein relativ hoher Anteil an der Gesamtfracht aus Schwebstoffen bestehen wird.

15.11 Fluviale Denudationsraten

Durch eine langfristige Beobachtung der Abflusswerte von Flüssen sowie ihrer Lösungs-, Schwebstoff- und Geschiebefrachten kann man die Materialmenge berechnen, die pro Einheit Oberfläche abgetragen worden ist (in Tonnen pro Quadratkilometer und Jahr) (Tabelle 15.4). Dieser Wert kann auch als generelle Oberflächenabtragsrate (in Millimetern pro 1000 Jahre) ausgedrückt werden. Solche Werte zeigen, mit welcher Geschwindigkeit Flüsse die Erdoberfläche abtragen. Manchmal werden Denudationsraten auch durch Untersuchung der Sedimentationsraten in Seen oder Stauseen berechnet. Heute sind Daten für eine große Zahl von Einzugsgebieten erhältlich, was die Untersuchung der Umweltfaktoren, die zu diesen hohen Werten geführt haben, ermöglicht und erleichtert. Die Situation ist allerdings komplex, denn es gibt eine große Zahl von Faktoren, die in einem bestimmten Einzugsgebiet eine hohe Denudationsrate fördern könnten:

Tabelle 15.4: Schwebsedimenterträge für ausgewählte große Flusseinzugsgebiete

Fluss	Land	jährlicher Sedimentertrag (t km^{-2} Jahr^{-1})
Ganges	Bangladesch	1 568
Jangtse	China	549
Indus	Pakistan	510
Mekong	Thailand	486
Colorado	USA	424
Missouri	USA	178
Mississippi	USA	109
Amazonas	Brasilien	67
Nil	Ägypten	39
Donau	Moldawien	27
Kongo	Zaire	18
Rhein	Niederlande	3,5
St. Lawrence	Kanada	3,1

Tabelle 15.5: Verschiedene Ansichten über das Vorkommen maximaler Denudationsraten

Forscher	Gebiet
Corbel	Gebirgsrelief (2× bis 5× die Werte von Flachländern) vergletscherte Einzugsgebiete
Fournier	tropische Monsun- und Savannenregionen
Strakhov	tropische Gebirgsregionen
Langbein und Schumm	semiaride Regionen
Walling und Kleo	Jahreszeitenklimate („mediterran", semiarid, tropisch-monsunal)

- degradierte oder veränderte Vegetationsdecke mit nur noch eingeschränktem Schutz vor der erosiven Wirkung von Regen (*Splash-Effekt*) und so weiter;
- intensiver Niederschlag;
- deutliche jahreszeitliche Konzentration des Niederschlags (zum Beispiel in Monsungebieten, mediterranen Winterregengebieten);
- rasche Massenbewegungen und rasche Verwitterung (was den Flüssen Sedimente zuführt);
- große Vorräte an erodierbarem Material (zum Beispiel Löss, unverfestigte glaziale Sander);
- das Vorhandensein von Gletschern im Einzugsgebiet;
- steile und lange Hänge;
- große Reliefenergie;
- Störung der Bodenoberfläche (zum Beispiel durch Weidetiere, Umpflügen, Bautätigkeit und so weiter);
- Mangel an Schutzmaßnahmen.

Wenn wir versuchen, die Zonen mit den höchsten Werten zu ermitteln, so wird deutlich, dass sich die Wissenschaft in dieser Frage nicht einig ist (Tabelle 15.5). Die detaillierteste Analyse der vorhandenen Daten wurde jüngst von D. Walling und A. H. A. Kleo unternommen und kann als die beste verfügbare Information bezeichnet werden (Abbildung 15.19). Sie unterscheiden drei Zonen mit besonders hohen Raten: die Monsungebiete, die „mediterranen" Jahreszeitenklimate und die semiariden Gebiete. Die Zonen mit den höchsten Raten haben Werte zwischen etwa 600 und 1 000 Tonnen pro Quadratkilometer und Jahr, während die Werte zum Beispiel für Großbritannien zwischen 10 und 200 Tonnen pro Quadratkilometer und Jahr liegen.

Wallings Daten der Denudationsraten sind in Abbildung 15.20 wiedergegeben. Neben dem Einfluss des Klimas zeigt die Darstellung, dass viele Zonen mit hoher Schwebfracht an Gebirgsregionen geknüpft sind, die eine hohe Reliefenergie besitzen und gegenwärtig tektonisch aktiv sind. Man beachte die hohen Denudationsraten entlang der Kordilleren am West-

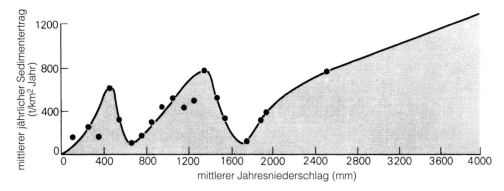

Abb. 15.19 *Zusammenhang zwischen mittlerem jährlichem Sedimentertrag und mittlerem Jahresniederschlag.*

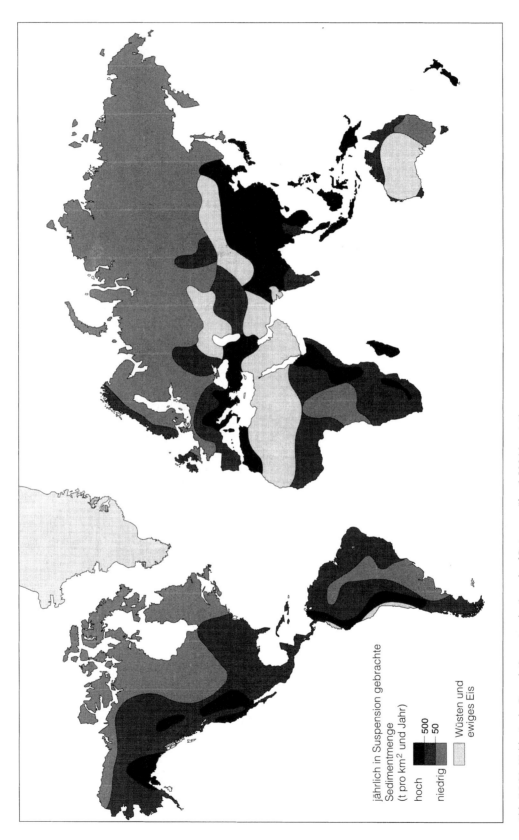

Abb. 15.20 *Weltkarte der Denudationsraten, basierend auf Daten von über 1 500 Messstationen.*

jährlich in Suspension gebrachte
Sedimentmenge
(t pro km² und Jahr)

hoch —500
niedrig —50

Wüsten und
ewiges Eis

rand des amerikanischen Doppelkontinents, rings um das Mittelmeer, in den Hochländern Ostafrikas, in den Gebirgen des Mittleren Ostens sowie in Süd- und Südostasien.

15.12 Überschwemmungen

Für den Menschen liegt einer der wichtigsten Aspekte bei der Untersuchung von Flüssen in dem Gefahrenpotenzial, das bei Überschwemmungen von ihnen ausgeht (Abbildung 15.21, Tabelle 15.6). Überschwemmungen lassen sich als Stadien des Flusses definieren, die über bestimmte Bezugslinien wie zum Beispiel die Ufer des normalen Flusslaufes hinausgehen. Eine Überschwemmung tritt somit immer dann ein, wenn der Fluss über seine Ufer tritt. Es gibt genügend Anzeichen dafür, dass eine zunehmende Bedrohung in vielen Teilen der Welt von Überschwemmungen ausgeht. Das hat folgende Gründe:

- klimatische Veränderungen
  - häufigeres Auftreten von Stürmen mit hoher Intensität, möglicherweise in Verbindung mit El Niño-Ereignissen.
  - stärkere Schneefälle

Tabelle 15.6: Durch Überschwemmungen verursachte Todesfälle und Sachschäden in den USA (1969–1989)		
Jahr	Tote	Sachschäden (Millionen Dollar)
1969	297	903
1970	135	225
1971	74	288
1972	540	3 449
1973	105	859
1974	121	576
1975	114	1 051
1976	187	1 000
1977	212	1 393
1978	120	1 000
1979	100	4 000
1980	97	1 500
1981	90	1 000
1982	155	3 500
1983	200	4 100
1984	126	4 000
1985	304	3 000
1986	80	4 000
1987	82	1 490
1988	29	114
1989	81	415
gesamt	3249	37 863 Millionen Dollar

Jahresdurchschnitt Todesfälle = 155
Jahresdurchschnitt Sachschäden = 1 803 Millionen Dollar

Quelle: (1990) *Statistical Abstract of the United States,* Bureau of the Census.

Abb. 15.21 *Überreste einer Straßenbrücke über den Usutu-Fluss in Swasiland nach einer durch die Zyklone „Domoina" verursachten Überschwemmung.*

- Veränderungen in der Landnutzung
  - Siedlungsentwicklung
  - Abholzung von Hängen im Einzugsgebiet
  - Entwässerung
- Bodensenkungen
  - natürliche Erdbebentätigkeit
  - vom Menschen verursachte Geländeabsenkungen (durch Bergbau, Ölförderung, Torfentwässerung, Grundwasserentnahme)
- zunehmende Bevölkerungszahlen
- Entstehung neuer Gebiete mit Überschwemmungsebenen.

Es gibt eine Vielzahl von Gründen für Überschwemmungen. Sie umfassen unter anderem:

- extrem hohe Niederschlagswerte in kürzester Zeit;
- Schneeschmelze;
- Bruch von Staudämmen;
- Bruch von künstlich geschaffenen oder natürlichen Seitendämmen;
- Ausbruch eines glazialen Sees oder Ausbruch von subglazialen Wassertaschen;
- Aufstau von Flüssen durch Vorrücken von Gletschern in das Haupttal.

- Aufstau von Flüssen durch Massenbewegungen, zum Beispiel Bergsturz.

Abgesehen von den direkten Ursachen müssen wir auch bedenken, dass es verschiedene Faktoren gibt, die indirekt überschwemmungsfördernd wirken. Dazu gehören etwa der zunehmende Versiegelungsgrad der Landschaft, die Degradation der Vegetationsdecke, das Vorhandensein von undurchlässigen Böden und von steilen Hängen und so weiter. Alle diese Faktoren charakterisieren ein Einzugsgebiet und können bei bestimmter Faktorenkonstellation dafür sorgen, dass manche Flusseinzugsgebiete (Abbildung 14.12 und 14.15) prädestiniert sind oder zumindest anfällig werden für das Auftreten von ausgeprägten Hochwasserspitzen.

Der häufigste Typ der Flussüberschwemmung wird durch besonders hohe Niederschlagswerte verursacht (Exkurs 15.2) – eine Erscheinung, die normalerweise mit Tiefdruckgebieten, Hurrikanen, Gewittern oder anderen Tiefdrucksystemen verbunden ist (Farbabbildung 26).

Exkurs 15.2 | **Die Überschwemmungen am Mississippi im Jahre 1993**

Die Überschwemmungen, die sich im Juli 1993 im Flussgebiet des Mississippi ereigneten, waren die schwersten seit Beginn der Aufzeichnungen im Jahre 1895. Die Schäden beliefen sich nach Schätzungen auf 15 bis 20 Milliarden US-Dollar. 50 Menschen starben, und 37 000 Bewohner mussten evakuiert werden. Über 30 Millionen Hektar Farmland standen damals unter Wasser.

Den Überschwemmungen im Jahre 1993 waren acht Monate mit ungewöhnlich starken Niederschlägen vorausgegangen. Im selben Zeitraum hatten sich in den Rocky Mountains während der Wintermonate mächtige Schneedecken gebildet, und in den Frühlings- und Frühsommermonaten gab es anhaltende Regenfälle. Ausgelöst wurden die Überschwemmungen letztlich durch den ungewöhnlich starken quasi-stationären Jetstream, der in nordöstlicher Richtung über die nördlichen Teile des Mississippi-Flussgebiets verläuft, sowie durch eine kräftige blockierende Hochdruckzelle, die fünf Wochen über dem Osten der USA lag. Dadurch kam es zu einer anhaltenden südlichen Luftströmung, mit welcher warme und feuchte Luft aus dem Golf von Mexiko bis in das Mississippi-Becken gelangte. Diese entlud sich in ergiebigen Regenfällen. Bei den starken Niederschlägen in einem wassergesättigten Flussgebiet handelte es sich um ein extremes Naturereignis. Es kam jedoch die Frage auf, ob das Ausmaß der

Überschwemmungen nicht teilweise auch durch menschliche Aktivitäten mitverursacht worden waren, beispielsweise durch den Bau von Dämmen (*levées*), welche die natürlichen Überschwemmungsflächen einschränken, durch die Begradigung von Flussbetten, die Entwässerung von Feuchtgebieten und die Errichtung von – angeblich geschützten – Siedlungen in Hochwasserbetten.

Quelle: J. A. A. Jones (1997) *Global Hydrology*. Harlow, Longman, S. 233–237.

Tabelle: Die zehn schwersten Überschwemmungen am Mississippi (1883–1993)

		Abflussmengen (in m³/Sek.)
1993	August	29 178
1903	Juni	28 867
1892	Mai	26 246
1927	April	25 292
1883	Juni	24 441
1909	Juli	24 379
1973	April	24 135
1908	Juni	24 079
1944	April	23 909
1943	Mai	23 796

Quelle: (1994) Illinois State Water Survey Miscellaneous Publication 151, Champaign, Ill.

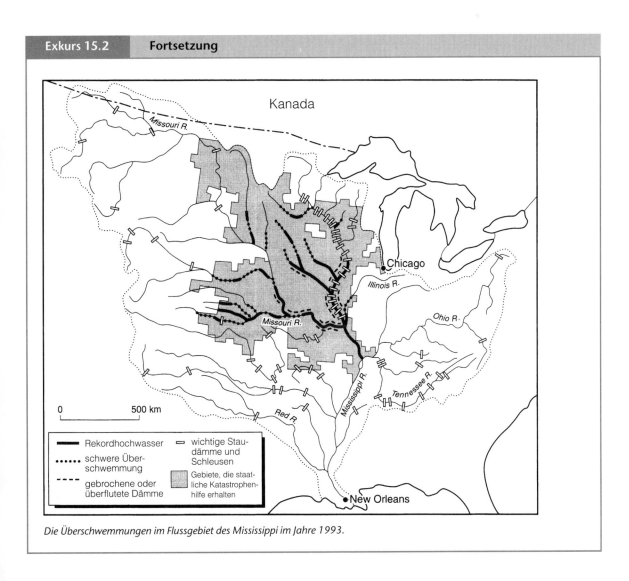

| Exkurs 15.2 | Fortsetzung |

Die Überschwemmungen im Flussgebiet des Mississippi im Jahre 1993.

Ein anderer wichtiger Auslöser von Flussüberschwemmungen ist die Schneeschmelze, vor allem dann, wenn sie zusammen fällt mit ausgeprägten Regenereignissen. Wichtig in diesem Zusammenhang ist der Zustand des Untergrundes in der Abschmelzphase. Auf undurchlässigem, weil noch gefrorenem Untergrund kann Schmelzwasser nicht versickern, und es kommt zu entsprechend hohem und raschem Oberflächenabfluss.

Von den übrigen Ursachen können nur einige Beispiele aufgeführt werden. Wenn ein Staudamm bricht, weil er vielleicht schlecht gebaut oder durch ein Erdbeben zerstört wurde, verursacht das Wasser aus dem Staubecken unterhalb des Dammes meist katastrophale Überschwemmungen (Tabelle 15.7). Eine solche

forderte im Jahre 1889 in Pennsylvania 2 209 Opfer, und der Bruch des Bradfield Reservoirs in der Nähe von Sheffield in Yorkshire forderte im Jahre 1864 250 Tote. Ebenso werden beim Durchbruch des Flusses durch seine natürlichen oder künstlichen Seitendämme weite Teile der Überschwemmungsebene überflutet. In einigen Gebirgsgegenden können große Bergstürze, Gletschervorstöße oder Schlammströme Flüsse hinter natürlichen Dämmen aufstauen. Der Wasserspiegel steigt hinter dem Damm, und wenn dieser dann bricht, wälzt sich eine Flutwelle talabwärts. Das klassische Gebiet für solche Vorgänge ist das Karakorum-Gebirge in Pakistan, wo die großen Zuflüsse des mächtigen Indus in den schneebedeckten Bergen eines der steilsten Gebiete der Erde entspringen.

Tabelle 15.7: Beispiele für Dammbrüche in den USA		
Datum	**Ort**	**Tote**
16. Mai 1874	Connecticut River, bei Williamsburg (Massachusetts)	143
31. Mai 1889	Little Conemaugh River, Johnstown (Pennsylvania)	über 2 100
27. Januar 1916	Otay River, San Diego	22
12. März 1928	St. Francis dam, nördlich von Los Angeles	420
14. Dezember 1963	Baldwin Hill, Los Angeles	5
26. Februar 1972	Buffalo Creek, West Virginia	118
5. Juni 1976	Teton River, Idaho	14

15.13 Der Einfluss des Menschen auf die Flüsse

Der Mensch hat die natürlichen Eigenschaften von Flüssen stark verändert. Ein Grund dafür ist der in den vergangenen Jahrzehnten rasch gestiegene Wasserbedarf. Weltweit hat sich seit 1950 der Wasserverbrauch auf heute 4 340 Kubikkilometer mehr als verdreifacht – dies entspricht der achtfachen Menge des jährlichen Abflusses des Mississippi.

Manche Eingriffe in Flüsse wurden bewusst vorgenommen, wie etwa der Bau von Dämmen. Mithilfe großer Staudämme lassen sich die damit abgeriegelten Flüsse fast vollständig regulieren. Überschwemmungen und Dürren kann so wirksam begegnet werden. Dämme besitzen jedoch sowohl eine Reihe vorhersehbarer als auch nicht vorhersehbarer Umweltwirkungen. Eine besonders hervorzuhebende Konsequenz aus dem Aufstauen von Wasserreservoirs durch Dämme ist die Verminderung der Sedimentfracht im Unterlauf der Flüsse. Dieser Sachverhalt lässt sich anhand der Sedimentmengen verdeutlichen, welche die Flüsse Mississippi und Missouri im Zeitraum zwischen 1938 und 1982 mitführten (Abbildung 15.22). Durch den Bau zahlreicher Staudämme verringerte sich die Sedimentfracht in dieser Zeitspanne um mehr als die Hälfte. Der Sedimentrückhalt lässt sich am Beispiel des Nils nach dem Bau des Assuan-Staudamms ebenfalls gut verdeutlichen (Tabelle 15.8). Bevor es den Staudamm gab, waren die Perioden starker Wasserführung im Spätsommer und Herbst durch hohe Schluffkonzentrationen gekennzeichnet. Doch seit Bestehen der Staumauer hat sich die jährliche Sedimentfracht verringert, und die jahreszeitlichen Spitzen der Sedimentführung sind verschwunden. Der Nil transportiert heute flussabwärts des Assuan-Staudamms nur noch etwa acht Prozent der ursprünglichen Sedimentmenge.

Eine solche Verringerung der Sedimentführung kann verschiedene Folgen haben, darunter eine Verminderung des Auftrags nährstoffreicher Hochflutsedimente (Auelehme) auf Ackerflächen, weniger Nährstoffe für Fische im Meer, stärkere Küstenerosion (da der Fluss kein Material für den Aufbau von Stränden mehr mitführt) sowie eine Zunahme der Flusserosion (infolge der geringeren Sedimentmengen, welche sich in Flüssen ablagern können). Der zuletzt genannte Prozess wird oft als „Klarwasser-Erosion" bezeichnet. Eine der Ursachen, warum die fragile Ostküste Amerikas rasch erodiert wird, ist die verminderte Sedimentfracht derjenigen Flüsse, die der Küste Material zuführen.

Ein anderer bedeutender Eingriff, der entlang zahlreicher Flussläufe vorgenommen wurde, ist der Bau von Uferbefestigungen und die künstliche Veränderung der Geometrie von Flussbetten durch Maßnahmen, die man als *Kanalisierung* und *Regulierung* bezeichnet. Dadurch kann die Fließgeschwindigkeit zunehmen und der Überlauf in Hochflutbetten verhindert werden. Darüber hinaus können die Lebensraumbedingungen für die Organismen der Fließgewässer verändert werden. Ebenso kann sich die Überleitung

Tabelle 15.8: Schluffkonzentration (in parts per million) im Nil bei Gaafra vor und nach dem Bau des Assuan-Staudamms			
	vor dem Bau[a]	**nach dem Bau**	**Verhältnis**
Januar	64	44	1,5
Februar	50	47	1,1
März	45	45	1,0
April	42	50	0,8
Mai	43	51	0,8
Juni	85	49	1,7
Juli	674	48	14,0
August	2 702	45	60,0
September	2 422	41	59,1
Oktober	925	43	21,5
November	124	48	2,58
Dezember	77	47	1,63

[a] Mittelwerte für den Zeitraum 1958–1963.
Quelle: A. A. Abul-Atta, *Egypt and the Nile after the Construction of the High Aswan Dam.* Kairo: Ministry of Irrigation and Land Reclamation, S. 199.

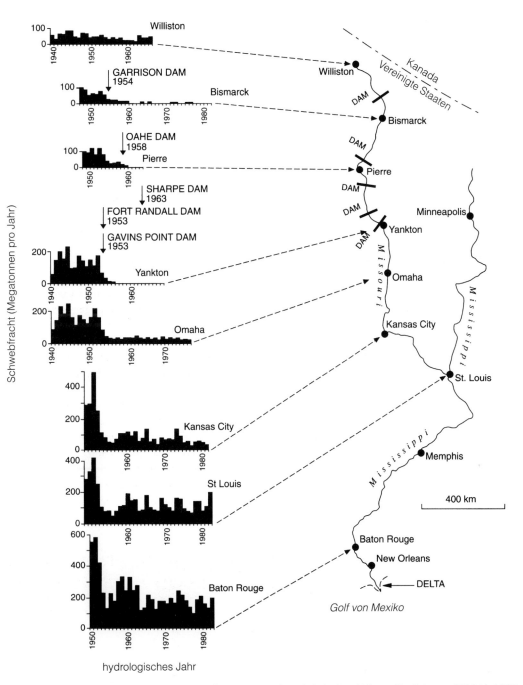

Abb. 15.22 *Als Schwebfracht transportierte Sedimentmengen des Mississippi und Missouri im Zeitraum 1938 bis 1982.*

von Wasser aus einem Flussgebiet in ein anderes – der Wassertransfer zwischen Einzugsgebieten – nachteilig auf diejenigen Flüsse auswirken, aus welchen ein Teil des Wassers abgezweigt wird. Ferner können von diesen gespeiste Seen austrocknen – ein Problem, von dem der in Zentralasien gelegene Aralsee betroffen ist (Exkurs 7.5).

Aktivitäten des Menschen können sich auf das Fließverhalten von Flüssen und auf Überschwemmungen auswirken. So können zum Beispiel Siedlungen infolge der Flächenversiegelung durch Asphalt, Pflaster oder Beton sowie durch die Kanalisation den Oberflächenabfluss erhöhen (Kapitel 17.4). Wie wir im Kapitel 14.8 gesehen haben, kann auch Abholzung die

Wasserführung von Flüssen erheblich verändern; gleiches gilt für die Entwässerung von Flächen.

Seit einigen Jahrzehnten beeinflussen menschliche Aktivitäten die Menge und Beschaffenheit des in Flüssen verfrachteten Materials in zunehmendem Maße. So schätzt man beispielsweise, dass infolge unserer Aktivitäten jährlich rund 500 Millionen Tonnen gelöster Salze in die Meere gelangen. Bei Natrium, Chloriden und Sulfaten haben die Einträge gegenüber der natürlichen Zufuhr um 30 Prozent zugenommen. Dadurch hat sich die weltweit in Flüssen transportierte Lösungsfracht um etwa zwölf Prozent erhöht. Bei manchen dieser Stoffe handelt es sich um Abfallprodukte aus Industrie und Haushalten (zum Beispiel Abwässer). Andere Einträge sind das Ergebnis der Aufbringung von Düngemittel auf Ackerböden sowie von Pestiziden und Herbiziden auf Nutzpflanzen; wieder andere resultieren aus Veränderungen der Landnutzung. So können etwa durch das Abbrennen oder Abholzen von Wäldern große Mengen Nährstoffe in die Flüsse gelangen.

Von noch größerer Bedeutung ist die durch Bodenerosion verursachte Zufuhr von Schwebsedimenten in die Flüsse. Siedlungswachstum (insbesondere Bau-maßnahmen), Bergbau, Überweidung, Abholzung und Pflügen haben zu erheblichem Bodenabtrag (Kapitel 13.6 und 17.6) und damit zu einem verstärkten Sedimenteintrag in die Flüsse geführt. Diese Sedimente machen die Flüsse zum Nachteil für Pflanzen und Tiere trübe und schlammig und können darüber hinaus Ablagerungen in den Unterläufen verursachen. So konnte zum Beispiel der amerikanische Geomorphologe G. K. Gilbert in einer bekannten Fallstudie in den Bergen der kalifornischen Sierra Nevada zeigen, welche gravierenden Auswirkungen der Goldbergbau haben kann. Während des „Goldrausches" in der zweiten Hälfte des 19. Jahrhunderts wurde das Edelmetall mithilfe des so genannten „hydraulic mining" gewonnen, einem Verfahren, das mit dem Eintrag großer Mengen Sediment in die Flusstäler verbunden war. Dadurch wurden die Flussbetten aufgehöht und in ihrer Form verändert. Die Folge waren Überschwemmungen in bis dahin nicht hochwassergefährdeten Gebieten. Noch schwerwiegender war der Umstand, dass die Flüsse nun größere Geröllmengen in die Mündungsbereiche der San-Francisco-Bucht schütteten, die dadurch in weiten Teilen seichter wurde.

16 Pflanzen und Tiere

16.1 Ökologie und Ökosysteme

Die Ökologie ist die Wissenschaft von den Wechselbeziehungen zwischen Organismen (Pflanzen und Tieren) und ihrer Umwelt. Ihr Untersuchungsgegenstand sind die Ökosysteme, worunter ein ganzheitliches Wirkungsgefüge von Lebewesen und deren anorganischer Umwelt in einem Raumausschnitt verstanden wird. Dabei findet ein Energiefluss statt, der zu charakteristischen Stoffkreisläufen innerhalb der belebten Teile des Ökosystems (Nahrungsketten) und zwischen belebten und unbelebten Teilen des Systems (geochemische Stoffkreisläufe, zum Beispiel Nährstoffkreislauf, Kohlenstoffkreislauf) führt. Ein Ökosystem kann von ganz unterschiedlicher Größe sein, vom Kuhfladen oder Goldfischglas bis zum Regenwald im Amazonasgebiet oder zur ganzen Welt. Ökologen studieren die verschiedenen Zusammenhänge innerhalb und zwischen den einzelnen Teilen eines Ökosystems.

Allen terrestrischen Ökosystemen gemeinsam ist ihre völlige Abhängigkeit von der Sonnenenergie. Die Sonne liefert die Energie zum Antrieb der Klimasysteme sowie für die Photosynthese der grünen Pflanzen. Die Photosynthese (Kohlenstoffassimilation) ist ein Prozess, mithilfe dessen grüne Pflanzen Strahlungsenergie in Phytomasse umwandeln. Die Entstehung von pflanzlichem Gewebe schafft somit die Ernährungsgrundlage für Pflanzen fressende (*phytophage*) Tierarten, die ihrerseits wieder die Nahrungs- und Energiequelle für Fleisch fressende (*carnivore*) Tierarten sind. Abgestorbene pflanzliche und tierische Überreste werden an und im Boden von Mikroorganismen in ihre Bestandteile zersetzt, sodass ihre Abbauprodukte wieder als Nährstoffe für die lebende Pflanzenwelt zur Verfügung stehen.

Beginnen wir mit der Betrachtung von Grünpflanzen, den so genannten *Produzenten* des Ökosystems. Sie enthalten das Pigment Chlorophyll, das Sonnenenergie absorbieren kann. Mit der absorbierten Sonnenenergie bilden sie aus Wasser und Kohlendioxid Traubenzucker (*Glukose*), den Grund- und Ausgangsstoff für alle weiteren organischen Verbindungen.

Die Bilanzgleichung der Photosynthese lautet:

6 CO_2 (Kohlendioxid) plus 6 H_2O (Wasser) plus 2 897 kJ (Sonnenenergie) ergibt $C_6H_{12}O_6$ (Glucose) plus 6 O_2 (Sauerstoff)

Diese gebildeten organischen Verbindungen (Photosyntheseprodukte) werden zur Erhaltung des pflanzlichen Stoffwechsels und zum Aufbau körpereigener Substanz (*Phytomasse*) verwendet. Nur die Produzenten sind in der Lage, aus Photoenergie chemische Energie entstehen zu lassen und aus anorganischen Stoffen organische Substanzen aufzubauen (*Primärproduktion*). Sie werden deshalb auch als *autotrophe Lebewesen* oder *Autotrophe* bezeichnet. Zur Aufrechterhaltung ihres Stoffwechsels und ihrer *Atmung* müssen die meisten Pflanzenarten (alle Bäume und der größte Teil der krautigen Pflanzen) etwa 20 bis maximal 50 Prozent ihrer Photosyntheseprodukte direkt wieder abbauen (*veratmen*). Dieser Prozess, genannt *Photorespiration*, läuft parallel zur Photosynthese ab. Dies bedeutet, dass nicht die gesamte Photosyntheseleistung (*Bruttophotosynthese*), sondern nur die Bruttophotosyntheseleistung minus der Atmungsverluste (= *Nettophotosynthese*) als Phytomasse in Erscheinung tritt.

Die Produktionsleistung eines Pflanzenbestandes lässt sich in verschiedenen Maßeinheiten ausdrücken; immer aber gibt sie den Aufbau an organischer Substanz pro Flächen- und Zeiteinheit an. Sehr häufig angegeben findet man in der Literatur den Nettoproduktionsertrag von Pflanzenbeständen in Tonnen pro Hektar und Jahr. Die Produktionsrate hängt wesentlich von der Verfügbarkeit von Wärme, Licht, Kohlendioxid, Nährstoffen und Wasser ab. Nach dem Prinzip der limitierenden Faktoren (*Minimum-Gesetz nach Liebig*) wird die maximal erreichbare Produktionsrate durch den knappsten Faktor bestimmt. So kommt es beispielsweise mit abnehmender Wasserversorgung oder Nährstoffverfügbarkeit zu Einschränkungen in der Photosynthese- und Produktionsleistung, ungeachtet der vielleicht optimalen Bedingungen bei anderen Faktoren. Die jährliche Primärproduktion der Vegetation variiert in den einzelnen Klima- und Vegetationszonen erheblich.

Die Unterschiede resultieren aus

- Abweichungen in wichtigen klimatischen und edaphischen Faktoren (Länge der Vegetationsperiode, Intensität der Sonneneinstrahlung, Lufttemperatur während der Vegetationsperiode, Niederschlag, Bodenwasser- und -nährstoffhaushalt);
- Unterschieden in der artspezifischen maximal möglichen Photosyntheseleistung der bestandsaufbauenden Arten;
- Variationen in der oberirdischen Menge an organischer, assimilationsfähiger Substanz der Pflanzen.

Von den großen Klimaregionen der Erde erhalten die niederen Breiten die größte Menge an Wärme, Feuchtigkeit und Sonnenenergie. Gleichzeitig zeigen die Faktoren in dieser Zone oft eine hohe jährliche Konstanz. Bei einem so großen und gesicherten Energieangebot ist es verständlich, dass die Produktivität der Pflanzen in den feuchten Tropen höher ist als in allen anderen Landschaftsgürteln der Erde. So liegt die Primärproduktion etwa zwischen 20 und 30 Tonnen pro Hektar und Jahr. Im Gegensatz dazu reicht die Wärme der Polarregionen für ein nennenswertes Pflanzenwachstum nicht aus. Aufgrund der lang andauernden Schneedecke, des flachen Einfallwinkels der Sonnenstrahlen und der extremen permafrostbedingten Bodenfeuchte vollzieht sich die sommerliche Erwärmung der polaren Atmosphäre und Landoberfläche nur sehr allmählich, sodass die Wachstumsperiode mit ihren durchweg ungünstigen Bedingungen für die Pflanzenentwicklung nur maximal drei, sehr selten vier Monate beträgt. Die hier erreichte jährliche Primärproduktion ist mit ein bis zwei Tonnen pro

Hektar dann auch die geringste in den humiden Klima- und Vegetationszonen. Die gleichen Trends bestehen bei marinen Ökosystemen (Kapitel 16.3). Die produktivsten Gebiete sind die Gezeitenmarschen, die Flussmündungen und die Korallenriffe an tropischen Küsten. In den Flachwasserbereichen sind Licht und Wärme im Überfluss vorhanden. In kälteren, weniger lichtdurchfluteten Küstengewässern ist hingegen die Produktion wesentlich geringer (zum Beispiel 1,25 Tonnen pro Hektar und Jahr verglichen mit 25 Tonnen je Hektar und Jahr).

Die von den autotrophen Primärproduzenten erzeugte Phytomasse wird im Ökosystem weitergegeben und verteilt sich auf die Systembestandteile (*Kompartimente*) Zoomasse, Streu und Humus. Tiere sind *heterotrophe Lebewesen* (*Heterotrophe*), das heißt, sie sind von den Primärproduzenten abhängig, da sie energiereiche organische Stoffe (Eiweißverbindungen) brauchen, um körpereigene Substanz (Zoomasse) aufbauen zu können. Sie werden daher auch als *Konsumenten* bezeichnet. Man unterscheidet *Konsumenten 1. Ordnung* (Pflanzenfresser oder *Herbivore*), *Konsumenten 2. Ordnung* (carnivore Kleintiere) und *Konsumenten 3. Ordnung* (carnivore Großtiere). Die Konsumenten 1. Ordnung bilden die Nahrungsgrundlage für die Konsumenten 2. Ordnung und jene wiederum liefern Energie an die Konsumenten 3. Ordnung. Auf diese Weise entstehen *Nahrungsketten* (Abbildung 16.1) und *Nahrungsnetze*. Jede Stufe in der Kette wird als *trophische Ebene* bezeichnet. Abgestorbene Pflanzen und Tiere werden durch die Bodenfauna und -flora, die große Gruppe der *Destruenten*, abgebaut und ihre mineralischen Nährstoffe wieder in das System inte-

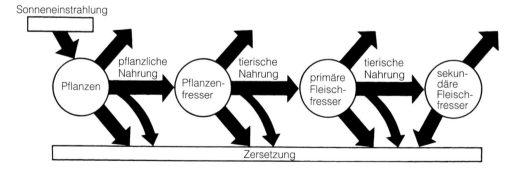

Abb. 16.1 *Energiefluss durch eine Nahrungskette. Auf jeder Stufe ist ein Teil der Energie als Nahrung für die nächste trophische Ebene verfügbar, ein Teil geht durch Ausscheidungsprodukte verloren, ein Teil durch die Verwesung toter Organismen und ein Teil durch die Atmung. So nimmt die Energiemenge von den Pflanzen als Primärproduzenten entlang der Nahrungskette ab. Die Zahl der Konsumenten (Sekundärproduzenten) ist deshalb auf einer bestimmten Fläche in der Regel viel kleiner als diejenige der Pflanzen. Ein Großteil der „verlorenen" Energie endet bei den zersetzenden Organismen (Destruenten) im Boden. Sie spielen für die Stoffkreisläufe der Ökosysteme eine wichtige Rolle.*

griert (Farbabbildung 14). Sie sind für die Stoffkreisläufe der Ökosysteme von außerordentlicher Wichtig-
keit. Auf jeder trophischen Ebene geht ein Teil der aufgenommenen Energie für die Atmung und die
Aufrechterhaltung des Stoffwechsels verloren, was
dazu führt, dass auf der nächsten Ebene weniger Energie in Biomasse umgesetzt werden kann. Kein Organismus kann die aufgenommene Nahrung in eine gleich
große Menge gespeicherter Energie umwandeln.

Wir wollen eine einfache Nahrungskette Pflanze –
Pflanzenfresser – Fleischfresser bestehend aus Gräsern,
Mäusen und Schlangen betrachten. Die Mäuse erhalten ungefähr zehn Prozent der von den Gräsern absorbierten Energiemenge, und die Schlangen, die sich
von den Mäusen ernähren, erhalten etwa zehn Prozent der von den Mäusen absorbierten Energiemenge.
Die Schlange bekommt somit nur etwa ein Prozent der
ursprünglich von den Pflanzen absorbierten Energie.
Die für die höhere Stufe der Fleischfresser verfügbare
Energie ist immer kleiner als die ursprüngliche Energiemenge. Dies erklärt, weshalb die meisten Nahrungsketten auf vier bis fünf trophische Ebenen
beschränkt sind und warum Tierarten am Ende der
Nahrungskette, wie zum Beispiel Löwen, große
Gebiete für die Nahrungssuche durchstreifen müssen.
Ein kleines Gebiet kann nur wenige Tiere ernähren.

Eine Nahrungskette ist selten so einfach struktu-
riert, wie dies durch unser Beispiel erscheinen mag. Es

ist zutreffender, von einem Nahrungsnetz zu sprechen
(Abbildung 16.2), da die Beziehungen zwischen verschiedenen Organismen häufig von komplexer Art
sind. Normalerweise gibt es auf jeder trophischen
Stufe unterschiedliche Tier- und Pflanzenarten, wobei
jede Tierart ihre eigenen Ernährungsmuster hat.

Um die Funktionsweise von Ökosystemen verstehen zu können, müssen neben der Energie auch noch
andere Elemente der Umwelt in Betracht gezogen werden. Leben wird durch eine Reihe von chemischen
Elementen, die über die Pflanzen in die Ökosysteme
gelangen, aufrecht erhalten. Pflanzen brauchen für
den Aufbau von körpereigener Substanz anorganische
Nährstoffe. Diese Nährstoffe zirkulieren zwischen den
lebenden Organismen und den unbelebten (abiotischen) Speichern unterschiedlicher Größenordnung.
Dieser Austausch erfolgt in der Regel zyklisch, wobei
die gleichen Nährstoffe wiederholt in diesen Prozess
eingehen; man spricht von *biogeochemischen Zyklen*.

Pflanzen benötigen 18 lebenswichtige Nährstoffe
zum Wachstum. Sie können in *Makronährstoffe* (zum
Beispiel Kohlenstoff (Exkurs 16.1), Stickstoff, Sauerstoff, Phosphor, Kalium, Schwefel und Magnesium)
und in *Mikronährstoffe* (Mangan, Eisen, Kieselerde,
Natrium und Chlor sowie verschiedene Spurenele-
mente wie Zink, Molybdän, Bor und Kupfer) unterteilt
werden.

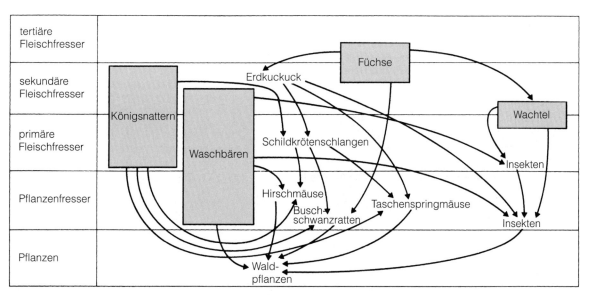

Abb. 16.2 *Ein vereinfachtes Nahrungsnetz, das einige der komplexeren Zusammenhänge in einem heutigen Ökosystem am Beispiel der Chaparral-Dornstrauchvegetation in Kalifornien zeigt. Die unterschiedlichen trophischen Ebenen grenzen die Tiere verschiedener Gruppen voneinander ab. Wie man sieht, sind nicht alle Tiere auf eine trophische Ebene beschränkt. Waschbären sind zum Beispiel sowohl Herbivore als auch Carnivore. Alle Tierarten sind aber von pflanzlichen Energielieferanten abhängig.*

Der grundsätzliche Aufbau eines Nährstoffkreislaufs ist aus Abbildung 16.3 ersichtlich. Der Nährstoffinput resultiert aus der Verwitterung von Gesteinen. Auf diese Art werden Kieselerde, Aluminium, Mangan, Kalium und Natrium als Nährstoffe verfügbar. Die Atmosphäre ist eine andere wichtige Quelle für den Input von Nährstoffen, sei es durch den Niederschlag oder durch biologische Prozesse. Regen liefert nie reines Wasser; er enthält verschiedene Verunreinigungen wie etwa Salzgischt oder vom Wind aufgewirbelter Staub. Die biologischen Prozesse bestehen in der Sauerstoffaufnahme aus der freien Atmosphäre bei Tieratmung und in der Aufnahme von Stickstoff und Kohlendioxid durch die Blätter der Pflanzen. Bakterien und Algen fixieren Stickstoff im Boden. Weitere Nährstoffinputs werden durch wandernde oder vom Menschen eingeführte Tiere geleistet oder stammen aus der landwirtschaftlichen Düngung.

Nährstoffoutputs kommen auf verschiedene Art und Weise zustande. Bodenerosion durch Wind und Wasser kann den Verlust großer Nährstoffmengen zur Folge haben, besonders wenn fruchtbarer Oberboden betroffen ist. Auswaschung ist ebenfalls eine wesentliche Ursache von Nährstoffverlusten, da Sickerwasser gelöste Nährstoffe mit sich führt, die dann schließlich in Bäche und Flüsse gelangen. Andere Verluste entstehen durch die Diffusion von Gasen aus den Bodenporen in die Atmosphäre oder durch die Atmung der Pflanzen. In zunehmendem Maße haben Nährstoffverluste ihren Ursprung in der menschlichen Tätigkeit, zum Beispiel die Ernte landwirtschaftlicher Produkte.

In einem Ökosystem ist die Energie mehr oder weniger ständig erneuerbar. Dies trifft aber nicht für die Nährstoffe der biogeochemischen Zyklen zu. Obwohl die atmosphärischen Einträge einiger Gebiete und einiger Elemente recht beachtlich sind, stammen

---

Exkurs 16.1   Der Kohlenstoffzyklus

Obwohl Kohlenstoff einen Massenanteil von weniger als einem Prozent unseres Planeten besitzt, ist er die Basis für das Leben auf der Erde. Kohlenstoffverbindungen bilden Pflanzen, Tiere und Mikroorganismen und verschaffen uns einen großen Teil unserer Nahrung und unserer Energieressourcen. Das Gas Kohlendioxid (CO_2), das nur 0,03 Prozent der Atmosphäre ausmacht, trägt zur Kontrolle der von der Sonne einfallenden Strahlungsmenge bei und verhilft unserem Planeten zu genügend Wärme für die Entwicklung von Leben. Dieses Gas ist die Kohlenstoffquelle für die Primärproduzenten. Seine natürlichen Vorkommen in der Atmosphäre werden ergänzt durch bei der Verbrennung von organischem Material und fossilen Brennstoffe frei werdendes Kohlendioxid. Pflanzen sind in der Tat die Hauptriebkraft für den globalen Kohlenstoffzyklus, denn durch den Prozess der Photosynthese wandeln sie Kohlendioxid über zahllose Wege in organische Verbindungen um, die die gesamte pflanzliche Substanz (Blätter, Stängel, Stämme und Wurzeln) aufbauen. Diese wiederum gehen in die Nahrungskette ein, wenn die Pflanzen von den Tieren als Nahrungsquelle genutzt werden.

Der Kohlenstoffzyklus besteht aus drei Hauptspeichern, welche Kohlenstoff für eine unterschiedlich lange Zeit aufnehmen. Der *biologische Speicher* hat die kürzeste Speicherzeit, da Wachstum, Tod und Zersetzung von Organismen im Zeitraum von Tagen und Jahren vor sich gehen. Er steht deshalb in raschem Austausch mit der Atmosphäre und mit den oberen Meeresschichten. Eine mittlere Stellung in der Speicherzeit nimmt der *Boden als Kohlenstoffspeicher* ein. Er ist relativ stabil und gibt Kohlenstoff nicht so schnell ab wie biologisches Material.

Weltweit mögen 1 500 Milliarden Tonnen Kohlenstoff im Boden gebunden sein, was mehr ist als in der Atmosphäre, in der Tier- und Pflanzenwelt oder in den Oberflächenschichten der Ozeane (siehe Abbildung). Der Speicher mit der längsten Verweildauer ist der *geochemische Speicher*, der aus Gesteinen (inklusive Kalkstein – $CaCO_3$ – und fossile Brennstoffe) und ozeanischem Tiefenwasser besteht. Beide sind im Vergleich zum biologischen und zum Bodenspeicher von gewaltiger Größe.

Der Mensch greift heute in das natürliche Austauschverhältnis zwischen diesen Speichern ein und fügt dadurch der Atmosphäre große Mengen Kohlenstoff in Form von Kohlendioxid und Methan zu. Vom geochemischen Speicher wird Kohlenstoff durch das Verbrennen von fossilen Brennstoffen (Kohle, Erdöl und Erdgas) freigesetzt. Aus dem Bodenspeicher wird Kohlenstoff durch landwirtschaftliche Nutzung oxidiert und in die Atmosphäre abgegeben. Die Zerstörung von Wäldern und Grasländern entlässt mehr Kohlenstoff in die Atmosphäre als das natürlicherweise durch die Zersetzung der Fall wäre.

Die Folge davon ist, dass der Kohlendioxidgehalt der Atmosphäre von etwa 270 ppm (parts per million) in der Zeit vor der industriellen Revolution und vor der Bevölkerungsexplosion auf über 350 ppm angestiegen ist und dass er bis in die Mitte des 21. Jahrhunderts das Doppelte seines natürlichen Grundwertes, nämlich einen Wert zwischen etwa 500 und 600 ppm, erreichen dürfte. Viele Wissenschaftler glauben, dass die erhöhten Werte des atmosphärischen Kohlendioxids aufgrund des Treibhauseffektes zu einer globalen Erwärmung führen werden.

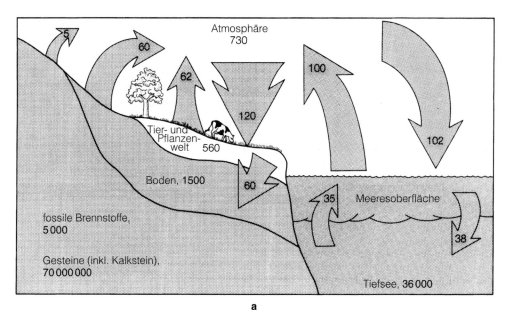

a

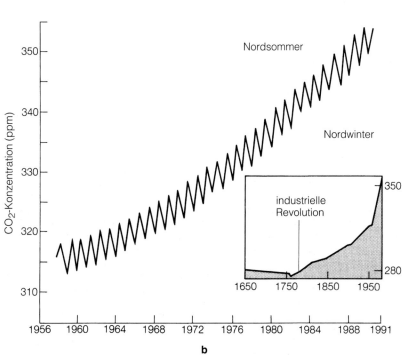

b

Der globale Kohlenstoffzyklus. a) Die Hauptspeicher von Kohlenstoff (in Milliarden Tonnen): Die Pfeile geben an, wie viel jährlich zwischen diesen Speichern ausgetauscht wird. b) Die Zunahme der CO_2-Konzentrationen in der Atmosphäre seit der industriellen Revolution (siehe Kästchen) und in den letzten Jahrzehnten. Jährliche Schwankungen sind größtenteils auf jahreszeitliche Veränderungen in der Photosynthese auf der Nordhalbkugel zurückzuführen.

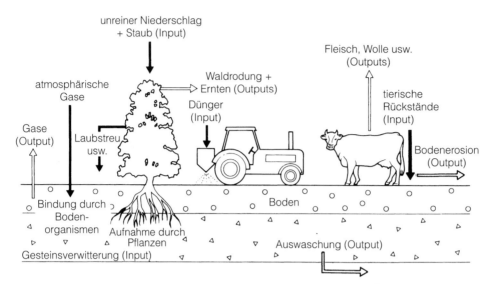

Abb. 16.3 *Ein einfaches Modell für einen biogeochemischen Zyklus innerhalb eines Ökosystems.*

doch die meisten Nährstoffe aus der Gesteinsverwitterung und der Bodenbildung durch die Tätigkeit der Organismen. Solche Umwandlungen gehen ziemlich langsam vor sich, sodass die Fruchtbarkeit abnimmt, wenn das Nährstoffpotenzial nicht ständig innerhalb des Ökosystems durch die Rückführung von tierischen und pflanzlichen Überresten aufgefüllt würde. In einem vollentwickelten, stabilen Waldökosystem kommt es zwar zu einem gewissen Verlust an Nährstoffen durch Erosion und Auswaschung, aber das wird mehr oder weniger wettgemacht durch neue Mineralien, die durch Verwitterung und atmosphärischen Eintrag hinzugefügt werden. In den großen äquatorialen Regenwäldern (Kapitel 8.7) werden die meisten Nährstoffe hauptsächlich in der Vegetationsschicht gespeichert. Die Böden sind überwiegend relativ unfruchtbar, und unter natürlichen Bedingungen ist der Nährstoffverlust durch das abfließende Wasser nur gering. Wenn der Regenwald abgeholzt wird, geht ein großer Nährstoffspeicher verloren, und das ganze Ökosystem wird zu einem großen Teil seiner Nährstoffe beraubt.

16.2 Pflanzen und ihre Habitate

Man nennt den Standort, an dem ein Organismus oder eine Gemeinschaft von Organismen lebt, ein Habitat. Ein solches weist verschiedene Umweltbedingungen oder Faktoren auf, welche das Wachstum der Pflanzen beeinflussen. In Anpassung an diese Umweltbedingungen haben sich die Pflanzen im Laufe der Zeit durch selektive Evolution physiologisch und morphologisch verändert. Diese Anpassungen verschaffen ihnen den Vorteil, in einer spezifischen Umwelt lebensfähig zu sein. Allerdings kann eine Pflanze, die sich so auf das Überleben an einem einzigen Standorttyp spezialisiert hat, ihre Anpassungsfähigkeit an veränderte Umweltfaktoren verlieren. Eine Überspezialisierung kann den ersten Schritt zum Aussterben bedeuten. Auch wenn wir im Folgenden einige Umweltfaktoren einzelner Habitate behandeln, sollte man daran denken, dass Habitate gewöhnlich eng miteinander vernetzt sind. Das Klima beeinflusst zum Beispiel abiotische Faktoren wie Böden, die Häufigkeit von Feuer, die Gestalt des Reliefs und so weiter. Außerdem stehen zwar alle Faktoren in komplexen Wechselbeziehungen zueinander, jedoch haben nicht alle diese Wechselbeziehungen die gleiche Intensität.

Wasser ist ein wichtiger Faktor aller Lebensprozesse und entsprechend prägt sein Angebot auch die Habitatbedingungen, denn es transportiert Nährstoffe, ist der Ausgangsstoff für die Photosynthese, ist unentbehrlich für chemische Reaktionen innerhalb einer Pflanze, macht einen großen Teil der Pflanzenmasse aus und ist wichtig für ein ausgeglichenes Bodenklima, weil es Wärme ohne große Temperaturänderung aufnehmen kann. Je nach ihrer Reaktion auf das in der Umgebung vorhandene Wasser unterscheidet man drei Hauptgruppen von Pflanzen:

- *Xerophyten* (Abbildung 16.4): Dies sind Pflanzen, die während langer Perioden Wassermangel ertragen können. Der Wassermangel resultiert aus einem trockenen Klima oder aus einer beschränkten Wasserspeicherkapazität der Bodenoberfläche (zum Beispiel auf nacktem Fels). Es gibt vier Haupttypen von Xerophyten:
  - einjährige oder kurzlebige Pflanzen, die Trockenheit als Samen überstehen;
  - Pflanzen, die das Grundwasser anzapfen, indem sie tiefe Wurzeln nach unten wachsen lassen (*Phreatophyten*);
  - Sukkulenten, die Wasser in speziellen Geweben in Wurzel, Blatt oder Stamm speichern (zum Beispiel Kakteen);
  - Pflanzen, welche die Trockenheit überstehen, indem sie eine Vielfalt von morphologischen Anpassungen entwickelt haben, so etwa ausge-

dehnte Wurzelsysteme zur Anzapfung des verfügbaren Bodenwassers, Zwiebeln und Knollen zur Speicherung von Wasser und Nährstoffen oder hölzerne Gebilde zur Vermeidung des Verwelkens.

- *Mesophyten*: Dies sind Pflanzen, die nicht im Wasser oder im wassergesättigten Boden leben können, andererseits einen längeren Wassermangel aber auch nicht ohne Schaden überstehen können. Die meisten Pflanzen der gemäßigten Zonen gehören in diese Kategorie.
- *Hydrophyten*: Dies sind Pflanzen, welche keine Trockenheit ertragen. Viele von ihnen, wie etwa Mangroven und Wasserlilien, haben ihre Wurzeln ständig im Wasser. Andere, wie die Farne in den tropischen Regenwäldern, leben in einem permanent feuchten Mikroklima.

Abb. 16.4 Pflanzen, die über lange Perioden Wassermangel ertragen können, heißen Xerophyten. Zwei für die Wüsten im Südwesten der Vereinigten Staaten besonders charakteristische Xerophyten sind Yucca (oben) und Ocotilla (rechts).

Ein anderer wichtiger Klimafaktor ist die *Temperatur*. Unterschiedliche Pflanzen haben unterschiedliche Optimumtemperaturen für ihr Wachstum und auch verschiedene Temperaturen, die ihr Wachstum initiieren. Einige Pflanzen ertragen den Frost nicht, andere benötigen einen rhythmischen Wechsel der Temperatur im Tagesverlauf, wieder andere ertragen große Hitze nicht, und schließlich gibt es Pflanzen, welche eine kalte Jahreszeit als Ruhezeit brauchen. Außerdem spielt auch das Licht als Voraussetzung für die Photosynthese eine wichtige Rolle. Einige Pflanzen haben bemerkenswerte Anpassungen und Wuchsformen entwickelt, die es ihnen ermöglichen, sich nach dem Licht auszurichten (zum Beispiel Kletterpflanzen, Epiphyten). Wind ist ein weiterer Klimafaktor. Er wirkt sich auf die Pflanzen durch erhöhte Transpiration, durch mechanische Schäden und durch die Verbreitung der Pollen und Samen aus. Verformte Krummholzbäume sind eine Erscheinung an der Baumgrenze im Gebirge (Kapitel 9.5), und in besonders exponierten Lagen, wie etwa auf Inseln der hohen Breiten, gibt es nur niederwüchsige Polsterpflanzen und Zwergsträucher. Dies ist die wesentliche Ursache, weshalb sich Inseln wie die Falkland-Inseln durch einen eingeschränkten Baumwuchs auszeichnen.

Eine andere Hauptgruppe von Faktoren, die Habitate kennzeichnen, steht mit den Bodenbedingungen (*edaphische Bedingungen*) in Zusammenhang. Das Pflanzenwachstum wird durch Böden mit geringem Nährstoffgehalt, mit hohem Salzgehalt, mit ausgeprägter Flachgründigkeit, mit wasserdurchtränkten oder wasserundurchlässigen Schichten (wie einige Laterite oder Podsole) eingeschränkt. In vielen Wüstengebieten verlangt der Salzgehalt im Boden (Kapitel 7.7) von den Pflanzen spezielle Anpassungen. Solche Pflanzen nennt man Halophyten. Desgleichen tritt in einigen tropischen Gebieten (Kapitel 8.9) mit normalerweise Regenwaldvegetation Grasland (Savanne) auf. Ursache ist eine weitgehende Nährstoffauswaschung (zum Beispiel auf alten Erosionsflächen über chemisch eher inerten Gesteinen wie Quarziten) oder die Behinderung des Wurzelwachstums durch einen Laterithorizont.

Ein weiterer wichtiger Faktor ist das Feuer. Feuerschäden sind in der Regel in Gebieten mit einer langen Trockenzeit oder mit häufigen Blitzschlägen häufiger als in anderen Regionen; sie können aber auch von Bedeutung werden, wo Feuer absichtlich entfacht werden (Kapitel 6.9). In Gebieten mit ausgeprägten Trockenzeiten zeichnen sich einige Buscharten durch Samen aus, die so lange inaktiv bleiben, bis ihre harten Hülsen durch Feuer aufgebrochen werden und die Sämlinge frei werden. Korkeichen, einige Kiefern und viele Savannenbäume haben Rinden, die sie auch vor den heißesten Feuern schützen. Einige verbreitete Vegetationstypen (zum Beispiel die Gras-Savanne, die Prärie und die Maquie) können als Degradationsstadien auf ursprünglich waldfähigem Land eine sekundäre Ausbreitung durch Feuer erfahren.

Schließlich gibt es die biotischen Faktoren, denn wir dürfen nicht vergessen, dass Pflanzen und Tiere nicht unabhängig sind von den Aktivitäten anderer Organismen. Die Destruenten im Boden und in den Streuschichten sind lebensnotwendig für den Nährstoffkreislauf; Insekten sorgen für die Bestäubung; Vögel und Säugetiere verbreiten Samen; das Grasen der Pflanzen fressenden Tiere beeinflusst die Futterpflanzen; und schließlich stehen die Pflanzen miteinander in Konkurrenz um Licht, Feuchtigkeit, Nährstoffe und Raum. Einige Pflanzenarten erreichen einen hohen Abhängigkeitsgrad von anderen, wenn sie jene als Stützen (zum Beispiel Lianen) oder als Nährstofflieferanten (zum Beispiel Parasiten wie die Mistel) benötigen.

16.3 Das Leben in den Ozeanen

Wir können einige der bisher behandelten Themen noch etwas vertiefen, wenn wir kurz das Leben in den Ozeanen betrachten. Die marine Welt ist vielfältig, wie allein schon die Spannweite der Pflanzen- und Tierdimensionen zeigt: von mikroskopisch kleinen einzelligen Pflanzen bis zu über 30 Meter langem Seegras und von winzigen Bakterien bis zum großen Blauwal, dem größten Tier, das je auf der Erde gelebt hat. Die Artenzahl ist allerdings auf dem Festland viel größer als im Meer – einige Millionen Arten im Vergleich zu Hunderttausenden im Meer. Dies resultiert hauptsächlich aus der größeren Vielfalt an Habitaten und Lebensbedingungen an Land.

Die marinen Organismen leben in zwei Haupthabitaten: im *Benthos* (am Meeresboden) und im *Pelagial* (dem Wasser darüber). Benthische Organismen leben entweder auf dem Boden (*Epibionten*) oder im Boden (*Endobionten*). Die sitzenden (immobilen) Typen können sich wie im Falle der Entenmuscheln und Korallen selber an einem harten Untergrund ankitten. Andere Epibionten wie die Seegräser halten sich am Substrat durch wurzelähnliche Strukturen fest. Liegende Epibionten wie ausgewachsene Austern liegen einfach ohne Halt auf dem Boden. Andere kriechen dem Meeresboden entlang oder graben sich in die Oberfläche ein.

Pelagische Organismen kann man einteilen in *Nekton*, das aktiv schwimmt und sich gegen normale Strömungsintensitäten fort bewegen kann, und *Plankton*, das nicht gegen eine normale Strömung schwimmen kann.

Wie auf dem Festland können auch die Organismen im Meer nach ihrer Stellung in einer Nahrungskette betrachtet werden. Auf der ersten trophischen Ebene befinden sich die marinen Primärproduzenten, das *Phytoplankton*. Die zweite trophische Ebene besteht aus dem phytophagen *Zooplankton*. Auf den höheren Ebenen finden sich carnivore Arten des Zooplanktons, Plankton fressende Fische (*Planktivore*) bis zu Raubfischen (*Piscivore*):

Bakterien und biogener Detritus

↓

Phytoplankton

↓

Pflanzen fressendes Zooplankton

↓

Fleisch fressendes Zooplankton

↓

Fische (Planktivoren)

↓

Raubfische (Piscivoren)

Die Produktion dieser Organismen ist überraschend gering, wenn man das enorme Volumen der Weltmeere bedenkt. Wie wir bereits gesehen haben, wird die Photosynthese durch das Sonnenlicht angetrieben, und ohne Photosynthese ist die Produktion notwendigerweise sehr beschränkt. In den Ozeanen nimmt die Intensität des Sonnenlichtes sehr schnell mit der Tiefe ab. Im Durchschnitt sind in einer Tiefe von zehn Metern nur zehn Prozent des Lichtes, das ins Meer eindringt, für die Photosynthese verfügbar. In 100 Metern Tiefe ist es noch ein Prozent. In trüben Küstengewässern können diese Werte noch geringer sein und entsprechend sinkt die Biomasseproduktion

der Ozeane bereits mit geringer Entfernung von der Meeresoberfläche drastisch ab.

Die Temperatur ist ein weiteres überaus wirksames Steuerungsinstrument für die Produktivität. In weiten Teilen des Meeres liegen die Temperaturen für viele Arten unter dem Optimum. Meerwasser ist besonders in der Tiefe kalt. Nur acht Prozent sind wärmer als zehn Grad Celsius, mehr als die Hälfte ist kälter als 2,3 °C.

Obwohl die Ozeane im Vergleich zu ihren enormen Volumen unproduktiv sind, gibt es doch Gebiete mit hoher Produktivität, besonders die Kontinentalschelfe und Gebiete im offenen Ozean, wo Auftrieb das Oberflächenwasser mit Nährstoffen anreichert. Die Kontinentalschelfe sind produktiv, weil sie als seichte Zonen warm und reich an Sonnenlicht sind. Zudem wird ihre Produktivität dort noch gesteigert, wo sie vom Festland her nährstoffreiche Fracht von Flüssen erhalten. Gebiete mit Auftrieb sind produktiv, weil ihre Nährstoffvorräte ständig aus der Tiefe erneuert werden. Dieser Prozess geht höchst wirkungsvoll vor sich in Gebieten mittlerer Breite an den Westküsten der Kontinente (Kalifornien, die Küsten von Chile und Peru, Südwest- und Nordwestafrika, Teile von Nordwestaustralien, sowie die Küste von Somalia und Südarabien). Infolge dieser großen Produktivität insbesondere an kleinen pelagischen Organismen können diese Gebiete genügend Nahrung zur Aufrechterhaltung großer Fischbestände liefern. Der Schlüsselnährstoff scheint Phosphor zu sein. Es ist eine Besonderheit, dass Phosphate in kaltem Wasser besser löslich sind als in wärmerem Wasser, sodass sie dort, wo Auftriebswasser vorherrscht, in größeren Mengen vorkommen. Auf einer mehr lokalen Ebene gehören Flussmündungen und Korallenriffe zu den produktivsten Ökosystemen, gleichwertig mit dem tropischen Regenwald, manchmal sogar noch produktiver mit einer mittleren Nettoprimärproduktion von 1 500 beziehungsweise 2 500 g/m^{-2} Jahr.

Alles in allem sind die Ozeane biologische Wüsten. Tabelle 16.1 zeigt den harten Kontrast auf der Erdober-

Tabelle 16.1: Produktivität und Biomasse der Kontinente und Ozeane			
	Kontinente	**Ozeane**	**Faktor**
Fläche (10^6 km^2)	149	361	x0,4
mittlere Nettoprimärproduktion pro Flächeneinheit (g m^{-2} Jahr $^{-1}$)	773	152	x5,1
Welt-Nettoprimärproduktion (kg m^{-2})	115	55	x2,1
Biomasse pro Flächeneinheit (kg m^{-2})	12,3	0,01	x1230
Gesamtbiomasse der Welt (10^9 t)	1837	3,6	x471

Quelle: Verändert nach Angaben in R. H. Whittaker (1975) *Communities and Ecosystems,* Collier-MacMillan, London, Tabelle 5.2

fläche zwischen Festland und Meer. Sowohl die mittlere Produktivität als auch die Biomasse pro Flächeneinheit der Kontinente und Ozeane weichen deutlich voneinander ab. So bedecken die Ozeane etwa zwei Drittel der Erdoberfläche, tragen aber nur zu etwa einem Drittel zu ihrer Biomassenproduktion bei.

16.4 Pflanzen- und Tiergesellschaften

Pflanzen und Tiere eines Landschaftsraumes leben nicht isoliert voneinander, sondern in Pflanzen- und Tiergemeinschaften (*Phytozönosen* beziehungsweise *Zoozönosen*), die sich durch eine charakteristische Vergesellschaftung bestimmter Arten auszeichnen. Aufgrund der Interaktionen zwischen Vegetation und Tierwelt sind auch diese Gemeinschaften nicht unabhängig, sondern bilden zusammen genommen Lebensgemeinschaften (*Biozönosen*). Ihr Lebensraum weist in der Regel eine vielfältige Kombination von Habitaten auf, die sich ihrerseits durch jeweils spezifische Kombinationen von Lebensbedingungen auszeichnen. Innerhalb der einzelnen Glieder der Lebensgemeinschaften (Arten, Individuen) gibt es unterschiedliche Formen der Interaktion. Die Wichtigste ist *Konkurrenz*, in der zum einen Pflanzen- und Tierarten, auch einzelne Populationen oder Individuen um die in der Regel begrenzten Ressourcen im Wettbewerb stehen. Der Wettbewerb um Licht und damit um Energie ist innerhalb der Pflanzengemeinschaften besonders wichtig. Bezogen auf die Lebensgemeinschaften ist dies die Konkurrenz um Raum, Wasser, Nährstoffe, Nahrung und Partner. Die zweite Form der Interaktion besteht darin, dass viele Arten komplementär zueinander sind und koexistieren, indem sie verschiedene *ökologische Nischen* besetzen, das bedeutet innerhalb des gleichen Lebensraumes beanspruchen sie nicht dieselben Umweltressourcen, das wiederum heißt, sie konkurrieren nicht um den gleichen Nährstoff, nicht um die gleiche Habitatstruktur oder Ähnliches. Die dritte Form der Interaktion ist die Abhängigkeit. In diesem Fall kann eine Art nur auftreten, wenn andere Arten, zum Beispiel als Futterpflanze, als Beute, als Wirt oder als Habitatstruktur vorhanden sind.

Innerhalb einer Pflanzengesellschaft sind gewisse Arten dominant. Solche Pflanzen beanspruchen mehr Raum, nehmen mehr Nährstoffe auf und produzieren eine größere Phytomasse als die übrigen Pflanzen und bestimmen das äußere Erscheinungsbild, die *Physiognomie*, des Bestandes. Als bestandsdominierende Arten üben sie einen beträchtlichen Einfluss auf die

Artenzusammensetzung und -verteilung innerhalb der Gesellschaft aus, indem sie beispielsweise große Teile des Wurzel- und Bodenraumes okkupieren, das Lichtregime beeinflussen und so die Keimungs-, Etablierungs- und Wachstumsbedingungen für Konkurrenzarten bestimmen. Beim Vergleich eines Eichenwaldes mit einem Buchenwald wird dies deutlich. Die Blätter der Eichen als Lichtholzart sind so verteilt, dass das Licht bis auf den Waldboden gelangt, um dem lichtbedürftigen eigenen Jungwuchs eine uneingeschränkte Entwicklung zu garantieren. Auf diese Weise erlauben Eichenwälder die Entwicklung einer reichen Gebüsch- und Krautvegetation. Die Buche dagegen ist eine Schattholzart. Zur Unterdrückung weiterer Baumkonkurrenz sind ihre Blätter so angeordnet, dass nur wenig Licht durchkommen kann. Die Strauchschicht ist hier ebenso wie der Jungwuchs von konkurrierenden Gehölzarten nur sehr spärlich entwickelt, sodass Buchenwälder oft Reinbestände bilden, während Eichenwälder durch eine höhere Zahl an Baum- und Straucharten charakterisiert sind.

16.5 Sukzession

Die Habitate der Pflanzen verändern sich mit der Zeit, und mit ihnen verändern sich die Pflanzengesellschaften, denn die Lebensgemeinschaften sind bestrebt, Veränderungen in ihrem Lebensraum, in ihrem Ökosystem durch sich neu ordnende Organismengemeinschaften auszugleichen. Dieser Vorgang wird als *Sukzession* bezeichnet. In ihrem Verlauf werden bestehende Pflanzengemeinschaften von anderen, an die jeweilig entstandenen Umweltbedingungen besser angepasste Gemeinschaften ersetzt (Abbildung 16.5).

Dabei unterscheidet man die *Primärsukzession* von der *Sekundärsukzession*. Als Sekundärsukzessionen werden Vegetationsentwicklungen auf bereits mit einer Pflanzendecke versehenen Standorten bezeichnet, die jedoch aus natürlichen oder anthropogenen Gründen geschädigt oder beseitigt wurden. Die Primärsukzession beinhaltet dagegen die Erstbesiedlung eines vegetationsfreien Standortes. Dieser kann von einer Schlickebene an der Küste, von einer sich hinter dem Strand bildenden Sanddüne, von einem abschmelzenden und Terrain freigebenden Gletscher, von einem ausbrechenden Vulkankegel stammen. Mit der Zeit wird der nackte Grund durch Vegetation besiedelt, und diese verändert im Lauf ihrer Entwicklung von Pioniergesellschaften über Kraut- und Strauchgesellschaf-

17 *Ein dunkel gefärbter Dyke durchzieht diskordant das hellere Granitgestein in der südjordanischen Wüste.*

18 Eine große Schuttrutschung (Black Ven) an der Küste von Dorset in Südengland. Tonreiche, wassergesättigte Liasgesteine rutschen und fließen in den Englischen Kanal. Die Küste wird rasch zurückverlegt; die Rutschungen verursachen außerdem Sachschäden und bergen Gefahren für Touristen und Wanderer.

19 Ein Podsol-Boden aus Nordengland (North York Moors). Man beachte den oberen Horizont mit organischem Material, den Auswaschungshorizont, die Zone mit Eisenakkumulation und das darunter liegende Ausgangsmaterial.

20 Verwitterungsformen in kambrisch/ordovizischen Sandsteinen in Südjordanien. Die äußere Oberfläche des Sandsteins ist fest verbacken, während in den mürben Bereichen dahinter durch Salzkristallisation und andere Prozesse zahlreiche Hohlformen oder Nischen, so genannte Tafoni, entstanden sind.

21 Tief verwitterter Granit umschließt hier Kernblöcke in der Nähe von Chapman's Peak in der Kapregion (Südafrika). Wenn solche Blöcke aus widerstandsfähigem Gestein bei der Erosion des Verwitterungsmaterials (Regolith) freigelegt werden, können Tors und Inselberge entstehen.

22 Die Überschwemmungsebene eines Flusses in Swaziland im südlichen Afrika. Das gelbliche Material bildet eine Reihe von Ufersand-bänken, die der mäandrierende Fluss bei Hochwasser abgelagert hat.

23 Verschiedene Terrassenniveaus bei Arthur's Pass auf der Südinsel Neuseelands. Entstanden sind sie wahrscheinlich durch das Zusammenwirken von rascher tektonischer Hebung der schneebedeckten Southern Alps und Veränderungen der Sedimentführung der Flüsse als Folge des Vorrückens und Schrumpfens der Gletscher im Einzugsgebiet.

24 Unter den Flüssen mit einer großen Sedimentfracht stechen diejenigen hervor, welche die intensiv genutzten Lössgebiete Chinas entwässern. Flüsse wie der Gelbe Fluss (Huang He) haben ihren Namen vom großen Anteil an Lössmaterial, das sie transportieren.

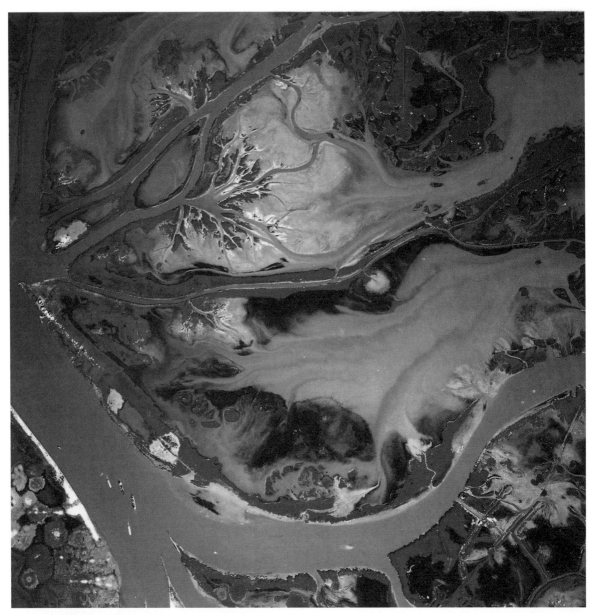

25 Kleine Teildeltas in der Nähe von Head of Passes im Mississippidelta (USA). Das Bild zeigt eine ER2-Falschfarben-Infrarotaufnahme aus etwa 20 Kilometern Höhe vom 13. Dezember 1989. Man beachte die Bildung von Dämmen entlang der größeren Flussläufe und den empfindlichen Charakter dieses Milieus. Die Buchten bildeten sich durch Absenkung der Gebiete hinter den natürlichen Dämmen. Der Hauptfluss hat an dieser Stelle eine Breite von etwa 1,2 Kilometern.

26 Diese stark beschädigte Brücke über den Usutu River bei Sidvokodvo (Swaziland) zeigt die Gewalt von Überschwemmungen, die durch tropische Wirbelstürme verursacht werden. Während des Hochwassers lag der Flusspegel rund sieben Meter über dem Brückengeländer. Die Vegetation im Bereich des Flusses wurde weitgehend weggespült, und mitgerissene große Feigenbäume trugen zum verursachten Schaden bei.

27 Große Städte und Industrieregionen verursachen beachtliche Mengen an Luftschadstoffen wie Schwefeldioxid und Ozon. Diese Schadstoffe beeinträchtigen nicht nur den Menschen, sondern auch das Wachstum der Pflanzen. Das Bild zeigt Smog über Kapstadt (Südafrika).

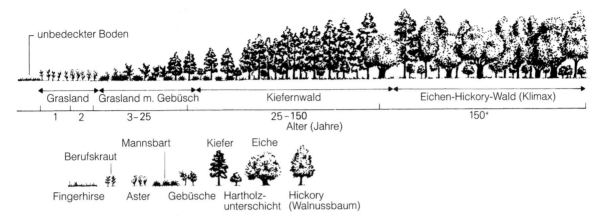

Abb. 16.5 *Primärsukzession von offenem Land zu einem Laubwald in mittleren Breiten. Man beachte, wie in den Anfangsstadien der Sukzession niedere, schnellwüchsige Gräser und Büsche vorherrschen. Jede Stufe verändert den Boden und das Mikroklima und ermöglicht so anderen Arten, sich zu etablieren und zur Dominanz zu gelangen.*

ten hin zu Waldgemeinschaften die abiotischen Standortbedingungen (zum Beispiel Lufttemperatur und Luftfeuchte), sowie die Wuchs- und Konkurrenzbedingungen. Schließlich wird das Ökosystem im reifen Zustand der Sukzession stabil. Es erfolgen nur noch wenige Veränderungen. Diese Phase bezeichnet man als *Klimax*. Wo dieses Klimaxstadium ein paar hundert oder sogar tausend Jahre dauert und mit den Umweltbedingungen, vor allem den großklimatischen, im Gleichgewicht zu sein scheint, spricht man von einer *klimatischen Klimaxvegetation*. Die Klimaxgesellschaft stellt einen dauerhaften Zustand zwischen der Pflanzendecke und der physischen Umwelt dar. Die vom *Pionierstadium* bis zum *Klimaxstadium* aufeinander folgenden Pflanzengesellschaften bilden eine *Sukzessionsreihe* und die einzelnen vorübergehenden Gesellschaften, die zu einem bestimmten Zeitpunkt den Ort einnehmen, formen die *Sukzessionsstadien*.

Wir wollen ein Beispiel für eine Sukzession genauer betrachten. Ein Gletscher schmilzt ab und legt einen kleinen See frei. Zu Beginn bewohnen nur Wasserpflanzen wie Wasserlilien und Algen und semiaquatische Pflanzen wie Schilf und Binsen das Wasser. Wenn die Pflanzen wachsen und sterben, werden ihre Reste am Boden abgelagert, und nach vielen Jahren entwickelt sich eine dicke Schicht aus organischem Material. Diese organische Schicht wächst im seichten Wasser in der Nähe des Ufers, wo die Produktivität am höchsten ist, schrittweise bis an die Wasseroberfläche, wo neue Habitate für gewisse Typen von Moosen, Gräsern und Büschen entstehen. Diese Pflanzen wiederum fügen einerseits organisches Material zum

Habitat hinzu und helfen andererseits, die Oberfläche zu stabilisieren. In der Zwischenzeit ergänzen Zuflüsse das organische Material mit Sedimenten. In kleinen Schritten greift die Pflanzengesellschaft immer mehr auf die offene Wasserfläche über und fügt immer mehr organisches Material hinzu. Wenn der Teich vollständig bedeckt ist, haben die aquatischen und semiaquatischen Pflanzen keinen Lebensraum mehr; ihr ursprünglicher Lebensraum ist zu stark verändert worden. Schließlich werden die für diese Klimazone charakteristischen Baumarten das Gebiet, das früher einmal ein Teich war, besiedeln.

Ein anderes Beispiel aus der Welt der Gletscher (diesmal von der Glacier Bay in Alaska) soll die Eigenart der Sukzession noch eingehender darstellen. Beim Abschmelzen und beim Rückzug des Gletschers wird Moränenmaterial an der Gletscherstirn abgelagert. Diese Moränenrücken können datiert werden und bieten somit ein Mittel, um die Veränderung der Vegetationszusammensetzung im Laufe der Zeit zu untersuchen. Auf den jüngsten Moränen wachsen unmittelbar in der Nähe des Gletschers Flechten, Moose und Gräser mit einzelnen kleinen Bäumen der Gattungen *Salix* (Weide) und *Populus* (Pappel). Im nächsten Stadium werden Erlen (*Alnus*) bedeutsamer, und diese vergrößern zusammen mit einigen Arten aus dem vorherigen Stadium dank Stickstoff bindender Prozesse den Stickstoffgehalt des Bodens. Diese Zunahme und die Reduktion des pH-Wertes durch die Zersetzung der Erlenblätter schaffen günstige Voraussetzungen für Fichten (*Picea*) und für Hemlocktannen (*Tsuga*), welche das Schlussstadium des Waldes ausmachen.

Andere, in diesem Buch beschriebene Beispiele sind Sukzessionen auf Küstendünen (Kapitel 10.7) und auf Salzmarschen (Kapitel 10.8).

Die meisten Sukzessionsprozesse und -abfolgen zeichnen sich durch eine Anzahl von Trends oder fortschreitenden Entwicklungen aus:

- Es kommt zu einer zunehmenden Entwicklung des Bodens mit wachsender Mächtigkeit, größerem Gehalt an organischem Material und einer Differenzierung in Bodenhorizonte bis zum reifen Boden der entsprechenden Klimaxgesellschaft.
- Die Höhe der Pflanzen nimmt zu und die Schichtung wird deutlicher.
- Die Produktivität und die Biomasse nehmen zu.
- Die Artenvielfalt nimmt von den einfachen Gesellschaften am Beginn der Sukzession bis zu den reichen Gesellschaften am Schluss der Sukzession zu.
- Mit Zunahme von Höhe und Dichte der oberirdischen Pflanzendecke wird das Mikroklima innerhalb der Gesellschaft in zunehmendem Maße durch Eigenschaften der Gesellschaft selbst bestimmt.
- Populationen verschiedener Arten tauchen auf, brechen wieder zusammen und lösen einander ab. Die Geschwindigkeit dieses Ersatzes verlangsamt sich im Lauf der Sukzession, indem kleine und kurzlebige Arten durch größere und länger lebende Arten ersetzt werden.
- Die Schlussgesellschaft ist gewöhnlich stabiler als die früheren Gesellschaften, und ihr Nährstoffkreislauf ist relativ geschlossen.

Die Sukzessionsrate ist je nachdem, wie günstig die Umweltfaktoren sind, unterschiedlich. Wenn ein Tundrengebiet durch menschlichen Eingriff oder durch natürliche Ursachen seine Vegetationsdecke verliert, braucht es eine beträchtliche Zeit, bis sich wieder eine volle Sukzessionsabfolge einstellt. Demgegenüber können die verschiedenen Sukzessionsstadien in den feuchten Tropen sehr rasch ablaufen. Als zum Beispiel der Vulkan Krakatau im Jahre 1883 explodierte, erstickte alles Leben auf der Insel und wurde unter einer Schicht frischer Asche von 30 Metern Dicke begraben. Aber nur 50 Jahre später hatte sich von selbst ein reicher und vollentwickelter tropischer Regenwald mit über 250 zugehörigen Pflanzenarten sowie 720 Insektenarten und einigen Reptilien wieder eingestellt (Abbildung 16.6).

Als F. E. Clements im Jahre 1916 zum ersten Mal das Konzept der Sukzession vorstellte, ging er davon aus, dass in jeder regionalen Hauptklimazone nur ein

Typ der *Klimaxvegetation* erwartet werden könne, selbst wenn die Sukzession auf ganz unterschiedlichen Pionierstandorten (Dünen, Marschen, Teich und so weiter) ihren Anfang genommen habe. Es ist aber ver-

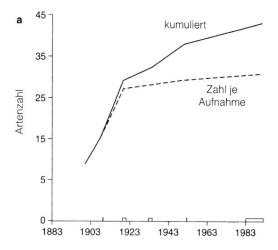

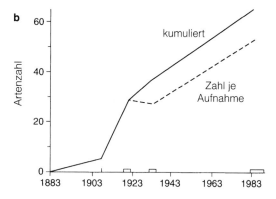

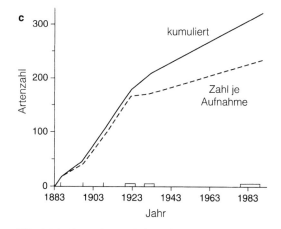

Abb. 16.6 *Die rasche Wiederbesiedlung von Krakatau (Indonesien) nach dem Vulkanausbruch im Jahre 1883. a) dauernd „ansässige" Landvögel; b) Schmetterlinge; c) Pflanzen.*

ständlich, dass es topographische, edaphische, biotische oder andere Hemmfaktoren geben kann, welche den Sukzessionsprozess stoppen und Anlass zu einem *Subklimax* geben, in der die Pflanzen durch nichtklimatische Steuerungen in einer offensichtlich stabilen Lage gehalten werden. Der menschliche Einfluss kann ein solcher Hemmfaktor sein, und wenn seine Auswirkungen dauerhaft sind, kann eine vom Menschen gesteuerte *Plagioklimax-Gesellschaft* entstehen wie zum Beispiel in vielen Heidelandschaften. Heute weiß man, dass einige Pflanzengesellschaften, die man ursprünglich als klimatische Klimaxtypen betrachtete (zum Beispiel Savannen und Grasland in mittleren Breiten), zum Teil das Ergebnis menschlicher Einflüsse sind, wobei das Feuer eine zentrale Rolle spielte. Generell nimmt man heute an, dass es in jeder Klimazone nicht nur einen einzigen Klimaxtyp gibt (*Idee der Monoklimax*), sondern dass je nach der relativen Bedeutung der verschiedenen Umweltfaktoren eine ganze Reihe von möglichen stabilen Gesellschaften entstehen können (*Idee der Polyklimax*).

16.6 Verbreitung und Wanderung von Pflanzen

Um ein freigelegtes Gebiet im ersten Stadium des Sukzessionsprozesses besiedeln zu können, müssen die Pflanzen zunächst eine räumliche Distanz zurücklegen, um die Fläche zu erreichen. Das wirft die Frage auf, wie Pflanzen sich ausbreiten bzw. wie sie wandern. Verbreitung umfasst die Versamung von den Elternpflanzen und die Verteilung an einen neuen Ort; Wanderung meint erfolgreiche Verbreitung und Etablierung.

Viele Pflanzen sind darauf eingerichtet, den Wind als Transportmittel zu nutzen. Bäume wie die Platane oder Blütenpflanzen wie der Löwenzahn besitzen Samen, die besonders gut an den Transport durch Wind angepasst sind. Viele leichte Samen und Sporen werden durch diesen Mechanismus wirkungsvoll verbreitet. Andere Pflanzen werden durch das Wasser transportiert. So gibt es zum Beispiel Mangroven, deren Sämlinge mit Leichtigkeit schwimmen, während Kokosnüsse faserige Außenhülsen haben, welche ihren Transport auf dem Meer begünstigen. Auch Tiere und Menschen spielen eine Rolle bei der Verbreitung von Pflanzen. Samen können sich mit Haken oder klebrigen Oberflächen am Pelz, am Haar, an der Haut oder an den Federn eines Tieres festsetzen oder sogar als Nahrung dienen und auf diese Weise fort-

transportiert werden. Seit dem Aufkommen der Langstreckentransporte ist die Verbreitung von Pflanzen durch den Menschen manchmal absichtlich und manchmal unabsichtlich beschleunigt worden. Schließlich kann die Verbreitung auch mit mechanischen Mitteln erreicht werden. Einige Pflanzen haben Samenbehälter, die ihren Inhalt explosionsartig in den Wind zerstreuen (Arten der Gattung Impatiens), andere schicken Ausläufer und Schösslinge über recht große Distanzen aus (vegetative Vermehrung). Ein klassisches Beispiel für die letztgenannte Ausbreitungsform ist die Polycormonsukzession der Schlehe (*Prunus spinosa*).

Trotz der Vielfalt an vorhandenen Verbreitungsmechanismen sind Pflanzen nicht gleichmäßig über die Erdoberfläche verteilt, denn es gibt gewisse Verbreitungsbarrieren. Darunter fallen Wasserflächen, Wüsten, Hochgebirge, Wälder und andere Umweltfaktoren. Isolierte Standorte können eine verarmte oder aber eine sehr gebietstypische Flora und Fauna mit zahlreichen Endemiten aufweisen.

16.7 Verbreitung und Wanderung von Tieren

Wie wir in Kapitel 4.6 gesehen haben, kann man die Erde in Faunenreiche einteilen, welche sich durch spezifische Tiergemeinschaften auszeichnen. Australien hat zum Beispiel eine ganz andere Fauna als Asien und weist bestimmte Besonderheiten auf. Auch ziemlich kleine Areale, etwa Inseln oder Gebirge, können sich durch Arten auszeichnen, die man nur in diesen besonderen Umgebungen findet. Solche auf ein bestimmtes Verbreitungsgebiet beschränkte Arten werden als *Endemiten* bezeichnet. Offensichtlich sehen sich also Tiere ganz ähnlich wie Pflanzen ebenfalls *Verbreitungsbarrieren* gegenüber, die dazu führen, dass in unterschiedlichen Gebieten im Laufe der Evolution unterschiedliche Arten auftreten.

Einmal mehr ist die *Isolation* ein wichtiger Gesichtspunkt. Die Fauna Großbritanniens ist im Vergleich mit Kontinentaleuropa verarmt, da die pleistozäne Vergletscherung viele Tierarten verdrängte und der postglaziale Anstieg des Meeresspiegels das Land abschnitt, bevor die ehemals einheimischen Arten wieder zurückwandern konnten. Irland liegt noch weiter vom Festland entfernt und hat deshalb eine noch artenärmere Fauna. Gewisse Tierarten, die in England und Wales anzutreffen sind, gibt es in Irland nicht, zum Beispiel Kreuzotter, Maulwurf,

Insel oder Inselgruppe	Artenzahl	Endemiten	% endemisch
Borneo	20 000–25 000	6000–7500	30
Neuguinea	15 000–20 000	10 500–16 000	70–80
Madagaskar	8 000–10 000	500–800	68,4
Kuba	6514	3229	49,6
Japan	5372	2000	37,2
Jamaika	3308	906	27,4
Neukaledonien	3094	2480	80,2
Neuseeland	2371	1942	81,9
Seychellen	1640	250	15,2
Fidschi	1628	812	49,9
Mauritius, einschließlich Réunion	878	329	37,5
Cook-Inseln	284	3	1,1
St. Helena	74	59	79,7

Tabelle 16.2: Reichtum an höheren Pflanzenarten und Endemismus auf ausgewählten Inseln

Gemeine Spitzmaus, Wiesel, Haselmaus, Feldhasen, Gelbhalsmaus und englische Wiesenhüpfmaus.

Die Bedeutung der Isolation ist auf Inseln im Ozean, die vom Festland weit entfernt liegen, noch größer (Tabelle 16.2). Neuseeland hatte zum Beispiel eine sehr spezifische Fauna, bevor die Europäer in den letzten zwei Jahrhunderten bestimmte Tierarten einführten (Exkurs 4.3). Die einzigen Säugetiere waren zwei Fledermausfamilien, obwohl es verschiedene flugunfähige Vögel gab, unter anderem den Kiwi und den heute ausgestorbenen Moa. Die Letzteren stammten vermutlich von fliegenden Vögeln ab, wurden dann aber mangels Räubern zum Bodentier.

16.8 Die Bedeutung des Areals

Bei der Behandlung der Faktoren, welche die Pflanzen- und Tiergeographie beeinflussen, haben wir bis jetzt sehr wenig über einen äußerst wichtigen Faktor gesagt: die flächenmäßige Ausdehnung des Ökosystems. Durch eine Vielzahl von Forschungen konnte bewiesen werden, dass eine Beziehung zwischen der Artenzahl eines Gebietes und dessen Größe besteht (Abbildung 16.7). Überall in der Welt zeichnen sich größere Inseln durch eine größere Artenvielfalt aus als kleinere. Allgemein ausgedrückt ergibt sich eine lineare Beziehung, wenn die Artenzahl eines bestimmten Gebietes und die Inselgröße in logarithmischen Maßstäben aufgezeichnet werden:

$$\log S = \log C + Z \log A$$

Dabei gibt S die Artenzahl an; C ist eine Konstante, welche die Artenzahl angibt, wenn A den Wert 1 hat; A ist die Fläche der Insel; Z ist der Richtungskoeffizient der Regressionslinie, welche S und A zueinander in

Beziehung setzt. Der Wert C zeigt eine beträchtliche Variation von Gebiet zu Gebiet und für verschiedene Typen von Organismen. Dagegen ist Z bemerkenswert konstant mit den meisten Werten innerhalb 0,24–0,34.

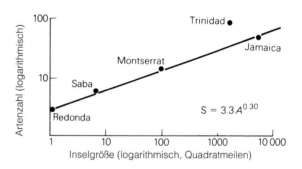

a

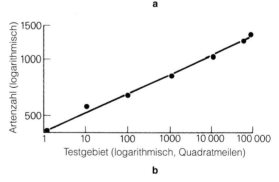

b

Abb. 16.7 Zwei Beispiele für den Zusammenhang zwischen der Fläche eines Ökosystems und seiner Artenanzahl: a) die Zahl von Amphibien- und Reptilienarten, die auf Westindischen Inseln verschiedener Größe leben (Trinidad, das noch 10 000 Jahre vor heute wegen des tiefen Meeresspiegels mit Südamerika verbunden war, liegt deutlich über der Fläche-Arten-Kurve der übrigen Inseln.); b) die gleiche Kurve für die Artenzahl von Blütenpflanzen in englischen Testgebieten.

Die Ursache für dieses weit verbreitete und wichtige Verhältnis ist Gegenstand einer heftigen Kontroverse. Einige Wissenschafter glauben, mit der Zunahme der Fläche vergrößere sich auch das Angebot an topographischem Relief und an Vielfalt von Habitaten. Andere Wissenschafter argumentieren, allein die Unterschiede der Flächengröße seien verantwortlich für eine unterschiedliche Artenzahl. Wahrscheinlich ist die Vielfalt an Habitaten ein bestimmender Faktor für die Artenvielfalt und hat die Tendenz, mit der Zunahme der Inselgröße auch zuzunehmen. Aber es ist auch klar, dass die Fläche an sich einige Bedeutung hat.

R. H. MacArthur und E. O. Wilson haben mit ihrer maßgeblichen *Gleichgewichtstheorie* eine Erklärung für die Bedeutung der Fläche vorgelegt (Abbildung 16.8). Das Modell betrachtet die Artenzahl auf einer Insel als ein dynamisches Gleichgewicht zwischen der ständigen Einwanderung neuer Arten auf die Insel und dem Aussterben von schon vorhandenen Arten. Wenn die Zahl der auf der Insel vorhandenen Arten zunimmt, so geht die Zahl der Einwanderer zurück; die Immigrationsrate neuer Arten nimmt ab und erreicht Null, wenn alle Festlandarten eingewandert sind. Mit der Zunahme der Artenzahl nimmt auch die Aussterberate zu, und zwar aus zwei Gründen: Zum einen kann eine zunehmende Anzahl an Tierarten aussterben, zum anderen sind die einzelnen Arten wegen der Konkurrenz bei einer größeren Artenzahl seltener, sodass das Risiko des Aussterbens steigt. Am Punkt, wo sich die Einwanderungs- und die Aussterbekurven schneiden, sind die beiden Raten gleich, das heißt, es kommen gleich viele neue Arten an wie alte aussterben.

Wie erklärt dies nun die Bedeutung der Fläche? Man stelle sich zwei Inseln in gleicher Distanz zum Festland vor, wobei aber eine größer ist als die andere. Da beide gleich gut zugänglich sind, haben sie die gleiche Einwanderungsrate. Die kleinere Insel trägt gewöhnlich kleinere Populationen der einzelnen Art als die größere Insel, und kleinere Populationen haben eine größere Wahrscheinlichkeit des Aussterbens als große Populationen. Somit hat die kleinere Insel eine höhere Aussterberate und hält weniger Arten im Gleichgewicht.

Das Verhältnis zwischen Artenvielfalt und Fläche einer Insel kann als Konzept auch auf isolierte Habitate auf den Kontinenten angewendet werden: Seen, Oasen in Wüsten, Hochmoore, Gehölze, Berggipfel und so weiter. In solchen „Habitatinseln" auf dem Festland sind ähnliche Beziehungen wie auf den wirklichen Meeresinseln gefunden worden. Dies ist von ureigenem biogeographischem Interesse, hat aber auch eine Bedeutung für die Ausweisung von Naturschutzgebieten. Denn viele solcher Schutzgebiete sind kleine Stücke eines bestimmten, erhalten gebliebenen Habitats inmitten einer sonst unwirtlichen Umgebung. Auch sie können „Inseln" sein. Daraus geht hervor, dass Naturschutzgebiete so groß wie möglich sein sollten. Ein großes Schutzgebiet hält mehr Arten im Gleichgewicht, da es größere Populationen mit niedrigeren Aussterberaten zulässt.

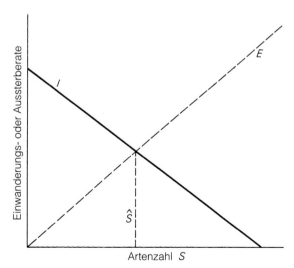

Abb. 16.8 *Eine schematische Darstellung des MacArthur- und Wilson-Modells für eine Insel mit einer Aussterbekurve E und einer Einwanderungskurve I als Funktionen der Artenzahl S auf der Insel. Die ausgewogene Artenzahl liegt im Punkt (Ŝ), wo sich die Kurven schneiden.*

16.9 Menschlicher Einfluss auf Pflanzen und Tiere

Mit der Verbreitung des Homo sapiens auf der Erde, mit der Zunahme der Weltbevölkerung und mit der Entwicklung der technologischen Fähigkeiten steigt der Einfluss des Menschen auf Pflanzen und Tiere in kaum überschaubarem Ausmaß.

- *Genetischer Wandel*: Wir haben die Genetik von Pflanzen und Tieren so verändert, dass sie für uns von größerem Nutzen sind und dass sie in vielen Fällen ohne menschliche Hilfe nicht mehr überleben können. Diesen Vorgang nennt man Domestikation.

- *Veränderung des Ökosystems*: Wir haben Habitate verändert (zum Beispiel durch Bewässerung, Holzwirtschaft, Pflügen, Umweltverschmutzung, Jagd) und wir haben die Zahl, die Verbreitung und die Populationsgröße von Arten modifiziert.

- *Schutzbemühungen*: Wir haben versucht, den Auswirkungen der Veränderung des Ökosystems durch die Schaffung von Schutzgebieten für Tiere und Pflanzen und durch die Erhaltung ihrer Lebensräume entgegenzuwirken.

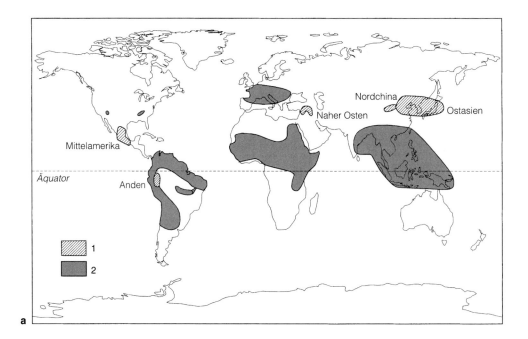

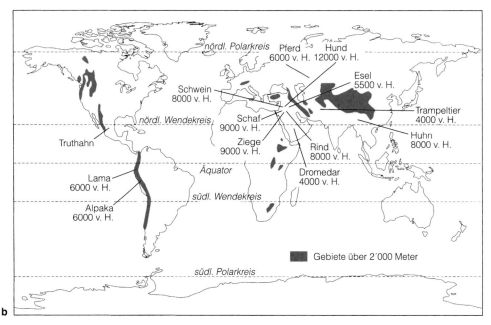

Abb. 16.9 *a) Hauptzuchtgebiete von Pflanzen, basierend auf verschiedenen Wissenschaftlern. Die schraffierten Gebiete (1) sind die Primärzentren, in denen einige Pflanzen gezüchtet wurden und die dann in die Nachbargebiete verbreitet wurden. Die dunklen Gebiete (2) sind Regionen, in denen die gezüchteten Pflanzen auftraten und vermutlich die ersten Exemplare aus den Primärgebieten stammten. b) Die Ursprungsgebiete mit Jahresangaben für die wichtigsten Haustiere.*

Domestikation

In den letzten rund 10000 Jahren hat der Mensch versucht, die Prozesse der natürlichen Selektion von Arten durch die menschliche Selektion zu ersetzen. Er tat dies mit dem Ziel, die Genetik der Organismen so zu verändern, dass die neuen, als erwünscht betrachteten Eigenschaften an die nachfolgenden Generationen weitergegeben werden. Man nennt diesen Prozess Domestikation. Unsere landwirtschaftlichen Nutzpflanzen und unsere Hauptnutztiere sind das Ergebnis dieser Art von Umweltsteuerung. Die verschiedenen Nutzpflanzen und Nutztiere sind zu unterschiedlichen Zeiten und an unterschiedlichen Orten domestiziert worden (Abbildung 16.9). Gerste wird vielleicht schon seit 18000 Jahren gezielt kultiviert, aber eine der aktivsten Phasen der Domestikation fand nach etwa 11000 vor heute im Nahen Osten statt (im heutigen Palästina, Irak und Iran). Aus dieser Region stammen nützliche Arten wie Rind, Schaf, Ziege, Gerste, Weizen, Hafer und Roggen. Reis und Huhn kamen aus Südostasien und Mais und verschiedene Bohnenarten aus Zentralamerika.

Die Domestikation bedeutete einen äußerst wichtigen Schritt in der kulturellen Evolution des Menschen. Sie ermöglichte, wesentlich größere Mengen an Nahrungsmitteln auf einer viel kleineren Fläche zu produzieren. Dies wiederum ermöglicht die hohen Bevölkerungsdichten, die wir heute haben. Die Pflanzen- und Tierzucht hatte auch grundlegende Folgen von biogeographischer Bedeutung. Erstens werden die domestizierten Pflanzen und Tiere wegen der Zucht oft bei der Fortpflanzung von ihren wild lebenden Vorfahren isoliert und werden so tatsächlich zu neuen Arten. Zweitens zeigen die domestizierten Varietäten deutliche Veränderungen in Form und Größe. Gezüchteter Mais hat zum Beispiel im Vergleich mit den wild lebenden Vorgängern eine sehr große Hülse. Drittens weisen domestizierte Arten oft eine beachtliche Vielfalt auf (Abbildung 16.10). Man denke etwa an die außerordentliche Spannweite bei Hundearten, vom winzigen Chihuahua bis zum gefleckten Dalmatiner und vom zittrigen Whippet zur robusten Bulldogge.

Einbringung von Arten

Ein anderer sehr wirksamer Weg, auf dem der Mensch in die Ökosysteme eingegriffen hat, ist das Aussetzen und Einschleppen von Arten über die Grenzen von Ländern, Kontinenten und Ozeanen hinweg (Abbildung 16.11). Manchmal geschah das Aussetzen bewusst, häufig aber erfolgte die Einbringung zufällig, wenn Samen in Ballast mitgeführt wurden oder wenn Ratten in einem fremden Hafen von Bord sprangen.

Manchmal haben diese Arten, ob sie nun absichtlich oder unabsichtlich eingeschleppt wurden, ihren

Abb. 16.10 Zwergrind mit enormen Hörnern – ein Beispiel für die Formenvielfalt, die durch Domestikation entstehen kann.

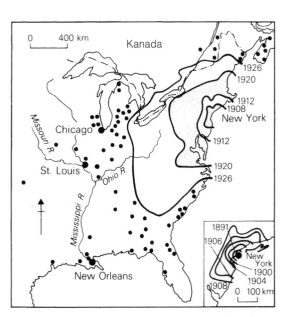

Abb. 16.11 Die Ausbreitung des europäischen Stars (Sturnus vulgaris) in Nordamerika nach seiner Freisetzung im Jahre 1891 in New York. Außerhalb der Isochrone von 1926 zeigen die Punkte einzelne Vorkommen aus frühen Phasen der Kolonisation an. Weniger als ein Jahrhundert nach seiner Freisetzung ist der Star heute in den meisten Staaten und in Kanada gut vertreten.

neuen Lebensraum ohne Konkurrenz vorgefunden, sodass sie eine Populationsexplosion erlebten, schließlich zu Plagen wurden und die Umwelt in dramatischer Art umgestalteten (Exkurs 16.2). Ein deutliches

Beispiel dafür ist das Atoll von Laysan. Dort wurden im Jahre 1 903 Kaninchen und Hasen in der Hoffnung ausgesetzt, eine Fleischkonservenfabrik einrichten zu können. Zu jener Zeit betrug die Zahl der einheimi-

| Exkurs 16.2 | Die Einbürgerung des Nilbarsches im Victoriasee |

Der Victoriasee, einer der größten Seen der Erde, besitzt eine außergewöhnlich vielfältige Fischfauna. Sie umfasst über 300 Arten von Buntbarschen (Cichlidae), die im Victoriasee zu mehr als 90 Prozent endemisch sind. Um die Möglichkeiten des kommerziellen Fischfangs zu verbessern, siedelte man in den Sechzigerjahren den Nilbarsch (*Lates*) im Victoriasee an. Der große Raubfisch wurde mit dem Ziel eingebürgert, die große Biomasse der kleinen, ungenießbaren Buntbarsche durch einen schmackhaften Speisefisch zu ersetzen. Der Nilbarsch ist ein Räuber (Prädator) mit hohem Nahrungsbedarf, und die Populationen der Victoriasee-Buntbarsche sind wegen ihrer niedrigen Reproduktionsrate höchst anfällig gegenüber solch mächtigen Fressfeinden (Buntbarsche legen beim Laichen nur wenige große Eier ab, die das Weibchen in der Mundhöhle ausbrütet). Ihre Populationen brachen daher

zusammen, und fast zwei Drittel aller Buntbarsche, also über 200 Arten, sind bereits verschwunden oder vom Aussterben bedroht. Vor einem halben Jahrhundert bildeten die Buntbarsche 99 Prozent der Biomasse des Victoriasees, heute machen sie weniger als ein Prozent aus. Der Buntbarsch ernährt sich mittlerweile von anderen Arten, wie Süßwassergarnelen, und einige der größeren Buntbarsche sind Kannibalen geworden. Das gesamte Ökosystem wurde umgestaltet, und es bleibt abzuwarten, ob die gegenwärtig kommerziell erfolgreiche Nilbarsch-Fischerei langfristig tragfähig sein wird. Viele der Buntbarsche, die dem Nilbarsch als Nahrung dienen, sind Algenfresser: Mit ihrem Verschwinden entziehen abgestorbene, faulende Algen dem Seewasser Sauerstoff, was zur Destabilisierung des gesamten limnischen Systems führen kann.

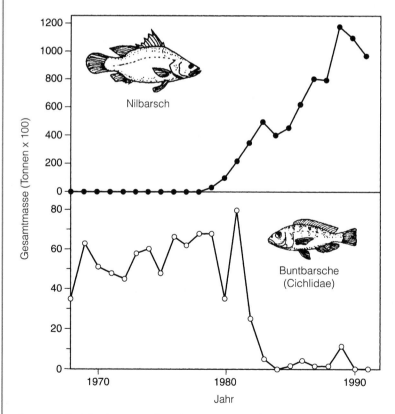

Kommerzielle Anlandung von Nilbarsch (Lates) und Buntbarschen (Cichlidae) im kenianischen Teil des Victoriasees seit den späten Sechzigerjahren.

schen Arten 25. Im Jahre 1923 waren es noch vier. Zu diesem Zeitpunkt wurden alle Kaninchen und Hasen systematisch ausgerottet, um zu verhindern, dass die Insel durch Überweidung zu einer Wüste wurde. Im Jahre 1961 lebten wieder 16 Arten auf der Insel.

Aber nicht nur Inselökosysteme neigen zu Störungen durch Eindringlinge. In Südafrika gibt es zum Beispiel in den Küstengebieten der Kapprovinz eine unermesslich artenreiche und schöne natürliche Heidevegetation (*Fynbos*) (Farbabbildung 15). Sie wurde über große Gebiete durch verschiedene Typen eingeführter australischer Bäume aus der Gattung der Akazien (*Acacia*) ersetzt. Diese breiteten sich, nun befreit von den Organismen, die ihre Konkurrenzfähigkeit auf dem Ursprungskontinent einschränkten, explosionsartig in ihrer neuen Heimat aus (Exkurs 4.4).

Es gibt auch viele Beispiele für die gezielte Aussetzung von Organismen zur Regulierung des explosiven Ein- und Vordringens einer bestimmten Art. Eines der spektakulärsten Beispiele ist die Geschichte des Feigenkaktus (*Opuntia*) in Australien. Diese Pflanze kam von Amerika und wurde schon einige Zeit vor 1839 eingeführt. Um 1900 hatte sie sich über vier Millionen Hektar und 1925 über mehr als 24 Millionen Hektar ausgebreitet. An gewissen Orten war die Dichte des Kaktus so groß, dass andere, nützlichere Pflanzen nicht mehr wachsen konnten. Um diese Gefährdung zu bekämpfen, wurde einer der natürlichen Feinde des Feigenkaktus, der südamerikanische Nachtfalter *Cactoblastus* mit erstaunlichem Erfolg ausgesetzt: Um 1940 waren etwa 95 Prozent des Feigenkaktus ausgerottet.

Auch der Wasserbüffel wurde in Australien eingeführt. Bei seiner gezielten Aussetzung in Nordaustralien brachten die Tiere ihre eigene Blut saugende Fliege mit sich. Diese Fliegen brüten im Kot der Rinder. Die in Australien einheimischen Mistkäfer waren nur an die kleinen, schafkotähnlichen Kügelchen der weidenden Beuteltiere, der natürlichen Fauna Australiens vor der Ankunft der Europäer, gewohnt und wurden mit den großen Dungfladen der Büffel nicht fertig. Die ungenutzten Fladen nahmen überhand, und die Fliegen konnten ungestört brüten, bis afrikanische Mistkäfer zum Kampf gegen die Fliegen ausgesetzt wurden.

Umweltverschmutzung

Eine Folge menschlicher Tätigkeit, die offensichtlich von immer weiter reichenden Auswirkungen auf Pflanzen und Tiere ist, liegt in der Umweltverschmut-

Abb. 16.12 *Die große Metallschmelzhütte von Sudbury in Kanada besitzt einen der höchsten Kamine der Welt und verschmutzt mit ihren Abgasen durch Ferntransport weite Gebiete.*

zung (Abbildung 16.12). Einige der in die Luft abgegebenen Luftschadstoffe haben nachteilige Folgen für Pflanzen. So ist zum Beispiel Schwefeldioxid, ein Schadstoff, der beim Verbrennen fossiler Brennstoffe entsteht, für Pflanzen toxisch. Versuche mit Kopfsalat in verschiedenen Teilen der Stadt Leeds in Nordengland haben bereits im Jahre 1913 ergeben, dass Größe und Qualität der Salatblätter sehr eng mit der Sulfatmenge in der Luft in den verschiedenen Stadtteilen korrelierte. Desgleichen sind Flechten sehr empfindlich gegen Luftschadstoffe, weshalb man sie im Zentrum von Großstädten selten findet.

Eine weitere Form von Luftverschmutzung mit Auswirkungen auf das Pflanzenwachstum ist der *photochemische Smog* (Kapitel 17.3). In Kalifornien wurden Ponderosa-Kiefern noch in 120–130 Kilometern Entfernung östlich von Los Angeles in den San Bernardino Mountains stark durch den Smog aus dem Ballungsraum geschädigt. Ozon trägt die Hauptschuld an dieser Entwicklung. In normaler, sauberer Luft tritt Ozon in niedrigen Konzentrationen von nur vier pphm (parts per hundred million) auf; aber bei Smogbedingungen in Los Angeles kann es Werte von 70 pphm

Exkurs 16.3 Saurer Niederschlag

Destilliertes Wasser hat einen pH-Wert von sieben. Regen hat unter natürlichen Bedingungen meistens einen Wert von knapp unter sechs und ist somit leicht sauer. Das hat seinen Grund darin, dass Regen etwas Kohlendioxid aus der Atmosphäre aufnimmt, was zu einer schwachen Lösung von Kohlensäure führt. In einigen Gebieten der Erde ist aber der Regen saurer und hat einen pH-Wert, der unter Umständen wesentlich tiefer liegt. Auf große Teile Skandinaviens fällt zum Beispiel Regen mit einem pH-Wert von nur knapp über vier. Dies ist bedeutungsvoller, als es auf den ersten Blick aussieht, da der pH-Wert ein logarithmisches Maß ist und somit eine Veränderung um eine Einheit eine Verzehnfachung des Säuregehaltes bedeutet.

Stark saurer Niederschlag ist zum großen Teil eine Folge der Verbrennung fossiler Brennstoffe (Kohle, Erdöl, Erdgas). Dabei werden die Gase Schwefeldioxid (SO_2) und Stickoxide (NO_x) frei, die in der Atmosphäre mit Wasser reagieren und saure Lösungen bilden. In Großbritannien schätzt man, dass rund 70 Prozent der Säure im Regen auf Schwefelprodukte und rund 30 Prozent auf Stickstoffprodukte zurückzuführen sind.

Gebiete, die in der Hauptwindrichtung hinter großen Industriezonen liegen, leiden speziell unter dem sauren Regen. Es sind besonders die Gebiete, die sehr schnee- und regenreich sind und deren Gesteine und Böden wenig basisches Material (zum Beispiel Kalkstein) enthalten, das zur Neutralisierung des sauren Regens auf dem Erdboden beitragen kann. Gebiete mit alten magmatischen Gesteinen wie Granit sind deshalb empfindlicher als Kalkgebiete. Große Teile Skandinaviens zeichnen sich durch diese Eigenschaften aus und leiden ernsthaft unter den verschiedenen ökologischen Folgen von saurem Regen und Schnee.

Zu den Folgen saurer Niederschläge gehören Baumschäden, Fischsterben in Flüssen und Seen und die Zerstörung von Gebäuden aus Kalkstein.

Forschungsergebnisse legen nahe, dass ein Teil der durch sauren Regen verursachten Schäden nicht direkt auf den tiefen pH-Wert zurückzuführen ist. Ein wichtiger indirekter Effekt besteht darin, dass aus Gesteinen und Böden verschiedene Metalle gelöst werden, welche für Pflanzen und Bodenlebewesen schädlich sind. Zu diesen toxischen Metallen gehören Aluminium, Cadmium, Kupfer und Zink.

Was kann man zur Verminderung des sauren Regens tun? Die Sulfatemissionen können durch eine geringere Verbrennung fossiler Brennstoffe, durch einen Wechsel zu schwefelärmeren Brennstoffen (zum Beispiel Erdgas statt Kohle), durch eine Entschwefelung der Kohle vor dem Verbrennen, durch eine Verbrennung von Kohle zusammen mit neutralisierendem Kalk und durch die Entfernung der Schwefelgase aus den Emissionen von Kraftwerken mit der so genannten Rauchgasentschwefelung reduziert werden. Nitrate stammen zu einem großen Teil auch aus Kraftwerken und können auf ähnliche Art beseitigt werden. Nitrate, die aus Emissionen der Automobile resultieren, können durch Verbesserungen der Motoren und der Abgassysteme vermindert werden.

Eine Folge des sauren Regens ist die schnellere Verwitterung von Gebäuden. In diesem Beispiel sieht man, wie Kalkstein an der großen Kathedrale von Lincoln vom sulfatreichen Regen angegriffen wird. Ein Teil davon dürfte von großen Kraftwerken stammen, die in der Windrichtung am Trent River liegen.

Exkurs 16.3 | **Fortsetzung**

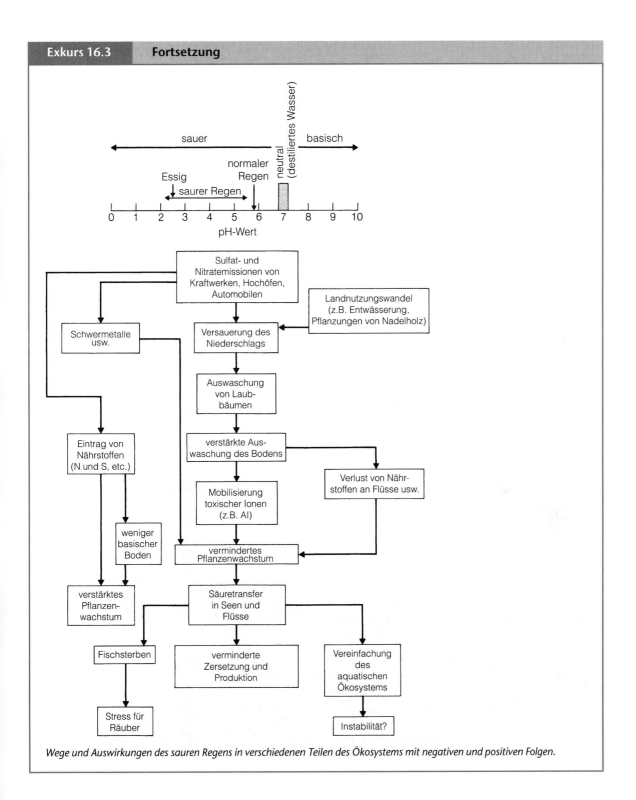

Wege und Auswirkungen des sauren Regens in verschiedenen Teilen des Ökosystems mit negativen und positiven Folgen.

erreichen. In Großbritannien gibt es in den Sommermonaten Ozon-Konzentrationen als Folge photochemischer Reaktionen von bis zu 17 pphm. Begasungsexperimente im Labor legen den Schluss nahe, dass Pflanzenschäden eintreten, wenn die Ozonwerte für eine längere Periode Werte von fünf bis sechs pphm übersteigen. Diese Zahl liegt nicht viel über den normalen Umgebungswerten.

Ein besonderes Problem der Luftverschmutzung sind ihre Auswirkungen über sehr weit reichende Gebiete. Nehmen wir wieder das Beispiel des Schwefeldioxids. Dieses Gas gelangt durch Fabriken und Kraftwerke der Industrieregionen in großen Mengen in die Atmosphäre und kann so genannten sauren Regen verursachen (Exkurs 16.3). Gewöhnlich hat Wasser in der Atmosphäre einen relativ kleinen Säuregehalt mit einem pH-Wert von ungefähr 5,7. In jüngerer Zeit sind aber viel stärkere Säuregehalte in Schnee und Regen im Nordosten der Vereinigten Staaten und in Schottland mit sehr tiefen pH-Werten von 2,1–2,4 beobachtet worden (der zweite Wert entspricht dem Säuregehalt von Essig). In großen Teilen der nordöstlichen USA und Westeuropas verursacht das in die Atmosphäre gepumpte Sulfat durchschnittliche jährliche Säurewerte um pH4. Der Regen, der viele Flüsse und Seen speist, ist als Folge davon wesentlich säurehaltiger als früher, und somit auch die Gewässer. Viele Fische und andere Organismen, welche im Frischwasser leben, reagieren empfindlich auf diesen erhöhten

Säuregehalt, sodass sich die Ökologie vieler Seen beträchtlich verändert hat.

Im weiteren sind offenbar hohe Säurewerte im Boden und im Regen schädlich für Bäume. Wahrscheinlich trägt saurer Regen zum weithin beobachteten Schaden an Wäldern in West- und Mitteleuropa und verschiedenen anderen Teilen der Welt bei. Man hat berechnet, dass im Jahre 1986 annähernd 14 Prozent der Wälder Europas Zeichen von Schädigungen aufwiesen, insbesondere die Nadelbäume: Gelbwerden der Nadeln, Abwerfen älterer Nadeln und Schäden an den feinen Wurzeln, die für die Nährstoffaufnahme wichtig sind (Exkurs 16.4).

Die Rolle bestimmter Pestizide auf der Basis von DDT ist ebenfalls ein Beispiel für die weitreichenden Implikationen der Umweltverschmutzung. Diese Pestizide wurden nach dem Zweiten Weltkrieg weltweit eingeführt und erwiesen sich als sehr wirkungsvoll im Kampf gegen Insekten wie die Malaria übertragenden Tse-Tse-Fliegen. Bald häuften sich aber die Anzeichen dafür, dass DDT nicht abbaubar (persistent) ist, zur weiten Verbreitung fähig ist und dazu neigt, sich in gewissen Tieren in hohen Konzentrationen auf der höchsten trophischen Stufe einer Nahrungskette oder eines Nahrungsnetzes anzureichern. Wenn zum Beispiel das Pestizid über einem See ausgebracht wird, dann gelangt eine kleine Konzentration DDT ins Seewasser. Bakterien und Algen akkumulieren einen Teil dieses Insektizides in ihren Geweben und werden von

---

| **Exkurs 16.4** | **Waldsterben in Europa** |

Das Phänomen des Waldsterbens ist im letzten Jahrzehnt zu einem Umweltthema von beachtlicher Bedeutung geworden. Weite Teile von Nordamerika und Europa sind davon betroffen.

Die Symptome des Waldsterbens sind vielfältig: Durch Verfärbungen angezeigte Gewebeschäden bis hin zum Verlust von Nadeln und Blättern, verminderte Zuwachsraten und eine Veränderung in der Morphologie der Blätter. Manchmal kommt es zum frühzeitigen Absterben der Bäume und Waldbestände, lange bevor diese ihre natürliche Alters- und Zerfallsphase erreicht haben.

Deutschland ist vermutlich von allen Ländern Europas am stärksten von den Folgen des sauren Regens betroffen. Mitte der Achtzigerjahre waren nach den Erhebungen bereits 55 Prozent der Waldbestände geschädigt. Viele Baumarten sind davon betroffen: Weißtanne (*Abies alba*), Rotfichte (*Picea abies*) und Lärche (*Larix decidua*), sowie verschiedene Laubbäume wie Rotbuche (*Fagus sylvatica*) sowie Stil- und Traubeneichen (*Quercus robur* und *Quercus petraea*).

Was ist der Grund für diese beunruhigende ökologische Veränderung? Viele Hypothesen wurden zur Klärung dieser Entwicklung herangezogen:

- schlechte Waldpflege
- die Überalterung vieler Wälder
- langfristige Klimaänderung
- einschneidende Klimaereignisse (zum Beispiel Trockenheit)
- Nährstoffmangel
- Viren, Pilze oder andere Krankheiten
- Verschmutzung durch gasförmige Stoffe in der Atmosphäre (Schwefeldioxid, Stickoxide, Ozon)
- saurer Regen, Versauerung des Bodens und damit zusammenhängende Aluminiumvergiftung
- Spurenmetall- oder Biozid-Akkumulation durch atmosphärische Ablagerung.

Sehr wahrscheinlich ist das in Europa und in anderen Regionen beobachtete Waldsterben eine Folge kumulativer Effekte von einigen dieser Stressfaktoren.

Exkurs 16.4	Fortsetzung

Tabelle: Ergebnisse von Waldschadenserhebungen in Europa: Prozentanteil von Bäumen mit > 25% Blattverlust (alle Arten)

	Mittelwerte 1993/94			Mittelwerte 1993/94
Belgien	16		Lettland	33
Bulgarien	26		Litauen	26
Kroatien	24		Luxemburg	19
Tschechische Republik	56		Niederlande	11
Dänemark	35		Norwegen	16
Estland	18		Österreich	8
Finnland	14		Polen	52
Frankreich	8		Portugal	7
Deutschland	24		Rumänien	21
Griechenland	22		Slowakische Republik	40
Großbritannien	15		Slowenien	18
Ungarn	21		Spanien	16
Italien	19		Schweiz	20
			Weißrussland	33

Waldsterben ist ein wichtiges Umweltthema in vielen Teilen der Welt. Obwohl die Ursachen dieses Phänomens komplex und vielfältig sind, nimmt man an, dass die Schäden in diesem Wald in Maine (USA) die Folge des sauren Regens sind.

Fischen gefressen, die dann leicht höhere Werte an DDT aufweisen, und so weiter, bis dann der Mensch auf der höchsten trophischen Stufe tatsächlich bedenklich hohe Konzentrationen zeigen kann. Untersuchungen an Vögeln wie Fischadler, Weißköp-figer Seeadler und Wanderfalke haben ergeben, dass parallel zur Anreicherung des DDT die Dicke ihrer Eierschalen abnahm, wodurch der Reproduktionserfolg beeinträchtigt wurde. Dramatische Abnahmen in den Populationen solcher Arten waren die Folge.

Ein letztes Beispiel für die Auswirkungen der Umweltverschmutzung auf Organismen bietet sich, wenn wir den als *Eutrophierung* bezeichneten Prozess näher betrachten. Damit meint man die Anreicherung der Gewässer durch Nährstoffe. Natürlicherweise vollzieht sich dieser Prozess zum Beispiel beim langsamen Altern von Seen, die im Laufe der Sukzession (Kapitel 16.5) durch die Akkumulation von organischem Material angereichert werden. Wenn aber Wasser große Mengen an Abwasser oder aus Dünger stammenden Nitraten und Phosphaten erhält, steigt der Wert einiger wichtiger Nährstoffe beträchtlich an, sodass die biologische Aktivität stark zunehmen kann, was unter Umständen zur Ausbreitung großer Algenteppiche führt. Der Abbau abgestorbener Algen führt zu einer Verarmung an gelöstem Sauerstoff und in extremen Fällen zu Fischsterben. Jegliche Art von Gewässern kann davon betroffen sein, von Flüssen über Seen und Flussmündungen bis hin zu küstennahen Meeresgebieten. In Küstengewässern und Flussmündungen tritt gelegentlich Algenschaum auf, eine Erscheinung, die oft als „rote Gezeiten" bezeichnet wird. Manche dieser Algenblüten sind so toxisch, dass der Verzehr von Meerestieren, die mit dem Schaum in Berührung gekommen sind, beim Menschen Magen-Darmerkrankungen hervorrufen kann, bisweilen sogar mit tödlichen Folgen. Diese von bestimmten Phytoplankton-Arten (mikroskopisch kleine, pigmentierte pflanzliche Organismen) hervorgerufenen Algenblüten können sich so stark vermehren, dass sie das Meer nicht nur rot, sondern auch braun oder sogar grün färben. In manchen Fällen wirken sie so toxisch, dass Meeresbewohner wie Fische und Robben zugrunde gehen. Lokale und regionale Langzeituntersuchungen in vielen Gebieten der Erde deuten darauf hin, dass diese so genannten „roten Gezeiten" desto häufiger und großflächiger auftreten, je mehr die Verschmutzung der Küsten zunimmt und je häufiger es zu Nährstoffanreicherungen kommt.

Insbesondere seit dem Zweiten Weltkrieg haben sich die natürlichen Prozesse durch verschiedene Eingriffe des Menschen beschleunigt. In den letzten 50 Jahren hat der Einsatz von Düngemitteln sehr stark zugenommen. Obwohl die Preise für Energie und Kohlenwasserstoffe (aus denen die meisten Dünger gewonnen werden) in den Siebzigerjahren des letzten Jahrhunderts gestiegen sind, nahm die weltweite Düngemittelproduktion kontinuierlich zu, und mit dem Dünger gelangten Nitrate in Grundwasser und Flüsse. So erhöhte sich beispielsweise der Nitratgehalt in der Themse, die den größten Teil Londons mit Wasser versorgt, von elf Milligramm pro Liter im Jahre 1928 auf 35 Milligramm pro Liter in den Achtzigerjahren.

Ein wichtiges Thema der Gegenwart sind die möglichen Einflüsse menschlicher Aktivitäten auf die Ozonschicht, die alles Leben auf der Erde vor der schädlichen ultravioletten Sonneneinstrahlung schützt. Ozon (O_3) ist ein natürlich vorkommendes Molekül, das nicht aus zwei, sondern aus drei Sauerstoffatomen besteht. Ozon ist in unserer Atmosphäre außerordentlich rar; nur höchstens eines von 100 000 Sauerstoffmolekülen liegt als Ozon vor. Das meiste Ozon befindet sich in der Stratosphäre in Höhen zwischen etwa zehn und 40 Kilometern über der Erdoberfläche. Die „Ozonschicht" enthält rund 90 Prozent des atmosphärischen Ozons. Sie ist von großer Bedeutung, da sie einen dünnen Schleier bildet, der den ultravioletten (UV) Anteil der Sonnenstrahlung absorbiert. Tatsächlich hält die Ozonschicht etwa 97 Prozent der UV-B-Strahlung von der Erdoberfläche ab. Zu viel ultraviolette Strahlung kann Pflanzen schädigen, auch das Phytoplankton der Meere. Das Phytoplankton ist von eminenter Bedeutung, da es am Beginn der Nahrungskette in den Ozeanen steht. Beim Menschen kann starke UV-Strahlung Hautkrebs verursachen, zu Grauem Star führen und das Immunsystem schädigen. Folglich ist jegliche Abnahme der Ozonschicht äußerst bedenklich.

In den Achtzigerjahren ergaben Satellitenbeobachtungen, Messungen am Boden und die von Instrumenten an Flugzeugen oder Ballonen aufgezeichneten Daten erste Hinweise, dass die Ozonschicht insbesondere über der Antarktis dünner geworden ist. Neuere Messungen belegen ein Ausdünnen der Ozonschicht auch über Amerika und Nordeuropa. Hier hat sich der Ozongehalt in den Achtzigerjahren im Mittel um drei Prozent verringert. In den Siebzigerjahren gab es Befürchtungen, hoch fliegende Überschall-Flugzeuge wie Militärjets oder die Concorde könnten die Ozonschicht schädigen. Heute richtet sich allerdings die Sorge der Wissenschaftler auf eine Reihe von Industriegasen jüngeren Ursprungs. Dazu gehören Fluorkohlenwasserstoffe (FCKWs) und Halone. Diese Gase eignen sich ausgezeichnet für die verschiedensten Zwecke, zum Beispiel als Kühlmittel, Löschmittel, zum Aufschäumen von Kunststoffen und als Treibmittel in Sprühdosen. Die vielseitige Verwendbarkeit dieser Gase beruht auf einigen günstigen Eigenschaften: sie sind stabil, nicht entflammbar und zudem ungiftig. Leider bringt es ihre hohe Stabilität mit sich, dass die Gase lange Zeit in der Atmosphäre überdauern und so auch die Ozonschicht erreichen können, ohne abgebaut zu werden. Sind sie in der Ozonschicht angelangt, beginnt die UV-Strahlung der Sonne die Moleküle aufzuspalten. Dadurch kommt eine chemische Kettenreaktion in Gang, bei der reaktive Chloratome freigesetzt werden. Diese fungieren als *Katalysator* bei der Umwandlung von Ozon (O_3) in Sauerstoff (O_2).

In den Sechziger-, Siebziger- und Achtzigerjahren stieg die weltweite Produktion von Fluorchlorkohlenwasserstoffen außerordentlich stark an, nämlich von 180 000 Tonnen im Jahre 1960 auf fast 1,1 Millionen Tonnen 1990. Als Reaktion auf den Rückgang der Ozonschicht unterzeichneten zahlreiche Regierungen ein internationales Abkommen, das *Montreal-Protokoll* von 1987. Darin verpflichteten sich diese Staaten zu einem raschen Verzicht auf FCKWs und Halone. Seitdem ist deren Produktion erheblich zurückgegangen. Da aber diese Gase sehr stabil sind, werden sie noch Jahrzehnte oder sogar Jahrhunderte in der Atmosphäre verbleiben. Selbst bei den strengsten Kontrollen, die derzeit erwogen werden, wird der Chlorgehalt der Atmosphäre erst um die Mitte des 21. Jahrhunderts wieder unter den Wert gefallen sein, der die Entstehung des „Ozonlochs" an erster Stelle ausgelöst hat.

Der drastischste Rückgang des stratosphärischen Ozons erfolgte über der Antarktis. Es entstand ein „Ozonloch", das sich von September bis Oktober 1992 auf 24 Millionen Quadratkilometer ausdehnte und das in den selben Monaten des folgenden Jahres erneut diese Größe erreichte. Im Oktober 1993 wurden an manchen Tagen mit weniger als hundert Einheiten die niedrigsten Ozonwerte überhaupt gemessen. In den Jahren vor der Entstehung des Ozonlochs (1957–1978) waren es 330 bis 250 Einheiten.

Die Zerstörung des Ozons ist über der Antarktis am stärksten, da in der Südpolregion während des langen, dunklen Winters einzigartige Wetterbedingungen herrschen. Starke Winde zirkulieren in einem großen Wirbel über der Antarktis und isolieren im Wesentlichen die polare Stratosphäre von der übrigen Atmosphäre. Bei großer Kälte mit Temperaturen unter −80 °C bilden sich Eiswolken, die als polare Stratosphärenwolken bezeichnet werden. Diese bieten ideale Bedingungen für die Umwandlung von Chlor (freigesetzt durch die Aufspaltung von FCKWs und Halonen) in reaktive Verbindungen. Wenn im Frühjahr das Sonnenlicht zurückkehrt, löst die UV-Strahlung eine chemische Reaktion zwischen diesen Chlorverbindungen und dem Ozon aus, das dabei zerstört wird.

Über der Arktis entsteht kein deutlich ausgeprägtes Ozonloch, da die komplexere Land-Meer-Verteilung hier zu einem schwächer ausgeprägten zirkulierenden Windsystem führt. Zudem ist die Stratosphäre im Winter am Nordpol gewöhnlich wärmer als am Südpol. Dennoch scheint auch hier ein Abbau von Ozon stattgefunden zu haben. Es ist zwar kein Ozonloch, aber ein Ozon-„Krater" entstanden.

Habitatveränderungen

Umweltverschmutzung ist nur ein Weg, mit dem der Mensch die Umwelt anderer Lebewesen so verändert hat, dass deren Verbreitung und Existenz beeinträchtigt wurde. Besonders schwer wiegend sind Eingriffe in die Habitate der Lebewesen und in ihr Areal.

Habitatzerstörung kann viele Formen annehmen. Die World Conservation Strategy nennt die folgenden:

- Ersatz des ganzen Habitats durch Siedlungen oder andere Bauten des Menschen.
- Ersatz des ganzen Habitats durch Ackerbau, Graswirtschaft, Plantagen und so weiter.
- Ersatz des gesamten Habitats durch Bergbau und Steinbrüche.
- Die Auswirkungen von Dammbauten, die zur Austrocknung bestimmter Habitate führen, Wanderungen zum Laichen unterbinden und Wasserverhältnisse (Temperatur und andere) verändern.
- Entwässerung, Kanalisierung und Hochwasserschutz.
- Verschmutzung durch chemische Stoffe, Nährstoffe und feste Abfälle.
- Übernutzung von Wasser, was zum Beispiel zum Austrocknen von Seen führen kann.
- Materialentnahme (Vegetation, Boden und so weiter).
- Baggerungen und Ablagerungen.
- Überweidung durch Nutztiere.
- Erosion und Versandung.
- Einführung von ausbreitungsfreudigen Pflanzen und Tieren. (Die Aussetzung von Ziegen auf den Galapagos-Inseln hat vermutlich zum Aussterben von mindestens vier Inselrassen der Riesenschildkröte geführt.)

Die Auswirkungen von Habitatveränderungen können je nach betroffener Art positiv oder negativ sein. So hat etwa die Ausdehnung offenen Landes durch die Landwirtschaft in Großbritannien die Verbreitung des Kaninchens gefördert. Diese Entwicklung wird durch die Abnahme der Anzahl natürlicher Räuber (Greifvögel und Füchse), die durch

Tabelle 16.3: Ursachen des Artenrückgangs. Berücksichtigt wurden Pflanzen aus der Roten Liste. Von den 581 untersuchten Arten sind einige mehrfach betroffen.

Ursache	Zahl der Pflanzen-arten
Beseitigung von Sonderstandorten	210
Entwässerung	173
Nutzungsaufgabe	172
Bodenauffüllung, Überbauung	155
Nutzungsänderung	123
Abbau, Abgrabung	112
Mechanische Einwirkungen wie Tritt, Lagern, Wellenschlag	99
Herbizidanwendung	89
Eingriffe wie Entkrautung, Roden, Brand	81
Gewässerausbau	69
Sammeln	67
Gewässereutrophierung	56
Aufhören periodischer Bodenverwundung	42
Gewässerverunreinigung	31
Verstädterung von Dörfern	20

Quelle: Nach Kaule, G.: *Arten- und Biotopschutz*. Stuttgart: Ulmer, 1986, und Sukopp, H.: Veränderungen von Flora und Vegetation in Agrarlandschaften. In: *Berichte über Landwirtschaft* 197, Sonderheft, S. 225–264.

den Wildschutz der Landeigentümer herbeigeführt wurde, verstärkt. Um 1950 gab es in England mehr als 60–100 Millionen Kaninchen, und nur durch die Einführung eines südamerikanischen Virus, Myxomatose, konnte ihre Zahl unter Kontrolle gehalten werden.

Für andere Arten hat der Wandel in der Landwirtschaft aber negative Veränderungen in ihrem Habitat

Tabelle 16.4: Verursacher (Landnutzer und Wirtschaftszweige) des Artenrückgangs bei höheren Pflanzen. Berücksichtigt wurden wie in Tabelle 16.3 Pflanzen aus der Roten Liste.

Verursacher	Zahl der Pflanzen-arten
Landwirtschaft	397
Tourismus	112
Rohstoffgewinnung	106
Städtisch-industrielle Nutzung	99
Wasserwirtschaft	93
Forstwirtschaft und Jagd	84
Abfall- und Abwasserbeseitigung	67
Teichwirtschaft	37
Militär	32
Verkehr und Transport	19
Wissenschaft	7

Quelle: Nach Kaule, G.: *Arten- und Biotopschutz*. Ulmer, Stuttgart, 1986, und Sukopp, H.: Veränderungen von Flora und Vegetation in Agrarlandschaften. In: *Berichte über Landwirtschaft* 197, Sonderheft, S. 225–264.

bewirkt. Eine der wichtigsten Folgen in vielen Teilen Europas ist die Entfernung der landschaftstypischen Hecken. Sie wurden gerodet, um größere und für die großen landwirtschaftlichen Maschinen effizientere Nutzflächen für Ackerbau und Tierhaltung zu gewinnen. Bei der Zusammenlegung von Bauernhöfen wurden viele Grenzhecken überflüssig, und bei der stärkeren Spezialisierung der Betriebe sind Hecken weniger zur Unterteilung der Betriebsfläche für unterschiedliche Nutzungen nötig. Ihre Entfernung ist besonders für viele Brutvogelarten schädlich. Tabelle 16.3 und 16.4 fassen die Ursachen und Verursacher des Artenrückgangs zusammen, während Tabelle 16.5 an ausgewählten Beispielen veranschaulicht, wie weit die Gefährdung von Arten und Biotopen in Deutschland bereits fortgeschritten ist.

16.10 Aussterben von Arten

Das Aussterben von Arten ist ein Prozess, bei dem der Mensch eine wichtige Rolle spielt, der aber nicht allein vom Menschen verursacht wird. Wie die Geschichte der Fossilien zeigt, ist das Aussterben von Arten ein normaler Bestandteil der Evolution. Allerdings hat der Mensch die Aussterberate durch eine Reihe von Eingriffen beschleunigt: durch die Jagd von Tieren, das Sammeln von Eiern und Pflanzen und so weiter (Prädation); durch das Aussetzen fremder Tier- und Pflanzenarten, die in Konkurrenz stehen mit einheimischen Arten; durch den Eingriff in das Nahrungsangebot, etwa bei der Entfernung der Nahrung von Tieren auf höheren Stufen der Nahrungskette zum menschlichen Konsum; durch die Verschmutzung von Luft, Wasser und Boden mit toxischen Stoffen; durch die Einschleppung von Krankheiten in die Umwelt, sei es absichtlich wie bei der Myxomatose, welche die Bestände der Kaninchen in Großbritannien und in Kontinentaleuropa dezimierte, oder unabsichtlich wie im Falle des Pilzes, der die Ulmenbestände in großen Teilen des östlichen Nordamerikas und Englands weitgehend zerstörte. Wie wir im nächsten Kapitel sehen werden, gehört dazu auch die Veränderung oder die Zerstörung verschiedener natürlicher Habitattypen, mit denen bestimmte Pflanzen und Tiere zu ihrem Überleben untrennbar verbunden sind.

Einige Arten sind gegenüber menschlichen Eingriffen empfindlicher als andere. So gibt es Arten, welche große Areale zum Überleben brauchen. Dies trifft insbesondere für die großen Carnivoren zu, die ausgedehnte Jagdreviere benötigen, um genügend Beute zu

Tabelle 16.5: Beispiele für die Negativwirkungen moderner menschlicher Aktivitäten auf das Lebensraum- und Arteninventar in Deutschland. a) Ausgewählte Tier- und Pflanzengruppen und ihr Anteil an ausgestorbenen und gefährdeten Arten; b) Bestandsgefährdung von ausgewählten Biotoptypen Deutschlands und ihrer Arten. Von den gefährdeten Biotoptypen der Bundesrepublik sind 12% nicht, 22,9% kaum und 37,7% schwer regenerierbar; 21% sind bedingt regenerierbar und für 6,3% liegt keine Einstufung vor.

a	Gesamtartenzahl	Anzahl ausgestorbener Arten	%-Anteil gefährdeter Arten
Säugetiere	100	13	38
Brutvögel	256	16	38
Reptilien	14	0	79
Amphibien	21		67
Großschmetterlinge	1450	34	37
Libellen	80	2	58
Farn- und Blütenpflanzen	3319	47	27

b	%-Anteil ausgestorbener und gefährdeter Arten am Artenbestand der Formation		%-Anteil ausgestorbener und gefährdeter Arten an der Gesamtzahl ausgestorbener und gefährdeter Arten	
	1996	1988	1996	1988
oligotrophe Gewässer	83	81,3	4,6	4,2
oligotrophe Moore	62,1	56,5	12,3	9,6
Trocken- und Halbtrockenrasen	43,5	41	24,8	21,1
Schlammbodenvegetation	64,1	64,1	2,9	2,3
Halophytenvegetation	45,5	41,6	4,7	3
Feuchtwiesen	38,7	36,9	9,3	7,5
Zwergstrauchheiden	37,8	27,8	8,3	4,9
Acker- und kurzlebige Ruderalvegetation	31,6	35,1	9,9	9,5
xerotherme Staudenvegetation	33,7	31,3	6,8	6

finden. Arten, die sich nur langsam fortpflanzen, bilden eine weitere Gruppe. Sie können sich nur sehr langsam von einer natürlichen Katastrophe oder von menschlicher Ausbeutung erholen. Der kalifornische Kondor, ein Vogel, von dem heute weniger als zehn Individuen in Freiheit leben, brütet frühestens im Alter von sechs Jahren, legt nur ein Ei und nistet in manchen Jahren überhaupt nicht. Ein Paar dieser Vogelart benötigt im Durchschnitt zehn bis 15 Jahre zur eigenen Reproduktion. Arten, die in großen Gruppen Nahrung aufnehmen oder brüten, sind ebenfalls durch ein schnelles Aussterben gefährdet, ebenso wie hoch spezialisierte Arten. Inselarten, die sich in Isolation und ohne Abwehrmechanismen gegenüber bestimmten Räubertypen entwickelt haben, sind gefährdet, wenn ein solcher Räuber eingeführt wird (Abbildung 16.13). Andere Arten sind sehr spezialisiert, da sie sich in einmaligen Habitattypen entwickelt haben oder ganz besondere Nahrungsangebote benötigen. Werden solche Habitate oder Nahrungsquellen zerstört, stirbt die Art aus.

Es gibt Hinweise darauf, dass es zu einer Zeit, als der Mensch noch weitgehend Jäger und Sammler war, eine große Aussterbewelle gegeben hat. Das Datum variiert in den verschiedenen Teilen der Welt je nach

Abb. 16.13 Eines der bekanntesten Beispiele für die Ausrottung durch menschliche Aktivitäten ist die Mauritius-Dronte (Dodo). Dieser reizvolle Vogel ist um 1680 von der Insel verschwunden.

dem erreichten Niveau der Steinwerkzeug-Technologie und dem Auftreten des Homo sapiens in einem Gebiet. In Nordamerika verschwanden zum Beispiel vor etwa 11 000 Jahren eine Reihe größerer Tierarten. Man schreibt diese Entwicklung Stämmen mit spezialisierten Jagdtechniken zu, die gegen Ende des Pleistozäns nach der Überquerung der heutigen Beringstraße nach Süden vorstießen. Klimatische Veränderungen können auch eine Rolle gespielt haben, doch vermögen diese keine Erklärung für das schnelle Aussterben der Fauna nach der Ankunft des Menschen auf Inseln wie Madagaskar zu liefern.

Bevor eine bestimmte Art völlig ausstirbt, nimmt gewöhnlich zunächst ihr geographisches Verbreitungsgebiet drastisch ab. Ein Beispiel dafür ist der nordamerikanische Büffel (*Bison bison*) (Abbildung 16.14). Vor der Kolonisierung durch die Europäer war dieses Säugetier ein wesentliches Element der Umwelt. Es lebte im Sommer in den reichen Grasgebieten der Prärie und wanderte im Winter in Wald- oder Gebüschzonen, um Wärme zu suchen. Sein Lebensraum war weit reichend, und die Tiere konnten sich auf ihre Stärke, ihre Größe und ihre Anzahl im Kampf gegen den Wolf und andere Raubtiere verlassen. Im 19. Jahrhundert brachten Jäger die einst riesigen Herden an den Rand des Aussterbens. Glücklicherweise konnten sie in einigen kleinen Gebieten wie etwa in den Badlands von South Dakota überleben.

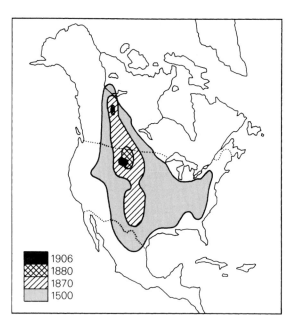

Abb. 16.14 *Die Veränderungen im Verbreitungsgebiet des nordamerikanischen Bisons (Bison bison) unter dem Einfluss des Jagddruckes (insbesondere im 19. Jahrhundert).*

Trotz der Schutzbemühungen, mit denen die Verluste eingedämmt werden sollen, schreitet das Artensterben immer noch in raschem Tempo voran (Abbildung 16.15). Mit am stärksten trägt der Mensch wohl

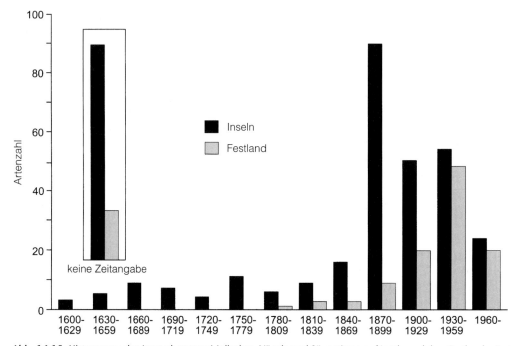

Abb. 16.15 *Histogramm des Aussterbens von Mollusken, Vögeln und Säugetieren auf Inseln und dem Festland seit etwa 1600.*

dadurch zum Artenverlust bei, dass er die natürlichen Habitate, die einer Art zur Verfügung stehen, verkleinert. Selbst Naturreservate werden immer mehr zu „Inseln" inmitten eines unbewohnbaren Meeres künstlich veränderter Vegetation oder ausufernder Siedlungen. Wie wir von vielen klassischen biogeographischen Untersuchungen echter Inseln wissen, hängt die Zahl der an einem bestimmten Ort lebenden Arten von der Fläche ab; Inseln beherbergen weniger Arten als ähnliche Gebiete auf dem Festland, und auf kleinen Inseln ist die Artenvielfalt geringer als auf großen. Daraus kann ohne weiteres der Schluss gezogen werden, dass, wenn der Mensch den größeren Teil eines ausgedehnten natürlichen Waldgürtels zerstört, in den verbleibenden kleinen Arealen zunächst eine Arten-„Übersättigung" eintritt. Es existieren also in solchen Gebieten mehr Arten, als im Zustand des natürlichen Gleichgewichts dort vorkommen würden. Da die Populationen der in Wäldern lebenden Arten heute sehr stark reduziert werden, wird das Artensterben zunehmen, und die Zahl der Arten wird sich in Annäherung an das natürliche Gleichgewicht verringern.

Mit der Verkleinerung von Lebensräumen kommt es zu einer Abnahme der Arten, was wiederum zu einer genetischen Verarmung durch Inzucht führen kann. Dies scheint sich in besonderem Maße auf das Reproduktionsvermögen auszuwirken. Degeneration als Folge von Inzucht ist aber nicht der einzige Effekt geringer Populationsgrößen. Der Verlust an genetischer Vielfalt wiegt noch schwerer, da er die Fähigkeit zur Anpassung verringert. Raum spielt folglich eine wichtige Rolle, insbesondere für jene Tiere, die ausgedehnte Territorien benötigen. So liegt beispielsweise die Populationsdichte bei Wölfen ungefähr bei einem Tier pro 20 Quadratkilometer. Die Bedeutung dieses Sachverhalts wird deutlich, wenn man sich vor Augen führt, dass die meisten Naturreservate von geringer Größe sind: 93 Prozent der weltweit ausgewiesenen Nationalparks und Schutzgebiete sind kleiner als 5 000 Quadratkilometer, und 78 Prozent sind kleiner als 1 000 Quadratkilometer.

Die Einengung der Areale, das Schrumpfen des geographischen Gebietes, in dem eine bestimmte Art vorkommt, bedeutet oft den Beginn einer sich abwärts drehenden Spirale bis hin zum Aussterben dieser Art. Eine solche Konzentration auf kleine Gebiete resultiert aus dem Verlust von Habitaten oder ist eine Folge der Jagd oder des Fangens von Tieren. Große Sorge wurde in diesem Zusammenhang angesichts des Drucks geäußert, dem Primaten, insbesondere in Südostasien, ausgesetzt sind. Von 44 in dieser Region lebenden Arten haben 33 mindestens die Hälfte ihres natürlichen Lebensraumes eingebüßt. In zwei Fällen, bei den Java-Languren sowie den Javanesischen und grauen Gibbons, beträgt der Verlust nicht weniger als 96 Prozent. Jüngste Darstellungen der International Union for the Conservation of Nature und des United Nations Environment Programme for wildlife habitat loss zeigen, wie gravierend das Problem ist. In den indomalaiischen Ländern sind 68 Prozent der ursprünglichen Lebensräume von Pflanzen und Tieren verloren gegangen, in Afrika sind es nach entsprechenden Darstellungen 65 Prozent. In diesen Regionen haben allein Brunei und Sambia 30 Prozent ihrer einstigen Habitate eingebüßt. Am anderen Ende des Spektrums steht Bangladesch, das am dichtesten besiedelte Land der Erde, mit einem Verlust von 94 Prozent.

Die Veränderung und Zerstörung von Lebensräumen ist zweifellos die Hauptursache des Artensterbens in der Neuzeit. Dennoch spielt dabei auch die Einführung konkurrierender Arten eine wichtige Rolle. Werden neue Arten unbeabsichtigt in ein Gebiet eingebracht, so können diese die Auslöschung der lokalen Fauna bewirken, entweder, weil sie die einheimischen Arten bejagen oder weil sie im Wettbewerb um Nahrung und Lebensraum überlegen sind. Wie wir bereits gesehen haben, sind auf Inseln beheimatete Tierarten besonders stark gefährdet. Das World Monitoring Center geht in einer Analyse der bekannten Ursachen des Aussterbens von Arten seit 1600 davon aus, dass in 39 Prozent der Fälle eingebrachte Arten, in 36 Prozent der Fälle die Zerstörung des Lebensraumes, in 23 Prozent der Fälle das Bejagen und in zwei Prozent der Fälle andere Gründe für das Aussterben verantwortlich waren (World Resources 1994–1995, S. 149).

Hinsichtlich der Vielfalt an Lebensformen (Biodiversität – Exkurs 16.5) gibt es Lebensräume von besonderer Bedeutung. Solche *Hot spots* der Artenvielfalt gilt es vorrangig zu schützen. Dazu gehören Korallenriffe, tropische Regenwälder (die mit einer Ausdehnung von sechs Prozent der Landoberfläche mehr als die Hälfte aller auf der Erde existierenden Arten beherbergen) sowie einige Ökosysteme in Regionen mit mediterranem Klima (darunter die überaus artenreiche Fynbos-Heide der südafrikanischen Kapregion; Exkurs 4.4). Bestimmte Naturräume spielen eine entscheidende Rolle, weil ihr Verschwinden auch andernorts Folgen hätte. Dies gilt zum Beispiel für Feuchtgebiete, die Habitate von Zugvögeln sind und vielerorts die Grundlage der Fischereiwirtschaft darstellen (Exkurs 16.6) (Farbabbildung 16).

Exkurs 16.5   Biodiversität

Der Begriff der Biodiversität umfasst fünf Hauptaspekte:

- Die Vielfalt unterschiedlicher Ökosystemtypen, welche Pflanzengesellschaften und Tierarten sowie deren Lebensräume umfassen und die nicht nur für die in ihnen lebenden Arten, sondern auch als solche wertvoll sind.
- Die Gesamtzahl aller Arten in einer Region oder einem Gebiet.
- Die Zahl endemischer Arten (Arten, deren Verbreitung auf ein bestimmtes Gebiet beschränkt ist) in einem Raumausschnitt.
- Die genetische Vielfalt innerhalb einer bestimmten Art.
- Die Vielfalt an Populationen einer bestimmten Art. Sie sind die kleinste biologische Organisationseinheit der Ökosysteme und Träger der genetischen Vielfalt.

Die Biodiversität ist in jüngerer Zeit zu einer der wesentlichen Umweltfragen geworden. Im Zuge fortschreitender Umweltbeeinträchtigungen geht durch die Zerstörung natürlicher Habitate ein beträchtlicher Teil der Vielfalt für immer verloren. Gleichzeitig entdeckt die Wissenschaft neue Nutzen der biologischen Diversität.

Größte Sorge bereitet die Tatsache, dass jeder Verlust an Biodiversität endgültig ist. Ist eine Art verloren, bleibt sie ein für alle Mal verschwunden. Den Dodo, eine ausgestorbene Vogelart, wird niemand je wieder zu Gesicht bekommen.

Die auf der Erde existierenden Gene, Arten und Ökosysteme haben sich über einen Zeitraum von drei Milliarden Jahren entwickelt. Sie bilden die Grundlage für das Überleben des Menschen auf der Erde. Doch menschliche Aktivitäten führen heute zu einem raschen Verlust an Biodiversität. Es liegt im eigenen Interesse des Menschen, diesen Prozess zu stoppen, denn Ökosysteme spielen eine wichtige Rolle für das Weltklima, sie sind eine Quelle nützlicher Produkte, sie bewahren vor genetischer Verarmung, indem sie Pflanzenzüchtern die Möglichkeit zur Verbesserung von Kulturpflanzen geben, und sie schützen den Boden.

Exkurs 16.6   Feuchtgebiete – ein bedrohter Lebensraum

Der Begriff „Feuchtgebiete" ist relativ jung; er umfasst viele unterschiedliche Standort- und Lebensraumtypen wie etwa Marsch, Aue, Sumpf, Ried, Hoch- und Flachmoor. Trotz unübersehbarer ökologischer Unterschiede haben alle Feuchtgebiete aber ein übergeordnetes gemeinsames Kennzeichen: Feuchtgebiete liegen im Übergangsbereich von trockenen Landökosystemen zu dauerhaft feuchten Gewässerökosystemen. Die Entstehung und Ausprägung ihrer Böden ist abhängig vom hohen Wassergehalt. Ihre Pflanzen sind morphologisch und physiologisch an den ganzjährigen Wasserüberschuss angepasst.

Viele Feuchtgebiete sind von großer ökologischer Bedeutung. Denn obwohl sie im Einzelfall eher kleine Flächen einnehmen (Ausnahmen wie die Everglades in Florida bestätigen die Regel, (Farbabbildung 16), bedecken sie rund 6 Prozent der Erdoberfläche, also gerade etwas weniger als der tropische Regenwald. Sie sind aber auch deshalb von Bedeutung, weil sie viele Funktionen (wie Lebensraumfunktion, Artenschutzfunktion, Ausgleichsfunktion) haben, zahlreiche Werte (zum Beispiel naturschutzfachliche, ästhetische, psychosoziale) verkörpern und vielfältigen Nutzen bringen. Die Gebiete an den Küsten machen etwa einen Viertel der Gesamtfläche aus, der übrige Teil wird von Binnengebieten repräsentiert.

Es gibt unterschiedliche Gründe, Feuchtgebiete zu erhalten. Sie können das Überschwemmungsrisiko mindern, indem sie als vorübergehender Speicher für abfließendes Wasser wirken. Marschen absorbieren die Kraft der Wellen, verringern dadurch die Erosion und puffern die Küste gegen die Auswirkungen der Stürme ab. Feuchtgebiete binden auch Sedimente und können zur Anreicherung des Grundwassers beitragen. Sie halten Schadstoffe fest und filtern toxische Rückstände aus. Je nachdem liefern sie auch Brennmaterial, Fisch, andere Nahrungsmittel und Faserstoffe. Einer der Hauptgründe für den Schutz liegt aber darin, dass es sich bei Feuchtgebieten um außerordentlich produktive Ökosysteme handelt. Man hat errechnet, dass sie trotz ihrer Fläche von nur sechs Prozent der Erdoberfläche ungefähr 24 Prozent der Nettoprimärproduktion erbringen. Mit anderen Worten: Ihre Produktivität steht in keinem Verhältnis zu ihrer Fläche. Sie sind auch Lebensraum für eine vielfältige Tier- und Pflanzenwelt, dienen zum Beispiel als Brut- oder Überwinterungsgebiet für Zugvögel und sind diesbezüglich von Bedeutung für den internationalen Artenschutz.

Trotz ihrer Bedeutung sind auch Feuchtgebiete durch menschliche Aktivitäten bedroht. Man geht davon aus, dass in den Vereinigten Staaten etwa die Hälfte der natürlichen Feuchtgebiete verloren gegangen sind. Die Hauptursache dafür liegt für etwa drei Viertel der Fläche in Entwässerungen und in der Nutzung für landwirtschaftliche und andere Zwecke. Die Küstenfeuchtgebiete der USA gingen fast alle durch Ausbaggerungen und Kanalisierungen sowie durch die Vergrößerung von Jacht- und anderen Häfen und von Siedlungen verloren. Aber auch in anderen Regionen sind große Verluste an Feuchtgebieten zu verzeichnen. Beispiele dafür sind die Sundarbans im Ganges-Brahmaputra-Delta, die Mangrove-Sümpfe auf den Philippinen und die Binnendeltas und -sümpfe in Afrika. In einem intensiv genutzten mitteleuropäischen Land wie der Schweiz lauten die Schätzungen für die Verluste in den letzten zweihundert Jahren auf über 85 Prozent.

16.11 Naturschutz

Als Folge der starken Belastungen, denen Tiere und Pflanzen durch menschlichen Einfluss ausgesetzt sind, entstand das Bedürfnis, bedrohte Arten und Ökosysteme vor dem Untergang zu bewahren und für die Nachwelt zu erhalten. Dieses Bestreben hat zwar eine lange Geschichte, erlebte aber im ausgehenden 19. Jahrhundert einen starken Aufschwung, etwa durch das Werk von George Perkins Marsh (Abbildung 16.16) im angelsächsischen Raum und von Ernst Rudorff und etwas später von H. Conwentz im deutschsprachigen Raum.

Es gibt verschiedene Grundgedanken des Natur- und Landschaftsschutzes:

- Ethik: Man geht davon aus, dass wild lebende Arten einen Eigenwert und das Recht auf eine ungestörte Existenz haben.
- Wissenschaft: Ausgangspunkt ist die Tatsache, dass wir sehr wenig über unsere Umwelt wissen und dass alles, was zerstört ist, nicht mehr für die wissenschaftliche Erkenntnis zur Verfügung steht.
- Ästhetik: Pflanzen und Tiere sind schön und tragen zur Bereicherung unseres Lebens bei.
- Erhaltung der Biodiversität: Indem wir Arten schützen, erhalten wir die Artenvielfalt, von der die zukünftige Pflanzen- und Tierzucht abhängig ist. Sind Gene einmal verloren, können sie nicht mehr ersetzt werden.
- Stabilität der Umwelt: Man geht davon aus, dass in einem Ökosystem mit größerer Diversität mehr Kontrolle und mehr Gleichgewicht vorhanden ist, um die Stabilität zu erhalten. Demnach wären vom Menschen stark vereinfachte Lebensräume dem Wesen nach instabil.
- Erholung: Geschützte Lebensräume haben in der Regel einen großen Erholungs- und psychosozialen Wert.

Abb. 16.16 *Im Jahre 1864 schrieb George Perkins Marsh ein Buch mit dem Titel Man and Nature, in dem er Ideen äußerte, welche die Grundlagen für die Naturschutzethik bilden.*

- Wirtschaft: Viele Arten in der ganzen Welt sind noch wenig bekannt. Es ist gut möglich, dass sich darunter Nahrungs- und Heilpflanzen befinden, die mit zunehmendem Wissen zu einer nützlichen wirtschaftlichen Ressource werden. Zurzeit gewinnen wir etwa 85 Prozent unserer Nahrungsmittel von nicht mehr als 20 Pflanzenarten. Zweifellos wären noch viel mehr Arten für den Menschen von großem Wert, wenn man ihre Eigenschaften besser kennen würde.

TEIL V

MENSCH UND UMWELT

17 Städte

17.1 Einleitung

Der Prozess der Verstädterung schreitet weltweit voran. 1980 gab es 35 Städte mit mehr als vier Millionen Einwohnern; im Jahre 2025 werden voraussichtlich 135 Städte diese Größe erreicht haben. Von 1950 bis 1990 verzehnfachte sich die Zahl der weltweit in Städten lebenden Menschen und wird bald drei Milliarden betragen. Über die Hälfte der Weltbevölkerung wird dann in Städten wohnen. Die städtische Bevölkerung ist auf einer relativ kleinen Fläche konzentriert; so nehmen zum Beispiel städtische Siedlungen in den Vereinigten Staaten von Amerika nur 3,4 % des Staatsgebiets ein. Dieser Sachverhalt verstärkt die von Städten ausgehenden Umwelteinwirkungen.

Der Einfluss städtischer Siedlungen auf Umwelt und Ökologie kann verheerend sein. Viele Länder, in denen sich schon früh Industriestädte entwickelten, sind schon seit langem mit entsprechenden Problemen konfrontiert. In den Entwicklungsländern ist die Bevölkerung erst in jüngerer Zeit sehr stark gestiegen, und damit sind auch die Umweltprobleme gewachsen.

Welche ökologischen Auswirkungen haben Städte auf die Umwelt? Folgendes lässt sich für alle Städte sagen:

- Sie erhöhen die Nachfrage nach natürlichen Ressourcen im Umland;
- Sie stören und zerstören das natürliche hydrologische System in den bebauten Gebieten;
- Sie reduzieren die Vegetationsdecke, zerstören natürliche Lebensräume und verändern den Artenbestand in ihrem Einflussbereich;
- Sie produzieren Abfallstoffe, welche die Umwelt in den Städten und in ihrem Umland verändern können;
- Sie schaffen neue Flächen durch Landgewinnung und Aufschüttung.

Zusammen bilden diese Wirkungen den „ökologischen Fußabdruck" einer Stadt, das heißt, die Umwelt ist von Verschmutzung, Ausbeutung von Ressourcen,

Entwicklung und Verkehr der Stadt als solcher betroffen. Städte benötigen in erhöhtem Maße Rohmaterialien wie Holz, Kohle und Öl. Diese müssen in der Umgebung einer Stadt gewonnen oder in die Stadt befördert werden. Städte sind ebenfalls angewiesen auf landwirtschaftliche Erzeugnisse, Energie und Arbeitskraft. Durch die zunehmende Vernetzung von Städten in verschiedenen Teilen der Erde werden die „ökologischen Fußabdrücke" von Großstädten immer größer. Dies bedeutet, dass ein großer Teil der Erdoberfläche in irgendeiner Weise unter den Einfluss des globalen Städtesystems gerät. In Stadtgebieten führt das Siedlungswachstum in seiner Gesamtheit zu drastischen Veränderungen der Geomorphologie, des Klimas, der Hydrologie und der ökologischen Bedingungen.

17.2 Die Stadtklimate

Großstädte, der Lebensraum eines immer größer werdenden Teils der Weltbevölkerung, haben ihre eigenen Klimabedingungen (Abbildung 17.1). Was ihren Einfluss auf das Klima betrifft, vergleicht man sie mit Vulkanen, Wüsten und Steppen mit inselartigen Waldvorkommen. Sie produzieren Staub, sie geben Wärme ab, sie haben eine relativ geringe Vegetationsbedeckung, und sie zeichnen sich durch Großstrukturen aus, die Einfluss auf die Reibungseigenschaften der Bodenoberfläche und die Luftzirkulation haben. Ihre Auswirkungen auf die natürlichen Klimabedingungen eines Gebietes können beträchtlich sein. Einige der wichtigsten Folgen sind in Tabelle 17.1 aufgelistet.

Im Vergleich mit den ländlichen Gebieten, in die sie hineinwuchern, absorbieren Städte wesentlich mehr Sonnenstrahlung, da ein höherer Anteil der reflektierten Strahlung durch die hohen Hauswände und die dunkelfarbenen Dächer und Verkehrsflächen in den Straßen der Städte zurückbehalten wird. Die zubetonierten und geteerten Stadtflächen haben eine große Wärmekapazität und ein gutes Leitvermögen, sodass die Wärme am Tage gespeichert und im Laufe der Nacht abgegeben wird. Im Gegensatz dazu wirkt

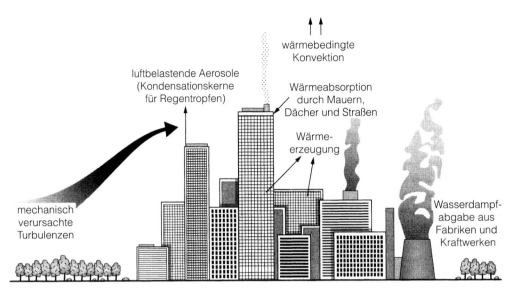

Abb. 17.1 *Einflussfaktoren des Stadtklimas*

Tabelle 17.1: Durchschnittliche stadtbedingte Veränderungen der Klimaelemente

Element	Parameter	Vergleich der Stadt mit dem Land (– weniger; + mehr)
Strahlung	auf ebener Fläche ultraviolett	–15% +30% (Winter); –5% (Sommer)
Temperatur	Jahresmittel Wintermaximum Länge der frostfreien Jahreszeit	+0,7° +1,5° +2–3 Wochen möglich
Windgeschwindigkeit	Jahresmittel extreme Böen Häufigkeit der Windstille	–20 bis –30% –10 bis –20% +5 bis 20%
relative Feuchtigkeit	Jahresmittel saisonales Mittel	–6% –2% (Winter); –8% (Sommer)
Bewölkung	Häufigkeit und Menge der Wolken Nebel	+5% bis 10% +100% (Winter); +30% (Sommer)
Niederschlag	Mengen Tage Tage mit Schnee	+5 bis 10% +10% –14%
Phänomen		**Folge**
Wärmebildung		Regen + Temperatur +
Zurückhalten von reflektierter Sonnenstrahlung durch hohe Mauern, dunkelfarbene Dächer und Straßen		Temperatur +
Zunahme der Oberflächenunebenheiten		Wind – Wirbel +
Zunahme von Dunst (Dunstkuppel)		Nebel + Regen + (?)

Quelle: Nach H. Landsberg in J. F. Griffiths (1976) *Applied Climatology: an Introduction.* Oxford University Press, Oxford, S. 108.

sich die Pflanzendecke ländlicher Regionen wie eine Isolierdecke aus, sodass die Temperaturen hier am Tag und in der Nacht relativ gesehen niedriger liegen. Evaporation und Transpiration verstärken diesen Effekt. Zusätzliche thermische Veränderung ergeben sich aus dem Energieverbrauch von Industrie, Handel und Haushalten, für die große Mengen künstlicher Wärme erzeugt wird. Klimatologen bezeichnen deshalb Städte als *urbane Wärmeinseln* (Exkurs 17.1).

Im Allgemeinen befinden sich die höchsten Temperaturanomalien zwischen Stadt und Land im dicht bebauten Gebiet nahe dem Stadtzentrum und nehmen gegen den Stadtrand hin spürbar ab. Beobachtungen in einigen großen kanadischen Städten weisen auf Temperaturgradienten von bis zu 4 °C pro Kilometer zwischen Stadtzentrum und Stadtrand hin. Die Temperaturunterschiede sind auch hier in der Nacht am größten. Wenn wir wiederum die Metropole als „Wärmeinsel" betrachten, die deutlich aus dem kühlen „Meer" der umgebenden Landschaft herausragt, können wir sagen, die Stadt-Land-Grenze stellt einen steilen Temperaturgradienten oder ein „Kliff" an der Insel dar. Dagegen ist der Rest des Stadtgebietes größtenteils ein „Plateau" warmer Luft mit einem steten, aber schwächeren horizontalen Gradienten, der in Richtung auf das Stadtzentrum zunimmt. Der Stadtkern ist dann der „Gipfel" mit der höchsten Temperatur der Stadt. Die Differenz zwischen diesem Wert (u) und der Temperatur der ländlichen Umgebung (r) ergibt die Intensität der urbanen Wärmeinsel (ΔT_{u-r}).

Die durchschnittlichen jährlichen Stadt-Land-Temperaturunterschiede von verschiedenen Großstädten sind in Tabelle 17.2 enthalten. Es zeigt sich, dass die Temperaturwerte von 0,6 bis 1,3 °C reichen. Im Allgemeinen haben größere Städte eine größere Intensität der urbanen Wärmeinsel, wobei (ΔT_{u-r}) sich proportional zum Logarithmus der Stadtbevölkerung verhält. Dennoch sind auch in relativ kleinen Städten bemerkenswerte nächtliche Temperaturunterschiede festgestellt worden. Faktoren wie Gebäudedichte, Bevölkerungsdichte und Art der wirtschaftlichen Betätigungen dürften mindestens ebenso wichtig sein wie die Größe der Stadt. Im Weiteren weisen Städte in Gebieten mit sehr hohen Windgeschwindigkeiten tendenziell kleinere Temperaturunterschiede auf als Städte in Gebieten mit geringerer Windgeschwindigkeit. Starke Winde schwächen den Effekt der städtischen Wärmeinsel.

Exkurs 17.1 Die Auswirkungen einiger städtischer Wärmeinseln

Wenn Städte wachsen, nimmt auch ihr Wärmeinseleffekt zu. Als beispielsweise die Stadt Columbia im US-Bundesstaat Maryland im Jahre 1968 noch 1 000 Einwohner hatte, betrug der maximale Stadt-Land-Temperaturunterschied gerade 1 °C. 1974, als die Stadt auf eine Größe von etwas über 20 000 Einwohnern angewachsen war, war der maximale Wärmeinseleffekt auf 7 °C gestiegen.

Vielfach sind die jährlichen Mittelwerte der Temperaturen über den Zentren der Großstädte gegenüber dem Umland deutlich erhöht. Dies geht aus der Temperaturkarte von Paris klar hervor. Die außerhalb der Stadt gelegenen Wetterstationen verzeichnen Jahrestemperaturen von 10,6 bis 10,9 °C. In der Innenstadt beträgt der Wert 12,3 °C, rund 1,5 °C mehr. Um mögliche orographische Effekte zu korrigieren, sind alle Werte auf eine einheitliche Höhe von 50 Meter über dem Meeresspiegel umgerechnet.

Das Klima von Städten weist gegenüber dem Umland häufig auch unterschiedliche Charakteristika der Niederschläge auf. So fällt beispielsweise auf, dass es in Paris während der Woche tendenziell häufiger regnet als an den Wochenenden. Die Mittelwerte der Niederschläge steigen von Montag bis Freitag (wenn die Fabriken mehr Wärme und Aerosole produzieren) allmählich an und gehen am Samstag und Sonntag abrupt zurück. Der Durchschnittswert an Wochenenden beträgt von Mai bis Oktober 1,47 Millimeter und liegt damit um 24 Prozent unter dem Mittelwert von 1,93 Millimeter an Werktagen.

In den Wintermonaten können die Auswirkungen städtischer Wärmeinseln in kühlen Regionen besonders ausgeprägt sein. Zum Beispiel sinken die Temperaturen in Washington D. C. am Ende des Winters im Durchschnitt bereits drei Wochen früher als im Umland zum letzten Mal unter den Gefrierpunkt. Im Herbst tritt in der Innenstadt der erste Frost im Mittel um den 3. November auf, während in den Vororten Temperaturen von null Grad Celsius gewöhnlich erst zwei Wochen später gemessen werden. Das bedeutet, dass die frostfreie Periode 35 Tage länger dauert als im Umland. Ähnliche Verhältnisse sind auch von anderen Großstädten bekannt. Die Daten für Moskau zeigen eine Zunahme von 30 Tagen ohne Frost, während die Werte für München eine Verlängerung der frostfreien Periode um bis zu 61 Tage erkennen lassen.

Während der Sommermonate kann der Wärmeinseleffekt dazu führen, dass verstärkt Klimaanlagen in Anspruch genommen werden. Da diese mehr Energie benötigen als Heizungen, übersteigen die Ausgaben die im Winter eingesparten Heizkosten. Außerdem kann der Betrieb von Klimaanlagen den Wärmeinseleffekt verstärken, da die Anlagen Wärme an die Außenluft abgeben. Diese mischt sich mit der Luft, die sich an sonnenbeschienenen Mauern und über dem Straßenpflaster bereits erhitzt hat.

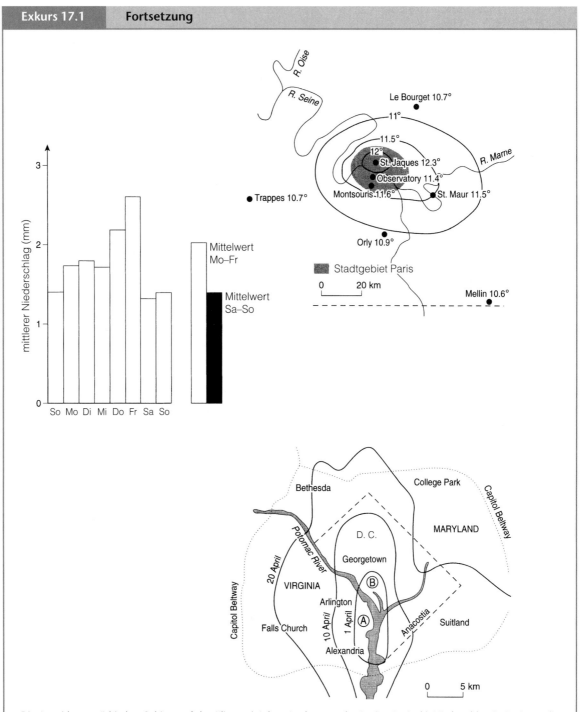

Die Auswirkung städtischer Gebiete auf das Klima. a) Jahres-Isothermen der Region Paris; b) Niederschlag in Paris, gegliedert nach Wochentagen; c) Durchschnittliches Datum des letzten im Frühjahr auftretenden Frostes in Washington D. C. (A = Internationaler Flughafen; B = Weißes Haus).

Tabelle 17.2: Mittlere jährliche Stadt-Land-Temperaturunterschiede für verschiedene Städte	
Stadt	**Temperaturunterschied in °C**
Chicago	0,6
Washington D. C.	0,6
Los Angeles	0,7
Paris	0,7
Moskau	0,7
Philadelphia	0,8
Berlin	1,0
New York City	1,1
London	1,3

Quelle: Nach Werten in J. T. Detwyler (Hrsg.) (1971) *Man's Impact on Environment.* McGraw Hill, New York, Tabelle 11.2, S. 136, und weiteren Quellen.

Städtische Wärmeinseln haben unterschiedlichste Auswirkungen. Schnee taut schneller; Fröste treten seltener auf; im Sommer ist mehr Luftkühlung nötig; die Temperaturen sind für Menschen drückend; bestimmte Tierarten haben die Stadt aufgrund der thermischen Besonderheiten als Lebensraum angenommen; und Pflanzen keimen und blühen früher als auf dem Lande.

Die Auswirkungen der städtischen Wärmeinsel sind relativ leicht zu erfassen. Schwieriger ist es, den städtisch-industriellen Einfluss auf Wolken, Regen, Schneefall und ähnliche Wetterereignisse zu messen und zu erklären. Immerhin kann man davon ausgehen, dass Veränderungen stattfinden. Die Erwärmung der Stadt fördert zum Beispiel den Aufstieg von Luftmassen, was durch hohe Gebäude noch verstärkt werden kann. Luftverschmutzung der Industrie könnte die Bildung von Wolken und Regentropfen fördern.

Industrien können auch beträchtliche Mengen an Wasserdampf in die Atmosphäre entlassen.

Tabelle 17.3 zeigt den Unterschied von Sommerregen, Gewittern und Hagelschlägen verschiedener ländlicher und städtischer Gebiete der Vereinigten Staaten. Diese Daten weisen nach, dass der Regen um neun bis 27 %, die Wahrscheinlichkeit von Gewittern um zehn bis 42 % und Hagelschläge um 67 bis 430 % zunehmen.

Ein interessantes Beispiel für die Auswirkungen einer Großstadtagglomeration bietet London. Man nimmt an, dass der mechanische Effekt der Londoner Gebäude (Hindernis für die Luftzirkulation, Ursache für Reibungskonvergenz der Luft) ein wichtiger Faktor bei der Beeinflussung der Wetterbedingungen ist. Eine Langzeituntersuchung der registrierten Gewitter Südostenglands deutet darauf hin, dass über der Stadt Gewitter häufiger auftreten als über ländlichen Gebieten. Die Ähnlichkeit zwischen der Stadt und dem Gebiet im Südosten, das sich durch die höchste Gewitterhäufigkeit auszeichnet, ist erstaunlich. Die historische Untersuchung der Wetteraufzeichnungen hat im Übrigen für die Hauptstadt London parallel zum Wachstum der Stadt eine stete Zunahme der Gewitteranzahl ergeben.

Eines der berühmtesten Beispiele für den Einfluss eines Stadt- und Industriekomplexes auf den lokalen Niederschlag bietet Chicago im Mittleren Westen Amerikas. La Porte, Indiana, liegt etwa 48 Kilometer in der Hauptwindrichtung von einem großen Industriekomplex zwischen Chicago und Gary entfernt. Die Niederschlagsmengen und die Anzahl der Tage mit Gewittern und Hagel haben seit 1925 deutlich zugenommen. Die Zunahme des Niederschlags betrug zwischen 30 und 40 %, und zwar parallel zur Zunahme

Tabelle 17.3: Gebiete mit maximaler Zunahme der Stadt-Land-Differenz des Sommerregens und schwerer Wetterereignisse für acht amerikanische Städte						
Stadt	**Regen**		**Gewitter**		**Hagelschlag**	
	Prozent	**Lage**[a]	**Prozent**	**Lage**[a]	**Prozent**	**Lage**[a]
St. Louis	+15	B	+25	B	+276	C
Chicago	+17	C	+38	A, B, C	+246	C
Cleveland	+27	C	+42	A, B	+ 90	C
Indianapolis	0	–	0	–	0	–
Washington D. C.	+ 9	C	+36	A, B	+ 67	B
Houston	+ 9	A	+10	A, B	+430	B
New Orleans	+10	A	+27	A	+350	A, B
Tulsa	0	–	0	–	0	–

[a] A: innerhalb des Stadtperimeters; B: 8–24 Kilometer in der Windrichtung entfernt; C: 24–64 Kilometer in der Windrichtung entfernt.
Quelle: Nach S. A. Changoun, (1973) *Atmospheric alterations from man-made biospheric changes.* In W. R. D. Sewell, (Hrsg.) *Modifying the Weather: a social assessment* University of Victoria Press, Victoria B. C. Abbildung 1.5, S. 144.

Tabelle 17.4: Die wichtigsten städtischen Luftschadstoffe	
Art	**einige negative Folgen**
Schwebpartikel (typischerweise 0,1–2,5 μm Durchmesser)	Nebel, Atemwegserkrankungen, Karzinogene, Gebäudeverschmutzung
Schwefeldioxid (SO_2)	Atemwegserkrankungen, kann Asthmaanfälle hervorrufen. Schädigung von Pflanzen und Flechten, Korrosion von Gebäuden und Materialien, verursacht Dunst und sauren Regen
photochemische Oxidantien: Ozon und Peroxyacetylnitrat (PAN)	Kopfschmerzen, Augenreizungen, Husten, Brustbeschwerden, greift Materialien an (z. B. Gummi), schädigt Kulturpflanzen und die natürliche Vegetation, Smog
Stickoxide (NO_x)	photochemische Reaktionen, verstärkte Gebäudeverwitterung, Atemwegserkrankungen, verursacht sauren Regen und Dunst
Kohlenmonoxid (CO)	Herzbeschwerden, Kopfschmerzen, Müdigkeit usw.
toxische Metalle: Blei	Vergiftungen, verringerte schulische Leistungen und verstärkte Verhaltensprobleme bei Kindern
toxische Chemikalien: Dioxine usw.	Vergiftungen, Krebserkrankungen usw.

der Luftverschmutzung im Zusammenhang mit der wachsenden Produktion der Eisen- und Stahlindustrie von Chicago. Die Maxima in der Stahlproduktion stimmten sogar mit den Maxima der Niederschlagskurve von La Porte überein.

Städte haben auch einen Einfluss auf die Windgeschwindigkeit. Wie wir bereits gesehen haben, üben Hochhäuser einen sehr starken Widerstand auf die darüber liegende und umgebende Luft aus. Dies führt zu Turbulenzen mit typischen zeitlichen und räumlichen Veränderungen der Windgeschwindigkeit und -richtung, wobei die Durchschnittsgeschwindigkeit der Winde im überbauten Gebiet kleiner ist als in ländlichen Gebieten. Über das ganze Jahr gesehen liegt die Verminderung der Windgeschwindigkeit im Zentrum Londons bei sechs Prozent. Bei hohen Windgeschwindigkeiten ist die Reduktion mehr als doppelt so groß. Auch der Wärmeinseleffekt wirkt sich auf Windeigenschaften aus. In englischen Städten wie Leicester und London haben Untersuchungen ergeben, dass in ruhigen, klaren Nächten, wenn der städtische Wärmeinseleffekt am größten ist, kühle bodennahe Luft in Richtung der Gebiete mit den höchsten Temperaturen fließt. Diese so genannten Landbrisen haben nur geringe Geschwindigkeiten und verlangsamen sich rasch durch den starken Reibungswiderstand in den Vororten.

17.3 Luftverschmutzung und ihre Probleme

Schon vor 600–700 Jahren hat das Wachstum der Städte die Luftqualität beeinträchtigt. Im mittelalterlichen London wurde die Luftverschmutzung durch das Verbrennen von Kohle als so schwerwiegend erachtet, dass

bereits im Jahre 1285 eine Untersuchungskommission eingesetzt wurde. In der heutigen Zeit bedeutet die Konzentration einer Vielzahl von Menschen, Fabriken, Kraftwerken und Kraftfahrzeugen, dass Städte große Mengen Schadstoffe in die Atmosphäre emittieren. Bei bestimmten Wetterlagen können sich diese Schadstoffe in der Luft anreichern. Mit der technologischen Entwicklung änderte sich auch die Art der auftretenden Schadstoffe (Tabelle 17.4). In der Anfangsphase der industriellen Revolution in Europa dürfte das Verbrennen von Kohle die Hauptursache der Luftverschmutzung gewesen sein, während es heute die Emissionen aus Kraftfahrzeugen sind. Das Ausmaß der Luftverschmutzung ist in verschiedenen Städten sehr unterschiedlich. Faktoren wie technologischer Entwicklungsstand, Größe und Wohlstandsniveau spielen dabei ebenso eine Rolle wie das gesetzliche Vorgehen gegen die Luftverschmutzung (Farbabbildung 27).

Mit dem schnellen Größenzuwachs der Städte und ihrem Industrialisierungsgrad in den letzten zwei Jahrhunderten gewann auch das Verschmutzungsproblem

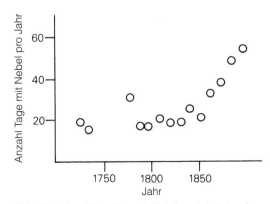

Abb. 17.2 Anzahl der Tage mit Nebel pro Jahr in London.

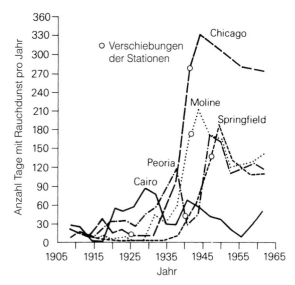

Abb. 17.3 *Anzahl der Tage mit rauchbedingtem Dunst in den Städten von Illinois (dreijähriges Mittel).*

schnell an Bedeutung. Dies wird deutlich, wenn man die Anzahl der Tage mit Nebel in London näher betrachtet (Abbildung 17.2). Vor 1750 scheint die Zahl etwa bei 18–20 Tagen pro Jahr gelegen zu haben; Ende des 19. Jahrhunderts betrug sie über 50 Tage. Eine vergleichbare Situation ergibt sich bei der Betrachtung der Werte für Städte im Industriegebiet von Illinois in den Vereinigten Staaten (Abbildung 17.3). Chicago, die größte Stadt unter ihnen, zeigte als Erste eine beträchtliche Zunahme der Anzahl an Tagen mit einem rauchbedingten Dunstschleier. Mäßig industrialisierte Städte wie Moline, Peoria und Springfield zeigen ab den Dreißigerjahren ebenfalls deutliche Zunahmen. Cairo hingegen, eine nichtindustrielle Stadt mit geringem Bevölkerungswachstum im beginnenden 20. Jahrhundert, verzeichnet keine deutliche Aufwärtsbewegung in der rauchbedingten Verschmutzung.

Allgemein hat man herausgefunden, dass die durchschnittliche Anzahl der in der Luft vorhandenen Partikel über Stadtgebieten zehnmal höher ist als über ländlichen Gebieten und dass das Ausmaß der Verschmutzung mit der Stadtgröße zunimmt. Diese Partikel verursachen nicht nur Dunst, sondern wirken auch als Kristallisationskerne und fördern die Nebelbildung. Immerhin kann die Gesetzgebung der Luftverschmutzung Einhalt gebieten und eine beträchtliche Verminderung der Partikelmengen bewirken. Als Folge der Gesetzgebungen konnten in London die Rauchemissionen im Jahre 1970 auf ein Zehntel der Emissionen von 1956 reduziert werden. Es gelang auch, die Anzahl der Stunden mit Sonnenschein in

den Stadtzentren wieder zu erhöhen. In Manchester stieg im gleichen Zeitraum die Sonnenscheindauer in den Wintermonaten November bis Januar von rund 70 auf etwa 110 Stunden.

Der schwefelgelbe „Erbsensuppe-Nebel" oder der Smog aus der Kohleverbrennung ist nur ein Typ des Nebels, wie er in Städten auftreten kann. Eine zweite weit verbreitete Nebelart ist der so genannte photochemische Smog. Die Bezeichnung rührt daher, dass die weniger erwünschten Eigenschaften des Nebels aus den chemischen Reaktionen stammen, die das Sonnenlicht verursacht. Dieser Smog wirkt „sauberer", weil er keine sehr großen Rußpartikel enthält. Die von ihm hervorgerufenen Belastungen des menschlichen Organismus und die Schäden an Pflanzenblättern gelten heute aber als noch weitaus schädlicher. Photochemischer Smog tritt vor allem dort auf, wo Erdölprodukte in großen Mengen verbrannt werden, zum Beispiel im Großraum Los Angeles mit seinem gewaltigen Verkehrsaufkommen. Ein Teil der Emissionen wird durch das Sonnenlicht in schädliche Stoffe wie Ozon umgewandelt. Da das Sonnenlicht bei der Entstehung eine entscheidende Rolle spielt, ist der photochemische Smog in den strahlungsreichen Gebieten der Erde oder in Jahreszeiten mit intensiver Sonneneinstrahlung am häufigsten. Der besonders intensive, lang andauernde photochemische Smog von Los Angeles geht auf die spezielle meteorologisch-topographische Situation der Stadt zurück. Sie ist während langer Perioden von subtropischen Hochdruckgebieten mit schwachen Winden, klarem Himmel und einer Inversion durch absinkende Luftmassen beherrscht. Dazu kommt die allgemeine topographische Lage (Los Angeles wird teilweise von Hügeln begrenzt) und die enorme Fahrzeugdichte in dieser wohlhabenden Stadt.

Die in jüngerer Zeit in Großbritannien und im Becken von Los Angeles erreichten Verbesserungen der Luftqualität sind in Abbildung 17.4 dargestellt. Sie zeigt für Großbritannien die Abnahme der Nebelhäufigkeit und die Zunahme der Sonnenscheindauer sowie den stetigen Rückgang der Konzentrationen von Kohlenmonoxid, Stickstoffoxid und Ozon seit Ende der Sechzigerjahre in Los Angeles.

Im Gegensatz dazu nimmt die Luftverschmutzung in vielen Städten ärmerer Länder gegenwärtig zu. In bestimmten Ländern, die sehr stark auf Kohle und Öl setzen, und wo in vielen Haushalten noch mit Holz gekocht und geheizt wird, sind die Schwefeldioxidgehalte und Partikelkonzentrationen in der Luft hoch und steigen weiter. Die rasante wirtschaftliche Entwicklung verursacht zusätzliche Emissionen aus Industrie

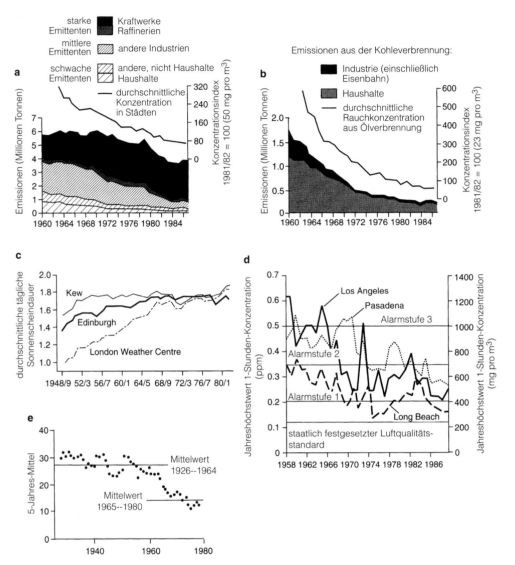

Abb. 17.4 *Die Entwicklung der Luftqualität in Großbritannien (GB) und in Los Angeles: a) Schwefeldioxidemissionen aus der Öl-verbrennung und mittlere Konzentration in GB; b) Rauchemissionen aus der Kohleverbrennung und mittlere Konzentration von Ölrauch in GB; Zunahme der Sonnenscheindauer im Winter (zehnjähriges Mittel) für die Innenstädte von London und Edinburgh sowie für den Londoner Außenbezirk Kew; d) Jahreshöchstwerte der maximalen stündlichen Ozonkonzentration an ausgewählten Lokalitäten im Becken von Los Angeles, 1958–1989; e) Jährliche Nebelhäufigkeit um 9 Uhr in Oxford, Mittelengland (1926–1980).*

und Verkehr und damit eine Zunahme schwerwiegender Probleme hinsichtlich der Luftqualität.

17.4 Verstädterung und Abflussverhalten

Wie wir schon in Zusammenhang mit den Eigenschaften des Stadtklimas gesehen haben, unterscheiden sich Stadtoberflächen sehr von denjenigen ländlicher Gebiete. Eine der wichtigsten Konsequenzen tritt bei

Starkregen auf. Der Abfluss unterscheidet sich sowohl in Bezug auf Menge als auch auf zeitlichen Verlauf, was offensichtlich die Gefahr von Überschwemmungen erhöht (Exkurs 17.2).

Untersuchungen in den Vereinigten Staaten und in Großbritannien haben gezeigt, dass die Infiltrationskapazität der Bodenoberfläche durch Verstädterung und der damit verbundenen zunehmenden Bodenversiegelung vermindert ist. Tendenziell steigt deshalb der Oberflächenabfluss im Vergleich zu ländlichen Gebieten (Abbildung 17.5). Der Bau von Abwasser- und Regenwasserkanälen beschleunigt den Abfluss zusätzlich. Allgemein kann man sagen: Je größer das von der Kanalisation erfasste Gebiet, desto größer ist der Abfluss bei einer bestimmten Regenintensität. Zusätzlicher Abfluss entsteht in städtischen Gebieten, da die geringe Vegetationsbedeckung eine begrenzte Evapotranspiration zur Folge hat.

In vielen Fällen aber ist die Auswirkung der Verstädterung auf kleine Niederschlagsereignisse größer, und mit Zunehmen der Hochwasserspitzen und ihrer Häufigkeit nimmt der Einfluss der Verstädterung ab.

Exkurs 17.2   Verstädterung und Wasserhaushalt

Der Verstädterungsprozess greift hauptsächlich auf fünf Arten in den Wasserhaushalt ein:

- Ersatz der vegetationsbedeckten Böden durch undurchlässige Oberflächen (Oberflächenversiegelung):
    - vermindert die Wasserspeicherung der Bodenoberfläche und des Bodens, wodurch der Anteil des Oberflächenabflusses am Niederschlag steigt
    - verstärkt die Geschwindigkeit des Oberflächenabflusses
    - vermindert die Verluste durch Evapotranspiration
    - setzt den Grad der Einsickerung ins Grundwasser herab.

- Zunahme der Entwässerungsdichte durch den Bau von Regenwasserkanälen, was dann
    - die Distanz des Oberflächenabflusses bis zum nächsten Entwässerungskanal herabsetzt
    - die Geschwindigkeit des Wasserabflusses verstärkt, da Kanäle eine glattere, effizientere Form haben als natürliche Abflussrinnen

- die Speicherkapazität innerhalb der Kanalisation vermindert, weil Regenwasserkanäle so gestaltet sind, dass sie das Wasser möglichst schnell wegführen.

- Entwicklung der Bautätigkeit, welche
    - die Vegetation von der Bodenoberfläche entfernt und so den Oberflächenabfluss erleichtert
    - eine Störung der Bodenoberfläche bewirkt und sie so erosionsanfälliger macht.

- Vordringen von Dämmen und Straßen etc. gegen das Flussbett, was
    - die Breite des Flussbettes und die Speicherkapazität vermindert
    - den freien Abfluss von Hochwasser behindert und zu einem Aufstau flussaufwärts führt.

- Einfluss auf das Stadtklima, was besonders im Sommer zu mehr Niederschlägen und zu heftigeren und häufigeren Gewittern führt.

Der Bau eines riesigen Regenwasserkanals in Dacca, Bangladesch, zeigt eine der Hauptarten, wie der Mensch in den städtischen Wasserhaushalt eingreifen kann.

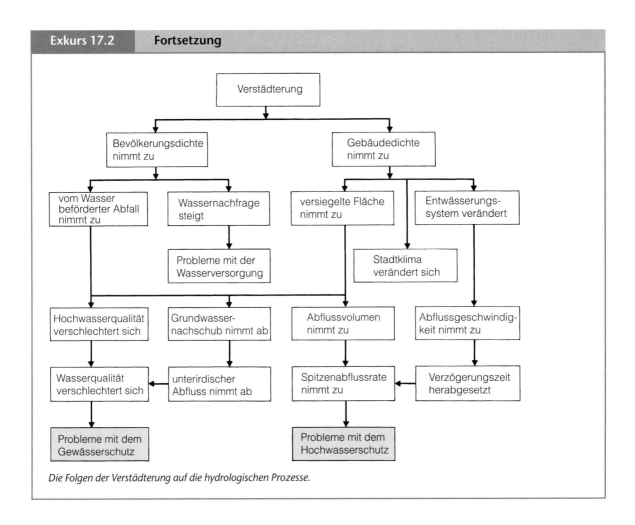

Exkurs 17.2   Fortsetzung

Die Folgen der Verstädterung auf die hydrologischen Prozesse.

Eine mögliche Erklärung dafür ist, dass ein nicht verstädtertes Einzugsgebiet während eines starken und andauernden Regens so gesättigt und sein Entwässerungssystem so ausgedehnt ist, dass es sich hydrologisch wie ein versiegeltes, undurchlässiges Einzugsgebiet mit einer hohen Oberflächenentwässerung verhält. Daher gibt es in einem ländlichen Einzugsgebiet Überschwemmungen, die in Art und Größe mit denjenigen in städtischen Gebieten vergleichbar sind. In einem städtischen Einzugsgebiet werden wahrscheinlich sogar sehr hohe Abflussmengen durch die Oberflächenentwässerung und die Kanalisation etwas gedrosselt, wodurch die Hochwasserspitze etwas gedämpft wird. Dennoch fand man in einer Untersuchung in Jackson, Mississippi, heraus, dass das „50-jährige Spitzenhochwasser" in einem städtischen Einzugsgebiet dreimal größer ist als in einem ländlichen.

Flussläufe können in städtischen Gebieten auch noch auf andere Art verändert werden. Städte beziehen große Wassermengen für industrielle und städtische Zwecke aus anderen Gebieten. Solche Wassertransfers zwischen verschiedenen Gewässereinzugsgebieten üben eine zunehmende Bedeutung auf das Abflussregime von Flüssen aus. So wird unter Trockenwetter-Abflussbedingungen in städtischen Einzugsgebieten der Abfluss oftmals von ursprünglich gebietsfremden Industrie- und Haushaltsabwässern gespeist.

17.5 Thermische Belastung der Gewässer

Die Gewässerbelastung durch Veränderung ihrer Temperatur nennt man thermische Belastung. Die Temperaturveränderung ist deshalb von solcher Bedeutung, da ein großer Teil der Flussfauna und -flora direkt von der Temperatur beeinflusst wird. In Industrieländern liegt die Hauptquelle der thermischen Belastung in Kraftwerken, welche große Mengen Kühlwasser in die Flüsse

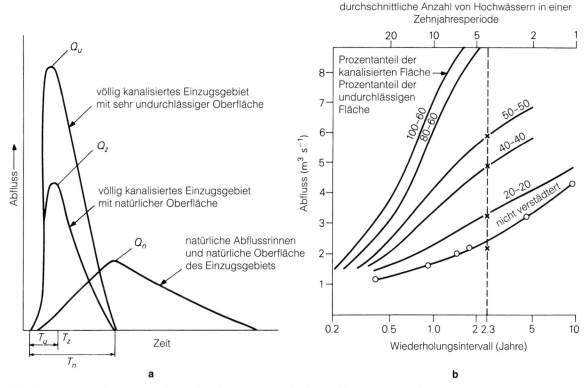

Abb. 17.5 Die Auswirkung von Städten auf Hochwasser: a) Die Stadtentwicklung im Spiegel der Hydrographen. Die Spitzenabflüsse (Q) sind höher und treffen nach Beginn des Abflusses (T) schneller ein, wenn die Einzugsbereiche erschlossen oder kanalisiert sind. b) Kurven der Hochwasserhäufigkeit für ein Einzugsgebiet von einer Quadratmeile in verschiedenen Stadien der Verstädterung.

abgeben. Abwasser aus Kraftwerken ist durchschnittlich um sechs bis neun Grad Celsius erwärmt worden, hat aber gewöhnlich eine Temperatur unter 30 °C.

Das Ausmaß, mit dem solche Kühlwasser die Flusstemperaturen verändern, hängt sehr stark von der Wasserführung ab. Unterhalb des Kraftwerks Ironbridge in England zum Beispiel erfährt der Fluss Severn bei Hochwasser eine Erwärmung von nur 0,5 °C, bei Niedrigwasser aber von acht Grad Celsius. Mit dem steigenden Energieverbrauch wird dieses Problem auch an Bedeutung gewinnen, selbst wenn Kraftwerke effizienter arbeiten und dadurch die thermische Belastung pro erzeugter Einheit Elektrizität vermutlich abnehmen wird.

Thermische Belastung von Gewässern kann auch eine direkte Folge der Verstädterung sein. Die Gründe dafür sind vielfältig: Veränderungen im Temperaturregime von Wasserläufen durch den Bau von Reservoirs, Veränderungen der Anordnung von städtischen Kanälen (zum Beispiel ihres Verhältnisses von Breite zu Tiefe), Veränderungen des Beschattungsgrades eines Kanals (durch Eindecken oder durch Entfernung der natürlichen Vegetation), Veränderungen im Volumen des Regenabflusses und Veränderungen im Beitrag des Grundwassers. Untersuchungen in New York City haben ergeben, dass der Basiseffekt der Stadt auf die Wassertemperatur im Sommer in einer Erhöhung um fünf bis acht Grad Celsius und im Winter in einer Absenkung um 1,5 bis zu drei Grad Celsius besteht.

17.6 Bodenerosion und Sedimenteintrag als Folge von Bautätigkeit und Verstädterung

Beim Bau einer Stadt wird die Bodenoberfläche durch die Entfernung der Vegetation, durch das Ausheben von Gräben, durch Abgrabungen und Auffüllungen und durch das Aufwühlen des Bodens durch die Baumaschinen stark gestört. Dies kann zu sehr hohen Erosionsraten und Sedimenteinträgen in Gewässer führen, die in einem einzigen Jahr die Beträge von Jahrzehnten natürlicher oder auch landwirtschaftlich bedingter Erosion erreichen. In Maryland in den Vereinigten Staaten wurden während der Bauphase von neuen Stadtquartieren Sedimenteinträge von 55 000 Tonnen pro Quadratkilometer und Jahr nachgewiesen, während die Werte unter Wald im gleichen Gebiet rund 80–200 Tonnen betrugen. Untersuchungen in Devon zeigten Konzentrationen von Schwebsedimenten in Flüssen innerhalb von Baugebieten, die das Zwei- bis Zehnfache (in Ausnahmefällen bis zum Hundertfachen) der Werte ungestörter Gebiete betrugen. In Virginia ergaben Studien Werte während der Bauphase, die zehnmal größer als im Ackerland, 200-mal größer als im Grasland und 2 000-mal größer als im Wald derselben Gegend waren.

Allerdings dauert die Bauphase nicht ewig an, und wenn einmal die Störungen beendet, die Straßen befestigt und Gärten und Rasen angelegt sind, gehen die Erosionsraten zurück und liegen wieder in der gleichen Größenordnung wie unter natürlichen oder vorlandwirtschaftlichen Bedingungen.

17.7 Tiere in Städten

Das Wachstum der Städte hat sich auf die natürliche Fauna (und Flora) schädlich ausgewirkt. Es gibt aber auch viele Beispiele für Tierarten, die Nutznießer dieser vom Menschen herbeigeführten Veränderungen sind und sich so weit an sie angepasst haben, dass sie zu engen Begleitern des Menschen wurden. Man nennt solche Tierarten *Kulturfolger* oder *Synanthrope*. Tauben und Spatzen zum Beispiel gehören zu dieser Gruppe und bilden heute fast in allen großen Städten der Welt dauerhafte und zahlreiche Populationen. Nahrungsvorräte des Menschen sind auch Nahrungsvorräte für synanthropische Nager wie etwa Ratten und Mäuse. Die Amsel, ursprünglich ein Waldvogel, ist im Verlauf weniger Generationen ein steter und unerschrockener Bewohner vieler Gärten geworden. Und das Eichhörnchen kommt heute vielerorts häufiger in Parks als in Wäldern vor. Die deutliche Zunahme vieler Möwenarten in den vergangenen Jahrzehnten in temperierten Zonen hängt weitgehend mit dem größeren Angebot an Nahrungsresten auf städtischen Abfallhalden zusammen. Es mag widersinnig scheinen, dass die Nischen der Abfallsammler unter den Vögeln, die Müllhalden ausnützen, gerade von Meeresvögeln ausgefüllt wird; aber die Möwen haben sich als idealer Ersatz für die vom Menschen vertriebenen Falken erwiesen. Diese haben dieselbe Fähigkeit, hoch aus der Luft geeignete Nahrungsquellen ausfindig zu machen.

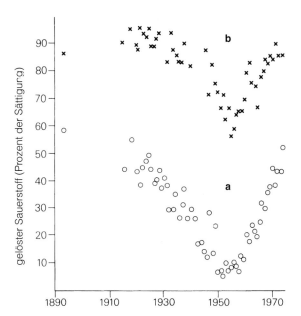

Abb. 17.6 *Der durchschnittliche Gehalt an gelöstem Sauerstoff in der Themse in England während des Quartals Juli–September seit 1890. a) 79 Kilometer unterhalb und b) 95 Kilometer unterhalb des Stauwehrs von Teddington.*

Tiere, die Störungen in ihrer Umwelt ertragen, sind anpassungsfähig, nutzen Bereiche des offenen Landes oder Waldrandhabitate und finden einen geeigneten Lebensraum und ein entsprechendes Nahrungsangebot sogar im Inneren von Gebäuden. Einige von ihnen erlangen die Wertschätzung des Menschen, wodurch ihre Existenz und ihre Verbreitung in der städtischen Umwelt gefördert wird. Aus solchen Gründen beherbergt die Megalopolis im Nordosten der Vereinigten Staaten gedeihende Populationen von Eichhörnchen, Wildkaninchen, Waschbären, Stinktieren und Opossums, während einige afrikanische Städte jetzt häufig mit der Aufmerksamkeit der Abfall sammelnden Hyänen „gesegnet" sind.

Viele Arten leiden unter Luft- und Gewässerverschmutzung in Städten. Mit der Zunahme des Industrie- und Siedlungsabfalls hat zum Beispiel die Wasserqualität der Themse so stark gelitten, dass ihr ehemaliger Fischbestand nahezu ausgelöscht war (Abbildung 17.6). Ihr Gehalt an gelöstem Sauerstoff sank bis etwa 1950. In der Folge vorgenommene wirksame Kontrollen der Abwassereinleitung führten zu einer erneuten Verbesserung der Wasserqualität, wodurch die Themse bei London heute wieder von vielen Fischarten besiedelt wird, die über lange Zeit aus ihrem Lebensraum verdrängt waren.

18 Schlussfolgerungen

18.1 Einleitung

In diesem Schlusskapitel sollen einige Schlüsselthemen, die in diesem Buch aufgegriffen wurden und die für das Verständnis der physischen Geographie grundlegend sind, nochmals hervorgehoben werden. Man kann sie wie folgt zusammenfassen:

- Die Umwelt des Menschen ist hochkomplex. Um die Entwicklung und den heutigen Charakter eines Gebietes oder einer Landschaft zu verstehen, muss man viele Faktoren beachten.
- Diese Faktoren sollten nicht als getrennte Einheiten betrachten werden, denn sie stehen miteinander in vielfältigen Beziehungen.
- Die Bedeutung der einzelnen Faktoren kann je nach dem Untersuchungsmaßstab variieren.
- Der Mensch ist ein wichtiger Umweltfaktor. Er gestaltet sie durch seine Tätigkeit und er wird in seinen Tätigkeiten durch die Umwelt beeinflusst.
- Die Umwelt ist einem ständigen Wandel unterworfen. Zum Teil ist dies eine Folge menschlicher Eingriffe, zum Teil handelt es sich aber auch um natürliche Umweltveränderungen.
- Es ist oft schwierig, mit Sicherheit zu sagen, ob eine bestimmte Entwicklung ganz auf natürliche Veränderungen zurückzuführen ist oder ob der Mensch dazu beigetragen hat.
- Die Ursachenanalyse wird noch dadurch erschwert, dass verschiedene Prozesse zu ähnlichen Endformen und Endergebnissen führen können. Man nennt dies das *Prinzip der Äquifinalität*.
- Die Forschungsthemen und -arbeiten der physischen Geographie sind aufgrund ihrer Ausrichtungen und Betrachtungsweisen von direkter Relevanz für den Menschen.

18.2 Die Komplexität der Umwelt

Es gibt zahlreiche Faktoren, welche die Natur eines Gebietes beeinflussen oder eine Veränderung in der Umwelt bewirken können. Es ist deshalb nicht sinnvoll, nach monokausalen Erklärungen für Erscheinungen zu suchen. So ist es zum Beispiel einleuchtend, dass ein Hauptvegetationstyp wie die Savanne nicht allein das Ergebnis eines einzelnen Faktors, wie nur des Klimas, sein kann. Wie wir in Kapitel 8.9 gesehen haben, spielen auch andere Faktoren wie Bodenqualität, Feuer, Umweltgeschichte und topographische Lage eine Rolle. Desgleichen ist der Aufbau eines Bodenprofils, wie in Kapitel 13 dargelegt, durch zahlreiche Faktoren wie Lokalklima, Fauna und Flora, Topographie, Art des Ausgangsmaterials, zeitliche Dauer der Bodenbildung und menschliche Einwirkungen geprägt.

18.3 Wechselwirkungen in der Umwelt

Nachdem wir erkannt haben, dass die Umwelt etwas Komplexes ist, besteht der nächste Schritt im Verständnis nun darin, dass die Faktoren, die auf die Umwelt einwirken, nicht als abgegrenzte Einheiten vorhanden sind, sondern dass sie in verschiedenartiger Weise miteinander in Beziehung stehen. Das Konzept von Systemen schließt die Betrachtung von Inputs, Durchflüssen und Outputs mit ein. Sie beeinflussen sich gegenseitig, bis eine Art Gleichgewichtszustand erreicht ist. In gleicher Weise umfasst das Studium von Ökosystemen die Untersuchung der Beziehungen zwischen Organismen und ihren Umgebungen. Diese Beziehungen können alle Arten von Rückkopplungsschlaufen aufweisen. Innerhalb von Ökosystemen sind die Kreisläufe der Materialien wichtig (Kapitel 16.1), ebenso wie die Übertragung von Energie. Organismen stehen zueinander durch Prozesse wie Konkurrenz und Abhängigkeit in Beziehung (Kapitel 16.4). Sie beeinflussen nicht nur ihre Umwelt, sondern, wie wir am Beispiel der Sukzession gesehen haben (Kapitel 16.5), kann diese tatsächliche Veränderung einen solchen Wechsel im Charakter der Umwelt verursachen, dass gewisse Arten profitieren, andere aber benachteiligt sind.

18.4 Die Bedeutung des Maßstabs

Die relative Bedeutung dieser vielen verschiedenen und miteinander in Beziehung stehenden Prozesse variiert je nach dem Maßstab des betrachteten Gebietes. Der Maßstab war in diesem Buch ein wichtiger Gesichtspunkt, vom globalen bis zum lokalen Maßstab auf der Ebene von Städten oder von Flusseinzugsgebieten. Auf der globalen Ebene ist zum Beispiel das Klima der Hauptfaktor für das Verbreitungsmuster von Bodentypen, deren Haupttypen (Kapitel 4.1) im Groben den globalen Hauptklimagürteln entsprechen. Auf der lokalen Ebene, zum Beispiel in einem Flusstal, ist das Relief der Hauptregelfaktor, der den Charakter der Böden beeinflusst (Kapitel 13.1), wobei Böden und Reliefformen in einer Toposequenz oder Catena zueinander in Beziehung stehen. Wenngleich das Verbreitungsmuster eines Hauptvegetationstyps wie der Savanne mit klimatischen Charakteristika wie dem jahreszeitlichen Wasserdefizit bei gleichzeitig hohen Strahlungs- und Temperaturwerten in seinem Verbreitungsgebiet in Zusammenhang steht (Kapitel 8.9), so kann seine genaue Ausprägung, Verteilung und Abgrenzung durch lokale anthropogene Faktoren (Landnutzung), pyrogene Einflüsse und edaphische Aspekte (zum Beispiel die Bildung lateritischer Ortsteine) bedingt sein und modifiziert werden.

18.5 Der Einfluss der Umwelt auf den Menschen

Obwohl die Intensität, mit der der Mensch Veränderungen der Umwelt bewirkt, als Folge des exponentiellen Bevölkerungswachstums und des raschen technologischen Wandels zunimmt, ist er in seinen Tätigkeiten nicht unbeeinflusst von seiner physischen Umwelt. Wie wir in Kapitel 6.17 gesehen haben, sieht sich auch ein Gebiet wie Mitteleuropa mit einer stark urbanisierten Bevölkerung und einer hoch entwickelten Technologie den Auswirkungen einer großen Spannweite von Umweltrisiken gegenüber. In einigen Milieus sind diese Gefahren aber noch wesentlich größer, wie das für die periglazialen (Kapitel 5.5), die ariden (Kapitel 7.16), die feuchttropischen (Kapitel 8.14), die Gebirgs- (Kapitel 9.7) und die Küsten-Verhältnisse (Kapitel 10.5) dargestellt wurde. Mit Zunahme der Bevölkerungszahlen in den nächsten Jahrzehnten und dem damit verbundenen größeren Druck auf Grenzertragsgebiete und auf beschränkte Ressourcen wird die Bedeutung einiger dieser Probleme und Risiken steigen. Das Grundwissen und die Arbeiten der physischen Geographie und verwandter Disziplinen über Umweltsysteme kann mithelfen, diese Gefährdungen zu vermindern.

18.6 Die Rolle und der Einfluss des Menschen

Viele Geographen beschäftigten sich während eines großen Teils des 19. Jahrhunderts und in der ersten Hälfte des 20. Jahrhunderts mit dem so genannten *Umweltdeterminismus*, also mit den Auswirkungen der Umwelt auf die Tätigkeit und den Charakter des Menschen und seiner einzelnen Gesellschaften. Aber erst in den letzten Jahrzehnten wurde deutlich, dass der Mensch selbst ein außerordentlich bedeutsamer Umweltfaktor ist. Zu den wichtigsten Folgen menschlicher Tätigkeit, die in diesem Buch beschrieben wurden, gehören:

- die Verbreitung von Tier- und Pflanzenarten (Kapitel 4.5, 4.6, 16.6 und 16.7)
- die Bildung von Thermokarst in periglazialen Gebieten (Kapitel 5.11)
- Entstehung von Grasland in mittleren Breiten (Kapitel 6.9)
- Bildung von mediterranen Gehölzgesellschaften (Kapitel 6.10)
- Landabsenkungen (Kapitel 6.17 und 7.13)
- Zunahme des Oberflächenabflusses und des Sedimentertrages (Kapitel 15.11)
- Übernutzung des Grundwassers (Kapitel 7.13)
- Sedimentrückhalt durch Dämme (Kapitel 7.14)
- Ausdehnung von Wüsten (Desertifikation) (Kapitel 7.15)
- Bodenunfruchtbarkeit und Bodenerosion in den Tropen (Kapitel 8.7)
- „Treibhauseffekt" durch hohe CO_2-Werte (Kapitel 8.7)
- Bildung von Sekundär-Regenwald (Kapitel 8.8)
- Entstehungsbedingungen der Savanne (Kapitel 8.9)
- Meeresspiegelschwankungen (Kapitel 10.10)
- Beschleunigung der Küstenerosion (Kapitel 10.10)
- Domestikation von Pflanzen und Tieren (Kapitel 16.9)
- Luftverschmutzung (unter anderem saurer Regen) (Kapitel 16.9 und 17.3)
- Eutrophierung von Gewässern (Kapitel 16.9)
- Ausrottung von Tier- und Pflanzenarten (Kapitel 16.10)

- Abbau der Ozonschicht (Kapitel 16.9)
- Artenschutz (Kapitel 16.11)
- Habitatzerstörung (Kapitel 16.9)
- Ingangsetzung von Massenbewegungen an Hängen (Kapitel 12.2)
- Modifikation des Bodens (Kapitel 13.1)
- Bodenerosion (Kapitel 13.6 und 17.6)
- Bodeninfiltrationsraten (Kapitel 14.5)
- Flussverhalten (Kapitel 14.8)
- Veränderungen im Flussbett (Kapitel 15.6)
- Sedimentationstyp von Flüssen (Kapitel 15.10)
- Flussüberschwemmungen (Kapitel 15.12 und 17.4)
- städtische Wärmeinseln (Kapitel 17.2)

Aus dieser Liste wird deutlich, wie beträchtlich die Spannweite der menschlichen Tätigkeiten und ihrer Auswirkungen auf die Umwelt ist. Einige davon geschehen absichtlich, wie etwa der Eingriff in das Abflussverhalten eines Flusses durch den Bau eines Dammes oder die Verminderung der Küstenerosion durch den Bau einer Buhne. Andere Auswirkungen geschehen unabsichtlich, wie etwa die Versalzung als Folge eines neuen Bewässerungssystems oder die beschleunigte Erosion, die eine Buhne an der Küste unterhalb ihres Standortes bewirken kann.

18.7 Die Umwelt im ständigen Wandel

Es ist bemerkenswert, wenn auch kein purer Zufall, dass Wissenschaftler, als sie sich mit anthropogenen Umwelteinflüssen zu beschäftigen begannen, gleichzeitig auf Häufigkeit, Ausmaß und Folgen natürlicher Umweltveränderungen (Tabelle 18.1) aufmerksam wurden – und zwar auf Veränderungen auf allen zeitlichen Maßstabsebenen, von relativ kurz andauernden Ereignissen, wie ENSO-Phänomene, und solchen mit einer Dauer von Jahrzehnten oder Jahrhunderten (zum Beispiel die „Kleine Eiszeit"), über die großen Schwankungen des Holozäns und der jüngeren Dryaszeit sowie der zyklischen Veränderungen während des Pleistozäns, bis hin zu längerfristigen Ursachen der känozoischen Klimaverschlechterung. Starke Impulse zur Beschäftigung mit solchen Fragen gaben die in den letzten vier Jahrzehnten neu entwickelten Technologien zur Datierung und zur Rekonstruktion früherer Umweltbedingungen, darunter Bohrungen in Tiefseeböden, Seen und Eisschilden. Wir wissen heute, dass alle Räume der Erde, auch die feuchten Tropen und die lebensfeindlichsten Kernwüsten, von den Klimaveränderungen der Vergangenheit betroffen

Tabelle 18.1: Beispiele für Umweltveränderungen	
Beispiel	**Kapitel oder Exkurs**
Kreide-Tertiär-Grenze	Exkurs 1.9
El Niño	Kapitel 3.2 Exkurs 3.3
„Kleine Eiszeit"	Exkurs 2.3
Quartär	Kapitel 2.7 Exkurs 6.3
mittelalterliche Wärmeperiode	Kapitel 2.7
känozoische Klimaverschiebung	Kapitel 2.7
Pluviale	Exkurs 2.5 Kapitel 7.5
Eiszeitalter in Mitteleuropa	Exkurs 2.4
Dust Bowl (USA)	Kapitel 7.5 Exkurs 7.2
Seespiegelschwankungen	Kapitel 14.10

waren. Und wir wissen auch, dass diese Veränderungen sich sehr abrupt vollziehen können. Die Annahme, dass sich die meisten Umweltkomponenten im Gleichgewicht mit dem vermeintlich stabilen Klima der Gegenwart befinden, ist nicht länger aufrechtzuerhalten. Etwas ganz anderes ist wahrscheinlich.

Seit den Sechzigerjahren des 20. Jahrhunderts hat sich die globale Plattentektonik zu einem zentralen Gegenstand der Geowissenschaften entwickelt. Daraus erwuchs eine ganze Reihe bedeutender Forschungsfragen. Nicht nur Phänomene wie die Entstehung und weltweite Verbreitung von Erdbeben, Vulkanen und Gebirgen wurden zum Gegenstand geowissenschaftlicher Forschung. Auch eher mesoskalige Erscheinungen wie Abtragungsflächen, steile Randstufen an passiven Kontinentalrändern sowie Atolle und Deltas sind in den Mittelpunkt des Interesses gerückt. Die Landschaftsentwicklung Mitteleuropas lässt sich heute nicht mehr erklären, ohne gleichzeitig die Öffnung des Nordatlantiks, die vulkanischen Tätigkeiten während des Alttertiärs, das Rifting und das Absinken der Nordsee und ihrer Ränder sowie selbst die Kollision der Afrikanischen mit der Europäschen Platte einzubeziehen. Die Erforschung neotektonischer Prozesse liefert eine fruchtbare Grundlage für das Verständnis vieler geomorphologischer Phänomene. Kenntnisse der Globaltektonik sind jedoch gleichermaßen fundamental für das Verständnis der langfristigen Klimaentwicklung, insbesondere im Blick auf die Hebung des Himalaja, des Tibetplateaus und der Kordilleren am Westrand des amerikanischen Doppelkontinents sowie auch hinsichtlich der großräumigen biogeographischen Verteilungsmuster.

Andere wichtige Veränderungen in unserer Umwelt hängen mit dem Zeitablauf zusammen. Zu den wichtigen Konzepten gehören in diesem Zusammenhang Erklärungsansätze, wie sie Forscher wie W. M. Davis (Kapitel 12.5) über die langfristige Hangbildung entwickelt hat, oder die Vorstellungen über die Pflanzensukzession in der Ökologie (Kapitel 16.5). Um die Umwelt zu verstehen, braucht es deshalb ein Bewusstsein für die Bedeutung von Zeit und Geschichte. Insbesondere müssen wir daran denken, dass die Gegenwart vielleicht untypisch ist, dass es in der heutigen Landschaft viele Reliktformen gibt (zum Beispiel Kapitel 6.13–6.16) und dass wir nur mit einem Langzeitmonitoring der natürlichen Phänomene das Ausmaß ihrer Variabilität im Zeitverlauf erfassen können.

18.8 Mensch oder Natur?

In vielen Fällen ist es nicht möglich, den Menschen zweifelsfrei als alleinigen Verursacher von Umweltveränderungen verantwortlich zu machen (Abbildung 18.1). Die meisten Systeme sind komplex, und der Mensch ist hier nur eine Komponente. Viele unserer Tätigkeiten führen zu Endprodukten, die in ihrem Innern ähnlich denen natürlicher Entstehung sind (Tabelle 18.2). Es handelt sich hierbei um Äquifinalität, auf die wir in Kapitel 18.9 zurückkommen. Die genaue Bestimmung einer Ursache ist oft ein heikles Problem angesichts der verwirrenden Interdependenz verschiedener Komponenten in Ökosystemen, angesichts der unterschiedlichen Erholungszeiten, welche die verschiedenen Komponenten brauchen, wenn sie einem neuen Impuls ausgesetzt sind, und angesichts der Häufigkeit und Komplexität von Umweltveränderungen. Offensichtlich ist das Problem weniger ausgeprägt bei Veränderungen, die der Mensch absichtlich und wissentlich herbeigeführt hat. Das Problem

Abb. 18.1 *Die Küstenerosion schreitet in vielen Teilen der Welt voran. Handelt es sich dabei um ein natürliches oder um ein vom Menschen hervorgerufenes Phänomen? Wird die Erosionsrate im Zuge eines durch globale Erwärmung verursachten Meeresspiegelanstiegs zunehmen? Hier ist die wichtige Eisenbahnstrecke entlang der spanischen Mittelmeerküste bei Barcelona bedroht.*

Tabelle 18.2: Mensch oder Natur? Einige Beispiele		
Art der Veränderung	mögliche Gründe	
	anthropogen	natürlich
Desertifikation im semiariden Gebiet	Überweidung, Sammeln von Brennholz etc.	Dürre, Klimaveränderung
Rinnenbildung in einem Talboden	Abfluss von einer neuen Straße, Entfernung schützender Vegetation etc.	Veränderung des Klimas oder der Erosionsbasis
Zunahme der Küstenerosion	Auswirkung von Buhnen auf die Küste oder Folge der verminderten Sedimentfracht nach dem Aufstau von Flüssen	häufigere Starkregen oder Anstieg des Meeresspiegels
größere Hochwasserintensität bei Flüssen	Entfernung der natürlichen Vegetation, Verstädterung, Bau von Entwässerungen	höhere Intensität des Niederschlags
klimatische Erwärmung im frühen 20. Jahrhundert	CO_2-bedingter „Treibhauseffekt"	Veränderungen in der Sonnenstrahlung und in der Menge an Vulkanstaub in der Atmosphäre

besteht vielmehr dort, wo Veränderungen unbewusst und unabsichtlich in Gang gesetzt wurden.

Der Mensch lebt seit einigen Millionen Jahren auf der Erde und hat sie seitdem mit unterschiedlicher Intensität verändert, sodass die Rekonstruktion der Umwelt vor dem Auftreten des Menschen problematisch ist. Nur selten haben wir eine klare Ausgangsbasis, der gegenüber wir die vom Menschen verursachten Veränderungen messen könnten. Dazu kommt, dass sich die Umwelt auch ohne unser Dazutun in einem ewigen Zustand des Wandels in sehr unterschiedlichen zeitlichen Maßstäben befinden würde. Auch gibt es zeitliche und räumliche Diskontinuitäten zwischen Ursache und Wirkung. Erosion an einem Ort kann zum Beispiel Ablagerung an einem anderen zur Folge haben, während die Zerstörung eines kleinen, aber entscheidenden Elementes im Habitat einer Tierart zu Rückgängen ihrer Populationen im gesamten Verbreitungsgebiet führen kann. Desgleichen kann auch auf der Zeitachse ein beträchtlicher Zeitraum vergehen, bis die vollen Konsequenzen einer Tätigkeit sichtbar werden. Veränderungen im Bodenprofil als Folge anthropogener Erosion können zu Veränderungen der Pflanzendecke führen, die ihrerseits wieder Veränderungen der Wasserqualität eines Flusses auslösen, was schließlich das Habitat für Fische in einem See verändert. Ebenso ist es vorstellbar, dass die Erosion in einem Gebirge zu einer Schlammfracht in einem Fluss führt, der schließlich ins Meer gelangt und dort das Sedimentbudget eines Strandes modifiziert, wodurch ein Vorrücken der Küste mit Veränderungen in der Entwässerung eines Küstenmarschgebietes in Gang gesetzt werden kann. Die letzte Auswirkung ist zeitlich und räumlich weit entfernt von der ursprünglichen Ursache. Primäre Wirkungen geben Anlass zu endlos aufeinander folgenden Rückkopplungseffekten in Ökosystemen, die unter Umständen nicht genau verfolgt und aufgezeichnet werden können.

18.9 Äquifinalität

Die Probleme der Ursachenanalyse, die sich in der physischen Geographie aufgrund der Vielzahl der beteiligten Faktoren und ihrer gegenseitigen Beziehungen, wegen der Schwierigkeiten des Maßstabs, wegen der Häufigkeit von Veränderungen und aufgrund der genauen Bestimmung der Rolle des Menschen im Vergleich zu derjenigen der Natur ergeben, werden noch vergrößert durch die Tatsache, dass verschiedene Prozesse zu ähnlichen Endformen führen können. Es handelt sich um das Problem der Äquifinalität. Wenn man die Erklärung für ein bestimmtes Phänomen sucht, sollte man beachten, dass die äußere Form nur bedingt Auskunft über Entwicklungsstadien gibt, obwohl bestimmte Phänomene in ihrem Typus weitgehend ähnlich erscheinen. Man sollte in Bezug auf die Ursprünge vieler natürlicher Erscheinungen nicht dogmatisch sein. Der zur Verfügung stehende Raum erlaubt es uns nicht, dieses Thema ausführlich darzustellen, aber die in Kapitel 6.15 erwähnten möglichen Ursachen, die zur Bildung von Trockentälern und "unpassenden" Flüssen geführt haben, verdeutlichen die Problematik. Viele Reliefformen wie etwa Steinpflaster (Kapitel 7.7), Wüstenkrusten (Kapitel 7.7), Pedimente (Kapitel 7.12), lineare Dünen (Kapitel 7.10), Inselberge (Kapitel 8.12) und

Frostmusterböden (Kapitel 5.12) können auf verschiedene Art erklärt werden. Solche Erklärungen müssen sich nicht unbedingt gegenseitig ausschließen, es kann mehr als eine richtig sein. Wenn man eigene Felduntersuchungen durchführt, ist es deshalb nötig, das Prinzip der mehrfachen Arbeitshypothesen anzuerkennen und so viele Erklärungsmöglichkeiten wie möglich zu formulieren und zu testen.

18.10 Bedeutung und Anwendung der physischen Geographie

Man kann den Menschen nicht isoliert von seiner Umwelt betrachten, und so hat das Studium unserer Umwelt und unserer Wechselwirkungen mit ihr eine echte innere Bedeutung. Physische Geographie ist ein solches Studium und sollte auf keinen Fall getrennt von der Humangeographie betrachtet werden. Das Verstehen der Umwelt und ihrer Komplexität, die Anerkennung ihrer häufigen und schnellen Veränderung, die Erkenntnis, dass die Umwelt den Menschen beeinflusst und von ihm beeinflusst wird, und die Besorgnis über gewisse gewichtige Probleme, denen die Menschheit heute gegenübersteht (Verschmutzung, Schutzbemühungen, Ausrottung, Erosion etc.) machen aus der physischen Geographie ein wichtiges Studienfeld von großer Bedeutung und Anwendbarkeit auf Probleme der menschlichen Gesellschaft.

Eine Betrachtung der Rolle des angewandt tätigen Geomorphologen mag dies näher erläutern und einige der Fertigkeiten des physischen Geographen aufzeigen. Dazu gehören:

- Kartierung von Reliefformen und Beschreibung ihres Aussehens;
- Benutzung von Reliefformen als Indikatoren für andere Verbreitungen (zum Beispiel von Böden);
- Festhalten von Veränderungen durch I) Monitoring und II) historische Analyse;
- Ursachenanalyse von Veränderungen und Gefährdungen;
- Beurteilung der Folgen von zufälligem Eingreifen des Menschen in das System;
- Entscheid über Maßnahmen zur Verhütung oder Kontrolle von unerwünschten Folgen solcher Veränderungen.

Zunächst wird der angewandt tätige Geomorphologe versuchen, die Verteilung der erkannten Phänomene zu kartieren. Beides, das Erkennen und das Kartieren, sind Fertigkeiten, die zum Teil etwas damit zu

tun haben, ob man "ein Auge für das Gelände" hat. Wenn zum Beispiel eine Straße durch ein Wüstengebiet verlaufen soll, wird eine Reliefkarte helfen, die beste Linienführung herauszufinden und zum Beispiel mobile Sanddünen, Gebiete mit plötzlichen Überschwemmungen und Stellen, wo Salzverwitterung für die Straßenfundamente äußerst schädlich sein könnte, zu meiden. Sie hilft auch, geeignete Materialien für den Bau der Straße zu bestimmen. Denn gewisse Reliefformen, besonders Ablagerungsformen, können aus Materialien mit besonders erwünschten oder unerwünschten Eigenschaften bestehen. Reliefformen können demnach sowohl Ressource als auch Gefährdung sein. Tatsächlich kann eine generelle Beschreibung eines bestimmten Terraintyps dem Ingenieur wichtige Informationen vermitteln. Ein alluvialer Schwemmkegel (Kapitel 7.11) ist zum Beispiel eine Ablagerungsfläche, auf der die Flüsse zum Hin- und Herwandern neigen, wo es abwechselnd zu Einschneidungen und Auffüllungen kommt und wo die Ablagerung häufig durch Schlammströme aus grobem Verwitterungsschutt erfolgt. Diese haben eine beträchtliche Transportkraft, etwa wenn sie auf ein menschliches Bauwerk stoßen. Alle diese Eigenschaften (Instabilität, Einschneiden und Auffüllen, grober Schutt, Massenbewegungen) müssen berücksichtigt werden, wenn das Gebiet eines alluvialen Schwemmkegels sicher und erfolgreich genutzt werden soll.

In zweiter Linie macht sich der angewandt tätige Geomorphologe die Tatsache zunutze, dass gewisse Relieftypen auf Luftbildern besonders gut erkennbar sind und der Kartierung anderer Phänomene dienen, die nicht so leicht auszumachen, aber in ihrer Verteilung eng an bestimmte Reliefformen gebunden sind. Unter Benutzung des Catena-Konzeptes (Kapitel 13.1) erlaubt die Kartierung bestimmter Hangformen die Herstellung einer Karte mit den Grenzen der wichtigsten Bodentypen eines Gebietes. Die Grenzen müssen dann mit Stichproben im Felde überprüft und wenn nötig geändert werden.

Zusätzlich zur Kartierung setzt sich der angewandt tätige Geomorphologe mit Prozessen, Veränderungen und Gefährdungen unserer sich ständig ändernden Umwelt auseinander (Tabelle 18.3). Es ist zum Beispiel wichtig, die Geschwindigkeiten zu kennen, mit denen geomorphologische Prozesse ablaufen: wie schnell eine Küste in Richtung einer Stadt oder einer Wohnsiedlung zurückgeht, wie rasch eine Düne gegen einen Bewässerungskanal oder eine Eisenbahnstrecke vordringt (Abbildung 18.2), wie stabil eine Gletscherzunge in der Nähe einer neuen Straße ist, wie aktiv

Tabelle 18.3: Beispiele für Naturkatastrophen	
Beispiel	**Kapitel oder Exkurs**
Lawinen	Kapitel 9 Exkurs 9.1 Exkurs 9.2
Küstenerosion	Kapitel 10.9
Desertifikation	Exkurs 7.3
Dürren	Kapitel 6.17
Erdbeben	Kapitel 11.4 Exkurs 11.5
Überflutungen (Küsten)	Kapitel 6.17
Überschwemmungen (Flüsse)	Kapitel 6.17 Exkurs 6.5 Kapitel 15.12 Exkurs 15.2 Kapitel 17.4
Nebel	Kapitel 6.17
Glacier surges	Exkurs 5.2
Hurrikanes	Exkurs 8.1 Exkurs 8.2
Jökulhlaups	Exkurs 5.6
Hanginstabilität	Kapitel 12.2
Bodenerosion	Kapitel 13.6
Stürme	Kapitel 6.17
Thermokarst	Kapitel 5.11
Tornados	Kapitel 6.17
Tsunamis	Exkurs 11.3
vulkanische Ereignisse	Kapitel 11.2 Exkurs 11.1 Exkurs 11.2 Exkurs 11.4

Abb. 18.2 Die Eisenbahnstrecke zur Walfischbucht in Namibia leidet unter Sandverwehungen und Wanderdünen. Physische Geographen können bei der Auswahl der besten Streckenführung von Straßen und Bahnlinien in Wüstengebieten beraten.

Verwerfungen in der Nähe eines Kernkraftwerkes sind, wie stark sich der Meeresspiegel in einem tief liegenden, zur Überschwemmung neigenden Gebiet verändert, und ob ein Erdrutsch in der Nähe eines neuen Dammes noch aktiv oder schon ein Relikt ist. Der Gebrauch von kartographischen Quellen, historischen Aufzeichnungen und Luftaufnahmen kann bei diesen Aufgaben helfen, wie auch die instrumentelle Ausrüstung und das direkte Monitoring solcher Prozesse. Die wachsende Beschäftigung von Geomorphologen mit diesen Prozessen in den letzten Jahrzehnten hat einen zunehmend wichtigeren Beitrag auf diesem Gebiet ermöglicht.

Viertens ist es nach der Feststellung der Veränderungen in Landschaft und Umwelt nötig, sich der

Ursachen bewusst zu werden. Wie bereits erwähnt sind diese komplexer Natur und umfassen viele menschliche und natürliche Einflüsse. Um die richtigen Maßnahmen gegen die Bedrohung durch eine bestimmte Veränderung zu treffen, ist es nötig, die wirkliche Ursache oder die wirklichen Ursachen dafür zu erkennen.

Wenn ein Entscheid für einen Eingriff in die Umwelt zur Behebung oder Verminderung einer Bedrohung gefällt ist, so ist es dann fünftens wichtig, daran zu denken, dass dieser Eingriff seinerseits jegliche Art von Rückwirkungen auf die Umwelt haben kann. So haben Ingenieure die teure Erfahrung machen müssen, dass man die Küstenerosion nicht mit dem einfachen Mittel des Baus einer Buhne stoppen kann, wenn man nicht gleichzeitig auch die Möglichkeit in Betracht zieht, dass die Erosionsrate dadurch weiter unten an der Küste noch zunimmt, weil das Sedimentangebot zum Wiederauffüllen des Strandes oberhalb durch die Buhne zurückgehalten wird. Jedes Ingenieurprojekt darf nicht nur im lokalen Zusammenhang, sondern muss in einem weiteren Umfeld gesehen werden. In vielen Ländern müssen alle großen Bauvorhaben einer Umweltverträglichkeitsprüfung unterzogen werden, in der alle möglichen indirekten Folgen eines bestimmten Projektes und Standorts untersucht werden müssen, bevor der Bau beginnen kann. Der physische Geograph ist imstande, die komplexen Wechselwirkungen der Umwelt in verschiedenen Maßstäben zu würdigen und kann so einen Beitrag bei der Problemlösung leisten.

So hat der physische Geograph nicht nur das Vergnügen, die Vielfalt und Schönheit der Landschaften der Welt zu untersuchen, er oder sie kann gleichzeitig auch einen Beitrag für das Wohlergehen der Gesellschaft leisten.

18.11 Globale Umweltveränderungen

In den vergangenen zwei Jahrzehnten hat sich gezeigt, dass der Mensch in der Lage ist, globale Umweltveränderungen zu bewirken. Diese besitzen zwei Aspekte: „kumulative" globale Umweltveränderungen und „systemische" globale Veränderungen. Erstere beziehen sich auf den Schneeballeffekt lokaler Veränderungen, die sich zu weltweiten Änderungen addieren, oder auf Änderungen, die einen bedeutenden Teil einer bestimmten globalen Ressource (zum Beispiel

saurer Regen oder Bodenerosion) betreffen. Viele solcher Veränderungen sind schon heute im Gange. Als systemischen globalen Wandel bezeichnet man Veränderungen, die im weltweiten Maßstab stattfinden, zum Beispiel globale Veränderungen des Klimas und der chemischen Eigenschaften der Atmosphäre als Folge der Emission von Gasen in die Atmosphäre (etwa der zunehmende Treibhauseffekt oder der fortschreitende Abbau des stratosphärischen Ozons). Systemische globale Veränderungen können wiederum in verschiedenster Weise auf unsere Umwelt einwirken. So kann etwa die globale Erwärmung, als eine wahrscheinliche Folge des verstärkten Treibhauseffekts, die gesamte atmosphärische Zirkulation modifizieren. Dadurch wiederum kann es zu Veränderungen der Niederschlagsverteilung und des Auftretens von Wirbelstürmen kommen; Eismassen können abschmelzen und zu einem Anstieg der Meeresspiegel führen; Vegetationszonen können sich in ihrer Breiten- und Höhenlage verschieben. Das Gesicht der Erde wird sich am Ende des 21. Jahrhunderts möglicherweise wesentlich von dem heutigen unterscheiden. Das Monitoring, die Vorhersage sowie das Management solcher möglichen Veränderungen sind eine wichtige Aufgabe der physischen Geographie.

Weiterführende Literatur

Zeitschriften

Annals of the Association of American Geographers
Arctic and Alpine Research
Catena
Die Erde
Earth Surface Processes and Landforms
Erdkunde
Geographische Rundschau
Geoökodynamik
Journal of Biogeography
Journal of Climatology
Journal of Ecology
Journal of Glaciology
Journal of Meteorology
Natur und Landschaft
Petermanns Geographische Mitteilungen
Physical Geography
Professional Geographer
Progress in Physical Geography
Quarterly Journal of the Royal Meteorological Society
Zeitschrift für Geomorphologie

Bücher

Die folgenden Bücher decken einen Teil der behandelten Themen ab.
* Die so gekennzeichneten Bücher wurden für die deutschsprachige Ausgabe zusätzlich aufgenommen.

Allgemein

Ahnert, F. 1999: *Einführung in die Geomorphologie.* Stuttgart: UTB 2. Auflage.*

Briggs, D.; Smithson, P.; Atkinson, K. 1997: *Fundamentals of the physical environment.* London: Routledge. 2. Auflage.

Cooke, R. U.; Doornkamp, J .C. 1990: *Geomorphology in environmental management.* Oxford: Clarendon Press.

Dury, G. H. 1981: *An introduction to environmental systems.* London: Heinemann.

Finke, L. 1996: *Landschaftsökologie.* Braunschweig: Westermann Geograph. Seminar. 3. Auflage.*

Hart, M. G. 1986: *Geomorphology: pure and applied.* London: Allen & Unwin.

Hendl; M.; Liedtke, H 1997: *Lehrbuch der Allgemeinen Physischen Geographie.* Gotha: Klett-Perthes. 3. Auflage.*

Leser, H. 1997: *Landschaftsökologie.* Stuttgart: Ulmer. UTB. 4. Auflage.*

Liedtke, H.; Marcinek, J. 1995: *Physische Geographie Deutschlands.* Gotha: Klett-Perthes. 2. Auflage.*

Moore, D. M. (Hrsg.) 1982: *Green planet: the story of planet life on earth.* Cambridge: Cambridge University Press.

Physische Geographie kompakt. 2002. Heidelberg: Spektrum Akademischer Verlag.*

Press, F.; Siever, R. 1995: *Allgemeine Geologie. Eine Einführung.* Heidelberg: Spektrum Akademischer Verlag.

Smith, D.G. (Hrsg.) 1986: *Encyclopedia of the earth.* London: Hutchinson.

Strahler, A. H.; Strahler A. N. 1999: Physische Geographie. Stuttgart: Ulmer.*

White, I. D.; Mottershead, D. N.; Harrison, S. J. 1984: *Environmental systems: an introductory text.* London: Allen & Unwin.

Methodenbücher

Bastian, O.; Schreiber, K. F. 1999: *Analyse und ökologische Bewertung der Landschaft.* Heidelberg: Spektrum Akademischer Verlag. 2. Auflage.*

Barsch, H.; Billwitz, K.; Bork, H. R. 2000: *Arbeitsmethoden in Physiogeographie und Geoökologie.* Gotha: Klett-Perthes Geographie Kolleg.*

Goudie, A. S. (Hrsg.) 1998: *Geomorphologie. Ein Methodenhandbuch für Studium und Praxis.* Heidelberg, New York: Springer.*

Hanwell, J. D.; Newson, M. D. 1973: *Techniques in physical geography.* London: Macmillan.

Lenon, B. J.; Cleaves, P. G. 1983: *Techniques and field work in geography.* London: University Tutorial Press.

Newson, M. D.; Hanwell, J. D. 1982: *Systematic physical geography.* London: Macmillan.

Zepp, H.; Müller, M. J. (Hrsg.) 1999: *Landschaftsökologische Erfassungsstandards. Ein Methodenbuch*. Flensburg: Deutsche Akademie für Landeskunde.*

Kapitel 1

Endogene Großformen und geologische Grundlagen

Emiliani, C. 1992: *Planet earth*. Cambridge: Cambridge University Press.

Goudie, A. S.; Viles, H. 1997: *The earth transformed*. Oxford: Blackwell.

Hallam, A.; Wignall, P. B. 1997: *Mass extinctions and their aftermath*. Oxford: Oxford University Press.

Kearey, P.; Vine, F. J. 1996: *Global tectonics*. Oxford: Blackwell Scientific. 2. Auflage.

Lamb, S.; Sington, D. 1998: *Earth story*. London: BBC Books.

Press, F.; Siever, R. 1995: *Allgemeine Geologie. Eine Einführung*. Heidelberg: Spektrum Akademischer Verlag.

Scarth, A. 1994: *Volcanoes*. London: UCL Press.

Selby, M. J. 1985: *Earth's changing surface: an introduction to geomorphology*. Oxford: Oxford University Press.

Summerfield, M. A. 1991: *Global geomorphology*. Harlow: Logman Scientific and Technical.

Van Andel, T. H. 1994: *New views on an old planet. A history of global change*. Cambridge: Cambridge University Press. 2. Auflage.

Kapitel 2

Klimatische Grundlagen

Arnell, N. 1996: *Global warming, river flows and water resources*. Chichester: Wiley.

Barry, R. G.; Chorley, R. J. 1998: *Atmosphere, weather and climate*. New York, London: Routledge. 7. Auflage.

Blüthgen, J. 1980: *Allgemeine Klimageographie*. Berlin: de Gruyter.*

Borchert, G. 1993: *Klimageographie in Stichworten*. Stuttgart: Borntraeger. 2. Auflage.*

Büdel, J. 1981: *Klima-Geomorphologie*. Stuttgart: Borntraeger. 2. Auflage.*

Crutzen, P. J. (Hrsg.) 1990: *Atmosphäre, Klima, Umwelt*. Heidelberg: Spektrum Akademischer Verlag.*

Eisma, D. (Hrsg.) 1995: *Climate change: impact on coastal habitation*. Boca Raton, Florida: Lewis.

Gates, D. M. 1993: *Climate change and its biological consequences*. Sunderland, Massachussetts: Sinauer.

Goudie, A. S. 1992: *Environmental change*. Oxford: Clarendon Press.

Houghton, J. T.; Meira Filho, L. G.; Callander, B. A.; Harris, N.; Kaltenberg, A.; Maskell, K. (Hrsg.) 1996: *Climate change 1995. The science of the climate change*. Cambridge: Cambridge University Press.

Jones, J. A. A. 1997: *Global hydrology*. Harlow: Longman.

Kemp, D. D. 1994: *Global environmental issues: a climatological approach*. London: Routledge. 2. Auflage.

Lauer, W. 1999: *Klimatologie*. Braunschweig: Westermann Geographisches Seminar. 3. Auflage.*

Lowe, J. J.; Walker, M. J. C. 1997: *Reconstructing quaternary environments*. Harlow: Longman. 2. Auflage.

Malberg, H. 1997: *Meteorologie und Klimatologie*. Berlin, Heidelberg, New York: Springer. 3. Auflage.*

Roberts, N. 1998: *The holocene*. Oxford: Blackwell. 2. Auflage.

Schönwiese, Ch. D. 1994: *Klimatologie*. Stuttgart: Ulmer.*

Weischet, W. 1991: *Einführung in die allgemeine Klimatologie. Physikalische und meteorologische Grundlagen*. Stuttgart: Teubner. 5. überarb. Auflage.*

Williams, M. A. J.; Balling, R. C. 1996: *Interactions of desertifications and climate*. London: Arnold.

Williams, M. A. J.; Dunkerley, D.; de Deckker, P.; Kershaw, P.; Chappell, J. 1998: *Quaternary environments*. London: Arnold. 2. Auflage.

Kapitel 3

Hydrologische Grundlagen

Wilhelm, F. 1997: *Einführung in die Hydrogeographie*. Braunschweig: Westermann. 3. Auflage.*

Wohlrab, B.; Ernstberger, H.; Meuser, A; Sokollek, V. 1992: *Landschaftswasserhaushalt*. Hamburg, Berlin: Parey.*

Kapitel 4

Biogene Komponenten

Bick, H. 1998: *Grundzüge der Ökologie*. Stuttgart: Fischer. 3. Auflage.*

Schulz, J. 2000: *Handbuch der Ökozonen*. Stuttgart: Ulmer.*

Richter, M. 2001: *Vegetationszonen der Erde*. Gotha: Klett-Perthes.*

Kapitel 5

Polarregionen

Benn, D. I.; Evans, D. J. A. 1998: *Glaciers and glaciation*. London: Arnold.

Bliss, L. C.; Heal, O. W.; Moore, J. J. (Hrsg.) 1981: *Tundra ecosystems: a comprehensive analysis*. Cambridge: Cambridge University Press.*

Blümel, W. D. 1999: *Physische Geographie der Polargebiete*. Stuttgart: Teubner.*

Dixon, J. C.; Abraham, A. D. 1992: *Periglacial geomorphology*. Chichester: Wiley.

Fogg, G. E. 1998: *The biology of polar habitats*. Oxford: Oxford University Press.

French, H. M. 1999: *The periglacial environment*. London: Longman. 2. Auflage.

Hambrey; M.; Alean, J. 1992: *Glaciers*. Cambridge: Cambridge University Press.

Hansom, J. D.; Gordon, J. E. 1998: *Antarctic environments and resources: a geographical perspective*. Harlow: Longman.

Sugden, D. E. 1982: *Arctic and Antarctic: a modern geographical synthesis*. Oxford: Blackwell.

Kapitel 6

Die mittleren Breiten

Ballantyne, C. K.; Harris, C. 1994: *The periglaciation of Great Britain*. Cambridge: Cambridge University Press.

Blondel, J.; Aronson, J. 1999: *Biology and wildlife of the mediterranean region*. Oxford: Oxford University Press.

Bluestein, H. B. 1999: *Tornado alley*. New York: Oxford University Press.

Ellenberg, H. 1996: *Vegetation Mitteleuropas mit den Alpen*. Stuttgart: Ulmer. 5. Auflage.*

Ellenberg, H.; Mayer, R.; Schauermann, J. (Hrsg.) 1986: *Ökosystemforschung*. Stuttgart: Ulmer.*

Goudie, A. S. 1990: *The landforms of England and Wales*. Oxford: Blackwell.

Goudie A. S.; Brunsden, D: 1994: *The environment of the British Isles: an atlas*. Oxford: Oxford University Press.

Hulme, M.; Barrow, E. (Hrsg.) 1997: *Climate of the British Isles*. London: Routledge.

Perry, A. H. 1981: *Environmental hazards in the British Isles*. London: Allen & Unwin.

Rother, K. 1984: *Mediterrane Subtropen*. Braunschweig: Westermann Geographisches Seminar.*

Sturman, A. P.; Tapper, N. J. 1996: *The weather and climate of Australia and New Zealand*. Melbourne: Oxford University Press.

Wheeler, D.; Mayes, J. (Hrsg.) 1997: *Regional climates of the British Isles*. London: Routledge.

Kapitel 7

Wüsten

Besler, H. 1992: *Geomorphologie der ariden Gebiete*. Darmstadt: Wissenschaftliche Buchgesellschaft.*

Agnew, C.; Anderson, E. 1992: *Water resources in the arid realm*. London: Routledge.

Beaumont, P. 1989: *Drylands: environmental management and development*. London: Routledge.

Cooke, R. U.; Warren, A.; Goudie A. S. 1993: *Desert geomorphology*. London: UCL Press.

Goudie, A. S. (Hrsg.) 1990: *Techniques for desert reclamation*. Chichester: Wiley.

Goudie, A. S.; Watson, A. 1990: *Desert geomorphology*. Basingstoke: Macmillan. 2. Auflage.

Grainger, A. 1990: *The threatening desert: controlling desertification*. London: Earthscan.

Lancaster, N. 1995: *Geomorphology of desert dunes*. London: Routledge.

Livingstone, I.; Warren, A. 1996: *Aeolian geomorphology: an introduction*. Harlow: Longman.

Louw, G. N.; Seely, M. K. 1982: *Ecology of desert organisms*. London: Longman.

Middleton, N. J. 1991: *Desertification*. Oxford: Oxford University Press.

Mortimore, M. 1998: *Roots in the African dust: sustaining the drylands*. Cambridge: Cambridge University Press.

Thomas, D. S. G. (Hrsg.) 1998: *Arid zone geomorphology*. Chichester: Wiley.

Kapitel 8

Die Tropen

Aiken, S. R.; Leigh, C. H. 1992: *Vanishing rainforests: their ecological transition in Malaysia*. Oxford: Oxford University Press.

Bremer, H. 1999: *Die Tropen. Geographische Synthese einer fremden Welt im Umbruch*. Berlin: Borntraeger.*

Corlett, R. T. 1995: ,Tropical secondary forests', *Progress in physical geography*, 19: 159–72.

Grainger, A. 1992: *Controlling tropical deforestation*. London: Earthscan.

Kellman, M.; Tackaberry, R. 1997: *Tropical environments*. London: Routledge.

McGregor, G. R.; Nieuwolt, S. 1998: *Tropical Climatology*. Chichester: Wiley. 2. Auflage.

Parc, C. C. 1992: *Tropical rainforests*. London: Routledge.

Reading, A. J.; Thompson, R. D.; Millington, A. C. 1995: *Humid Tropical Environments*. Oxford: Blackwell.

Richards, P. W. 1996: *The tropical rainforest*. Cambridge: Cambridge University Press. 2. Auflage.

Thomas, M. F. 1994: *Geomorphology in the tropics: a study of weathering and denudation in low latitudes*. Chichester: Wiley.

Vareschi, V. 1980: *Vegetationsökologie der Tropen*. Stuttgart: Ulmer.*

Weischet, W.; Caviedes, C. N. 1993: *The persisting ecological constraints of tropical agriculture*. New York: Wiley.*

Whitmore, T. C. 1993: *Tropische Regenwälder: Eine Einführung*. Heidelberg: Spektrum Akademischer Verlag.*

Wirthmann, A. 1994: *Geomorphologie der Tropen*. Darmstadt: Wissenschaftliche Buchgesellschaft.*

Kapitel 9

Gebirge

Barry, R. G. 1992: *Mountain weather and climate*. London: Routledge. 2. Auflage.

Gerrard, A. J. 1990: *Mountain environments*. London: Belhaven Press.

Körner, C. 1999: *Alpine plantlife*. Berlin.*

Lehmkuhl, F. 1989: *Geomorphologische Höhenstufen in den Alpen unter besonderer Berücksichtigung des nivalen Formenschatzes*. Göttinger Geograph. Abh. 88.*

Messerli, B.; Ives, I. D. (Hrsg.) 1997: *Mountains of the world: a global priority*. New York: Parthenon.

Stone, P. B. (Hrsg.) 1992: *The state of the world's mountains*. London: Zed Books.

Kapitel 10

Küsten

Bird, E. C. F. 1984: *Coasts*. Oxford: Blackwell.

Brunsden, D.; Goudie, A. S. 1997: *Classic coastal landforms of West Dorset*. Sheffield: Geographical Association.

Carter, R. W. G. 1988: *Coastal environments*. London: Academic Press.

Gierloff-Emden, H. G. 1979: *Lehrbuch der allgemeinen Geographie, Bd. 5: Geographie des Meeres*. Berlin: de Gruyter.*

Goudie, A. S.; Brunsden, D. 1997: *Classic coastal landforms of East Dorset*. Sheffield: Geographical Association.

Hanson, J. D. 1988: *Coasts*. Cambridge: Cambrige University Press.

Kelletat, D. 1999: *Physische Geographie der Meere und Küsten. Eine Einführung*. Stuttgart: Teubner. 2. Auflage.*

Klug, H. u. a. 1986. *Küste und Meeresboden. Neue Ergebnisse geomorphologischer Feldforschungen*. Universität Kiel: Kieler Geogr. Schriften.*

Pethick, J. 1984: *Introduction to coastal geomorphology*. London: Edward Arnold.

Viles, H.; Spencer, T. 1995: *Coastal problems: geomorphology, ecology and society at the coast*. London: Edward Arnold.

Kapitel 11

Tektonik

Abbott, P. L. 1996: *Natural disasters*. Dubuqua, Iowa: WmC. Brown.

Alexander, D. 1993: *Natural disasters*. London: UCL Press.

Chester, D. 1993: *Volcanoes and society*. London: Edward Arnold. Costa, J. E.; Baker, V. R. 1981: *Surficial geology: building with the earth*. New York: John Wiley.

Dolan, C. 1994: *Hazard geography*. Melbourne: Longman. 2. Auflage.

Francis, P. 1993: *Volcanoes: a planetary perspective*. Oxford: Clarendon Press.

Ollier, C. D. 1988: *Volcanoes*. Oxford: Blackwell.

Oppenheimer, C. 1996: ‚Volcanism‘, *Geography*, 81: 65–81.

Scarth, A. 1994: *Volcanoes*. London: UCL Press.

Smith, K. 1992: *Environmental hazards*. London: Routledge.

Sparks, B. W. 1971: *Rocks and relief*. London: Longman.

Kapitel 12

Hangformung

Ahnert, F. 1999: *Einführung in die Geomorphologie.* Stuttgart: Ulmer. 2. Auflage.*

Anderson, M. G.; Brookes, S. M. (Hrsg.) 1996: *Advances in hillslope processes.* Chichester: Wiley.

Carson, M. A.; Kirkby, M. 1972: *Hillslope form and process.* Cambridge: Cambridge University Press.

Crozier, M. J. 1986: *Landslides: causes, consequences and environment.* London: Croom Helm.

Dikau, R.; Brunsden, D.; Schrott, L.; Ibsen, M-L. 1996: *Landslide recognition.* Chichester: Wiley.

Geovokabeln. *Geographie kurzgefasst in 8 Heften. Heft 2: Geomorpholgie.* Stuttgart: Klett.*

Grunert, J.; Höllermann, P. 1992: *Geomorphologie und Landschaftsökologie.* Bonn: Dümmler.*

Hempel, L. 1971: *Einführung in die Physiogeographie. Einleitung und Geomorphologie.* Stuttgart: Steiner.*

Leser, H. 1998: *Geomorphologie.* Braunschweig: Westermann Geograph. Seminar. 8. Auflage.*

Louis, H.; Fischer, K. 1979: *Allgemeine Geomorphologie.* Berlin: de Gruyter. 4. Auflage.*

Machatschek, F. 1973. *Geomorphologie.* Stuttgart: Teubner. 10. Auflage.*

Parsons, A. J. 1988: *Hillslope form.* London: Routledge.

Rathjens, C. 1979: *Die Formung der Erdoberfläche unter dem Einfluss des Menschen. Grundzüge der Anthropogenetischen Geomorphologie.* Stuttgart: Teubner.*

Selby, M. J.; Hodder, A. P. W. 1993: *Hillslope materials and processes.* Oxford: Oxford University Press. 2. Auflage.

Semmel, A. 1989: *Angewandte konventionelle Geomorphologie. Beispiel aus Mitteleuropa und Afrika.* Universität Frankfurt: Frankfurter Geowissenschaftliche Arbeiten.*

Semmel, A. 1984: *Geomorphologie der Bundesrepublik Deutschland.* Stuttgart: Steiner.*

Wilhelmy, H. 1992: *Geomorphologie in Stichworten. Band 3: Exogene Morphodynamik. Karstmorphologie, Glazialer Formenschatz, Küstenformen.* Stuttgart: Borntraeger. 5. Auflage.*

Wilhelmy, H. 1994: *Geomorpholgie in Stichworten. Band 1: Endogene Kräfte, Vorgänge und Formen. Beiträge zur Allgemeinen Geographie.* Stuttgart: Borntraeger. 5. Auflage.*

Young, A.; Young, D. 1990: *Slope development.* Basingstoke: Macmillan. 2. Auflage.

Kapitel 13

Bodenbildung und Verwitterung

Bland, W.; Rolls, D. 1998: *Weathering.* London: Arnold.

Boardman, J.; Foster, I. D. L.; Dearing, J. A. (Hrsg.) 1990: *Soil erosion on agricultural land.* Chichester: Wiley.

Bögli, A. 1978: *Karsthydrographie und physische Speläologie.* Berlin: Springer.*

Brady, N. C.; Weil, R. R. 1996: *The nature and properties of soils.* London: Prentice- Hall. 11. Auflage.

Bridges, E. M. 1997: *World soils.* Cambridge: Cambridge University Press. 3. Auflage.

Eitel, B. 1999: *Bodengeographie.* Braunschweig: Westermann Geographsiches Seminar.*

Gillieson, D. 1996: *Caves.* Oxford: Blackwell.

Hempel, L. 1974. *Einführung in die Physiogeographie. Bodengeographie.* Stuttgart: Steiner.*

Hudson, N. 1971: *Soil conservation.* London: Batsford.

Jennings, J. N. 1985: *Karst geomorphology.* Oxford: Blackwell.

Morgan, R. P. C. 1995: *Soil erosion and conservation.* Harlow. Longman. 2. Auflage.*

Mückenhausen, E. 1993: *Die Bodenkunde und ihre geologischen, geomorphologischen und petrologischen Grundlagen.* Frankfurt: Deutsche Landwirtschaftliche Gesellschaft.*

Pimental, D. (Hrsg.) 1993: *World soil erosion and conservation.* Cambridge: Cambridge University Press.

Scheffer, F.; Schachtschabel, P. 1998: *Lehrbuch der Bodenkunde.* Heidelberg: Spektrum Akademischer Verlag. 14. Auflage.*

Semmel, A. 1993: *Grundzüge der Bodengeographie.* Stuttgart: Teubner. 3. überarb. Auflage.*

Kapitel 14

Der Kreislauf des Wassers

Downing, R. A.; Wilkinson, W. B. (Hrsg.) 1991: *Applied groundwater hydrology: A British perspective.* Oxford: Clarendon Press.

Gordon, N. D.; McMahon, T. A.; Finlayson, B. L. 1992: *Stream hydrology: an introduction for ecologists.* Chichester: Wiley.

Jones, J. A. A. 1997: *Global hydrology: processes, resources and environmental management.* Harlow: Longman.

Newson, M. D. 1994: *Hydrology and river environment.* Oxford: Clarendon Press.

Price, M. 1996: *Introducing groundwater.* London: Chapman and Hall. 2. Auflage.

Shaw, E. H. 1994: *Hydrology in practice.* London: Chapman and Hall.

Summer, G. 1996: ,Precipitation of water', *Geography*, 81 (4): 327–45.

Ward, R. C.; Robinson, M. 1990: *Principles of hydrology.* London: McGraw Hill. 3. Auflage.

Wilby, R. L. 1997: *Contemporary hydrology.* Chichester: Wiley.

Wilhelm, F. 1997: *Hydrogeographie.* Braunschweig: Westermann Geographisches Seminar. 3. Auflage.*

Wohlrab, B.; Ernstberger, H.; Meuser, A; Sokollek, V. 1992: *Landschaftswasserhaushalt.* Hamburg, Berlin: Parey.*

Kapitel 15

Flüsse und fluviale Formung

Gregory, K. J. (Hrsg.) 1997: *Fluvial geomorphology of Great Britain.* London: Chapman and Hall.

Knighton, D. 1998: *Fluvial forms and processes: a new perspective.* London: Arnold. 2. Auflage.

Lewin, J. (Hrsg.) 1981: *British rivers.* London: Allen and Unwin.

Smith, D. I.; Stopp, P. 1978: *The river basin.* Cambridge: Cambridge University Press.

Smith, K.; Ward, R. C. 1998: *Floods: physical processes and human impacts.* Chichester: Wiley.

Thornes, J. 1979: *River channels.* London: Macmillan.

Kapitel 16

Pflanzen und Tiere

Begon, M.; Harper, J. L.; Townsend, C. R. 1998: *Ökologie.* Heidelberg: Spektrum Akademischer Verlag.*

Brown, J. H.; Lamolino, M. V. 1998: *Biogeography.* Sunderland, Massachussetts: Sinauer. 2. Auflage.

Colinveaux, P. 1986: *Ecology.* New York: Wiley.

Cox, C. B.; Moore, P. D. 2000: *Biogeography: an ecological and evolutionary approach.* Oxford: Blackwell Scientific. 6. Auflage.

Dickinson, G.; Murphy, K. 1998: *Ecosystems.* London: Routledge.

Frey, W.; Lösch, R. 1998: *Lehrbuch der Geobotanik.* Stuttgart: Fischer*

Kaule, G. 1991: *Arten- und Biotopschutz.* Stuttgart: Ulmer.*

Klötzli, F. 1993: *Ökosysteme. Aufbau, Funktion, Störungen.* Heidelberg: Spektrum Akademischer Verlag.*

Kratochwil, A; Schwabe, A. 2001: *Ökologie der Lebensgemeinschaften.* Stuttgart: Ulmer.*

Odum, E. P. 1997: *Ecology: a bridge between science and society.* Sunderland, Massachussetts: Sinauer. 2. Auflage.

Plachter, H. 1981: *Naturschutz.* UTB 1563. Stuttgart: Fischer.*

Remmert, H. 1992: *Ökologie.* Heidelberg, Berlin: Springer.*

Schmidthüsen, J. 1968: *Allgemeine Vegetationsgeographie.* Berlin: de Gruyter. 3. Auflage.*

Tivy, J. 1993: *Biogeography.* Harlow: Longman. 3. Auflage.

Whittaker, R. J. 1998: *Island biogeography.* Oxford: Oxford University Press.

Kapitel 17

Städte

Breuste, J.; Feldmann, H. 1999: *Urban ecology.* Berlin: Springer.*

Douglas, I. 1983: *The urban environment.* London: Edward Arnold.

Heineberg, 2000: *Grundriß Allgemeine Geographie. Stadtgeographie.* Stuttgart: Ulmer.*

Kirby, C. 1996: ,Urban air pollution', *Geography*, 80: 375–92.

Landsberg, H. E. 1981: *The urban climate.* New York: Academic Press.

Oke, T. J. 1987: *Boundary layer climates.* London: Routledge. 2. Auflage.

Sukopp, H.; Wittig, R. (Hrsg.) 1998: *Stadtökologie.* Stuttgart: Fischer. 2. Auflage.*

Bildnachweise

Verfasser und Verlag sind für die Erlaubnis zur Wiedergabe und Anpassung von Abbildungen folgenden Personen und Institutionen dankbar:

Abb. 1.13: Grant Heilman, William Felger; Abb. 1.14: R. S. Dietz, *Geosynclines, mountains and continent building*. In: *Scientific American*, 226 (3), 1972, S. 37, © Ikuyo Tagawa Garber, executrix to the Estate of Bunji Tagawa; Abb. 1.15: Eros Data; Abb. 1.17: H. Brown und M.V. Lomolino, *Biogeography*, 2. Auflage, Sinauer, Sunderland, MA, 1998; Abb. 1.24: Whitmore et al., *The Earth as Transformed by Human Action*, B. L. Tuner et al. (Hrsg.), Cambridge University Press, Cambridge, 1998; Abb. 2.5: University of Dundee; Abb. 2.20: J. T. Houghton et al. (Hrsg.), *Climate Change: The IPCC Scientific Assessment*, Cambridge University Press, Cambridge, 1996, © Intergovernmental Panel on Climate Change, Geneva; Abb. 2.20: J. T. Houghton, *Global Warming: The Complete Briefing*, Lion Books, Oxford, 1994; Abb. 2.21: Shukla et al., *Science*, 247, 1990, S. 1322, © 1990 American Association for the Advancement of Science; Abb. 4.4: E. Schmitt, B. Goecke, Institut für Geographie, Giessen; Abbildungen 4.5: J. H. Brown und M. V. Lomolino, *Biogeography*, 2. Auflage, Sinauer, Sunderland, MA, 1998; Tabelle 4.4: A. Grainger, *Controlling Tropical Deforestation*, 1992, mit freundlicher Genehmigung von Kogan Page Ltd.; Abb. 4.11: National Portrait Gallery; Abb. 4.12: Australian Information Service; Abb. 4.12: Popperfoto; Abb. 5.4: Boston Museum of Science, Bradford Washburn; Abb. 5.6: J. Nye, *The mechanics of glacier flow*. In: *Journal of Glaciology*, 2, 1952, mit freundlicher Genehmigung der International Glaciological Society; Abb. 5.7: Larry W. Price, *Mountains and Man: A Study of Process and Environment*, University of California Press, Berkeley, 1981; Abb. 5.11: J. Allan Cash; Abb. 5.14: Popperfoto; Abb. 5.17: Boston Museum of Science, Bradford Washburn; Abb. 5.20b: R. J. Rice, *Fundamentals of Geomorphology*, Longman, Harlow, 1977, © R. J. Rice 1977, mit freundlicher Genehmigung von NRC Research Press, Ottawa; Abb. 5.26: A. L. Washburn; Abb. 5.30: Colin Monteath; Abb. 5.31: Colin Monteath; Abb. 6.1: M. D. Newson und J. Hanwell, *Systematic Physical Geography*, Macmillan, London, 1982; Abb. 6.5: I. D. White, D. N. Mottershead und S. J. Harrison, *Environmental Systems: An Introductory Text*, Allen and Unwin, London, 1984; Abb. 6.9: E. M. Bridges, *World Soils*, Cambridge University Press, Cambridge, 1970; Abb. 6.15: Roger Tutt; Abb. 6.16: Wessex Water; Abb. 6.17: T. Marsh und R. Monkhouse, *Weather*, 45, 1990, mit freundlicher Genehmigung der Royal Meteorological Society, Reading; Abb. 6.18: A. H. Perry, *Environmental Hazards in the British Isles*, Allen and Unwin, London, 1981, mit freundlicher Genehmigung von Routledge; Abb. 6. 20: A. H. Perry, *Environmental Hazards in the British Isles*, Allen and Unwin, London, 1981, mit freundlicher Genehmigung von Routledge sowie J. Glasspoole und H. Rowsell, *Absolute droughts and partial droughts over the British Isles 1906–1940*, In: *Meteorological Magazine*, 76, 1947; Tabelle 6.4: A. H. Perry, *Environmental Hazards in the British Isles*, Allen and Unwin, London, 1981, mit freundlicher Genehmigung von Routledge; Abb. 7.2: Central Advocate; Abb. 7.7: G. N. Louw und M. Seely, *Ecology of Desert Organisms*, Longman, Harlow, 1982 sowie J. E. W. Dixon und G. N. Louw, *Madoqua*, 11, 1978; Abb. 7.19: Nigel Press; Abb. 8.3: S. Nieuwolt, *Tropical Climatology: An Introduction to the Climates of Low Latitudes*, John Wiley and Sons, New York, 1977, © S. Nieuwolt, 1977; Abb. 8.7: D. R. Harris (Hrsg.), *Human Ecology in Savanna Environments*, Academic Press, London, 1980; Abb. 8.11: Peter Haggett (Hrsg.), *Geography: A Modern Synthesis*, 3. Auflage, Harper and Row Publishers Inc., New York, 1979, © Peter Haggett, 1979; Abb. 8.12: Oxfam, Goldwaters; Abb. 8.14: Geoslides; Abb. 8.18: D. R. Harries (Hrsg.), *Human Ecology in Savanna Environments*, Academic Press, London, 1980; Abb. 8. 19: South American Pictures; Abb. 8.21: J. Davies, *Geographical Variation in Coastal Development*, Longman, Harlow, 1980 sowie P. A. Furley und W. W. Newey, *Geography of the Biosphere*, Butterworth, London, 1983, mit freundlicher Genehmigung von Butterworth Heinemann Publishers, Teil der Unternehmensgruppe Reed Educational and Professional Publishing Ltd; Abb. 8.22: Katz, Mansell und Timepix; Abb. 8.23: Stokes, Judson und

Picard, *Introduction to Geology: Physical and Historical*, Prentice-Hall, Englewood Cliffs, NJ, 1978, S. 311, mit freundlicher Genehmnigung von Prentice-Hall Inc., Upper Saddle River, N.J.; Tabelle 9.1: R. Geiger, *The Climate near the Ground*, Harvard University Press, Cambridge, Mass., 1965, S. 444, © Vieweg Verlag, Wiesbaden; Abb. 9.5b: H. Walter, *Vegetation of the Earth*, Springer Verlag, 1973, Heidelberg Science Library, Vol. 15, 1973; Abb. 9.6: Mountain Camera, Fotograf John Cleare; Abb. 9.7: L. W. Saan, *Arctic and Alpine Environments*, H. E. Wright und W. H. Osburn (Hrsg.), Indiana University Press, Bloomington, 1967; Abb. 9.8: Grant Heilman; Abb. 9.9: Mountain Camera, Fotograf John Cleare; Tabelle 9.2: K. Hewitt, *Risks and disasters in mountain lands*. In: *Mountains of the World: A Global Priority*, B. Messerli und J. D. Ives (Hrsg.), Parthenon Publishing, Carnforth, Lancashire, 1997, S. 371-406, © B. Messerli; Abb. 9.10: J. R. Flenley, *The Equatorial Rainforest: A Geological History*, Butterworth, London, 1979, mit freundlicher Genehmigung von Butterworth Heinemann Publishers, Teil der Unternehmensgruppe Reed Educational and Professional Publishing Ltd; Abb. 10.5: R. J. Small, *The Study of Landforms*, Cambridge University Press, Cambridge, 1970, Abb. 10.6: Cambridge University Library; Abb. 10.8: Aus: Diercke Weltatlas, Ausgabe 1992, © Westermann Schulbuchverlag GmbH, Braunschweig; Abb. 10.10: Popperfoto; Abb. 10.11: Nature Conservancy Council; Abb. 10.12: Cambridge University Library; Abb. 10.16: Aerofilms; Abb. 10.19: R. H. Meade und S. W. Trimble, *Changes in sediment loads in rivers of the Atlantic drainage of the United States since 1900*. Veröffentlichung der International Association of Hydrological Science, 113, 1974; Abb. 11.4: ICCE, Fotografin Daisy Blow; Abb. 11.6: Eric Kay; Abb. 11.7: Contact, Colorific, Fotograf Douglas Kirkland; Abb. 11.9: Popperfoto; Abb. 11.10: D. Kelletat, *Zeitschrift für Geomorphologie Supplementband 81*; Abb. 11.12: Grant Heilman; Abb. 11.15: Eric Kay; Abb. 11.16: Peter W. Birkeland und Edwin E. Larson, *Putnam's Geology*, 3. Auflage, Oxford University Press, Oxford; Abb. 11.18: Eric Kay; Abb. 11.21: Eric Kay; Abb. 11.22: Prof. Thomas Schmitt; Abb. 12.1: M. A. Carson und M. Kirkby, *Hillslope Form and Process*, Cambridge University Press, Cambridge, 1972; Tabelle 12.2: D. K. Keefer, *Earthquake induced landslides and their effect on alluvial fans*. In: *Journal of Sedimentary Research*, 68, 1999, S. 84-104; Abb. 12.9: M. J. Selby, *Hillslope Materials and Processes* , Oxford University Press, Oxford, 1982; Abb. 12.13: Professor Geoffrey J. Martin; Abb. 12.15: Royal Geographic Society; Abb. 12.16: Professor Geoffrey J.

Martin; Abb. 12.17: Mountain Camera/John Cleare; Abb. 13.1: Aus: Bernhard Eitel, *Bodengeographie*. In: *Das Geographische Seminar*, Abb. 19, © Westermann Schulbuchverlag, Braunschweig 2001; Abb. 13.8: Nach D. I. Smith und T. C. Atkinson, *Process, landforms and climate in limestone regions*. In: *Geomorphology and Climate*, E. Derbyshire (Hrsg.), John Wiley & Sons, New York, 1976; Abb. 13.9: Jerry Wooldridge; Abb. 13.10: M. Meybeck, *American Journal of Science*, 287, 1987; Tabelle 13.4: R. P. C. Morgan, *Soil Erosion and Conservation*, 2. Aufl., Longamn, Harlow, 1995; Abb. 14.1: Frederick K. Lutgens und Edward J. Tarbuck, *The Atmosphere: An Introduction to Meteorology*, 7. Aufl., Prentice- Hall, Englewood Cliffs, NJ, 1989, mit freundlicher Genehmigung von Prentice- Hall, Inc., Upper Saddle River, NJ; Abb. 14.2: A. Henderson- Sellers und P. J. Robinson, *Contemporary Climatology*, Longman, Harlow, 1986; Abb. 14.9: Popperfoto; Abb. 14.11: Hutchison Library/Maurice Harvey; Abb. 14.12: Nach J. C. Rodda, *The flood hydrograph*. In: *Water, Earth and Man*, R. J. Chorley (Hrsg.), Methuen, London, 1967; Abb. 14.15: H. C. Pereira, *Land Use and Water Resources*, Cambridge University Press, Cambridge, 1973; Abb. 15.2: K. S. Richards, *Rivers, Forms and Processes*, In: *Alluvial Channels*, Methuen, London, 1982; Abb. 15. 13: F. Press und R. Siever, *Earth*, 3. Aufl., W. H: Freeman and Co., San Francisco, 1982; Abb. 15.18: I. Statham, *Earth Surface Sediment Transport*, Oxford University Press, Oxford, 1977 und D. I. Smith und P. Stopp, *The River Basin*, Cambridge University Press, Cambridge, 1978; Abb. 15. 19: D. Walling und A. H. A. Kleo, *Sediment yields of rivers in areas of low precipitation: a global view*. In: *The Hydrology of Areas of Low Precipitation, Proceedings of Canberra Symposium*, December 1979, S. 479-93, mit freundlicher Genehmigung von The International Association of Hydrological Sciences; Abb. 16.1: I. G. Simmons, *Biogeographical Processes*, Allen and Unwin, 1982; Abb. 16.2: A. S. Boughey, *Ecology of Populations*, Macmillan, London, 1986, S. 102, © A. S. Boughey, 1968; Abb. 16.3: Nach: Eugene P. Odum, *Fundamentals of Ecology*, 3. Aufl., Holt, Rinehart and Winston, Cbs College Publishing, n. d., © W. B. Saunders College; Abb. 16.6: R. J. Whittaker, *Island Biogeography*, Oxford University Press, Oxford, 1998; Abb. 16.7: Nach: M. Gorman, *Island Ecology*, Chapman and Hall, London, 1979, mit freundlicher Genehmigung von Kluwer Academic Publishers, Dordrecht; Abb. 16.11: C: Elton, *Ecology of Invasions by Animals and Plants*, Methuen, London, 1958, S. 22; Abb. 16.13: Museum of Oxford; Abb. 16.15: World Conservation Monitoring Centre, *Global Biodiversity*, Chapman and

Hall, London, 1992, © World Conservation Monitoring Centre; Abb. 17.2: P. Brimblecombe, *Atmospheric Environment*, Ausg. 11, © mit freundlicher Genehmigung von Elsevier Science, 1977; Abb. 17.7: A. Gameson und A. Wheeler. In: *Recovery and Restoration of Damaged Ecosystems*, J. Carins, K. L. Dickson und E. E. Hendricks (Hrsg.), The University Press of Virginia, Charlottesville, 1977, mit freundlicher Genehmigung von The University Press of Virginia.

Abbildungen in den Exkursen

Karte in Exkurs 1.2: Allegre, *The Behaviour of the Earth*, Cambridge University Press, Cambridge, 1998; Foto in Exkurs 1.3: I. E. Whitehouse, *Zeitschrift für Geomorphologie Supplementband 69*, Gebrüder Borntraeger Verlagsbuchhandlung, 1988; Abb. in Exkurs 1.5: D. G. Howell, *Tectonics of Suspect Terrain*, Chapman and Hall, London, 1989, mit freundlicher Genehmigung von Kluwer Academic Publishers, Dordrecht; Abb. in Exkurs 2.4: Aus: Harms, *Handbuch der Geographie*, Schroedel Verlag GmbH, Hannover, 1979, S. 112; Abb. in Exkurs 2.5: J. C. Ritchie, E. H. Eyles und C. V. Haynes, mit freundlicher Genehmigung von *Nature*, 314, 1985, S. 352–355, © 1985 Macmillan Magazines Ltd; Karte in Exkurs 3.2: Broecker and Denton, *Quaternary Science Review*, 9, 1990, S. 305–341, © 1990, mit freundlicher Genehmigung von Elsevier Science; Karte in Exkurs 3.3: C. Y. Jim, *The forest fires in Indonesia 1997–1998: possible cause and pervasive consequences*, In: *Geography*, 84, 1999, S. 251–260, mit freundlicher Genehmigung von The Geographical Association; Abb. in Exkurs 4.3: R. Crochane, *The changing state of the vegetation cover in New Zealand,* A. G. Anderson (Hrsg.), *New Zealand in Maps,* Hodder and Stoughton Educational, London, 1974; Foto in Exkurs 5.2: HM the Queen in Right of Canada, aus der Collection of the National Air Photo Library, mit freundlicher Genehmigung von Energy, Mines and Resources, Canada; Karte in Exkurs 5.5 oben: H. M. French, *The Periglacial Environment*, 2. Ausg., Longman, Harlow, 1996; Karte in Exkurs 5.5 unten: D. A. Anisimov, *Physical Geography*, 10, 1989, S. 282–293, V.H. Winston and Son, Columbia, 1989; Abbildungen in Exkurs 5.6: C. Warren, *Geography Review*, 10 (4), 1997, S. 2–6, in leicht veränderter Form abgedruckt, mit freundlicher Genehmigung der American Geographical Society, New York; erste Abb. in Exkurs 6.2: C. Zabinski and M. B. Davis, *The Potential Effects of Global Climate Change in the United States*, J. B. Smith and D. Tirpak (Hrsg.), US Environmental Protection Agency, Washington DC, 1989; weitere Abbildungen im Exkurs 6.2: P. Kauppi und M. Posch, *The Impact of Climatic Variations on Agriculture*, Vol. 1, M. L. Carter et al. (Hrsg.), mit freundlicher Genehmigung von Kluwer Academic Publishers, Dordrecht, 1988; Karte in Exkurs 6.3: J. Rose et al., *Geomorphology and Soils*, K. S. Richards, R. R. Arnett und S. Ellis (Hrsg.), Allen and Unwin, London, 1985; Abb. in Exkurs 6.4: K. Pye, *Progress in Physical Geography*, 8, Hodder and Stoughton, London, 1984; Karte in Exkurs 6.6: M. Parry und D. K. C. Jones, *Future climatic change and land use in the UK*, In: *Geographical Journal*, 159, 1993; Abb. in Exkurs 7.1: N. Lancaster (Hrsg.), *The Namib Sand Sea: Dune Forms, Processes and Sediments*, 1989, A.A. Balkema, Rotterdam; Foto in Exkurs 7.2: National Archives Photo 114-SD-5089, American Image 33, Soil Conservation Service; Foto in Exkurs 7.3: Hutchinson Library, Fotograf Bernard Regent; Abb. in Exkurs 8.1: D. Barker und D. Miller, ‚Hurricane Gilbert: anthropomorphising a national disaster', 1990, The Institute of British Geographers; Foto in Exkurs 8.2: Popperfoto/Reuters; Foto in Exkurs 13.1: Panos Pictures, Fotograf Sean Sprague; Abb. in Exkurs 13.1: Song Lin Hoa, *Progress in Physical Geography*, 5 (4), Hodder and Stoughton, London, 1981; Foto in Exkurs 14.1: K. Shone; Abb. in Exkurs 14.4: James T. Teller, *North America and Adjacent Oceans during the Last Deglacialisation*, W. F. Ruddiman und H. E. Wright jr (Hrsg.), Geological Society of America, 1987; Abb. in Exkurs 15.1: *New Scientist*, 14 April 1990; Tabelle in Exkurs 15.2: Illinois State Water Survey Miscellaneous Publication, 151, 1994, mit freundlicher Genehmigung von Illinois State Water Survey, Champaign, Illinois; Foto im Exkurs 16.2: Panos Pictures, Fotografin Barbara Klass; Abb. in Exkurs 16.2: C. Bronmark and L. A. Hansson, *The Biology of Lakes and Ponds*, Oxford University Press, Oxford, 1998; Foto in Exkurs 16.4: Panos Pictures, Fotograf Jiri Polacek.

Farbabbildungen

1: Soul Servey & Land Research Centre; 4: Hutchison Library/S. Errrington; 5: Hutchison Library/Bernard Regent; 9 und 10: Nature Images Inc./Helen Longest-Slaughter; 12: Peter Witttmann, Stuttgart.
Alle anderen Fotografien stammen vom Verfasser.

Stichwortverzeichnis

Endlich ein umfassendes Lehrbuch der Humangeographie!

Paul L. Knox / Sallie A. Marston

■ Humangeographie

Herausgegeben von
Hans Gebhardt, Peter Meusburger und
Doris Wastl-Walter

Das Buch *Humangeographie* verfolgt ein inhaltliches Konzept, das in dieser Form für ein deutschsprachiges Lehrbuch zur Einführung in die Geographie neu ist: eine Ordnung des Stoffes der allgemeinen Humangeographie im Spannungsfeld zwischen weltweiter Globalisierung einerseits und Regionalisierung/Fragmentierung andererseits. Durchgehend vierfarbig illustriert und didaktisch sorgfältig aufbereitet steht es in der Tradition amerikanischer Lehrbücher und wird sicherlich auch deutschsprachige Studierende für das Fach Geographie begeistern. Durch den Bezug auf Alltagserfahrungen gelingt es den Autoren Paul Knox und Sally Marston, das Basiswissen der Humangeographie mit ihren methodischen Konzepten und theoretischen Ansätzen leicht verständlich zu erläutern.

2001, 682 S., 346 Abb., geb. · ISBN 3-8274-1109-2

Mehr Information!

Willkommen bei
www.spektrum-verlag.de
Ausführliche Informationen, Probeseiten u. v. m.